环境化学

（第二版）

主　编　张宝贵　郭爱红　周遗品
副主编　王凤花　邓志华　刘艳娟　李旭辉
参　编　张　磊　韩长秀　邱国红　夏金虹

华中科技大学出版社
中国·武汉

内容提要

本书共5章，详细地介绍了环境及环境问题的产生，大气、水体和土壤的主要污染物及污染物在不同环境中的迁移转化过程和规律，污染物带来的环境问题及其影响，并介绍了环境化学相关的常用监测方法及手段。本书在介绍环境化学基本内容的基础上，还适当介绍了该领域最新的研究成果和进展，设置了仪器分析实验内容。

本书可作为高等院校环境类专业教学用书，也可作为环境保护和环境科学研究人员、高等院校教师的参考书，以及大学相关专业学生的学习参考用书。

图书在版编目(CIP)数据

环境化学/张宝贵，郭爱红，周遗品主编. —2版. —武汉：华中科技大学出版社，2018.2
全国高等院校环境科学与工程统编教材
ISBN 978-7-5680-3718-1

Ⅰ.①环… Ⅱ.①张… ②郭… ③周… Ⅲ.①环境化学-高等学校-教材 Ⅳ.①X13

中国版本图书馆CIP数据核字(2018)第028326号

环境化学(第二版)　　张宝贵　郭爱红　周遗品　主编
Huanjing Huaxue

策划编辑：王新华
责任编辑：王新华
封面设计：潘　群
责任校对：张会军
责任监印：周治超
出版发行：华中科技大学出版社(中国·武汉)　　电话：(027)81321913
武汉市东湖新技术开发区华工科技园　　邮编：430223
录　　排：华中科技大学惠友文印中心
印　　刷：武汉华工鑫宏印务有限公司
开　　本：787mm×1092mm　1/16
印　　张：24.25
字　　数：630千字
版　　次：2018年2月第2版第1次印刷
定　　价：49.80元

全国高等院校环境科学与工程统编教材
作者所在院校

南开大学
湖南大学
武汉大学
厦门大学
北京理工大学
北京科技大学
北京建筑大学
天津工业大学
天津科技大学
天津理工大学
西北工业大学
西北大学
西安理工大学
西安工程大学
西安科技大学
长安大学
中国石油大学(华东)
山东科技大学
青岛农业大学
山东农业大学
聊城大学
泰山医学院

中山大学
重庆大学
中国矿业大学
华中科技大学
大连民族学院
东北大学
江苏大学
常州大学
扬州大学
中南大学
长沙理工大学
南华大学
华中师范大学
华中农业大学
武汉理工大学
中南民族大学
湖北大学
长江大学
江汉大学
福建师范大学
西南交通大学
成都理工大学

中国地质大学
四川大学
华东理工大学
中国海洋大学
成都信息工程大学
华东交通大学
南昌大学
景德镇陶瓷大学
长春工业大学
东北农业大学
哈尔滨理工大学
河南大学
河南工业大学
河南理工大学
河南农业大学
湖南科技大学
洛阳理工学院
河南城建学院
韶关学院
郑州大学
郑州轻工业学院
河北大学

东南大学
东华大学
中国人民大学
北京交通大学
华北理工大学
华北电力大学
广西师范大学
桂林电子科技大学
桂林理工大学
仲恺农业工程学院
华南师范大学
嘉应学院
茂名学院
浙江工商大学
浙江农林大学
太原理工大学
兰州理工大学
石河子大学
内蒙古大学
内蒙古科技大学
内蒙古农业大学
中南林业科技大学

第二版前言

从远古到现在，随着人类社会的发展，环境的破坏也随之发生。在不同的历史阶段，由于人类改造环境的水平不同，环境问题的类型、影响范围和危害程度也不尽相同。当今全球性的环境问题主要是臭氧层破坏、温室效应和酸雨，不断加剧的水污染，自然资源的破坏和生态环境的继续恶化。21 世纪人口的增长、城市化的加速、交通运输业和旅游业的发展、人们消费水平的提高、消费方式的变化，都将带来一系列新的环境问题。

随着人们对环境和环境问题研究的不断深入，环境科学在短短几十年的时间里迅速发展起来。它不但推动了自然科学各学科的发展，为这些学科开拓了新的研究领域，而且促进了各学科之间的相互渗透。环境化学诞生于 20 世纪 70 年代初期，是一门综合的新兴学科。它不仅运用化学的理论和方法，而且借助物理学、数学、生物学、气象学、地理学和土壤学等多门学科的理论和方法，研究环境中的化学现象的本质，污染物的来源、性质、分布、迁移、转化、归宿和对人类的影响。环境的不断恶化使环境化学的研究和发展受到广泛的重视。

本书在第一版基础上修订而成。本书不仅详细介绍了环境及环境问题的产生，各种污染物在不同环境中的迁移转化过程和规律，污染物带来的环境问题及其影响，环境化学相关的常用监测方法及手段，而且适当地介绍了该领域最新的研究成果和进展，设置了仪器分析实验内容。通过本书的学习，能够了解和掌握环境化学的基本理论，能正确应用它来初步解决有关环境污染的问题，并加强环境保护意识，自觉参与环境保护，共同创建绿色家园。

参加本书编写的有：南开大学张宝贵，华北理工大学郭爱红，仲恺农业工程学院周遗品、张磊，山东农业大学王凤花，西南林业大学邓志华，唐山学院刘艳娟，河南大学李旭辉，天津工业大学韩长秀，华中农业大学邱国红，桂林电子科技大学夏金虹。最后由张宝贵审校定稿，郭爱红负责全书的统稿。第一版作者付出了大量的劳动，打下了良好的基础，在此表示衷心的感谢！

由于作者的水平有限，在内容选取、论点陈述等方面难免存在着不足之处，欢迎各位读者提出宝贵意见。

编　者

第二版前言

目　录

第1章 绪　　论

本章要点

本章主要介绍环境和不同时期的环境问题，介绍环境科学的分支，环境化学的定义、研究内容、研究特点和研究方法。

1.1 环境和环境问题

1.1.1 环境

环境是相对于中心事物而言的，和某一中心事物有关的周围事物都是这个中心事物的环境。

在环境科学中，中心事物是人类，除人类之外的事物都被视为环境，因此，环境就包括人类赖以生存和发展的自然环境和人类创造的社会环境，是两者的综合体。

《中华人民共和国环境保护法》把环境定义为："影响人类生存和发展的各种天然的和经过人工改造的自然因素的总体，包括大气、水、海洋、土地、矿藏、森林、草原、湿地、野生生物、自然遗迹、人文遗迹、自然保护区、风景名胜区、城市和乡村等。"

人类生存的自然环境由大气、水、土壤、阳光和各种生物组成，在环境科学中通常把它们描述成大气圈、水圈、岩石圈和生物圈。四个圈层在太阳能的作用下不断地进行着物质的循环和能量的流动，为人类的出现奠定了基础。人类在生存斗争的过程中开始了改造自然环境的活动。社会环境就是人类在改造自然环境的过程中形成的人工环境。社会环境是人类物质文明和精神文明的标志，并随着人类社会的发展而不断地变化。人类从自然界获取资源，通过生产和消费参与自然环境的物质循环和能量流动，不断地改变着自然环境和社会环境。人类和环境进入了相互依存和相互作用的新阶段。

环境问题是指由于人类活动或自然因素使环境发生不利于人类生存和发展的变化，对人类的生产、生活和健康产生影响的问题。自然环境问题如洪水、干旱、风暴、地震等，人类难以阻止，但可以采取措施减少其不利影响。人类在利用和改造自然的活动中，由于认识能力和科学水平的限制，使大气、水体、土壤等自然环境受到大规模破坏，生态平衡受到日益严重的干扰。正如恩格斯所说："我们不要过分陶醉于我们对自然界的胜利。对于每一次这样的胜利，自然界都报复了我们。每一次胜利，在第一步都确实取得了我们预期的结果，但是在第二步和第三步却有了完全不同的、出乎预料的影响，常常把第一个结果又取消了。"环境科学所研究的环境问题，就是人类对自然环境的"胜利"和自然环境对人类的"报复"。

1.1.2 环境问题的出现和发展

从远古到现在，伴随着人类的发展，人类对环境的破坏也随之发生。但是在不同的历史阶段，由于人类改造环境的水平不同，环境问题的类型、影响范围和危害程度也不尽相同。根据环境问题发生的时间先后、轻重程度和影响范围，大致可将其分为三种类型，即早期环境问题、近现代环境问题和当代环境问题。

1. 早期环境问题

大约170万年前，从人类利用火开始，伴随着工具的制造，人类征服自然的能力一步一步地提高。当时，由于用火不慎，火灾时有发生。人类过度狩猎，使生物资源不断减少。人类生存地的生态平衡遭到破坏，不得不迁往其他地方寻找新的定居点。由于当时人口数量少，活动范围小，人类对自然环境的破坏能力也小。地球生态系统有足够的能力进行自我恢复。

随着农业和畜牧业的发展，出现了第一次人口膨胀，人类改变自然的能力越来越大，相应的环境问题也应运而生。农业革命时期，人们毁林毁草，过度放牧，引起草原退化，水土流失，土壤盐渍化，引发严重的地区性生态环境破坏，造成许多古代文明的衰落。发源于美索不达米亚平原的古巴比伦文明和创建于中美低地热带雨林的玛雅文明，都是因为农业的发展不当而消失的。诞生于尼罗河的古埃及文明和发祥于印度河流域的古印度文明也是由于片面发展农业引起生态环境失衡而衰落的。中华民族的发源地黄河流域，在4000年前，森林茂密，水草丰盛，气候温和，土地肥沃。由于大面积森林遭到砍伐，水土流失加剧，宋代黄河的含沙量已达50%，明代为60%，清代增加到70%，形成了悬河，给中华民族带来了很大的灾难。

2. 近现代环境问题

1) 20世纪五六十年代的“八大公害事件”

从上述内容可以看出，早期的环境问题主要是生态的破坏。18世纪工业革命后，由于生产力迅速发展，机器广泛使用，在人类创造了大量财富的同时也造成了大气、水体、土壤环境要素的污染和噪声的出现。19世纪下半叶，世界最大工业中心之一的伦敦曾多次发生因排放煤烟引起的严重的烟雾事件，每次都有数百人死亡。20世纪以来，特别是第二次世界大战后，社会生产力和科学技术突飞猛进，工业现代化和城市现代化使工业过分集中，人口数量急剧膨胀，对环境形成巨大的压力。环境污染随着工业化的不断发展而深入，从点源污染扩大到区域性污染和多因素污染，最终引起20世纪五六十年代第一次环境问题的爆发。

20世纪五六十年代，在工业发达的国家，“公害事件”层出不穷，导致成千上万人患病，甚至有不少人丧生。其中，最引人注目的就是“世界八大公害事件”。

(1)“马斯河谷烟雾事件”。

1930年12月1—5日比利时马斯河谷工业区发生了持续5天的由燃煤有害气体和粉尘污染引起的烟雾事件。马斯河两侧高山矗立，许多重型工厂如炼焦、炼钢、电力、玻璃、炼锌、硫酸、化肥厂等鳞次栉比地分布在长24 km的河谷地带。1930年12月初，这里气候反常，出现逆温层，整个工业区被烟雾覆盖，工厂排出的有害气体在靠近地面的浓雾层中积累。从第3天起，有几千人发生呼吸道疾病，不同年龄的人开始出现流泪、喉痛、声嘶、咳嗽、呼吸短促、胸口窒闷、恶心、呕吐等症状，有60人死亡，大多数是心脏病和肺病患者，同时大批家畜死亡。尸体解剖证实，刺激性化学物质二氧化硫损害呼吸道内壁是致死的主要原因。当时大气中二氧化硫的浓度为25～100 mg/m^3，再加上空气中的氮氧化物和金属氧化物尘埃加速了二氧化硫向三氧化硫的转化，当这些气体渗入肺部时，加剧了致病作用，造成了这次灾难。

(2)“多诺拉烟雾事件”。

1948年10月26—31日美国宾夕法尼亚州多诺拉镇发生了烟雾事件。当时记者做了这样的记载：“10月27日早晨，烟雾笼罩着多诺拉。气候潮湿寒冷、阴云密布，地面处于死风状态，整整2天笼罩在烟雾之中，而且烟雾越来越稠厚，吸附凝结在一块。事先也仅仅能看到企业的对面,除了烟囱之外,工厂都消失在烟雾中。空气开始使人作呕,甚至有种怪味,是二氧化硫的刺激性气味。每个外出的人都明显感觉到这点,但是并没有引起警觉。二氧化硫气味是在燃煤和熔炼矿物时放出的,在多诺拉的每次烟雾中都有这种污染物。这一次看来只是比平常更为严重。"在空气污染的4天内,1.4万人的小镇发病者达5511人。症状较轻的是眼痛、喉痛、流鼻涕、干咳、头痛、肢体酸乏;中度患者的症状是咳痰、胸闷、呕吐、腹泻;重症患者是综合性症状,共有17人死亡。死者的尸体解剖证明,肺部有急剧刺激引起的变化,如血管扩张出血、水肿、支气管含脓等。一些慢性心血管病患者由于病情加剧,促成心血管病发作导致死亡。根据推断,由于二氧化硫浓度高,它与金属元素和某些化合物发生反应生成的硫酸铵是这次事件的主要危害物,二氧化硫氧化作用产物与大气中烟尘颗粒结合是致害因素。

(3)"洛杉矶光化学烟雾事件"。

1943年5—10月,在美国滨海城市洛杉矶发生由汽车排放的尾气在日光作用下形成的毒物对人造成危害的事件。洛杉矶背山临海,三面环山,是1个口袋形的长50 km的盆地,1年中有300天会出现逆温现象。当时,洛杉矶有250万辆汽车。汽车尾气在阳光作用下与空气中其他化学成分发生化学反应,产生一种淡蓝色烟雾。这种烟雾在逆温状态下扩散不出去,长期滞留在市内,刺激人的眼、鼻、喉,引起眼病、喉头炎和不同程度的头痛,严重时可造成死亡。同时也使家畜患病,妨碍农作物和植物生长,腐蚀材料和建筑物,使橡胶制品老化。烟雾使大气混浊,降低了大气的能见度,影响了汽车和飞机的安全行驶,造成车祸和飞机坠毁事件增多等危害。经过研究,证明烟雾中含有臭氧、氮氧化物、乙醛、过氧化物和过氧乙酰硝酸酯等刺激性物质。

(4)"伦敦烟雾事件"。

1952年12月5日,伦敦处于大型移动型高压脊气象,使伦敦上方的空气处于无风状态,气温成逆温状态,城市上空烟尘累积,持续4～5天烟雾弥漫,大气中烟尘浓度达到4.5 mg/m^3,二氧化硫浓度为3.8 mg/m^3,使几千市民胸口窒闷并发生咳嗽、咽喉肿痛、呕吐等症状。事故发生当天死亡率上升,到第3天和第4天,发病率和死亡率急剧增加。4天中死亡人数比常年同期多4000多人,支气管炎、冠心病、肺结核、心脏衰竭、肺炎、肺癌、流感等病的死亡率均成倍增加。甚至在烟雾事件后2个月内,还陆续有8000人病死。这次事件之后才引起英国政府的重视,采取有力措施控制空气污染。

(5)"水俣病事件"。

1953—1956年,日本熊本县水俣镇发生了"水俣病事件"。水俣镇周围居住着10000多户渔民和农民。1925年新日本氮肥公司在这里建立,后来扩建成合成醋酸(乙酸)厂,1949年开始生产聚氯乙烯,并成为一个大企业。1950年这里渔民发现"猫自杀"怪现象,即有些猫步态不稳,抽筋麻痹,最后跳入水中溺死。1953年水俣镇渔村出现了原因不明的中枢神经性疾病患者,患者开始口齿不清,步态不稳,面部痴呆,后来耳聋眼瞎,全身麻木,继而精神异常,一会儿酣睡,一会儿异常兴奋,最后身体如弯弓,在高声尖叫中死去。1956年这类患者增加至96人,其中死亡18人。1958年新日本氮肥公司把废水引至水俣川北部,在6～7个月后,这个新的污染区出现18个同种症状的患者。1959—1963年学者们才分离得到氯化甲基汞结晶这个导致"水俣病"的罪魁祸首,揭开了污染之谜。原来是新日本氮肥公司在生产聚氯乙烯和乙酸乙烯时,采用低成本的水银催化剂工艺,将含有汞的催化剂和大量含有甲基汞的废水和废渣排入水俣湾中,甲基汞在鱼、贝中积累,通过食物链使人中毒致病。

(6)“痛痛病事件”。

1955—1972年,日本富士县神通川流域发生了“痛痛病事件”。锌、铅冶炼厂排放的含镉废水污染了神通川水体。两岸居民均采用河水灌溉农田,使稻米含镉,居民食用含镉稻米和饮用含镉废水而中毒。据记载,日本三井金属矿业公司于1913年就开始在神通川上游炼锌。1931年就出现过怪病,当时不知道是什么病,也不知道是怎样得的。1955年神通川河里的鱼大量死亡,两岸稻田大面积死秧减产。1955年以后,又出现怪病,患者初期是腰、背、膝关节疼痛,随后遍及全身,身体各部分神经痛和全身骨痛,使人无法行动,以致呼吸都带来难以忍受的痛苦,最后骨骼软化萎缩、自然骨折,直到饮食不进,在衰弱和疼痛中死去。从患者的尸体解剖发现,有的骨折达到70多处,身长缩短30 cm,骨骼严重畸形。1961年查明骨痛病与锌厂的废水有关。1965年井冈大学教授发表论文阐述了骨痛病与上游矿山废水之间的关系,并用原子吸收光谱分析证实了骨痛病是三井金属矿业公司废水中的镉造成的。据统计,1963—1968年,共有确诊患者258人,死亡128人。

(7)“四日市气喘病事件”。

1961年,日本四日市发生了气喘病事件。四日市位于日本东海的伊势湾,有近海临河的交通之便。1955年这里建成第一座炼油厂,接着建成3个大的石油联合企业,三菱石油化工等10多个大厂和100多个中小企业都聚集在这里。石油工业和矿物燃料燃烧排放的粉尘和二氧化硫超过允许浓度的5～6倍。烟雾中含有有毒的铅、锰、钛等重金属粉尘。二氧化硫在重金属粉尘的催化作用下形成硫酸烟雾,被人吸入肺部后引起支气管炎、支气管哮喘以及肺气肿等许多呼吸道疾病。1961年全市哮喘病大发作,1964年严重患者开始死亡,1967年有些患者不堪忍受痛苦而自杀,到1970年患者已经达到500多人,1972年确认哮喘患者817人,死亡10多人。

(8)“米糠油事件”。

1968年3月,日本九州、四国等地有几十万只鸡突然死亡,经检验发现饲料中有毒,但没有引起人们注意。不久,在北九州、爱知县一带发现一种奇怪的病:起初患者眼皮发肿,手掌出汗,全身起红疙瘩,严重者呕吐不止,肝功能下降,全身肌肉疼痛,咳嗽不止,有的医治无效死亡。这种病来势很猛,患者很快达到1400多人,并且蔓延到北九州23个府县,当年7月、8月达到高潮,患者达到5000多人,有16人死亡,实际受害者达1.3万多人。后来查明,这是九州大牟田市一家粮食加工公司食用油工厂在生产米糠油时为了降低成本,在脱臭工艺中使用多氯联苯作为热载体,因管理不善,这种化合物混进米糠油中,有毒的米糠油销往各地,造成许多人生病或者死亡。生产米糠油的副产品——黑油作为家禽饲料,又造成几十万只鸡死亡。

2) 20世纪70年代以来的“六大公害事件”

20世纪70年代以来,发达国家的大气污染和水体污染事件还没有得到有效解决,不少发展中国家的经济也跟了上来,而且重复了发达国家发展经济的老路,使20世纪70年代到90年代的近20年的时间中,全球平均每年发生200多起较严重的环境污染事件。其中,最为严重的就是“六大公害事件”。

(1)“塞维索化学污染事件”。

1976年7月10日,意大利北部塞维索地区,距米兰市20 km的一家药厂的一个化学反应器发生放热反应,高压气体冲开安全阀,发生爆炸,致使三氯苯酚大量扩散,引起附近农药厂3500桶废物泄漏。据检测,废物中二噁英浓度达40 mg/kg。这次事件的严重污染面积达1.08 km^2,涉及居民670人,轻度污染区为2.7 km^2,涉及居民4855人。事故发生后5天,出现鸟、兔、鱼等死亡现象，发现儿童和该厂工人患上氯痤疮等炎症，当地污水处理厂的沉积物和花园土壤中均测出较高含量的毒物。事隔多年后，当地居民的畸形儿出生率和以前相比大为增加。

(2)“三哩岛核电站泄漏事件”。

1979年3月28日，美国三哩岛核电站的堆芯熔化事故使周围80 km内约200万人处于不安之中。停课、停工，人员纷纷撤离。事故后的恢复工作在10年间就耗资10多亿美元。

(3)“墨西哥液化气爆炸事件”。

1984年11月19日，墨西哥国家石油公司液化气供应中心发生液化气爆炸，对周围环境造成严重危害，造成54座储气罐爆炸起火。该事件中，死亡1000多人，伤4000多人，毁房1400余幢，3万人无家可归，周围50万居民被迫逃难，给墨西哥城带来了灾难，社会经济及人民生命蒙受巨大的损失。

(4)“博帕尔农药泄漏事件”。

1984年12月3日，印度博帕尔市的美国联合碳化物公司农药厂大约有4.5×10^5 t农药剧毒原料甲基异氰酸甲酯泄漏，毒性物质以气体形态迅速扩散，1 h后市区被浓烟笼罩，人畜尸体到处可见，植物枯萎，湖水混浊。该事件导致2万人死亡，5万人失明，20万人不同程度遭到伤害。数千头牲畜被毒死，受害面积达40 km^2。

(5)“切尔诺贝利核电站泄漏事件”。

1986年4月26日，苏联乌克兰基辅地区切尔诺贝利核电站4号反应堆爆炸，放射性物质大量外泄。3个月内31人死亡，到1989年底有237人受到严重放射伤害而死亡。截至2000年共有1.5万人死亡，5万人残疾。距电站7 km内的树木全部死亡。预计半个世纪内，距电站10 km内不能放牧，100 km内放牧的牛不能生产牛奶。参与事后清理以及为发生爆炸的4号反应堆建设保护罩的60万人仍需接受定期体检。该事故产生的核污染飘尘使北欧、东欧等国大气层中放射性尘埃飘浮高达一周之久，是世界上第一次核电站污染环境的严重事故。

(6)“莱茵河污染事件”。

1986年11月1日，瑞士巴塞尔市桑多兹化学公司一座仓库爆炸起火，使30 t剧毒的碳化物、磷化物和含汞的化工产品随灭火剂进入莱茵河，酿成西欧10年来最大的污染事故。莱茵河顺流而下的150 km内，60多万条鱼和大量水鸟死亡。沿岸法国、德国、芬兰等国家一些城镇的河水、井水和自来水禁用。

3. 当代环境问题

20世纪80年代中期以来，全球环境仍在进一步恶化。1985年发现南极上空出现的“臭氧空洞”引发了新一轮环境问题的高潮。新一轮的环境问题由区域性环境问题变成全球性环境问题。其中与人类生存休戚相关的“三大核心问题”为“臭氧层破坏”“全球变暖”和“酸雨蔓延”。

1)“臭氧层破坏”

1985年，英国科学家Farman等人报道了Halley Bay观测站自1975年以来每年10月份大气中臭氧浓度的减少大于30%这一观测结果，还指出1957—1975年大气中臭氧的浓度变化很小。1986年，Stolarski根据美国的“风云7号”卫星收集的数据，证实1979—1984年的10月份在南极地区确实出现了大气中臭氧浓度的减少。1985年仅为正常值的60%～70%，与周围相对较高浓度的臭氧相比，好像形成了一个“洞”。臭氧空洞(ozone hole)现象受到全世界的高度重视。

2)“全球变暖”

1979年2月,在日内瓦召开了第一次世界气候大会(FWCC)上,科学家们将全球变暖问题提上了科学研究的日程。

自1860年有全球温度的仪器记录,至1900年期间,全球陆地与海洋的平均温度上升了0.75 ℃;20世纪50年代开始的较为精确的大气气球观测表明,近地面8 km以内的大气升温与地面空气温度情况相似,升幅为每10年0.1 ℃;1979年开始了卫星观测,卫星和大气气球观测结果显示,地面空气温度升幅高达每10年(0.15±0.05) ℃,20世纪80年代的全球平均气温比19世纪下半叶升高了约0.6 ℃。这种升温的趋势很可能继续下去,除非采取有效的措施加以控制。

大气中的CO_2等气体吸收地球释放出来的红外辐射,阻止地球热量的散失,使地球气温升高。促使地球气温升高的气体称为“温室气体”。“温室气体”中数量最多的是CO_2,占大气总容量的0.03%左右。总体上说,全球的平均地面气温呈现出明显的上升趋势。另外一些预测表明,CO_2含量增加到目前的2倍时,地表平均温度会上升1.5~4.5 ℃。温室效应及全球变暖的趋势引起全世界高度的关注。

3)“酸雨蔓延”

“酸雨”一词是1872年由英国科学家Smith提出的,他在《空气和降雨:化学气候学的开端》一书中讨论了影响降水的许多因素,提出了降水化学的空间可变性,并对降水的组分SO_4^{2-}、NH_4^+、NO_3^-和Cl^-等进行了分析,指出了酸雨对植物和材料的危害。1930年,Potter最早采用pH值来表示雨水、饮用水等的检测结果。1955年,Gorham指出:工业区附近的降水的酸性是由矿物燃料燃烧排放造成的;湖泊的酸化是由酸性降水造成的;土壤酸性是由降水中的硫酸造成的。这些研究为酸雨的研究发展奠定了基础。

20世纪五六十年代,北欧的一些国家如瑞典、挪威等的酸雨问题比较严重,这主要是周围的一些工业发达国家排放的大量大气污染物造成的。20世纪七八十年代,酸雨的范围扩大到中欧。在北美,美国东部和北部的五大湖,美、加交界区也形成了大面积酸雨区。20世纪80年代以来,除北美和欧洲以外,东北亚,主要是日本、韩国和中国的酸雨区迅速扩展为世界第三大酸雨区。酸雨已经成了名副其实的全球性环境问题。

1.1.3 全球面临的重大环境问题

1. 资源紧缺

人口的剧增、人类消费水平的提高,使地球的资源变得紧缺。全球人口1804年只有10亿,1927年突破20亿,1960年接近30亿,1975年达到40亿,1990年达到53亿,1999年超过60亿,2016年已达70多亿。要供养如此多的人口,人类不得不掠夺式地开发自然资源。按照目前的开采速率,全球已经探明贮量的煤炭还能持续200年左右,而石油和天然气分别只能维持大约40年和70年。发达的工业化国家,每人每年需要45~85 t的自然资源。目前,生产100美元的产值需要300 kg的原始自然资源。全世界大约有95个国家的农村,近一半人口日常生活依赖生物质能源。这些人中,约有60%靠砍伐树木取得柴薪,还有的地区以秸秆为柴,造成了森林的破坏和土地的沙化,使农业生态环境进一步恶化。

随着全球经济的发展,人类对淡水资源的需求也在不断增长。2000年,人类用水量是1975年的2~3倍。目前,全球有100多个国家缺水,有43个国家严重缺水,约有17亿人得不到安全的饮用水,超过6.63亿人在家园附近没有安全水源。水体污染加剧,对解决水资源短缺问题更是雪上加霜。目前，全球污水已达到 4.0×10^{11} m^3，约 5.5×10^{12} m^3 水体受到污染，占全球径流量的14%以上。随着工业的飞速发展，海洋运输和海洋开采也得到不断发展。海洋污染越来越严重。农业灌溉对淡水的浪费、地下水超量开采，都使水资源成为21世纪最紧迫的资源问题。

2. 气候变化

全球变暖趋势越来越受到人们的关注。在过去的125年，全球平均地面温度上升了约0.6 ℃，北极地区升温是其他地区的2倍，冰川大面积消融，海平面上升14～25 cm。引起全球变暖的主要原因是"温室效应"。大气中具有温室效应的气体有30多种，其中 CO_2 起到很大的作用。在人类社会实现工业产业化的19世纪，全球每年排放 CO_2 约 9.0×10^6 t，1850年大气中 CO_2 的浓度为280 mL/m^3；20世纪末年均排放量为 2.3×10^{10} t，20世纪末大气中 CO_2 的浓度增至375 mL/m^3；2015年大气中 CO_2 的平均浓度首次达到400 mL/m^3。大气中 CO_2 的浓度正在以每年约0.4%的速度增加。

温室效应增加了全球气象灾难事件的数量和危害程度。2006—2007年的暖冬，厄尔尼诺现象频繁发生，拉尼娜现象接踵而来，给世界造成了巨大的损失。初步研究表明，全球气候变暖会引起温度带的北移，进而导致大气运动发生相应的变化。蒸发量增加将导致全球降水量的增加，而且分布不均。一般而言，低纬度地区现有雨带的降水量会增加，高纬度地区冬季降雪量也会增加，而中纬度地区夏季降水量会减少。对于大多数干旱、半干旱地区，降水量增加是有利的，而对于降水量较少的地区，如北美洲中部、中国西北内陆地区，则会因为夏季雨量的减少变得更加干旱，水源更加紧张。

在综合考虑海水热胀、极地降水量增加导致的南极冰帽增大、北极和高山冰雪融化因素的前提下，当全球气温升高1.5～4.5 ℃时，海平面将可能出现明显上升。海平面的上升无疑会改变海岸线格局，给沿海地区带来巨大影响，海拔较低的沿海地区将面临被淹没的危险。海平面上升还会导致海水倒灌、排洪不畅、土地盐渍化等后果。

尽管存在着许多不确定性，但显而易见的是，全球气候变暖对气候带、降水量以及海平面的影响以及由此导致的对人类居住地及生态系统的影响是极其复杂的，必须给予足够的重视。

3. 酸雨蔓延

1972年6月在第一次人类环境会议上瑞典政府提交了《穿越国界的大气污染：大气和降水中的硫对环境的影响》报告。1982年6月在瑞典斯德哥尔摩召开了"国际环境酸化会议"，这标志着酸雨污染已成为当今世界重要的环境问题之一。20世纪以来，世界最严重的三大酸雨区是西北欧、北美和中国。欧洲北部的斯堪的纳维亚半岛是最早发现酸雨并引起注意的地区，在20世纪70年代，西北欧的降水pH值降低至4.0。全世界的酸雨污染范围日益扩大，原只发生在北美和欧洲工业发达国家的酸雨，逐渐向一些发展中国家(如印度、东南亚国家、中国等)扩展，同时酸雨的酸度也在逐渐增加。欧洲大气化学监测网近20年连续监测的结果表明，欧洲雨水的酸度增加了10%，瑞典、丹麦、波兰、德国、加拿大等国的酸雨pH值多为4.0～4.5，美国酸雨pH值在4.8以下的有许多州。

中国是个燃煤大国，煤炭消耗约占能源消费总量的75%。随着耗煤量的增加，二氧化硫的排放量也不断增长。20世纪80年代，中国酸雨主要还只发生在以重庆、贵阳和柳州为代表的四川、贵州和两广地区，酸雨面积 1.7×10^6 km^2。到了20世纪90年代中期，酸雨已发展到长江以南、青藏高原以东的广大地区，酸雨面积扩大了 1.0×10^6 km^2。以长沙、赣州、南昌、怀化为代表的华中酸雨区现已成为全国酸雨污染最严重的地区，其中心区年降水pH值低于

4.0,酸雨频率高达90%,华北、东北的局部地区也出现酸性降水。随着我国对二氧化硫和氮氧化物的综合治理,酸雨的酸度有下降趋势;尤其是全国范围内“煤改气工程”“燃煤清洁化”“能源结构多样化”等措施实施后,酸雨的范围和酸度也会发生较大的变化。

4. 臭氧层破坏

臭氧层存在于对流层上面的平流层中,臭氧在大气中从地面到70 km的高空都有分布,其最大浓度在中纬度24 km的高空,向极地缓慢降低。20世纪50年代末到70年代就发现臭氧浓度有减小的趋势。1985年英国南极考察队在南纬60°地区观测发现臭氧空洞,引起世界各国极大关注。不仅在南极,在北极上空也出现了臭氧减少现象。特别是在1991年2月和1992年3月,北极某地区臭氧下降15%～20%。研究检测表明,1979—1994年中纬度地区,北半球每10年臭氧下降6%(冬季和春季)或3%(夏季和秋季);南半球每10年臭氧下降4%～5%;热带地区没有观察到明显的臭氧下降。

1994年,南极上空的臭氧层破坏面积已达2.4×10^{7} km^2,北极地区上空的臭氧含量也有减少,在某些月份比20世纪60年代减少了25%～30%;欧洲和北美上空的臭氧层平均减少了10%～15%;西伯利亚上空甚至减少了35%。1998年9月,南极的臭氧空洞面积已经扩大到2.5×10^{7} km^2。2000年,南极上空的臭氧空洞面积达2.8×10^{7} km^2。2003年臭氧空洞最大面积约为2.9×10^{7} km^2。在被称为世界“第三极”的青藏高原,中国大气物理及气象学者的观测也发现,青藏高原上空的臭氧正在以每10年2.7%的速度减少,已经形成大气层中的第三个臭氧空洞。

虽然人类已采取多种措施保护臭氧层,但南极上空的臭氧空洞依然很大,臭氧层修复的速度远非预期的那样快。美国宇航局、美国国家海洋与大气管理局和美国国家大气研究中心共同进行的一项研究认为,南极地区的臭氧空洞将一直持续到2068年,而原先科学家曾预估该臭氧空洞将在2050年后完全消失。如果臭氧层破坏按照现在的速率进行下去,预计到2075年,全球皮肤癌患者将达到1.5亿人,白内障患者将达到1800万人,农作物将减产7.5%,水产资源将损失25%,人体免疫功能也将减退。

5. 生态环境退化

人类从环境攫取资源的同时,由于缺少合理的开发方式和相应的保护措施破坏了自然的生态平衡。大量的水土流失使土地的生产力退化甚至荒漠化。荒漠化作为一种自然现象,不再是一个单纯的生态问题,已经演变成严重的经济和社会问题,它使世界上越来越多的人失去了最基本的生存条件,甚至成为“生态难民”。目前,尽管各国人民都在进行着同荒漠化的抗争,但荒漠化仍以每年$(5\sim7)\times10^{4}$ km^2的速率扩展,全球荒漠化面积达到3.8×10^{7} km^2,占地球陆地总面积的1/4,使世界2/3的国家和1/5的人口受到其影响。

由于人口膨胀,对粮食、树木的需求不断增长,森林遭到严重破坏。在人类历史过去的8000年中,有一半的森林被开辟成农田、牧场或作他用。1990年,全球森林面积约4.128×10^{7} km^2,占全球土地面积的31.6%,而到2015年则变为30.6%,约3.999×10^{7} km^2。1990—2000年全球年均净减少森林面积8.9×10^{4} km^2,2000—2005年全球年均净减少森林面积7.3×10^{4} km^2。2010—2015年,非洲和南美洲森林的年损失率最高,森林面积分别减少2.8×10^{4} km^2和2×10^{4} km^2。全球森林主要集中在南美、俄罗斯、中非和东南亚。全球森林的破坏主要表现为热带雨林的消失。热带雨林大面积的滥伐将导致水土流失的加剧、灾害的增加和物种消失等一系列的生态环境问题。

森林的大面积减少、草原的退化、湿地的干枯、环境的污染和人类的捕杀使生物物种急剧减少，许多物种濒临灭绝。2012 年世界自然保护联盟(IUCN)濒危物种红色名录被评估的 63837 个物种中，801 个物种已灭绝，63 个物种野外灭绝，3947 个物种严重濒危，5766 个物种濒危，10104 个物种脆弱(易受伤害)。

6. 城市环境恶化

目前，全球正处在城市化速率加快的时期，城市工业发展，基础建设推进，生活废弃物使城市环境污染越来越突出。大气污染使许多城市处于烟雾弥漫之中，全球城市废水量已达到几千亿吨。发展中国家 95%以上的污水未经处理直接排放，严重污染了城市水体。由于城市人口的不断膨胀，造成居住环境压力日益增大。住房拥挤是当代世界各国普遍存在的重大社会问题。近期还发现，由混凝土、砖、石等建材中放射性元素镭蜕变产生的放射性氡污染严重。随着办公自动化的出现和家用电器的广泛使用，室内电磁辐射的污染也日趋增长。随着交通运输的发展和车辆保有量的不断增加，交通堵塞和交通噪声已成为城市环境污染的特征之一。城市发展造成资源的大量消耗，产生的垃圾与日俱增。垃圾围城已成为世界城市化的难题之一。大量堆放的垃圾，侵占土地，破坏农田，污染水体和大气，传播疾病，危害人类健康。工业化国家向第三世界国家转移有害的生产和生活垃圾，造成了全球更广泛的环境污染。

7. 新的环境隐患

全球变暖，使病菌繁殖速率加快；经济全球化使得人员和产品流动频繁，病菌传播概率增加；城市环境恶化，现代病增多；抗生素和杀虫剂的广泛使用，可能产生病菌变异，使人类在 21 世纪有可能遭到新旧传染病的围攻。世界卫生组织(WHO)发布报告：医学的发展赶不上疾病的变化，人类健康面临威胁。全球处在一个疾病传播速率最快、范围最广的时期。

1.2 人类环境保护的历程

人类在发展的过程中，也一直在反思人类活动带来的环境问题，但是由于环境问题的滞后性和科技水平的有限性，当环境问题被发现时，就已经不好解决了。环境保护的渊源可以追溯到古希腊时代。1962 年，美国海洋生物学家 Carson 出版了《寂静的春天》，这是人类环境意识的划时代作品。该书从污染生态学的角度阐述了人类同大气、水体、土壤和生物之间的密切关系。1972 年《增长的极限》提出环境问题不单单是污染问题，也包括生态问题和资源问题。环境问题不仅是技术问题，还是一个社会经济问题。

1972 年 6 月 5—16 日，联合国在瑞典首都斯德哥尔摩召开了人类环境会议。113 个国家和一些国际机构的 1300 多名代表参加了该会议。会议发表了《只有一个地球》的报告，通过《人类环境宣言》，联合国正式组建了联合国环境规划署(UNEP)。

1992 年 6 月在巴西里约召开了联合国环境与发展大会。183 个国家和地区、70 多个国际组织、102 位国家元首到会。会议通过《里约环境与发展宣言》和《21 世纪议程》两个纲领性文件以及《关于森林问题的原则声明》，签署了《气候变化框架公约》和《生物多样性公约》。

2002 年 8 月，在约翰内斯堡举行联合国可持续发展世界首脑会议。192 个国家、104 位国家元首和政府首脑、17000 名代表出席会议。会议通过《约翰内斯堡可持续发展承诺》和《可持续发展世界首脑会议执行计划》两个重要文件，达成了一系列关于可持续发展行动的《伙伴关系项目倡议书》。这些文件明确了未来 10～20 年人类拯救地球、保护环境、消除贫困、促进繁荣的世界可持续发展蓝图。

1.3　环境科学和环境化学

随着人们对环境和环境问题研究的不断深入,环境科学在短短几十年的时间里迅速发展起来。它不但推动了自然科学各学科的发展,为这些学科开拓了新的研究领域,还促进了各学科之间的相互渗透。环境科学是主要研究环境结构与状态的运动变化规律及其与人类社会活动之间的关系,人类社会与环境之间协同演化、持续发展的规律和具体途径的学科。环境科学的发展经历了两个重要历史阶段。

第一阶段是直接运用地学、生物学、化学、物理学、公共卫生学、工程技术科学的原理和方法,阐明环境污染的程度、危害和机理,探索相应的治理措施和方法,由此发展出环境地学、环境生物学、环境化学、环境物理学、环境医学、环境工程学等一系列新的边缘性分支学科。

第二阶段是把社会与环境的直接演化作为研究对象,综合考虑人口、经济、资源与环境等主要因素的制约关系,从多层次乃至最高层次上探讨人与环境协调演化的具体途径。

1.3.1　环境科学体系

环境科学按其性质和作用可以划分为三部分:环境基础科学、环境技术学及环境社会学。

环境基础科学包括环境生物学、环境物理学、环境化学、环境生态学、环境医学和环境地学等。

环境生物学主要研究生物与受人类干预的环境之间的相互作用机理和规律。环境物理学研究物理环境和人类之间的相互作用,主要研究声、光、热、电磁场和射线对人类的影响,以及消除其不良影响的技术途径和措施,包含环境声学、环境光学、环境热学、环境电磁学、环境空气动力学。环境化学是运用化学的理论和方法,研究大气、水、土壤环境中潜在有害有毒化学物质含量的鉴定和测定、污染物存在形态、迁移转化规律、生态效应以及减少或消除其产生的学科,主要包括环境分析化学、环境污染化学、污染控制化学。环境生态学是研究人为干扰下,生态系统内在的变化机理、规律和对人类的反效应,寻找受损生态系统恢复、重建和保护对策的学科。环境医学主要研究环境流行病学、环境毒理学和环境医学监测。环境地学是以人、地系统为对象,研究它的发生和发展、组成和结构、调节和控制、改造和利用的学科。

环境技术学包括环境工程学和环境工效学等。

环境工程学是运用工程技术的原理和方法,防治环境污染,合理利用自然资源,保护和改善环境质量,包括环境污染防治工程技术、环境系统工程和环境水利工程等。环境工效学研究环境因素与工作效率的关系。

环境社会学包括环境管理学、环境法学、环境经济学、环境教育学、环境伦理学、环境美学和环境心理学等。

环境管理学包括环境质量评价学、环境规划学等。环境法学研究关于保护自然资源和防治环境污染的立法体系、法律制度和法律措施,目的在于调整因保护环境而产生的社会关系。环境经济学运用经济科学和环境科学的原理和方法,分析经济发展和环境保护的矛盾,以及经济再生产、人口再生产和自然再生产三者之间的关系,选择经济、合理的物质变换方式,以便用最小的劳动消耗为人类创造清洁、舒适、优美的生活和工作环境。环境教育学是以跨学科培训为特征,唤起受教育者的环境意识,理解人类与环境的相关关系,发展解决环境问题的技能,树立正确的环境价值观和态度的一门教育学科。环境伦理学从伦理和哲学的角度研究人类与环境的关系，是人类对待环境的思维和行为的准绳。环境美学研究的主要对象是人类生存环境的审美要求，环境美感对于人的生理和心理作用，进而探讨这种作用对于人们身体健康和工作效率的影响。环境心理学是从心理学角度保持符合人们心愿的环境的一门学科。

1.3.2 环境化学及其研究内容、研究特点和研究方法

1. 环境化学的定义

1972年Honne在所著《环境化学》定义："环境化学是研究岩石圈、水圈、生物圈、外层大气圈的化学组成和其中发生的过程，特别是界面上的化学组成和过程的学科。"

《自然科学学科发展战略研究报告：环境化学》一书提出："环境化学是一门研究潜在有害化学物质在环境介质中的存在、行为、效应(生态效应、人体健康效应及其他环境效应)以及减少或消除其产生的科学。"

我国环境学家戴树桂等认为："环境化学是一门研究有害化学物质在环境介质中的存在、化学特性、行为和效应及其控制的化学原理和方法的科学。它既是环境科学的核心组成部分，也是化学科学的一个新的重要分支。"

2. 环境化学研究内容

环境化学诞生于20世纪70年代初期，是一门综合的新兴学科。它不仅运用化学的理论和方法，而且借助物理学、数学、生物学、气象学、地理学和土壤学等多门学科的理论和方法，研究环境中的化学现象的本质，污染物的来源、性质、分布、迁移、转化、归宿和对人类的影响。环境化学主要包括环境分析化学、环境污染化学、污染控制化学等。

1）环境分析化学

环境分析化学研究如何运用先进的实验仪器和科学技术分离、识别和定量测定环境污染物的成分、形态和含量，是环境污染化学和污染控制化学的基础。

2）环境污染化学

环境污染化学研究污染物在环境中存在形态及其迁移、转化和归宿。它主要包括水环境化学、大气环境化学、土壤环境化学等。

3）污染控制化学

以环境分析化学和环境污染化学的数据为依据，主要研究有效防治污染的物理化学、化学、生物化学和放射化学的方法，为高效污染控制工艺和清洁生产提供科学基础。

3. 环境化学研究特点

环境化学是研究广度的、巨大的地球系统中化学污染物变化规律的科学，其研究特点如下。

(1) 研究对象组成复杂、形态多变。

环境化学研究对象不仅包括各环境要素中存在的化学物质，还有人类在生产和生活中制造的化学物质。不同的物质其形态、物理化学变化不同，即使是同一种污染物，还包含不同的化学形态。

(2) 研究对象浓度低、分布广。

环境中污染物的浓度水平往往为10^{-6}、10^{-9}和10^{-12}数量级，而其存在环境中的其他化合物大多处于常量水平。这就要求一系列先进技术来解决痕量物质的定性和定量分析问题，还需要建立低浓度下污染物物理化学性质和行为研究的技术和方法。

(3) 研究结果重现性差。

环境污染物在环境要素中的迁移、转化受到许多因素的影响。这些因素的改变会直接影

响其在环境要素中的行为。因此实验的结果往往不具有重现性。

(4) 研究过程需要多学科配合。

环境污染物在环境中的存在形态、分布、迁移转化和归宿，尤其是它们在环境中的物理的、化学的和生物的效应，需要物理、化学、生物、数学、气象学、医学、地学等学科的结合去观察和分析。因此在学习环境化学时，不但要求学生掌握一定的化学基础和实验技巧，还要求更广泛地掌握自然科学的其他学科的知识。

4. 环境化学研究方法

环境化学的主要研究方法包括现场实测、实验室研究和计算机模拟研究等。

1) 现场实测

按照有关要求，在所研究区域内直接布点，采集样品，处理测定，根据监测结果了解污染物的时空分布和变化趋势。

2) 实验室研究

实验室研究包括环境物质分析、基础化学研究、基础数据测定和实验室模拟研究等。实验室模拟可以排除气象、地形等物理因素的影响，单纯研究化学变化过程，也可以确定一种影响因素，研究它对污染物环境行为的作用。

3) 计算机模拟研究

通过建立数学模型，进行参数估值和模型检验，模拟化学物质在环境中的分布、迁移、转化和归宿过程，证明实测结果的可信度，预测污染的发展趋势。

思考与练习题

1. 什么是环境问题？如何认识当前的环境问题？
2. 环境科学按其性质和作用可以划分为几部分？各部分有哪些分支学科？
3. 根据环境化学的研究内容和研究特点，怎样才能学好环境化学这门课程？
4. 环境化学有哪些主要的参考书籍和科技杂志？

主要参考文献

[1] 王晓蓉. 环境化学[M]. 南京：南京大学出版社，1993.
[2] 戴树桂. 环境化学[M]. 北京：高等教育出版社，1997.
[3] 中国大百科全书·环境科学编委会. 中国大百科全书·环境科学[M]. 北京：中国大百科全书出版社，2002.
[4] 赵睿新. 环境污染化学[M]. 北京：化学工业出版社，2004.
[5] 张瑾. 环境化学导论[M]. 北京：化学工业出版社，2008.
[6] 韦薇. 环境化学概论[M]. 北京：北京师范大学出版社，2008.

第2章　大气环境化学

本章要点

本章主要介绍大气的组成与结构，大气中的主要污染物及其来源，大气污染物的迁移扩散及其影响因素，主要大气污染物的转化过程，典型大气污染现象产生的原因、危害及防治对策。简要介绍大气污染控制技术。

2.1　大气的组成和结构

2.1.1　大气的组成

1. 大气的组成

大气(atmosphere)是指包围在地球表面并随地球转动的一层气体，又称为大气层或大气圈，其厚度为从地表到1000～3000 km的高度，总质量约为5.14×10^{18} kg。大气的组成比较复杂，大体上可分为三大类，即干洁空气、水蒸气和颗粒物(包括固体颗粒和液体颗粒)。

除去水分和“杂质”外的大气称为干洁空气。干洁空气由许多组分构成，可以根据各种组分所占的比例分为主要组分、次要组分、微量组分，如表2-1所示。其中N_2和O_2为主要组分，其体积分数分别为78.08%和20.95%，两者之和占了干洁空气的99.03%；其次是氩(Ar)和CO_2，其体积分数分别为0.93%和0.032%；其余微量组分总和不到0.01%。

大气中还有一些数量极为微量、停留时间极短的组分在表2-1中没有列出，如大气发生光化学反应生成的游离基(或称自由基)HO·、HO_2·、RO·、RO_2·等，它们既是大气光化学反应的产物，又在进一步的光化学反应中起着非常重要的作用。

大气中存在的水分有三种状态，即气态水(水蒸气)、液态水(水滴)、固态水(冰晶)。大气中水分含量是易变化的，其总量很大，但在大气中停留时间很短，一般约为10天。大气中水分含量的多少和温度变化是影响天气变化的关键因素，水的凝结和蒸发对大气过程的热力学和大气的稳定度都有重要影响，降水和云的形成过程是大气中水分的相变过程，水分在大气中的迁移变化对大气的净化起着非常重要的作用。如在雨滴的形成过程中，首先是一些吸湿性的颗粒物作为凝结核，过饱和的水蒸气在其表面凝聚形成云滴，再进一步汇集成雨滴降落至地面。因此，在雨滴的形成过程中能够去除大气中的一些颗粒物，这一过程称为雨除(rainout)；雨滴在降落过程中会溶解大气中的一些气体污染物或捕获一些颗粒物，对大气进行净化，这一过程称为冲刷或洗脱(washout)。另外，大气中的水分可以直接参与大气中的一些化学反应或形成水溶液进行反应。水蒸气和云还能吸收来自太空的辐射，也能吸收地表的红外辐射。

大气中的颗粒物(particles)包括固体颗粒和液体颗粒，其粒径大小范围可以从1.5 mm(沙粒或毛毛雨大小)直到分子大小。颗粒物是空气污染的原因之一，其中的无机颗粒物和有机颗粒物都是非常重要的大气污染物。大气颗粒物有多种不同的来源，对气候、能见度和人体健康都会带来影响和伤害，尤其是其中的细粒子具有很大的危害性。大气颗粒物的天然来源主要有火山喷发、海浪飞溅、沙尘暴、扬尘等，人为来源主要有工业烟尘、工矿企业粉尘、机动车辆尾气等。

表 2-1　近海平面干洁空气的组成

气体组分			浓度(体积分数)/10^{-6}	大气中停留时间
含量特征	变化特性	名称		
主要组分	不可变组分	N_2	780840	$10^6 \sim 2\times10^7$ a
		O_2	209460	$5\times10^3 \sim 10^4$ a
次要组分	不可变组分	Ar	9300	$>10^7$ a
	可变组分	CO_2	320	5～10 a
微量组分	不可变组分	Ne	18.2	$>10^7$ a
		He	5.24	$>10^7$ a
		Kr	1.14	$>10^7$ a
		Xe	0.09	$>10^7$ a
	可变组分	CH_4	1.7	4～7 a
		H_2	0.5	4～8 a
		N_2O	0.31	2.5～4 a
		CO	0.1	0.2～0.5 a
		O_3	0.005～0.05	0.3～2 a
		H_2S	0.0002	0.5～4 d
		SO_2	0.0002	2～4 d
		NO_2	0.001	2～8 d
		NH_3	0.006	5～6 d
		HCHO	0～0.01	

2. 大气组分的停留时间

大气层(又叫大气圈)是一个开放系统，可以看成大气各种组分的贮库(reservoir)。大气组分通过大气圈与其他圈层发生的物理、化学、生物过程进行物质交换和转换，有输入和输出。例如，某组分进入贮库的总输入速率为 F_i，从贮库中的总输出速率为 R_i，只有当总输出速率等于总输入速率时，该组分在大气圈中的含量才能保持平衡(总量不变)。假设该组分在贮库中的贮量为 M_i，则该组分在大气中的平均停留时间，简称停留时间(residence time)，用 τ 表示，可通过下式计算：

$$\tau_i = \frac{M_i}{R_i} = \frac{M_i}{F_i} \tag{2.1}$$

组分的停留时间与该组分在贮库中的贮量成正比，与输入和输出速率成反比。停留时间长，说明该组分的贮量大或输入、输出速率小，或者说贮量相对于输入、输出速率来说是很大的，这种情况下人类的活动对其贮量的影响不明显。相反，如果停留时间很短，则其输入、输出速率的改变对其贮量的影响比较敏感。

根据停留时间的长短，又可将大气中的各种组分分为不可变组分(恒定组分)和可变组分。表 2-1 中，N_2 和 O_2 的贮量很大，其停留时间很长。Ar、He、Ne、Kr、Xe 等的停留时间都很长($>10^7$ a)，主要是这些物质性质非常稳定，输入、输出或转化的速率非常小，因此它们在大气圈中的停留时间很长，其在大气中的浓度基本不变，称为不可变组分或恒定组分。而在大气中停留时间小于 1 a 的物质如 H_2O、SO_2、NH_3、NO、NO_2 等，它们在大气中的浓度变化比较明显，对人类活动的影响比较敏感，区域性的大气污染主要是人类活动造成这些组分在局部地区浓度明显变化而引起的。

2.1.2　大气的结构

1. 大气的垂直分层

大气的温度是随着距地面的垂直高度变化而变化的。按照大气在垂直方向上温度变化和运动的特点，通常将大气分为对流层、平流层、中间层、热层和逸散层等五层，如图 2-1 所示。

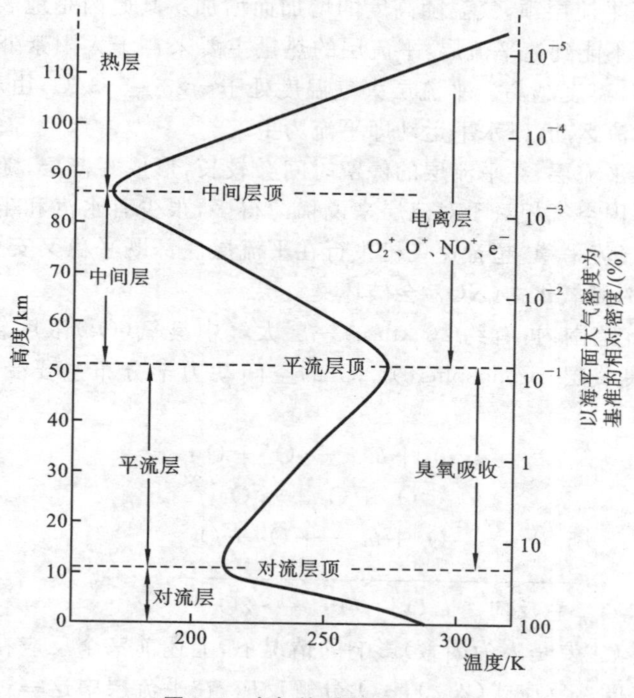

图 2-1　大气的垂直分层结构

(引自 Thomas，2003)

1）对流层

对流层(troposphere)是指靠近地表的这一层大气，其平均厚度为 10～12 km，赤道附近为 16～18 km，两极附近为 8～9 km，中纬度地区为 10～12 km。对流层的厚度随季节不同会有所变化，一般夏季较厚，冬季较薄；原因在于热带的对流程度比寒带要强烈些。从厚度上讲，对流层只是大气圈的一小部分，但是对流层空气密度大，大气圈总质量的 75％以上处于对流层中。

对流层大气的温度在＋17～－83 ℃，且温度随高度增加而下降。一般情况下，高度每垂直上升 100 m，气温约下降 0.6 ℃。这是由于地表对外的红外辐射是对流层大气的重要热源，因此在对流层内越靠近地表的空气吸收来自地表的长波辐射能量越多,温度越高,离地表越远,吸收地表的辐射能越少,温度越低,造成对流层内气温上冷下热。因对流层大气上冷下热,靠近地表的热空气密度小而作上升运动,高处的冷空气密度大而向下运动,因而对流层内空气有强烈的上下对流运动,“对流层”因此而得名。对流层空气的强烈对流运动有利于污染物的稀释扩散。

对流层除了水蒸气,主要气体的构成相对均匀。清洁大气的组成(体积分数)为 N_2(78%)、O_2(21%)、Ar(约 1%),另外还含有多种微量气体、颗粒物、自由基等组分。几乎所有的水分、尘埃都集中在对流层中,风、云、雨、雪、雷电、冰雹等天气现象也都发生在对流层中。主要的大气污染现象也多发生在此层。在对流层最上面为对流层顶,厚度为 1～3 km。

2) 平流层

从对流层顶到大约 50 km 高度之间的大气层为平流层(stratosphere)。在平流层下层,即从对流层顶到 30～35 km 高度,这一层温度随高度的变化较小,气温趋于稳定,称为同温层。从 30～35 km 往上至平流层顶,气温随高度的增加而增加。其原因是地表的长波辐射基本上被对流层气体吸收而不能到达平流层,平流层的热量主要来自于太阳紫外线的能量,越往上,吸收紫外线能量越多,温度越高。平流层大气温度处于－83～－3 ℃,由于气温上热下冷,空气基本上没有上下对流运动,以水平运动即平流为主。

污染物一旦进入平流层,在平流层的停留时间会较长,形成一薄层,随平流层气体输送至全球范围。在平流层内空气相对于对流层来说稀薄得多,很少有水汽和尘埃,因此透明度高,基本没有天气现象,气流平稳,超音速飞机飞行在平流层底部既平稳又安全,这是理想的飞行区域,但飞机尾气中的氮氧化物(NO_x)会破坏臭氧层。

在高 15～35 km 范围内,有约 20 km 的一层大气中臭氧(O_3)浓度较高,集中了大气中约 70% 的 O_3,称为臭氧层(ozonosphere)。O_3 的空间动力学分布主要受其生成和消除过程控制:

$$O_2 + h\nu \longrightarrow O\cdot + O\cdot$$

$$O\cdot + O_2 \longrightarrow O_3$$

$$O_3 + h\nu \longrightarrow O\cdot + O_2$$

$$\text{总反应} \quad O_3 + O\cdot \longrightarrow 2O_2 \tag{2.2}$$

在不受外界因素(主要是人为因素)影响的情况下,上述前三个反应在平流层达到动态平衡,维持一定的 O_3 浓度。反应式(2.2)是 O_3 分解反应,在平流层中这一过程吸收大量来自太阳的紫外线(UV-B、UV-C),使地球生命免遭过量紫外线的伤害,可以说,臭氧层是地球生命的保护伞。

3) 中间层

从平流层顶约 50 km 的高度到 80～85 km 高度范围之间的大气层称为中间层(mesosphere)。这一层的空气更为稀薄,吸收太空辐射较少,热量主要靠其下面的平流层提供,因此气温随高度的增加而下降,上冷下热,有较强的上下垂直对流运动。在 60 km 以上的高空,大气分子受到宇宙射线的照射会产生电离,因此 60～80 km 高度范围的大气层是均质层转向非均质层的过渡层。

4) 热层

从中间层顶(80～85 km 高度)到约 800 km 高度之间的大气层称为热层(thermosphere)

或热成层。在热层中,波长小于 150 nm 的紫外线几乎全部被吸收,所以气温随高度增加而迅速升高,在热层顶温度可高达 1000 ℃。热层内空气十分稀薄,其空气质量大约只占大气总质量的 5%,在 120 km 的高度,空气密度大约只是海平面的几亿分之一,而在 300 km 的高度,空气密度降到海平面的百亿分之一。由于空气密度很低,高空太阳紫外辐射强度很高,NO_2、O_2、O_3等分子几乎处于完全电离状态,所以热层又称为电离层(ionosphere)。

5) 逸散层

热层以上的大气层称为逸散层或逃逸层(escape layer)、外大气层。逸散层空气极其稀薄,远离地表,受地球引力小,大气质点不断向星际空间逃逸,因此称为逸散层。

2. 大气主要层次及其特征

大气主要层次及其特征概括于表 2-2 中。

表 2-2　大气主要层次及其特征

层次	高度范围/km	温度变化特征及范围/℃	空气运动特征	主要组分及其化学形态
对流层	低纬度地区 0 到 16～18 中纬度地区 0 到 10～12 高纬度地区 0 到 8～9	气温随高度增加而下降, 温度范围:－83～＋17	有强烈的上下对流运动	N_2、O_2、CO_2、Ar、H_2O、固体颗粒物
平流层	低纬度地区 18～50 高纬度地区 8～50	气温随高度增加而增加, 温度范围:－83～－3	稳定的平流状态	N_2、O_2、CO、CO_2、Ar、CH_4等(O_3浓度较高)
中间层	50 到 80～85	气温随高度增加而下降, 温度范围:－113～－3	有较强的上下对流运动	N_2、O_2、O_2^+、NO^+等
热层	80～85 到 800 *	气温随高度增加而迅速上升, 温度范围:－114～＋3000	空气稀薄	N_2、O_2、O_2^-、O_2^+、O^+、O·、NO^+、e^-
逸散层	800～3000	气温随高度增加而增加	向太空逃逸	

注 *:有资料认为热层的范围为 85 km 到 500～700 km。

2.2　主要的大气污染物

2.2.1　大气污染

1. 大气污染物与大气污染

2.1 节论述了干洁空气的组成,根据各组分的浓度变化特征(可停留时间)可分为不可变组分(恒定组分)和可变组分两种。当大气中某些可变组分的浓度增加,或出现了原来大气中没有的物质,在一定空间范围内,当其数量和持续时间达到一定值,都有可能对人、动物、植物及物品、材料产生不利影响和危害,甚至对整个地球环境、气候都会造成影响,这些造成大气环境质量下降的物质称为大气污染物(atmospheric pollutant)。当大气中污染物质的浓度达到有害程度时,就会危害人体健康,甚至破坏生态系统,影响到人类正常生存和发展的条件,这种对人或物造成危害的现象叫做大气污染。造成大气污染的原因,既有自然因素,又有人为因素,尤其是后者,如工业废气、燃烧、汽车尾气和核爆炸等。随着人类经济活动和生产的迅速发展,在大量消耗能源的同时,也将大量的废气、烟尘排入大气,严重影响了大气环境的质量,特别是在人口稠密的城市和工业区域。

大气污染所波及的范围较广，按其影响范围的大小可以分为如下几种。

1）局部污染

局部污染影响范围较小，局限于污染源附近的局部区域中，如一个工厂排放的大气污染物对周边环境的影响。水泥厂造成的粉尘污染一般属于局部污染。

2）地方性污染

地方性污染影响范围较局部污染大，但仍然局限在有限的区域内，如一个工业区、一个城镇及其附近地区。

3）广域性污染

广域性污染影响范围波及较广阔的区域，如大工业城市及其附近地区，像珠江三角洲地区的大气污染。对较小国土面积的国家，污染范围可影响到数个国家。酸雨的污染属于广域性污染。

4）全球性污染

如温室效应、臭氧空洞等属于全球性污染(global pollution)。

2. 大气污染物的分类

1）按物理状态分类

按物理状态，大气污染物可分为气态污染物(约占 90%)和大气颗粒物两类。气态污染物包括常温下以气体(gases)形式存在的物质；大气颗粒物(又称气溶胶，aerosol，约占 10%)，是指液体或固体微粒均匀分散在气体中形成的相对稳定的悬浮体系。

2）按污染源分类

大气污染源(pollution source)可分为天然污染源和人工污染源，对应的污染物称为天然污染物和人为污染物。

(1) 天然污染源。

天然污染源是指由自然界的生命活动或其他自然现象产生的污染物。如植物向大气释放的各种有机化合物(包括萜烯类、芳香类和其他烃类化合物)；火山爆发向大气排放大量的颗粒物及含硫气体化合物；森林火灾是大气中 CO 及 CO_2 的自然源；沼泽、森林土壤向大气释放 CH_4、CO 和 N_2O 等；扬尘向大气传输尘埃；海水水花喷洒出含氧化物及硫酸盐等的细微水滴等。

(2) 人为污染源。

人类生活及生产活动产生大量污染物，危害严重的大气污染物主要来自人为污染源。人为污染源又包括工业污染源、交通运输污染源、生活污染源和农业污染源等。

① 工业污染源：由各种工矿企业如火力发电厂、钢铁厂、化工厂及农药厂、造纸厂等在生产过程中排放出来的烟气，含有烟尘、硫氧化物(SO_x)、NO_x、CO_2 及炭黑、卤素化合物等有害物质。工矿企业种类繁多，各种不同类型的企业排放的污染物不尽相同。工业污染源目前仍然是最主要的污染源。表 2-3 列出了一些工业企业排放的污染物种类。

表 2-3　各类工业企业向大气中排放的主要污染物

工业部门	企业名称	排放的主要大气污染物
电力	火力发电厂	烟尘、SO_2、NO_x、CO、C_6H_6

续表

工业部门	企业名称	排放的主要大气污染物
冶金	钢铁厂	烟尘、SO_2、CO、氧化铁尘、氧化钙尘、锰尘
	有色金属冶炼厂	粉尘(各种重金属粉尘如 Pb、Zn、Cd、Cu 等)、SO_2
	炼焦厂	烟尘、SO_2、CO、H_2S、C_6H_6、酚、烃类
化工	石油化工厂	SO_2、H_2S、氰化物、NO_x、氯化物、烃类
	氮肥厂	烟尘、NO_x、CO、NH_3、硫酸气溶胶
	磷肥厂	烟尘、氰化物、硫酸气溶胶
	硫酸厂	SO_2、NO_x、As、硫酸气溶胶
	氯碱厂	Cl_2、HCl
	化学纤维厂	烟尘、H_2S、NH_3、CS_2、甲醇、丙酮、二氯甲苯
	合成橡胶厂	丁二烯、苯乙烯、异戊烯、异戊二烯、丙烯腈、二氯乙醚、乙硫醇、氯甲烷
	农药厂	砷、汞、氯、各种农药中间体和产品
	水晶石厂	HF
机械	机械加工厂	烟尘
轻工	造纸厂	烟尘、硫醇、硫化氢
	仪表厂	汞、氰化物
	冰晶厂	烟尘、汞
	纺织厂	纤维飘尘
材料	水泥厂	水泥尘、烟尘
	石材厂	烟尘

② 交通运输污染源：飞机、汽车、船舶排出的尾气中含 NO、NO_2、SO_2、HC、CO、铅氧化物、苯并(a)芘、多环芳烃等。由于汽车工业的高速发展，汽车尾气的污染呈现日趋严重的趋势。表 2-4列出了汽车尾气中主要污染物的排放情况。

表 2-4　汽车尾气的主要污染物排放量

污染物	浓度单位	加速状态	减速状态	恒速状态	空挡状态
HC	体积比(10^{-6})	300～800	3000～12000	250～550	300～1000
NO_x	体积比(10^{-6})	1000～4000	5～50	1000～3000	10～50
CO	体积比(%)	1.8	3.4	1.7	4.9

③ 生活污染源：在生活中燃烧化石燃料用于取暖和加热食物等排放出大量污染物。煤的主要成分是 C、H、O 及少量 S、N 等元素，此外还含有其他微量组分，如金属硫化物或硫酸盐等。煤中含硫量随产地不同差异较大(0.5%～5%)。其中一部分硫元素与煤中主要化学成分结合而存在，大部分则以硫铁矿及硫酸盐的形式存在。当煤燃烧时，这些硫元素主要转化成二氧化硫随烟气排入大气，是大气中 SO_x的主要来源。目前厨房油烟的排放也是一个不可忽视的污染源。

④ 农业污染源：喷洒农药、杀虫剂、杀菌剂形成极细液滴，成为大气中的颗粒物，或从土壤表面挥发进入大气。使用化肥，产生的 NO_x在土壤微生物的反硝化作用下形成 N_2O，进入对流层成为温室气体，进入平流层能破坏臭氧层。据测算，施用化肥的土壤释放出的 N_2O 为未

施用化肥的2～10倍。在工业化国家,牲畜和化肥产生的氨的排放量占总排放量的80%～90%。焚烧农业垃圾会放出高浓度的CO、CO_2和NO_x及其他一些气体,而水稻田和牲畜是CH_4的主要释放源。

(3) 按形成过程分类。

按照形成过程,可将大气污染物分为一次污染物(primary pollutant)和二次污染物或次生污染物、继发性污染物(secondary pollutant)。一次污染物是指由污染源直接排放进入环境的污染物。二次污染物是由排入环境中的一次污染物在大气环境中经物理、化学或生物因素作用发生变化或与环境中其他物质发生反应,转化而形成的与一次污染物物理、化学性状不同的新污染物,二次污染物的形成机制往往比较复杂,其危害一般也比一次污染物严重。大气中的主要一次污染物和二次污染物见表2-5。

表 2-5　常见大气污染物

污　染　物	一次污染物	二次污染物
含硫无机物	SO_2、H_2S	SO_3、H_2SO_4、硫酸盐、硫酸酸雾
含氮无机物	NO、NH_3	N_2O、NO_2、硝酸盐、硝酸酸雾
含碳无机物	CO、CO_2	
碳氢化合物	C_1～C_5化合物	醛、酮、过氧乙酰硝酸酯
卤素及其化合物	F_2、HF、Cl_2、HCl、$CFCl_3$、CF_2Cl_2	
氧化剂		O_3、自由基、过氧化物
颗粒物	煤尘、粉尘、重金属微粒、石棉气溶胶、酸雾、纤维、多环芳烃	
放射性物质	铀、钍、镭等	

(4) 按污染物的化学性质分类。

按污染物的化学性质,可将大气污染物分为以下几类。

① 含硫化合物:包括H_2S、SO_x(如SO_2、SO_3、硫酸雾、硫酸盐)等。SO_x主要来源于化石燃料(煤、石油)的燃烧。

② 含氮化合物:包括NH_3、NO_x(N_2O、NO、NO_2、N_2O_3)、HNO_2和HNO_3及其盐类。

③ 碳氢化合物及其衍生物:烃类化合物(烷烃、烯烃、芳香烃、多环芳烃)、卤代烃类(卤代烷烃(包括氯氟烃类)、卤代芳烃、有机氯农药、多氯联苯、二噁英类)、醛、酮、羧酸、酯等。

④ 无机碳化合物:主要包括CO_2和CO。

⑤ 卤素及其化合物:主要有Cl_2、HCl、F_2、HF、F^-等。

⑥ 氧化剂:如臭氧、过氧乙酰硝酸酯、过氧化氢、各种自由基等。

⑦ 颗粒物:指大气中液体、固体状物质。

⑧ 放射性物质:主要在氡气、铀、钋、锕、钍等。

2.2.2　大气颗粒物

大气是由各种分散在其中的固体或液体颗粒形成的一种分散的气溶胶体系,这种分散存在的各种粒子称为颗粒物(particles)。大气颗粒物可通过吸收和散射太阳辐射来影响地表与大气系统的能量交换,进而影响气候系统;造成一系列的环境问题,如臭氧层的破坏、酸雨的形成、烟雾事件的发生等。大气颗粒物的这些环境作用，已酿成全球性环境问题。此外，大气颗粒物对人体健康、生物效应也有其特有的生理作用。自从第二次世界大战以来，大气颗粒物就被确立为基础和应用科学的一个专门学科，现在已经成为大气化学及地球环境科学的前沿和热点：了解大气颗粒物对全球气候的影响及其作用机制、在土壤圈-生物圈中的过程，包括了物理和化学的性状、来源和形成、时空分布和全球气候变化、健康效应和大气化学过程等多方面、多层次的综合研究。

1. 大气颗粒物的来源及去除

1）大气颗粒物的来源

大气颗粒物的来源有天然来源和人为来源两种。

(1) 天然来源。

大气颗粒物的天然来源主要有风沙、岩石风化随风扬起的灰尘、海浪花带出的盐类、火山喷出的火山灰、山林火灾散出物、花粉粒、细菌等一次颗粒物，以及自然排放的 H_2S、NH_3、NO_x 和 HC 等气体经化学转化而形成的二次颗粒物。

(2) 人为来源。

气溶胶的人为来源主要有工业生产、建筑产生的工业粉尘、金属尘、水泥尘等，化石燃料燃烧的烟尘，汽车排气中的颗粒物和农药喷雾、喷气式飞机的排放物等一次颗粒物，以及排放的废气经化学转化而形成的二次颗粒物。

2）大气颗粒物的去除

大气颗粒物的去除机制与其粒度、化学组成及性质有关，一般有两种方式：干沉降和湿沉降。大气颗粒物通过湿沉降作用的去除量占 80%～90%，干沉降仅占 10%～20%。

(1) 干沉降。

干沉降是指颗粒物在重力作用下或与其他物体碰撞后，发生沉降作用而被去除。颗粒物通过重力作用去除时，其沉降的速率和颗粒的粒径、密度、空气的动黏滞系数有关。对于粒径大于 1 μm 的球形微粒，沉降速率可用 Stokes 定律（Stokes' Law）计算：

$$v=\frac{gd^2(\rho_1-\rho_2)}{18\eta} \tag{2.3}$$

式中：v——沉降速率，cm/s；

g——重力加速度，cm/s^2；

d——粒径，cm；

ρ_1、ρ_2——分别为颗粒物和空气的密度，g/cm^3；

η——空气黏度，Pa · s。

颗粒的粒径越大，其扩散系数和沉降速率越大。因此，干沉降对于气溶胶中的大粒子的去除作用较大。小粒径的颗粒物先凝聚成较大的颗粒，然后通过大气湍流扩散到地面或碰撞而去除。

(2) 湿沉降。

湿沉降是指大气颗粒物通过降水或其他形式的降水去除。湿沉降可分为雨除（rainout）和洗脱（washout，又称冲刷）两种方式，是去除大气颗粒物和痕量气态污染物的有效方法。

雨除是指大气颗粒物中的细小粒子可作为成云的凝结核或凝华核，通过凝结和碰并过程云滴不断成长成为雨滴（或雪晶），在适当气象条件下，雨滴（或雪晶）进一步长大形成降水，大气颗粒物随之去除。雨除对半径小于 1 μm 的颗粒物的去除效率较高，特别是具有吸湿性和可溶性的颗粒物。

洗脱是指在雨滴、雪花下降过程中，大气中的颗粒物被碰并、吸附、冲刷而带到地表的云下而被清洗的过程。洗脱对粒径大于 4 μm 的颗粒物去除效果较好。

表 2-6 给出了大气颗粒物的来源和去除及其在对流层中的平均停留时间情况。

表 2-6　大气颗粒物的源和汇

名　称	细　粒　子		粗　粒　子	
	$D_p<0.05\ \mu m$	$0.05\ \mu m \leqslant D_p \leqslant 2\ \mu m$	$2\ \mu m < D_p \leqslant 10\ \mu m$	$D_p > 10\ \mu m$
源	燃烧	燃烧		扬尘
	气→粒子转化	气→粒子转化	海盐、花粉	海盐、花粉
		核凝聚	工业直接排放	工业直接排放
	云滴蒸发	云滴蒸发		
汇	核凝聚		雨冲刷	雨冲刷
	云滴俘获	云滴俘获 / 干沉降	干沉降	干沉降
寿命	在污染空气中及云中短于 1 h	几天(3～5 d)	几小时至几天	几分钟至几小时

注：引自华莱士等，1981。

2. 大气颗粒物的环境效应及危害

1）大气颗粒物可参与环境化学过程

大气颗粒物可以作为凝结核参与大气中云的形成及降水过程，并且能够为大气中化学反应过程提供巨大的表面，促进大气化学反应，从而导致了许多环境问题的产生，如由于硫酸盐颗粒物造成的酸雨危害，光化学烟雾事件中生成的硫酸盐、硝酸盐颗粒物等。

2）大气颗粒物导致能见度降低

大气颗粒物能散射和吸收太阳辐射，导致大气能见度下降。大气能见度与大气粒子的散射能力关系最密切，能见度的恶化主要与细粒子关系比较大，尤其是出现较重颗粒物污染导致能见度降低事件时，细粒子的贡献比重会更大。由于经济规模的迅速扩大和城市化进程的加快，大气颗粒物污染日趋严重，由颗粒物造成的能见度恶化事件越来越多。

大气颗粒物污染引起的能见度效应发生在局地和区域性两个空间尺度。局地的烟雾污染可降低能见度，这一过程有时又称为烟羽效应，该情况主要是由附近污染源排放的一次颗粒物引起的。广域污染可引起数十或数千千米的区域性霾。很多排放源都对区域性霾的形成有贡献，由于传输时间长（通常数小时或数天），区域性霾主要是由二次颗粒物引起的。

3）大气颗粒物对气候的影响

大气颗粒物可以从两方面影响气候：一方面颗粒物可以通过散射辐射和吸收辐射对地球的温度产生直接影响；另一方面，颗粒物可通过增加云中液滴的浓度来增强云的反射率从而影响地球表面的温度。因此，大气颗粒物的积聚可产生变冷效应，使全球温度降低，影响全球气候。美国著名的大气科学家 Twomey 估计，作为凝结核的颗粒物浓度如果增加 1 倍，由其降低的温度可以抵消大气中 CO_2 增加 1 倍而升高的温度。

4）大气颗粒物的长距离输送造成广域污染

颗粒物可以随风远距离传输到相距几百千米甚至上千千米的地方，引起区域性甚至全球污染。例如，起源于中国西北地区的沙尘暴和大气污染物可以被输送到韩国、日本，甚至北太平洋的夏威夷岛屿和北美地区。大气颗粒物可远距离洲际输送，横跨太平洋、大西洋，因而大气颗粒物同时对区域气候异常及全球气候环境变化有着极其重要的影响。

5）大气颗粒物能进入人体呼吸器官，危害人体健康

飘浮在空气中的颗粒物对人体健康的危害与其粒子的大小和化学组成有关。降尘在呼吸作用中会被有效地阻留在上呼吸道上，因而对人体危害较小。飘尘中的一部分可沉积在肺泡上，沉积率随微粒的直径减少而增加，其中 1 μm 左右的微粒 80%沉积于肺泡上，且沉积时间最长，可达数年之久。大量飘尘在肺泡上沉积下来，会引起肺组织的慢性纤维化，使肺泡的气体交换机能下降，导致肺部、心血管等一系列病变。

颗粒物还是多种污染物的“载体”和“催化剂”。可吸入颗粒物中检出 300 多种有机物，其中有 78 种多环芳烃、16 种含氧杂环化合物，有不少可能具有强烈的致癌、致畸、致突变的作用；吸附的各种金属化合物及放射性物质侵入肺部组织后，可引起各种金属中毒或放射性污染方面的疾病；可吸入颗粒物进入人体呼吸系统后，其中有毒有害物质能很快被肺泡吸收并由血液送至全身，不经过肝脏的转化就起作用，因此对人体健康危害最大。空气中的 SO_2 常常被飘尘吸附，其上的金属可将 SO_2 催化氧化，再与水作用形成硫酸雾，毒性比 SO_2 高 10 倍。这样的微粒吸入肺部后，则会引起肺水肿和肺硬化。

另外，由于颗粒物对太阳光的散射和吸收作用，城市接受的阳光辐射平均比乡村低 15%～20%，且主要是波长小于 500 nm 的光(包括紫外线)。由于颗粒物的影响，城市儿童所受的紫外线照射量减少，妨碍了儿童体内维生素 D 的合成，于是肠道吸收钙、磷的机能衰退，钙代谢处于负平衡状态，造成骨髓钙化不全，成为佝偻病的起因，导致小儿软骨病。

图 2-2 和图 2-3 分别显示了不同粒径的颗粒物在呼吸系统各部分的沉积率和沉降在肺内的微粒在人体内的运动、转移、归宿和危害。

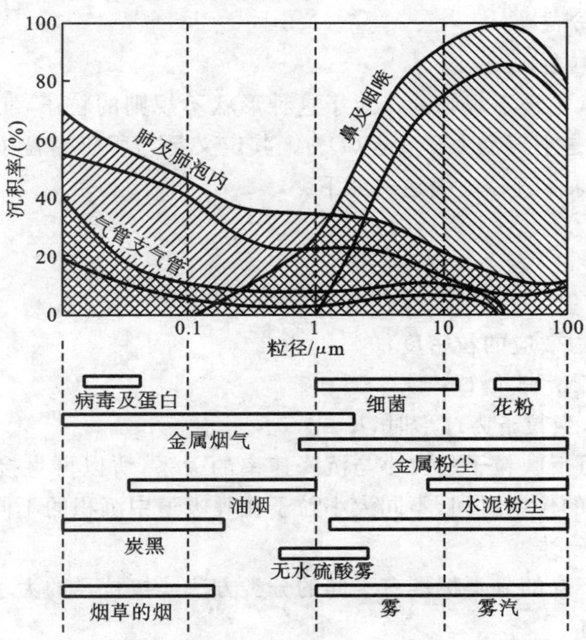

图 2-2 不同粒径的颗粒物在呼吸系统各部分的沉积率

(引自冀天宝，1987)

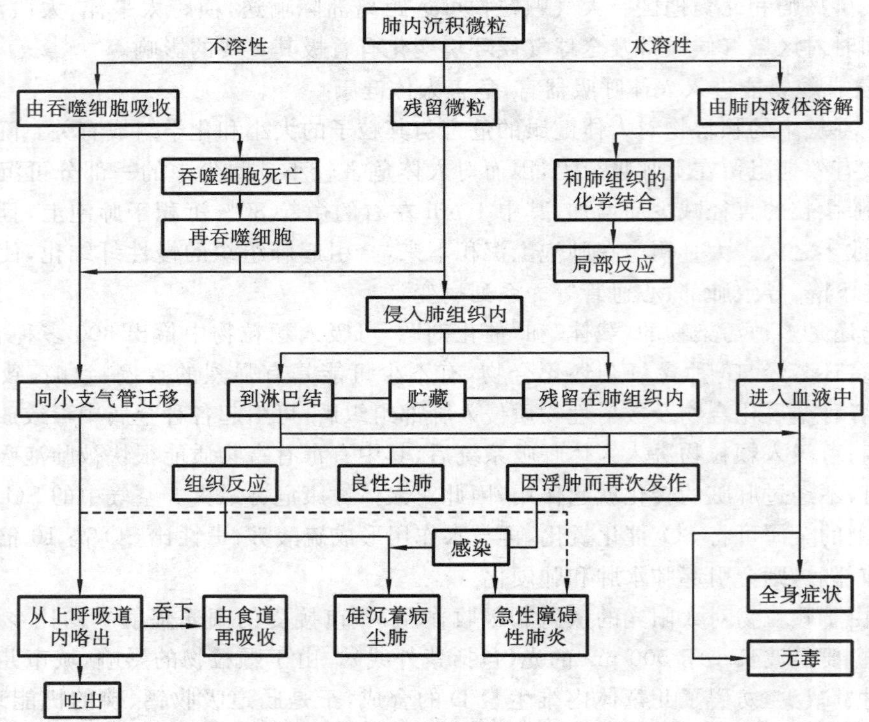

图 2-3　沉降在肺内的微粒在人体内的运动和归宿

(引自冀天宝,1987)

3. 大气颗粒物的分类

1) 大气颗粒物的粒径

大气颗粒物的形状是极不规则的。对于这种形状不规则的粒子,实际工作中往往用有效直径来表示,最常用的是空气动力学直径(D_p)。其定义是与所研究粒子有相同终端降落速率的、密度为 1 g/cm³的球体直径。表达式如下:

$$D_p = D_g K \sqrt{\frac{\rho_p}{\rho_0}} \tag{2.4}$$

式中:D_g——几何直径;

ρ_p——忽略了浮力效应的粒密度;

ρ_0——参考密度($\rho_0 = 1$ g/cm³);

K——形状系数,当粒子为球形时,$K=1.0$。

空气动力学直径可反映粒子的大小与沉降速率的关系,所以可直接表达出粒子的性质和行为,如粒子在空气中的停留时间,不同大小粒子在呼吸道中沉积的不同部位等。

2) 大气颗粒物的分类

大气颗粒物按照不同的分类标准有不同的分类方法。按粒径的大小,有以下叫法。

(1) 总悬浮颗粒物。

总悬浮颗粒物(total suspended particulate,TSP)是分散在大气中的各种粒子的总称。通常用标准大容量颗粒采样器(流量在 1.1~1.7 m³/min)在滤膜上收集得到。其粒径绝大多数在 100 μm 以下,其中多数在 10 μm 以下。

(2) 飘尘。

飘尘(floating dust)是指悬浮在空气中,空气动力学(当量)直径 $D_p \leqslant 10\ \mu m$ 的颗粒物,又称为可吸入颗粒物或 PM10。一方面,飘尘粒径小,能被人直接吸入呼吸道内造成危害;另一方面,它能在大气中长期飘浮,易将污染物带到很远的地方,导致污染范围扩大,同时在大气中还可为化学反应提供反应床。因此,飘尘是环境科学工作者所关注的研究对象之一。

(3) 降尘。

降尘(dustfall)是指用降尘罐采集到的大气颗粒物。在总悬浮颗粒物中,一般直径大于 10 μm 的粒子,由于其自身的重力作用会很快沉降下来,所以将这部分的微粒称为降尘。单位面积的降尘量可作为评价大气污染程度的指标之一。

(4) 细颗粒物(PM2.5)

细颗粒物是指环境空气中空气动力学当量直径不大于 2.5 μm 的颗粒物,又称细粒、细颗粒、PM2.5。它能较长时间悬浮于空气中,其在空气中浓度越高,就代表空气污染越严重。虽然 PM2.5 只是地球大气中含量很少的组分,但它对空气质量和能见度等有重要的影响。与较粗的大气颗粒物相比,PM2.5 粒径小,面积大,活性强,易附带有毒、有害物质(如重金属、微生物等),且在大气中的停留时间长、输送距离远,因而对人体健康和大气环境质量的影响更大。

大气颗粒物按其来源及其物理形态的不同,可分为液体颗粒(如雾)、固体颗粒(如粉尘、烟炱)和固、液混合颗粒(如烟雾)等,其物理特性和成因见表 2-7。

表 2-7　大气颗粒物形态及其主要形成特征

形　态	分 散 质	粒径/μm	形 成 特 征	主 要 效 应
轻雾(mist)	水滴	>40	雾化、冷凝过程	净化空气
浓雾(fog)	液滴	<10	雾化、蒸发、凝结和凝聚过程	降低能见度,有时影响人体健康
粉尘(dust)	固体粒子	>1	机械粉碎、扬尘、煤燃烧	能形成水核
烟尘(fume)	固、液微粒	0.01～1	蒸发、凝聚、升华等过程,一旦形成很难再分散	影响能见度
烟(smoke)	固体微粒	<1	升华、冷凝、燃烧过程	降低能见度,影响人体健康
烟雾(smog)	液滴、固体微粒	<1	冷凝过程、化学反应	降低能见度,影响人体健康
烟炱(soot)	固体微粒	～0.5	燃烧过程,升华、冷凝过程	影响人体健康
霾(haze)	液滴、固体微粒	<1	凝集过程、化学反应	湿度小时有吸水性,其他同烟

注:引自唐孝炎,1991。

此外,大气颗粒物按来源不同,又可分为一次大气颗粒物和二次大气颗粒物。一次大气颗粒物,是指排放源直接排入大气中的液态或固态的颗粒物,在大气中未发生变化;二次大气颗粒物是由排放源排放的气体污染物,经化学反应或物理过程转化为液态或固态的颗粒物。如 SO_2、NO_x、HCl 和 Cl_2、NH_3、有机气体等经化学反应形成的硫酸盐、硝酸盐、氯化物、铵盐和有机颗粒物等。

4. 大气颗粒物的粒度分布

粒度指的是大气颗粒物直径的大小。由于大气颗粒物是不同粒度、不同化学组成的颗粒聚集在一起的混合体,粒度分布的特征与各种颗粒的来源、形成,在环境中的聚集、分散、迁移、转化等有密切关系,它反映了大气污染的特征及污染程度。

大气颗粒物的粒度分布有各种不同的表示方式,一般用单位体积空气中颗粒物的粒子数(N)、表面积(S)、体积(V)或质量(m)(包括元素、化合物的含量)等与粒度大小分布的关系曲线来表示,如图 2-4 所示。由图可见,在大气中多数颗粒的粒径约为 0.01 μm;表面积主要取决于 0.2 μm 的颗粒;体积或质量浓度分布呈双峰形,其中一个峰在 0.3 μm 左右,另一个峰在 10 μm 附近,也就是说,大气中 0.3 μm 和 10 μm 的颗粒物居多数。显然这三种表示的结果是不同的。

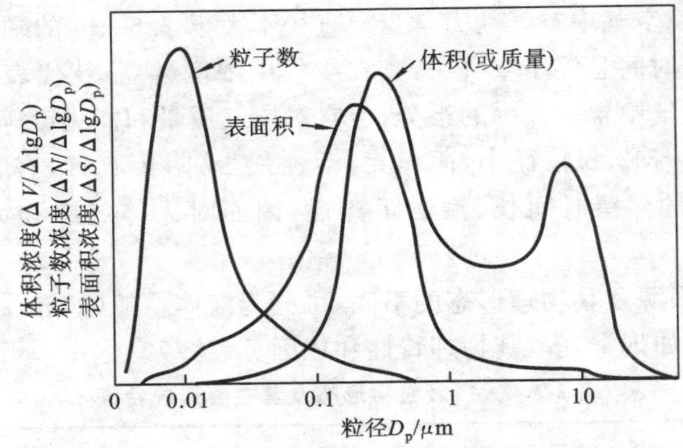

图 2-4　三种不同浓度表示的粒度分布曲线

(引自刘静宜,1987)

Whitby 按大气颗粒物表面积与粒径分布关系得到三种不同类型的粒径模型,即爱根核模(Aitken nuclei mode)、积聚模(accumulation mode)、粗粒子模(coarse particle mode)。图 2-5 即为气溶胶的三模态分布模型示意图,图中显示出三种大气颗粒物的表面积按粒径的分布及各个模态粒子的主要来源和去除机制。

1) 爱根核模

粒径小于 0.05 μm 的粒子属于爱根核模。它主要来源于在燃烧过程中产生的一次颗粒物以及气体分子通过化学反应均相成核生成的二次颗粒物。它们的粒径小、数量多、表面积大而且很不稳定,主要是通过相互碰撞结成大粒子而转入积聚模或者在大气湍流扩散中被其他物质或地面吸收而去除。

2) 积聚模

粒径在 0.05 μm 与 2 μm 之间的粒子属于积聚模。它由爱根核模颗粒凝聚或通过蒸气凝结长大而形成,多数为二次污染物,80%以上的硫酸盐颗粒都为积聚模颗粒。它们在环境中不易扩散或碰撞去除,主要通过湿沉降的方式去除。

3) 粗粒子模

粒径大于 2 μm 的粒子属于粗粒子模。它主要由液滴蒸发、机械粉碎、海盐溅沫、火山爆发和风沙等形成,主要是自然界及人类活动的一次污染物,它的组成与地面土壤十分相近。粗粒子模颗粒主要通过干沉降或湿沉降而去除。

爱根核模颗粒和积聚模颗粒两者又被合称为细粒子,二次颗粒物多在细粒子范围。低层

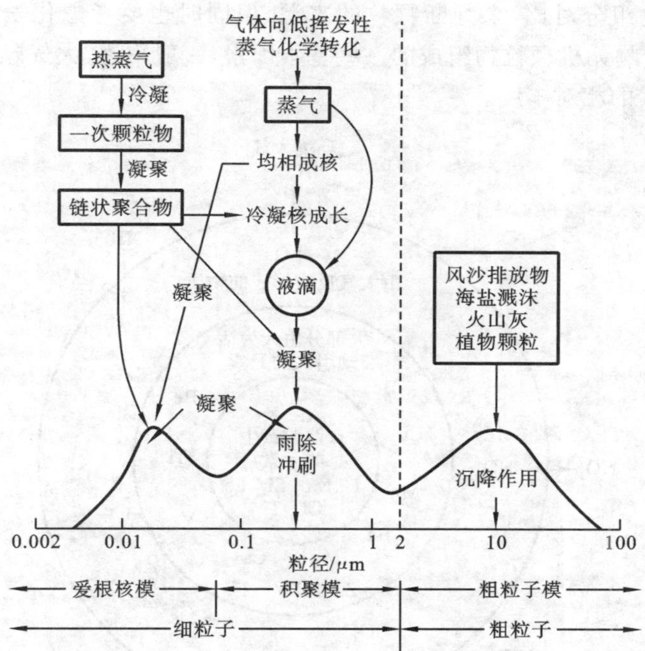

图 2-5　气溶胶的粒度分布及来源和汇

（引自 Whitby 和 Cantrell，1976）

大气中细粒子随高度变化不大，但粗粒子则受地区局部排放源的影响较明显。大气中爱根核模可以转化为积聚模，但积聚模与粗粒子模之间一般不会相互转化，因此，可以认为细粒子和粗粒子之间是相互独立的。一般情况下所得到的大气颗粒物粒径谱分布图都是单峰形或双峰形的，经研究表明城市大气中颗粒物的分布多属于双峰形，即积聚峰和粗粒峰。

粒度分布测定有惯性冲击法、光散射法、过滤法及压电晶体差频法等。国内外多应用基于冲击原理的多分级采样作粒度分布测定，它能较好地将大气颗粒物依照呼吸系统的沉积原理和规律、按粒径大小范围收集样品，既反映了大气和环境空气中颗粒大小组成的真实状况，又可对不同粒径范围的颗粒进行化学组成和毒性的分析测试。

5. 大气颗粒物的化学组成

大气颗粒物的化学组成非常复杂，其中包括大量矿质氧化物、可溶性硫酸盐、硝酸盐、海盐、多环芳烃、有机酸和有机氯化物等。大气颗粒物对局地、区域甚至全球大气辐射平衡、大气能见度和元素的生物化学循环具有重要影响，危害人体健康并参与大气非均相反应，化学组成是决定大气颗粒物各种环境效应的关键因素。

大气颗粒物的组成与其来源、粒径大小有关；此外，还和地点、季节等有关。例如：来自地表土及由污染源直接排入大气中的粉尘往往含有大量的 Fe、Al、Si、Na、Mg、Cl 等元素；来自二次污染物的大气颗粒物则含有硫酸盐、铵盐和有机物等。硫酸盐大气颗粒物多居于积聚模，而地壳组成元素（如 Si、Ca、Al、Fe 等）主要存在于粗粒子模中。

按照化学组成，可将大气颗粒物划分为两大类：无机颗粒物和有机颗粒物。一般将只含有无机成分的颗粒物叫做无机颗粒物，而将含有有机成分的颗粒物叫做有机颗粒物。

1）无机颗粒物

无机颗粒物的成分是由颗粒物形成的过程决定的，颗粒物元素组成反映了其来源，可以将污染物组分与颗粒物组分对比，来判断颗粒的来源，但同时也要考虑化学反应带来的组成变化。图 2-6 列出了影响无机颗粒物组成的一些基本因素，一般来说，大气颗粒物的元素比例反映了母质物质中元素的相对丰度。

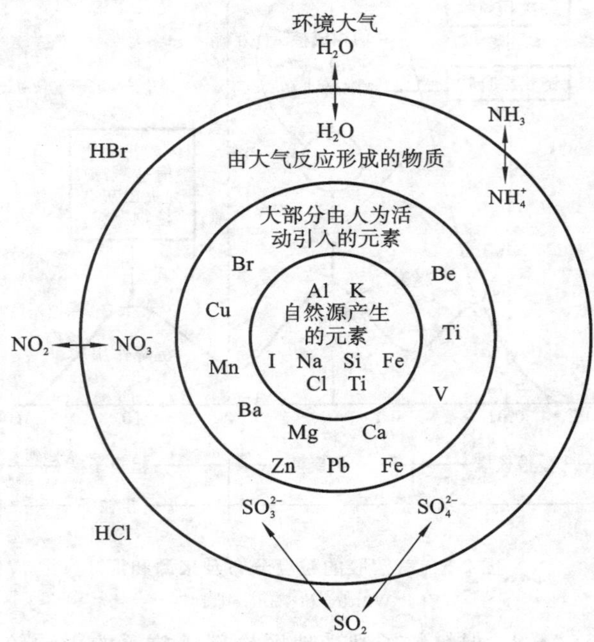

图 2-6　一些无机颗粒物组分及其来源

（引自 Stanley E. Manahan 和孙红文，2013）

无机颗粒物中，粗粒子主要是土壤和污染源排放的尘粒，多为一次污染物，主要含有硅、铝、铁及金属元素；细粒子主要是二次污染物，如硫酸盐颗粒物、硝酸盐颗粒物等。

（1）硫酸及硫酸盐颗粒物。

由于化石燃料的燃烧向大气中排放了大量含硫的废气，部分通过一系列的物理化学过程形成了硫酸及硫酸盐（主要是硫酸铵）颗粒物，使大气能见度降低，危害人体健康，并是酸雨的重要组成部分。

正常大气条件下形成的硫酸及硫酸盐颗粒物属于爱根核模，但它们会迅速凝聚成积聚模，由于积聚模与粗粒子模之间相互独立，因此硫酸及硫酸盐颗粒物大多处于积聚模状态。经研究证明，大多数陆地性大气颗粒物中 95％的 SO_4^{2-} 和 96.5％的 NH_4^+ 都集中在积聚模中，而且 SO_4^{2-} 和 NH_4^+ 的粒径分布也没有明显的差别。这样就造成硫酸盐颗粒物在大气中飘浮，对太阳光能产生散射和吸收作用，使大气能见度降低。相关研究结果也证明当硫酸盐质量占颗粒物质量的 17％时，它引起的光散射占整个大气颗粒物造成光散射作用的 32％。

（2）硝酸及硝酸盐颗粒物。

大气中的 NO 和 NO_2 可被氧化形成 NO_2 和 N_2O_5 等，进而和水蒸气形成 HNO_2 和 HNO_3。由于 HNO_3 比 H_2SO_4 容易挥发，因此在湿度不太大的大气中很难形成凝聚状的硝酸。NO_x 在空气中被水滴吸收，并被水中的 O_2 或 O_3 氧化成 NO_3^-，如果有 NH_4^+ 存在，则可促进 NO_x 的溶解，增加硝酸盐颗粒物的形成速率。如果 HNO_3 在一开始形成时就形成爱根核并能迅速长大，那么硝酸及硝酸盐颗粒物也是存在于积聚模粒径中。但是，在 HNO_3 或 NH_3 的浓度很小、

H_2SO_4浓度很高或温度较高时，HNO_3与土壤颗粒的反应会显得更重要，会使硝酸颗粒物进入粗粒子模态中。

(3) 无机颗粒物中的微量元素。

存在于颗粒物中的元素达 70 余种，根据其来源的不同，各种颗粒物所含元素差异很大。地壳元素如 Si、Fe、Al、Sc、Na、Ca、Mg 和 Ti 一般以氧化物的形式存在于粗粒子模中，Zn、Cd、Ni、Cu、Pb 和 S 等元素则大部分存在于细粒子中。

扬尘的成分主要是该地区的土壤粒子。火山爆发所喷出的火山灰，除主要由 Si 和 O 组成的岩石粉末外，还含有如 Zn、Sb、Se、Mn、Fe 等金属元素的化合物。海盐溅沫所释放出来的颗粒物，其成分除主要含有 NaCl 粒子、硫酸盐粒子外，还含有一些镁化合物。

人为释放出来的无机颗粒物，如动力发电厂由于燃煤及石油排放出来的颗粒物，其成分除大量的烟尘外，还含有 Be、V 等的化合物。市政焚烧炉会排出 As、Be、Cd、Cu、Fe、Hg、Mg、Ti、V 和 Zn 等的化合物。

无机颗粒物中还会存在一些有毒的物质。例如：Pb——含有四乙基铅的汽油是大气颗粒物卤化铅的主要来源；非铁金属冶炼行业排放的含有 Cd 等有毒金属的烟气；建材、绝缘等行业排放粉尘中的石棉。

大气颗粒物中微量元素主要来自人为活动，属于一次颗粒物。不同类型的污染源所排放的主要元素也不同，如汽车排放的尾气含 Pb、Br 和 Ba 等，海盐溅沫主要含有 Cl、K，垃圾焚烧尾气含有 Zn、Sb 和 Cd 等，石油、煤炭和焦油燃烧会排放 Ni、V 和 As 等。因此，可以从这些元素在区域大气颗粒物中的富集、分布情况来判别当地污染源的类型和分布。

2) 有机颗粒物

有机颗粒物(particulates organic matter，POM)是由大气中的有机物质凝聚形成的颗粒物或是有有机物吸附在其上的颗粒物。有机颗粒物的粒径一般都比较小，其粒径一般在 0～10 μm 之间，其中 55%～70%的有机颗粒物是粒径小于 2 μm 的细粒子，属于爱根核模或积聚模，对人体的危害较大。

大气中有机颗粒物种类繁多，结构也复杂。进入大气的有机化合物主要是烃类物质(烷烃、烯烃、芳香烃和多环芳烃等)，通过大气化学反应结合氧原子和(或)氮原子形成不易挥发的有机颗粒物。此外，还含有亚硝胺、氮杂环化合物、环酮、醌类、酚类和酸类等。不同地区的颗粒物中的有机物含量差异很大。表 2-8 给出了城市大气颗粒物的有机成分。

表 2-8 城市大气颗粒物的有机成分

种　类	示　例	城市大气中 POM 的浓度/(ng/m^3)
烷烃(C_{18}～C_{50})	n-$C_{22}H_{46}$	1000～4000
烯烃	n-$C_{22}H_{44}$	2000
苯烷烃	R	80～680
萘烃	R	40～500

续表

种　类	示　例	城市大气中 POM 的浓度/(ng/m^3)
芳香酸	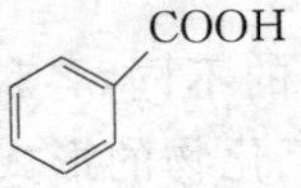 COOH	90～380(1972 年,美国加州)
多环芳烃	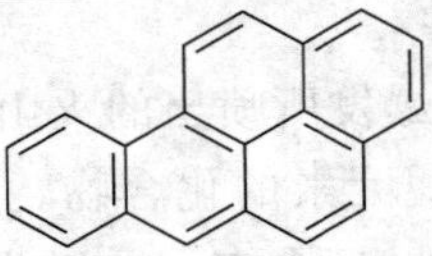 [苯并(a)芘]	6.6(1958—1959 年,美国 100 个城市观测站) 3.2(1966—1967 年,美国 32 个城市观测站) 2.1(1970 年,美国 32 个城市观测站)
酯	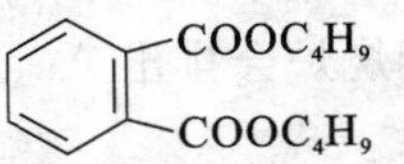 $COOC_4H_9$ $COOC_4H_9$	29～132(1976 年,比利时) 2～11(1975 年,美国纽约)
环酮	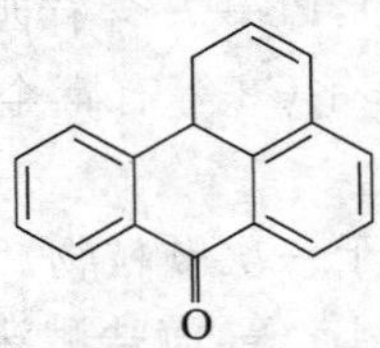 O	8(1965 年以前,美国城市平均) 2～48(1968 年,美国城市平均)
醌	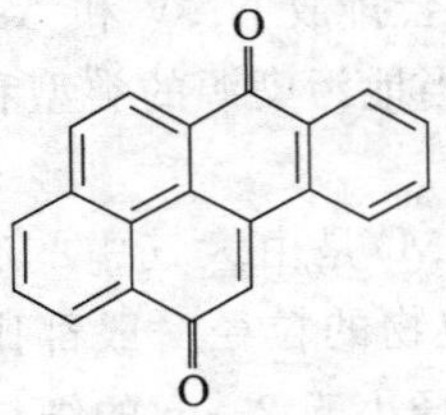 O O	0.04～0.12(1972—1973 年,各种异构体)
醛	$OHC(CH_2)_nCHO$	30～540(1972 年,美国加州)
脂肪羧酸	$C_{15}H_{31}COOH$	220(1964 年,美国纽约)
脂肪二元羧酸	$HOOC(CH_2)_nCOOH$	40～1350(1972 年,美国加州)
氮杂环化合物	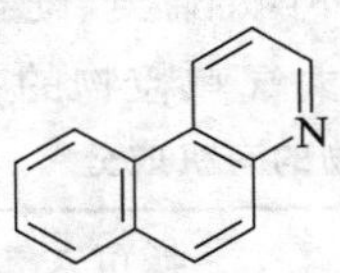 N	0.2(1963 年,美国 100 个城市综合值) 0.01(1976 年,美国纽约) 约 0.5(1976 年,比利时)
N-硝基胺类	$(CH_3)_2NNO$	15.6(1976 年,美国纽约)
硝基化合物	$OHC(CH_2)_nCH_2ONO_2$	40～1010(1972 年,美国加州)
硫杂环化合物	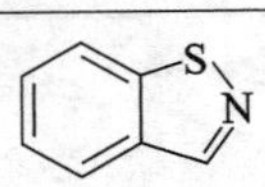 S N	0.014～0.02(1976 年,美国纽约)
SO_2-加合物	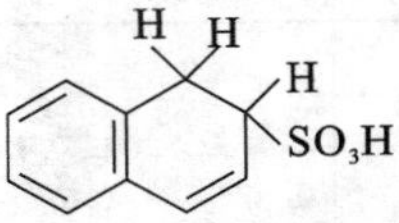 H　H H SO_3H	2～18 $nmol/m^3$(1976 年,美国纽约)
烷基卤化物	$C_{18}H_{37}Cl$	20～320(1972 年,美国加州)

续表

种　类	示　例	城市大气中 POM 的浓度/(ng/m^3)
芳基卤化物	Cl-苯环（氯苯）	0.5～3 (1972 年,美国加州)
多氯酚	OH-苯环-Cl_n	5.7～7.8(1976 年,比利时)

注:引自 Seinfeld,1986。

有机颗粒物中的多环芳烃虽然在 POM 总质量中只占很少的部分,但是由于它们的强致癌性,已成为目前研究的重点。大气中的 PAHs 几乎全部存在于固相中,大部分吸附在煤烟颗粒上,即煤烟本身是一种高度浓缩的 PAHs 产物。大气中高浓度的 PAHs 最可能出现的地方是城市大气中和发生森林、牧场等自然火灾的地区附近。

大气中的一次有机颗粒物主要来自于煤和石油的燃烧过程。煤和石油在不完全燃烧时,部分 HC 发生高温分解,产物包括乙炔和 1,3-丁二烯;在 400～500 ℃时进行高温合成,形成多环芳烃化合物,如芘、蒽、菲、苯并(a)芘、苯并蒽等;同时还排出一些低级烃、醛等有机物。大气中气体有机物通过化学转化形成二次颗粒物的速率较慢,一般小于 2%/h,二次产物都含有—COOH、—CHO、—CH_2ONO、—$C(O)SO_2$、—$C(O)OSO_2$ 等基团。

3) 生物颗粒物

生物颗粒物是指空气中起源于生物体的固体粒子,所含的成分相当复杂,包括微生物和所有各种生物体的碎片。其粒径分布非常广泛,从最小的病毒颗粒($0.005\ \mu m < r < 0.25\ \mu m$)到大颗粒的花粉($r$ 在 5 μm 左右)都包含在里面。

生物颗粒物是大气颗粒物的重要组成部分,在大气中的扩散、传播会引发人类的急慢性疾病以及动植物疾病。生物颗粒物还可以间接影响全球气候变化,并对大气化学和物理过程有着潜在的重要影响。相关研究已成为国际研究的热点,也逐渐得到更广泛的关注。生物颗粒物中的几类生物体(如真菌、细菌和藻类)都被鉴定为有效的云凝结核(cloud condensation nuclei,CCN),并且以活性 CCN 的形式存在。当生物颗粒物与有机物碰撞接触时,可以改变大气中有机物的化学组成并改变其 CCN 特性,从而影响云量,并间接影响全球气候变化。空气中的微生物也是影响空气质量的重要因素之一,相关研究主要集中于室内空气细菌、病毒、真菌等生物体的监测及来源调查。分布在大气中的生物颗粒物同样可以遵从传输路线进行长距离传输,而且不同类型的生物颗粒物在大气中具有不同的浓度和时空分布模式。

2.2.3　含硫化合物

大气中的含硫化合物可分为还原性含硫化合物和氧化性含硫化合物两类。还原性含硫化合物有硫化氢(H_2S)、二硫化碳(CS_2)、羰基硫(COS)、二甲基硫($(CH_3)_2S$)、二甲基二硫(CH_3SSCH_3)、硫醇等,它们在大气中可以被氧化成硫酸盐,有些情况下会形成中间产物 SO_2,是大气中硫的重要来源;氧化性含硫化合物主要有 SO_2、SO_3、亚硫酸盐及硫酸盐。

1. H_2S 及低价硫化合物

大气中的 H_2S 及低价硫化合物主要来自于天然源,如有机物的腐化及硫酸盐的微生物还原作用。生物活动产生的含硫化合物主要以 H_2S、$(CH_3)_2S$ 的形式存在,少量以 CS_2、CH_3SSCH_3 及 CH_3SH 形式存在。天然源排放的硫主要以低价态存在,主要包括 H_2S、$(CH_3)_2S$、COS 和 CS_2,而 CH_3SSCH_3、CH_3SH 相对较少。

大气中 H_2S 的人为源排放量不大,矿物燃料燃烧时会有少量硫以 H_2S 的形式排放,其他如污水处理、石油精炼也有少量 H_2S 排放,全世界工业的 H_2S 排放量仅是 SO_2 排放量的 2% 左右。此外,COS、CS_2 与 HO· 反应也能产生 H_2S:

$$COS + HO\cdot \longrightarrow HS\cdot + CO_2$$

$$CS_2 + HO\cdot \longrightarrow HS\cdot + COS$$

$$HS\cdot + HO_2\cdot \longrightarrow H_2S + O_2$$

$$HS\cdot + CH_2O \longrightarrow H_2S + HCO\cdot$$

$$HS\cdot + H_2O_2 \longrightarrow H_2S + HO_2\cdot$$

$$HS\cdot + HS\cdot \longrightarrow H_2S + S$$

H_2S 及低价硫化合物的主要去除机制是氧化。H_2S 在大气中比较快地被 HO·、O· 和 O_2 氧化为高价态 SO_2。

H_2S 的主要去除反应为

$$H_2S + HO\cdot \longrightarrow H_2O + HS\cdot$$

由此可见,清洁大气中 H_2S 的主要来源可能是 COS、CS_2,它们在大气中相互转化和去除机制见图 2-7。

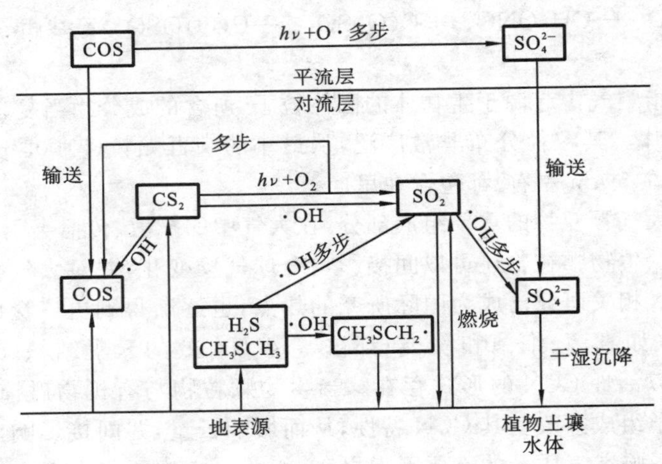

图 2-7　大气中含硫化合物的转化和去除

(引自 Harris,1984)

H_2S 与 O_3 的氧化反应为

$$H_2S + O_3 \longrightarrow H_2O + SO_2$$

这个反应在均匀的气相中很慢,但若有颗粒物存在,则反应要快得多。1 $\mu L/m^3$ 的 H_2S 若在含有 0.05 mL/m^3 O_3 及 10000 个/cm^3 颗粒的大气中,其寿命估计为 28 h。由于 H_2S、O_2 及 O_3 均溶于水,故 H_2S 在有雾和云的大气中氧化速率更快。

COS 在大气中寿命很长,因此会有大量的 COS 进入平流层。在平流层中,COS 会发生光解,引发一系列反应,产生的 SO_2 最终被氧化成硫酸盐和硫酸气溶胶,在平流层形成一个气溶胶层,从平流层底部延伸到约 30 km 的高空。

$$COS+h\nu \longrightarrow CO+S$$

$$O\cdot +COS \longrightarrow CO+SO$$

$$S+O_2 \longrightarrow SO+O\cdot$$

$$SO+O_2 \longrightarrow SO_2+O\cdot$$

$$SO+NO_2 \longrightarrow SO_2+NO$$

2. SO_2

SO_2是重要的大气污染物，洁净大气中含量极微，平均浓度为 0.0002 mL/m³。大气中SO_2主要来自于人为排放，排放量仅次于 CO，如含硫燃料的燃烧及冶金、硫酸制造等工业过程。人为排放的SO_2中约有 60%来自煤燃烧，30%左右来自石油燃烧和炼制。

SO_2是无色、有刺激性气味的气体。大气中低浓度的SO_2对大部分人不会产生剧烈毒性，但会对健康产生影响。SO_2的主要影响是刺激人体呼吸道并增加气道阻力，尤其是对患有呼吸系统和过敏哮喘疾病的人。因此，暴露在SO_2气体中可能造成呼吸困难。接触大气中的SO_2对植物也有损害。高浓度的SO_2会损伤叶组织（叶坏死），特征是严重损伤叶边缘和叶脉之间的叶面。植物长期与SO_2接触会造成缺绿病，叶片通常为绿色的部分脱色或变黄。此外，大气中的SO_2还会腐蚀建筑材料，石灰石、大理石等受大气SO_2侵蚀，或形成溶于水的产物，或在岩石表面形成附着性差的固体外壳，影响建筑物的外观、建筑结构的完整性和建筑物的寿命。当有飘尘存在时，SO_2的毒性可增强，SO_2还可以加强致癌物苯并(a)芘的致癌作用。

SO_2在大气中不稳定，最多只能存在 2 d，尤其在污染大气中易通过光化学氧化、均相氧化、多相催化氧化，最终转变成毒性比SO_2大 10 倍的硫酸或硫酸盐，并通过干沉降或湿沉降（酸雨）的形式降落到地面，SO_2的干沉降速率一般为 0.2～1.0 cm/s。硫酸可在大气中存留 1 周以上，因此能远距离输送至 100 km 以外的地方，造成广域污染。

SO_2作为大气中主要的气态污染物，由于参加了硫酸烟雾和酸雨的形成而受到重视，相关学者研究较多。

图 2-8 给出了大气中含硫化合物的来源和去向（SO_4^{2-}代表硫酸盐，数字代表排放量，其单位以每年 10^6 t(硫酸盐)计）。大气中含硫化合物在很大程度上是通过人为活动进入的，人类

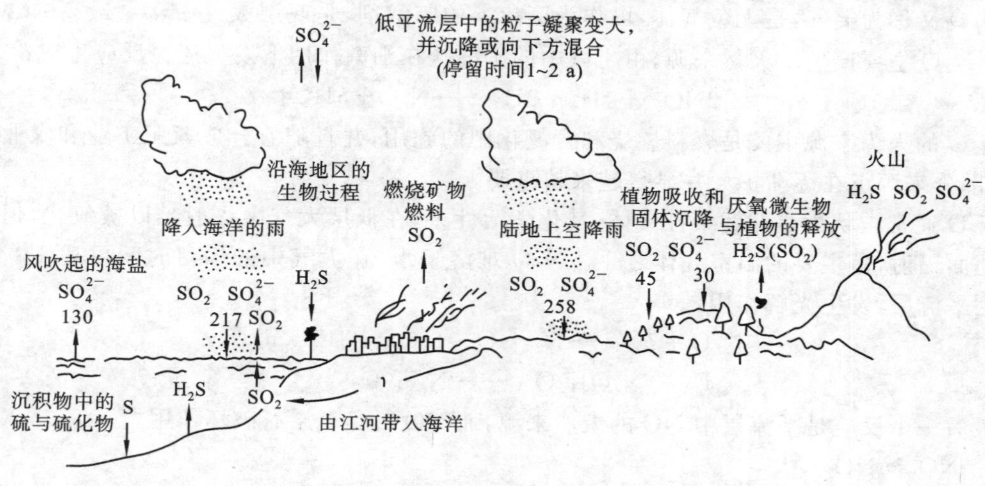

图 2-8 大气中含硫化合物的来源与去向

（引自莫天麟，1988）

活动每年向大气排入约 1.0×10^8 t 含硫化合物，主要以含硫矿物燃烧产生的 SO_2 为主。非人为来源主要是火山喷发产生的 SO_2 和 H_2S，以及有机质腐烂和硫酸盐还原过程产生的 $(CH_3)_2S$ 和 H_2S。大气中的 H_2S 可迅速转化为 SO_2。

大气中含硫化合物主要通过以下四种途径去除：①降雨和水的冲刷；②土壤与植物表面吸收；③固体颗粒的沉降；④被海洋、河流吸收。Beilk 等估计降水和雨水冲刷对大气中硫酸盐去除的贡献分别为 20%和 70%，硫酸盐年沉降量约为 2.4×10^8 t。

温度、湿度、光照强度、大气输送和颗粒物的表面性质都可能影响大气中 SO_2 的反应。SO_2 在大气中可能参与的反应包括：①直接光氧化反应；②在氮氧化物和(或)烃类特别是烯烃存在的条件下，发生的光化学反应和化学反应；③大气小水滴(尤其是含有金属盐类和氨时)中发生的化学反应；④大气固体颗粒物上发生的反应。由于大气是一个高度动态的系统，温度、组成、湿度、光照强度等变化很大，因此在不同大气条件下，占主导地位的反应过程也不同。

2.2.4　含氮化合物

大气中的 NO_x 主要包括 N_2O、NO、NO_2、NH_3、HNO_2、HNO_3 以及少量 N_2O_3、N_2O_4、NO_3、N_2O_5 等，其环境背景浓度一般在 10^{-9} 数量级。在大气环境化学研究中，往往把 NO、NO_2、NO_3、N_2O_5、HNO_3、HNO_2 和其他有机硝酸盐统称为奇氮化合物(odd-nitrogen compounds)。它们在大气中的存留时间不长，一般在 1～10 d，易转化为 NO 和 NO_2：

$$N_2O_3 \longrightarrow NO + NO_2$$

$$N_2O_4 \longrightarrow 2NO_2$$

$$N_2O_5 \longrightarrow N_2O_3 + O_2$$

$$NO_3 + h\nu \longrightarrow NO_2 + O\cdot \quad (\lambda < 541\ \text{nm})$$

$$NO_3 + h\nu \longrightarrow NO + O_2 \quad (\lambda < 10\ \text{nm})$$

$$NO_3 + NO \longrightarrow 2NO_2$$

$$HNO_2 + h\nu \longrightarrow HO\cdot + NO \quad (\lambda < 400\ \text{nm})$$

1. N_2O

N_2O 又称为笑气，是无色气体，可作为医疗上的麻醉剂，是底层大气中含量最高的含氮化合物。N_2O 主要产生于天然来源，由土壤中的硝酸盐在细菌作用下发生还原反应生成：

$$2NO_3^- + 4H_2 + 2H^+ \longrightarrow N_2O + 5H_2O$$

N_2O 的人为来源主要是燃料燃烧和含氮化肥的施用，并且随着合成氮肥工业和农业的发展，此部分来源正在逐渐扩大并显得越来越重要。

N_2O 通常被认为是非污染性气体，其化学活性差，在低层大气中一般难以被氧化，但它能吸收地面辐射，是主要的温室气体之一。N_2O 难溶于水，在大气中的停留时间可达 120 a，可传输到平流层，发生光解作用：

$$N_2O + h\nu \longrightarrow N_2 + O\cdot \quad (\lambda = 315\ \text{nm})$$

$$N_2O + O\cdot \longrightarrow N_2 + O_2$$

最后一个反应是平流层中 NO 的天然来源，而 NO 对臭氧层有破坏作用。

2. NO 和 NO_2

NO 和 NO_2 统称为总氮氧化物(NO_x)，属于大气中最重要的污染物，能参与酸雨及光化学烟雾的形成。

NO_x 可来自生物源、闪电等天然过程，自然界的氮循环每年向大气释放 NO 约 4.30×10^8 t，约占总排放量的 90%，人类活动排放的 NO 仅占 10%。NO_2可由 NO 氧化生成，每年约产生 5.3×10^7 t。NO_x的人为来源主要是燃料的燃烧或化工生产过程，其中以工业窑炉、氮肥生产和汽车尾气排放的 NO_x量最多。据估算，燃烧 1 t 天然气产生 6.35 kg NO_x，燃烧 1 t 石油或煤分别产生 9.1～12.3 kg 或 8～9 kg NO_x。城市大气中 2/3 的 NO_x来自机动车等流动源的排放，1/3 来自固定源的排放。燃烧过程产生的 NO_x主要是 NO，只有很少一部分（视温度等情况不同，含量从 0.5% 到 10%）被氧化成 NO_2，一般认为燃烧产生的 NO_x中 NO 占 90% 以上。

在大气中 NO 十分活跃，它能与 $RO_2\cdot$、$HO_2\cdot$、$\cdot OH$、$RO\cdot$ 等自由基反应，也能与 O_3和 NO_3等气体分子反应，转化成 NO_2等物质。尽管 NO 是释放到大气中的 NO_x 的主要形式，但在对流层中 NO 会较快地转化成 NO_2。

NO_2是低层大气中最重要的光吸收分子，它能吸收穿透对流层的全部紫外线和部分可见光。它吸收紫外线就被分解为 NO 和氧原子，由此反应可以引发一系列反应，导致光化学烟雾的形成，因此，许多国家对 NO_x的排放都有严格规定。

大气中的 NO_x最终转化为 HNO_3和硝酸盐颗粒，并通过湿沉降和干沉降过程从大气中去除，其中湿沉降是最主要的消除方式。

NO 和 NO_2毒性都很大。NO 是无色无味的气体，它能刺激呼吸系统，能与血红蛋白结合形成亚硝基血红蛋白而引起中毒。NO_2是棕色具有特殊刺激气味的气体，其在大气中体积分数为 1×10^{-6}就可以感觉到，它能严重刺激呼吸系统，使血红蛋白硝化，严重可导致死亡。

3. NH_3

氨（NH_3）是大气中含量丰富的含氮物质之一，主要来自于自然的生物化学和化学过程。大气中的 NH_3 来源广泛，主要来自动物废弃物、土壤腐殖质的 NH_3、土壤氨基肥料的损失、污水处理以及工业排放（炼焦、合成氨和制冷系统中 NH_3 的泄漏），其生物来源主要是细菌将废弃有机体中的氨基酸分解。燃煤也是 NH_3的重要来源。

NH_3是大气中主要的碱，能参与降水中的化学反应，在污染大气中它能中和降水的酸度，和硝酸、硫酸气溶胶反应生成铵盐（NH_4NO_3、NH_4HSO_4）。NH_3在对流层中主要转化为气溶胶铵盐。另外，NH_3可被氧化生成 NO_3^-，而 NO_3^- 则可转变成硝酸盐。铵盐或硝酸盐均可经湿沉降和干沉降去除。

表 2-9 列出部分含氮化合物的背景浓度和估计停留时间。图 2-9 是含氮化合物的大气循环示意图，显示了氮氧化物在对流层和平流层大气中的相互转化过程及主要的去除机制。

表 2-9　大气中含氮化合物的背景浓度和估计停留时间

含氮化合物	来　源	背 景 浓 度	停 留 时 间
NO	燃烧	1.0×10^{-6}（按 NO_2）	5 d
NO_2	燃烧		
NO_2	生物作用		
NH_3	生物作用	6×10^{-6}	2 周
NO_3^-	NO_2氧化	0.2 $\mu g/m^3$	
NH_4^+	NH_3转换	1.0 $\mu g/m^3$	2.8 d

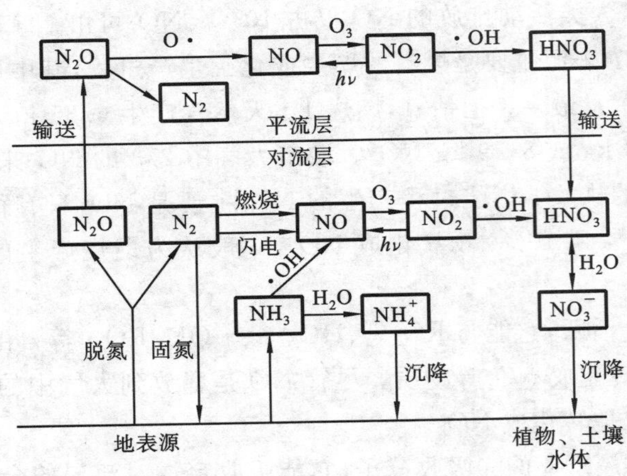

图 2-9　含氮化合物的大气循环

(引自 Stedman 和 Shetter,1983)

2.2.5　碳的氧化物

大气中碳的氧化物有一氧化碳(CO)和二氧化碳(CO_2)。

1. CO

CO 是一种无色、无味有毒气体,是大气中的天然组分,当它的浓度超过正常背景浓度时就会成为污染物。CO 是排放量最大的大气污染物之一。大气中 CO 主要来自自然界的自然排放,天然来源排放的 CO 远远超过人为来源排放的 CO。

1) 大气中 CO 的来源

(1) 天然来源。

① CH_4 转化:生命有机体厌氧分解产生的 CH_4 和 HO· 自由基发生氧化反应可生成 CO,其反应机理为

$$CH_4 + HO\cdot \longrightarrow \cdot CH_3 + H_2O$$
$$HCHO + h\nu \longrightarrow CO + H_2 \quad (\lambda = 320 \sim 335\ \text{nm})$$
$$\cdot CH_3 + O_2 \longrightarrow HCHO + HO\cdot$$

据 Wofsy 等 1972 年统计,上述途径产生的 CO 是人为排放源的 10 倍,占到了大气 CO 总量的 20%～50%。

② 海水中 CO 挥发:海水中 CO 过饱和程度很大,可不断向大气提供 CO,其量约为 1.0×10^8 t/a,近似为人为排放源的 1/6。

③ 森林草原火灾、农业废弃物焚烧:森林草原火灾、农业废弃物焚烧每年约产生 6.0×10^7 t CO。

④ 植物叶绿素的光解:由叶绿素光解产生的 CO 为$(5\sim10)\times10^7$ t/a。

(2) 人为来源。

大气中 CO 人为来源主要是燃料的不完全燃烧:

$$2C + O_2 \longrightarrow 2CO \quad (供氧不足,反应快)$$
$$C + CO_2 \longrightarrow 2CO \quad (缺氧燃烧,反应快)$$
$$2CO + O_2 \longrightarrow 2CO_2 \quad (反应较慢)$$

因此,在燃烧过程中要保证 O_2 供应充足,否则很容易排放大量的 CO。据估计,CO 的人

为来源中 80%是由汽车尾气排放的，城市大气中 CO 浓度比农村要高得多，其浓度与交通密度有关。家庭炉灶、燃煤锅炉、煤气加工等工业过程也会有大量的 CO 排放。

2）大气中 CO 的去除

CO 在大气中的停留时间较短，一般约为 0.4 a（与地形及气象条件有关，热带为 0.1 a）。大气中 CO 的去除有以下几种方式。

(1) 土壤吸收。

CO 可被表层土壤吸收，然后在土壤中经过细菌转化，成为 CO_2 和 CH_4。

$$2CO + O_2 \xrightarrow{\text{土壤细菌}} 2CO_2$$

$$CO + 3H_2 \xrightarrow{\text{土壤细菌}} CH_4 + H_2O$$

(2) 与大气中 HO· 反应转化成 CO_2。

扩散到平流层的 CO 可与自由基发生氧化反应转化成 CO_2。

$$CO + HO\cdot \longrightarrow CO_2 + H\cdot$$

$$H\cdot + O_2 \longrightarrow HO_2\cdot$$

$$HO_2\cdot + CO \longrightarrow CO_2 + HO\cdot$$

CO 的增加会导致 HO· 减少，带来 CH_4 的累积。CH_4 是一种重要的温室气体，因此 CO 的增加会间接导致全球变暖。另外，CO 还能够参与光化学烟雾的形成。

2. CO_2

CO_2 是一种无毒、无味的气体，对人体没有显著的危害作用。但是 CO_2 能够大量吸收长波辐射，是一种重要的温室气体，对全球气候变暖有显著增温作用，从而引发一系列的全球性环境问题。

大气中 CO_2 的人为来源主要是有机物燃烧。天然来源主要有以下几种。

(1) 海洋脱气。

海水中 CO_2 量通常比大气圈中高 60 多倍，估计大约有千亿吨的 CO_2 在海洋和大气圈之间不停地交换。

(2) CH_4 转化。

CH_4 在平流层中与 HO· 自由基反应，最终被氧化为 CO_2。

(3) 动植物呼吸、腐败作用以及生物物质的燃烧。

碳通过大气、海洋和生物圈，在自然界中形成了 CO_2 与各种碳化合物的自然循环。这种循环使大气中的 CO_2 平均含量维持在 300 mL/m^3。但是人类活动使 CO_2 的排放量逐年增加，另一方面大量砍伐森林，毁灭草原，使地球表面的植被日趋减少，减少了整个植物界从大气中吸收 CO_2 的数量，导致了碳的正常循环被破坏，全球大气 CO_2 浓度正在逐渐上升，从而导致了温室效应的加剧，全球气候变暖，具体内容在 2.5 节中会详细讨论。

大气中的 CO_2 可通过植物光合作用转化为生物碳，或者溶解于海水中去除，其中，海水是 CO_2 的最大储存库。图 2-10 显示了 CO_2 的全球循环过程。

2.2.6　碳氢化合物

大气中的碳氢化合物（HC）泛指各种烃类及其衍生物，一般用 HC 表示。大气中以气态形式存在的碳氢化合物的碳原子数主要为 1～10，包括可挥发的所有烃类（烷烃、烯烃、炔烃、脂肪烃和芳香烃等）。1968 年全世界 HC 的年排放量为 1.858×10^9 t，其中绝大多数为 CH_4，约

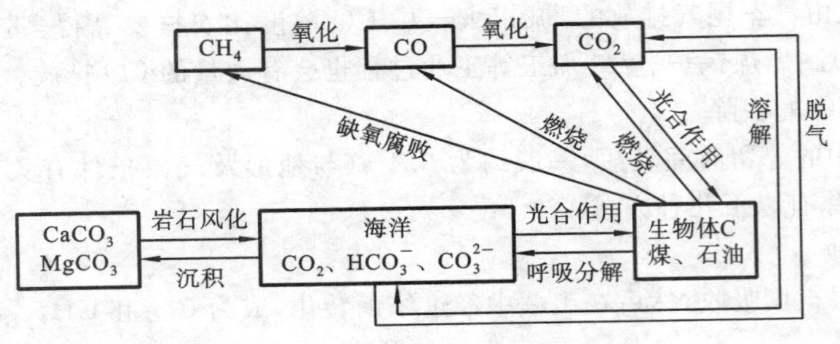

图 2-10　CO_2的全球循环

占 85%;人工排放的 HC 约为 8.8×10^7 t/a,仅占总量的 4.7%。石油产品(主要是汽油)是大气中烃类污染物的主要来源,城市大气中汽车尾气排放是 HC 的主要来源。据统计,每千辆汽车日排放碳氢化合物 200~400 kg。大气污染化学研究中通常把 HC 分为 CH_4和非甲烷烃(NMHC)两类。

1. CH_4

大气中 CH_4的主要来源是厌氧细菌的发酵过程,如沼泽、泥塘、湿冻土带、水稻田、牲畜反刍、生物质燃烧等,其中水稻田和牲畜反刍的排放量较大。有学者估计,一头牛每天排泄 200~400 L CH_4,全世界约有牛、羊和猪 1.2×10^9头,每年将产生大量的 CH_4。水稻田是在严格厌氧条件下,通过微生物代谢作用,有机质矿化产生 CH_4。水稻田产生的 CH_4为 $(7.0\sim17.0)\times10^7$ t/a。由于全球水稻田大部分在亚洲,而中国水稻种植面积又占亚洲水稻面积的 30%左右,因此,水稻田 CH_4的排放对我国乃至世界 CH_4的贡献都非常重要。

大气中 CH_4的停留时间约为 11 a,它的去除主要是通过与·OH 自由基的反应:

$$CH_4 + HO\cdot \longrightarrow \cdot CH_3 + H_2O$$

少量的 CH_4(≤15%)会扩散进入平流层,并和 Cl 原子发生反应,通过此反应可以减少氯原子对 O_3的损耗:

$$CH_4 + Cl\cdot \longrightarrow \cdot CH_3 + HCl$$

大气中 CH_4的浓度仅次于 CO_2,它也是重要的温室气体,其温室效应比 CO_2大 20 倍。近 100 年来,大气中 CH_4浓度上升了一倍多。目前全球范围内 CH_4浓度已达到 1.75 mL/m^3,其年增长速率为 0.8%~1.0%。科学家们估计,按目前 CH_4产生的速率,几十年后,CH_4在温室效应中将起主要作用。但目前引起温室效应的仍以 CO_2为主。

2. 非甲烷烃

非甲烷烃(NMHC)种类很多,如植物排放的非甲烷有机物可达 367 种以上。大气中的 NMHC 极大部分来自天然来源,其中排放量最大的是植物释放的萜烯类化合物,如 α-蒎烯、β-蒎烯、香叶烯、异戊二烯等,其排放量约为 1.7×10^8 t/a,占 NMHC 总量的 65%。最主要的天然排放物还是异戊(间)二烯(isoprene)和单萜烯(monoterpene),它们会在大气中发生化学作用而形成光化学氧化剂或大气颗粒物。

NMHC 的人为来源主要包括:汽油燃烧,排放量约占人为来源总量的 38.5%;焚烧,排放量约占人为来源的 28.3%;溶剂蒸发,排放量约占人为来源的 11.3%;石油蒸发和运输损耗,排放量约占人为来源的 8.8%;废物提纯,排放量约占人为来源的 7.1%。以上五类排放量约占人为来源排放量的 95.8%。烃类污染物可直接进入大气,也可以其他烃类部分燃烧产生的副产物形式进入大气。后者尤其重要,因为它们往往是不饱和并相对有活性的物质。大多数的烃污染源产生约15%的活性烃,然而不完全燃烧的汽油能产生约45%的活性烃。随意排放的汽车尾气大约只含有1/3的烷烃,剩余部分为大约等量的活性更高的烯烃和芳香烃,因此汽车尾气的反应活性相对较高。

大气中的NMHC可通过化学反应或转化成有机气溶胶而去除。它们最主要的大气化学反应是与HO·自由基的反应。

大气中的HC会影响人体健康。一些有机物如氯乙烯、2,4-苯并芘、苯并荧蒽等是致癌或致畸物质,它们进入大气后,附着在飘尘上进入呼吸道会严重危害人体健康。另外,HC高温分解可转化成多环芳烃,一些多环芳烃具有致癌性,如在燃烧分解过程中产生的焦油状多环芳烃苯并芘就是公认的强致癌性物质。调查研究表明,经常接触煤焦油、沥青和某些石油化工溶剂等物质的工人,患皮肤癌、阴囊癌、喉癌与肺癌的比例相当高。一些含有6个或少于6个碳原子的HC,其本身的毒性不明显,但是它们可以在一定的气候和地理环境条件下发生化学反应,生成毒性更强的二次污染物。

2.2.7 含卤素化合物

1. 卤代烃

对环境影响最大的卤代烃类物质是氯氟烃类(chloro-fluoro-carbons,CFCs),或称氟利昂类化合物,包括CFC-11、CFC-12、CFC-113、CFC-114、CFC-115等,CFC后面的数目依次代表CFC中含C、H、F的原子数,第一个数字=碳原子数-1,第二个数字=氢原子数+1,第三个数字=氟原子数。根据分子中C、H、F的个数,可推断出氯的数目。例如,CFC-113,碳原子数为2,氢原子数为0,氟原子数为3,可推导出氯原子数为3,其分子式为$C_2F_3Cl_3$;如果只有1个碳原子,第一个数字为0,则省略第一个数字,如CFC-11的分子式为CCl_3F,CFC-22的分子式为$CHClF_2$。分子中含溴的卤代烷烃称为哈龙(Halon),常用的特种消防灭火剂有Halon 1211、Halon 1301、Halon 2401等。在此,四位数字依次表示为碳、氟、氯、溴的原子数,如Halon 1211的分子式为CF_2ClBr。

CFCs和Halon主要被用作冰箱和空调的制冷剂、隔热用和家用泡沫塑料的发泡剂、电子元器件和精密零件的清洗剂、泡沫灭火剂等,它原本在大气中是不存在的,大气中的CFCs物质全部是人为原因造成的。

氯氟烃类不溶于水,所以不易被降水除去,排入对流层的氯氟烃类也不在对流层被HO·氧化,它们会扩散至平流层,在强紫外线作用下发生光解反应去除,使大气臭氧层受到极大的破坏,其反应式如下:

$$CF_xCl_2 + h\nu \longrightarrow \cdot CF_xCl \cdot + Cl \cdot \quad (\lambda = 175 \sim 220\ \text{nm})$$

$$Cl \cdot + O_3 \longrightarrow ClO \cdot + O_2 \tag{2.4}$$

$$ClO \cdot + O \cdot \longrightarrow Cl \cdot + O_2 \tag{2.5}$$

反应式(2.4)和反应式(2.5)是循环进行的连锁反应,其后果是1个Cl·原子可以消耗10万个O_3分子,致使臭氧层遭到破坏。各种CFCs都能在光解时释放Cl·,因此在大气中停留时间越长的CFCs,危害越大。我们可以用O_3损耗潜势能(ozone depletion potential,ODP)来表示不同的CFCs对O_3损耗的影响:

$$\text{ODP} = \frac{\text{单位质量物质引起的 } O_3 \text{ 损耗}}{\text{单位质量 CFC-11 引起的 } O_3 \text{ 损耗}}$$

各种消耗臭氧层物质(ozone depleting substances,ODS)的ODP值见表2-10。

表 2-10　CFCs 的 ODP 值

ODS 类别	化　合　物	ODP
CFCs	CFC-11	1.0
	CFC-12	0.9
	CFC-113	0.9
	CFC-114	0.8
	CFC-115	0.3～0.4
	CFC-22	0.05～0.06
	CFC-123	0.019～0.028
	CFC-124	0.019～0.035
	CFC-142_b	0.05～0.07
	CFC-134_a	0
	CFC-143_a	0
	CFC-152_a	0
Halon	Halon 1211	3.0
	Halon 1301	10.0
	Halon 2402	60

注:字母 a、b 表示乙烷系同分异构体的对称性,比较对称的化合物编号后不附加字母,随同分异构体变得愈来愈不对称的化合物后附加 a、b 等字母。

同时,氯氟烃类物质也是温室气体,它在对流层中很稳定,尤其是 CFC-11、CFC-12,它们吸收红外线的能力要比 CO_2 强得多。每个 CFC-12 分子产生的温室效应相当于 15000 个 CO_2 分子。1984 年,美国科学家评估 CFCs 对环境影响的报告指出,目前大气中痕量气体(包括 CO_2、N_2O、CH_4、CFCs 等)造成的温室效应,CFCs 的作用约占 20%。美国航空航天局的 Goddard 航天飞机中心在 1989 年报告说,CFCs 对温室效应的作用已占 25%。

可见,氯氟烃类物质的增加具有破坏平流层 O_3 和影响对流层气候的双重效应。因此,必须控制 CFCs 的生产和使用。国际上已经签署了相应的关于限制和停止使用相关产品的协议。有关研究人员也在积极开发新的制冷剂作为替代品。

2. 氟化物

另一类需要关注的含卤素化合物是氟化物,主要包括氟化氢(HF)、四氟化硅(SiF_4)、氟硅酸(H_2SiF_6)、六氟化硫(SF_6)及氟(F_2)等,它们主要来自火山喷发、铝的冶炼、磷矿石加工、磷肥生产、钢铁冶炼和煤炭燃烧等过程。

氟化物在大气中主要以气体和含氟飘尘的形式存在。HF 气体能很快与大气中水汽结合,形成氢氟酸气溶胶;SiF_4 在大气中与水汽反应形成水合氟化硅和易溶于水的氟硅酸。大气中的氟化物的去除主要是依靠降水去除或扩散到地面被植物、土壤吸收。SF_6 用于大型电气设备中的绝缘流体物质,由于其在大气中寿命极长(一般超过千年),同时具有极强的长波辐射吸收能力,因此在近年来的温室气体的研究中受到了密切的关注。

2.2.8　光化学氧化剂

污染大气中的光化学氧化剂，包括 O_3、过氧乙酰硝酸酯(PAN)、醛类、过氧化氢等。它们的天然来源很少，主要是由人为来源排放的氮氧化物和碳氢化合物，在太阳光照射下发生光化学反应而生成的二次污染物。在光化学氧化剂中，O_3 一般占 85%～90%，其次是 PAN。

1. O_3

O_3 是天然大气中重要的微量组分，平均含量为 0.01～0.1 mL/m^3；大部分集中在平流层中 15～35 km 的范围内，对流层 O_3 仅占 10%左右。平流层中的臭氧层，可以阻挡过多的紫外线对地表生物的辐射，吸收大量的热量，能够不断供给地球表面。而对流层中过多的 O_3 会直接影响到地球的生物，O_3 具有强氧化性和腐蚀性、刺激性，对人的眼睛和呼吸道有刺激作用，可导致植物叶子损伤，影响植物生长，降低农产品产量。同时，O_3 也是一种重要的温室气体。

对流层中 O_3 的天然来源最主要的有两个：一是由平流层输入；二是光化学反应产生 O_3。O_3 的人为来源主要是交通运输、石油化学工业及燃煤电厂排放的废气。如汽车尾气排放的大量 NO_x、CO 和碳氢化合物在阳光照射及合适的气象条件下就可以发生光化学反应生成 O_3。

$$NO_2 + h\nu \longrightarrow NO + O\cdot \tag{2.6}$$

$$O\cdot + O_2 + M \longrightarrow O_3 + M \tag{2.7}$$

$$NO + O_3 \longrightarrow NO_2 + O_2$$

由 CO 产生 O_3 的光化学机制为

$$CO + HO\cdot \longrightarrow CO_2 + H\cdot$$

$$H\cdot + O_2 + M \longrightarrow HO_2\cdot + M$$

$$HO_2\cdot + NO \longrightarrow NO_2 + HO\cdot$$

上述反应生成的 NO_2 按反应式(2.6)和反应式(2.7)反应生成 O_3。

对流层中的 O_3 主要通过均相(气相)或非均相的光化学及热化学反应去除，其中经过非均相反应去除的 O_3 占到了总去除量的 1/3。大气中的奇氧反应，即

$$O_3 + O\cdot \longrightarrow 2O_2$$

是 O_3 耗损的基本反应，对流层中活性粒子(HO·、Cl·、NO 等)可作为催化剂加快其反应，其反应式为

$$O_3 + Y \longrightarrow YO + O_2$$

$$YO + O\cdot \longrightarrow Y + O_2$$

总反应式为

$$O\cdot + O_3 \longrightarrow 2O_2$$

其中：Y 是 HO·、Cl·、NO 等活性粒子。

有关平流层 O_3 问题将在 2.5 节中讨论。

2. 过氧乙酰硝酸酯

过氧乙酰硝酸酯系列($RCH_2C(O)OONO_2$)是光化学烟雾污染产生危害的重要二次污染物，通常包括过氧乙酰硝酸酯(peroxyacetyl nitrate，PAN)、过氧丙酰硝酸酯(PPN)、过氧苯酰硝酸酯(PBN)，其中 PAN 是该系列的代表。PAN 的氧化性很强，能够强烈刺激皮肤、眼睛、呼吸道等。

大气中的 PAN 全部是由一次污染物发生光化学反应生成的，因此可以将是否测出 PAN 作为判别光化学烟雾发生与否的依据。它主要来自于有机物的氧化。

$$CH_3CHO + HO\cdot \longrightarrow CH_3\overset{O}{\overset{\|}{C}}\cdot + H_2O$$

$$CH_3\overset{O}{\overset{\|}{C}}\cdot + O_2 \longrightarrow CH_3\overset{O}{\overset{\|}{C}}—OO\cdot$$

$$CH_3\overset{O}{\overset{\|}{C}}—OO\cdot + NO_2 \longrightarrow \underset{(PAN)}{CH_3\overset{O}{\overset{\|}{C}}—OONO_2}$$

大气中 PAN 的去除主要是依靠 PAN 的热分解，其反应式为

$$CH_3\overset{O}{\overset{\|}{C}}—OONO_2 \longrightarrow CH_3\overset{O}{\overset{\|}{C}}—OO\cdot + NO_2$$

由此可见，PAN 在大气中的寿命是和温度密切相关的：300 K 时，PAN 的寿命为 30 min；290 K 时，PAN 的寿命为 3 d；260 K 时，PAN 的寿命为 1 个月。因此，处于低温地区或对流层中上部的 PAN 相对稳定，可以长距离输送。由于 PAN 可热分解产生 NO_2，因此它对酸雨的形成也有一定的贡献。

2.3　污染物在大气中的迁移扩散

2.3.1　影响大气污染物迁移扩散的因素

一个地区大气污染的程度除了与污染源的特性(如污染物的组成、性质、排放量、排放方式、排放地点、高度等)有关外，还与污染物在大气中的迁移扩散密切相关。影响大气污染物迁移扩散的主要因素有气象条件和下垫面状况。

1. 气象因子对大气污染物扩散的影响

影响大气污染物迁移扩散的气象因子包括气象动力因子和气象热力因子两个方面。气象动力因子主要是指风和大气湍流，气象热力因子主要是指大气温度层结与大气稳定度。

1) 气象动力因子对大气污染物迁移扩散的影响

风和大气湍流对污染物在大气中的迁移扩散起决定性作用。

(1) 风。

风是指空气的水平运动，风的特性可用风速和风向两个参数来描述。风向决定了污染物扩散的方向，风速是指单位时间内空气在水平方向的移动距离，风速的大小决定了污染物的扩散速率与扩散距离。风对污染物起着输送、稀释和扩散作用。一般来说，污染物在大气中的浓度与污染物的总排放量成正比，与平均风速成反比，若风速增加一倍，在污染源下风向相同位置的污染物浓度会降低一半。这是因为，风速增大，单位时间内通过排放源的空气量增多，加大了对污染物的稀释与扩散作用。

(2) 大气湍流。

大气除了整体水平运动以外，还会出现不同于主导风向的、无规则的(上下左右)阵发性搅动，大气的这种无规则的阵发性搅动称为大气湍流。大气湍流与大气热力因子(如大气的垂直稳定度)、近地表的风速及下垫面的状况有关，不稳定的大气有强烈的上下对流运动，形成所谓

的热力湍流；近地表，由于地表的粗糙不平，如树木、建筑物、起伏不平的地形等，风向、风速不断发生变化而形成的湍流称为机械湍流。大气湍流是这两种湍流的综合结果。近地表的大气湍流比较强烈。当污染物进入大气时，高浓度部分由于湍流作用，不断被清洁空气掺入，同时又无规则地分散到各方向，使污染物不断被稀释，冲淡。假如没有湍流作用，只有分子扩散作用，则由烟囱或其他污染源排放出来的烟云将会沿主导风向下游，以一个粗细基本不变的烟柱扩散。实际情况并非如此。图 2-11 描述了烟云在不同尺度大气湍流中的扩散状态。

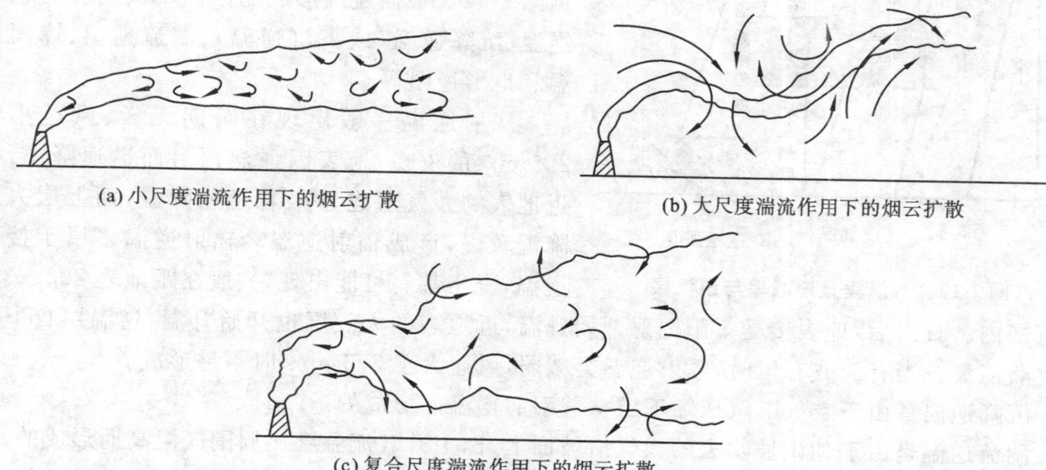

(a) 小尺度湍流作用下的烟云扩散

(b) 大尺度湍流作用下的烟云扩散

(c) 复合尺度湍流作用下的烟云扩散

图 2-11　大气湍流作用下的烟云扩散

当大气湍流作用的尺度小于烟流的尺度(烟流的直径)时，烟团向下风向移动，受到较小尺度的涡团搅动，烟流外侧不断与空气混合，缓慢向外扩散，如图 2-11(a)所示。

当大气湍流作用的尺度大于烟流的尺度时，烟流被大尺度的大气涡团挟带，烟流整体呈波浪形向下风向移动，但烟流本身的尺度变化不大，如图 2-11(b)所示。

在实际大气中常常存在不同尺度的大气湍流，称为复合尺度湍流。图 2-11(c)所示为复合尺度湍流作用下烟云扩散状况，扩散过程进行得较快。

2）气象热力因子对大气污染物扩散的影响

(1) 气温垂直递减率与气团干绝热减温率。

① 气温垂直递减率：气温垂直递减率是指在对流层中，高度每垂直升高 100 m 气温的变化值。通常用下式表示：

$$r_a = -\frac{\mathrm{d}T}{\mathrm{d}h} \tag{2.8}$$

式中：r_a——气温垂直递减率，℃/(100 m)；

T——绝对温度，K；

h——高度。

在对流层中，气温垂直递减率的平均值约为 0.6 ℃/(100 m)，即高度每垂直上升 100 m，气温平均降低约 0.6 ℃。

② 逆温层：在靠近地表附近，气温的变化受多种因素的影响，在一定高度范围内气温垂直递减率的值可能大于零、等于零，也可能小于零。气温垂直递减率大于零，表示气温随高度增加而下降，即 $\mathrm{d}T<0$(根据式(2.8)，$\mathrm{d}T<0$，$r_a>0$)，属于一般正常情况；气温垂直递减率等于

零,表示气温不随高度变化,称为等温层;气温垂直递减率小于零,表示气温随高度的升高而升高,即 $dT>0$(根据式 (2.8),$dT>0$,$r_a<0$),此时温度变化与对流层正常情况相反,称为逆温层。即对流层中,气温随高度增加而升高的一层大气称为逆温层。逆温层的下限距地面的高度称为逆温高度,逆温层上下限的温度差称为逆温强度。

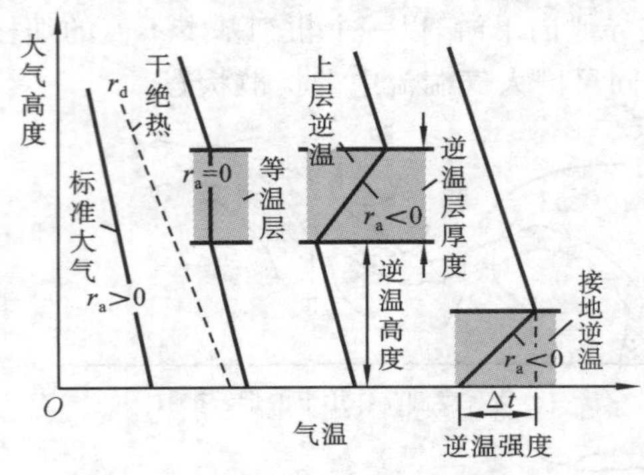

图 2-12　气温垂直递减率与逆温层

逆温的种类较多,根据逆温层出现的高度不同,可分为接地逆温(又称地面逆温)和上层逆温,见图 2-12。根据逆温形成的原因不同可分为辐射逆温、沉降逆温(或下沉逆温)、湍流逆温、锋面逆温和地形逆温等。

辐射逆温一般出现在晴朗无云、风速小于 2.5 m/s的夜晚,地表因强烈辐射而迅速降温,接近地表的大气层也紧跟着迅速降温,而上层大气降温较慢,形成辐射逆温。辐射逆温多属于接地逆温,全年都有可能出现,一般在距地表 200～300 m 范围内。日出后,地表接受太阳辐射开始升温,近地表的大气层也开始升温,逆温层自下而上逐渐消失。当有云或有风时,辐射逆温会减弱,风速大于 2.5 m/s 时不易形成。

沉降逆温是由于空气下沉压缩下层空气引起增温而形成的。

湍流逆温是由于朝山坡吹去的大气沿坡面上升,上升气流温度比周围气温高而形成的。

锋面逆温是在冷热两股气流相遇时,冷气流在下,暖气流在上而形成的。

地形逆温易在盆地或谷地形成,日落后,山坡散热较快,使坡面上的空气降温较快,冷空气沿坡面下沉,谷地或盆地中暖空气抬升,在谷地或盆地底部形成逆温层。

③ 气团干绝热减温率:取大气中一微小容积的宏观气团(或气块)作研究对象,这一气团是干燥的或未被水蒸气饱和的,在状态发生变化时气团内没有水蒸气的相变过程(即没有液态水和固态水(冰)出现),并假设这一气团在状态发生变化时与周围空气没有热量交换,那么它的这种状态变化称为干绝热过程(由污染源排入大气的污染气体可以看成这样一个气团)。距离地面越高,大气压力越小,气团在作干绝热垂直上升运动时,体积逐渐膨胀对外做功,内部温度会降低。气团在干绝热过程中,每垂直上升 100 m,其内部气温的降低值称为气团的干绝热减温率,用 r_d 表示。一般气团的干绝热减温率为 0.98 ℃/(100 m)(常近似取 1 ℃/(100 m))。即一个干燥的或未被水蒸气饱和的气团,在大气中绝热上升 100 m,温度降低 0.98 ℃,若在大气中绝热下降 100 m,则温度上升 0.98 ℃。

(2) 大气稳定度。

大气稳定度即大气在垂直方向上的运动状态,与气温垂直递减率 r_a 和气团干绝热减温率 r_d 的相对大小密切相关。

当 $r_a<r_d$,即气温垂直递减率小于气团干绝热减温率时,如图 2-13(a)所示,$r_a=0.5$ ℃/(100 m),$r_d=1.0$ ℃/(100 m),在距地面 200 m 高度处气温为 15.0 ℃,根据气温垂直递减率,100 m 高度处气温为 15.5 ℃,300 m 高度处气温应为 14.5 ℃。假如在 200 m 高度处有一气团,温度为 15.0℃,在某种气象因素作用下,作垂直干绝热上升运动,温度下降,到达 300 m 处,气团内部温度为 14.0 ℃,低于 300 m 处周围大气的温度(14.5 ℃),气团收缩,密度增加,即气团内部密度大于周围大气的密度,气团要下降。即当 $r_a<r_d$ 时,受外力推举上升的气团,当外力消失时,会下降回到原来的高度。在同样条件下,如气团受外力作用垂直下降运动时,

气团温度升高，到100 m高度时气团内部温度为16.0 ℃，高于周围大气的温度(15.5 ℃)，气团膨胀，密度降低，使气团密度低于周围大气密度，气团有上升回到原来高度的趋势。因此，当$r_a < r_d$时，不论何种气象因素作用使气团作垂直上下运动时，它都是力争恢复到原来状态。大气的这种状态称为稳定状态。

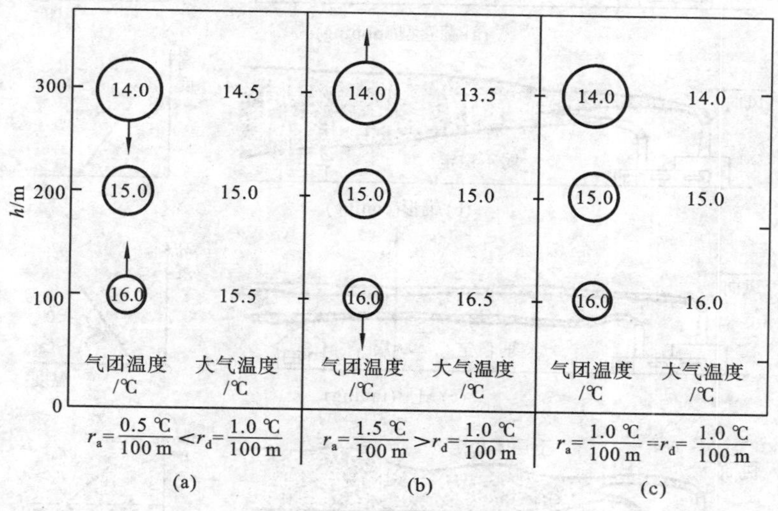

图2-13 大气稳定度的三种状态

当$r_a > r_d$，即气温垂直递减率大于气团干绝热减温率时，如图2-13(b)所示，$r_a=1.5$ ℃/(100 m)，$r_d=1.0$ ℃/(100 m)，在距地面200 m高度处气温为15.0 ℃，则100 m高度处气温为16.5 ℃，300 m高度处气温应为13.5 ℃。假如在200 m高度处有一气团，温度为15.0 ℃，在某种气象因素作用下，作垂直干绝热上升运动，温度下降，到达300 m处，气团内部温度为14.0 ℃，高于300 m处周围大气的温度(13.5 ℃)，气团继续膨胀，密度降低，即气团内部密度小于周围大气的密度，气团继续上升。即当$r_a > r_d$时，受外力推举上升的气团，若外力消失，会继续上升，远离原来的平衡高度。在同样条件下，如气团受外力作用作垂直下降运动，气团受到绝热压缩而增温，到100 m高度时气团内部温度为16.0 ℃，低于周围大气的温度(16.5 ℃)，气团继续收缩，密度增加，使气团密度高于周围大气密度，气团有继续下降的趋势。因此，当$r_a > r_d$时，不论何种气象因素作用使气团作垂直上下运动，外力消失时，它将继续远离原来平衡位置。大气的这种状态称为不稳定状态。

同理，当$r_a = r_d$时，如图2-13(c)所示，在外力推动下，从平稳位置开始，不论作上升还是下降运动，气团内部温度始终与外部大气温度相同，气团密度与周围大气密度相同，气团被推到哪里，外力消失时，就会停在哪里。大气的这种状态称为中性状态。

近地表大气垂直稳定度可简单地用气温垂直递减率r_a的大小来判断：当$r_a > 0$时，大气温度随高度增加而降低，上冷下热，大气有强烈的上下对流运动，为不稳定状态；当$r_a < 0$时，大气温度随高度增加而上升，空气上热下冷，呈现逆温状态，这时大气处于稳定状态，且气温随高度增加上升得越快，大气越稳定；当$r_a = 0$时，大气温度不随高度变化，大气处于中性状态。

(3) 大气稳定度对大气污染物扩散的影响。

大气的污染状况与大气稳定度密切相关。图2-14所示的是一个高架源连续排放的烟云在不同大气稳定状态下的扩散情况。

如图2-14(a)所示，当$r_a > 0$，$r_d > 0$时，大气处于不稳定状态，烟云在上下方向摆动很大，

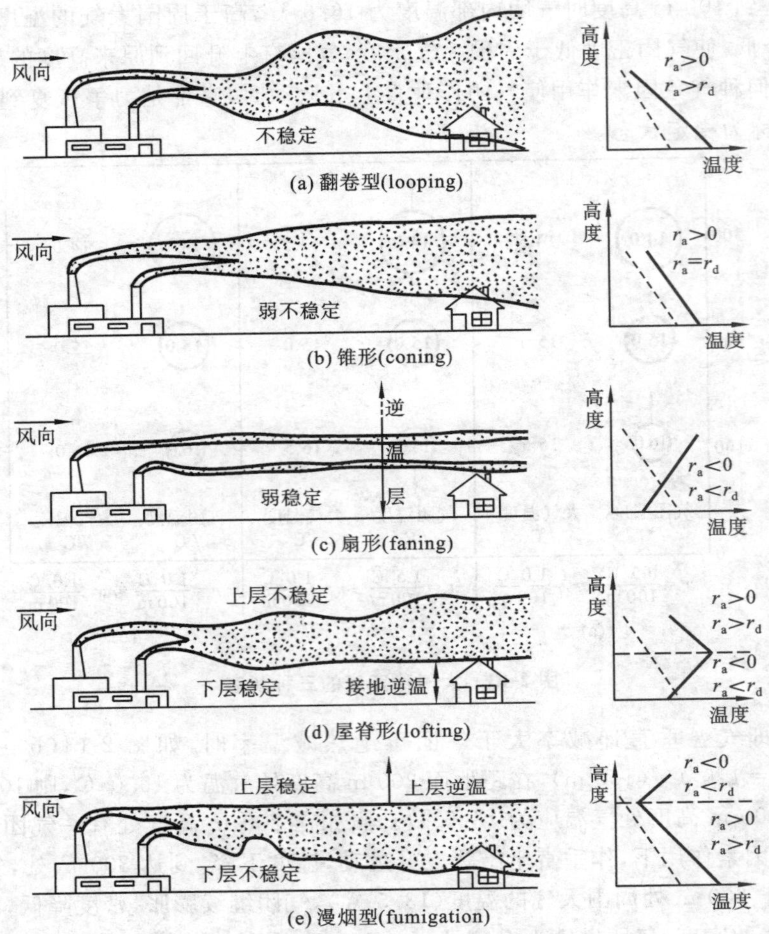

图 2-14　高架源连续排放的烟云与大气稳定度的关系

—— r_a；--- r_d = 0.98 ℃/(100 m)

扩散速率较快，烟云呈剧烈翻卷状向下风向输送，称为翻卷型或波浪形烟云。这种烟云多出现在有微风、有较强热力湍流(即大气有强烈的上下对流运动)、太阳光较强的中午。由于污染物在垂直方向上扩散速率快，靠近污染源地区污染物落地浓度较高，可对附近居民造成危害，但一般不会造成污染事故。

当 $r_a>0$，$r_a=r_d$ 时，大气处于中性状态或弱不稳定状态，烟云上下左右的扩散速率较慢且较均匀，因此烟云离开排放口一定距离后，烟云轴线基本保持水平，外形似锥形，因而称为锥形烟云，如图 2-14(b)所示。锥形烟云多出现在多云或阴天的白天及强风的夜晚或冬季夜间。烟云扩散速率比翻卷型的低，靠近污染源地区污染物落地浓度也比翻卷型的低，污染物输送得较远。

当 $r_a<0$，$r_a<r_d$ 时，出现逆温层，且烟气排放口处于逆温层中，由于大气处于稳定状态，大气没有垂直对流运动，所以烟云在垂直方向上扩散速率很小，在水平方向上有缓慢扩散。从上往下观察，烟云以排放口为圆点，呈扇形向下风向输送，因而称为扇形烟云，如图 2-14(c)所示。扇形烟云多出现于微风，几乎无湍流发生的、弱晴朗的夜晚和早上。靠近污染源地区污染物落地浓度较低，污染物输送得较远。但遇到山峰或高大建筑物时，污染物不易扩散，在逆温层下

的污染物浓度较大。

当排放口上方 $r_a>0$，$r_d>0$，大气处于不稳定状态，而下方 $r_a<0$，$r_a<r_d$，出现逆温层，大气处于稳定状态时，污染物在逆温层上方向上扩散速率较快，而下方出现逆温层，空气没有垂直对流运动，污染物基本不向下扩散，烟云下侧边缘清晰，呈平直状。此种烟云称为屋脊形或上扬型烟云，如图 2-14(d)所示。这种烟云多在日落后，地面形成辐射逆温，大气稳定，而高空受冷空气影响，大气不稳定的情况下出现。污染物不向下扩散，只向上方扩散，对地面污染较小。

当排放口上方 $r_a<0$，$r_a<r_d$，出现逆温层，大气处于稳定状态，而下方 $r_a>0$，$r_a>r_d$，大气处于不稳定状态，在逆温层下面湍流较强，污染物向下扩散速率较快，而上方出现逆温层，空气没有垂直对流运动，污染物基本不向上扩散，烟云上侧边缘清晰，呈平直状。此种烟云称为漫烟型或熏烟型烟云。一般在日出后，接地逆温自下而上逐渐被破坏，下层逆温被破坏，大气不稳定，而上层仍然保持逆温时，易出现此种情况。烟气排放口在逆温层下面，上层稳定的大气就像盖子盖在上面，污染物不向上扩散，只向下扩散，像熏烟一样直扑地面，在靠近污染源地区，地面污染物浓度很高，地面污染严重。多数严重的大气污染事故就发生在此种气象条件下。

2. 下垫面对大气污染物扩散的影响

下垫面是指地形或地面状况。下垫面的状况会影响该地区的气象条件，如形成局部地区的热力循环，表现出独特的局地气象特征。另外，下垫面的粗糙程度对近地表的大气湍流有显著影响，下垫面粗糙程度大，地形起伏不平或有许多建筑物等，近地表的大气湍流会显著增强；下垫面光滑平坦，近地表的大气湍流可能较弱。因此，下垫面通过影响该地区的气象条件和本身的机械作用影响污染物的扩散。

1）城市下垫面对污染物扩散的影响

首先，城市是人口集中、工业企业高度密集的地区，其下垫面主要由纵横交错的街道、高低不同的建筑物构成，绿地少。城市内大量人工构筑的混凝土路面、各种建筑墙面等，改变了下垫面的热属性，这些人工构筑物吸热快而热容量小，在相同的太阳辐射条件下，它们比自然下垫面(绿地、水面等)升温快，因而其表面的温度明显高于自然下垫面。其次，城市中机动车辆多、交通拥挤，加上工业生产以及大量的人群活动，产生了大量的 NO_x、CO_2、粉尘等，这些物质可以大量地吸收环境中热辐射的能量，产生众所周知的温室效应，引起城市大气的进一步升温。第三，城市人工热源较多，工厂、机动车、居民生活等，燃烧各种燃料、消耗大量能源，都会向大气排放废热。上述原因使得城市气温明显高于周围郊区气温，这一现象称为城市热岛效应。由于城市气温比周围农村高，特别是城市低层空气温度比周围郊区气温高，城市热空气上升，周边郊区温度较低的空气流向城市中心，形成“城郊风”，郊区上面空气下沉，城市上空较热的空气流向郊区上空，形成城市特有的热力环流——热岛环流，如图 2-15 所示。这种现象在夜间和晴朗、平稳的天气条件下最为明显。在这种环流的影响下，城市机动车辆、工厂等排放出的烟尘等污染物聚积在城市上空形成烟幕，导致市区大气污染加剧。

由于城市热岛环流的存在，城郊工厂排放的大气污染物也可由低层大气吹向市区，使市区污染物浓度增加，造成市区大气污染更加严重，在工业区规划布局上要考虑这一特点。

高低不同、形状各异的各种建筑物造成城市下垫面粗糙程度大，对气流产生阻挡作用，使得气流的速率减小，方向时常发生变化，且在建筑物之间产生小尺度涡流，阻碍污染物的输送，不利于污染物的扩散。这种影响的大小与建筑物的高低、形状、密集程度及污染源排放口(烟囱)的高度有关，烟囱越低，影响越大。

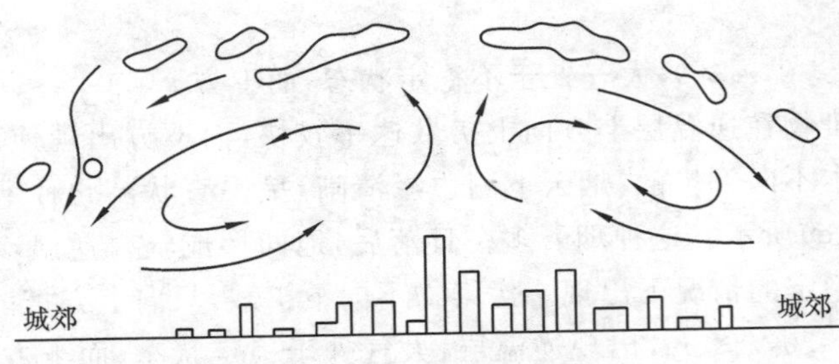

图 2-15　城市热岛环流示意图

2）山区下垫面的影响

山区地形复杂，局地环流也很复杂，影响污染物迁移扩散的主要因素有过山气流和山谷风。

气流过山峰时，山坡迎风面会使气流上升，山脚下形成反向旋涡；在背风面则造成气流下沉，在山脚形成回流区。如果污染源处在上风向，污染物随气流输送，在迎风坡会造成污染，在背风侧污染物会随气流下沉至地面，或在回流区内积累，易造成比较严重的污染。

在山谷地带，白天，山坡接受太阳光辐射热较多，山坡上空气增温较多，而山谷上空，同高度上的空气因离地较远，增温较少。于是山坡上的暖空气不断上升，谷底的空气则沿山坡向山顶补充，空气从谷地上层下沉流向谷地，这样便在山坡与山谷之间形成一个热力环流。下层风由谷底吹向山坡，称为"谷风"。到了夜间，山坡上的空气受山坡辐射冷却影响，空气降温较快，而谷地上空，同高度的空气因离地面较远，降温较慢。于是山坡上的冷空气因密度大，顺着山坡流入谷地，谷底热空气被抬升，并从上面向山顶上空流去，形成与白天相反的热力环流。下层风由山坡吹向谷地，称为"山风"，如图 2-16 所示。

图 2-16　山谷风

在山区，只要没有强大天气系统影响，就会出现山谷风，天气愈晴朗、稳定，山谷风就愈明显。山谷高差愈大、山谷形状愈完整、山坡愈裸露，山谷风就愈强。山谷风转换时往往会造成严重空气污染。特别是在夜间，冷空气沿山坡下滑，在谷底积聚，形成逆温，并且因地形阻挡，河谷、山谷和凹地风速小，更有利于逆温的形成。因此河谷、山谷和凹地地带极易形成逆温，且逆温层较厚，逆温强度大，持续时间长。如果谷底有工厂，其排放的大气污染物在逆温层出现后很难扩散，污染物在谷地积聚，易造成污染事故。如比利时马斯河谷烟雾事件、美国多诺拉烟雾事件都是在这种情况下形成的。

3. 海陆风对大气污染物迁移扩散的影响

海陆风是指海滨地区风向发生规律性日变化的风系。它是由海面和陆面热力性质差异引起的。因水的热容量较大，白天，在太阳辐射下海面升温幅度小于陆地，即陆地表面空气温度高于海面上空气温度。陆地表面空气受热膨胀上升，海面低层空气流向陆地给予补充，海面上层空气下沉，陆地上空空气流向海洋上空，在海陆之间形成一个完整的热力环流圈；夜间，陆面降温的幅度大于海面，陆面温度低于海面，结果陆面空气冷缩下沉，海洋上空的空气流向陆地上空，在低空陆地空气流向海洋，海陆间形成一个同白天方向相反的热力环流圈。低层大气从海洋流向陆地形成海风，从陆地流向海洋形成陆风。海陆风以一日为周期转换风向，如图2-17所示。

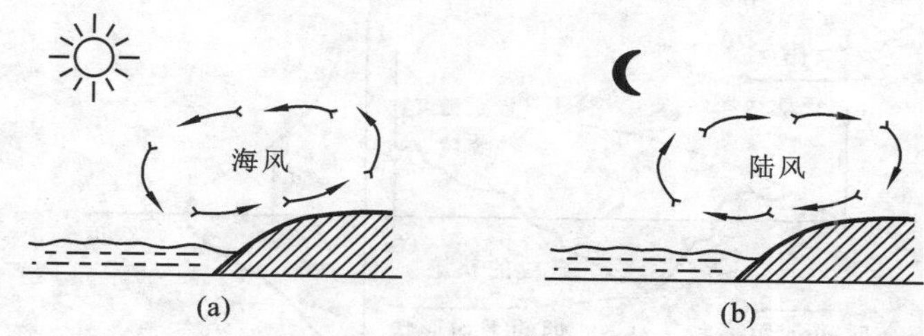

图 2-17　海陆风环流

海陆风对大气污染物迁移扩散的影响有以下几个方面：一是如果污染源处于大气海陆局地环流之中，则可能造成污染物循环积累，使污染程度增加；二是高空排放的污染物，有一部分会被环流带回地面；三是在海陆风转换时，原来由陆地风吹向海洋的污染物又会被海风带回陆地；四是当温度低的大气由海洋吹向陆地表面时，在冷暖空气的交界面上会形成逆温层，不利于污染物向上扩散。

2.3.2　大气污染物的扩散模式

按照形成原因，大气湍流可分为两种：一是垂直方向温度分布不均匀引起的热力湍流，其强度主要取决于大气稳定度；二是垂直方向风速分布不均匀及地面粗糙度引起的机械湍流，其强度主要取决于风速梯度和地面粗糙度。实际的湍流是上述两种湍流的叠加。

湍流有极强的扩散能力，比分子扩散快 10^5～10^6 倍。但在风场运动的主风向上，由于平均风速比脉动风速大得多，因此在主风向上风的平流输送作用是主要的。归结起来，风速越大，湍流越强，污染物的扩散速率越快，污染物的浓度就越低。风和湍流是决定污染物在大气中扩散稀释的最直接、最本质的因素，其他一切气象因素都是通过风和湍流的作用来影响扩散稀释的。

1. 湍流扩散理论简介

大气污染物扩散的基本问题，是湍流与烟流传播和物质浓度衰减的关系问题。目前处理这类问题有三种广泛应用的理论：梯度输送理论、湍流统计理论和相似理论。下面简要介绍前两种理论。

1）梯度输送理论

梯度输送理论是通过与 Fick 扩散理论的类比而建立起来的。Fick 认为分子扩散的规律与傅里叶提出的固体中的热传导的规律类似，皆可用相同的数学方程描述。

湍流梯度输送理论进一步假定，由大气湍流引起的某物质的扩散类似于分子扩散，并可用分子扩散方程描述。为了求得各种条件下某污染物的时空分布，必须在进行扩散的大气湍流场的边值条件下对分子扩散方程求解。但大气湍流场边值条件往往很复杂，不能求出严格的分析解，只能在特定的条件下求得近似解，再根据实际情况进行修正。

2) 湍流统计理论

Tayler 首先应用统计学方法研究湍流扩散问题,并于 1921 年提出了著名的泰勒公式。图 2-18所示的是从污染源排放出的粒子,在风沿着 z 方向吹的湍流大气中扩散的情况。假定大气湍流场是均匀、定常的,从原点放出的一个粒子的位置用 y 表示,则 y 随时间而变化,但其平均值为零。如果从原点放出很多粒子,则在 z 轴上粒子的浓度最高,浓度分布以 z 轴为对称轴,并符合正态分布。

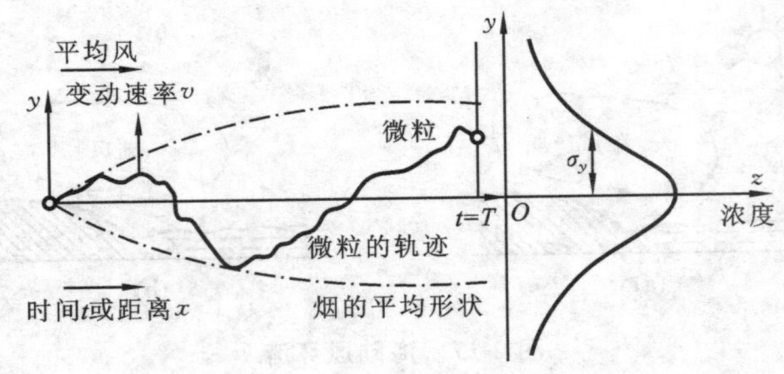

图 2-18　由漏流引起的扩散

Sutton 首先应用泰勒公式,提出了解决污染物在大气中扩散的实用模式。高斯(Gauss)在大量实测资料分析的基础上,应用湍流统计理论得到了正态分布假设下的扩散模式,即通常所说的高斯模式。高斯模式是目前应用较广的模式。

2. 高斯模式

1) 高斯模式的条件

(1) 坐标系。

如图 2-19 所示,距地面高度 h 处有一连续排放点源,以其在地面的垂直投影 O 为原点,x 轴正向为平均风向,y 轴在水平面上垂直于 x 轴,z 轴垂直于 xOy 平面且向上为正向,建立坐标系。此时,烟流中心线在 xOy 面上的投影与 x 轴重合。

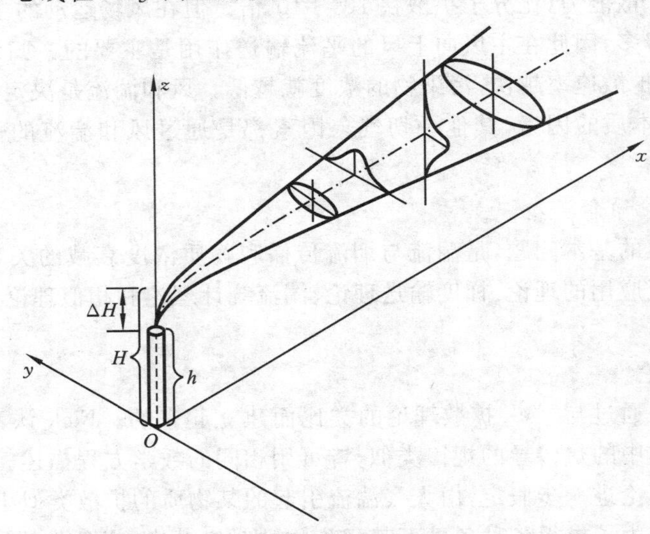

图 2-19　质量浓度为正态分布的高架源烟云扩散图

(引自 Wark,1981)

(2) 高斯模式的四点假设。

大量的实验和理论研究证明，特别是对于连续点源的平均烟流，其浓度分布是符合正态分布的。高斯模式是建立在以下四点假设基础上的：

① 污染物浓度在 y 轴和 z 轴上的分布符合高斯分布（正态分布）；

② 在全部空间中风速是均匀的、稳定的；

③ 源强是连续均匀的；

④ 在扩散过程中污染物质的质量是守恒的。

2）无界空间连续点源扩散模式

设点源位于无界空间，即不考虑地面的存在及其影响。由正态分布的假定可以写出下风向任一点 (x,y,z) 的污染物平均浓度的分布函数：

$$\rho(x,y,z)=A(x)\exp(-ay^2)\exp(-bz^2) \tag{2.9}$$

在符合高斯分布条件下，有

$$a=\frac{1}{2\sigma_y^2},\quad b=\frac{1}{2\sigma_z^2} \tag{2.10}$$

由概率统计理论可以写出方差的表达式：

$$\sigma_y^2=\frac{\int_0^\infty y^2\rho\mathrm{d}y}{\int_0^\infty \rho\mathrm{d}y},\quad \sigma_z^2=\frac{\int_0^\infty z^2\rho\mathrm{d}z}{\int_0^\infty \rho\mathrm{d}z} \tag{2.11}$$

由第④点假定可以写出源强的积分式：

$$Q=\int_{-\infty}^{\infty}\int_{-\infty}^{\infty}\bar{u}\rho\mathrm{d}y\mathrm{d}z \tag{2.12}$$

式中：ρ——污染物的质量浓度，g/m^3；

Q——源强，g/s；

$\bar{u}$——烟囱高度的平均风速，m/s；

σ_y,σ_x——用质量浓度标准偏差表示的 y 轴和 z 轴上的扩散参数。

将式(2.9)和式(2.10)代入式(2.12)，积分后得

$$A(x)=\frac{Q}{2\pi\bar{u}\sigma_y\sigma_z} \tag{2.13}$$

再将式(2.10)和式(2.12)代入式(2.9)，得无界空间连续点源扩散的高斯模式：

$$\rho(x,y,z)=\frac{Q}{2\pi\bar{u}\sigma_y\sigma_z}\exp\left[-\left(\frac{y^2}{2\sigma_y^2}+\frac{z^2}{2\sigma_z^2}\right)\right] \tag{2.14}$$

3）高架连续点源大气污染物扩散模式

对于一个高架连续点源，下风向某一点污染物质量浓度可用下式表示：

$$\rho(x,y,z,H)=\frac{Q}{2\pi\bar{u}\sigma_y\sigma_z}\exp\left(-\frac{y^2}{2\sigma_y^2}\right)\left\{\exp\left[-\frac{(z-H)^2}{2\sigma_z^2}\right]+\exp\left[-\frac{(z+H)^2}{2\sigma_z^2}\right]\right\} \tag{2.15}$$

式中：H——烟流中心距地面的高度，也称烟囱有效高度，为烟囱高度 h 与烟气抬升高度 ΔH 之和；

其他符号含义与前面相同。

(1) 高架连续点源地面质量浓度，即当 $z=0$ 时，为

$$\rho(x,y,0,H)=\frac{Q}{\pi\bar{u}\sigma_y\sigma_z}\exp\left(-\frac{y^2}{2\sigma_y^2}\right)\exp\left(-\frac{H^2}{2\sigma_z^2}\right) \tag{2.16}$$

(2) 高架连续点源地面轴线质量浓度，即当 $y=0,z=0$ 时，为

$$\rho(x,0,0,H)=\frac{Q}{\pi \bar{u}\sigma_y\sigma_z}\exp\left(-\frac{H^2}{2\sigma_z^2}\right) \tag{2.17}$$

(3) 高架连续点源地面最大质量浓度，即当 $y=0,z=0$，并设 $\sigma_y/\sigma_z=\alpha$ 为常数时，将式(2.17)对 σ_z 求导等于零，得到的最大浓度。即

$$\frac{\mathrm{d}}{\mathrm{d}\sigma_z}\left[\frac{Q}{\pi \bar{u}\alpha\sigma_z^2}\exp\left(-\frac{H^2}{2\sigma_z^2}\right)\right]=0 \tag{2.18}$$

可得

$$\rho_{\max}=\frac{2Q}{\pi \mathrm{e}\,\bar{u}H^2}\frac{\sigma_z}{\sigma_y} \tag{2.19}$$

$$\sigma_z \mid x=x_{\max}=\frac{H}{\sqrt{2}} \tag{2.20}$$

(4) 地面连续点源扩散模式，即当 $H=0$ 时，有

$$\rho(x,y,z,0)=\frac{Q}{\pi \bar{u}\sigma_y\sigma_z}\exp\left(-\frac{y^2}{2\sigma_y^2}\right)\exp\left(-\frac{z^2}{2\sigma_z^2}\right) \tag{2.21}$$

(5) 地面连续点源轴线的质量浓度，即当 $y=0,z=0,H=0$ 时，有

$$\rho(x,0,0,0)=\frac{Q}{\pi \bar{u}\sigma_y\sigma_z} \tag{2.22}$$

4) 烟气抬升高度计算

连续点源的排放大部分是采用烟囱进行的，具有一定速率的热烟气从烟囱出口排出后，可以升至很高的地方。这相当于增加了烟囱的几何高度。因此，为了求有效源高，必须计算烟气的抬升高度 ΔH，烟气的抬升取决于烟气排出时的初始动量和浮力，及周围大气的性质。烟气和周围大气混合的快慢，对上升高度影响很大。混合得越快，烟气的初始动量和热量散失也越快，上升高度就越小。而混合的快慢取决于平均风速和湍流强度。平均风速和湍流强度越大，混合越快，抬升高度就越小。抬升高度的计算十分复杂，通常是用经验或半经验公式来计算。下面介绍几种常用的烟气抬升高度计算公式。

(1) 霍兰德(Holland)公式。

$$\Delta H=\frac{v_s d}{\bar{u}}\left(1.5+2.7\frac{T_s-T_a}{T_s}d\right)=\frac{1}{\bar{u}}(1.5\,v_s d+9.6\times 10^{-3}Q_h) \tag{2.23}$$

或

$$\Delta H=\frac{v_s d}{\bar{u}}\left(1.5+2.68\times 10^{-5}p\frac{T_s-T_a}{T_s}d\right)=\frac{1}{\bar{u}}(1.5v_s d+9.79\times 10^{-6}Q'_h) \tag{2.24}$$

式中：v_s ——实际状态下的烟流出口速率，m/s；

d——烟囱出口内径，m；

T_s，T_a——烟气出口温度和环境大气温度，K；

p——大气压，Pa；

Q_h——烟气热释放率，即单位时间排出烟气的热量，kW；

Q'_h——烟气热释放率，即单位时间排出烟气的热量，J/s；

$\bar{u}$ ——烟囱口高度上的平均风速，m/s。

此公式适用于中性大气条件。当用于非中性大气条件时，霍兰德建议，若大气不稳定时，

则用上式计算的 ΔH 应增加 10%～20%，若稳定则减少 10%～20%。霍兰德公式比较保守，当烟囱高、烟气热释放率大时，霍兰德公式计算偏差会更大。

(2) 布里格斯(Briggs)公式。

布里格斯公式是用因次分析方法导出的，用实测资料推算常数项。它的计算值与实测值比较接近，应用较广。下面给出适用于不稳定和中性大气条件下的计算公式。

当 $Q_h > 21000$ kW 时，有

$x < 10h$，
$$\Delta H = 0.362 Q_h^{1/3} x^{2/3} \bar{u}^{-1} \tag{2.25}$$

$x > 10h$，
$$\Delta H = 1.55 Q_h^{1/3} h^{2/3} \bar{u}^{-1} \tag{2.26}$$

当 $Q_h > 21000$ kW 时，有

$x < 3x^*$，
$$\Delta H = 0.362 Q_h^{1/3} h^{1/3} \bar{u}^{-1} \tag{2.27}$$

$x > 3x^*$，
$$\Delta H = 0.332 Q_h^{3/5} h^{2/5} \tag{2.28}$$

$$x^* = 0.33 Q_h^{2/5} h^{3/5} \bar{u}^{-6/5} \tag{2.29}$$

(3) 我国国家标准中规定的公式。

我国的国家标准《制定地方大气污染物排放标准的技术方法》(GB/T 13201—1991)中对烟气抬升计算公式作了如下规定：

当 $Q_h \geqslant 2100$ kW 且 $T_s - T_a \geqslant 35$ K 时，有

$$\Delta H = n_0 Q_h^{n_1} h^{n_2} \bar{u}^{-1} \tag{2.30}$$

$$Q_h = 0.35 p_a Q_V \frac{\Delta T}{T_s} \tag{2.31}$$

$$\Delta T = T_s - T_a$$

式中：n_0, n_1, n_2——系数，按表 2-11 选取；

p_a——大气压，取邻近气象站平均值；

Q_V——实际排烟量，m^3/s。

表 2-11　系数 n_0, n_1, n_2 的值

Q_h 与 ΔT	地表状况(平原)	n_0	n_1	n_2
$Q_h \geqslant 21000$ kW	农村或城市远郊区	1.427	1/3	2/3
	城区及近郊区	1.303	1/3	2/3
2100 kW $\leqslant Q_h <$ 21000 kW 且 $\Delta T \geqslant 35$ K	农村或城市远郊区	0.332	3/5	2/5
	城区及近郊区	0.292	3/5	2/5

当 1700 kW $< Q_h <$ 2100 kW 时，有

$$\Delta H = \Delta H_1 + \frac{(\Delta H_2 - \Delta H_1)(Q_h - 1700)}{400} \tag{2.32}$$

$$\Delta H_1 = \frac{2(1.5 v_s d + 0.01 Q_h) - 0.048(Q_h - 1700)}{\bar{u}} \tag{2.33}$$

ΔH_2 是按式(2.30)计算的抬升高度。

当 $Q_h \leqslant 1700$ kW 或 $\Delta T < 35$ K 时，有

$$\Delta H = \frac{2(1.5 v_s d + 0.01 Q_h)}{\bar{u}} \tag{2.34}$$

当 10 m 高处的年平均风速小于或等于 1.5 m/s 时，有

$$\Delta H = 5.5 Q_h^{1/4}\left(\frac{dT_a}{dz}+0.0098\right) \tag{2.35}$$

式中:dT_a/dz——排放源高度以上气温垂直递减率,K/m,取值不得小于 0.01 K/m。

5) 扩散参数的确定

应用大气扩散模式估算污染物浓度,在有效高度确定后,还必须解决扩散参数 σ_y 和 σ_z 的问题。扩散系数可以现场测定,也可以用风洞模拟实验确定,还可以根据实测和实验数据归纳整理出来的经验公式或图表来估算。

Pasquill 于 1961 年推荐一种仅需常规气象观测资料就可估算 σ_y 和 σ_z 的方法,Gifford 在此基础上进一步制成应用更方便的图表,所以这种方法简称为 P-G 扩散曲线法。

首先根据太阳辐射情况(云量、云状和日照)和距离地面 10 m 高处的风速等天气资料,将大气的扩散稀释能力划分成 A、B、C、D、E、F 六个稳定度级别,如表 2-12 所示。又建立了扩散系数(σ_y,σ_z)与下风向距离(S)的函数关系,并将其绘制成如图 2-20 所示的 P-G 扩散曲线图。根据常规气象观测按表 2-12 就可以确定稳定度级别,然后在 P-G 扩散曲线图上查出不同距离上的 σ_y 和 σ_z 值。

表 2-12　稳定度级别分类表

地面风速/(m/s)	白天太阳辐射			阴天的白天或夜间	有云的夜间	
	强	中	弱		薄云遮天或低云云量≥5/10	云量≤4/10
<2	A	A~B	B	D		
2~3	A~B	B	C	D	E	F
3~5	B	B~C	C	D	D	E
5~6	C	C~D	D	D	D	D
>6	C	D	D	D	D	D

注:引自徐景航,1990。

P-G 扩散曲线法的应用:首先根据常规气象资料确定大气稳定度级别。划分稳定度级别的标准如表 2-12 所示,对该标准有几点说明。

① A——极不稳定,B——不稳定,C——弱不稳定,D——中性,E——弱稳定,F——稳定。

② A~B 按 A、B 数据内插(用比例法)。

③ 规定日落前 1 h 至日出后 1 h 为夜晚。

④ 不论什么天空状况,夜晚前后各 1 h 算中性,即 D 级稳定度。

⑤ 云量:目视估计云蔽天空的份数。观测时,将天空划分为 10 份,为之遮蔽的份数即为云量。无云则为零。

⑥ 强太阳辐射对应于碧空下的太阳高度角大于 60°的条件,弱太阳辐射对应于碧空下的太阳高度角为 15°~35°的条件。在中纬度地区,仲夏晴天的中午为强太阳辐射,寒冬晴天中午为弱太阳辐射。云量将减少太阳辐射,云量应与太阳高度一起考虑。例如,在碧空下应是强太阳辐射,在有碎中云(云量 6/10~9/10)时,要减至中等辐射,在碎低云时减至弱辐射。

⑦ 这种方法对于开阔的乡村地区还能给出较可靠的稳定度,但对于城市地区不大可靠,这是由于城市有较大的地面粗糙度和城市热岛效应。

在确定稳定度后,根据下风向距离,在图 2-20(a)和(b)中分别查出 σ_y 和 σ_z。当确定了 σ_y

和σ_z之后，扩散方程中其他参数也相应确定，利用前述的一系列扩散公式，就可估算出各种情况下的浓度值。

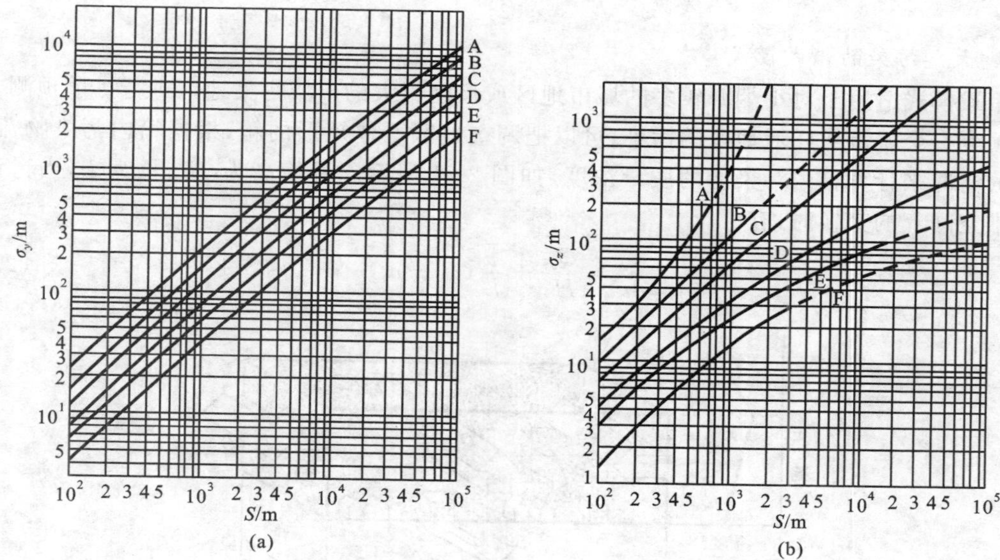

图 2-20 σ_y和σ_z随 S 变化（P-G 扩散曲线图）

（引自 Wark，1981）

【例 2-1】 某火力发电厂的烟囱高为 20 m，顶部内径为 4 m，SO_2源强为 270 g/s，烟囱出口速率为 3 m/s，烟气温度为 589 K，地面风速为 2.1 m/s，风向西南，如果烟囱顶部的气温为 283 K，地面气压为 100×10^3 Pa，烟囱高度处的风速为 4 m/s，问：在清晨日出时，按霍兰德公式计算，距离烟囱 600 m 处地面轴线上SO_2的质量浓度为多少？地面轴线上最大质量浓度为多少？最大浓度在什么位置出现？

解 根据表 2-12 及其说明，清晨按夜晚计算（日落前 1 h 至日出后 1 h 为夜晚），确定当时的大气稳定度为 E 级，再从图 2-20 确定下风向 600 m 处的σ_y和σ_z分别为 34 m 和 14 m。

根据题意可知：$d=4$ m，$v_s=3$ m/s，$p=100\times10^3$ Pa，$T_s=589$ K，$T_a=283$ K，$\bar{u}=4$ m/s。将其全部代入霍兰德公式（2.24），得

$$\begin{aligned}\Delta H&=\frac{v_s d}{\bar{u}}\left(1.5+2.68\times10^{-5}p\frac{T_s-T_a}{T_s}d\right)\\&=\left[\frac{3\times4}{4}\left(1.5+2.68\times10^{-5}\times100\times10^3\times\frac{589-283}{589}\times4\right)\right]\text{ m}\\&=21\text{ m}\end{aligned}$$

因为稳定级别为 E 级，属于弱稳定型，可将 ΔH 减少 15%，即 $\Delta H=21\times0.85\text{ m}\approx18$ m。

将源强 $Q=270$ g/s，地面风速为 $\bar{u}=2.1$ m/s 及其他参数代入式（2.17），得距烟囱 600 m 处轴线上 SO_2 的质量浓度：

$$\begin{aligned}\rho(x,0,0,H)&=\frac{Q}{\pi\bar{u}\sigma_y\sigma_z}\exp\left(-\frac{H^2}{2\sigma_z^2}\right)\\&=\frac{270}{3.14\times2.1\times34\times14}\exp\left[-\frac{(20+18)^2}{2\times14^2}\right]\text{ g/m}^3\\&=0.0022\text{ g/m}^3=2.2\text{ mg/m}^3\end{aligned}$$

将各种参数代入式（2.19），得地面轴线上最大质量浓度为

$$\rho_{\max}=\frac{2Q}{\pi e\bar{u}H^2}\frac{\sigma_z}{\sigma_y}=\frac{2\times270}{3.14\times2.718\times2.1\times(20+18)^2}\times\frac{14}{34}\text{ g/m}^3$$

$$= 0.0086\ \mathrm{g/m^3} = 8.6\ \mathrm{mg/m^3}$$

按式(2.20),最大浓度出现位置:

$$x_{\max} = \frac{H}{\sqrt{2}} = \frac{18+20}{\sqrt{2}}\ \mathrm{m} = 26.9\ \mathrm{m}$$

3. 大气污染的箱式模式

箱式模式适用于对小烟源较多的城市地区或尺度很大的广域污染地区进行扩散预测。如果要预测一个城市或广域地区的污染,可以把调查地区看作矩形的箱,根据箱内污染物流出、流入的情况来计算箱内污染物的质量浓度,如图 2-21 所示。设箱高为 H_i,长为 L,当讨论烟在三维空间上的交换时,有

$$\frac{\mathrm{d}\rho}{\mathrm{d}t} = \frac{Q_{oz}}{H_i} + \frac{\bar{u}}{L}(\rho_B - \rho_0) \tag{2.36}$$

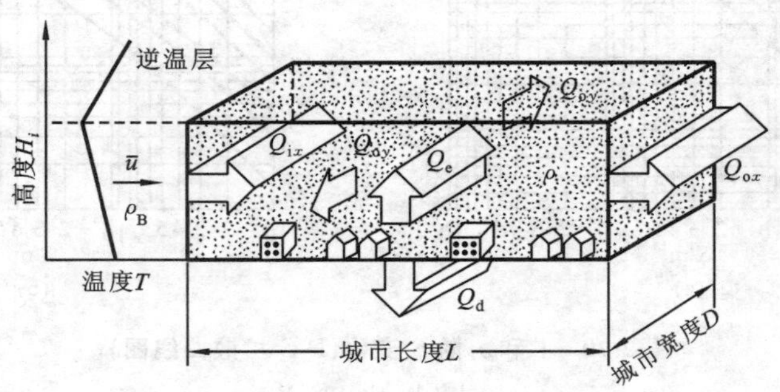

图 2-21　箱式模式

式中:ρ——箱内污染物平均质量浓度;

t——时间;

Q_{oz}——单位时间从箱底排出的污染物的量;

$\bar{u}$——平均风速;

ρ_B,ρ_0——上风向和下风向的质量浓度。

把多个这样的箱并列起来,分别对每个箱都进行质量浓度交换的计算,便可推算出污染物质量浓度。

图 2-21 中,Q_{ix} 为流入箱内的污染物的量,即从上风向随平均风速输送到箱内的污染物的量,可以认为 $Q_{ix} = \bar{u}DH_i\rho_B$;$Q_e$ 为箱内污染源产生的污染物的量;Q_{ox} 为从箱内流出的污染物的量,即由平均风下风向输送出的量,$Q_{ox} = \bar{u}DH_i\rho$;Q_{oy} 为箱两侧流出的污染物的量。可以认为它与箱内外污染物质量浓度差成正比,其比例系数(γ)亦可在一定气象条件下确定,则 $Q_{oy} = \gamma LH_i(\rho-\rho_B)$;$Q_d$ 为因雨滴、地面和水面的吸附、沉降和化学变化而消失的污染物的量。它的推算是非常困难的。如果在相同气象条件下,把单位面积在单位时间内消失的污染物的量定为 $\beta\rho$,其中 β 为比例系数,则 $Q_d = \beta LD\rho$ 。

由于箱内污染物流入、流出量的差等于箱内污染物质量浓度对于时间的变化率,因此,可以得出确定箱内污染物质量浓度的公式:

$$LDH_i\frac{\partial\rho}{\partial t} = \bar{u}DH_i(\rho_B - \rho_0) - \beta LD\rho - 2\gamma LH_i(\rho - \rho_B) + Q_e \tag{2.37}$$

如果把式(2.37)改写成质量浓度(ρ)对时间变化的公式,则

$$\frac{\partial \rho}{\partial t}=\frac{\bar{u}}{L}(\rho_{\mathrm{B}}-\rho)-\frac{\beta}{H_i}\rho-\frac{2\gamma}{D}(\rho-\rho_{\mathrm{B}})+\frac{Q_{\mathrm{e}}}{LDH_i} \tag{2.38}$$

确定了式中的 β、γ，即可求出城市地区内或广域地区内的平均污染物质量浓度。式(2.38)是个非定常的模型，适用于推测污染物质量浓度的时间变化。

2.4　污染物在大气中的转化

2.4.1　大气中的自由基

自由基也称游离基，是指由于共价键均裂而生成的外层电子层带有不成对电子的碎片。自由基具有很高的活性和强烈的氧化性，存在的时间很短，一般只有几分之一秒，自由基在对流层的光化学反应中起着重要作用。

在大气化学中，自由基的链式反应是比较重要的化学反应，主要有两种方式：加成反应和取代反应。加成是指自由基与不饱和体系结合，生成一个新的饱和自由基。取代是指自由基夺取其他分子中的氢原子或卤素原子，生成稳定化合物的过程。在此类反应中，每次反应产物之一是自由基，使反应可以一直进行下去，直到与其他自由基发生反应，链反应中的自由基被破坏，链反应终止。光化学烟雾的形成即涉及自由基的此类反应。

在大气化学中，有机化合物的光解是产生自由基最重要的方法。许多物质在波长适当的紫外线或可见光的照射下，都可发生键的均裂，生成自由基。大气中存在的重要自由基主要有 HO·、HO_2·、R·、RO·、RO_2·等，其中 HO·和 HO_2·尤为重要。

1. 大气中 HO·和 HO_2·的来源

羟基自由基(HO·)是大气化学过程中最重要的反应中介物质，CO、SO_2、H_2S、CH_4 和氮氧化物都可以和其发生反应。

对于清洁大气，HO·最初主要来源于 O_3 的光解反应：

$$O_3 + h\nu \longrightarrow O_2 + O\cdot$$

$$O\cdot + H_2O \longrightarrow 2HO\cdot$$

在污染大气中，如有 HNO_2 和 H_2O_2 存在，它们的光解也可产生 HO·：

$$H_2O_2 + h\nu \longrightarrow 2HO\cdot$$

$$HNO_2 + h\nu \longrightarrow HO\cdot + NO$$

其中 HNO_2 的光解是大气中 HO·的重要来源之一。

大气中 HO_2·的天然来源主要是醛的光解反应，尤其是 HCHO 的光解反应：

$$HCHO + h\nu \longrightarrow HCO\cdot + H\cdot$$

$$H\cdot + O_2 + M \longrightarrow HO_2\cdot + M$$

$$HCO\cdot + O_2 \longrightarrow HO_2\cdot + CO$$

实际上，任何光解反应，只要有 H·或 HCO·生成，它们都可与 O_2 反应生成 HO_2·自由基。

另外，亚硝酸酯(RONO)和 H_2O_2 的光解反应也可生成 HO_2·，如：

$$CH_3ONO + h\nu \longrightarrow CH_3O\cdot + NO$$

$$CH_3O\cdot + O_2 \longrightarrow HO_2\cdot + H_2CO\cdot$$

$$H_2O_2 + h\nu \longrightarrow 2HO\cdot$$

$$HO\cdot + H_2O_2 \longrightarrow HO_2\cdot + H_2O$$

当大气中有 CO 存在时：

$$HO\cdot + CO \longrightarrow CO_2 + H\cdot$$
$$H\cdot + O_2 \longrightarrow HO_2\cdot$$

在清洁大气中，HO· 和 HO_2· 是可以相互转化的，HO· 在清洁大气中与 CO 和 CH_4 反应生成 H· 和 ·CH_3，H· 和 ·CH_3 能迅速与 O_2 反应生成 HO_2· 和 CH_3O_2·。

$$HO\cdot + CO \longrightarrow CO_2 + H\cdot$$
$$HO\cdot + CH_4 \longrightarrow \cdot CH_3 + H_2O$$
$$H\cdot + O_2 \longrightarrow HO_2\cdot$$
$$\cdot CH_3 + O_2 \longrightarrow CH_3O_2\cdot$$

HO_2· 与大气中 NO 和 O_3 反应可生成 HO·：

$$HO_2\cdot + NO \longrightarrow NO_2 + HO\cdot$$
$$HO_2\cdot + O_3 \longrightarrow 2O_2 + HO\cdot$$

自由基可以通过复合反应消除，如：

$$HO_2\cdot + HO\cdot \longrightarrow H_2O + O_2$$
$$HO\cdot + HO\cdot \longrightarrow H_2O_2$$
$$HO_2\cdot + HO_2\cdot \longrightarrow H_2O_2 + O_2$$

对流层大气中 HO· 的含量为 $2\times10^5 \sim 1\times10^6$ 个$/cm^3$。由于较高的湿度和阳光照射率，热带地区大气中 HO· 的浓度较高。由于北半球人为产生的可消耗 HO· 的 CO 较多，南半球 HO· 的浓度比北半球大约高 20%。一天中，自由基的光化学生成率白天高于夜间，最大值出现在阳光最强烈的时间。大气中自由基的含量夏季高于冬季。

2. 大气中的 R·、RO· 和 RO_2· 的来源

大气中烷基自由基(R·)中最多的是 ·CH_3，·CH_3 主要来源于 CH_3CHO 和 CH_3COCH_3 的光解反应，同时还产生 HCO· 和 CH_3CO· 这两种羰基自由基：

$$CH_3CHO + h\nu \longrightarrow \cdot CH_3 + \cdot CHO$$
$$CH_3COCH_3 + h\nu \longrightarrow \cdot CH_3 + CH_3CO\cdot$$

另外，O· 和 HO· 与烃类物质反应也可生成 R·：

$$RH + O\cdot \longrightarrow HO\cdot + R\cdot$$
$$RH + HO\cdot \longrightarrow H_2O + R\cdot$$

大气中的 RO· 主要来源于亚硝酸酯和硝酸酯的光解，如 CH_3O· 的生成：

$$CH_3ONO + h\nu \longrightarrow CH_3O\cdot + NO$$
$$CH_3ONO_2 + h\nu \longrightarrow CH_3O\cdot + NO_2$$

RO· 与空气中的 O_2 反应生成过氧烷基自由基：

$$R\cdot + O_2 \longrightarrow RO_2\cdot$$

2.4.2　大气光化学基础

1. 光化学概念及光化学定律

1) 光化学的概念

光化学是研究在光(即电磁辐射)作用下物质发生化学反应的科学。分子、原子、自由基或离子在光作用下吸收光子而产生的化学反应称为光化学反应(简称光反应)。光化学反应是靠

反应物分子吸收一定波长光来实现的，光化学反应受温度影响较小，有些光化学反应在接近 0 K时都可以发生。

2）光化学第一定律

并不是所有照射到反应体系上的光都能引发光化学反应，“只有被系统吸收的光，对发生光化学反应才是有效的”。这一规律称为光化学第一定律或格罗杜斯-德拉波（Grothous-Draper）定律。

因此，光化学反应总是从反应物分子吸收光能开始的。反应物分子吸收光能的过程称为光化学反应的初级过程。体系吸收光能后，又继续进行的一系列过程称为次级过程。

3）光化学第二定律

“在光化学反应的初级过程中，体系每吸收一个光子，只能活化一个分子（或原子）。”这一规律称为光化学第二定律或斯塔克-爱因斯坦（Stark-Einstein）定律。根据光化学第二定律，吸收 1 mol 光子能活化 1 mol 分子。1 mol 光子的能量称为 1 爱因斯坦（Einstein）。

已知 1 个光子的能量

$$\varepsilon = h\nu = \frac{hc}{\lambda} \tag{2.39}$$

则 1 mol 光子的能量

$$E = N_A h\nu = N_A \frac{hc}{\lambda} \tag{2.40}$$

式中：h——普朗克常量，6.626×10^{-34} J·s；

c——光速，2.997×10^{8} m/s；

λ——光的波长，m；

ν——光的频率，s^{-1}；

N_A——阿伏伽德罗常数，6.022×10^{23} mol^{-1}。

因此，当波长的单位用 nm（1 m＝10^9 nm）时，1 mol 光子的能量以 kJ/mol 计，则

$$E = \frac{1.196\times10^{5}}{\lambda} \tag{2.41}$$

体系吸收一个光子，活化一个分子，但并不一定使这个分子发生反应。例如，体系吸收一个光子使一个分子活化，但这个活化分子可以在反应前又放出光子而失去活性，那么这个被吸收的光子就没有引起化学反应。也有可能在初级过程中吸收一个光子活化一个分子，而在随后的次级过程中引起多个分子发生反应。如由光引发的连锁反应，一个分子吸收一个光子后活化，产生自由基，随后引起一连串分子发生反应。因此，光化学第二定律只能严格适用于初级过程。

初级过程即分子吸收光能形成激发态的过程，可用下式表示：

$$A + h\nu \longrightarrow A^*$$

式中：A^*——A 分子的激发态；

$h\nu$——光量子。

次级过程是指由初级过程中生成的产物之间及其与体系中其他物质之间进一步发生的各种反应。如初级过程中产生的激发态 A^* 可能发生以下几种反应：

$$A^* \longrightarrow A + h\nu \tag{2.42}$$

$$A^* + M \longrightarrow A + M \tag{2.43}$$

$$A^* \longrightarrow B_1 + B_2 + \cdots \tag{2.44}$$

$$A^* + C \longrightarrow D_1 + D_2 + \cdots \tag{2.45}$$

反应式(2.42)为激发态 A^* 释放出光子(通常是辐射荧光或磷光,与入射光波长不同)失去活性而回到基态 A。反应式(2.43)为激发态 A^* 与其他分子 M 发生碰撞,将能量传递给 M,本身回到基态。反应式(2.44)为激发态发生解离,生成两个或两个以上原子或自由基、带电离子。入射光光子能量很高(波长很短),可使分子解离;若光子能量极高,则可使原子或分子电离。反应式(2.45)表示激发态与其他分子反应生成新的物质。

在大气环境化学中,光解离过程非常重要,气态污染物通常参与这些反应而发生转化。

2. 量子效率与量子产率

1) 量子效率

吸收 1 个光子能使几个分子发生反应,这就是光子的效率问题。吸收 1 个光子所引起发生反应的分子数,称为量子效率,用 ϕ 表示,即

$$\phi = \frac{\text{发生反应的分子数}}{\text{被吸收的光子数}} = \frac{\text{发生反应的物质的量}}{\text{被吸收的光子的物质的量}}$$

对于反应:

$$A + h\nu \longrightarrow A^* \longrightarrow x_1 + x_2 + \cdots \tag{2.46}$$

$$\phi = \frac{-\mathrm{d}c_A/\mathrm{d}t}{I_a} \tag{2.47}$$

式中:I_a——单位时间、单位体积内吸收光子的物质的量,称为吸收光强度。

2) 量子产率

在实际应用中,也常用产物来表示量子效率,称为量子产率。

反应式(2.46) 中 x_1 的量子产率为

$$\phi_{x_1} = \frac{\mathrm{d}c_{x_1}/\mathrm{d}t}{I_a} \tag{2.48}$$

对于反应式(2.46) ,$\phi_{x_1} = \phi_{x_2}$。

量子产率又分为初级量子产率和表观量子产率。初级量子产率是指初级过程中的量子产率,初级过程中最多只有一次产物或者没有发生反应,所以初级量子产率在 0~1 之间。光化学反应往往极其复杂,多数包含一系列的连锁反应,因此表观量子产率变化范围较大,小的接近零,大的可达 10^6。通常所说的量子产率是指表观量子产率,可表示为

$$\phi = \frac{\mathrm{d}c_x/\mathrm{d}t}{I_a} \tag{2.49}$$

如 NO_2 的光解反应的初级过程为

$$NO_2 + h\nu \longrightarrow NO + O\cdot$$

NO 的初级量子产率为

$$\phi_{NO} = \frac{\mathrm{d}c_{NO}/\mathrm{d}t}{I_a} = \frac{-\mathrm{d}c_{NO_2}/\mathrm{d}t}{I_a}$$

若 NO_2 光解体系中有 O_2 存在,初级反应的产物还会发生如下反应:

$$\cdot O + O_2 \longrightarrow O_3$$

$$O_3 + NO \longrightarrow NO_2 + O_2$$

光解后生成的 NO 一部分被 O_3 氧化生成 NO_2,因此 NO 的表观量子产率要小于初级量子产率。

若光解体系是纯 NO_2,初级光解反应产生的 O· 可与 NO_2 发生如下反应:

$$NO_2 + O\cdot \longrightarrow NO + O_2$$

因此，NO 的表观量子产率是初级量子产率的 2 倍。

3. 光化学平衡和光化学动力学

1）光化学平衡

光化学平衡的情况有两种：一种情况是正反应对光敏感，属于光化学反应，而逆反应对光不敏感，属于热化学反应，如反应式(2.50)所示；另一种情况是正逆反应都对光敏感，都是光化学反应，如反应式(2.51)所示。两种情况下正逆反应速率相等时，达到平衡，都属于光化学平衡。

$$A + B \underset{热}{\overset{光}{\rightleftharpoons}} C + D \tag{2.50}$$

如蒽($C_{14}H_{10}$)的双聚反应：

$$2C_{14}H_{10} \underset{热}{\overset{光}{\rightleftharpoons}} C_{28}H_{20}$$

$$A + B \underset{光}{\overset{光}{\rightleftharpoons}} C + D \tag{2.51}$$

又如 SO_3 的光解反应：

$$2SO_3 \underset{光}{\overset{光}{\rightleftharpoons}} 2SO_2 + O_2$$

在蒽的双聚反应中，双蒽的生成速率与吸收光强度 I_a 成正比，即

$$R_1 = \kappa I_a$$

而双蒽的分解速率与双蒽的浓度成正比，即

$$R_2 = \kappa' c_{A_2}$$

反应达到平衡时，$R_1 = R_2$，所以

$$c_{A_2} = \frac{\kappa}{\kappa'} I_a$$

上式表明，在一定温度下，当反应达到平衡时，双蒽的浓度与吸收光强度成正比，若吸收光强度一定，则双蒽的浓度为一常数，与蒽的浓度无关。但是双蒽的分解反应是热反应，其反应速率常数 κ' 是与温度有关的常数，即双蒽的分解速率与温度有关。因此，对于正反应是光反应，而逆反应是热反应的化学平衡，反应物的平衡浓度与温度、吸收光强度都有关。

如果正逆反应都是光化学反应，则反应的平衡常数只与吸收光强度有关，随吸收光强度变化而变化，当吸收光强度一定时，其值为常数，在一定温度范围内与温度的变化无关。如 SO_3 的光解反应，如果按一般的热化学反应平衡计算，在 101.325 kPa 下，若要使 SO_3 分解 30%，需加热到 630 ℃，热化学反应平衡常数随温度变化而变化。如果按光化学平衡计算，在一定光强度下，45 ℃时就有 35% 的 SO_3 分解，且在 60～800 ℃的温度范围内其反应平衡常数与温度无关。

2）光化学动力学

设有一光化学反应，其反应机理如下：

$$AY + h\nu \longrightarrow AY^*$$

$$AY^* \longrightarrow A^* + Y^*$$

$$A^* + O_2 \longrightarrow 产物$$

$$Y^* + O_2 \longrightarrow 产物$$

则光化学反应的速率 R 可用下式计算：

$$R = \phi I_0 \varepsilon c_{AY} \tag{2.52}$$

式中:R——光化学反应速率;

ϕ——量子效率;

I_0——入射光的强度;

ε——摩尔吸光系数。

对于一级光化学反应,如果反应速率常数为 κ_1,则

$$R = \kappa_1 c_{AY} \tag{2.53}$$

将式(2.52)与式(2.53)比较,得

$$\kappa_1 = \phi I_0 \varepsilon$$

即一级光化学反应的反应速率常数等于光量子效率 ϕ、入射光强度 I_0 及摩尔吸光系数 ε 三者的乘积。对于一级光化学反应,$\phi=1$,而摩尔吸光系数 ε 与光的特性有关,随光的波长变化而变化,当光的波长一定时,ε 为定值。所以当光的波长一定时,光化学反应的速率常数是光强的函数,而热化学反应的速率常数是温度的函数。

一般准确测定入射光的强度比较困难,通常用光化学反应的速率常数 κ 来表示相对光强度。由于光化学反应比较复杂,在实际计算过程中,常常采用稳态法处理。稳态法是假设一个中间体(不稳定的原子、激发态分子或自由基)在某些反应中的形成速率与它在另一些反应中的消耗速率相等,此时中间体处于稳态,生成速率等于其消耗速率,其浓度不变,称为稳态浓度。只有达到稳态的时间比较短的物质才能用稳态法处理。

【例 2-2】 对于光解反应 $A_2 + h\nu \longrightarrow 2A$,假设其反应机理如下:

(1) $A_2 + h\nu \longrightarrow A_2^*$(活化) 初级过程, 反应速率常数为 κ_1;

(2) $A_2^* \longrightarrow 2A$(解离) 次级过程, 反应速率常数为 κ_2;

(3) $A_2^* + M \longrightarrow A_2$(失活) 次级过程, 反应速率常数为 κ_3。

试推导出反应速率方程式和量子产率表达式。

解 由反应(2)可知 A 的生成速率 R_2 为

$$R_2 = \frac{dc_A}{dt} = 2\kappa_2 c_{A_2^*}$$

A_2^* 的生成速率为

$$R_1 = \kappa_1 I_a$$

A_2^* 的消耗速率为

$$R_3 = \kappa_2 c_{A_2^*} + \kappa_3 c_{A_2^*} c_M$$

对 A_2^* 进行稳态处理,即 A_2^* 处于稳态时,其生成速率等于其消耗速率,$R_1=R_3$,浓度保持恒定。所以有

$$\kappa_1 I_a = \kappa_2 c_{A_2^*} + \kappa_3 c_{A_2^*} c_M$$

由上式得

$$c_{A_2^*} = \frac{\kappa_1 I_a}{\kappa_2 + \kappa_3 c_M}$$

则

$$R_2 = \frac{dc_A}{dt} = \frac{2\kappa_2 \kappa_1 I_a}{\kappa_2 + \kappa_3 c_M}$$

上式就是光解反应 $A_2 + h\nu \longrightarrow 2A$ 的速率方程式。由此可见,只要知道速率常数、吸收光强度 I_a 和第三者 M 的浓度,就可算出 A 的生成速率。

对于光解反应 $A_2 + h\nu \longrightarrow 2A$,每生成 2 个 A 消耗 1 个 A_2,所以这个光化学反应的量子产率为

$$\phi = \frac{\frac{1}{2} dc_A/dt}{I_a} = \frac{1}{2I_a} \frac{2\kappa_2 \kappa_1 I_a}{\kappa_2 + \kappa_3 c_M} = \frac{\kappa_1 \kappa_2}{\kappa_2 + \kappa_3 c_M}$$

【例 2-3】 大气中含有微量乙醛,其光解反应机理如下:

(1)　$CH_3CHO+h\nu \longrightarrow \cdot CH_3 + \cdot CHO$　反应速率常数为 κ_1；

(2)　$\cdot CH_3 + CH_3CHO \longrightarrow CH_4 + CH_3CO\cdot$　反应速率常数为 κ_2；

(3)　$CH_3CO\cdot \longrightarrow \cdot CH_3 + CO$　反应速率常数为 κ_3；

(4)　$\cdot CH_3 + \cdot CH_3 \longrightarrow C_2H_6$　反应速率常数为 κ_4。

试推导出反应速率方程式和量子产率表达式。

解　反应(1)的速率方程式为 $R_1 = \kappa_1 I_a$

反应(2) 的速率方程式为 $R_2 = \kappa_2 c_{\cdot CH_3} c_{CH_3CHO}$

反应(3)的速率方程式为 $R_3 = \kappa_3 c_{CH_3CO\cdot}$

反应(4) 的速率方程式为 $R_4 = \kappa_4 c^2_{\cdot CH_3}$

$$\frac{dc_{\cdot CH_3}}{dt} = R_1 - R_2 + R_3 - R_4 = \kappa_1 I_a - \kappa_2 c_{\cdot CH_3} c_{CH_3CHO} + \kappa_3 c_{CH_3CO\cdot} - \kappa_4 c^2_{\cdot CH_3}$$

$$\frac{dc_{CH_3CO\cdot}}{dt} = R_2 - R_3 = \kappa_2 c_{\cdot CH_3} c_{CH_3CHO} - \kappa_3 c_{CH_3CO\cdot}$$

对 $CH_3CO\cdot$ 和 $\cdot CH_3$ 进行稳态法处理，由

$$\frac{dc_{CH_3CO\cdot}}{dt} = 0$$

得

$$\kappa_2 c_{\cdot CH_3} c_{CH_3CHO} = \kappa_3 c_{CH_3CO\cdot}$$

由

$$\frac{dc_{\cdot CH_3}}{dt} = 0$$

得

$$\kappa_1 I_a - \kappa_2 c_{\cdot CH_3} c_{CH_3CHO} + \kappa_3 c_{CH_3CO\cdot} - \kappa_4 c^2_{\cdot CH_3} = 0$$

所以

$$\kappa_1 I_a = \kappa_4 c^2_{\cdot CH_3}$$

$$c_{\cdot CH_3} = \left(\frac{\kappa_1 I_a}{\kappa_4}\right)^{1/2}$$

$$-\frac{dc_{CH_3CHO}}{dt} = R_1 + R_2 = \kappa_1 I_a + \kappa_2 c_{\cdot CH_3} c_{CH_3CHO}$$

将乙基自由基的浓度代入上式，得

$$-\frac{dc_{CH_3CHO}}{dt} = R_1 + R_2 = \kappa_1 I_a + \kappa_2 \left(\frac{\kappa_1 I_a}{\kappa_4}\right)^{1/2} c_{CH_3CHO}$$

上式即为乙醛光解反应的速率方程式。

量子产率为

$$\phi = -\frac{dc_{CH_3CHO}}{I_a dt} = \left[\kappa_1 I_a + \kappa_2 \left(\frac{\kappa_1 I_a}{\kappa_4}\right)^{1/2} c_{CH_3CHO}\right] / I_a$$

$$= \kappa_1 + \kappa_2 \left(\frac{\kappa_1}{\kappa_2 I_a}\right)^{1/2} c_{CH_3CHO}$$

若 κ_1 很小，可以忽略，则有

$$\phi = \kappa_2 \left(\frac{\kappa_1}{\kappa_2 I_a}\right)^{1/2} c_{CH_3CHO}$$

4. 影响光化学反应速率的因素

1) 温度的影响

温度对热化学反应速率影响较大，一般情况下，温度每升高 10℃，反应速率提高2～4 倍。但温度对光化学反应速率影响较小，多数光化学反应的温度系数接近 1，只有少数例外，也有个别光化学反应的速率随温度的升高而下降。

光化学反应的初级过程是一个吸光过程，基本不受温度的影响；次级过程具有热反应的特征，但是多数光化学反应的次级过程都是原子、自由基以及它们与分子间的相互作用过程，活

化能低,反应速率快,温度对其反应速率的影响取决于活化能的大小,因光化学反应次级过程的活化能低,所以温度对其反应速率的影响很小。可见整个光化学反应速率受温度的影响较小。

少数光化学反应的速率受温度影响较大,这说明反应系列中有一个或几个中间步骤活化能较大,或者某些步骤处于平衡状态,且有较大反应热。

2) 入射光的影响

对于光化学反应:　$A + h\nu \longrightarrow A^* \longrightarrow B + C$

其初级过程的量子效率为

$$\phi_A = \frac{-\mathrm{d}c_A/\mathrm{d}t}{I_a} = \frac{R_A}{I_a} \tag{2.54}$$

所以,其初级过程的反应速率为

$$R_A = \phi_A I_a \tag{2.55}$$

假设入射光为波长为 λ 的平行光束,系统中 A 物质的浓度很小,透射光也为平行光束,光的入射面积为单位面积,光程为 l,根据朗伯-比尔(Lambert-Beer)定律,有

$$I = I_0 \exp(-\varepsilon_\lambda c_A l) \tag{2.56}$$

式中:I_0——入射光强度;

I——透射光强度;

ε_λ——A 物质对波长为 λ 的光的摩尔吸光系数。

设光程 $l=1$,吸收光强度为 I_a,则

$$I_a = I_0 - I = I_0 - I_0 \exp(-\varepsilon_\lambda c_A) = I_0[1 - \exp(-\varepsilon_\lambda c_A)] \tag{2.57}$$

当 c_A 很小时,有

$$I_a = I_0 \varepsilon_\lambda c_A \tag{2.58}$$

将式(2.58)代入式(2.55),得

$$R_A = \phi_A I_0 \varepsilon_\lambda c_A \tag{2.59}$$

对于一级光化学反应,$R_A = \kappa c_A$,κ 为反应速率常数,所以

$$\kappa = \phi_A I_0 \varepsilon_\lambda \tag{2.60}$$

当波长一定时,ϕ_A 和 ε_λ 为常数,光解反应速率常数 κ 与入射光强度成正比。在实际应用中,准确测定入射光强度比较困难,通常用反应速率常数 κ 来衡量入射光的强弱。

在大气中,光化学反应与热化学反应同时存在,一般温度较低、光照较强的条件有利于光化学反应的进行,而温度较高时有利于热反应的进行。

2.4.3　大气中重要的光化学反应

1. 键能与断裂波长

根据 $\varepsilon = h\nu = hc/\lambda$ 或 $E = N_A h\nu = N_A hc/\lambda$ 可知,光子的能量与波长成反比,波长越短,能量越高,所以太阳的紫外辐射有较高能量。表 2-13 列出了不同波长光的能量。

表 2-13　不同波长光的能量 E

光的颜色	波长/nm	E/(kJ/mol)
红外线	1000	119.6
红	700	170.9
橙	620	192.9

续表

光的颜色	波长/nm	E/(kJ/mol)
黄	580	206.2
青	530	225.7
蓝	470	254.5
紫	420	284.8
近紫外	300	398.7
远紫外	200	598.0

光化学第一定律说明了只有被体系吸收的光，对发生化学反应才是有效的。要使分子发生化学反应，需要足够能量使分子内的化学键断裂。在光化学反应中，只有分子吸收的光能超过化学键能，才有可能使化学键断裂而发生解离反应。已知化学键的键能，可以计算对应的光的波长，只有体系吸收的光的波长小于或等于该值，才可能使该化学键断裂，这一波长称为该化学键的断裂波长。表 2-14 和表 2-15 分别列出了常见化学键及高层大气中某些高能物质的键能及其对应的断裂波长。

表 2-14　某些常见化学键的键能及其断裂波长

化学键	键能/(kJ/mol)	断裂波长 λ_{max}/nm
H—H	435.6	274.4
H—O	427.6	279.5
H—Cl	431.0	277.3
H—Br	366.2	326.4
H—I	298.0	400.98
H—SH	384.6	301.76
H—CH_3	434.7	274.9
H—C_6H_5	426.4	280.3
C—O	1053.9	111.76
C—H	344.8	357.06
Cl—Cl	242.0	493.8
Br—Br	192.7	620.0
I—I	151.0	790.97
Cl—CH_3	336.5	355.2
Br—CH_3	277.6	430.6
I—CH_3	219.9	543.5

表 2-15　高层大气中某些高能物质的键能及其断裂波长

电离过程			解离成分子碎片		
反应	键能/(kJ/mol)	断裂波长 λ_{max}/nm	反应	键能/(kJ/mol)	断裂波长 λ_{max}/nm
$NO \longrightarrow NO^+ + e^-$	919.2	130.1	$NO_2 \longrightarrow NO + O\cdot$	304.7	392.5
$O_2 \longrightarrow O_2^+ + e^-$	1108.1	107.9	$O_2 \longrightarrow O\cdot + O\cdot$	493.8	242.2
$O\cdot \longrightarrow O^+ + e^-$	1294.1	92.4	$H_2O \longrightarrow H\cdot + HO\cdot$	501.6	238.4
$H\cdot \longrightarrow H^+ + e^-$	1294.1	92.4	$NO \longrightarrow N\cdot + O\cdot$	629.5	189.9
$N_2 \longrightarrow N_2^+ + e^-$	1483.6	80.6	$N_2 \longrightarrow N\cdot + N\cdot$	939.4	127.2

从表 2-14 可以看到,从理论上讲,$\lambda \leqslant 357$ nm 的光可使 C—H 键断裂,$\lambda \leqslant 279.5$ nm 的光可使 H—O 键断裂。在生物体内有机分子中都存在大量的 C—H 键和 H—O 键,如果 $\lambda < 300$ nm的紫外线大量辐射到地球表面,它对地球生命造成的影响将是毁灭性的。幸而有平流层中的臭氧层吸收了大部分来自太阳的 $\lambda < 300$ nm 的紫外线,从而保护了地球上的生命。

2. 大气中重要的光解反应

1) O_2和 N_2的光解反应

氧气(O_2)是空气中的重要组分。O_2分子的键能为 493.8 kJ/mol,其断裂波长为 242.2 nm。图 2-22 是 O_2在紫外波段的吸收光谱,从图 2-22 可以看出,O_2对波长在 120～242 nm 之间的紫外线都有吸收,在 200 nm 以下吸收迅速增强,在 147 nm 左右吸收达到最大。通常认为 $\lambda < 240$ nm 的紫外光可以引起 O_2的光解。

$$O_2 + h\nu \longrightarrow O\cdot + O\cdot$$

N_2分子的键能为 939.4 kJ/mol,其断裂波长为 127.2 nm。它对 $\lambda < 120$ nm 的光有明显吸收,而对 $\lambda > 120$ nm 的光几乎没有吸收。

在上层大气中 N_2吸收 $\lambda < 120$ nm 的光后,以下面的方式发生解离:

$$N_2 + h\nu \longrightarrow N\cdot + N\cdot$$

当入射光波长小于 79.6 nm 时,N_2发生电离:

$$N_2 + h\nu \longrightarrow N_2^+ + e^-$$

2) O_3的形成与光解反应

在低于 1000 km 的大气层中,气体分子密度比较大,由 O_2光解产生的 O 原子、O_2分子和第三种物质 M(如 N_2等),三者碰撞发生如下反应而生成 O_3:

$$O\cdot + O_2 + M \longrightarrow O_3 + M$$

这一反应是平流层中 O_3的主要来源,也是消除 O 原子的主要过程。

O_3是一个弯曲的分子,键角为 116.8°,键能为 101.2 kJ/mol,断裂波长约为 1180 nm。O_3在可见光区 440～850 nm 有一个吸收带,在紫外光区有两个吸收带,即 200～300 nm、300～360 nm,最强吸收在波长为 254 nm 的紫外光处,如图 2-23 所示。

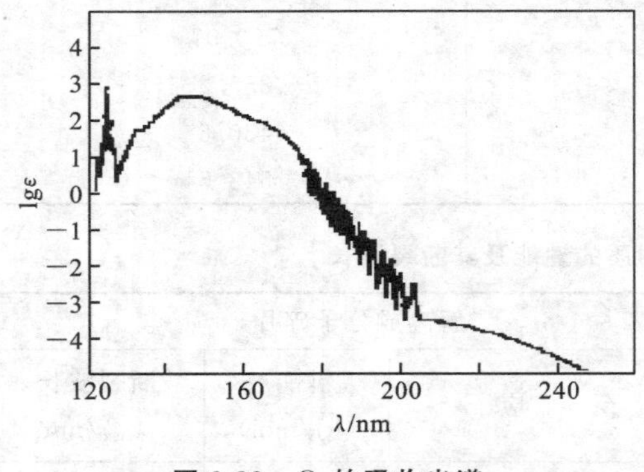

图 2-22　O_2的吸收光谱

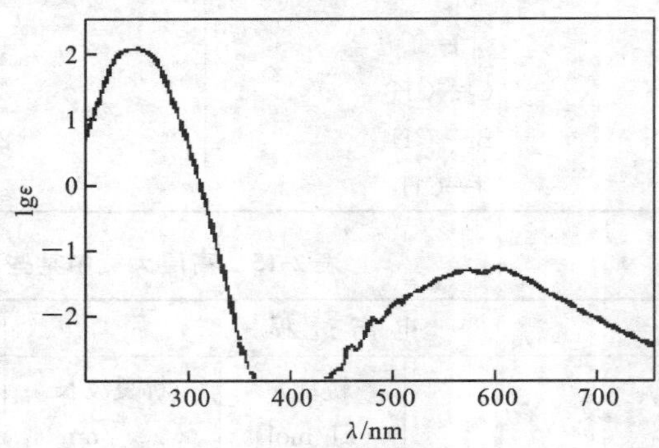

图 2-23　O_3的吸收光谱

在高层大气中,波长小于 210 nm 的紫外辐射主要被 O_2分子等吸收,在 50 km 以下,O_3起着重要的吸光作用,对太阳辐射的波长为 200～300 nm 的紫外线有强烈吸收。O_3吸收紫外辐射后发生解离反应。

$$O_3 + h\nu \longrightarrow O_2 + O\cdot$$

O_3主要吸收来自太阳波长小于 290 nm 的紫外光，因此波长大于 290 nm 的紫外光有可能透过臭氧层进入对流层并辐射到地面。

O_3主要分布于高度为 15～60 km 的大气层中，在 15～35 km 的范围内浓度最高，其浓度分布由下列四个反应控制：

$$O_2 + h\nu \longrightarrow O\cdot + O\cdot$$

$$O\cdot + O_2 + M \longrightarrow O_3 + M$$

$$O_3 + h\nu \longrightarrow O_2 + O\cdot$$

$$O\cdot + O_3 \longrightarrow 2O_2$$

3) NO 和 NO_2的光解反应

NO 分子的键能为 629.5 kJ/mol，其断裂波长约为 189.9 nm。NO 对波长为 110～230 nm 的紫外光均有不同程度的吸收，所以 NO 主要在高层大气中吸收波长小于 230 nm 的紫外光。其光解反应机理如下：

$$NO + h\nu \longrightarrow NO^*$$

$$NO^* + NO \longrightarrow N_2 + O_2$$

$$NO^* + NO \longrightarrow N_2O + O\cdot$$

$$2NO^* + O_2 \longrightarrow 2NO_2$$

$$O\cdot + NO + M \longrightarrow NO_2 + M$$

当入射光波长小于 133.8 nm 时，NO 发生电离：

$$NO + h\nu \longrightarrow NO^+ + e^-$$

NO_2分子的键能为 304.7 kJ/mol，对应的断裂波长为 392.5 nm，在 290～410 nm 之间有连续吸收光谱(图 2-24)。紫外光和波长小于 390 nm 的可见光均可使 NO_2发生光解反应：

$$NO_2 + h\nu \longrightarrow NO + O\cdot$$

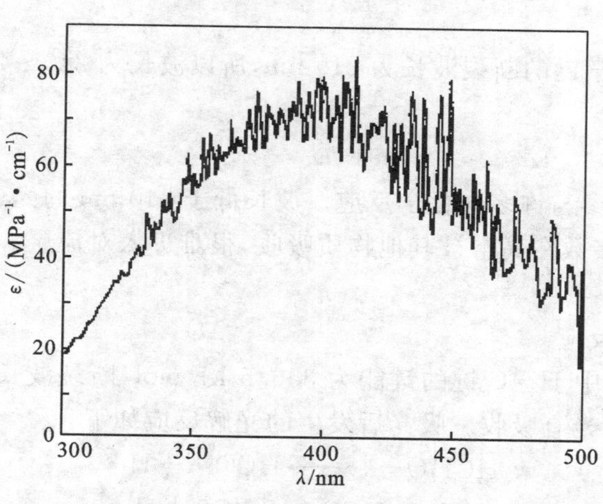

图 2-24　NO_2的吸收光谱

生成的 O· 与 O_2反应生成 O_3，这是低层大气中产生一定浓度 O_3的主要原因，在光化学污染物的形成过程中起着重要作用。

4) HNO_2和 HNO_3的光解反应

HNO_2分子中 HO—NO 键的键能为 201.4 kJ/mol，H—ONO 键的键能为 324.0 kJ/mol。

HNO_2分子对波长为 200～400 nm 的光均有吸收,其光解反应有两种:

(1) $HNO_2 + h\nu \longrightarrow HO\cdot + NO$ (初级过程)

(2) $HNO_2 + h\nu \longrightarrow H\cdot + NO_2$ (初级过程)

反应(1)的次级过程如下:

$$HO\cdot + NO \longrightarrow HNO_2$$

$$HO\cdot + HNO_2 \longrightarrow H_2O + NO_2$$

$$HO\cdot + NO_2 \longrightarrow HNO_3$$

一般认为,HNO_2的光解是大气中 HO· 的重要来源之一。

对流层中 HNO_3分子主要来源于下面两个反应:

$$HO\cdot + NO_2 \longrightarrow HNO_3$$

$$N_2O_5 + H_2O \longrightarrow 2HNO_3$$

HNO_3分子中 $HO-NO_2$键的键能为 199.4 kJ/mol,对波长为 120～335 nm 的光均有一定程度的吸收。其光解反应机理如下:

$$HNO_3 + h\nu \longrightarrow HO\cdot + NO_2$$

当有 CO 和 O_2存在时,发生如下次级反应:

$$HO\cdot + CO \longrightarrow CO_2 + H\cdot$$

$$H\cdot + O_2 + M \longrightarrow HO_2\cdot + M$$

$$2HO_2\cdot \longrightarrow H_2O_2 + O_2$$

5) SO_2对光的吸收

SO_2的键为 544.5 kJ/mol,其断裂波长约为 219 nm。如图 2-25 所示,SO_2在 180～400 nm 有三条吸收谱带,分别为 340～400 nm、240～340 nm 和 180～240 nm。第一个吸收区(340～400 nm)是一个极弱的吸收区,在 370 nm 处有一个吸收峰;第二个吸收区(240～340 nm)是一个较强的吸收区;第三个吸收区从 240 nm 开始,随波长下降吸收增强,直到 180 nm,是一个很强的吸收区。

由于 SO_2分子中化学键的断裂波长为 219 nm,所以波长为 240～400 nm 的光不能使其解离,只能生成激发态:

$$SO_2 + h\nu \longrightarrow SO_2^*$$

SO_2^* 在污染大气中参与许多光化学反应。波长低于 240 nm 的光可能使 SO_2发生光解,但波长低于 240 nm 的光多数在高空被其他物质吸收,很难进入对流层。所以对流层中 SO_2不易发生光解反应。

6) HCHO 的光解反应

甲醛(HCHO)分子中 H－C 键的键能为 356.5 kJ/mol,断裂波长为 335 nm。HCHO 对波长为 240～360 nm 的光有吸收。吸光后发生的光解反应如下:

初级过程 $HCHO + h\nu \longrightarrow HCO\cdot + H\cdot$

次级过程 $H\cdot + HCO\cdot \longrightarrow CO + H_2$

$$H\cdot + H\cdot + M \longrightarrow H_2 + M$$

$$2HCO\cdot \longrightarrow 2CO + H_2$$

在对流层中,由于 O_2的存在,HCO· 通过下列次级过程生成自由基 $HO_2\cdot$:

$$HCO\cdot + O_2 \longrightarrow HO_2\cdot + CO$$

$$H\cdot + O_2 \longrightarrow HO_2\cdot$$

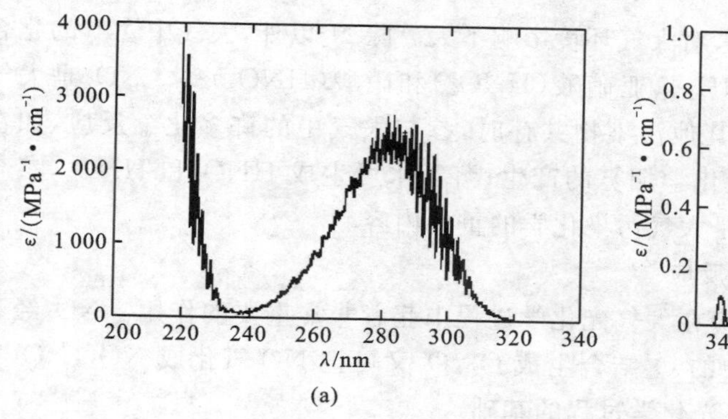

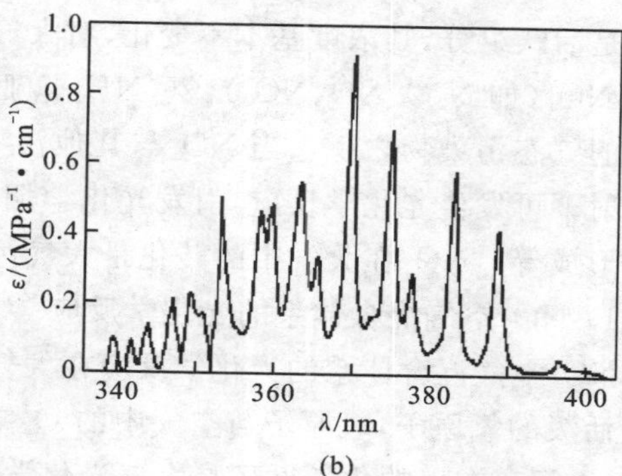

图 2-25　SO_2 的吸收光谱

乙醛也有类似的光解反应：

$$CH_3CHO + h\nu \longrightarrow CH_3CO\cdot + H\cdot$$

$$H\cdot + O_2 \longrightarrow HO_2\cdot$$

醛类的光解反应是对流层中 $HO_2\cdot$ 的重要来源之一。

7）H_2O_2 的光解反应

H_2O_2 分子中 O—O 键的键能为 207.2 kJ/mol，H—O 键的键能为 370 kJ/mol。H_2O_2 分子对波长为 200～300 nm 的光有连续吸收，在此范围内紫外光的照射下，可发生两种光解反应。

（1）初级过程

$$H_2O_2 + h\nu \longrightarrow 2HO\cdot$$

次级过程

$$HO\cdot + H_2O_2 \longrightarrow HO_2\cdot + H_2O$$

$$2HO_2\cdot \longrightarrow H_2O_2 + O_2$$

（2）初级过程

$$H_2O_2 + h\nu \longrightarrow HO_2\cdot + H\cdot$$

次级过程

$$H\cdot + H_2O_2 \longrightarrow HO\cdot + H_2O$$

$$H\cdot + H_2O_2 \longrightarrow H_2 + HO_2\cdot$$

8）卤代烃的光解反应

在卤代烃中，卤代甲烷的光解对大气污染化学作用最大。在近紫外光照射下，其解离反应为

$$CH_3 - X + h\nu \longrightarrow \cdot CH_3 + X\cdot$$

式中：X——代表 F、Cl、Br、I。

在卤代烃中，C—X 键的键能大小顺序为：C—F＞C—Cl＞C—Br＞C—I。在光解反应中，一般键能较小的键先断裂。在高能紫外光的照射下，可能发生两个键的断裂，都是按键能从小到大的顺序断裂。如 $CFCl_3$（氟利昂-11）和 CF_2Cl_2（氟利昂-12）的光解反应如下：

$$CFCl_3 + h\nu \longrightarrow \cdot CFCl_2 + Cl\cdot$$

$$\cdot CFCl_2 + h\nu \longrightarrow \cdot CFCl + Cl\cdot$$

$$CF_2Cl_2 + h\nu \longrightarrow \cdot CF_2Cl + Cl\cdot$$

$$\cdot CF_2Cl + h\nu \longrightarrow \cdot CF_2 + Cl\cdot$$

2.4.4　大气中污染物的转化

1. NO_x 的转化

大气中氮的存在形态有多种，其中含量最大的是 N_2，但 N_2 的化学性质十分稳定，在大气

中不是活跃组分,其浓度基本不变化,对大气环境影响不大。除 N_2 以外,大气中含氮的化合物包括 NO_x(如 N_2O、NO、NO_2)、氨(NH_3)、亚硝酸(HNO_2)和硝酸(HNO_3)等。NO_x 是大气中主要的气态污染物之一。当 NO_x 与其他污染物共存时,参与大气中的许多化学反应,如在阳光照射下可发生光化学反应,引发光化学烟雾的产生;溶于水可生成 HNO_2 和 HNO_3,参与酸雨的形成等。NO_x 在大气中的转化是大气污染化学的重要内容。

1) NO_x 空气混合体系的光化学反应

NO_x 空气混合体系的光化学反应在大气光化学过程中起着非常重要的作用。NO_2 经光解产生活泼的氧原子,氧原子与空气中的 O_2 结合生成 O_3,O_3 又可把 NO 氧化成 NO_2,NO、NO_2 与 O_3 之间存在着的化学循环是大气光化学过程的基础。

当阳光照射到含有 NO 和 NO_2 的空气时,便有如下基本反应发生:

$$NO_2 + h\nu \longrightarrow NO + O\cdot \quad (\text{反应速率常数为 } \kappa_1)$$

$$O\cdot + O_2 + M \longrightarrow O_3 + M \quad (\text{反应速率常数为 } \kappa_2)$$

$$O_3 + NO \longrightarrow NO_2 + O_2 \quad (\text{反应速率常数为 } \kappa_3)$$

其中 M 为接受能量的惰性物质。

假设该体系所发生的光化学过程只有上述三个反应,并在恒定条件的封闭体系中反应,设 NO 和 NO_2 的初始浓度分别为$[NO]_0$和$[NO_2]_0$,那么,反应体系中 NO_2 浓度的变化可由下式得出:

$$\frac{d[NO_2]}{dt} = -\kappa_1[NO_2] + \kappa_3[NO][O_3]$$

O· 的动力学方程可写为

$$\frac{d[O\cdot]}{dt} = \kappa_1[NO_2] - \kappa_2[O\cdot][O_2][M]$$

由于 O· 十分活泼,存在时间较短,可使用稳态法近似处理,即

$$\frac{d[O\cdot]}{dt} = \kappa_1[NO_2] - \kappa_2[O\cdot][O_2][M] = 0$$

因此

$$\kappa_1[NO_2] = \kappa_2[O\cdot][O_2][M]$$

体系达到稳态时,有

$$[O\cdot] = \frac{\kappa_1[NO_2]}{\kappa_2[O_2][M]}$$

反应体系中,相对于其他组分,O_2 是大量的,因此可把$[O_2]$看成恒定的,$[M]$也认为是恒定的,所以上式可写为

$$[O\cdot] = \kappa'[NO_2]$$

根据前面的假设,反应体系中只有上述三个反应,反应条件恒定,三个反应是循环反应,最终反应达到平衡时,各组分浓度均恒定不再变化,每种物质的生成速率等于其消耗速率,此时,可用稳态近似方法计算 O_3 的稳态浓度。

体系达到稳态时,有

$$\frac{d[NO_2]}{dt} = -\kappa_1[NO_2] + \kappa_3[NO][O_3] = 0$$

$$[O_3] = \frac{\kappa_1[NO_2]}{\kappa_3[NO]}$$

所以当体系中没有其他反应参与时,O_3 的稳态浓度取决于$[NO_2]$和$[NO]$的比值。

由于假定是在封闭体系中反应，体系任何一种元素的量是守恒的，因此有如下关系：

$$[NO]+[NO_2]=[NO]_0+[NO_2]_0$$

从三个反应可以看出，O_3 与 NO 的反应是等计量关系，所以

$$[O_3]_0-[O_3]=[NO]_0-[NO]$$

假设反应开始前，O_3 与 NO 的初始浓度为 0，即

$$[O_3]_0=[NO]_0=0$$

则

$$[O_3]=[NO]$$

$$[NO]+[NO_2]=[NO_2]_0$$

$$[NO_2]=[NO_2]_0-[NO]=[NO_2]_0-[O_3]$$

可得

$$[O_3]=\frac{\kappa_1([NO_2]_0-[O_3])}{\kappa_3[O_3]}$$

即

$$\kappa_3[O_3]^2+\kappa_1[O_3]-\kappa_1[NO_2]_0=0$$

解得

$$[O_3]=\frac{-\kappa_1+\sqrt{\kappa_1^2-4\kappa_3\kappa_1[NO_2]_0}}{2\kappa_3}=\frac{1}{2}\left\{\left[\left(\frac{\kappa_1}{\kappa_3}\right)^2+4\frac{\kappa_1}{\kappa_3}[NO_2]_0\right]^{1/2}-\frac{\kappa_1}{\kappa_3}\right\}$$

式中：κ_1 和 κ_3 均已知，由此可算出不同 $[NO_2]_0$ 时所产生的 O_3 量。如按体积分数，当 $[NO_2]_0=1.0\times10^{-7}$ 时，$[O_3]=2.7\times10^{-8}$；当 $[NO_2]_0=1.0\times10^{-6}$ 时，$[O_3]=9.5\times10^{-8}$。

实际上，城市大气中 NO_x 多为 NO 而不是 NO_2，NO_2 的体积分数一般不会超过 1.0×10^{-7}，然而实际测得城市大气中 O_3 的体积分数都远高于 2.7×10^{-8}，这说明大气中必然还有其他的 O_3 来源。

2）NO_x 的气相转化

(1) NO 的氧化。

NO 是燃烧过程中直接向大气排放的污染物。NO 可通过下列过程氧化成 NO_2。

① O_3 氧化：

$$NO+O_3\longrightarrow NO_2+O_2$$

② 自由基氧化：在 HO· 与烃反应时，HO· 可从烃中摘除一个 H 而形成 R·，该自由基与大气中的 O_2 结合生成过氧烷基自由基 RO_2·，RO_2· 具有较强氧化性，可将 NO 氧化成 NO_2，反应过程如下：

$$RH+HO\cdot\longrightarrow R\cdot+H_2O$$

$$R\cdot+O_2\longrightarrow RO_2\cdot$$

$$NO+RO_2\cdot\longrightarrow NO_2+RO\cdot$$

上面反应中生成的烷氧自由基 RO· 即可进一步与 O_2 反应，生成 HO_2· 和相应的醛，HO_2· 可氧化 NO：

$$RO\cdot+O_2\longrightarrow R'CHO+HO_2\cdot$$

$$HO_2\cdot+NO\longrightarrow HO\cdot+NO_2$$

在上述烃被 HO· 氧化的链循环中，往往有两个 NO 被氧化成 NO_2，同时 HO· 得到复原。这类反应速率很快，能与 O_3 氧化反应竞争。在光化学烟雾形成过程中，HO· 引发了烃类化合物的链式反应，使得 RO_2·、HO_2· 数量大增，从而迅速地将 NO 氧化成 NO_2，而不再消耗 O_3，使 O_3 得以积累，以致成为光化学烟雾的重要产物。

③ HO· 和 RO· 与 NO 直接反应生成亚硝酸和亚硝酸酯：

$$HO\cdot+NO\longrightarrow HNO_2$$

$$RO\cdot + NO \longrightarrow RONO$$

HNO_2和 RONO 都极易发生光解。

(2) NO_2的转化。

NO_2的光解反应是大气污染化学中的重要反应，除了前面论述的 NO_2的光解反应可以引发大气中生成 O_3的反应以外，NO_2还能与一系列自由基，如 HO·、O·、HO_2·、RO_2·和 RO·等反应，也能与 O_3和 NO_3反应。其中比较重要的是与 HO·、NO_3以及 O_3的反应。

① NO_2与 HO·反应。NO_2与 HO·反应直接生成 HNO_3，这一反应是大气中气态 HNO_3的主要来源，同时也对酸雨和酸雾的形成起着重要作用。其反应式为

$$NO_2 + HO\cdot \longrightarrow HNO_3$$

因白天光照强烈，大气中 HO·浓度较高，因此这一反应在白天会有效地进行。HNO_3与 HNO_2相比，它在大气中光解得很慢，酸沉降是它在大气中的主要去除过程。

② NO_2与 O_3反应。NO_2与 O_3反应生成 NO_3，此反应在对流层中也是很重要的，尤其是在 NO_2和 O_3浓度都较高时，它是大气中 NO_3的主要来源。NO_3可与 NO_2进一步反应生成 N_2O_5，这一反应是可逆的，N_2O_5又可分解为 NO_3和 NO_2。但 N_2O_5与 H_2O 生成 HNO_3：

$$NO_2 + O_3 \longrightarrow NO_3 + O_2$$

$$NO_3 + NO_2 \longrightarrow N_2O_5$$

$$N_2O_5 \longrightarrow NO_3 + NO_2$$

$$N_2O_5 + H_2O \longrightarrow 2HNO_3$$

当夜间 HO·和 NO 浓度不高，而 O_3有一定浓度时，NO_2会被 O_3氧化生成 NO_3，随后进一步与 NO_2发生反应而生成 N_2O_5。

(3) 过氧乙酰硝酸酯。

① 过氧乙酰自由基的生成。乙烷氧化生成乙醛，乙醛光解产生乙酰自由基 CH_3CO·，CH_3CO·与空气中的 O_2结合而形成过氧乙酰自由基($CH_3C(O)OO$·)：

$$C_2H_6 + HO\cdot \longrightarrow C_2H_5\cdot + H_2O$$

$$C_2H_5\cdot + O_2 + M \longrightarrow C_2H_5O_2\cdot + M$$

$$C_2H_5O_2\cdot + NO \longrightarrow C_2H_5O\cdot + NO_2$$

$$C_2H_5O\cdot + O_2 \longrightarrow CH_3CHO + HO_2\cdot$$

$$CH_3CHO + h\nu \longrightarrow CH_3CO\cdot + H\cdot$$

$$CH_3CO\cdot + O_2 \longrightarrow CH_3C(O)OO\cdot$$

② 过氧乙酰硝酸酯(PAN)的生成。$CH_3C(O)OO$·与 NO_2反应生成 PAN：

$$CH_3C(O)OO\cdot + NO_2 \longrightarrow CH_3C(O)OONO_2$$

PAN 具有热不稳定性，遇热会分解而回到 $CH_3C(O)OO$·和 NO_2。因而 PAN 的分解和形成之间存在着平衡，其平衡常数随温度而变化。

如果把 PAN 中的乙基由其他烷基替代，就会形成相应的过氧烷酰基硝酸酯，如过氧丙酰基硝酸酯 $CH_3CH_2C(O)OONO_2$(PPN)、过氧苯酰基硝酸酯 $C_6H_5C(O)OONO_2$(PBN)等。

3) NO_x的液相转化

NO_x是大气中的重要污染物，除了在气相中发生光化学反应以外，它们还可溶于大气中的水，并构成一个液相平衡体系，在液相体系中发生其特定的转化过程。NO_x在液相中的平衡比较复杂。NO 和 NO_2在气、液两相间存在如下关系：

$$NO(g) \rightleftharpoons NO(aq)$$

$$K_{H,NO} = 1.90 \times 10^{-8}\ mol/(L \cdot Pa)$$

$$NO_2(g) \rightleftharpoons NO_2(aq)$$

$$K_{H,NO_2} = 9.90 \times 10^{-8} mol/(L \cdot Pa)$$

$$2NO_2(aq) \rightleftharpoons N_2O_4(aq)$$

$$K_{n_1} = 7 \times 10^4\ L/mol$$

$$NO(aq) + NO_2 \rightleftharpoons N_2O_3(aq)$$

$$K_{n_2} = 3 \times 10^4\ L/mol$$

$$HNO_3(aq) \rightleftharpoons H^+ + NO_3^-$$

$$K_{n_3} = 15.4\ L/mol$$

$$HNO_2(aq) \rightleftharpoons H^+ + NO_2^-$$

$$K_{n_4} = 5.1 \times 10^{-4}\ L/mol$$

$$2NO_2(aq) + H_2O \rightleftharpoons 2H^+ + NO_2^- + NO_3^-$$

$$NO_2(aq) + NO(aq) + H_2O \rightleftharpoons 2H^+ + 2NO_2^-$$

$$2NO_2(g) + H_2O \overset{\kappa_1}{\rightleftharpoons} 2H^+ + NO_2^- + NO_3^-$$

$$\kappa_1 = \frac{[H^+]^2[NO_2^-][NO_3^-]}{p_{NO_2}^2}$$

$$NO_2(g) + NO(g) + H_2O \overset{\kappa_2}{\rightleftharpoons} 2H^+ + 2NO_2^-$$

$$\kappa_2 = \frac{[H^+]^2\ [NO_2^-]^2}{p_{NO_2}\,p_{NO}}$$

$$\frac{\kappa_1}{\kappa_2} = \frac{[NO_3^-]p_{NO}}{[NO_2^-]p_{NO_2}}$$

所以

$$\frac{[NO_3^-]}{[NO_2^-]} = \frac{\kappa_1}{\kappa_2}\frac{p_{NO_2}}{p_{NO}}$$

2. 碳氢化合物的转化

1）烷烃的反应

烷烃在大气中的光化学反应主要是与 HO· 自由基和 O· 自由基发生氢的摘除反应（又叫消除反应），生成的烷基自由基与 O_2 结合生成过氧烷基自由基 RO_2·，RO_2· 可将 NO 氧化为 NO_2，同时生成烷氧自由基 RO·，RO· 再与 O_2 发生氢摘除反应，生成 HO_2 自由基和相应的醛或酮。

$$RH + HO\cdot \longrightarrow R\cdot + H_2O$$

$$RH + O\cdot \longrightarrow R\cdot + HO\cdot$$

$$R\cdot + O_2 \longrightarrow RO_2\cdot$$

$$RO_2\cdot + NO \longrightarrow RO\cdot + NO_2$$

$$RO\cdot + O_2 \longrightarrow R'CHO + HO_2\cdot$$

如 CH_4 的氧化反应：

$$CH_4 + HO\cdot \longrightarrow \cdot CH_3 + H_2O$$

$$CH_4 + O\cdot \longrightarrow \cdot CH_3 + HO\cdot$$

$$\cdot CH_3 + O_2 \longrightarrow CH_3O_2\cdot$$

$$CH_3O_2\cdot + NO \longrightarrow CH_3O\cdot + NO_2$$

$$CH_3O\cdot + O_2 \longrightarrow HCHO + HO_2\cdot$$

大气平流层中的 O· 自由基主要来自 O_3 的光解反应,通过上述反应,烷烃(特别是 CH_4)不断消耗 O·,可导致臭氧层的损耗。烷烃与自由基 HO· 和 O· 反应都有烷基自由基生成,但另一个产物不同,前者生成稳定的 H_2O,后者是生成活泼的自由基 HO·,一般烷烃与 HO· 反应的速率常数比烷烃与 O· 反应的速率常数要大得多。

如果大气中 NO 的浓度很低,自由基之间可发生如下反应:

$$RO_2\cdot + HO_2\cdot \longrightarrow ROOH + O_2$$

$$ROOH + h\nu \longrightarrow RO\cdot + HO\cdot$$

2) 烯烃的反应

在一般大气条件下,烯烃主要发生加成反应。

(1) 烯烃与 HO· 发生的加成反应。

HO· 加成到烯烃上形成带有羟基的烃基自由基,然后与 O_2 结合生成过氧自由基,该过氧自由基可将 NO 氧化为 NO_2,自身变成带有羟基的烷基自由基,再与 O_2 发生氢摘除反应生成 $HO_2\cdot$ 和相应的醛。

$$\rangle C{=}C\langle + HO\cdot \longrightarrow -\overset{HO}{\overset{|}{\underset{|}{C}}}-\overset{|}{\underset{|}{C}}- \xrightarrow{O_2} -\overset{HO}{\overset{|}{\underset{|}{C}}}-\overset{O-O\cdot}{\overset{|}{\underset{|}{C}}}-$$

$$-\overset{HO}{\overset{|}{\underset{|}{C}}}-\overset{O-O\cdot}{\overset{|}{\underset{|}{C}}}- \xrightarrow{NO} -\overset{HO}{\overset{|}{\underset{|}{C}}}-\overset{O\cdot}{\overset{|}{\underset{|}{C}}}- \xrightarrow{O_2} -\overset{HO}{\overset{|}{\underset{|}{C}}}-\overset{O}{\overset{\|}{\underset{|}{C}}}- + HO_2\cdot$$

如乙烯的反应:

$$CH_2{=}CH_2 + HO\cdot \longrightarrow HOCH_2CH_2\cdot$$

$$HOCH_2CH_2\cdot + O_2 \longrightarrow HOCH_2CH_2O_2\cdot$$

$$HOCH_2CH_2O_2\cdot + NO \longrightarrow HOCH_2CH_2O\cdot + NO_2$$

$$HOCH_2CH_2O\cdot + O_2 \longrightarrow HCOCH_2OH + HO_2\cdot$$

带有羟基的烷氧自由基还可以发生如下反应:

$$HOCH_2CH_2O\cdot \longrightarrow HCHO + HOCH_2\cdot$$

$$HOCH_2\cdot + O_2 \longrightarrow HCHO + HO_2\cdot$$

丙烯与 HO· 反应有两种方式:

$$CH_3CH{=}CH_2 + HO\cdot \xrightarrow{a} CH_3\dot{C}HCH_2OH$$

$$CH_3CH{=}CH_2 + HO\cdot \xrightarrow{b} CH_3\underset{\underset{OH}{|}}{CH}\dot{C}H_2$$

后面的反应与乙烯类似。

(2) 烯烃与 O_3 的加成反应。

虽然烯烃与 O_3 的反应的速率常数远比与 HO· 反应的速率常数要小,但是大气中 O_3 的浓度远远高于自由基 HO·，因此烯烃与 O_3 的反应也是大气中的重要反应。它的反应机理是首先将 O_3 加成到烯烃的双键上，形成一个臭氧化物分子，然后迅速分解为一个羰基化合物分子和一个二元自由基：

$$O_3 + R_1R_2C{=}CR_3R_4 \longrightarrow \left[\text{臭氧化物: } R_1R_2C(-O-O-O-)CR_3R_4\right]$$

$$\xrightarrow{a} R_1R_2C{=}O + \left[\cdot O{-}O{-}\dot{C}R_3R_4\right]$$

$$\xrightarrow{b} R_3R_4C{=}O + \left[R_1R_2\dot{C}{-}O{-}O\cdot\right]$$

二元自由基能量很高，很不稳定，可进一步分解，生成两个自由基及一些稳定产物。如乙烯、丙烯与 O_3 的加成反应：

$$O_3 + CH_2{=}CH_2 \longrightarrow \left[H_2C(-O-O-O-)CH_2\right] \longrightarrow HCHO + H_2\dot{C}OO\cdot$$

$$H_2\dot{C}OO\cdot \longrightarrow \begin{cases} CO + H_2O \\ CO_2 + H_2 \\ CO_2 + 2H\cdot \\ HCOOH \\ \xrightarrow[2O_2]{M} CO_2 + 2HO_2\cdot \end{cases}$$

$$O_3 + CH_3CH{=}CH_2 \longrightarrow \left[CH_3(H)C(-O-O-O-)CH_2\right] \longrightarrow \begin{cases} CH_3\dot{C}HOO\cdot + HCHO \\ CH_3CHO + H_2\dot{C}OO\cdot \end{cases}$$

$$CH_3\dot{C}HOO\cdot \longrightarrow \begin{cases} CH_4 + CO_2 \\ \cdot CH_3 + CO + HO\cdot \xrightarrow{O_2} CH_3O_2\cdot + CO + HO\cdot \\ \cdot CH_3 + CO_2 + H\cdot \xrightarrow{2O_2} CH_3O_2\cdot + CO_2 + HO_2\cdot \\ H\cdot + CO + CH_3O\cdot \xrightarrow{O_2} HO_2\cdot + CO + CH_3O\cdot \\ HCO\cdot + CH_3O\cdot \xrightarrow{O_2} HC({=}O)OO\cdot + CH_3O\cdot \end{cases}$$

另外，这些自由基有很强的氧化性，可将 NO 氧化为 NO_2，NO_2 可进一步被氧化为 NO_3，SO_2 可被氧化为 SO_3。

例如：

$$H_2\dot{C}OO\cdot + NO \longrightarrow HCHO + NO_2$$

$$CH_3\dot{C}HOO\cdot + NO \longrightarrow CH_3CHO + NO_2$$

$$H_2\dot{C}OO\cdot + SO_2 \longrightarrow HCHO + SO_3$$

$$CH_3\dot{C}HOO\cdot + SO_2 \longrightarrow CH_3CHO + SO_3$$

这些二元自由基氧化 NO、SO_2后，自身变成相应的醛或酮。

(3) 烯烃与 NO_3的反应。

烯烃也能与 NO_3发生反应，而且在浓度相近的情况下，烯烃与 NO_3反应的速率要比其与 O_3反应的速率大得多。下面以 2-丁烯为例，阐述烯烃与 NO_3反应的机理。

$$CH_3CH{=}CHCH_3 + NO_3 \longrightarrow CH_3CH(ONO_2)—\dot{C}HCH_3$$

$$CH_3CH(ONO_2)—\dot{C}HCH_3 + O_2 \longrightarrow CH_3CH(ONO_2)—CH(OO\cdot)CH_3$$

$$CH_3CH(ONO_2)—CH(OO\cdot)CH_3 + NO \longrightarrow CH_3CH(ONO_2)—CH(O\cdot)CH_3 + NO_2$$

$$CH_3CH(ONO_2)—CH(O\cdot)CH_3 + NO_2 \longrightarrow CH_3CH(ONO_2)—CH(ONO_2)CH_3$$

(2,3-丁二醇二硝酸酯)

(4) 烯烃与 O· 的反应。

烯烃与 O· 的反应也是先将 O· 加到双键的一端形成二元自由基，二元自由基不稳定，很快形成环氧烃或醛、酮。

例如：

$$CH_3CH{=}CHCH_3 + O\cdot \longrightarrow \left[CH_3CH(O\cdot)—\dot{C}HCH_3\right]$$

$$\longrightarrow CH_3CH—CHCH_3 \text{（两碳间以 O 桥连，环氧化物）}$$

$$\longrightarrow CH_3C(=O)—CH_2CH_3$$

大多数情况下，大气中短链烯烃的主要去除过程是与 HO· 反应，而较长的烯烃在 NO_3浓度较低时主要是通过与 O_3反应去除，当 NO_3浓度较高时，主要是与 NO_3反应去除。

3）环烷烃的反应

大气中环烷烃主要来自于燃料燃烧过程的排放，城市大气中的环烷烃浓度明显高于农村地区。

环烷烃在大气中的反应主要是氢原子摘除反应。例如环己烷的反应为

$$\text{C}_6\text{H}_{12} + \text{HO}\cdot \longrightarrow \text{C}_6\text{H}_{11}\cdot + \text{H}_2\text{O}$$

$$\text{C}_6\text{H}_{11}\cdot + \text{O}_2 \longrightarrow \text{C}_6\text{H}_{11}\text{OO}\cdot$$

$$\text{C}_6\text{H}_{11}\text{OO}\cdot + \text{NO} \longrightarrow \text{C}_6\text{H}_{11}\text{O}\cdot + \text{NO}_2$$

环烯烃与直链烯烃一样，也可以与 HO·、NO_3、O_3 等发生加成反应。例如，O_3 能与环己烯迅速反应，首先是 O_3 加成到双键上形成臭氧化物分子，然后开环形成带有双官能团的二元自由基，该二元自由基很快进一步分解，生成 CO、CO_2 和其他化合物或自由基。

4）芳香烃的反应

$$\text{环己烯} + \text{O}_3 \longrightarrow \text{臭氧化物} \longrightarrow \text{HC(=O)}(\text{CH}_2)_4\dot{\text{C}}\text{HOO}\cdot$$

（1）单环芳烃的反应。

城市大气中的芳香烃主要来自矿物燃料的燃烧、汽车尾气以及一些工业生产。大气中的单环芳烃主要有苯、甲苯、乙苯、二甲苯等，其中以甲苯的浓度最高。能与芳烃反应的主要是 HO·自由基，发生的反应主要是加成反应和氢摘除反应，其中加成反应约占 90%，氢摘除反应约占 10%。

① 加成反应。如甲苯与 HO·自由基的加成反应，HO·进攻甲基的邻位，形成带羟基的自由基。

$$\text{C}_6\text{H}_5\text{CH}_3 + \text{HO}\cdot \longrightarrow \text{三种共振结构的羟基甲基环己二烯基自由基（CH}_3\text{，OH，H）}$$

用 $\text{CH}_3\text{C}_6\text{H}_5(\text{OH})\cdot$（环内带自由基圆圈表示）表示

生成的自由基可与 NO_2 反应生成硝基甲苯：

$$\text{CH}_3\text{C}_6\text{H}_5(\text{OH})\cdot + \text{NO}_2 \longrightarrow \text{CH}_3\text{C}_6\text{H}_4\text{NO}_2 + \text{H}_2\text{O}$$

甲苯与 HO · 反应生成的自由基与 O_2 的反应有两种方式，一种是发生氢摘除反应生成 HO_2 · 和邻甲苯酚：

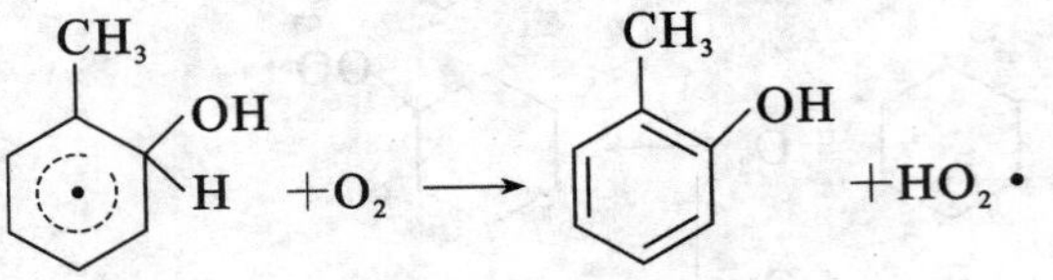

CH_3, OH, H $+O_2 \longrightarrow$ CH_3, OH $+HO_2\cdot$

另一种是生成过氧自由基：

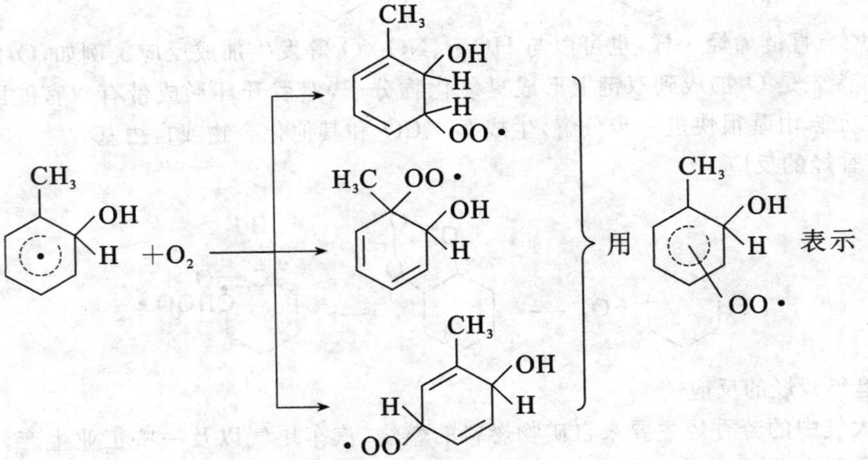

CH_3, OH, H $+O_2 \longrightarrow$ CH_3, OH, H, H, OO · ； H_3C, OO ·, OH, H ； CH_3, OH, H, H, · OO 　用 CH_3, OH, H, OO · 表示

过氧自由基也可将 NO 氧化为 NO_2：

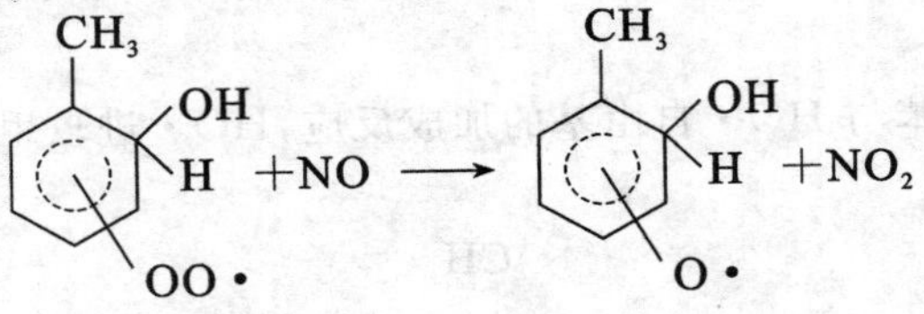

CH_3, OH, H, OO · $+NO \longrightarrow$ CH_3, OH, H, O · $+NO_2$

该反应生成的自由基与 O_2 发生开环反应：

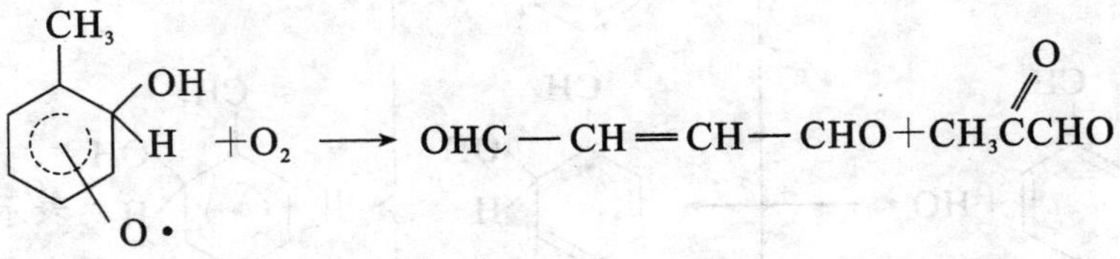

CH_3, OH, H, O · $+O_2 \longrightarrow OHC-CH{=}CH-CHO+CH_3C(=O)CHO$

② 氢摘除反应。

CH_3 $+HO \longrightarrow$ · CH_2 $+H_2O$

· CH_2 $+O_2 \longrightarrow$ $CH_2OO\cdot$

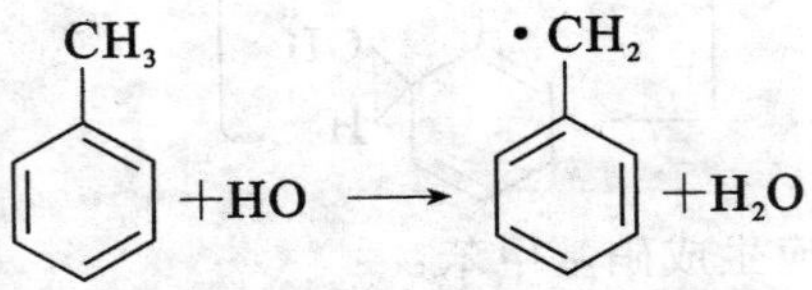

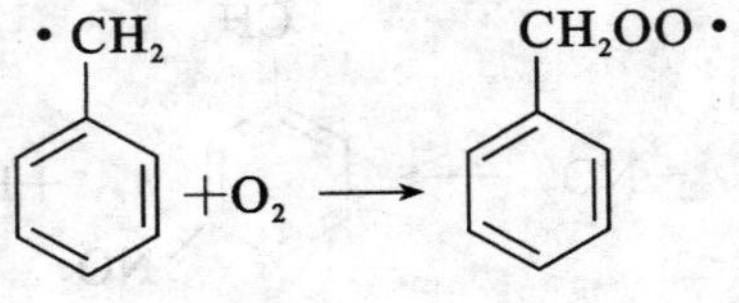

$C_6H_5CH_2OO\cdot + NO \longrightarrow C_6H_5CH_2O\cdot + NO_2$

$C_6H_5CH_2OO\cdot + NO \longrightarrow C_6H_5CH_2ONO_2$

$C_6H_5CH_2O\cdot + O_2 \longrightarrow C_6H_5CHO + HO_2\cdot$

$C_6H_5CH_2O\cdot + NO_2 \longrightarrow C_6H_5CH_2ONO_2$

(2) 多环芳烃的反应。

大气中存在多种多环芳烃(polycyclic aromatic hydrocarbons，PAHs)类物质，据统计，目前大气中已经检出的 PAHs 物质有 200 多种，其中大部分存在于气溶胶中，少部分以气体形式存在。自由基 HO· 可与多环芳烃发生氢摘除反应，HO· 和 NO_3 可以加成到多环芳烃的双键上去，最后形成含有羟基、羰基的化合物及硝酸酯类。

大气气溶胶中的多环芳烃在光照条件下可与 O_2 发生光化学反应，生成环内氧桥化合物，然后进一步氧化可转变为相应的醌。例如，蒽的反应：

$$\text{蒽} + O_2 \xrightarrow{h\nu} \text{9,10-内过氧化物(H, O–O, H)}$$

$$\text{9,10-内过氧化物} \longrightarrow \text{蒽醌}$$

5) 含氧碳氢化合物的转化

大气中的含氧碳氢化合物主要是指醇、醛、酮和醚等，目前大气中已检测出的醇、醛、酮和醚等各类化合物的数量在十几种到几十种不等，它们在大气中发生的反应主要是与 HO· 发生氢摘除反应。例如：

$$CH_3CH_2OH + HO\cdot \longrightarrow CH_3\dot{C}HOH + H_2O$$

$$CH_3CHO + HO\cdot \longrightarrow CH_3\dot{C}O + H_2O$$

$$CH_3COCH_3 + HO\cdot \longrightarrow CH_3CO\dot{C}H_2 + H_2O$$

$$CH_3OCH_3 + HO\cdot \longrightarrow CH_3O\dot{C}H_2 + H_2O$$

上述反应生成的自由基均可与 O_2 反应生成与过氧烷基自由基 $RO_2\cdot$ 有类似氧化作用的过氧自由基。

醛类在大气中的转化是大气污染中重要的反应，如 CH_3CHO 发生氢摘除反应生成的羰基自由基可进一步发生一系列光化学反应，其中产物之一是光化学烟雾的重要组成化合物过氧乙酰硝酸酯(PAN)：

$$CH_3CO\cdot + O_2 \longrightarrow CH_3C(O)OO\cdot$$

$$CH_3C(O)OO\cdot + NO \longrightarrow CH_3C(O)O\cdot + NO_2$$

$$CH_3C(O)O\cdot \longrightarrow \cdot CH_3 + CO_2$$

$$CH_3C(O)OO\cdot + NO_2 \longrightarrow CH_3C(O)OONO_2$$

PAN 是 20 世纪 50 年代首先在美国洛杉矶光化学烟雾中发现的，之后在全世界其他城市、边远地区、清洁大气中也都检测出了 PAN 的存在。研究证实，PAN 是造成光化学烟雾的主要有害物质之一，它与 O_3 被视为光化学烟雾的特征物质。

与 PAN 类似的物质还有由 CH_3CH_2CHO 的光解反应产生的过氧丙酰硝酸酯 $C_2H_5C(O)OONO_2$(PPN)，由苯甲醛反应生成的过氧苯酰硝酸酯 $C_6H_5C(O)OONO_2$(PBN)。

HCHO 的反应在大气污染化学中也是非常重要的。HCHO 既是一次污染物，又可由大气中的烃类氧化产生，几乎所有的大气污染化学反应都有 HCHO 参与。

大气中 HCHO 参与的主要反应为

$$HCHO + HO\cdot \longrightarrow HCO\cdot + H_2O$$

$$HCO\cdot + O_2 \longrightarrow CO + HO_2\cdot$$

醛能与 $HO_2\cdot$ 迅速反应，所生成的过氧自由基 $(HO)H_2COO\cdot$ 比较稳定，可将 NO 氧化为 NO_2，生成的自由基与 O_2 反应生成甲酸(HCOOH)，对酸雨有一定贡献。

$$HCHO + HO_2\cdot \longrightarrow (HO)H_2COO\cdot$$

$$(HO)H_2COO\cdot + NO \longrightarrow (HO)H_2CO\cdot + NO_2$$

$$(HO)H_2CO\cdot + O_2 \longrightarrow HCOOH + HO_2\cdot$$

醛也能与 NO_3 反应：

$$RCHO + NO_3 \longrightarrow RCO\cdot + HNO_3$$

对于 HCHO：

$$HCHO + NO_3 \longrightarrow HCO\cdot + HNO_3$$

$$HCO\cdot + O_2 \longrightarrow CO + HO_2\cdot$$

相应的不饱和烃及芳烃的含氧衍生物，在大气中的反应也主要是与 $HO\cdot$ 的加成反应，反应机理类似于烯烃与 $HO\cdot$ 的加成反应。

2.5 典型大气污染现象

2.5.1 光化学烟雾

1. 光化学烟雾的特征与危害

光化学烟雾(photochemical smog)是在以汽油做动力燃料燃烧之后出现的一种新型空气

污染现象，最早于 20 世纪 40 年代在美国洛杉矶地区出现，因此又称为洛杉矶烟雾。继洛杉矶烟雾事件后，世界上许多城市都出现了光化学烟雾污染事件，比如日本的东京和大阪、英国的伦敦、澳大利亚和德国等的城市以及我国的兰州西固石油化工地区等都发生过。光化学烟雾污染问题是目前全世界各大城市面临的首要环境问题。

由于交通运输业、能源工业和石油化学工业的高速发展，将大量的 NO_x 和挥发性有机物(VOCs)排入大气，这些一次污染物在强日光、强逆温、低风速、低湿度等稳定的天气条件下，发生一系列复杂的光化学反应，生成以 O_3 为主，包括醛酮类、PAN、H_2O_2、HNO_3、多种自由基(如 RO_2 ·、HO_2 ·、RCO ·、HO · 等)和细粒子气溶胶等污染物的强氧化性气团。这种由参与光化学反应过程的一次污染物和二次污染物的混合物所造成的大气烟雾污染现象称为光化学烟雾。

光化学烟雾一般呈浅蓝色(有时呈白色雾状，或带紫色或黄褐色)，使大气能见度降低，妨碍交通；具有强氧化性，刺激人的眼睛和呼吸道黏膜，导致头痛、呼吸道疾病恶化，严重的还会造成死亡；加速橡胶老化、脆裂，使染料褪色，并损害油漆涂料、纺织纤维、金属和塑料制品等；伤害植物叶片，使其变黄以致枯死，降低植物对病虫害的抵抗力，使农作物严重减产。如 1959 年美国加利福尼亚州由于光化学烟雾污染造成农作物减产损失达 800 万美元，大片树木死亡，葡萄减产 60%，柑橘也严重减产；1970 年日本东京发生光化学烟雾污染期间，20000 人得红眼病。

光化学烟雾主要发生在强日光及大气相对湿度较低的夏季晴天；具有循环性，白天形成，晚上消失，污染高峰期出现在中午或午后；污染具有区域性，污染区域往往出现在下风向几十到上百公里处，一些城市周围的乡村地区也会有光化学烟雾现象出现；受气象条件影响，逆温静风情况会加剧光化学烟雾的污染。

2. 光化学烟雾组分的日变化曲线

美国加利福尼亚大学的 Smit 于 1951 年 9 月在第十二次国际应用化学会议上首次提出了光化学烟雾形成的理论。他认为洛杉矶烟雾主要是由于汽车尾气中的 HC 和 NO_x 在强太阳光作用下，发生光化学反应而形成的。大气中刺激性气体主要是 O_3，O_3 浓度的升高是光化学烟雾的标志。

图 2-26 是污染地区发生光化学烟雾时空气中各种污染物浓度的日变化实际情况。其中图 2-26(a)为交通污染(汽车尾气)造成的光化学烟雾，图 2-26(b)为石油化工厂排放的废气造成的光化学烟雾。从图 2-26(a)可以看出，NO 和烃类在 6—8 点即交通繁忙的时刻，浓度达到最大。此后随着太阳辐射强度的增强，NO_2 的浓度逐渐增大，同时伴随着的是 NO 和烃类浓度的不断降低；醛类和 O_3 的浓度在中午及其稍后时间内达到最大，O_3 的浓度的上升处于 NO_2 浓度下降时。由此推断，NO_2、醛类和 O_3 是在日光照射下通过大气光化学反应生成的二次污染物。在傍晚交通繁忙时虽然仍有较多的一次污染物的排放，NO 浓度呈上升趋势，但此时光照强度减弱，因光照强度不够，光化学反应也逐渐减弱，并趋于停止，已不足以产生光化学烟雾。

3. 光化学烟雾的形成机制

1) 烟雾箱模拟实验

为了弄清光化学烟雾中各种污染物浓度随时间的变化及其反应机制，有关学者设计了烟雾箱(smog chambers)进行实验研究。在一个大的封闭容器中通入烃类化合物(丙烯 C_3H_6)、NO_x 和空气混合气体，以紫外线照射初始反应物，模拟大气光化学反应过程。这种由烟雾箱实验模拟结果画出的各种污染物浓度的变化曲线称为烟雾箱模拟曲线。

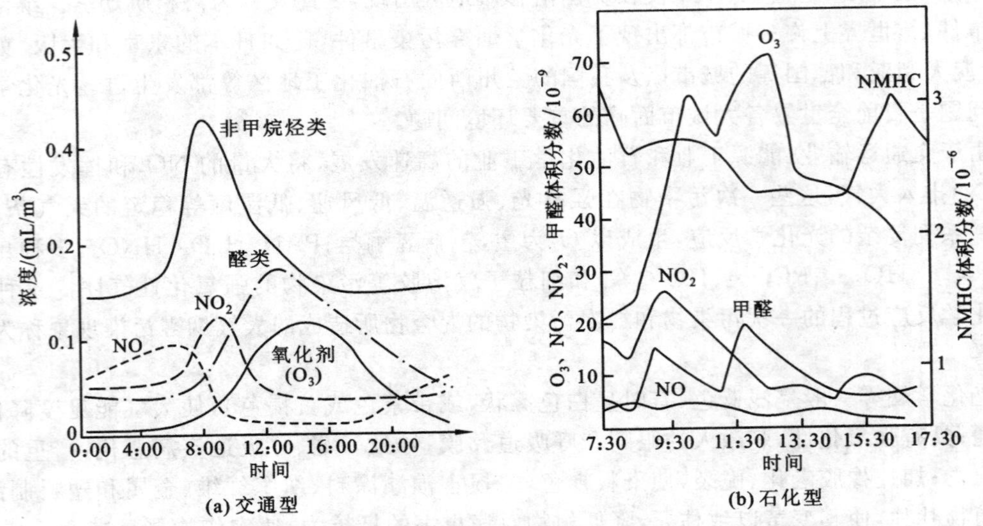

图 2-26　典型光化学烟雾发生日各种污染物浓度变化情况

((a)引自 Manahan,1984;(b)引自李惕川,1990)

图 2-27 反映了 NO_x-C_3H_6-空气混合气体在紫外线照射下各污染物浓度随时间的变化情况。

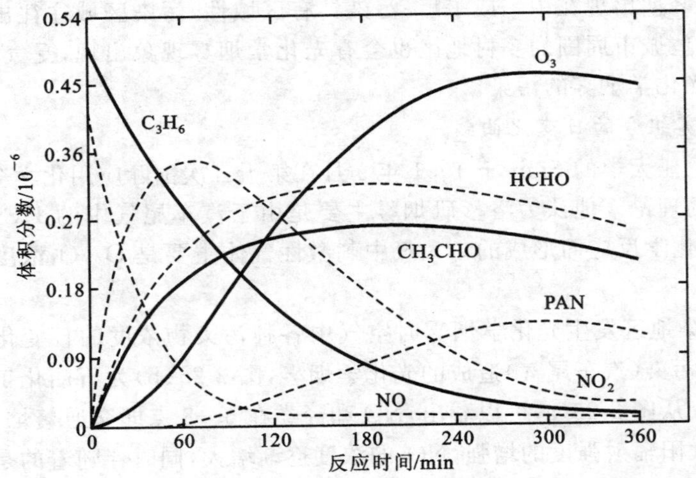

图 2-27　C_3H_6-NO-空气体系烟雾箱模拟曲线

(引自 Pitts,1975)

从图中可以看出:在紫外线的照射下,NO、C_3H_6 的浓度逐渐下降,同时 O_3、NO_2、醛类和 PAN 的浓度增加。当 NO 接近消耗完时,NO_2 的浓度达到最大,之后逐渐下降,而 O_3 的量开始积累。当 C_3H_6、NO_2 接近耗尽时,O_3 浓度最大。图 2-27 与图 2-26 相比较,可以看出模拟实验结果与实际光化学烟雾监测结果十分相似。在不考虑气象和地理条件的情况下,整个反应过程中反应物、生成物的浓度随时间的变化情况相似。无论是实际光化学烟雾还是模拟实验都说明,在光照条件下,NO 转化成 NO_2,C_3H_6 被氧化,O_3、PAN、醛类等二次污染物生成的情况。其中涉及的反应有很多,关键性的反应有如下三类。

(1) NO_2光解生成 O_3。

$$NO_2 + h\nu \longrightarrow NO + O\cdot$$

$$O\cdot + O_2 + M \longrightarrow O_3 + M$$

$$O_3 + NO \longrightarrow NO_2 + O_2$$

此时生成的 O_3用于 NO 的氧化反应,因此没有积累。

(2) 丙烯被 O、O_3、HO · 等氧化,生成各种自由基。

$$CH_3CH{=}CH_2 + O\cdot \longrightarrow [CH_3\underset{\underset{O\cdot}{|}}{\dot{C}}HCH_2] \longrightarrow \begin{cases} CH_3CH_2CHO \\ CH_3CH_2\cdot + HCO\cdot \\ CH_3\underbrace{CH-CH_2}_{O} \end{cases}$$

$$CH_3CH{=}CH_2 + O_3 \longrightarrow CH_3\underbrace{\underset{\underset{O}{|}}{CH}-\underset{\underset{O}{|}}{CH_2}}_{O} \longrightarrow \begin{cases} CH_3\dot{C}HOO\cdot + HCHO \\ CH_3CHO + H_2\dot{C}OO\cdot \end{cases}$$

$$CH_3CH{=}CH_2 + HO\cdot \longrightarrow \begin{cases} CH_3\dot{C}HCH_2OH \\ CH_3\underset{\underset{OH}{|}}{C}HCH_2\cdot \end{cases}$$

$$CH_3\underset{\underset{OH}{|}}{C}HCH_2\cdot + O_2 \longrightarrow CH_3\underset{\underset{OH}{|}}{C}HCH_2OO\cdot$$

$$CH_3\dot{C}HCH_2OH + O_2 \longrightarrow CH_3\overset{\overset{O-O\cdot}{|}}{C}HCH_2OH$$

$$CH_3CH_2\cdot + O_2 + M \longrightarrow CH_3CH_2OO\cdot + M$$

$$HCO\cdot + O_2 \longrightarrow CO + HO_2\cdot$$

$$\cdot CH_2OO\cdot + O_2 \longrightarrow HC(O)OO\cdot + HO\cdot$$

$$CH_3\dot{C}HOO\cdot + O_2 \longrightarrow CH_3C(O)OO\cdot + HO\cdot$$

过氧自由基的生成会促使 NO 向 NO_2转化。

(3) NO 转化为 NO_2,导致 O_3、PAN 等氧化剂的生成。

上述反应生成的过氧自由基可与 NO 快速反应生成 NO_2和其他自由基:

$$CH_3\underset{\underset{OH}{|}}{C}HCH_2OO\cdot + NO \longrightarrow CH_3\underset{\underset{OH}{|}}{C}HCH_2O\cdot + NO_2$$

$$CH_3\overset{\overset{O-O\cdot}{|}}{C}HCH_2OH + NO \longrightarrow CH_3\overset{\overset{O\cdot}{|}}{C}HCH_2OH + NO_2$$

$$CH_3\underset{\underset{OH}{|}}{C}HCH_2O\cdot + O_2 \longrightarrow CH_3CH(OH)CHO + HO_2\cdot$$

$$CH_3\overset{\overset{O\cdot}{|}}{C}HCH_2OH + O_2 \longrightarrow CH_3\overset{\overset{O}{\|}}{C}CH_2OH + HO_2\cdot$$

$$H_2\dot{C}OO\cdot + NO \longrightarrow HCHO + NO_2$$
$$HO_2\cdot + NO \longrightarrow HO\cdot + NO_2$$

由于过氧自由基的生成加速了 NO 的氧化，而不再消耗 O_3，NO_2 的浓度升高，也加速了其光分解反应速率，进而 O_3 的生成速率也增加，造成了大气中 O_3 的浓度的累积。

生成的自由基还可再与 NO_2 反应生成二次污染物 PAN、HNO_3 等，使自由基因形成稳定的终产物消除而中止反应。

$$CH_3CHO + h\nu \longrightarrow CH_3CO\cdot + H\cdot$$
$$CH_3CO\cdot + O_2 \longrightarrow CH_3C(O)OO\cdot$$
$$CH_3C(O)OO\cdot + NO_2 \longrightarrow CH_3C(O)OONO_2$$
$$HO\cdot + NO_2 \longrightarrow HNO_3$$

由烟雾箱模拟实验可知：光化学烟雾中，NO_2 起到了链引发作用和链终止作用。以 NO_2 光解为引发，产生的 O 原子与 O_2 生成 O_3；C_3H_6 被氧化生成的各种自由基可以使 NO 转化为 NO_2，并生成新的自由基，使 NO 向 NO_2 转化而不再消耗 O_3；NO_2 继续光解生成 O_3，造成其在大气中的积累；生成的各种自由基再次参与反应，这种链式反应直至光照减弱甚至消失，NO_2 才不再发生光分解反应，到自由基与 NO_2 反应生成稳定的二次污染物 PAN、HNO_3 时结束。

实际光化学烟雾中，仅汽车尾气排放出的碳氢化合物有 100 多种，每种都会产生一系列链式反应，使 NO 转化成 NO_2（图 2-28）。

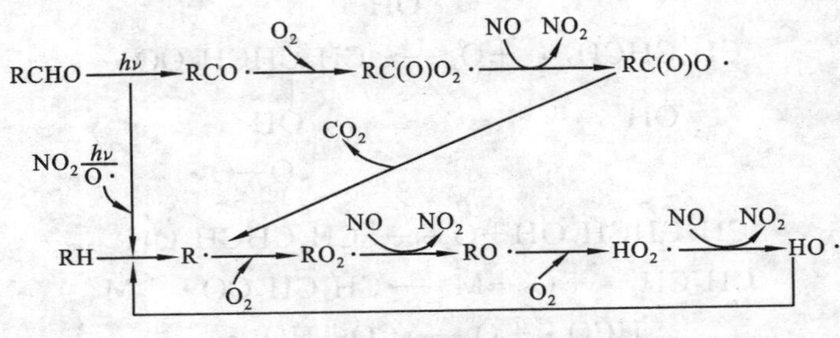

图 2-28　光化学烟雾中自由基传递

（引自戴树桂，1997）

2）光化学烟雾形成机制

光化学烟雾形成的机制十分复杂，Seinfeld 用 12 个反应概括地描述了光化学烟雾形成的机制，如表 2-16 所示。

表 2-16　光化学烟雾形成的简化机制

反应类型	反　应	速率常数(298 K)/min^{-1}
链引发反应	$NO_2 + h\nu \longrightarrow NO + O\cdot$	0.533（假设）
	$O\cdot + O_2 + M \longrightarrow O_3 + M$	2.183×10^{-11}
	$O_3 + NO \longrightarrow NO_2 + O_2$	2.659×10^{-5}
自由基传递反应	$RH + HO\cdot \xrightarrow{O_2} RO_2\cdot + H_2O$	3.775×10^{-3}
	$RCHO + HO\cdot \xrightarrow{O_2} RC(O)O_2\cdot + H_2O$	2.341×10^{-2}
	$RCHO + h\nu \xrightarrow{2O_2} RO_2\cdot + HO_2\cdot + CO$	1.91×10^{-10}

续表

反应类型	反　　应	速率常数(298 K)/min^{-1}
自由基传递反应	$HO_2\cdot + NO \longrightarrow NO_2 + HO\cdot$	1.214×10^{-2}
	$RO_2\cdot + NO \xrightarrow{O_2} NO_2 + R'CHO + HO_2\cdot$	1.127×10^{-2}
	$RC(O)O_2\cdot + NO \xrightarrow{O_2} NO_2 + RO_2\cdot + CO_2$	1.127×10^{-2}
链终止反应	$HO\cdot + NO_2 \longrightarrow HNO_3$	1.613×10^{-2}
	$RC(O)O_2\cdot + NO_2 \longrightarrow RC(O)O_2NO_2$	6.893×10^{-2}
	$RC(O)O_2NO_2 \longrightarrow RC(O)O_2\cdot + NO_2$	2.143×10^{-8}

随着对光化学烟雾化学动力机理研究的不断深入，相关学者提出了多种不同类型的机理。根据不同的实验手段和方法，大致可分为两种类型。

(1) 归纳机理。

把有机物分类，减少有机物的种类和反应个数，然后按照一定的方法进行归纳、合并，提出概括的光化学烟雾反应机理。归纳机理可以分为两类。

① 集总机理：把结构性质类似的有机物归为一类，用一个假想的化合物代表。如 Hecht 提出的 HSD 机理把有机物分为四类：烯烃(HC1)、芳烃(HC2)、烷烃(HC3)和醛类(HC4)。

② 碳键机理：以分子中的碳键为反应单元（即将成键状况相同的碳原子看作一类）。Whitten(1980)等人提出的 CBM 机理把碳原子分成四种类型：单键碳原子(PAR)、活泼双键碳原子(OLE)、慢双键碳原子(ARO)和羰基(CAR)。如 1×10^{-6} C_3H_6 可看作 1×10^{-6} PAR 和 1×10^{-6} OLE，1×10^{-6} CH_3CHO 可看作 1×10^{-6} PAR 和 1×10^{-6} CAR。

(2) 特定机理。

特定机理是指它分别处理所有的化学反应，列出包括光化学反应的所有反应物、产物、中间产物及它们反应速率的反应机理，一般用于烟雾箱模拟实验，是确定归纳机理的基础。研究较多的特定机理有丙烯、异丁烯、正丁烷、甲苯或几种烃化合物的混合物与 NO_x 和空气的体系。

4. 光化学烟雾的防治对策

从目前来看，世界各大城市光化学烟雾的威胁主要还是来自汽车尾气排放的 NO_x 和碳氢化合物，改进汽车燃烧技术与尾气净化技术，减少汽车尾气排放的 NO_x 和 HC，是控制光化学烟雾产生的有效措施。目前采取的途径主要有两种：一是在不改变燃料种类的情况下采用清洁燃烧技术（机内净化）与尾气净化技术（机外净化），减少污染物的排放和使排放废气中的 CO、HC、NO_x 分别被氧化或还原，生成 CO_2、H_2O、N_2；二是采用清洁燃料，利用绿色替代燃料来减少汽车尾气有害物的排放。

1) 净化技术

(1) 机内净化。

机内净化的主要方式是改进发动机的燃烧方法，即利用所谓稀薄燃烧方式来接近理想燃烧方式，在较好的条件下使混合气体充分燃烧，减少污染物的发生量。其措施有：①改进燃烧室结构、改进供油系统、改进进气系统，使燃油燃烧更充分；②改进点火系统，如在化油器上设置断油装置和稀混合气体供给装置，采用延迟点火装置和晶体管点火装置等。

(2) 机外净化(尾气净化)技术。

目前的机外净化技术的应用与发展主要有以下几个方面。

① 三元催化技术。三元催化剂由载体、高度多孔的活性氧化铝层、活性组分以及助剂组成。活性组分是催化中起主要作用的物质,如金属铂(Pt)、铑(Rh)等,Pt 主要用来加快 CO 和 HC 转变为 CO_2 和 H_2O,而 Rh 主要用来加快 NO_x 转化为 N_2。

② 非平衡等离子体处理技术。该技术是目前最具活力的汽车尾气处理技术。非平衡等离子通常采用辉光放电、电晕放电、沿面放电或介质阻挡放电产生。强电离放电所形成的非平衡等离子体中含有的大量高能电子、离子、激发态粒子,其平均能量高于一般气体分子分解、分解电离、分解附着等过程所需的激励能量。这些活性粒子和 NO_x、HC、CO 等相互碰撞,使气体分子键被打开,生成一些单原子分子和固体微粒如 C 等,同时产生大量 HO·、O·等自由基。由这些单原子、分子和自由基等组成的活性粒子所引起的化学反应最终将废气中的有害物质变成无害物质。

③ 纳米催化技术。鉴于纳米材料的特殊性能,科学家对纳米材料在汽车尾气净化中的应用进行探索,并取得了一些成果。有资料表明:纳米技术可以制成非常好的催化剂,其催化效率极高。纳米材料用于汽车尾气催化,有极强的氧化还原性能,是其他任何汽车尾气净化催化剂所不能比拟的,它在发动机气缸里发挥催化作用,使汽车燃烧时不再产生 NO_x 等。

2) 清洁能源的开发应用

开发和采用清洁燃料是解决汽车尾气污染问题的另一有效途径。由于燃烧汽油和柴油的汽车尾气对大气环境污染越来越严重,各国科学家正积极研究替代或部分替代汽油和柴油的绿色燃料能源。目前所研究的替代燃料主要有天然气、含氧化合物(如甲醇燃料、乙醇燃料)及氢能等。电动汽车、太阳能汽车也是目前开发应用的一个方向。

另外有学者根据光化学烟雾形成机理,开展了在大气中施用能够控制自由基生成的抑制剂,从而终止链反应,控制光化学烟雾生成的研究。关于抑制剂的研究中,针对消除 HO·的研究较多。其中以二乙基羟胺($(C_2H_5)_2NOH$,DEHA)的效果最好,其反应式为

$$(C_2H_5)_2NOH + HO\cdot \longrightarrow (C_2H_5)_2NO + H_2O$$

目前此类研究尚停留在实验室阶段,对于其实际应用存在着争议:阻化剂可能产生的二次污染及对人体和动植物的毒害作用等。此类化学抑制剂只能延缓光化学烟雾的产生,并不能从根本上解决问题。因此,只有严格控制 NO_x 和 HC 的排放量,才能从根本上避免光化学烟雾的产生。

2.5.2　硫酸烟雾

硫酸烟雾(sulphuric smog)是由于燃煤排放到大气中的颗粒物(金属氧化物粉尘)、SO_2 及其氧化产物等形成的气溶胶,在逆温气象条件下形成的大气污染现象。这种污染多发生在冬季,且气温较低、湿度较高和日光较弱的气象条件下。

硫酸烟雾最早于 1837 年发生在英国伦敦,因此也称为伦敦烟雾,此后又多次发生。1952 年 12 月 5—9 日,几乎英国全境有大雾且发生逆温天气,期间受影响最严重地区之一是处于泰晤士河谷中的伦敦。伦敦上空受冷高压控制,逆温层出现在 60～150 m 低空,因此大量由家庭和工厂排放出来的燃煤烟气积聚在低层大气,难以扩散,形成了黄色的浓烟。燃煤产生的粉尘表面大量吸附水,成为形成烟雾的凝聚核。另外,燃煤产生的 SO_2 在粉尘中含有的 Fe_2O_3 的催化下被氧化生成硫酸雾滴。这些硫酸雾滴被吸入呼吸系统后造成了很多人患病,主要症

状是呼吸困难、发绀、低烧、胸部能听见水泡声等，有 4000 多人因呼吸道疾病而死亡。雾散之后的两个月内又有 8000 多人死亡。还有 1930 年发生在比利时马斯河谷工业区的马斯河谷事件、1948 年发生在美国多诺拉工业区的烟雾事件、1961—1972 年发生在日本四日市的气喘病事件等都属于燃煤排放的污染物引起的硫酸烟雾事件。

硫酸烟雾事件中主要污染物是 SO_2。污染大气中，SO_2 易被氧化成 SO_3，SO_3 再与水分子结合生成 H_2SO_4，经过均相和非均相成核作用，形成硫酸气溶胶，同时生成硫酸盐。（SO_2 的氧化见 1.5.3 酸性降水）其氧化反应受大气温度、大气中颗粒物的种类及组成、温度、光强和其他污染物的影响。

硫酸烟雾中含有大量 SO_2，因此烟雾具有还原性，所以又称为还原性烟雾。而光化学烟雾是高浓度氧化剂的混合物，因此也称氧化性烟雾。这两种烟雾具有不同的特征，对比结果见表 2-17。

表 2-17　硫酸烟雾与光化学烟雾的比较

项　目		硫酸烟雾	光化学烟雾
概况		发生较早(1873 年)，至今已多次出现	发生较晚(1943 年)，发生光化学反应
污染物		颗粒物、SO_2、硫酸雾等	HC、NO_x、O_3、PAN、醛类
燃料		煤	汽油、煤气、石油
气象条件	风速	静风	2.2 m/s 以下
	季节	冬	秋、夏
	气温	低(4 ℃以下)	高(24 ℃以上)
	湿度/(%)	85 以上	70 以下
	日光	弱	强
O_3 浓度		低	高
出现时间		白天夜间连续	白天
毒性		对呼吸道有刺激作用，严重时导致死亡	对眼和呼吸道有强刺激作用。O_3 等氧化剂有强氧化破坏作用，严重时可导致死亡

注：引自王晓蓉，1993。

2.5.3　酸性降水

1. 概述

大气中的酸性物质通过降水的形式或直接迁移到地面的过程称为酸沉降（acid depesition)，酸沉降可分为湿沉降（wet depesition）和干沉降（dry depesition）。酸沉降是大气中污染物和颗粒物去除的有效净化机制。其中湿沉降通常指的是 pH＜5.6 的各种形式的大气降水，包括酸性的雨、雪、雾、冰雹、霜等，又称“酸雨”。干沉降是指大气中的污染气体和气溶胶等酸性物质随气流的对流、扩散作用，沉降到地球表面的土壤、水体和植被表面或被其吸附的过程。干沉降包括重力沉降，与植物、建筑物或地面（土壤）碰撞而被捕获（被表面吸附或吸收）的过程。

1872 年英国化学家 Smith 在他的著作《空气和降雨：化学气候学的开端》中首次使用了“酸雨”这个名词。20 世纪 50 年代，相关研究工作者在北欧建立了酸性降水监测网，证实了该地区酸雨问题比较严重，这主要是由于一些国家排放的大量工业废气造成的。此后，酸雨出现的范围日趋扩大，酸度呈逐渐增强的趋势，且对生态环境产生越来越明显的影响，引起了各国政府和科技工作者的关注。目前，酸雨现象已遍及全球范围，且致酸物质可长距离输送并跨越国界，因此酸雨成为公认的全球性污染问题之一。

我国的酸雨监测和研究工作开展较晚。20 世纪 70 年代末，对北京、上海、南京、重庆和贵阳等城市的降水监测结果表明，这些地区都存在一定程度酸雨污染，其中西南地区较严重。1985—1986 年在全国范围内布设了 189 个监测点，523 个降水采样点，对降水情况进行了全面、系统的分析。结果表明：降水 $pH<5.6$ 的地区，主要在秦岭-淮河以南；降水 $pH<5.0$ 的地区，主要在西南、华南和东南沿海一带。我国的酸雨污染情况十分严重，如 2008 年的监测数据显示珠江三角洲地区，66.7%的城市受酸雨污染，广州、深圳、珠海、佛山、肇庆、惠州、东莞、中山等 8 个珠三角城市以及茂名市属于重酸雨区，酸雨频率为 53.4%，比上年同期上升了 7.1 个百分点，酸雨污染有所加重。我国酸雨中致酸物质主要是 H_2SO_4，降水中 SO_4^{2-} 含量普遍较高。

近年来关于酸雨研究结果发现，酸沉降中的干沉降作用不可低估，酸沉降引起的环境效应往往是干沉降和湿沉降综合作用的结果。因为干沉降研究工作起步较晚，干沉降的地表捕获机制涉及气象条件、地表性质及污染物性质等多种因素，目前尚不十分清楚，所以本节重点讨论湿沉[illegible]

2. 酸雨[illegible]成

酸雨的形成涉[illegible]一系列复杂的大气化学和物理过程，包括污染物的远程输送、成云成雨过程以及在这些过程中[illegible]的均相和非均相氧化反应。酸雨中含有多种无机酸和有机酸，最主要的成分是 H_2SO_4 和 HN[illegible]通常 90%的酸雨是由 H_2SO_4 和 HNO_3 构成的，且以 H_2SO_4 为主。

1）酸性物质的形成

排入大气中的致酸污染物的化学转化是造成降水酸化的主要原因。酸雨的主要前体物是 SO_2 和 NO_x，其中 SO_2 对全球酸沉降贡献率达 60%～70%。两者在大气中可经过均相和非均相氧化反应转变为 H_2SO_4 和 HNO_3。

图 2-29 所示的是大气中主要致酸物质 SO_2 和 NO_x 在大气中被氧化生成 SO_4^{2-} 和 NO_3^- 的主要路径。从图中可看出，SO_2 和 NO_x 在大气中的氧化反应途径可分为气相和液相两种。SO_2 和 NO_x 在气相中被氧化成 SO_4^{2-} 和 NO_3^-，以气溶胶或气体的形式进入液相；SO_2 和 NO_x 被吸收进入液相中，然后被氧化成 SO_4^{2-} 和 NO_3^-。

(1) SO_2 和 NO_x 的均相氧化（光化学氧化）。

大气中的 SO_2 和 NO_x 在气相中被氧化成 H_2SO_4 和 HNO_3，以气溶胶或气体的形式进入液相。

SO_2 的均相氧化反应如下：

① 直接光氧化

$$SO_2+O_2+h\nu \longrightarrow SO_4 \longrightarrow SO_3+O\cdot$$

② 自由基氧化

$$SO_2+HO\cdot \longrightarrow H\cdot+SO_3$$

$$H\cdot+O_2 \longrightarrow HO_2\cdot$$

$$SO_2+HO_2\cdot \longrightarrow HO\cdot+SO_3$$

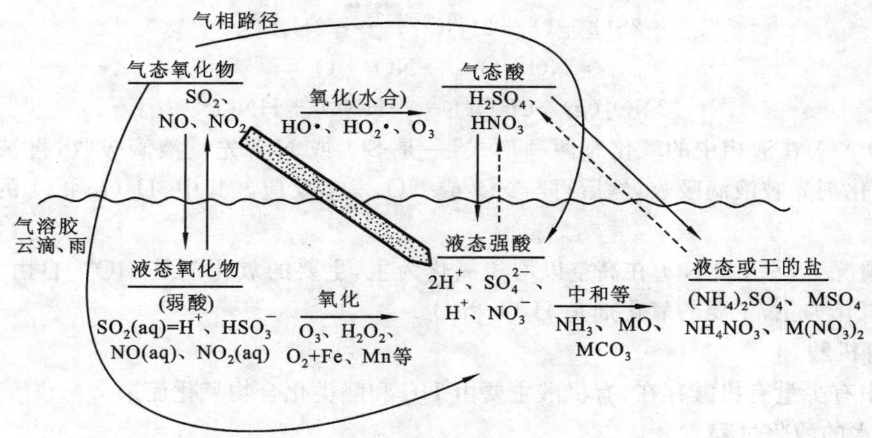

图 2-29　大气中 SO_4^{2-} 和 NO_3^- 生成的主要路径

(引自 Schwartz,1985)

$$SO_2 + CH_3OO\cdot \longrightarrow CH_3O\cdot + SO_3$$

其中以 SO_2 和自由基 HO· 的氧化反应最为主要,其反应生成的 H_2SO_4 占气相反应总生成量的 98%以上。由其反应速率常数以及大气中 HO· 和 SO_2 的浓度可估算 SO_2 从大气中去除的速率。根据大气中 HO· 的浓度,可估算出夏季晴天时 SO_2 的去除速率约为 3.7%/h,冬季晴天时约为 1%/h。

NO_x 的均相氧化反应为

$$NO_2 + HO\cdot \longrightarrow HNO_3$$

$$NO_2 + O_3 \longrightarrow NO_3 + O_2$$

$$NO_2 + NO_3 \longrightarrow N_2O_5$$

$$N_2O_5 + H_2O \longrightarrow 2HNO_3$$

NO_x 的均相氧化与 SO_2 一样,NO_x 与自由基 HO· 的氧化反应是气相中 HNO_3 产生的主要反应。该反应速率常数可达 10～11 $cm^3/(mol\cdot s)$,比 SO_2 与自由基 HO· 的氧化反应速率快约 10 倍。经估算,NO_x 转化为 HNO_3 的速率在夏季晴天和冬季晴天分别为 34%/h 和 18%/h。

(2) SO_2 和 NO_x 的非均相氧化。

SO_2 和 NO_x 的非均相氧化是在溶于水或吸附在固体微粒表面的情况下发生的,主要有以下三种情况。

① 吸附在液态气溶胶中的 SO_2、NO_x 被溶液中的金属离子(如 Mn^{2+}、Fe^{3+}、Cu^{2+})所催化氧化。

② SO_2、NO_x 在液相中被强氧化剂(H_2O_2、O_3 等)氧化。

③ 有水汽存在的情况下,SO_2、NO_x 被大气中的颗粒物吸附,尤其是煤烟中的细小碳粒,发生界面氧化反应。

涉及的相关反应归纳如下:

$$SO_2(g) + H_2O(l) \longrightarrow H_2SO_3(aq)$$

$$H_2SO_3(aq) \longrightarrow H^+(aq) + HSO_3^-(aq)$$

$$HSO_3^-(aq) + O_3(g) \longrightarrow O_2 + HSO_4^-(aq)$$

$$HSO_3^-(aq) + H_2O_2(aq) \longrightarrow HSO_4^-(aq) + H_2O$$

$$2SO_2 + O_2 + 2H_2O \xrightarrow{\text{颗粒物}} 2H_2SO_4$$

$$NO + O_3 \longrightarrow NO_2 + O_2$$

$$2NO_2(g) + H_2O(l) \longrightarrow HNO_2 + HNO_3$$

SO_2和NO_x在液相中的氧化有两种形式:一是SO_2或NO_x先被液滴吸收,再被氧化剂氧化;二是氧化剂先被液滴吸收,然后再与SO_2或NO_x发生反应。其中,H_2O_2和O_3的氧化起主要作用。

一般情况下,SO_2和NO_x在高空以均相氧化为主,主要的氧化剂是HO·自由基;在低空以非均相氧化为主,主要的氧化剂是H_2O_2和O_3。

(3) 有机酸。

酸雨中有少量有机酸存在,有机酸主要由HC和醛类化合物氧化而来。

2) 降水的酸化过程

酸雨现象是大气化学过程和物理过程的综合效应,是对大气中生成的酸性物质的清除过程。从机理上分析,酸雨的形成过程一般包括两个过程:雨除(rainout)和洗脱(washout)或冲刷,见图2-30。

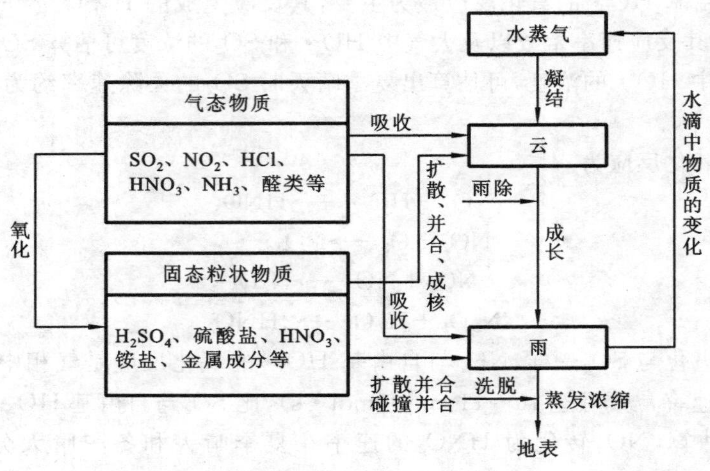

图2-30 酸雨的形成过程

(引自刘静宜,1987)

(1) 雨除。

雨除也称为云内清除(in-cloud scavenging),在这个过程中,大气中反应产生的硫酸盐和硝酸盐气溶胶作为活性凝结核参与了云的形成过程。大气中,水蒸气可以凝结在0.1～10 μm的气溶胶凝结核上,通过碰并形成云滴,大气中的酸性气体同时溶于云滴并在其中发生化学反应,云滴不断增长会形成雨滴从云基下落。

气体的雨除与气体分子的扩散速率、在水中的溶解度、在溶液中的反应性以及云的类型有关。因为化学转化速率比气液平衡扩散速率要慢得多,所以污染气体的化学氧化速率是雨除速率的决定因素。污染气体液相氧化反应的速率取决于氧化剂的类型和浓度,在云滴中的溶解度取决于其气相浓度和云滴的pH值。

(2) 洗脱。

在雨滴下落过程中,雨滴会继续吸收和捕获大气中的污染气体和气溶胶,同时雨滴内部也会发生化学反应，这个过程叫做污染物的洗脱、冲刷或者云下清除（below-cloud scavenging）。

洗脱的过程与气体分子同液相的交换速率、气体在水中的溶解度和液相氧化速率以及雨滴在大气中的停留时间等因素有关。雨滴对大气颗粒物的洗脱作用在其粒径为 0.5～1 μm 之间有一个清除盲区，降水的冲刷作用对这部分粒子的清除作用很小。

3. 降水的化学组成

降水的组成通常包括以下几类。

① 大气固定气体成分：O_2、N_2、CO_2、H_2及惰性气体。

② 无机物：土壤矿物离子 Al^{3+}、Ca^{2+}、Mg^{2+}、Fe^{3+}、Mn^{2+}和硅酸盐等；海洋盐类离子 Na^+、Cl^-、Br^-、SO_4^{2-}、HCO_3^-及少量 K^+、Mg^{2+}、Ca^{2+}、I^-和 PO_4^{3+}；大气转化产物 SO_4^{2-}、NO_3^-、NH_4^+、Cl^-和 H^+；人为排放物 As、Cd、Cr、Co、Cu、Pb、Mn、Mo、Ni、V、Zn、Hg、Ag、Sn 等的化合物。

③ 有机物：有机酸（以甲酸、乙酸为主，曾测出 C_1～C_{30}的有机酸）、醛类（甲醛、乙醛等）、烷烃、烯烃和芳烃。

④ 光化学反应产物：H_2O_2、O_3、PAN 等。

⑤ 不溶物：雨水中的不溶物主要来自土壤颗粒和燃料燃烧排放尘粒中的不溶物部分，其含量可达 1～3 mg/L。

降水的酸度取决于上述组成中的酸性物质和碱性物质平衡的结果。单单知道降水的酸度并不能完全了解降水的水质状况和大气的污染情况，因此掌握降水中的物质组成对于我们掌握大气污染状况是必要的。

在降水中，人们比较关心的阳离子是 H^+、Ca^{2+}、NH_4^+、Na^+、K^+、Mg^{2+}，阴离子是 SO_4^{2-}、NO_3^-、Cl^-、HCO_3^-。它们对酸雨的酸度有很大影响，参与了地表、土壤中的离子平衡，对陆地和水生生态系统有较大影响。按照在降水中保持电中性和阴、阳离子总量（当量）相等的原则，存在着如下平衡：

$$\underbrace{[H^+]+[NH_4^+]+[K^+]+[Na^+]+2[Ca^{2+}]+2[Mg^{2+}]}_{\text{碱性物质}}$$
$$=\underbrace{2[SO_4^{2-}]+[NO_3^-]+[Cl^-]+[HCO_3^-]}_{\text{酸性物质}}$$

当降水中酸性物质总量大于碱性物质总量时，降水中的 H^+的含量会增高，造成降水 pH 值降低，形成酸雨。由于碱性物质的中和作用，在大气中碱性物质含量较高的情况下，即使受到了酸化污染，降水也可能不表现为酸雨。相反，如果大气中致酸物质含量不高，但碱性物质含量很小，那么降水仍会表现出较高的酸度。表 2-18 中酸雨和非酸雨区酸性物质和碱性物质浓度的比较亦很好地说明了酸雨的酸度是降水中的酸性物质和碱性物质综合作用的结果。

表 2-18　降水中离子浓度比较

地　点	$2[Ca^{2+}]+2[Mg^{2+}]+[NH_4{}^+]$ /(μmol/L)	$2[SO_4^{2-}]+[NO_3^-]$ /(μmol/L)
非酸雨区（京津地区）	419.6	335.2
酸雨区（重庆、贵阳）	209.6	329.5
非酸雨区（瑞典）	8.74	3.32
酸雨区（瑞典）	6.39	3.26

注：引自王晓蓉，1993。

降水中的SO_4^{2-}、NO_3^-浓度可以反映出大气中SO_2和NO_x的污染状况。降水中SO_4^{2-}、NO_3^-浓度高，反映出大气中SO_2和NO_x的浓度也高；SO_4^{2-}与NO_3^-浓度的比值可反映出大气的污染类型，我国降水中SO_4^{2-}与NO_3^-浓度的比值平均为6.2，约相当于欧洲、北美和日本的2倍，表明我国酸雨是属于硫酸型的。

表2-19、表2-20列出了国外和国内部分地区降水中无机离子的组成。由表中可以看出，各地降水的酸度主要是由SO_4^{2-}与NO_3^-带来，主要碱性物质是Ca^{2+}和NH_4^+。$[SO_4^{2-}]$与$[NO_3^-]$两者的比值国外约为2∶1，国内约为6∶1，这说明在国外降水中的NO_3^-对酸雨的贡献较大，这主要与机动车尾气排放有关，我国酸雨的酸度则主要是由于燃煤燃烧排放的SO_2带来的。我国降水中$[SO_4^{2-}]/[NO_3^-]$的值出现了逐年增长的趋势，这说明NO_x在降水的酸度中贡献越来越大，酸雨的类型在发生转换；降水的pH值也出现了逐年减小的现象，说明了我国酸雨的危害正日益加深。

表2-19　国外部分地区降水化学成分

地　区	$[SO_4^{2-}]$/(μmol/L)	$[NO_3^-]$/(μmol/L)	$[Cl^-]$/(μmol/L)	$[NH_4^+]$/(μmol/L)	$[Ca^{2+}]$/(μmol/L)	$[Mg^{2+}]$/(μmol/L)	$[Na^+]$/(μmol/L)	$[K^+]$/(μmol/L)	pH值
伊斯坦布尔(2004)	115.2	33.4	124.8	12.8	285	99.6	75.2	57.5	4.81
希腊(2002)	46.1	19.4	114.3	16.3	98.5	30.4	90.2	6.6	5.16
法国(1996)	29.4	18.8	14.7	57.0	12.4	6.4	13.3	—	5.25
意大利(1995)	90	29	322	25	70	77	252	17	5.18
日本(1998)	44.4	14.1	63.5	18.3	16.0	13.6	49.1	3.1	4.8

注：引自唐孝炎，2006。

我国降水中酸性物质(SO_4^{2-}与NO_3^-)的量远大于国外，但是降水的pH值不是很低，这主要是由于降水中碱性物质(Ca^{2+}和NH_4^+)的存在。国外降水中碱性物质含量较低，而我国降水中的碱性物质含量较高，对降水的酸度起了较大的中和作用。由此可以从一方面解释我国酸雨为何多发生在南方，大气中的氨主要来自于有机物分解和农田施用氮肥挥发，土壤的氨挥发量随着土壤pH值的上升而增大。我国南方土壤偏酸性(京津地区pH值为7～8，重庆、贵阳地区pH值为5～6)，且风沙扬尘较少，因此对酸的缓冲能力较低，酸雨现象较易产生。

表2-20　国内部分城市降水化学成分

城　市	$[SO_4^{2-}]$/(μmol/L)	$[NO_3^-]$/(μmol/L)	$[Cl^-]$/(μmol/L)	$[NH_4^+]$/(μmol/L)	$[Ca^{2+}]$/(μmol/L)	$[Mg^{2+}]$/(μmol/L)	$[Na^+]$/(μmol/L)	$[K^+]$/(μmol/L)	$[H^+]$/(μmol/L)	pH值
重庆(2003)	338.0	41.8	30.1	138.3	285.5	23.6	15.5	18.0	12.9	4.89
南京(1999)	212.3	34.5	154.4	289.4	287.0	30.0	13.0	10.5	8.13	5.09
长沙(2001)	142.9	21.8	9.59	70.4	62.0	5.59	3.91	3.84		4.32
北京(1993)	151.9	49.8	24.3	113.6	143.2	24.0	22.7	15.6	2.8	5.55
沈阳(1993)	246.3	44.6	31.1	100.3	227.4	90.1	28.8	9.4	6.99	5.16
成都(2003)	163.6	87.0	42.4	150.5	139.1	13.9	9.7	21.3		4.90

注：引自唐孝炎，2006。

4. 降水的酸度

国际上通常把pH值小于5.6的雨、雪或其他形式的大气降水称为酸雨，以未受污染的天然降水的pH值作为标准。此标准是只把CO_2作为影响天然降水酸度的因素，根据亨利定律、电离平衡计算出的pH值。

CO_2在水中存在以下平衡：

$$CO_2(g)+H_2O \xrightleftharpoons{K_H} CO_2 \cdot H_2O$$

$$CO_2 \cdot H_2O \xrightleftharpoons{K_1} H^+ + HCO_3^-$$

$$HCO_3^- \xrightleftharpoons{K_2} H^+ + CO_3^{2-}$$

式中：K_H——CO_2的亨利常数，298 K 时等于 3.34×10^{-7} mol/(L · Pa)；

K_1——$CO_2 \cdot H_2O$ 的一级电离常数，298 K 时等于 4.45×10^{-7}；

K_2——$CO_2 \cdot H_2O$ 的二级电离常数，298 K 时等于 4.69×10^{-11}。

根据亨利定律：

$$[CO_2 \cdot H_2O] = K_H \cdot p_{CO_2}$$

式中：p_{CO_2}——CO_2在大气中的分压。

平衡常数关系式为

$$K_1 = \frac{[H^+][HCO_3^-]}{[CO_2 \cdot H_2O]}$$

$$K_2 = \frac{[H^+][CO_3^{2-}]}{[HCO_3^-]}$$

$$K_W = [H^+][OH^-] = 10^{-14}$$

式中：K_W——水的离子积常数。

故

$$[HCO_3^-] = K_1 K_H p_{CO_2} / [H^+]$$

$$[CO_3^{2-}] = K_2 K_1 K_H p_{CO_2} / [H^+]^2$$

$$[OH^-] = K_W / [H^+]$$

由电中性原理得

$$[H^+] = [OH^-] + [HCO_3^-] + 2[CO_3^{2-}]$$

则有

$$[H^+] = \frac{K_W}{[H^+]} + \frac{K_1 K_H p_{CO_2}}{[H^+]} + \frac{2K_1 K_2 K_H p_{CO_2}}{[H^+]^2}$$

在一定温度下，K_W、K_H、K_1、K_2、p_{CO_2} 为定值，CO_2的全球大气浓度取 330 mL/m^3，计算可知未污染大气降水 pH 值为 5.6。pH 值小于 5.6 的大气降水被认为是酸雨，受到了来自人为的酸性物质污染。

虽然 pH＝5.6 一直作为判断酸雨的标准，但经过多年的观测和研究，人们对此标准持有不同的观点：①清洁大气中，除了CO_2外还存在其他酸性、碱性气体和气溶胶物质，它们对降水的 pH 值也会产生影响，因此只考虑大气中的CO_2来确定未污染大气降水 pH 值是不恰当的；②对降水 pH 值有决定影响的强酸（H_2SO_4 和 HNO_3）有其天然来源，对降水的 pH 值也会带来影响；③有些地区大气中由于碱性尘粒或碱性气体（如 NH_3）含量高，尽管空气酸性污染严重，但是降水的 pH 值大于 5.6；④H^+ 并不能完全表示降水污染程度，应该考虑其他离子（如 SO_4^{2-}）的含量水平。

基于以上考虑，有人提出了以降水的 pH 值作为判定酸雨的标准。表 2-21 列出了世界某些地区降水 pH 值的监测结果。

表 2-21　世界某些地区降水 pH 值

地　点	样本数	$[H^+]$/(μmol/L)	$[NH_4^+]$/(μmol/L)	$[Ca^{2+}]$/(μm ol/L)	$[K^+]$/(μmol/L)	$[Na^+]$/(μmol/L)	$[Mg^{2+}]$/(μmol/L)	$[Cl^-]$/(μmol/L)	$[NO_3^-]$/(μmol/L)	$[SO_4^{2-}]$/(μmol/L)	pH 平均值
中国丽江	280	10.5	5.67	2.2	1.3	1.0	0.4	3.7	1.9	4.0	5.00
印度洋	26	12.0	2.1	3.7	3.7	17.7	19.4	20.8	1.7	15.3	4.92

续表

地　　点	样本数	$[H^+]$/(μmol/L)	$[NH_4^+]$/(μmol/L)	$[Ca^{2+}]$/(μm ol/L)	$[K^+]$/(μmol/L)	$[Na^+]$/(μmol/L)	$[Mg^{2+}]$/(μmol/L)	$[Cl^-]$/(μmol/L)	$[NO_3^-]$/(μmol/L)	$[SO_4^{2-}]$/(μmol/L)	pH 平均值
阿拉斯加	16	11.0	1.0	0.05	0.6	1.0	0.1	2.6	1.9	3.6	4.94
澳大利亚	40	16.6	2.0	1.3	0.9	7.0	1.0	11.8	4.3	3.2	4.78
委内瑞拉	14	15.5	2.3	0.15	0.8	1.8	0.25	2.6	2.6	1.5	4.81
大西洋百慕大	47	16.2	3.8	4.6	4.3	14.7	17.3	175	5.5	18.2	4.79

注:引自刘兆荣,2003。

从表中看出,各个监测点的降水 pH 值均小于或等于 5.0,因此有关研究人员认为把pH=5.0 作为酸雨判定标准更符合实际。

5. 酸雨的危害与控制

酸雨的危害主要表现在以下几个方面。

(1) 酸雨会造成湖泊和河流酸化,导致水生生物的组成和结构发生变化。当河水或湖水的 pH 值降到 5 以下时,鱼类的繁殖和发育就会受到严重影响。

(2) 酸雨会破坏陆地生态系统,使土壤酸化,盐基离子(Ca、Mg、K)流失,Fe、Al 和重金属元素活化,降低土壤肥力和健康质量。

(3) 酸雨会干扰植物生长,破坏植物新芽,干扰光合作用,使树叶枝梢枯黄,甚至死亡,加之对森林土壤的影响,可使森林系统退化。

(4) 酸雨还会腐蚀建筑材料,破坏金属结构、油漆和名胜古迹。

(5) 酸雨对人体健康会产生一定影响。它会使人感觉不适,对眼睛和皮肤有刺激作用。酸雨溶出水体沉积物中的有害重金属,会造成对水源和生物的二次污染,从而间接危害到人体的健康。

防止酸雨的危害,关键是控制 SO_2 和 NO_x 等致酸污染物的排放,可从以下几方面着手:提倡使用低硫煤,改进燃烧装置,对燃烧尾气进行脱硫处理,减少 SO_2 向大气的排放量;调整能源结构,使用天然气等清洁能源,提高能源利用率;对汽车尾气采用催化剂氧化或改用甲醇代替汽油做燃料以减少 NO_x 的排放;从区域角度控制对酸雨区和超临界负荷区的污染源的管理。我国于 1998 年 1 月 12 日起实施酸雨控制区和二氧化硫污染控制区(简称“两控区”)划分方案,对 SO_2 两控区实行总量控制和污染源达标排放。另外,由于酸雨具有跨界迁移的特性,因此不同区域和国家之间也要加强合作,共同解决酸雨的监测、研究和治理等方面的问题。

2.5.4 温室效应

1. 太阳辐射与地面能量平衡

1) 太阳辐射光谱

地球能量主要来自源于太阳辐射,地球上绝大部分生命过程都是依赖太阳辐射的能量来维持的。到达地球大气层外界的太阳辐射光谱几乎包括了整个电磁波,可以看成连续光谱,按谱段可分为以下四部分:波长 760～4000 nm 的辐射为红外光部分,约占 50%;波长 400～760 nm的为可见光部分,约占 40%;波长 200～400 nm 的为紫外光部分,约占 10%;其余部分(包括 X 射线、γ 射线和其他宇宙射线)约占 1%,如图 2-31 所示。

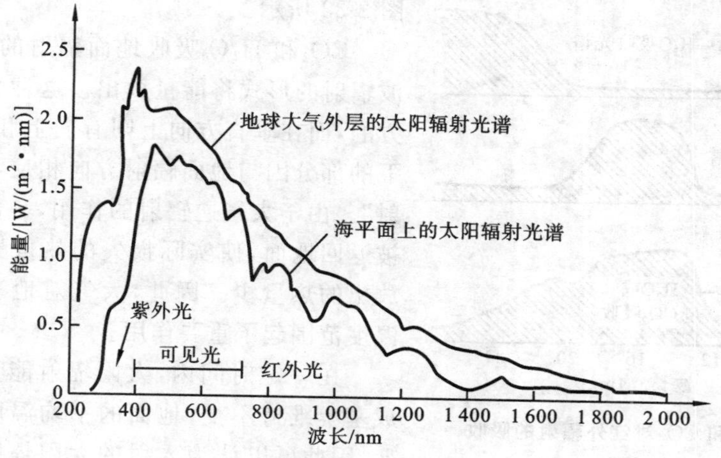

图 2-31 太阳辐射光谱

2）大气与地面能量平衡

目前，大气平均温度或地表平均气温（地表以上1.25～2 m之间的气温）基本维持不变，这表明大气与地球作为一个整体，从太阳接受的辐射能量与返回空间的能量基本上相等。即在大气系统中太阳能的输入与输出保持平衡，这样构成了大气中的能量平衡。如图2-32所示，来自太阳的辐射穿过外层空间，到达大气层和地表，其中约19%的能量被大气层中的O_3、水汽、CO_2等吸收，约34%被云层、地表反射折回空间，约47%的能量到达地表。在到达地表的这部分能量中，约23%消耗于地球表面水的蒸发，约24%的能量通过地表热辐射传导给大气，通过大气辐射返回空间。用于光合作用的太阳能大约只是到达近地表太阳能的0.1%。

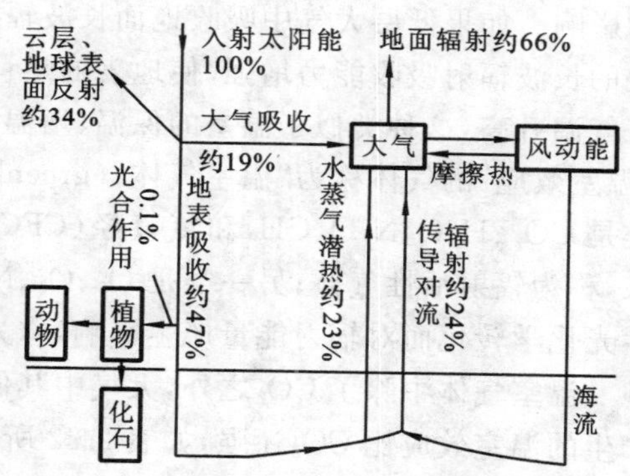

图 2-32 地表与大气的能量平衡

消耗于地球表面水分蒸发的能量又以动能和势能的形式重现，地表水分蒸发成水蒸气进入大气，转化为雨雪，再流入江河湖海，形成动能；冰川的形成则是太阳能转化为势能的表现。

地球大气层外界，与太阳光传播方向垂直的平面上，单位面积接受的光能的总量称为太阳常数，其值为1386 W/m^2（世界气象组织（WMO）于1981年公布）。但地球不同纬度地区地面受阳光辐射的情况不同，因而对辐射吸收的程度也存在差异。这种地区间的不平衡可以通过大气的流动——风和水流抵消，使太阳能的吸收在全球范围内达到平衡，从而使地球平均温度大致保持恒定。

2．温室效应与温室气体

地球吸收了太阳辐射能量，为保持其热平衡，必须将这部分能量辐射回太空，这一过程称为地球辐射。地球辐射主要为波长在4 μm以上的红外辐射，其辐射波长峰值位于10 μm处。地球表面辐射的能量主要被低层大气中的CO_2和水汽吸收。地球辐射的波长在4～8 μm和13～20 μm部分能量很容易被大气中水汽和CO_2所吸收，而8～13 μm的辐射被吸收很少，这种现象称为“大气窗”（atmospheric window），这部分长波辐射可以穿过大气到达宇宙空间，如

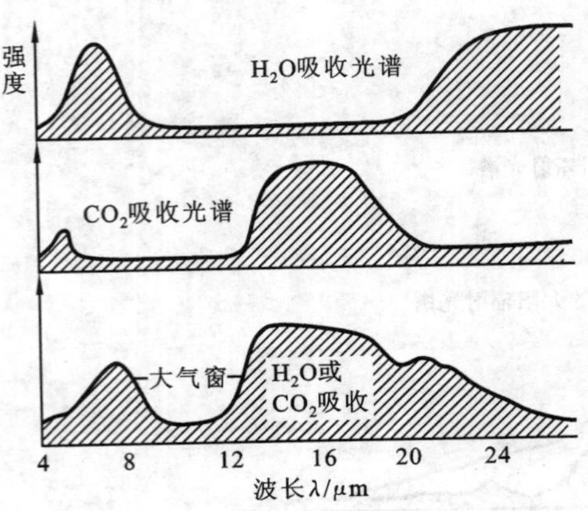

图 2-33　水和 CO_2 对红外辐射的吸收

图 2-33 所示。

CO_2 和 H_2O 吸收地面辐射的能量后，又以长波辐射的形式将能量放出。这种辐射是向四面八方的，而在垂直方向上则有向上和向下两部分，向下的部分因与地面辐射方向相反，称为“大气逆辐射”。由于大气逆辐射的作用，一部分地球辐射又被返回地面，使实际损失的热量比它们长波辐射放出的热量少。因此，大气对地表保持在适宜的温度范围起了重要作用。

在一定时间内，太阳辐射能量与地球大气组成基本维持不变，地面的平均温度基本上维持不变，因此可以认为入射的太阳辐射和地球的长波辐射收支是基本平衡的。大气中各组分对光辐射的吸收作用对于维持地球热平衡起着关键的作用，尤其是 CO_2、水汽和 O_3 等。所以大气中这些成分的变化会对地球的能量平衡产生巨大的影响。如果低层大气中吸收地面长波辐射的组分(如 CO_2、水汽和 O_3 等)含量增加，则对地表的长波辐射吸收能力增强，使地表的热量不易散发出去，同时“逆辐射”也增加，从而导致地表气温升高，这种类似于温室的保温、增温作用称为“温室效应”(greenhouse effect)。能产生“温室效应”的气体称为“温室气体”(greenhouse gases)。大气中的温室气体主要包括两类：一类是 CO_2、H_2O、N_2O、CH_4 和氯氟烃(CFCs)，它们能吸收和发射红外辐射，在大气中寿命较长，称为辐射活性气体；另一类是 O_2、O_3、N_2 和 NMHC 等，它们通过吸收太阳辐射的紫外光发生光化学转化而对辐射能量产生影响，称为反应活性气体。

温室气体中除了 CO_2 之外，大气中其他的一些痕量气体也能产生温室效应，其中有些气体产生的温室效应比 CO_2 还强，如表 2-22 所示。

表 2-22　各种温室气体的温室效应比较

温室气体	温室效应(以 CO_2 为基准)
CO_2	1
CH_4	23
NO_x	310
CFCs	140～11700
PFCs	6500～9200
SF_6	23900

图 2-34 显示了近几十年来大气中各种温室气体对气温的影响，从中可以看到，除 CO_2 以外具有温室效应的气体的增加对气温的影响非常明显，因此在进行温室效应的研究时必须给予足够的重视。

人为活动的影响，使得大气内的 CO_2、N_2O、CH_4、O_3 和 CFCs 等温室气体的浓度越来越高，破坏了地球的能量平衡，导致了温室效应的加剧。

(1) CO_2。

CO_2 一直是全球气候变化研究的重点，大量化石燃料的燃烧以及大面积森林的消失造成大气中 CO_2 浓度迅速增长(图 2-34)。1750 年大气中 CO_2 浓度(体积分数)的估算值为 2.70×

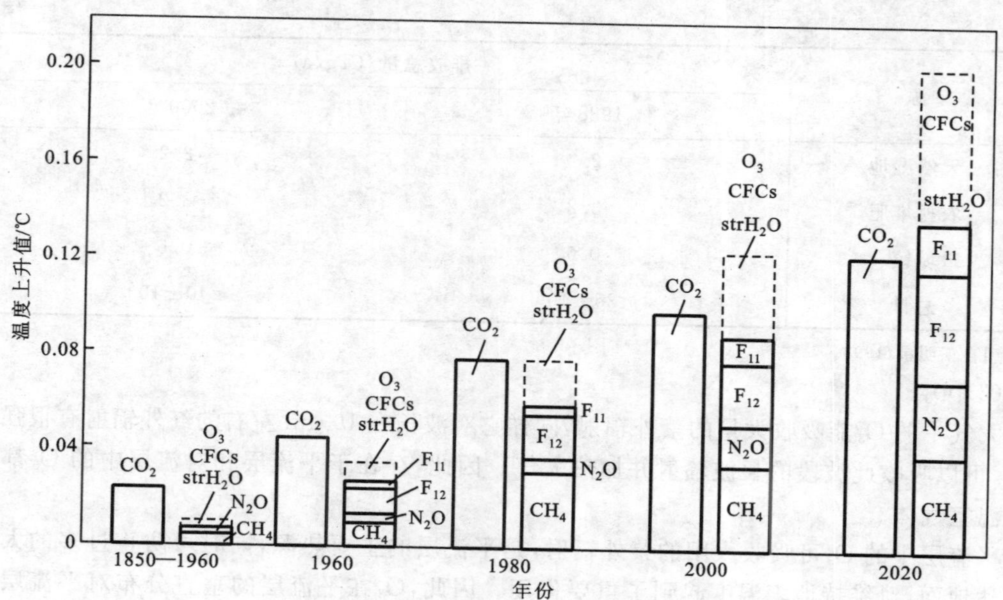

图 2-34　各种温室气体对气温上升的影响

（CFCs 为除氟利昂-11、氟利昂-12 以外的氟利昂气体，$strH_2O$ 为同温层水蒸气）

（引自王晓蓉，1993）

10^{-4}，1850 年前，工业革命时，大气层中 CO_2 含量为 2.90×10^{-4}，1977 年上升到 3.30×10^{-4}，1990 年已上升到近 3.50×10^{-4}，1998 年上升到 3.65×10^{-4}。预计到 2050 年，CO_2 含量将增到 6.00×10^{-4}左右。

（2）CH_4。

CH_4是大气中浓度最高的有机化合物，也是一种非常重要的温室气体。CH_4 的红外吸收和辐射能力远大于 CO_2，其吸收和辐射带不在 CO_2 和水蒸气之间。CH_4 是仅次于 CO_2 的重要温室气体，它在大气中的浓度虽比 CO_2 少得多，但增长率大得多。据联合国政府间气候变化专业委员会(Internet Protocol Contact Center，IPCC)1996 年发表的第二次气候变化评估报告的资料显示，从 1750—1990 年共 240 年间 CO_2 浓度增加了 30%，而同期 CH_4 浓度增加了 145%。因此在温室效应的研究中，CH_4 越来越受到重视。

大气中 CH_4 的来源非常复杂，除了天然湿地等天然来源外，超过 2/3 大气中的 CH_4 都来自于与人类有关的活动：采矿、天然气和石油工业、稻田、动物排泄物、污水管道、垃圾填埋坑等。

表 2-23 给出了我国主要 CH_4 源的排放总量及未来变化趋势。

表 2-23　中国主要 CH_4 源的排放总量及未来变化趋势

源	排放总量/(Tg/a)	
	1988 年	2000 年
稻田	17±2	17±2
家畜	5.5	8.5
煤矿	6.1	8.0

续表

源	排放总量/(Tg/a)	
	1988 年	2000 年
天然湿地	2.2	2.2
农村堆肥	3.2	3.2
城镇	0.6	0.6
总计	35±10	40±10

注:引自王明星,1993。

(3) O_3。

大气中的 O_3 能吸收大量的紫外辐射,同样它对波长在 10 μm 左右的红外辐射有很强的吸收峰,可以吸收此波段的长波辐射并加热大气。因此,存在于平流层和对流层中的 O_3 都是重要的温室气体。

平流层中的 O_3 可吸收太阳的紫外辐射,是平流层的主要热源,同时可防止过多的太阳辐射到达地面,对维持地表温度起到了重要作用。因此,O_3 在平流层的垂直分布对平流层的温度结构和大气运动起决定性的作用,同时也会影响全球的热平衡和全球的气候变化。在各种人为因素的影响下,大气中 O_3 的浓度呈现出不同的变化趋势,一方面是对流层臭氧的增加,另一方面则是平流层 O_3 的减少,而这两种变化趋势都将可能引起地表和低层大气温度的上升。因此,O_3 随高度的分布及变化对气候的影响是十分明显的。又有研究报告显示,大气对流层中的 O_3 会对植被构成损害,影响植物吸收 CO_2 的能力,因此空气中的 CO_2 越来越多,从而导致全球变暖。

(4) N_2O。

N_2O 是一种微量温室气体,可以吸收地球辐射回的长波辐射,产生温室效应,使地表温度上升。N_2O 具有较长的大气寿命,一般是 150 年,因此是一种高强度温室气体。

全球大气中 N_2O 的浓度在工业革命初期约为 2.85×10^{-7},1985 年和 1990 年分别增加到 3.05×10^{-7} 和 3.10×10^{-7},2005 年浓度为 3.19×10^{-7}。目前,大气中的 N_2O 浓度以每年 0.25%的速率递增。

表 2-24 给出了大气中 N_2O 的源和汇。大气中 N_2O 的天然来源主要包括森林、草地和海洋等自然系统,约占总排放量的 60%;人为来源有 60%～70%来自耕作土壤,另外一些工业生产过程如硝酸、尼龙、合成氨和尿素等生产过程也会向大气释放 N_2O。大气中的 N_2O 主要通过光化学反应除去,另外土壤也能吸收少量 N_2O。

表 2-24　大气中 N_2O 的源和汇

天然来源/(Mt/a)	人为来源/(Mt/a)	年吸收/(Mt/a)	年增量/(Mt/a)
9.5	6.9	12.6	3.8

图 2-35 反映了过去 1000 年大气中 CO_2、CH_4 及 N_2O 浓度的变化情况。

(5) CFCs 及其替代物。

大气中原本不存在 CFCs,主要来自于它们的生产过程。CFCs 是制冷工业(如冰箱)、喷雾剂和发泡剂中的主要原料。研究表明,CFCs 中的某些化合物如氟利昂-11(CCl_3F、CFC-11)和氟利昂-12(CCl_2F_2、CFC-12)是具有强烈温室效应的温室气体,且会破坏臭氧层。CFCs 化

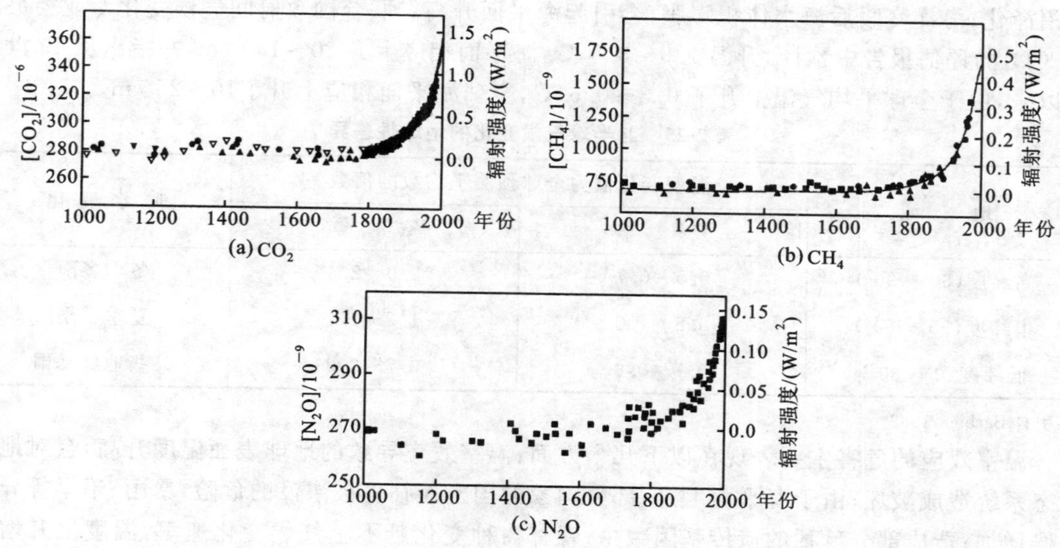

图 2-35 过去 1000 年中 CO_2、CH_4 和 N_2O 大气浓度变化及相应的辐射强度变化

(引自联合国政府间气候变化专业委员会(IPCC),2001)

学性质非常稳定,在对流层难以分解。1987 年,蒙特利尔协议(Montreal Protocol)号召全世界范围减排 CFCs 并最终停止排放,目前全球范围内正采取行动停止氟利昂的生产和使用,各国制定了国家方案全面淘汰 CFCs,中国在 2007 年颁布了《关于禁止全氯氟烃物质生产的公告》。因此各种 CFCs 的替代品应运而生,主要有含氢氯氟烃(HCFCs)、氟烃(HFCs)和氟化醚(HFEs)等。它们与 CFCs 相比具有大气寿命短、"全球变暖潜势(GWP)"和"臭氧损耗潜势(ODP)"较小等特点。

CFCs 及其替代物都是重要的温室气体,大气中 CFCs 的浓度的增长已减缓,但其替代物的浓度不断上升,因此 CFCs 及其替代物对全球气候的影响应引起高度重视。有关学者建议制冷剂工业放弃使用 HFCs 并开发天然制冷剂,如烃类、CO_2 和 NH_3。如德国冰箱制造厂使用异丁烷,意大利在空调中使用丙烷,挪威在大型冷库中使用 NH_3。

3. 全球变暖

由于人类活动的影响,排入地球大气层中的温室气体越来越多,温室效应增强,导致全球温度升高。近 100 多年来,全球平均气温经历了冷—暖—冷—暖两次波动,总体为上升趋势。进入 20 世纪 80 年代后,全球气温明显上升。1981—1990 年全球平均气温比 100 年前上升了 0.48 ℃。根据仪器记录,相对于 1860—1900 年,全球陆地与海洋温度上升了 0.75 ℃。自 1979 年,陆地温度上升速率比海洋温度快 1 倍(陆地温度上升了 0.25 ℃,而海洋温度上升了 0.13 ℃)。根据卫星温度探测,对流层的温度每 10 年上升 0.12～0.22 ℃。

为了预测未来大气温度的变化情况,有关学者根据大气运动规律和物理状态变化规律,提出了相应的计算模式。模式计算结果表明,大气升温情况在地球的不同区域有明显的差异,赤道和热带地区不升温或几乎不升温,升温主要集中在高纬度地区,可达 6～8 ℃甚至更大。由此带来的高纬度和低纬度地区温差变小,从而影响到由温差产生的大气环流运动状况。表 2-25给出了北半球气候变化的地域性差异,从表中可看出,由温室效应导致的全球变暖在北半球高纬度地区的冬季变化幅度最大。由此会带来一系列的严重后果:两极和格陵兰的冰盖会发生融化,引起海平面上升;北半球高纬度大陆的冻土带也会融化或变薄,引起大范围地区沼泽化;海洋变暖后海水体积膨胀,会引起海平面升高。联合国政府间气候变化专业委员会(IPCC)的评估报告中预计,升温 1.0～3.5 ℃,海平面相应上升 20～140 cm,并指出从 19 世纪末以来,由于全球平均气温上升了 0.3～0.6 ℃,全球海平面相应上升了10～25 cm。

表 2-25　北半球气候变化的地域性差异

地　域	温度变化值为全球预测平均数的倍数		降水变化
	夏　季	冬　季	
高纬度(60°～90°)	0.5～0.7	2.0～2.4	冬季多雨
中纬度(30°～60°)	0.8～1.0	1.2～1.4	夏季少雨
低纬度(0°～30°)	0.7～0.9	0.7～0.9	某些地域暴雨

注:引自 Barbier,1989。

温室效应的危害主要表现在以下几个方面:温室效应导致的地球表面温度升高,会对地球生态系统造成破坏;由于海平面上升,部分国家的国土面临着被淹没的危险;暴雨、干旱等异常气候增加;造成部分珍稀的遗传基因减少;森林树种变化赶不上气候变化速率,温度上升增加森林病虫害和火灾概率;造成水资源缺乏;带来热带传染病发生的增多(疟疾、霍乱等);由气温上升引起的粮食作物产量的下降,造成粮食供应不足;高温引起用于空调等能源的增加,进而引发能源危机。从长远来看,这一问题正在变得严峻,因此应该深刻认识此问题,制定遏制全球变暖的措施。

2.5.5　臭氧层损耗

O_3是一种具有刺激性气味、略带淡蓝色的气体。大气中约有 90%的 O_3存在于离地面 15 km 到 65 km 之间的区域,也就是主要在平流层内。在平流层的较低层,即离地面 15 km 到 35 km 处,O_3的浓度很高,这一层称为臭氧层(ozone layer)。但它仍然是微量气体,最高浓度(体积分数)只有 1.0×10^{-5} 。臭氧层可以吸收太阳光中 99%的紫外线,保护地球上的生物不受紫外线的侵害。此外,O_3吸收了太阳的紫外辐射并以热的形式储存起来,是平流层的主要热源,因此,臭氧层对平流层温度分布及大气运动和全球的热平衡都起着重要作用。

1. O_3的生成与消耗机制

1) Chapman 机制

关于臭氧层中 O_3的生成和消耗,Chapman 在 1930 年提出纯氧体系光化学反应机制,由下述过程控制:

$$O_2 + h\nu \xrightarrow{\lambda \leqslant 243\ \mathrm{nm}} 2O\cdot$$

$$O\cdot + O_2 + M \longrightarrow O_3 + M$$

总生成反应　$$3O_2 + h\nu \longrightarrow 2O_3$$

O_3的消耗　$$O_3 + h\nu \xrightarrow{210\ \mathrm{nm} < \lambda < 290\ \mathrm{nm}} O\cdot + O_2$$

$$O\cdot + O_3 + M \longrightarrow 2O_2 + M$$

总消耗反应　$$2O_3 + h\nu \longrightarrow 3O_2$$

在反应中,O· 主要是由太阳紫外线引发产生,既参与 O_3的形成,又参与 O_3的破坏,但是其寿命很短。因此,O_3的生成和消耗于日出开始,日落结束,夜间平流层 O_3浓度与日落时基本相同。

2）催化反应机制

O_3的消耗除了 Chapman 机制外，还存在着一种催化反应机制，其在平流层的 O_3损耗中占有重要的地位。

$$Y + O_3 \longrightarrow YO + O_2$$
$$YO + O\cdot \longrightarrow Y + O_2$$

总反应
$$O_3 + O\cdot \xrightarrow{Y} 2O_2$$

其中 Y 主要指以下几类物质：NO_x（NO、NO_2）、$HO_x\cdot$（HO·、$HO_2\cdot$）和 $ClO_x\cdot$（Cl·、ClO·）、$BrO_x\cdot$（Br·、BrO·）等，其发生的反应见表 2-26。这些活性物质在平流层中可以作为催化剂以循环的方式进行反应，一个活性分子可导致成千上万个分子的消耗，它们是影响臭氧层的浓度水平的关键因素。

通过 Chapman 机制反应的进行，臭氧层可以吸收大量的太阳的紫外辐射，保护地球上的生物不受伤害。在正常的大气中，O_3和 O_2之间达到动态的化学平衡，即 O_2光解形成 O_3的数量与 O_3光解生成 O_2的数量在一定时间内是相等的，因此在平流层形成了一个较稳定的臭氧层。

2. 臭氧层的破坏

早在 20 世纪 70 年代，美国的科学家就发现并通过实验证明人造化学物质——氯氟烃类（CFCs）对臭氧层有影响，并最终可能毁坏保护地球的臭氧层。此后随着南极上空“臭氧空洞”的发现，CFCs 等人为污染物对臭氧层的破坏才引起重视。

1）臭氧层破坏的原因

引起臭氧层破坏的原因有两个——自然原因和人为原因，其中人为原因造成的平流层大气污染是臭氧层破坏最为重要的原因，自然原因造成的臭氧层的破坏仅占到 5%左右。

CFCs、NO_x等消耗 O_3的物质是臭氧层破坏的元凶。CFCs 无毒、不易燃，被当作制冷剂、发泡剂和清洗剂，广泛用于家用电器、泡沫塑料、日用化学品、汽车、消防器材等领域。CFCs 化学性质稳定，挥发并逸入大气中，大部分停留在对流层，小部分升入平流层。在对流层相当稳定的 CFCs 上升进入平流层后，在一定气象条件和紫外线的照射下会发生一系列光化学反应，导致 O_3迅速分解，化学反应式见表 2-26。

在自然界中由于土壤中的微生物在代谢过程中将氮元素变成 N_2O，它逐渐从土壤扩散到大气中，被光解后成为 NO_x。为了增加粮食产量，大量氮肥的使用也造成了大气中 NO_x的增加。汽车尾气、工业生产也是 NO_x的来源。在平流层飞行的超音速喷气式飞机、火箭等也将大量含 NO_x和水蒸气的废气排入高空，从而带来了 O_3的消耗，化学反应式见表 2-26。

表 2-26　与平流层臭氧和主要痕量气体有关的基本化学过程

反　应	速率常数(298 K)/s^{-1}	注　释	O_3损失情况
A. 氮类			
$N_2O + O\cdot \longrightarrow 2NO$	6.7×10^{-11}	光解	
或 $N_2O + O\cdot \longrightarrow N_2 + O_2$	4.9×10^{-11}	光解	
$NO + O_3 \longrightarrow NO_2 + O_2$	1.8×10^{-14}	破坏	$O\cdot + O_3 \longrightarrow 2O_2$
$NO_2 + O\cdot \longrightarrow NO + O_2$	9.3×10^{-12}	解离	
或 $NO_2 + h\nu \longrightarrow NO + O\cdot$		光解	

续表

反　应	速率常数(298 K)/s^{-1}	注　释	O_3损失情况
B. 氢类			
$HO\cdot + O\cdot \longrightarrow H\cdot + O_2$	2.3×10^{-11}	40 km 以上	
$H\cdot + O_3 \longrightarrow HO\cdot + O_2$	2.9×10^{-11}	破坏	$O\cdot + O_3 \longrightarrow 2O_2$
或 $H\cdot + O_2 + M \longrightarrow HO_2\cdot + M$	5.5×10^{-32}		
$HO_2\cdot + O\cdot \longrightarrow HO\cdot + O_2$	5.9×10^{-11}		$O\cdot + O\cdot \longrightarrow O_2$
和 $HO\cdot + O_3 \longrightarrow HO_2\cdot + O_2$	6.8×10^{-14}	接近	
$HO_2\cdot + O_3 \longrightarrow HO\cdot + 2O_2$	2.0×10^{-15}	破坏	$2O_3 \longrightarrow 3O_2$
C. 氯类			
$CF_2Cl_2 + h\nu \longrightarrow CF_2Cl\cdot + Cl\cdot$	3×10^{-7}	光解	
$CFCl_3 + h\nu \longrightarrow CFCl_2\cdot + Cl\cdot$	3×10^{-8}	光解	
$Cl\cdot + O_3 \longrightarrow ClO\cdot + O_2$	2.8×10^{-11}	破坏	$O\cdot + O_3 \longrightarrow 2O_2$
$ClO\cdot + O\cdot \longrightarrow Cl\cdot + O_2$	4.0×10^{-11}	释放 Cl·	
$ClO\cdot + h\nu \longrightarrow Cl\cdot + O\cdot$		光解	
D. 链复合过程			
$ClO\cdot + HO_2\cdot \longrightarrow HOCl + O_2$	5.0×10^{-12}	近 20 km 处重要	
$HOCl + h\nu \longrightarrow Cl\cdot + HO\cdot$		光解	
$HO\cdot + O_3 \longrightarrow HO_2\cdot + O_2$	1.6×10^{-12}	破坏	$2O_3 \longrightarrow 3O_2$
$ClO\cdot + NO \longrightarrow Cl\cdot + NO_2$	1.7×10^{-11}		
$ClO\cdot + NO_2 \longrightarrow ClONO_2$	1.8×10^{-31}	生成	
$ClO\cdot + NO_2 \longrightarrow Cl\cdot + NO_3$		光解	
$NO_3 + h\nu \longrightarrow NO + O_2$		光解	$2O_3 \longrightarrow 3O_2$
$NO + O_3 \longrightarrow NO_2 + O_2$	2.3×10^{-17}		
$NO_2 + HO\cdot + M \longrightarrow HNO_3 + M$	2.6×10^{-30}	破坏	
$HNO_3 + h\nu \longrightarrow HO\cdot + NO_2$		光解，$\lambda\leqslant330$ nm	

注：引自 Howord A Bridgman，1990。

2）南极臭氧空洞及其形成机制

20 世纪中期在全球范围开展了对大气中 O_3 的较系统的观测研究。观测结果表明，较长时间以来，全球大气中的 O_3 含量没有明显变化。

1985 年英国的南极探险家 Farman 提出了南极“臭氧空洞”的说法。他在南极哈雷湾(Halley Bay)观测到：每到春天南极上空平流层的 O_3 都会发生急剧的大规模耗损，极地上空臭氧层的中心地带近 95%的 O_3 被破坏，高空的臭氧层已极其稀薄，与周围相比像是形成了一个“洞”，直径上千千米。“臭氧空洞”就是因此而得名的。进一步的研究和观测还发现，臭氧层的损耗不只发生在南极，在北极上空和其他中纬度地区也都出现了不同程度的臭氧层损耗现象。实际上，尽管没有在北极发现类似南极洞的 O_3 损失，但科学研究发现，北极地区在 1 月至

2 月间，16～20 km 高度的 O_3 损耗约为正常浓度的 10%，北纬 60°～70°范围的臭氧层浓度的破坏为 5%～8%。但与南极的 O_3 破坏相比，北极的臭氧损耗程度要轻得多，而且持续时间相对较短。

臭氧空洞可以用其面积、深度及延续时间来描述。近年来的观测表明，全球平流层 O_3 减少的趋势在继续，南极臭氧空洞的损耗仍处于恶化中。图 2-36 给出了自 1979 年到 1985 年间南极地区每年 10 月份总臭氧月均值的变化，从图中可看出，南极上空的 O_3 月均值从 1979 年的 270 D. U. 减少至 1985 年的 180 D. U. 。（注：在 0 ℃，标准海平面压力下，10^{-5} m 厚度的 O_3 定义为 1 个 Dobson 单位，即 1 D. U. 。）1987 年 10 月，南极上空的 O_3 浓度下降到了 1957—1978 年间的一半，臭氧空洞面积则扩大到足以覆盖整个欧洲大陆。从那以后，O_3 浓度下降的速率还在加快，有时甚至减少到只剩 30%；臭氧空洞的面积也在不断扩大，1994 年 10 月观测到臭氧空洞曾一度蔓延到南美洲最南端的上空，近年臭氧空洞的深度和面积等仍在继续增加。1995 年观测到的臭氧空洞的天数是 77 d，到 1996 年几乎南极平流层的 O_3 全部被破坏，臭氧空洞发生天数增加到 80 d。1997 年至今，科学家进一步观测到臭氧空洞发生的时间在提前，1998 年臭氧空洞的持续时间超过 100 d，是南极臭氧空洞发现以来的最长纪录，而且臭氧空洞的面积比 1997 年增大约 15%，几乎相当于三个澳大利亚的面积。

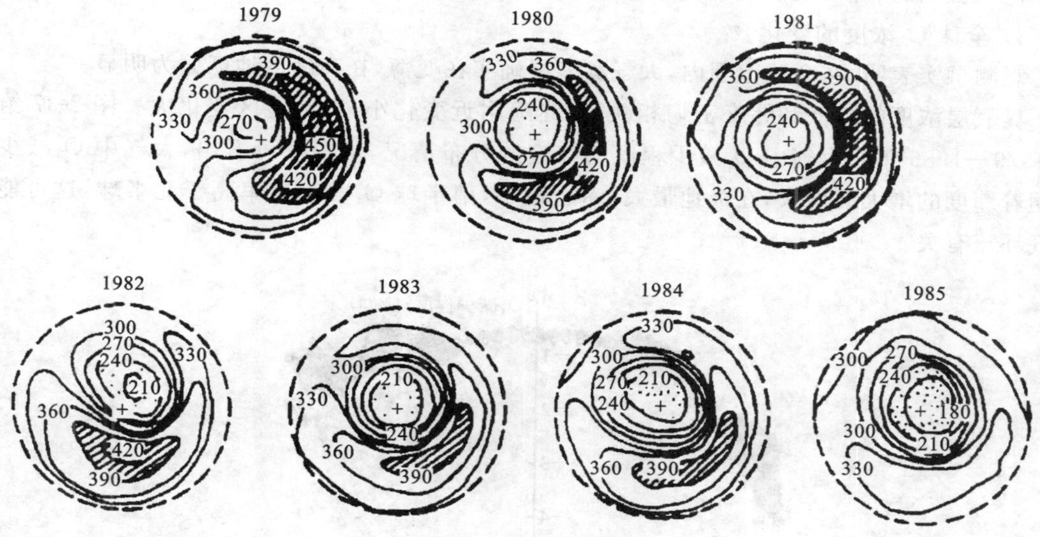

图 2-36　1979—1985 年南极地区每年 10 月份总臭氧的月均值变化（以投影图表示）

关于南极臭氧空洞形成机制，相关的研究人员提出了不同的说法，主要有以下几种。

（1）氯溴协同机制。

$$Cl\cdot + O_3 \longrightarrow ClO\cdot + O_2$$

$$Br\cdot + O_3 \longrightarrow BrO\cdot + O_2$$

$$BrO\cdot + ClO\cdot \longrightarrow Cl\cdot + Br\cdot + O_2$$

总反应　　$2O_3 \longrightarrow 3O_2$

（2）$HO_x\cdot$ 自由基链反应机制。

$$HO\cdot + O_3 \longrightarrow HO_2\cdot + O_2$$

$$Cl\cdot + O_3 \longrightarrow ClO\cdot + O_2$$

$$ClO\cdot + HO_2\cdot \longrightarrow HOCl + O_2$$

$$HOCl + h\nu \longrightarrow HO\cdot + Cl\cdot$$

总反应

$$2O_3 \longrightarrow 3O_2$$

(3) ClO·二聚体链反应机制。

$$Cl\cdot + O_3 \longrightarrow ClO\cdot + O_2$$

$$ClO\cdot + ClO\cdot + M \longrightarrow (ClO)_2 + M$$

$$(ClO)_2 + h\nu \longrightarrow ClOO\cdot + Cl\cdot$$

$$ClOO\cdot + M \longrightarrow Cl\cdot + O_2 + M$$

总反应

$$2O_3 \longrightarrow 3O_2$$

(4) 极地 O_3 损耗的全球大气动力学和气候学机制。

携带北半球散发的 CFCs 的大气环流,随赤道附近的热空气上升,分流向两极,然后冷却下沉,从低空回流到赤道附近的回归线。在南极黑暗酷冷的冬季,下沉的空气在南极洲的山地受阻,就地旋转,吸入冷空气形成"极地风暴旋涡"。旋涡上升至臭氧层成为滞留的冰晶云,冰晶云吸收并积聚 CFCs 类物质。当南极的春季来临,冰晶融化,释放吸附的 CFCs 类物质。CFCs 类物质在紫外线的照射下,分解产生氯原子,与 O_3 反应,形成季节性的"臭氧空洞"。

3) 全球 O_3 浓度的变化

观测事实表明,在全球范围内,大气臭氧层确实在变薄,在高纬度地区尤为明显。

臭氧层浓度的降低和纬度密切相关,在赤道附近变化小,极地地区变化大。图 2-37 给出了 1979—1986 年间大气中 O_3 减少程度随纬度的分布情况,从图中可看出,大气中 O_3 减少程度随着纬度的增大而增大,在极地最大,赤道最小,南半球 O_3 减少速率高于北半球,这可能与大气环流有关。

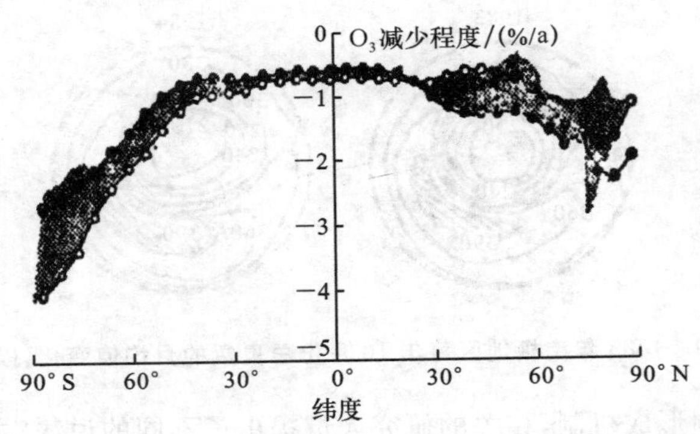

图 2-37 1979—1986 **年总臭氧纬向平均值的趋势**

(引自唐孝炎,1990)

青藏高原地区上空 O_3 低值中心出现于每年 6 月,中心区 O_3 总浓度的年递减率达 0.345%,这在北半球是非常异常的现象。研究还发现,自 1979 年以来,我国大气 O_3 总量逐年减少,年平均递减率为 0.077%~0.75%。根据全球总 O_3 的观测结果,除赤道地区外,O_3 浓度的减少在全球范围内发生,O_3 总浓度的减少情况随纬度的不同而有差异,从低纬到高纬 O_3 的损耗加剧,1978—1991 年间每 10 年的总 O_3 减少率为 1%~5%。

3. 臭氧层破坏的危害及对策

1）臭氧层破坏的危害

臭氧层是地球上生物的"保护伞"，由于人类活动的影响臭氧层被大量消耗，其吸收紫外辐射的能力降低，会造成过多的紫外线到达地球表面，给人类健康和生态环境带来危害。

(1) 对人类的影响。

过量的太阳紫外辐射对人类健康最直接的危害是破坏脱氧核糖核酸（即 DNA），而 DNA 的损伤会导致癌症。在和紫外辐射有关的诸多病症中，尤为引人注意的是晒斑，它被认为是引起皮肤癌的主要原因。过量的太阳紫外辐射还损害眼睛（角膜和晶体），从而增加白内障患者；危害免疫系统，增加传染疾病的发病率，如疟疾、流行性感冒和疱疹等，并减弱接种疫苗的效果。

(2) 对动物的影响。

过量的紫外辐射增加家禽患病率，导致减产。对鱼类、虾、蟹、浮游动物和水体等都有很大损害，从而降低水产品产量。美国能源与环境研究所的报告表明，臭氧层厚度减少 25%导致水面附近的初级生物产量降低 35%，光亮带（生产力最高的海洋带）减少 10%。

(3) 对植物的影响。

紫外辐射的增强会破坏叶绿素，改变植物的叶面结构、生理功能、芽苞发育过程等，对小麦、稻米、大豆、大麦、土豆等主要农作物产生有害影响，从而降低农作物的产量；破坏树木的正常生长，减少森林种类的数量，对森林生态系统有相当大的破坏；对浮游植物和构成水生食物链的植物也都有很大损害。

(4) 对微生物的影响。

过量的紫外线照射会杀死微生物，降低环境的自净能力，还可能引起细菌、病毒的变异。

(5) 对材料的影响。

过量的紫外线照射会加速塑料和橡胶制品的变质老化，使其使用寿命越来越短，尤其在高温和阳光充足的热带地区，破坏作用更严重。

(6) 加剧光化学烟雾污染。

臭氧层的过度损耗会导致到达对流层的紫外辐射增加，使近地面的光化学反应增强，加剧光化学烟雾污染。有实验发现，在对流层与平流层交界附近的同温层中 O_3 减少 33%，温度升高 4 ℃时，费城及纳什维尔的光化学烟雾将增加 30%或更多。

2）防止臭氧层破坏的对策

(1) 研究开发破坏臭氧层物质的替代物。目前，寻找氟利昂的替代物是研究的重点，现在比较常用的有氢氟烃（HFC）、氢氯氟烃（HCFC）等。其他替代物，如氟碘烃、氟代乙醇、氟代醚、二甲醚、氨、饱和烃等都在进行相关的研究和应用。氨、空气、水、二氧化碳及氮等许多天然物质在低温和制冷行业也早有应用。另外，还可以开发新的燃料，如氢燃料，减少石油燃料使用量。

(2) 减少或禁止生产和使用破坏臭氧层的物质。

(3) 加强国际间的合作。臭氧层的破坏是全球性的问题，因此必须由各个国家的政府及科研部门相互合作才能得以缓解。

1977 年，联合国通过了《臭氧层行动世界计划》，并成立"国际臭氧层协调委员会"。1985 年签署了《保护臭氧层维也纳公约》。

1987 年在加拿大的蒙特利尔通过了《关于消耗臭氧层物质的蒙特利尔议定书》，于 1989

年1月1日生效,对世界CFCs类物质的生产和使用规定了限制时间表。

1989年5月,颁布《保护臭氧层赫尔辛基宣言》,鼓励更多国家参加前述公约和议定书,同意在适当时候发展中国家尽快(但是不迟于2000年)禁止CFCs的生产和使用;加速开发替代物和替代技术。

1995年在维也纳公约签署10周年之际,150多个国家参加的维也纳臭氧层国际会议规定,将发达国家全面停止使用CFCs的期限提前到2000年;发展中国家则在2016年冻结使用,2040年淘汰。中国积极参与了国际保护臭氧层合作,并制订了《中国逐步淘汰消耗臭氧层物质国家方案》。

2.5.6　雾霾

1. 雾霾的形成及特点

雾霾是近年来新出现的一种大气污染现象,雾和霾形成条件不同。雾是由大量悬浮于空气中的细水滴或冰晶形成的混合物,其形成一般需要以下条件:一是近地面空气相对湿度较大;二是大气层比较稳定,风速较小;三是天气晴朗,有利于近地层辐射逆温的形成。霾也称灰霾,是空气中的灰尘、硫酸、硝酸、碳氢化合物等粒子组成的气溶胶系统。霾的形成一般需要以下条件:一是在近地面大气层比较稳定,风速较小;二是垂直方向上有逆温现象;三是空气中悬浮颗粒物浓度较高。

相对于霾粒子,雾滴的粒径较大,肉眼可见,平均粒径在10～20 μm,雾层厚度从几十米到几百米不等,日变化比较明显。此外,雾的湿度也比较大,一般处于饱和状态,相对湿度>90%。霾粒子的尺寸一般在0.001～10 μm,平均粒径为1～2 μm,肉眼很难看见。霾的湿度一般较低,相对湿度一般低于80%,霾层厚度较大,可达1～3 km,日变化不明显。

雾霾出现的天气条件一般为静风或微风天气。气流在水平和垂直方向的流动性较弱,扩散有限。在此天气条件下,交通、生活、生产排放的污染物非常容易在近地层大气环境中不断积累而造成浓度不断升高。与此同时,由于雾霾的湿度较高,水汽较大,雾滴提供了吸附和反应的场所,加速了反应性气态污染物向液态颗粒物成分的转化,同时颗粒物也容易作为凝结核加速雾霾的生成,两者相互作用,迅速形成污染。在早上或夜间相对湿度较大的时候,形成的是雾;在白天气温上升、湿度下降的时候,逐渐转化成霾。

2. 雾霾的主要化学成分

雾霾是典型的气溶胶系统,组成随其来源、地区和季节的差异而有所不同。雾霾中一般含有一氧化氮、一氧化碳、二氧化硫、臭氧、PM2.5、PM10等气体成分或颗粒物,同时雾霾中还含有钠、镁、钙、铝、铁、铅、锌、砷、镉、铜等金属粒子。

3. 雾霾的危害

雾霾的危害较大,主要表现在以下几个方面:

(1) 引发呼吸道和心血管疾病。雾霾中有数百种颗粒物,这些粒子尤其是小尺寸的粒子很容易通过呼吸道、皮肤等途径进入人体,引发哮喘、支气管炎等疾病,严重情况下会诱发肺癌。此外,空气中颗粒物的存在还会增加动脉硬化,血脂、血压升高的风险。老人、小孩、心肺疾病患者等PM2.5污染的敏感人群,若长期暴露在雾霾大气环境中,非常容易患上各种呼吸道和心血管疾病。

(2) 引发各种流行性疾病。雾霾天气造成到达地面的阳光较弱,造成地表面的细菌、病毒等微生物繁殖快,容易导致流行性疾病的发生。雾霾颗粒本身非常容易携带螨虫、流感病毒、结核杆菌、肺炎球菌等致病生物，也会增加各种流行性疾病蔓延的可能性。此外，雾霾天气也会促使植物病虫害的发生与蔓延，造成农作物减产或品质下降。

(3) 雾霾会影响人心情，使人情绪低落。雾霾天往往空气浊度高，光线差，人的心情很容易受到天气影响变得抑郁和烦躁。

(4) 雾霾易引发交通事故。雾霾天能见度差，给人们出行带来了困难，容易造成航班延误、交通拥堵甚至交通事故的发生。

4. 雾霾的控制措施

(1) 改变能源结构，减少煤炭等高污染燃料的使用量。目前，我国仍然以煤为主要燃料，煤的燃烧是造成大气污染的主要原因。因此，相关部门应采取措施改变能源结构，降低煤炭的使用量，禁止高硫煤和高灰分燃料的使用。同时配套煤炭的洗选设施，同时进行脱硫、脱硝和除尘，降低烟尘和气体污染物的排放量。开发和使用清洁燃料，从源头上减少烟尘的排放量。

(2) 控制机动车尾气排放，淘汰老旧车，提升油品质量。机动车尾气是氮氧化物、细颗粒物的重要来源。截至 2017 年 6 月底，全国机动车保有量达 3.04 亿辆，其中小轿车保有量达 2.05 亿辆。机动车尾气排放，不仅是造成城市灰霾和光化学烟雾污染的重要原因，低空排放的细颗粒物还多为有毒有害物质，对人体健康危害极大。因此，加强机动车尾气污染控制显得非常重要。其主要措施，一是加速淘汰黄标车和老旧汽车，二是提升油品质量。有统计显示，油品标准每提升一个等级，各项污染物排放量能降低 30%左右。因此，国家要严控机动车污染排放，促进油品升级。

(3) 加大扬尘污染控制。造成空气污染指数攀升的原因，除了燃煤和汽车尾气排放之外，工地扬尘污染也不容小视。在城市建设过程中，建筑施工、拆迁以及渣土运输所造成的扬尘污染对城市环境中的 PM2.5 贡献非常大。因此要加大扬尘污染控制，对施工现场的土堆、粉状物料、裸露地面要加强管理，采取洒水、覆盖等措施减少扬尘污染。

2.6 大气污染控制技术概述

目前的大气污染主要是由人为污染源的排放引起的，因此要防止大气污染，必须从控制污染源排放入手，尽量减少污染物的排放量。本节主要从技术手段方面简要介绍大气污染源的控制方法、原理和技术。大气污染源排放的大气污染物包括气溶胶状态污染物(颗粒物)和气态污染物，大气污染控制技术相应分为除尘技术和气态污染物控制技术。

2.6.1 除尘技术

从废气中将颗粒物分离出来并加以捕集、回收的过程称为除尘，实现除尘过程的设备称为除尘装置。常见除尘装置有：机械式除尘器、旋风除尘器、湿式除尘器、过滤式除尘器、静电除尘器等。

1. 机械式除尘器

机械式除尘器是指利用质量力(重力、惯性力和离心力等)分离粉尘的除尘器，即重力沉降室、惯性除尘器和旋风除尘器等。

1) 重力沉降室

重力沉降室是通过重力作用使颗粒污染物从气体中沉降分离的一种除尘装置，其机理为含尘气流进入沉降室后，由于扩大了流动截面积而使得气流速度大大降低，较重颗粒在重力作用下缓慢向灰斗沉降。其结构如图 2-38 所示，主要由室体、进气口、出气口和集灰斗组成。含尘气流进入室体内，因流动截面积的扩大而使气体流速降低，较大尘粒借助自身重力作用自然沉降而被分离捕集下来。

重力沉降室适用于捕集密度大、颗粒大(50 μm 以上)的粉尘，特别是磨损性很强的粉尘。其优点是结构简单、造价低、施工容易、维护管理方便、阻力小(一般为 50～150 Pa)，可处理较高温气体(最高使用温度能达到 350～550 ℃)、可回收干灰等，但缺点是除尘效率低(约 50%)、占地面积大，因此，一般作为多级除尘系统中的预除尘器使用。

重力沉降室的除尘效率与重力沉降室的结构、气流速度、尘粒大小等因素直接相关。重力沉降室的尺寸宜以矮、宽、长的原则布置。重力沉降室内气流速度越低，越有利于捕集细小尘粒，但设备相对庞大；在室内气流速度一定的前提下，增加沉降室的纵深，也可提高除尘效率，但不宜延长至 10 m 以上；在重力沉降室内合理布置挡墙、隔板、喷雾或在沉降室底部设置水封池等措施，均能在一定程度上(10%～15%)提高除尘效率。

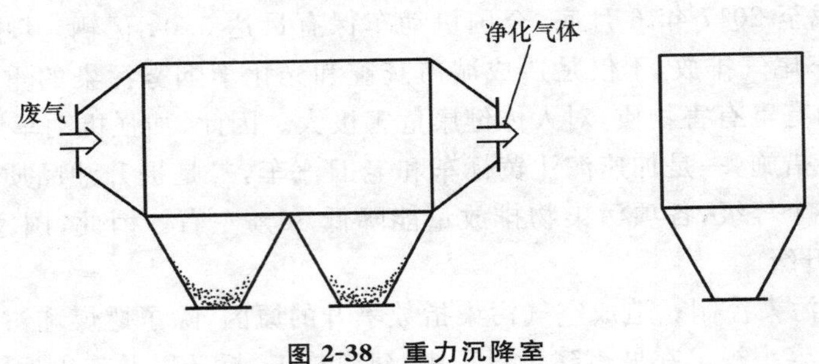

图 2-38　重力沉降室

2) 惯性除尘器

惯性除尘器是使含尘气流方向发生急剧转变，借助尘粒本身的惯性作用使其与气流分离的装置。其结构如图 2-39 所示。在沉降室内设置各种形式的挡板，含尘气流在惯性作用下保持原来的运动方向向前运动从而直接冲击在挡板上，并与挡板发生碰撞，气流运动方向发生急剧改变，其中的尘粒与气流发生分离。

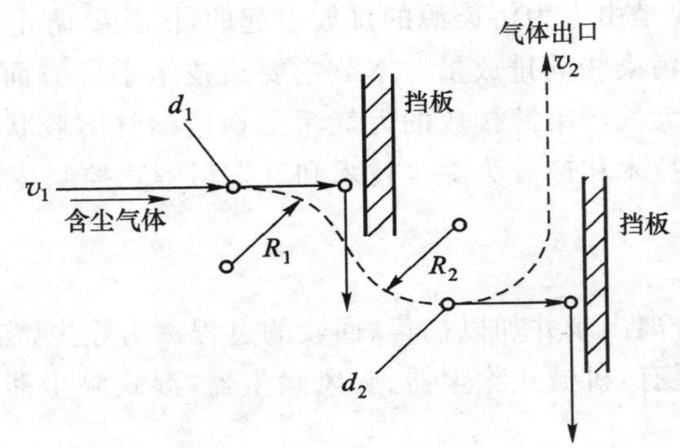

图 2-39　惯性除尘器

3) 旋风除尘器

旋风除尘器是使含尘气体作旋转运动，借作用于尘粒上的离心力把尘粒从气体中分离出来的装置。如图 2-40 所示，旋风除尘器由进气管、筒体、锥体和排气管组成。排气管插入外圆筒形成内圆筒，进气管与筒体相切，筒体下部是锥体，锥体下部是集尘室。在含尘气体以

12～25 m/s速率由进气管沿切线方向进入旋风除尘器后，气流将由直线运动变为圆周运动。旋转气流绝大部分沿外壁由上向下运动，这股向下旋转的气流称为外旋流。含尘气体在旋转过程中产生离心力，将密度大于气体的尘粒甩向器壁。尘粒一旦与器壁接触，便失去惯性力而靠向下的重力沿壁面下落，进入排灰管而被去除。同时旋转下降的外旋流因受锥体收缩的影响渐渐向中心汇集，且其切向速率不断提高。到达锥体底部后，转而向上旋转，形成一股自下而上的旋转气流，这股旋转向上的气流称为内旋流。向下的外旋流和向上的内旋流两者的旋转方向是相同的。最后净化气经排气管排出除尘器，一部分未被捕集的尘粒也随之排出。旋风除尘器适用于粉尘负荷变化大的气体除尘，能用于高温、高压及腐蚀性气体的除尘，并可直接回收干粉尘。旋风除尘器有以下优点：①结构简单，造价和运行费用较低，体积小，操作维护方便；②压力损失中等，动力消耗不大，除尘效率较高；③可用各种材料制造，无运动部件，运行管理简便等。旋风除尘器一般用来捕集粒径为5～15 μm的尘粒，除尘效率可达80%左右。但对细微粒子的去除效率较低。

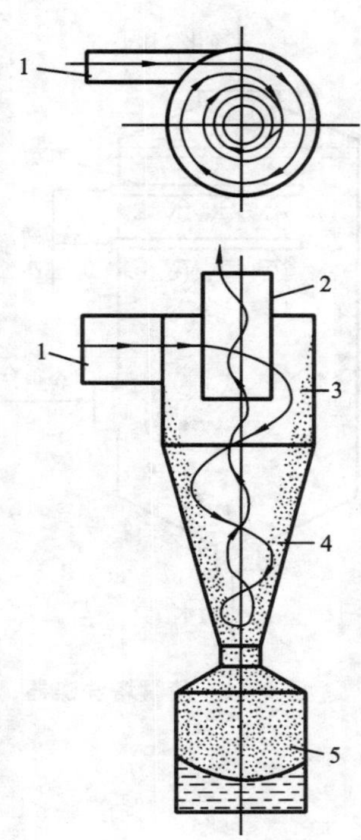

图 2-40　旋风除尘器

1—进气管；2—排气管；3—筒体；4—锥体；5—集尘室

2. 湿式除尘器

湿式除尘器是实现含尘气体与液体的密切接触，使颗粒污染物从气体中分离捕集的装置。湿式除尘器能同时达到除尘和脱除部分气态污染物的效果，还能用于气体的降温和加湿。

工程上使用的湿式除尘器型式很多，大体分为低能、高能两类。低能湿式除尘器包括喷雾塔、旋风洗涤器等，压力损失为0.2～1.5 kPa，一般耗水量（液气比）为0.5～3.0 L/m^3，对10 μm以上的湿式除尘器，除尘效率可达90%～95%，可以用于焚烧炉、化肥厂、石灰窑等除尘；高能湿式除尘器的压力损失在2.5～9.0 kPa，除尘效率可达95%以上，如文丘里洗涤器。根据湿式除尘器的净化机理，可将其大致分为旋风水膜洗涤器、喷雾洗涤器、板式洗涤器、填料洗涤器和文丘里洗涤器等。工业上最常用的有喷雾洗涤器、文丘里洗涤器、旋风水膜除尘器等几种类型。

1）喷雾洗涤器

气液两相逆向流动，在塔内接触，通过惯性碰撞、拦截、扩散等作用，雾滴将颗粒物捕集。液体从塔顶经雾化喷嘴喷出后，向塔底自由沉降。含尘气体从塔底进入，流向塔顶。

喷雾塔的除尘效率取决于液滴直径及与气流之间的相对运动速度。在喷液量一定时，喷雾愈细，液滴的数量愈大，靠拦截捕集尘粒的概率愈大。细液滴的沉降速度较小，与气体之间的相对运动速度要比大液滴小，靠惯性碰撞捕集尘粒的概率随液滴直径的减小而减小。由于这两种对立的机制，便存在一个最佳液滴直径。如果液滴太细，则存在液滴在塔中降落时被气流带走的可能性。在实际工程中空塔气速值大致取液滴沉降速度的50%。

喷雾塔具有结构简单、压力损失小（低于500 Pa）、操作稳定等优点。主要缺点是除尘效率低，对10 μm粉尘的除尘效率仅在70%左右。因此，喷雾塔主要用于废气的预处理，经常与高效洗涤器联用捕集粒径较大的粉尘。

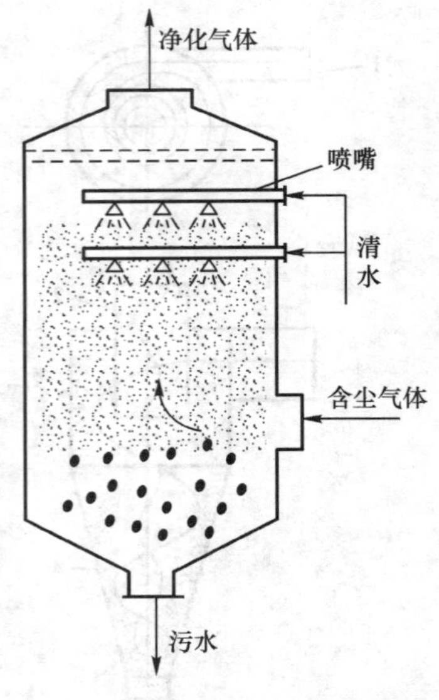

图 2-41　喷雾塔洗涤器

2）文丘里洗涤器

文丘里洗涤器具有效率高、投资小等优点，应用较广泛。其结构如图 2-42 所示，一般包括文丘里管(简称文氏管)和脱水器两部分。文丘里洗涤器的除尘包括雾化、凝聚和脱水三个过程，前两个过程在文氏管内进行，后一个过程在脱水器内进行。文氏管由收缩管、喉管和扩散管三部分组成。含尘气体进入收缩管，气速逐渐增加。气流的压力逐渐变成动能，进入喉管时，流速达到最大。水通过喉管周边均匀分布的若干小孔进入，然后在高速气流冲击下被高度雾化。喉管处的高速低压使气流达到饱和状态。尘粒表面附着的气膜被冲破，使尘粒被水润湿。尘粒与水滴或尘粒之间发生激烈碰撞和凝聚。进入扩散管后，气流速度降低，静压回升，以尘粒为凝结核的凝聚作用加快。凝结有水分的颗粒继续凝聚碰撞，小颗粒凝结成大颗粒，并很容易被脱水器捕集分离，使气体得以净化。

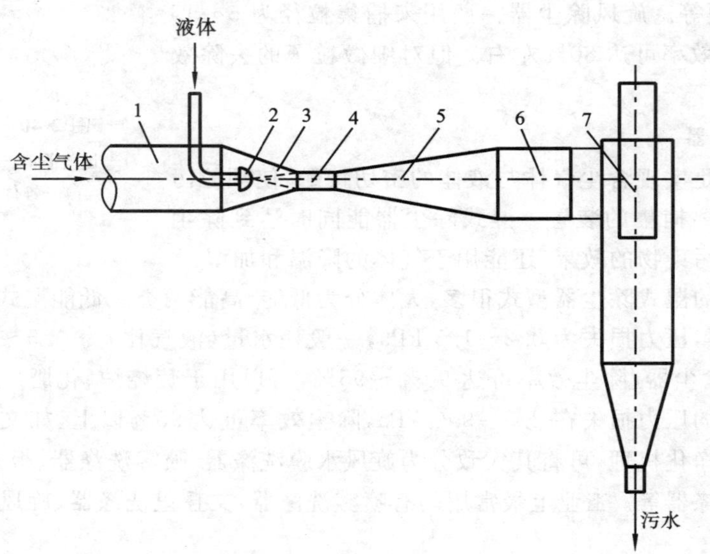

图 2-42　文丘里洗涤器结构图

1—进风管；2—喷水装置；3—收缩管；4—喉管；5—扩散管；6—连接风管；7—除雾器

文丘里洗涤器由于对细粉尘有很高的除尘效率，而且对高温气体有良好的降温效果，因此，常用于高温烟气的降温和除尘，如炼铁高炉、炼钢电炉烟气以及有色冶炼和化工生产中的各种炉窑烟气的净化方面都常使用。文丘里洗涤器结构简单，体积小，布置灵活，投资小，缺点是压力损失大。

3）旋风水膜除尘器

旋风水膜除尘器是湿式除尘器的一种，其结构如图 2-43 所示，主要由蜗形管、喷嘴、进水管组、外圆壳和支座等组成。净化原理如下：由除尘器筒体上部的喷嘴沿切线方向将水雾喷向器壁，使壁上形成一层薄的流动水膜。含尘气体由筒体下部以 15～22 m/s 的入口速度切向进入，旋转上升，尘粒靠离心力作用甩向器壁，为水膜所黏附，沿器壁流下，随流水排走。

旋风水膜除尘器的除尘效率随入口气速增大和筒体直径减小而提高。筒体高度对除尘效率影响较大，筒体高度一般不小于筒体直径 的5倍。气流压力损失为500～750 Pa，耗水量为0.1～0.3 L/m³，如果参数选择合适，除尘效率可达90%以上，比干式旋风除尘器高得多。器壁磨损也较干式旋风除尘器少。旋风水膜除尘器适用于温度在200 ℃以下、中等含尘（小于20 g/m³）烟气的收尘。旋风水膜除尘器的优点是结构简单，金属耗量小，耗水量小，其缺点是高度较大，布置困难，并且在实际运行中发现有带水现象。

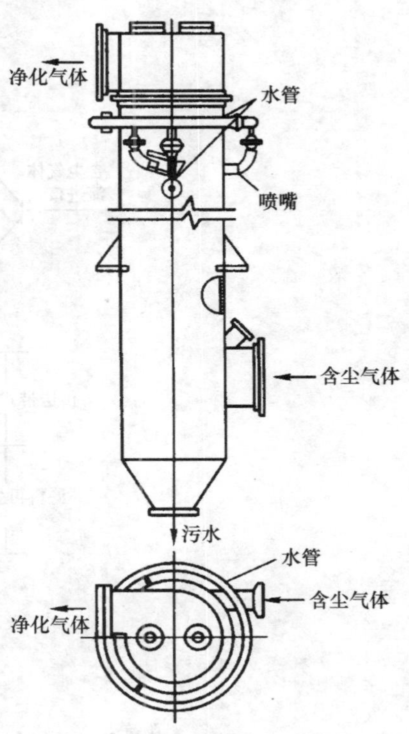

图 2-43　旋风水膜除尘器结构图

3. 过滤式除尘器

过滤式除尘器是使含尘气流通过多孔过滤材料将粉尘分离捕集的装置。过滤式除尘器分为采用滤布的表面式过滤器与采用纤维、硅砂等的内部式过滤器。采用滤纸或纤维作滤料的空气过滤器，主要用于通风和空气调节工程的进气净化（如图2-44所示）；采用滤布作滤料的袋式除尘器，主要用于工业废气的除尘（如图2-45所示）；采用硅砂等作滤料的颗粒层除尘器（如图2-46所示），可用于高温烟气除尘。在工业上目前运用最广的是袋式除尘器。

图 2-44　空气过滤器

图 2-45　袋式过滤器

袋式除尘器是将棉、毛或人造纤维等织物作为滤料制成滤袋对含尘气体进行过滤的除尘装置。其除尘过程是让含尘气流从下部孔板进入圆筒形滤袋内，气流通过滤布的孔隙时，粉尘被滤布阻留下来，透过滤布的气流由排出口排出。沉积于滤布上的粉尘层，在机械振动的作用下从滤布表面脱落下来，落入灰斗中。

袋式除尘器广泛应用于各种工业生产除尘过程，属于高效除尘器。袋式除尘器的缺点主要是过滤速度较低，设备庞大，滤袋损耗大，压力损失大，运行费用较高等。但是，随着新技术、新工艺、新材料的不断出现和对大气环境质量要求的不断提高，袋式除尘器将有更广阔的应用前景。图2-47是袋式除尘器除尘原理示意图。

根据清灰方式的不同，可以将袋式除尘器分为机械振动清灰式、逆气流清灰式和脉冲喷吹清灰式几种类型。

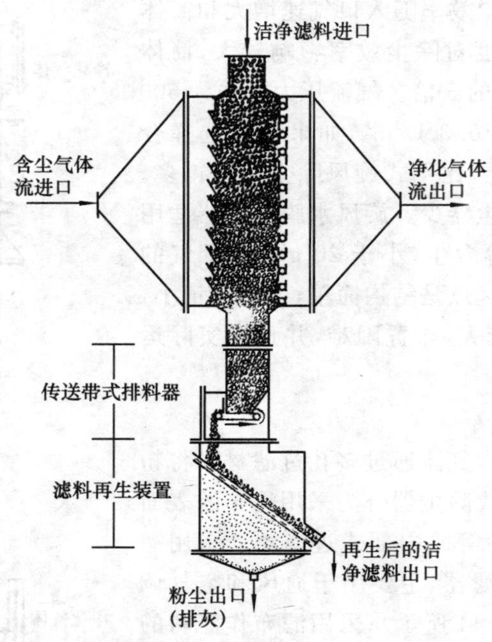

图 2-46　颗粒层除尘器

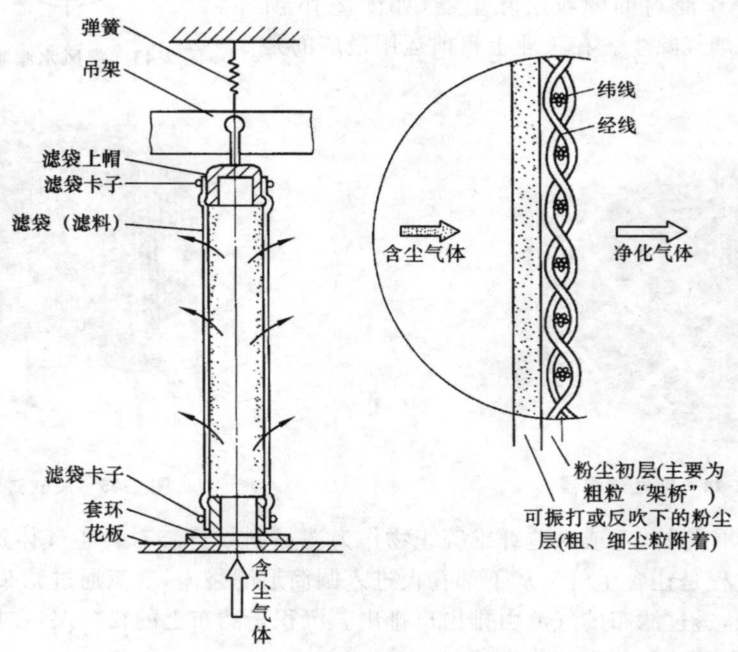

图 2-47　袋式除尘器除尘原理示意图

(1) 机械振动式。

机械振动袋式除尘器是利用周期性的机械振动使滤袋产生振动，从而使沉积在滤袋上的灰尘落入灰斗的一种除尘器，如图 2-48 所示。

机械振动袋式除尘器的优点是工作性能稳定，清灰效果较好，缺点是滤袋常受机械力作用，损坏较快，滤袋检修与更换工作量大。

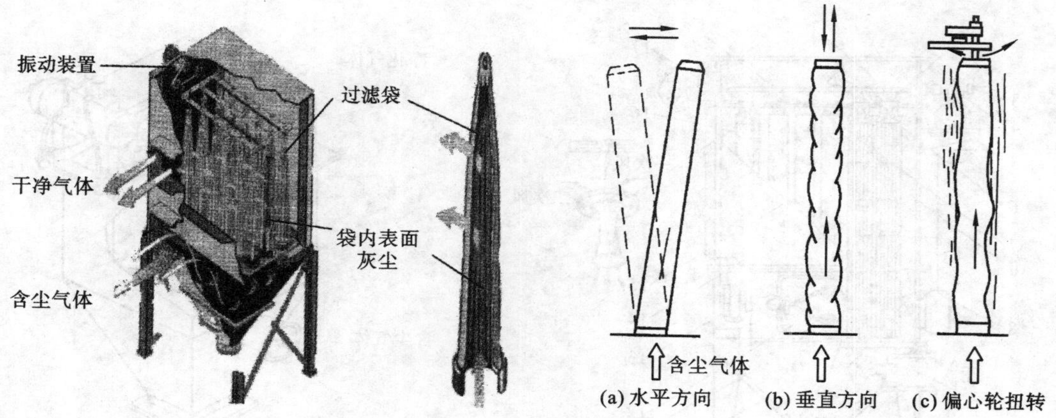

图 2-48　机械振动袋式除尘器及三种振动方式

(2) 逆气流清灰式。

逆气流清灰袋式除尘器(如图 2-49 所示)是利用与过滤气流相反的气流,使滤袋形状变化,粉尘层受挠曲力和屈曲力的作用而脱落。过滤风速一般为 0.5～2.0 m/min,压力损失控制范围为 1000～1500 Pa。

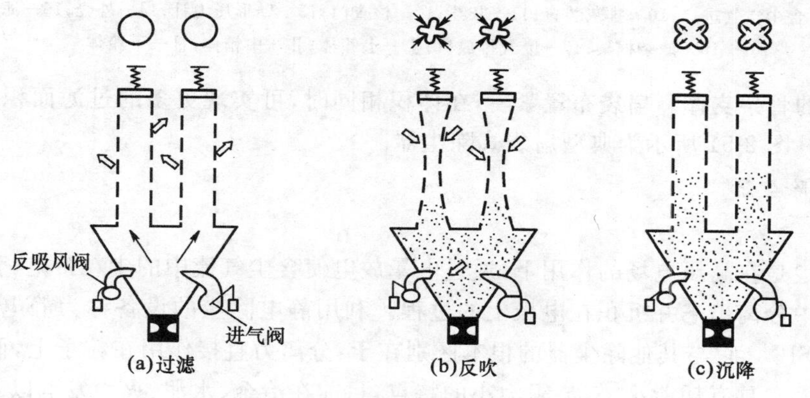

图 2-49　逆气流清灰方式

逆气流清灰袋式除尘器具有结构简单、清灰效果好、滤袋磨损少的特点,特别适用于粉尘黏性小、玻璃纤维滤袋的工程条件下使用。

(3) 脉冲喷吹清灰式。

脉冲喷吹清灰袋式除尘器(如图 2-50 所示)的工作原理如下:将压缩空气在短暂的时间(不超过 0.2 s)内高速吹入滤袋,同时诱导数倍于喷射气流的空气,造成袋内较高的压力峰值和较高的压力上升速度,使袋壁获得很高的向外加速度,从而清落粉尘。

脉冲喷吹清灰袋式除尘器的主要优点是实现了全自动清灰,净化效率达 99%;过滤负荷较高,滤袋磨损少,运行安全可靠。

按滤袋形状不同,可以将袋式除尘器分为圆袋和扁袋两种类型。

(1) 圆袋:袋式除尘器多采用圆筒形滤袋,通常直径为 120～300 mm,袋长为 2～12 m。圆袋受力较好,袋笼及连接简单,易获得较好的清灰效果。

(2) 扁袋:扁袋有板形、菱形、楔形、椭圆形、人字形等多种形状。扁袋的特点是外滤式,内

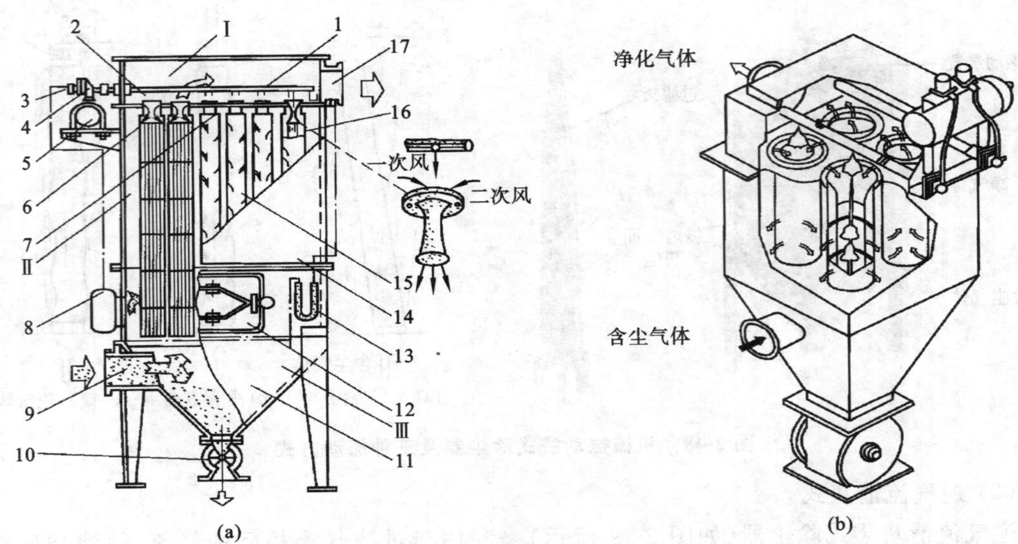

图 2-50　脉冲喷吹清灰袋式除尘器的结构

1—喷吹管；2—喷吹孔；3—控制阀；4—脉冲阀；5—压缩空气包；6—文氏管；7—多孔板；8—脉冲控制仪；9—含尘空气进口；10—排灰装置；11—灰斗；12—检查门；13—U 形压力计；14—外壳；15—滤袋；16—滤袋框架；17—废气排放口；Ⅰ—上箱体；Ⅱ—中箱体；Ⅲ—下箱体

部装有相应的骨架支撑。扁袋布置紧凑，在体积相同时，可实现更多的过滤面积，一般能增加 20%～40%。图 2-51 所示为典型扁袋式除尘器。

4. 静电除尘器

1）原理

静电除尘是在高压电场的作用下，通过电晕放电使含尘气流中的尘粒带电，利用电场力使粉尘从气流中分离出来并沉积在电极上的过程。利用静电除尘的设备称为静电除尘器，简称电除尘器(ESP)。它与其他除尘器的根本区别在于：分离力直接作用在粒子上，而不是作用在整个气流上。它具有耗能小、气流阻力小的特点，目前在冶金、水泥、火力发电以及化工等行业中得到广泛的应用。

2）结构

静电除尘器一般由电晕电极和集尘极、清灰装置、气流分布板和高压供电设备四部分组成。

电晕电极是静电除尘器中使气体产生电晕放电的电极，主要包括电晕线、电晕框架、电晕框悬吊架、悬吊杆和支持绝缘套管等。

图 2-52 是板式静电除尘器示意图，它是在一系列平行金属板间(作为集尘极)的通道中设置电晕电极。极板间距一般为 200～400 mm，极板高度为 2～15 m，极板总长度可根据对除尘效率的要求而定。通道数视废气量而定，少则几十，多则几百。板式静电除尘器由于它的几何尺寸灵活而在工业除尘中广泛应用。

3）分类

静电除尘器按集尘极类型分为管式和板式静电除尘器，按气流流动方向分为卧式和立式静电除尘器，按电极在静电除尘器内的布置方式分为单区式和双区式静电除尘器，按清灰方式

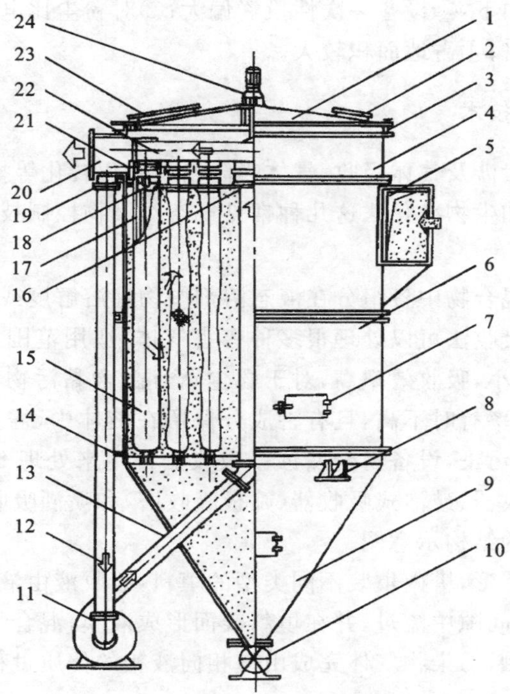

图 2-51　回转反吹扁袋式除尘器

1—除尘器盖；2—观察孔；3—旋转揭盖装置；4—清洁室；5—进气口；6—过滤室；7—人孔门；8—支座；9—灰斗；10—星形排灰阀；11—反吹风机；12—循环气管；13—反吹气管；14—定位支架；15—滤袋；16—花板；17—滤袋框架；18—滤袋导器；19—喷吹口；20—出气口；23—换袋人孔；24—旋臂减速机构

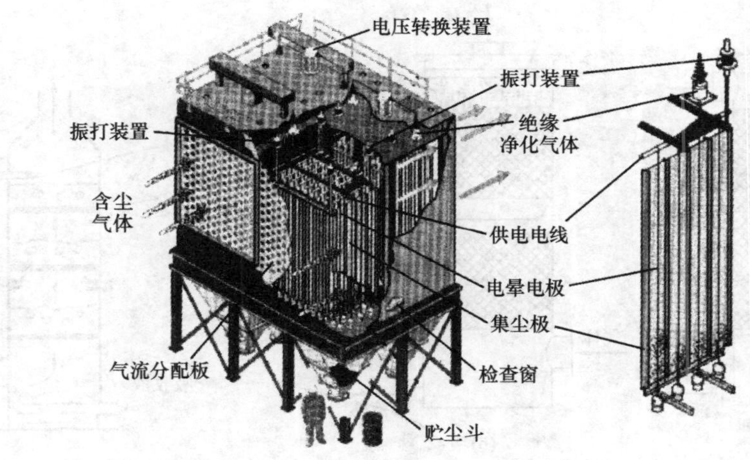

图 2-52　板式静电除尘器示意图

分为干式和湿式静电除尘器。

静电除尘器主要有以下优点：①除尘性能好，可捕集微细粉尘及雾状液滴；②除尘效率高，对细粉尘有很高的捕集效率，可高于 99%；③气体处理量大，可达 $10^5 \sim 10^6\ m^3/h$；④适用范围广，可在高温（350～400 ℃）或强腐蚀性气体条件下操作；⑤压力损失小，一般为 200～500 Pa，能耗低，$0.2 \sim 0.4\ W \cdot h/m^3$，运行费用少。

静电除尘器的缺点如下：①设备一次性投资偏大；②对粉尘比电阻有一定要求；③对制造、安装和运行要求比较严格；④占地面积较大。

2.6.2 气态污染物控制技术

气态污染物去除一般涉及气体吸收、气体吸附以及催化转化等操作单元。下面就吸收法、吸附法、催化法、燃烧法和生物净化法这几种常见气态污染物控制技术进行介绍。

1. 吸收法

吸收法是根据气体混合物中各组分在液态溶剂中物理溶解度或化学反应活性不同而将混合物分离的一种方法。吸收法可以处理很多种有害气体，适用范围广，并可回收有价值产品，其工艺成熟，一次性投资小，吸收效率高，对于含尘、含湿、含黏污物的废气可同时处理。缺点是工艺比较复杂，吸收效率有时不高，且有害成分保留在液体中，需要对吸收后的液体进行处理，容易造成浪费或二次污染，设备易受腐蚀。吸收法常用来处理 SO_2、HCl、HF 等气体。常用的吸收设备有填料吸收器、鼓泡式吸收器(筛板吸收塔)和喷洒吸收器等。图 2-53 为填料吸收器(又叫填料吸收塔)的结构示意图。

填料吸收塔一般是圆形，塔内填装不同类型的填料，吸收液由液体分布器在填料层上方均匀喷淋，自上而下从填料间隙中流过，并在填料表面形成液膜，混合气体由下而上穿过填料层，气液两相在填料表面接触，污染物气体完成由气相向液相的传质过程，从而去除废气中的有害气体。

筛板吸收塔(图 2-54)一般是圆形塔，塔内有水平的塔板，两相在每块塔板上接触一次，气液两相在塔内可逐级多次接触。气体从塔底进入，从上方排出，液体则由上而下流动，各级为逆流联结。塔板上开有直径为 2～8 mm 的小孔，气体流经这些小孔，鼓泡穿过塔板上的液层。

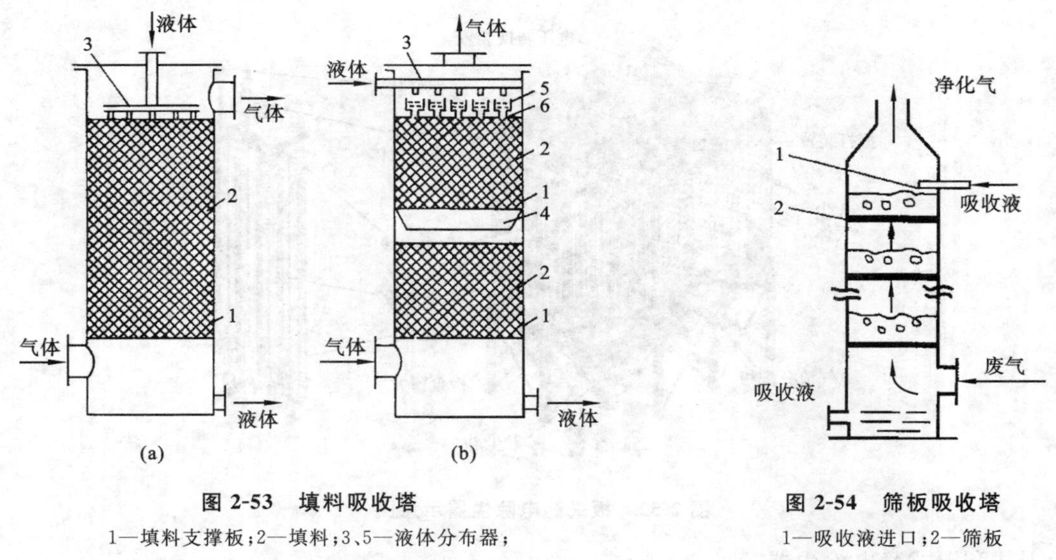

图 2-53 填料吸收塔

1—填料支撑板；2—填料；3、5—液体分布器；4—液体再分布器；6—填料压网

图 2-54 筛板吸收塔

1—吸收液进口；2—筛板

图 2-55 所示为三种空心柱式喷洒吸收器。这些吸收器中，气体通常是自下而上运动，液体由喷洒器竖直向下或倾斜向下喷出。喷洒器也可分几层安装。

二氧化硫气体的净化工艺中最常用的石灰/石灰石-石膏法即是吸收法。石灰/石灰石-石

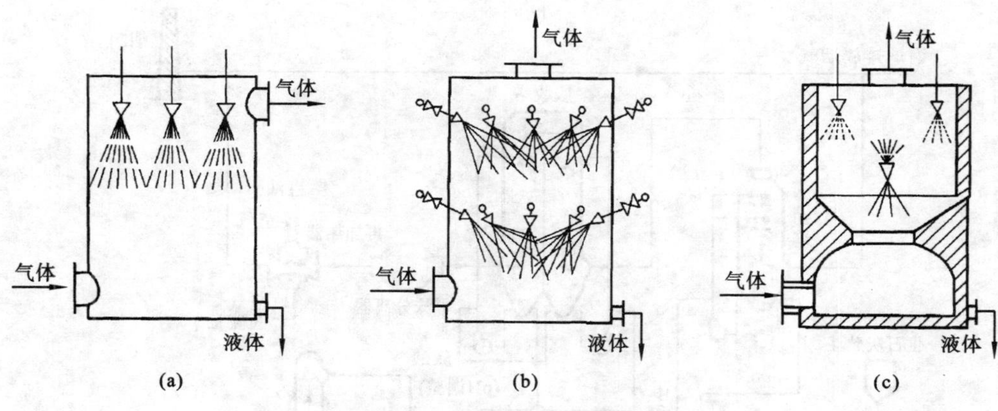

图 2-55　空心柱式喷洒吸收器

膏法系采用石灰石/石灰浆液脱除烟气中的二氧化硫并副产石膏的方法，本法的优点是采用的吸收剂价格低廉、易得，缺点是易发生设备堵塞或磨损。

用石灰石或石灰浆液吸收烟气中的二氧化硫，分为吸收和氧化两个工序。先吸收生成亚硫酸钙，然后再氧化为硫酸钙。

吸收过程在吸收塔内进行，主要反应如下：

$$Ca(OH)_2+SO_2 \longrightarrow CaSO_3 \cdot \frac{1}{2}H_2O+\frac{1}{2}H_2O$$

$$CaCO_3+SO_2+\frac{1}{2}H_2O \longrightarrow CaSO_3 \cdot \frac{1}{2}H_2O+CO_2$$

$$CaSO_3 \cdot \frac{1}{2}H_2O+SO_2+\frac{1}{2}H_2O \longrightarrow Ca(HSO_3)_2$$

由于烟气中含有氧，在吸收塔内还会发生如下反应：

$$2CaSO_3 \cdot \frac{1}{2}H_2O+O_2+3H_2O \longrightarrow 2CaSO_4 \cdot 2H_2O$$

氧化过程在氧化塔内进行，将生成的亚硫酸钙用空气氧化为石膏，主要反应如下：

$$2CaSO_3 \cdot \frac{1}{2}H_2O+O_2+3H_2O \longrightarrow 2CaSO_4 \cdot 2H_2O$$

$$Ca(HSO_3)_2+\frac{1}{2}O_2+H_2O \longrightarrow CaSO_4 \cdot 2H_2O+SO_2$$

工业上实际应用的石灰-石膏法烟气脱硫工艺及其流程，多以开发厂家命名。现以三菱重工石灰-石膏法工艺流程(图 2-56)为例作简要说明。

烟气进入冷却塔，在冷却塔内用水洗涤、降温至 60 ℃左右，增湿并除去 89%～90%的烟尘，然后进入二级串联吸收塔内，塔内用石灰浆液进行洗涤脱硫。经脱硫并除去雾沫的烟气，再经加热器升温至 140 ℃左右，由烟囱排入大气。

冷却塔采用空塔，液气比(标态)为 14 L/m^3，包括雾沫分离器在内的压力降约为 5065.4 Pa。为了防止石膏在吸收塔内沉积，采用低密度的栅条填料塔和高液气比，同时在浆液内加入石膏“晶种”。

吸收 SO_2后的浆液，用硫酸调整 pH 值至 4～4.5 后，在氧化塔内 60～80 ℃下，用 4.9×10^5 Pa 压缩空气进行氧化。自氧化塔出来的尾气因含有微量的 SO_2，需送入吸收塔内。氧化后浆液经增稠、脱水即得产品。滤液除去不溶性杂质后，送往石灰乳槽，洗液返回至冷却塔。

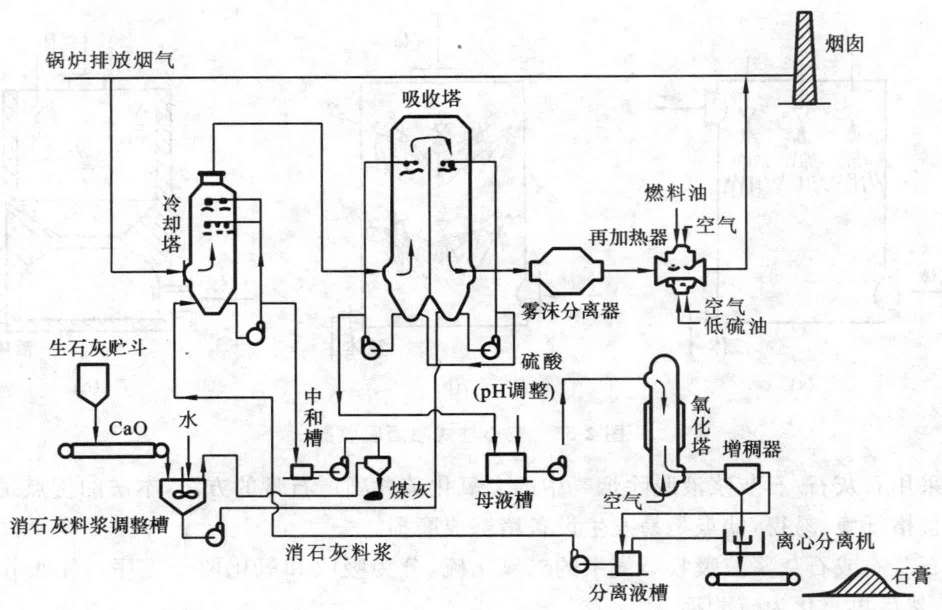

图 2-56　三菱重工石灰-石膏法工艺流程

该法脱硫率在 90%以上，并得到含水 5%～10%的优质石膏副产品。

2. 吸附法

吸附法是用多孔性固体吸附剂吸附废气中的有害气体，使它与废气分离的净化过程。

由于固体物质表面上存在着未平衡或未饱和的分子力或化学键力，当气体与它接触时，它能吸引气体分子，把气体分子浓集在固体表面上。吸附过程一般是可逆的，可对吸附剂进行脱附处理，使吸附剂再生。由于吸附剂吸附容量有限，当污染物浓度较高时，一般可采用冷凝、吸收等方法先行净化，再用吸附法净化。吸附法也可用于预先氧化污染物，以便作其他净化处理。吸附剂还可用于气流的预先干燥脱水。

吸附法净化效率高，对低浓度气体有很强的净化能力，适用于排放标准要求严格或有害成分浓度低，用其他方法达不到净化要求的气体净化。吸附剂可再生利用，从而降低治理费用。通过再生处理，可回收有用物质。但再生需专门的设备和再生介质，使设备繁杂，能耗增加，这是限制吸附法广泛使用的原因之一。高浓度气体净化不宜采用吸附法。

用吸附法净化气体污染物，其吸附流程的核心组成部分是吸附装置。图 2-57 所示为一种典型的吸附器。吸附设备可分为固定床吸附器、移动床吸附器、流化床吸附器等。

3. 催化法

催化法是利用催化剂的催化作用，使废气中的有害组分发生化学反应，转化为无害或易于去除的物质的方法。

催化剂一般具有选择性，专门对某一化学反应起加速作用。反应温度的变化对催化剂的使用寿命有明显影响，各种催化剂有各自的活性温度范围。催化毒物会使催化剂的活性和选择性下降或丧失，造成催化剂中毒。催化剂必须在适宜的操作条件下使用。还应正确地选择催化剂，要考虑污染气体组成和化学反应类型，选择活性高、使用寿命长的催化剂。

催化法的主要优点是净化效率高，净化效率受废气中污染物浓度影响小，净化过程中不需要分离气流，可直接在混合气流中转化为无害物质，避免了二次污染。催化法同时存在以下不

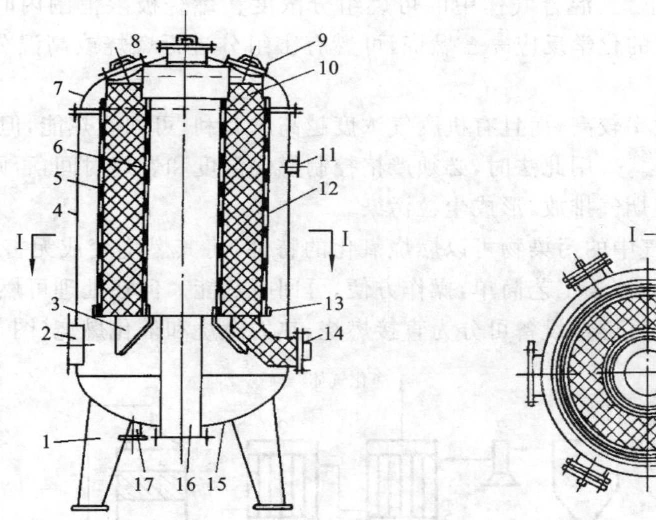

图 2-57　BTP 环式吸附器

1—支脚；2—蒸气空气混合物及用于干燥和冷却的空气入口接管；3—吸附剂筒底支座；4—壳体；5、6—多孔外筒和内筒；7—顶盖；8—视孔；9—装料孔；10—补偿料斗；11—安全阀接管；12—活性炭层；13—吸附剂筒底座；14—卸料孔；15—底；16—净化气和废空气的出口及水蒸气的入口接管；17—脱附时排出蒸气和冷凝液及供水用接管

足之处：催化剂一般价格较高，需专门制备；催化剂易被污染，对进气质量要求高；催化法不能回收废气中的有用成分，不适用于对间歇排气的治理。

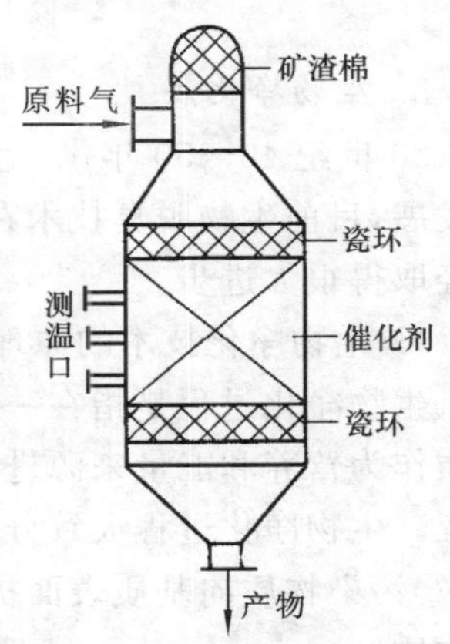

图 2-58　单段绝热催化反应器示意图

催化反应器（图 2-58）是催化净化工艺流程中的主体设备。目前所采用的气固催化反应器有两大类，即固定床反应器和流化床反应器。流化床反应器具有很高的传热效率，温度分布均匀，气固相之间有很大的接触表面，因而大大强化了操作，简化了流程。实际操作中以固定床反应器为最多见。

催化法应用比较广泛。氮氧化物的治理技术中经常采用选择性催化还原法，其反应原理如下：在温度较低时，在反应器中 NH_3 与废气中的 NO_2 和 NO 在催化剂的作用下发生反应，反应式如下：

$$4NH_3 + 6NO \longrightarrow 5N_2 + 6H_2O$$

$$8NH_3 + 6NO_2 \longrightarrow 7N_2 + 12H_2O$$

在一般的选择性催化还原工艺中，反应温度应控制在 300 ℃以下，温度超过 350 ℃时容易发生下列副反应：

$$2NH_3 \longrightarrow N_2 + 3H_2$$

$$4NH_3 + 5O_2 \longrightarrow 4NO + 6H_2O$$

4. 燃烧法

燃烧法是通过热氧化过程把废气中的烃类等有机成分有效地转化为 CO_2、H_2O 的方法，适用于处理废气中浓度较高、发热量较大的可燃性有害气体，主要用于 HC、CO、挥发性有机废气、沥青烟、黑烟等的净化治理。

在有氧存在的条件下,当混合气体中的可燃组分浓度在燃烧极限范围内时,一经明火点燃,可燃组分即发生激烈的化学反应——燃烧,可燃有害组分进行燃烧或高温分解,从而使有害组分转化为无害物质。

燃烧法简便易行,效率较高,而且有机废气浓度越高越有利,可回收热能,但不能回收有害气体,可能造成二次污染。采用此法时,必须严格控制燃烧温度和燃烧时间,否则,有机物会炭化成颗粒,以粉尘形式随烟气排放,形成尘粒污染。

燃烧净化是利用废气中的污染物可以燃烧氧化的特性,将其燃烧变成无害或易于进一步处理和回收物质的方法。该法工艺简单,操作方便,可回收热能。但在处理可燃物含量低的废气时,需预热而耗能。废气燃烧设备可分为直接燃烧、热力燃烧和催化燃烧(图 2-59)三类。

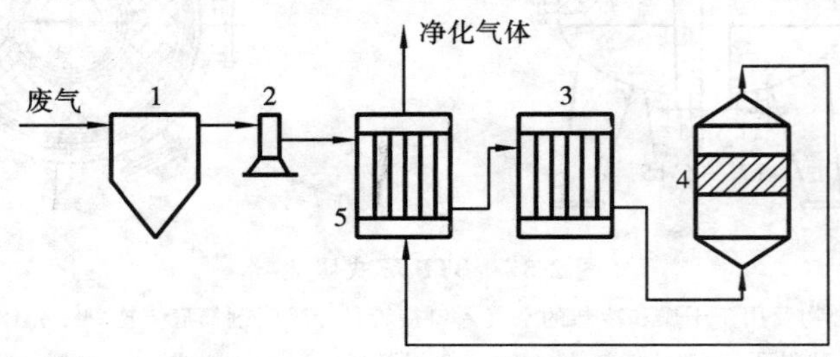

图 2-59　催化燃烧工艺流程

1—除尘器;2—风机;3—热交换器;4—催化反应床;5—热交换器

5. 生物净化法

20 世纪 40—50 年代,生物脱臭技术率先在德国和美国等西方国家开始使用。经过多年的发展,目前生物脱臭技术在生活污水处理厂、垃圾填埋场等的挥发性有机废气污染治理方面已经取得很大进步。

1) 生物净化技术的原理及特点

生物净化过程是指在一定条件下,附着于基质上的细菌、放线菌等微生物以废气中的污染物质作为营养和能量来源进行生命活动,并将其转化为 CO_2、H_2O 等无毒害或低毒害物质的过程。生物净化过程大致分三步进行:①污染物质通过传质作用从气相转移到液相,被基质吸附;②污染物质向基质表面扩散,被微生物吸附;③微生物将污染物质降解,产生 CO_2 和 H_2O 等物质。

与传统的物理和化学处理技术相比,生物净化技术具有以下优点:适用污染物的范围广,可以处理多种挥发性有机废气,可在常温(10～40 ℃)、常压下将污染物质降解,具有安全、能耗低、操作简单以及成本低的优势;可以处理低浓度挥发性有机废气,尤其是对生化降解性强的有机恶臭废气净化效果明显;不投加化学药剂,不产生二次污染。

2) 生物处理工艺类型

反应器是生物净化工艺过程中不可缺少的物质条件。根据反应器不同,生物净化工艺可分为生物过滤反应器工艺、生物滴滤反应器工艺、生物洗涤反应器工艺、生物膜工艺以及联合工艺等形式。与其他反应器工艺相比,生物过滤反应器工艺、生物洗涤反应器工艺和生物滴滤反应器工艺这三种工艺是目前最常用的工艺类型,技术也相对成熟。

(1) 生物过滤反应器工艺。

生物过滤反应器工艺是一种常用的生物处理工艺,其工艺流程如图 2-60 所示。

生物过滤反应器工艺的净化原理如下:挥发性有机废气经加压、增湿后,从反应器(内部充填活性填料)底部进入,并与填料上附着的生物膜上接触。污染物质被生物膜吸收后,被其上的微生物降解为水和二氧化碳等小分子物质,净化后的气体从生物过滤反应器的顶部排出。

(2) 生物洗涤反应器工艺。

生物洗涤反应器通常由一个装有填料的洗涤反应器和一个装有活性污泥的生物反应器构成(图 2-61),涉及挥发性有机废气吸收和悬浮液再生两步。生物洗涤反应器挥发性有机废气吸收过程:挥发性有机废气从吸收设备底部进入,向上流动并与顶部喷淋向下流动的生物悬浮液在填料床中相互接触,经传质过程进入液相,被其中的生物膜分解,净化后的气体从吸收设备顶部排出。吸收设备常采用喷淋塔或鼓泡塔。如果污染物质水溶性较高,则容易被水吸收,也容易被生物洗涤反应器去除。悬浮液的再生是挥发性有机废气净化过程中的重要步骤。吸收了挥发性有机废气物质的生物悬浮液回到再生反应池,挥发性有机废气物质在有氧条件下被微生物降解和利用,也就完成了悬浮液的再生过程。再生后的悬浮液再进入吸收设备,便进入了下一个循环。

生物洗涤反应器工艺的优点有反应条件易控制、压降小、填料不易堵塞,缺点有设备多、需外加营养、成本较高、对溶解度小的物质净化效果较差。

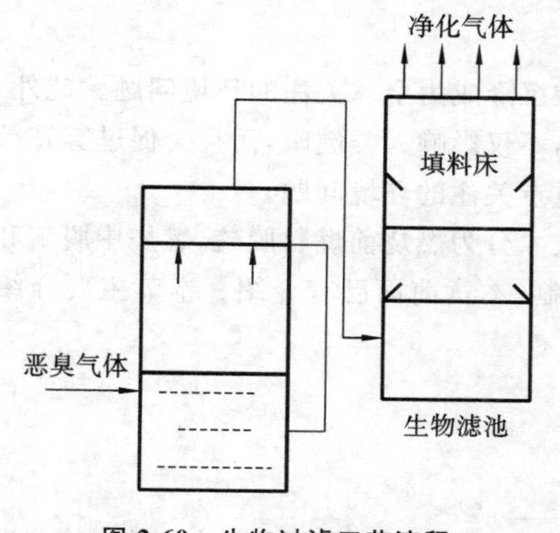

图 2-60　生物过滤工艺流程

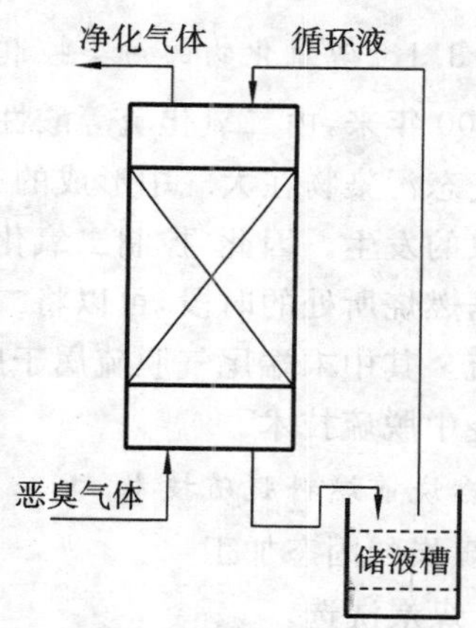

图 2-61　生物洗涤工艺流程

(3) 生物滴滤反应器工艺。

生物滴滤反应器工艺是介于生物过滤反应器工艺和生物洗涤反应器工艺之间的一种工艺形式。生物滴滤反应器内装有填料,循环水不断喷洒在填料上,填料表面被微生物形成的生物膜所覆盖。在生物滴滤反应器工艺中,生物吸收和降解同时发生在一个反应器内。生物滴滤反应器工艺的典型工艺流程如图 2-62 所示。

与其他工艺相比,生物滴滤反应器工艺还具有以下优点:操作简单,压降低,填料不易堵塞且对污染物质去除效率高;能承受较大的污染负荷,具有较强的缓冲能力,在营养供应和微生物生长环境的调节方面具有优势,可以控制生物滴滤反应器中循环液的 pH 值,也可通过向循环液中加入 K_2HPO_4 和 NH_4NO_3 等营养物质的方式为反应器中的微生物提供营养;对负荷高的卤化物、硫化氢和氨气等废气具有较好的净化效果,含氨废气经处理后可达到国家一级排放标准;能将生活污水作为喷淋液,实现以废治废。

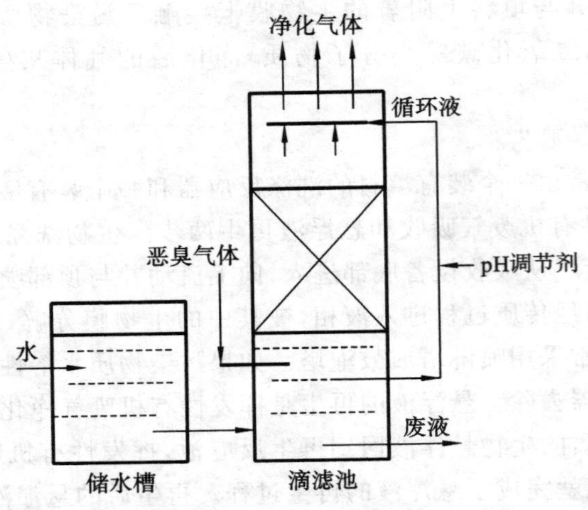

图 2-62　生物滴滤工艺流程

2.6.3　典型大气污染物控制措施

2.6.3.1　硫氧化物的污染控制

近100年来，由二氧化硫等酸性气体导致的酸沉降成为全球关注的环境问题。此外，二氧化硫等气态污染物在大气中形成的二次微细粒子，不仅影响人类健康，而且会促进雾霾等大气污染现象的发生。因此，控制二氧化硫已经成为重点关注的环境问题。

根据燃烧所处的时段，可以将二氧化硫控制技术分为燃烧前燃料脱硫、燃烧中脱硫和末端尾气脱硫。其中末端尾气脱硫属于废气污染物控制，本章前面已有介绍。本节主要介绍燃烧前和燃烧中脱硫技术。

1. 燃烧前燃料脱硫技术

1）煤炭的固态加工

(1) 煤炭洗选。

煤炭洗选是利用煤和杂质(矸石)的理化性质等的差异，通过物理、化学或微生物分选的方法使煤和杂质有效分离，加工成质量均匀、用途不同的煤炭产品的加工技术。按选煤方法不同，可分为物理选煤、物理化学选煤、化学选煤和微生物选煤等。

物理选煤是根据煤炭和杂质物理性质(如粒度、密度、硬度、磁性及电性等)上的差异进行分选，物理选煤还可以进一步分为重力法和电磁法，其中重力选煤包括跳汰选煤、重介质选煤、斜槽选煤、摇床选煤和风力选煤等。

物理化学选煤即浮游选煤(简称浮选)，是依据矿物表面物理化学性质的差别进行分选，使用的浮选设备很多，主要包括机械搅拌式浮选和无机械搅拌式浮选两种。

化学选煤是借助化学药剂将煤中有用成分富集，除去杂质和有害成分的工艺过程。根据化学药剂种类和反应原理不同，化学法可进一步分为碱处理法、氧化法和溶剂萃取法等方法。

微生物选煤是用某些自养性和异养性微生物，直接或间接地利用其代谢产物从煤中溶浸硫，达到脱硫的目的。

物理选煤和物理化学选煤技术是实际选煤生产中常用的技术，一般可有效脱除煤中无机硫(黄铁矿硫),化学选煤和微生物选煤还可脱除煤中的有机硫。工业化生产中常用的选煤方法为跳汰选煤、重介质选煤、浮选等选煤方法。

(2) 型煤固硫。

型煤是指按照一定粒度要求,将一种或几种煤粉在一定比例添加剂(黏结剂、助燃剂和固硫剂)存在条件下,经一定的压力作用,加工制成具有一定外形和物理化学性质的煤炭制品。

与原煤相比,粉煤成型后使用具有以下优点:可提高炉窑效率5%～13%,节约煤炭7%～15%;可减少粉尘排放量30%～60%,降低大气中粉尘颗粒物的含量;可降低SO_2排放量20%～50%,在一定程度上减少酸雨的发生;降低燃煤中其他有害物质的含量。

2) 煤炭的转化

煤炭的转化主要包括气化和液化两类。

煤炭气化是指在特定的设备内,在一定温度及压力下使煤中有机质与气化剂(如水蒸气、空气、氧气等)发生一系列化学反应,将固体煤转化为含有CO、H_2、CH_4等可燃气体和CO_2、N_2等非可燃气体的物化过程。煤炭气化一般包括干燥、燃烧、热解和气化四个阶段。干燥属于物理变化,其他属于化学变化。煤在气化炉中发生热分解、气化反应后产生一氧化碳、氢气、甲烷及二氧化碳、氮气、硫化氢、水等气态物质,即粗煤气。主要存在的化学反应过程如下。

以空气或氧气为气化剂的反应:

$$C+O_2 \longrightarrow CO_2$$

$$C+\frac{1}{2}O_2 \longrightarrow CO$$

以水蒸气为气化剂的反应:

$$C+H_2O \longrightarrow CO+H_2$$

$$C+2H_2O \longrightarrow CO_2+2H_2$$

催化转化反应:

$$CO+H_2O \longrightarrow CO_2+H_2$$

加氢气化反应:

$$C+2H_2 \longrightarrow CH_4$$

甲烷化反应:

$$CO+3H_2 \longrightarrow CH_4+H_2O$$

$$2CO+2H_2 \longrightarrow CH_4+CO_2$$

$$CO_2+4H_2 \longrightarrow CH_4+2H_2O$$

煤炭液化是把固体状态的煤炭通过化学加工使其转化为液体产品(液态烃类燃料,如汽油、柴油等产品或化工原料)的技术。通过煤炭液化可将硫等有害元素和灰分进行去除,得到洁净的二次能源。煤炭液化对优化终端能源结构、解决石油短缺问题、减少环境污染具有重要意义。

煤的液化主要分为煤的直接液化和间接液化两类。

煤直接液化是指煤在氢气和催化剂作用下,通过加氢裂化转变为液体燃料的过程。裂化是一种使烃类分子分裂为几个较小分子的反应过程。因煤直接液化过程主要采用加氢手段,故又称为煤的加氢液化法。

煤间接液化是以煤为原料,先气化制成合成气,然后通过催化作用将合成气转化成烃类燃料、醇类燃料和化学品的过程。

3）重油脱硫

重油脱硫是为了去除石油中的有机硫，提高油的品质。基本原理如下：在钼、钴和镍等金属氧化物催化剂作用下，通过高压加氢反应，切断碳与硫的化合键，以氢置换出碳，同时氢与硫形成硫化氢从重油中分离出来，以吸收法除去。重油脱硫分为直接脱硫和间接脱硫两种类型。

2. 燃烧中脱硫技术

燃烧中脱硫一般有三个途径：一是型煤技术，一般可以减少二氧化硫排放量 40%～60%；二是循环流化床燃烧脱硫技术，脱硫率可达 80%～90%；三是炉内喷钙脱硫技术。

型煤是指用机械方法将粉煤、低品位煤制成具有一定强度且块度均匀的固体型块。同时在制作型煤的过程中可以在粉煤中添加石灰石等廉价的钙系固硫剂，在燃烧过程中，煤中的硫与固硫剂中的钙发生化学反应，从而将煤中的硫固化。目前型煤固硫技术已经成为控制二氧化硫污染经济、有效的途径。

循环流化床燃烧脱硫是一种炉内燃烧脱硫工艺。以石灰石为脱硫吸收剂，燃煤和石灰石从锅炉燃烧室下部送入，一次风从布风板下部送入，二次风从燃烧室中部送入。石灰石受热分解为氧化钙和二氧化碳。气流使燃煤、石灰颗粒在燃烧室内强烈扰动形成流化床，燃煤烟气中的二氧化硫与氧化钙接触发生化学反应被脱除。

为了提高吸收剂的利用率，将未反应的氧化钙、脱硫产物及飞灰送回燃烧室参与循环利用。钙硫比达到 2～2.5 时，脱硫率可达 90%以上。循环流化床燃烧脱硫技术的化学反应如下：

$$CaCO_3 \longrightarrow CaO + CO_2 \uparrow$$

$$CaO + SO_2 + \frac{1}{2}O_2 \longrightarrow CaSO_4$$

炉内喷钙脱硫是在煤燃烧过程中加入钙基脱硫剂，达到脱除烟气中二氧化硫的目的。常用的钙基脱硫剂包括石灰石（$CaCO_3$）、熟石灰（$Ca(OH)_2$）和白云石（$CaCO_3 \cdot MgCO_3$）。炉内喷钙脱硫法的主要优点是投资小、工艺简单、操作容易、占地少。脱硫率受脱硫剂的孔结构、孔性质、比表面积及空隙率等因素影响。主要涉及的煅烧反应如下：

$$CaCO_3 \longrightarrow CaO + CO_2 \uparrow$$

$$Ca(OH)_2 \longrightarrow CaO + H_2O \uparrow$$

$$CaCO_3 \cdot MgCO_3 \longrightarrow CaO + MgO + 2CO_2 \uparrow$$

煅烧产生的氧化钙与废气中的二氧化硫在炉内发生以下化学反应：

$$CaO + SO_2 \longrightarrow CaSO_3$$

$$CaO + SO_2 + \frac{1}{2}O_2 \longrightarrow CaSO_4$$

炉内喷钙脱硫技术的缺点如下：当烟气中含有较多的二氧化碳和水时，脱硫剂容易在炉内发生结焦，比表面积、反应活性和反应速率都明显降低。当温度超过 1300 ℃时，生成的硫酸钙易于分解成氧化钙和二氧化硫，使脱硫率降低，一般仅为 10%～30%。

2.6.3.2 固定源氮氧化物污染控制

1. 氮氧化物的性质及来源

氮氧化物是指由氮、氧两种元素组成的化合物，包括 N_2O、NO、N_2O_3、NO_2、N_2O_4、N_2O_5、三硝基胺（$N(NO_2)_3$）。大气中的氮氧化物一般表示为 NO_x，主要以 NO、NO_2 的形式存在，其中 NO 占 90%以上，NO_2 占 5%～10%。

NO_x来源于自然因素和人类活动两方面，其中固氮菌、雷电等自然过程带来的 NO_x 量约为5×10^8 t/a，人类活动带来的 NO_x 量约为 5×10^7 t/a。在人类活动中，NO_x 的主要来源是高温燃烧和化工生产，其中燃烧产生比例约为 90%。

2. 燃烧过程氮氧化物形成机理

氮氧化物按产生机理一般分为热力型、瞬时型和燃料型几类。

1）热力型 NO_x 的形成

在高温下 N_2 与 O_2 反应生成 NO_x。产生 NO 和 NO_2 的两个主要反应方程式如下：

$$O_2+N_2 \rightleftharpoons 2NO$$

$$\frac{1}{2}O_2+NO \rightleftharpoons NO_2$$

上述两个反应均为可逆反应，化学平衡受温度和反应物化学组成影响（见表 2-27），NO 平衡浓度随温度升高迅速增加。由表 2-27 可知，在温度低于 1000 K 的条件下，NO 的平衡常数（K_p）较小，平衡分压较低，即生成浓度较低。当温度逐渐升高，尤其在常规的燃烧温度（1000 K）以上时，NO 的生成浓度较高。

$$N_2+O_2 \longrightarrow 2NO$$

$$K_p=\frac{p_{NO}^2}{p_{O_2}\,p_{N_2}}$$

表 2-27　NO 生成反应的平衡常数

T/K	K_p
300	10^{-30}
1000	7.5×10^{-9}
1200	2.8×10^{-7}
1500	1.1×10^{-5}
2000	4.0×10^{-4}
2500	3.5×10^{-3}

在实际燃烧过程中，NO_2 和 NO 的生成反应同时发生。对于 NO_2 来说，其平衡常数（K_p）随着温度的升高而减小（如表 2-28 所示）。因此，低温有利于 NO_2 的形成。在高温条件下，NO_2 会分解成 NO，尤其在常规燃烧温度（＞1500 K）条件下，NO_2 的生成量比 NO 低得多，此时 NO 浓度较高。

$$NO+\frac{1}{2}O_2 \longrightarrow NO_2$$

$$K_p=\frac{p_{NO_2}}{p_{NO}\,p_{O_2}^{0.5}}$$

表 2-28　NO 转化为 NO_2 反应的平衡常数

T/K	K_p
300	10^6
500	1.2×10^2
1000	1.1×10^{-1}
1500	1.1×10^{-2}
2000	3.5×10^{-3}

2) 瞬时 NO_x 的形成

瞬时 NO_x 的形成又称快速性氮氧化物的形成,是指含氮燃料在低温火焰中燃烧时其中的含碳自由基(包括 CH、CH_2 和 C_2 等)与 N_2 反应生成 NO 的过程。反应方程式如下:

$$CH + N_2 \longrightarrow HCN + N$$
$$CH_2 + N_2 \longrightarrow HCN + NH$$
$$C_2 + N_2 \longrightarrow 2CN$$

3) 燃料型 NO_x 的形成

NO_x 由燃料中氮化合物在燃烧中氧化而成。燃料中的 N 通常以原子状态与 HC 结合,C—N 键的键能较 N≡N 键小,燃烧时容易分解,经氧化形成 NO_x。不同的燃料含氮量差别很大,石油的含氮量(质量分数)在 0.65%,煤的含氮量在 1%~2%。

由于燃料中氮的热分解温度低于燃料燃烧温度,一般认为含氮燃料在进入燃烧区之前,就很可能发生一定程度的热解反应。在生成燃料型 NO_x 的过程中,首先是含有氮的有机化合物热裂解产生 N、CN、HCN 等中间产物,然后这些物质被氧化成 NO_x。

3. 固定源氮氧化物控制措施

对于固定源氮氧化物控制,主要从燃烧过程和烟气脱硝两方面考虑,其中燃烧又分为传统的低 NO_x 燃烧技术和现代先进的低 NO_x 燃烧器技术。

1) 传统的低 NO_x 燃烧技术

传统的低 NO_x 燃烧技术分为低氧燃烧、低温燃烧和两段燃烧几种类型。

低氧燃烧是在炉内过量空气系数低于常规设定值(煤粉锅炉为 1.15,油炉油为 1.05)的工况下组织燃烧的方式。本方法的优点是能降低 NO_x 的产生量和提高锅炉热效率。由图 2-63 可以看出,燃烧器在低过量空气系数条件下运行时 NO_x 生成量的下降幅度与燃料种类、燃烧方式和排渣方式有关。此外,通过低氧燃烧也能有效降低 CO、HC、炭黑等物质的生成量。

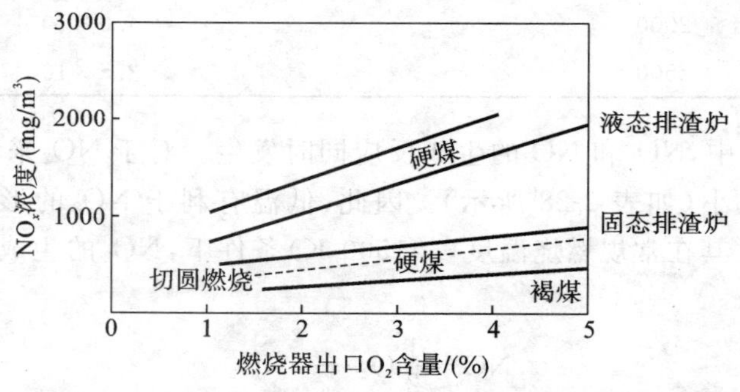

图 2-63 燃烧器出口 O_2 含量对 NO_x 生成量的影响

降低助燃空气的预热温度能有效降低 NO_x 的产生量和排放量(如图 2-64 所示)。

两段燃烧法在 20 世纪 50 年代由美国发展起来。空气分两次供入炉内(如图 2-65 所示),第一次供给的空气量为理论空气量的 80%~85%,第二次供给的空气量为理论空气量的 20%~25%。在第一段,燃烧处于缺氧状态,温度较低,生成的 NO_x 少;在第二段,氧气过量,燃烧处于富氧状态。两段燃烧法既能有效控制 NO_x 的生成量,又能保证燃料燃烧完全,是一种较好的低 NO_x 燃烧工艺。

2) 现代先进的低 NO_x 燃烧器技术

按照燃烧技术和原理,先进低 NO_x 燃烧器又可进一步分成空气分级、燃料分级以及烟气

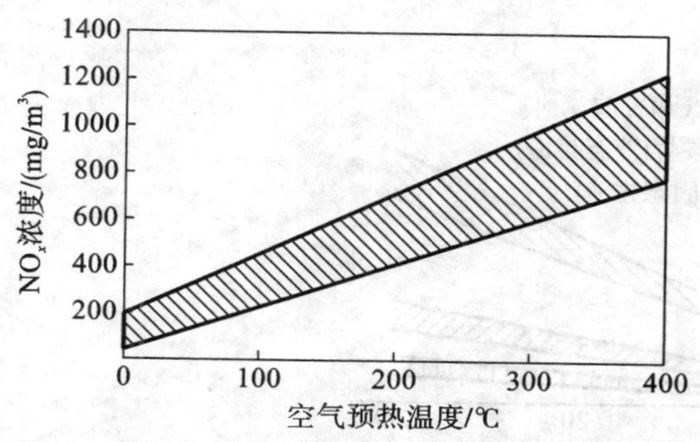

图 2-64　空气预热温度对燃烧系统 NO$_x$ 生成量的影响

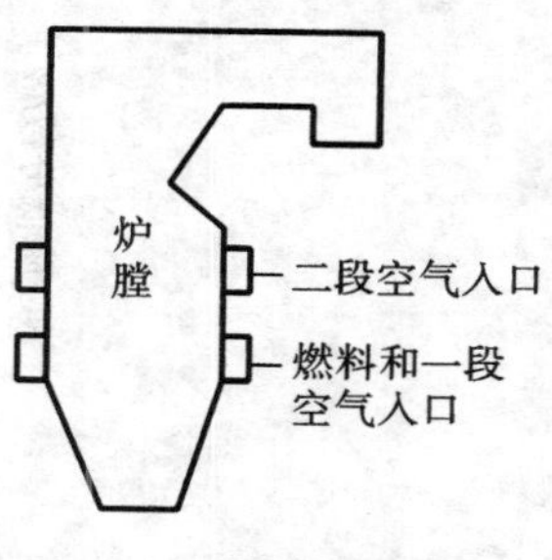

图 2-65　二段燃烧炉

再循环三大类型。

空气分级低 NO$_x$ 燃烧器在 20 世纪 50 年代由美国开发，其基本原理如下：在燃烧器喷口附近的着火区形成过量空气系数 $\alpha<1$ 的富燃料区，形成还原性气氛，将二次风分成两股，分级送入已着火的煤粉气流。在煤粉着火的初始阶段，只加入部分二次风，维持一段距离富燃料燃烧，称为一级燃烧区。另一股二次风送入一级燃烧区的下游，形成 $\alpha>1$ 的富氧燃烧，称为二次燃烧区，此处燃料完全燃烧。有的燃烧器还设有“火上风”，将三次风混入燃烬区。

燃料分级低 NO$_x$ 燃烧器是将燃料分次送入燃烧装置的燃烧器，如图 2-66 所示。

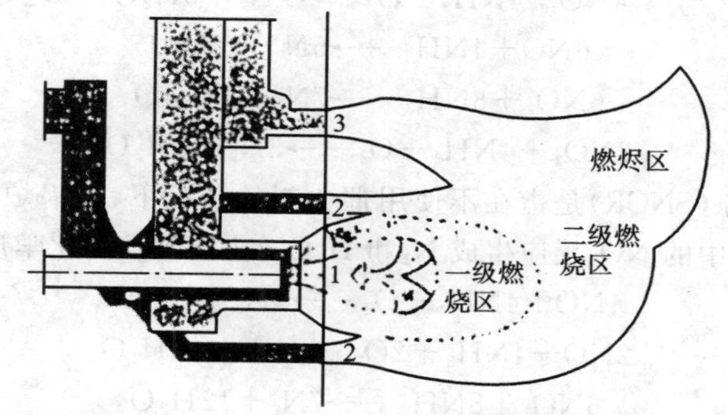

图 2-66　德国斯坦缪勒(Steinmuller)公司 MSM 型低 NO$_x$ 燃烧器结构示意图

1—一次燃料喷口；2—二次燃料喷口；3—二次风喷口

一次燃料和空气在喷口 1 附近混合形成一级燃烧区，此处过量空气系数 $\alpha_1=0.9$，燃烧在接近理论空气量的条件下进行。在喷口 2，燃料在 $\alpha_2=0.55$ 的条件下被送入炉膛，在此形成还原性气氛很强的二级燃烧区。此区不但可以抑制 NO$_x$ 的生成，还可将一级燃烧区中生成的 NO$_x$ 还原。同时，二级燃烧区推迟了燃烧过程，使火焰温度降低，抑制了热力型 NO$_x$ 的生成。保证煤粉完全燃烧的“火上风”由喷口 3 送入燃烧器上部的炉膛，并与来自二级燃烧区的火焰混合，在 $\alpha=1.25$ 的条件下将煤粉燃尽。

烟气再循环低 NO$_x$ 燃烧器通过再循环把部分烟气与一次风混合，在一次风喷口附近形成还原性气氛，使燃烧速度和燃烧区温度降低，抑制了 NO$_x$ 的生成。二次风起着“火上风”的作用，当它与自下而上的还原性火焰混合时，在 $\alpha>1$ 的条件下完成煤粉的燃尽过程。烟气再循环法能同时降低燃烧区氧浓度和温度，减少热力型 NO$_x$ 的生成量(见图 2-67)。

3) 烟气脱硝技术

目前，典型的烟气脱硝技术包括选择性催化还原(SCR)、选择性非催化还原(SNCR)、吸

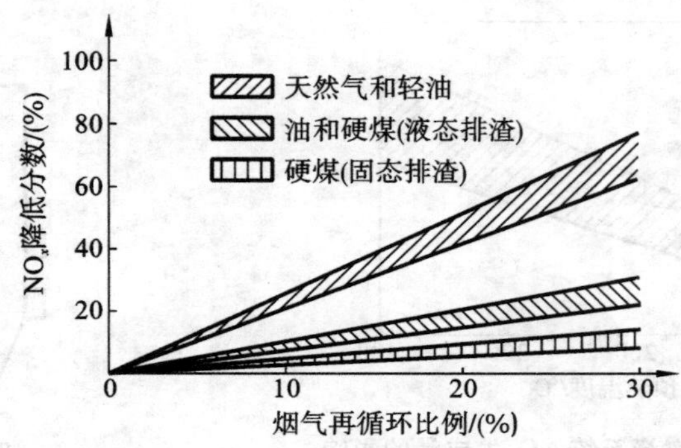

图 2-67　烟气再循环燃烧对降低 NO_x 的影响

收和吸附净化。其中后两种技术在本书前面章节已有阐述,在此不再说明。

选择性催化还原(SCR)是指在催化剂的作用下,利用还原剂(如 NH_3、液氨、尿素)来"有选择性"地与烟气中的 NO_x 反应并生成无毒无污染的 N_2 和 H_2O。该技术首先由美国 Engelhard 公司发明并于 1957 年申请专利。经过几十年的发展,目前用 SCR 技术控制锅炉烟气中的 NO_x 已经比较成熟,是目前世界上应用最广泛的一种烟气脱硝技术。主要涉及的化学反应如下:

$$4NO+4NH_3+O_2 \longrightarrow 4N_2+6H_2O$$

$$6NO+4NH_3 \longrightarrow 5N_2+6H_2O$$

$$6NO_2+8NH_3 \longrightarrow 7N_2+12H_2O$$

$$2NO_2+4NH_3+O_2 \longrightarrow 3N_2+6H_2O$$

选择性非催化还原(SNCR)是指在不使用催化剂的情况下,在锅炉炉膛中均匀喷入氨或尿素等还原剂,与烟气中的 NO_x 反应生成 N_2 和 H_2O。主要涉及的化学反应如下:

$$4NO+4NH_3+O_2 \longrightarrow 4N_2+6H_2O$$

$$2NO+4NH_3+2O_2 \longrightarrow 3N_2+6H_2O$$

$$6NO_2+8NH_3 \longrightarrow 7N_2+12H_2O$$

$$(NH_2)_2CO \longrightarrow 2NH_2+CO$$

$$NH_2+NO \longrightarrow N_2+H_2O$$

$$2CO+2NO \longrightarrow N_2+2CO_2$$

2.6.3.3　城市机动车尾气治理技术

汽车排放尾气中含有许多有害成分,主要成分是 CO、NO_x 和碳氢化合物。这些污染成分长期存在于大气中,会进一步通过光化学反应生成毒害性更强的光化学烟雾。

汽车尾气污染物控制,一般通过燃料改进与替代、发动机燃烧控制和尾气净化等措施来实现。

常见的尾气净化装置包括空气喷射装置、热反应器、催化氧化型转化器、催化还原型转化器和三效催化转换器等。

催化氧化型和催化还原型转化器分别用来净化排气中的 CH、CO 和 NO_x,目前已经被三效催化转换器取代。

催化氧化型转化器是利用排气中残留或二次空气供给的氧将 CO 和 CH 进行氧化,反应过程如下:

$$C_xH_y+(x+y/4)O_2 \longrightarrow (y/2)H_2O+xCO_2$$

$$2CO+O_2 \longrightarrow 2CO_2$$

催化还原型转化器是以 CO、HC 和 H_2 作为还原剂，将排气中的 NO_x 还原为 N_2，反应过程如下：

$$C_xH_y+4NO+(x+y/4-4)O_2 \longrightarrow (y/2-3)H_2O++CO+(x-1)CO_2+2NH_3+N_2$$

$$CO+NO \longrightarrow 1/2N_2+CO_2$$

$$5CO+2NO+3H_2O \longrightarrow 2NH_3+5CO_2$$

$$H_2+NO \longrightarrow 1/2N_2+H_2O$$

$$5H_2+2NO \longrightarrow 2NH_3+2H_2O$$

$$CO+2NO \longrightarrow N_2O+CO_2$$

$$H_2+2NO \longrightarrow N_2O+H_2O$$

三效催化转换器是在 NO_x 催化还原型转化器的基础上发展起来的，能同时净化 CO、HC 和 NO_x 三种成分。三效催化转换器由外壳、载体和涂层组成（如图 2-68 所示）。外壳由不锈钢材料制成，载体一般为蜂窝状陶瓷材料，在载体孔道的壁面上涂有一层非常稀松的活性层，在涂层表面散布着贵金属活性材料，一般为铂、铑、钯等，外加助催化剂钡或镧。在三效催化转换器内基本反应过程如下：汽车尾气中的 CO、HC、NO_x 成分在贵金属 Pt 等催化作用下，其中的 NO 与 O_2 反应生成 NO_2，并以硝酸盐的形式被吸附在碱金属（或稀土金属）表面，CO 和 HC 被氧化成 CO_2 和 H_2O 后从催化剂上排出。与此同时，还原剂 CO、HC 和 H_2 还和从碱土金属表面析出的 NO_2 进行反应，生成 CO_2、H_2O 和 N_2，碱土金属得到再生。

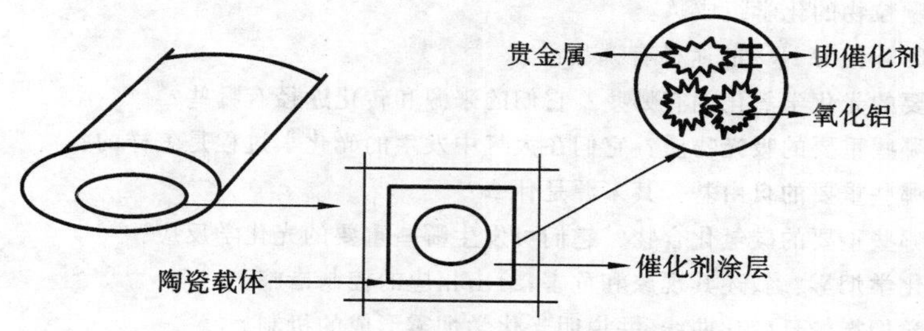

图 2-68　三效催化转换器的载体和涂层结构

混合稀土贵金属构成的三元催化剂对 CO 和 HC 的脱除率高于 90%，对 NO_x 的净化效率也高于 90%。三元催化剂还具有起燃温度低（<200 ℃）、耐热性好（>1000 ℃）等优点，对 S 和 Pb 有一定抗毒性，能在较宽的空燃比范围内使用。

思考与练习题

1. 什么是大气的温度层结？
2. 大气可划分为哪些层次？各层的特点是什么？
3. 气温垂直递减率和气团干绝热减温率分别指什么？如何利用两者判断大气的稳定度？
4. 什么是逆温？逆温现象的出现对大气污染物的迁移扩散有什么影响？
5. 影响大气中污染物迁移的主要因素是什么？
6. 试说明臭氧层处于什么位置及臭氧层形成的原因。臭氧层的形成对地球生命有何作用？
7. 什么是“城市热岛效应”？城市下垫面及“城市热岛效应”对大气污染物有何影响？
8. 山区下垫面对大气污染物扩散有何影响？

9. 什么是“海陆风”?“海陆风”对大气污染物扩散有何影响?
10. 什么是光化学第一定律?什么是光化学第二定律?
11. 试解释“光化学的初级过程”和“光化学的次级过程”的概念。
12. 有一光化学反应:

$$CHCl_3 + Cl_2 + h\nu \longrightarrow CCl_4 + HCl$$

其反应机理为

(1) $Cl_2 + h\nu \longrightarrow 2Cl\cdot$

(2) $Cl\cdot + CHCl_3 + h\nu \longrightarrow \cdot CCl_3 + HCl$

(3) $\cdot CCl_3 + Cl_2 \longrightarrow CCl_4 + Cl\cdot$

(4) $2\cdot CCl_3 + Cl_2 \longrightarrow 2CCl_4$

反应(1)为初级过程,吸收光强度为 I_a,反应(2)～反应(4)为次级过程,四个反应的速率常数分别为 κ_1、κ_2、κ_3、κ_4,试用稳态法推导反应速率方程:

$$dc_{CCl_4} = \kappa[I_a c_{Cl_2}]^{1/2}$$

(提示:速率方程中 $\kappa = \kappa_3(\kappa_1/\kappa_4)^{1/2}$,并且 κ_1 很小,速率方程中省略了 $\kappa_1 I_a$ 项。)
13. 已知 C—C 键的键能为 250 kJ/mol,试通过计算说明波长为 400 nm 的光是否能破坏 C—C 键。
14. 分别写出 O_2、O_3、N_2、HNO_2、HNO_3 的光解反应式。
15. 用反应式表示大气中 $HO\cdot$、$HO_2\cdot$ 等自由基的形成过程。
16. 什么是气溶胶三模态?它们各自有什么特点?
17. 大气颗粒物的环境效应是怎样的?它的来源和去除机制是什么?
18. 大气中主要的含硫化合物有哪些?分别说明它们的天然和人为来源及在环境中主要的迁移转化途径。
19. 大气颗粒物的主要来源和去除机制是怎样的?其环境效应又如何?
20. 简述大气颗粒物的化学组成。
21. 大气中 NO 转化为 NO_2 的途径有哪些?
22. 大气中重要的光化学氧化剂有哪些?它们的来源和转化途径有哪些?
23. 大气中有哪些重要的吸光物质?它们在大气中发生的光化学过程是怎样的?
24. 大气中有哪些重要的自由基?其来源是什么?
25. 大气中有哪些重要的碳氢化合物?它们可发生哪些重要的光化学反应?
26. 什么是光化学烟雾?叙述其现象和危害,给出相应的控制措施。
27. 解释光化学烟雾的日变化曲线,并说明光化学烟雾形成的机制。
28. 光化学烟雾和硫酸烟雾的主要区别是什么?
29. 酸雨的化学组成是什么?其形成的机制又如何?
30. 在酸雨的形成过程中,NO_x 和 SO_2 的均相和非均相氧化过程是怎样的?
31. 什么是温室效应和温室气体?产生温室效应的气体主要有哪些?其各自的特点是什么?
32. 臭氧层破坏的原因是什么?为什么在极地地区上空容易出现臭氧空洞?
33. 常用的除尘技术有哪些?其各自的特点是什么?
34. 有害气体的治理通常有哪几种方法?其各自的基本原理是什么?

主要参考文献

[1] Manahan S E. Environmental Chemistry[M]. 5th ed. Chelsea: Lewis Publishers, 1991.
[2] Tyagi O D, Mehra M. A textbook of Environmental Chemistry[M]. New Delhi: Anmol Publications, 1990.
[3] Spiro T G, Stigliani W M. Chemistry of the Environment[M]. 2nd ed. 北京:清华大学出版社,2003.
[4] Bailey R A, Clark H M, Ferris J P, et al. Chemistry of the Environment[M]. 2nd ed. 北京:世界图书出版公司,2005.
[5] 王晓蓉. 环境化学[M]. 南京:南京大学出版社,1993.

[6] 戴树桂. 环境化学[M]. 2 版. 北京:高等教育出版社,2006.
[7] 汪群慧. 环境化学[M]. 哈尔滨:哈尔滨工业大学出版社,2004.
[8] 何燧源. 环境化学[M]. 3 版. 上海:华东理工大学出版社,2000.
[9] 刘兆荣. 环境化学教程[M]. 北京:化学工业出版社,2003.
[10] 赵睿新. 环境污染化学[M]. 北京:化学工业出版社,2004.
[11] 邵敏. 环境化学[M]. 北京:中国环境科学出版社,2001.
[12] 夏立江. 环境化学[M]. 北京:中国环境科学出版社,2003.
[13] 唐孝炎,张远航,邵敏. 大气环境化学[M]. 北京:高等教育出版社,2006.
[14] 邓南圣. 环境化学教程[M]. 武汉:武汉大学出版社,2006.
[15] 陶秀成. 环境化学[M]. 合肥:安徽大学出版社,1999.
[16] 魏世强. 环境化学[M]. 北京:中国农业出版社,2006.
[17] 龚书椿. 环境化学[M]. 上海:华东师范大学出版社,1991.
[18] 董升山. 环境化学[M]. 东营:中国石油大学出版社,1995.
[19] 陈永亨. 环境化学[M]. 广州:广东高等教育出版社,2004.
[20] 叶常明. 21 世纪的环境化学[M]. 北京:科学出版社,2004.
[21] 戴树桂. 环境化学进展[M]. 北京:化学工业出版社,2005.
[22] 郝吉明,马广大. 大气污染控制工程[M]. 2 版. 北京:高等教育出版社,2002.
[23] 蒋维楣. 空气污染气象学[M]. 南京:南京大学出版社,2003.
[24] 熊言林,刘顺江. 雾霾与化学[J]. 化学教育. 2013,12:3-9.
[25] 邓志华. 生物滴滤法脱除天然橡胶厂臭气技术研究[D]. 昆明理工大学,2013.
[26] 郝吉明,马广大. 大气污染控制工程[M]. 3 版. 北京:高等教育出版社,2009.
[27] 马纳汉著. 环境化学[M]. 9 版. 孙红文主译. 北京:高等教育出版社,2013.

第3章　水环境化学

本章要点

本章主要介绍天然水的组成和性质，水体中主要的污染物；重金属、有机物典型污染物通过沉淀-溶解、氧化还原、配位作用、吸附-解吸等过程在水体中的迁移转化；水体自净的方式、特征和场所；常用的废水的化学处理方法。

水是生物体赖以生存必不可少的物质，没有水就没有生命。水也是地球上分布最广的物质之一，地球表面有70%为海洋所覆盖，整个地球的水量约为$1.36\times10^9\ km^3$，其中海洋水占地球总水量的97.3%，淡水只占2.7%，可供人类使用的淡水资源约为$8.50\times10^6\ km^3$，仅占地球总水量的0.63%。尽管如此，人类活动还使大量污染物排入水体，造成水体污染，水质日益恶化。因此控制水体污染，保护水资源就显得更加重要。

3.1　天然水的组成和性质

3.1.1　天然水的组成

天然水是海洋、江河、湖泊、沼泽、冰雪等地表水与地下水的总称。天然水在循环过程中不断与环境中的各种物质接触，并能或多或少溶解它们，因此天然水是一种成分复杂的溶液。不同淡水的主要化学成分见表3-1。

表3-1　不同淡水的主要化学成分

种类	河　流			依利湖	地　下　水						封闭盘地湖
岩石类型	花岗岩	石英石	砂岩		花岗岩	辉长石斜长石	砂岩	页岩	石灰岩	白云石	盐湖
pH值	7.0	6.6	8.0	7.7	7.0	6.8	8.0	7.3	7.0	7.9	9.6
pNa	4.0	4.6	4.3	3.4	3.4	3.0	3.3	2.6	3.0	3.5	0.0
pK	4.7	5.1	4.8	4.3	4.0	4.5	4.0	4.2	3.7		1.7
pCa	4.0	4.3	3.1	3.0	3.5	3.1	3.0	2.5	2.7	2.8	4.5
pH_4SiO_4	3.8	4.2	4.1	4.7	3.2	3.0	3.9	3.5	3.7	3.4	2.8
$pHCO_3$	3.6	4.0	2.9	2.7	2.9	2.5	2.6	2.1	2.3	2.2	0.4
pCl	5.3	5.8	5.3	3.6	4.0	3.5	3.7	4.0	3.2	3.3	0.3
pSO_4	4.5	4.7	3.7	3.6	4.2	4.0	3.2	2.2	3.4	4.7	2.0
pX	3.5	3.8	2.7	2.5	2.8	2.4	2.4	1.7	2.2	2.2	0.0

注：$pX=-\lg[X]$。引自Hutizinger，1982。

水体的定义：在水污染化学中，水体是河流、湖泊、沼泽、水库、地下水、冰川、海洋等贮水体的总称。

水体的组成不仅包括水，而且包括其中的悬浮物质、胶体物质、溶解物质、底泥和水生生物，所以水体是一个完整的生态系统，或是被水覆盖地段的自然综合体。

天然水中一般含有可溶性物质和悬浮物质(包括悬浮物、颗粒物、水生生物等)。可溶性物质的成分十分复杂，主要是在岩石的风化过程中，经水溶解迁移的地壳矿物质(表 3-2)。

表 3-2　天然水中部分元素的含量及可能存在的形态

元　素	含量中值/(μg/L)	含量范围/(μg/L)	可能存在的形态
As	0.5	0.2～230	As(Ⅲ、Ⅴ)及砷的甲基化物
B	15	7～500	$B(OH)_3$
Br	14	0.05～55	Br^-
C	1.1×10^4	6×10^3～1.9×10^4	HCO_3^-
Ca	1.5×10^4	2×10^3～1.2×10^5	Ca^{2+}
Cd	0.1	0.01～3	有机配合物、螯合物
Cl	7.0×10^3	1×10^3～3.5×10^4	Cl^-
Cu	3	0.2～30	有机配合物、螯合物
F	100	50～2.7×10^3	F^-
Fe	500	10～1.4×10^3	胶体
Hg	0.1	1.0×10^{-4}～2.8	有机配合物、螯合物
K	2.2×10^3	500～1.0×10^4	K^+
Mg	4.0×10^3	400～6.0×10^3	Mg^{2+}
Mn	8	0.02～130	
N	50	2～1.8×10^3	NO_3^-
Na	6.0×10^3	700～2.5×10^4	Na^+
Ni	0.5	0.02～27	
P	20	1～300	$H_2PO_4^-$
Pb	3	0.06～120	
S	3.7×10^3	200～4.0×10^4	SO_4^{2-}
Sb	0.2	0.01～5	Sb(Ⅴ)
Si	7.0×10^3	500～1.2×10^4	
Sn	9.0×10^{-3}	0.004～0.09	Sn(Ⅳ)、锡的甲基化物
Sr	70	3～1.0×10^3	Sr^{2+}
Zn	15	0.2～100	Zn^{2+} 有机配合物、螯合物

注：引自 Bowen，1979。

1. 天然水中的重要离子组成

K^+、Na^+、Ca^{2+}、Mg^{2+}、HCO_3^-、CO_3^{2-}、Cl^-、SO_4^{2-} 为天然水中常见的八大离子，占天然水中离子总量的 95%～99%。水中这些主要离子的分类，用来作为水体主要化学特征性指标，如表 3-3 所示。

天然水中常见的八大离子总量粗略作为水的总含盐量(TDS)：

$$TDS=([K^+]+[Na^+]+[Ca^{2+}]+[Mg^{2+}])+([HCO_3^-]+[CO_3^{2-}]+[Cl^-]+[SO_4^{2-}])$$

表 3-3 水中的主要离子及其分类

硬度	酸	碱金属	阳离子
Ca^{2+}、Mg^{2+}	H^+	K^+、Na^+	
HCO_3^-、CO_3^{2-}、OH^-		NO_3^-、Cl^-、SO_4^{2-}	阴离子
碱度		酸根	

注:引自汤鸿霄,1979。

2. 水中的金属离子

水溶液中金属离子常以 M^{n+} 表示,与水结合形成$[M(H_2O)_x]^{n+}$。它可通过化学反应达到最稳定的状态,如酸碱、沉淀、配位及氧化还原等反应。

水中可溶性金属离子可以多种形态存在。例如,铁可以$[Fe(OH)]^{2+}$、$[Fe(OH)_2]^+$、$[Fe_2(OH)_2]^{4+}$和 Fe^{3+} 等形态存在。这些形态在中性(pH=7)水体中的浓度可以通过平衡常数加以计算:

$$\frac{[[Fe(OH)]^{2+}][H^+]}{[Fe^{3+}]c^{\ominus}}=8.9\times10^{-4}$$

$$\frac{[[Fe(OH)_2]^+][H^+]^2}{[Fe](c^{\ominus})^2}=4.9\times10^{-7}$$

$$\frac{[[Fe_2(OH)_2]^{4+}][H^+]^2}{[Fe^{3+}]^2c^{\ominus}}=1.23\times10^{-3}$$

假如存在固体 $Fe(OH)_3$,则

$$Fe(OH)_3(s)+3H^+\rightleftharpoons Fe^{3+}+3H_2O$$

$$\frac{[Fe^{3+}](c^{\ominus})^2}{[H^+]^3}=9.1\times10^3$$

当 pH=7 时,$[Fe^{3+}]=9.1\times10^3\times(1.0\times10^{-7})^3$ mol/L$=9.1\times10^{-18}$ mol/L,将这个数值代入以上方程中,即可得出其他各形态的浓度:

$$[[Fe(OH)]^{2+}]=8.1\times10^{-14}\ \text{mol/L}$$

$$[[Fe(OH)_2]^+]=4.5\times10^{-10}\ \text{mol/L}$$

$$[[Fe_2(OH)_2]^{4+}]=1.02\times10^{-23}\ \text{mol/L}$$

虽然这种处理简单化,但很明显,在近于中性的天然水溶液中,水合铁离子的浓度可以忽略不计。在地下水中,可溶性铁以 Fe(Ⅱ)存在,当它们暴露于大气时,Fe^{2+} 缓慢氧化生成 Fe^{3+},就在溶液中产生红棕色沉淀。

3. 溶解在水中的气体

溶解在水中的主要气体有 O_2、CO_2、SO_2、H_2S,微量气体有 CH_4、H_2、He 等。气体在水中的溶解情况对水体的酸碱性、氧化还原状况等有很重要的影响。

气体溶解在水中,对于生物的生存是非常重要的。例如,鱼需要溶解氧,在污染水体中许多鱼的死亡,不是由于污染物的直接毒性致死,而是由于在污染的生物降解过程中大量消耗水体中的溶解氧,导致它们无法生存。

大气中的气体分子与溶液中同种气体分子间的平衡为

$$X(g)\rightleftharpoons X(aq)$$

它服从亨利(Henry)定律,即在一定温度下,一种气体在液体中的溶解度正比于液体所接触的该种气体的分压力。气体在水中的溶解度可用下列平衡式表示:

$$[X(aq)]=K_H p_G$$

式中：K_H——各种气体在一定温度下的亨利常数（表3-4）；

p_G——各种气体的分压。

表3-4　298 K时一些气体在水中的亨利常数

气　体	$K_H/[mol/(L \cdot Pa)]$	气　体	$K_H/[mol/(L \cdot Pa)]$
O_2	1.26×10^{-8}	N_2	6.40×10^{-9}
O_3	9.16×10^{-8}	NO	1.97×10^{-8}
CO_2	3.34×10^{-7}	NO_2	9.74×10^{-8}
CH_4	1.32×10^{-8}	HNO_2	4.84×10^{-4}
C_2H_4	4.84×10^{-8}	HNO_3	2.07
H_2	7.80×10^{-9}	NH_3	6.12×10^{-4}
H_2O_2	7.01×10^{-1}	SO_2	1.22×10^{-5}

在计算气体的溶解度时，需对水蒸气的分压力加以校正（在温度很低时，这个数值很小），表3-5给出水在不同温度下的分压。根据这些参数就可按亨利定律计算出气体在水中的溶解度。

但必须注意，亨利定律只适用于该气体在气相和溶液相中分子状态相同的情况。如果气体在溶液中发生化学反应，此时亨利定律不再适用。例如：

$$CO_2+H_2O \rightleftharpoons H^+ + HCO_3^-$$

$$SO_2+H_2O \rightleftharpoons H^+ + HSO_3^-$$

因此，气体溶解在水中的量，可以大大高于亨利定律表示的量。

表3-5　水在不同温度下的分压

T/K	273	278	283	288	293	298
$p_{H_2O}/(10^5\ Pa)$	0.00611	0.00872	0.01228	0.01705	0.02337	0.03167
T/K	303	308	313	318	323	373
$p_{H_2O}/(10^5\ Pa)$	0.04241	0.05621	0.07374	0.09581	0.12330	1.0130

1）氧在水中的溶解度

溶解氧（dissolved oxygen，DO）：水体与大气交换或经化学、生物化学反应后溶于水中的氧称为溶解氧。

当水体受污染时其溶解氧逐渐减少，因此，水中溶解氧的浓度是表明水体污染程度的重要指标之一。对于地面水要求溶解氧含量不能低于4 mg/L。

氧在干燥空气中的含量为20.95%，大部分元素氧来自大气，因此水体与大气接触再复氧的能力是水体的一个重要特征。藻类的光合作用会放出氧气，但这个过程仅限于白天。

氧在水中的溶解度与水的温度、氧在水中的分压及水中含盐量有关。氧在1.0130×10^5 Pa，298 K饱和水中的溶解度，可按下列步骤计算出。从表3-5可查出298 K时水的饱和蒸气压为0.03167×10^5 Pa，由于干空气中氧的体积分数为20.95%，所以氧的分压为

$$p_{O_2}=(1.0130-0.03167)\times10^5\times0.2095\ Pa=0.2056\times10^5\ Pa$$

代入亨利定律平衡式即可求出氧在水中的浓度。

$$[O_2(aq)]=K_H \cdot p_{O_2}=1.26\times10^{-8}\times0.2056\times10^5\ mol/L=2.59\times10^{-4}\ mol/L$$

氧的摩尔质量为 32 g/mol,因此溶解度为 8.29 mg/L。

气体的溶解度随温度升高而降低,这种影响可由 Clausius-Clapeyron 方程式显示出:

$$\lg \frac{c_2}{c_1} = \frac{\Delta H}{2.303R}\left(\frac{1}{T_1} - \frac{1}{T_2}\right) \tag{3.1}$$

式中:c_1、c_2——热力学温度 T_1、T_2时气体在水中的浓度;

ΔH——溶解热,J/mol;

R——摩尔气体常数,R=8.314 J/(mol·K)。

因此,当温度从 273 K 上升到 308 K 时,氧在水中的溶解度将从 14.74 mg/L 降低到 7.03 mg/L。与其他溶质相比,溶解氧的水平是不高的,一旦水中发生氧的消耗反应,则溶解氧的水平可以很快地降至零,此时需对水进行复氧。

2) CO_2的溶解度

假定纯空气与纯水在 298 K 时平衡,水中[CO_2]的值可以用亨利定律来计算。例如:已知干空气中 CO_2的含量为 0.0314%(体积分数),水在 298 K 时蒸气压为 0.03167×10^5 Pa,CO_2的亨利常数是 3.34×10^{-7} mol/(L·Pa)(298 K),则 CO_2在水中的分压为

$$p_{CO_2} = (1.0130 - 0.03167)\times10^5\ \text{Pa}\times3.14\times10^{-4} = 30.8\ \text{Pa}$$

$$[CO_2(aq)] = (3.34\times10^{-7}\times30.8)\ \text{mol/L} = 1.028\times10^{-5}\ \text{mol/L}$$

CO_2在水中解离部分可产生等浓度的 H^+ 和 HCO_3^-。H^+ 及 HCO_3^- 的浓度可从 CO_2的酸解离常数 K_1计算出:

$$[H^+] = [HCO_3^-]$$

$$\frac{[H^+]^2}{[CO_2]c^{\ominus}} = K_1 = 4.45\times10^{-7}$$

$$[H^+] = (1.028\times10^{-5}\times4.45\times10^{-7})^{1/2}\ \text{mol/L}$$

$$\text{pH} = 5.67$$

故 CO_2在水中的溶解度应为

$$[CO_2] + [HCO_3^-] = 1.24\times10^{-5}\ \text{mol/L}$$

4. 水生生物

水生生物可直接影响许多物质的浓度,其作用有代谢、摄取、转化、存储和释放等。在水生生态系统中生存的生物体,可以分为自养生物(autotrophic organisms)和异养生物(heterotrophic organisms)。自养生物利用太阳能或化学能量,把简单、无生命的无机物元素引进其复杂的生命分子中即组成生命体。藻类是典型的自养生物,通常 CO_2、NO_3^- 和 PO_4^{3-} 多为自养生物的 C、N、P 源。利用太阳能从无机矿物合成有机物的生物体称为生产者。异养生物利用自养生物产生的有机物作为能源及合成它自身生命的原始物质。

藻类的生成和分解就是在水体中进行光合作用(P)和呼吸作用(R)的典型过程,可用简单的化学计量关系来表征:

$$106CO_2 + 16NO_3^- + HPO_4^{2-} + 122H_2O + 18H^+ \text{(+痕量元素和能量)}$$

$$\text{R} \rightleftharpoons \text{P}$$

$$C_{106}H_{263}O_{110}N_{16}P + 138O_2$$

水体产生生物体的能力称为生产率(productivity)。生产率是由化学的及物理的因素相结合而决定的。在高生产率的水中藻类生产旺盛,死藻的分解引起水中溶解氧水平降低,这种

情况常称为富营养化(eutrophication)。水中营养物通常决定水的生产率，水生植物需要供给适量的C(二氧化碳)、N(硝酸盐)、P(磷酸盐)及痕量元素(如Fe)，在许多情况下P是限制的营养物。

决定水体中生物的范围及种类的关键是氧，缺乏氧时许多水生生物死亡，氧的存在能够抑制许多厌氧细菌的生长。在测定河流及湖泊的生物特征时，首先要测定水中溶解氧(DO)的浓度。

生化(或生物)需氧量(biochemical oxygen demand，BOD)是水质的另一个重要参数，它是指在一定体积的水中有机物降解所要耗用的氧的量。一个BOD高的水体，不可能很快补充氧气，这显然对水生生物是不利的。衡量水体生化需氧量的指标常用BOD_5，BOD_5是指水温在298 K时5 d的生物耗氧量。当$BOD_5<3$ mg/L时水质较好；当$BOD_5=7.5$ mg/L时水质不好；$BOD_5>10$ mg/L时水质很差，鱼类不能生存。

化学需氧量(chemical oxygen demand，COD)是指水样在规定条件下用氧化剂处理时，其溶解性或悬浮性物质消耗氧化剂的量。考虑温度和压力，在一般情况下，天然水中的氧含量为5～10 mg/L。

CO_2是由水及沉积物中的呼吸过程产生的，也能从大气进入水体。藻类生命体的光合作用也需要CO_2，由水中有机物降解产生的高水平的CO_2可能引起过量藻类的生长，因此，在一些情况下CO_2是一个限制因素。

3.1.2 天然水的性质

1.碳酸平衡

CO_2在水中形成酸，可同岩石中的碱性物质发生反应，并可通过沉淀反应变为沉积物而从水中除去。在水和生物之间的生物化学交换中，CO_2占有独特地位，在水体中存在着CO_2、H_2CO_3、HCO_3^-和CO_3^{2-}等四种化合态，常把CO_2和H_2CO_3合并为$H_2CO_3^*$。实际上H_2CO_3含量很低，主要是溶解性气体CO_2。因此，水中$H_2CO_3^*$-HCO_3^--CO_3^{2-}体系可用下面的反应和平衡常数表示：

$$CO_2+H_2O \rightleftharpoons H_2CO_3^* \qquad pK_0=1.46$$

$$H_2CO_3^* \rightleftharpoons HCO_3^- + H^+ \qquad pK_1=6.35$$

$$HCO_3^- \rightleftharpoons CO_3^{2-} + H^+ \qquad pK_2=10.33$$

根据K_1及K_2值，就可以制作以pH值为主要变量的$H_2CO_3^*$-HCO_3^--CO_3^{2-}体系的形态分布图(图3-1)。以α_0、α_1、α_2分别代表上述三种化合态在总量中所占比例，可以给出下面三个表示式：

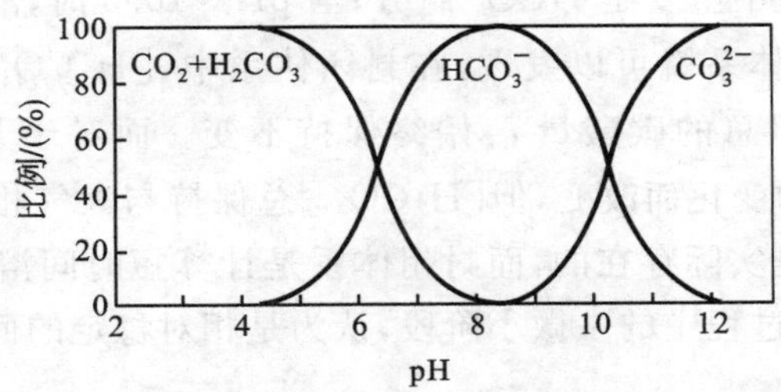

图3-1 碳酸化合态分布图

$$\alpha_0 = \frac{[H_2CO_3^*]}{[H_2CO_3^*]+[HCO_3^-]+[CO_3^{2-}]} \tag{3.2}$$

$$\alpha_1 = \frac{[HCO_3^-]}{[H_2CO_3^*]+[HCO_3^-]+[CO_3^{2-}]} \tag{3.3}$$

$$\alpha_2 = \frac{[CO_3^{2-}]}{[H_2CO_3^*]+[HCO_3^-]+[CO_3^{2-}]} \tag{3.4}$$

若用 c_T 表示各种碳酸化合态的总量,则有 $[H_2CO_3^*]=c_T\alpha_0$、$[HCO_3^-]=c_T\alpha_1$ 和 $[CO_3^{2-}]=c_T\alpha_2$。若把 K_1、K_2 的表示式代入式(3.2)～式(3.4),就可得到作为酸解离常数和氢离子浓度的函数的形态分数(碳酸根形态分布图):

$$\alpha_0 = \left(1+\frac{K_1}{[H^+]}+\frac{K_1K_2}{[H^+]^2}\right)^{-1} \tag{3.5}$$

$$\alpha_1 = \left(1+\frac{[H^+]}{K_1}+\frac{K_2}{[H^+]}\right)^{-1} \tag{3.6}$$

$$\alpha_2 = \left(1+\frac{[H^+]^2}{K_1K_2}+\frac{[H^+]}{K_2}\right)^{-1} \tag{3.7}$$

以上的讨论没有考虑溶解性 CO_2 与大气交换过程,因而属于封闭的水溶液体系的情况。实际上,根据气体交换动力学,CO_2 在气液界面的平衡时间需数日。因此,若所考虑的溶液反应在数小时之内完成,就可应用封闭体系固定碳酸化合态总量的模式加以计算。反之,如果所研究的过程是长时期的,例如一年期间的水质组成,则认为 CO_2 与水是处于平衡状态,可以更近似于真实情况。

当考虑 CO_2 在气相和液相之间平衡态时,各种碳酸盐化合态的平衡浓度可表示为 p_{CO_2} 和 pH 值的函数。此时,可应用亨利定律:

$$[CO_2(aq)] = K_H p_{CO_2} \tag{3.8}$$

溶液中,碳酸化合态相应为

$$c_T = \frac{[CO_2]}{\alpha_0} = \frac{1}{\alpha_0}K_H p_{CO_2}$$

$$[HCO_3^-] = \frac{\alpha_1}{\alpha_0}K_H p_{CO_2} = \frac{K_1}{[H^+]}K_H p_{CO_2} \tag{3.9}$$

$$[CO_3^{2-}] = \frac{\alpha_2}{\alpha_0}K_H p_{CO_2} = \frac{K_1K_2}{[H^+]^2}K_H p_{CO_2} \tag{3.10}$$

由这些方程式可知,在 lg$c$-pH 图(图 3-2)中,$H_2CO_3^*$、HCO_3^- 和 CO_3^{2-} 三条线的斜率分别为 0、+1 和 +2。此时,c_T 为三者之和,它是以三条直线为渐近线的一条曲线。

由图 3-2 可以看出,c_T 随 pH 值的改变而变化。当 pH<6 时,溶液中主要是 $H_2CO_3^*$ 组分;当 pH 值为 6～10 时,溶液中主要是 HCO_3^- 组分;当 pH>10.3 时,溶液中主要是 CO_3^{2-} 组分。

比较封闭体系和开放体系就可以发现,在封闭体系中,$[H_2CO_3^*]$、$[HCO_3^-]$ 和 $[CO_3^{2-}]$ 等随 pH 值的变化而改变,但总的碳酸量 c_T 始终保持不变。而对于开放体系来说,$[HCO_3^-]$、$[CO_3^{2-}]$ 和 c_T 均随 pH 值的变化而改变,但 $[H_2CO_3^*]$ 总保持与大气相平衡的固定数值。因此,在天然条件下,开放体系是实际存在的,而封闭体系是计算短时间溶液组成的一种方法,即把其看作开放体系趋向平衡过程中的一微小阶段,认为是相对稳定的而加以计算。

2. 天然水中的酸度

酸度(acidity)是指水中能与强碱发生中和作用的全部物质,亦即解离出 H^+ 或经过水解

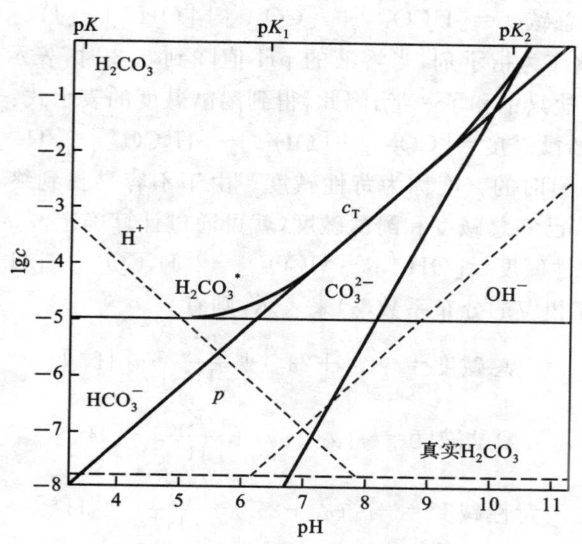

图 3-2　开放体系的碳酸平衡

（引自 Stumm 和 Morgan，1981）

能产生 H^+ 的物质的总量。组成水中酸度的物质也可归纳为三类：①强酸，如 HCl、H_2SO_4、HNO_3 等；②弱酸，如 CO_2 及 H_2CO_3、H_2S、蛋白质以及各种有机酸类；③强酸弱碱盐，如 $FeCl_3$、$Al_2(SO_4)_3$ 等。

以强碱滴定含碳酸水溶液测定其酸度时，以甲基橙为指示剂滴定到 pH＝4.3，以酚酞为指示剂滴定到 pH＝8.3，分别得到无机酸度及游离 CO_2 酸度。总酸度应在 pH＝10.8 处得到。但此时滴定曲线无明显突跃，难以选择适合的指示剂，故一般以游离 CO_2 作为酸度主要指标。根据溶液质子平衡条件，得到酸度的表示式：

$$\text{总酸度}=[H^+]+[HCO_3^-]+2[H_2CO_3^*]-[OH^-]$$

$$CO_2\text{酸度}=[H^+]+[HCO_3^-]-[CO_3^{2-}]-[OH^-]$$

$$\text{无机酸度}=[H^+]-[HCO_3^-]-2[CO_3^{2-}]-[OH^-]$$

3. 天然水中的碱度

碱度(alkalinity)是指水中能与强酸发生中和作用的全部物质，亦即能接受 H^+（质子）的物质总量。组成水中碱度的物质可以归纳为三类：①强碱，如 NaOH、$Ca(OH)_2$ 等，在水中全部解离生成 OH^-；②弱碱，如 NH_3、$C_6H_5NH_2$ 等，在水中有一部分发生反应生成 OH^-；③强碱弱酸盐，如各种碳酸盐、重碳酸盐、硅酸盐、磷酸盐、硫化物和腐殖酸盐等，它们水解时生成 OH^- 或者直接接受 H^+。后两种物质在中和过程中不断产生 OH^-，直到全部中和完毕。

在测定已知体积水样总碱度时，可用一个强酸标准溶液滴定，用甲基橙做指示剂，当溶液由黄色变成橙红色（pH 值约为 4.3）时，停止滴定，此时所得的结果称为碱度，也称为甲基橙碱度。其化学反应的计量关系式如下：

$$H^+ + OH^- \rightleftharpoons H_2O$$

$$H^+ + CO_3^{2-} \rightleftharpoons HCO_3^-$$

$$H^+ + HCO_3^- \rightleftharpoons H_2CO_3$$

因此，总碱度是水中各种碱度成分的总和，即加酸至 HCO_3^- 和 CO_3^{2-} 转化为 CO_2。根据溶液质子平衡条件，可以得到总碱度的表示式：

$$总碱度=[HCO_3^-]+2[CO_3^{2-}]+[OH^-]-[H^+]$$

如果滴定是以酚酞作为指示剂，当溶液的 pH 值降到 8.3 时，表示 OH^- 被中和，CO_3^{2-} 全部转化为 HCO_3^-，碳酸盐只中和了一半，因此，得到酚酞碱度的表示式：

$$酚酞碱度=[CO_3^{2-}]+[OH^-]-[H_2CO_3^*]-[H^+]$$

达到 pH_{CO_2} 所需酸量时的碱度称为苛性碱度。由于不容易找到终点，在实验室中不能迅速地测得苛性碱度。若已知总碱度和酚酞碱度，就可通过计算确定。苛性碱度的表达式：

$$苛性碱度=[OH^-]-[HCO_3^-]-2[H_2CO_3^*]-[H^+]$$

如果用总碳酸量(c_T)和相应的分布系数(α)来表示，则有

$$总碱度=c_T(\alpha_1+2\alpha_2)+\frac{K_w}{[H^+]}-[H^+]$$

$$酚酞碱度=c_T(\alpha_2-\alpha_0)+\frac{K_w}{[H^+]}-[H^+]$$

$$苛性碱度=-c_T(\alpha_1+2\alpha_0)+\frac{K_w}{[H^+]}-[H^+]$$

$$总酸度=c_T(\alpha_1+2\alpha_0)+[H^+]-\frac{K_w}{[H^+]}$$

$$CO_2酸度=c_T(\alpha_2-\alpha_0)+[H^+]-\frac{K_w}{[H^+]}$$

$$无机酸度=-c_T(\alpha_1+2\alpha_2)+[H^+]-\frac{K_w}{[H^+]}$$

此时，如果已知水体的 pH 值、碱度及相应的平衡常数，就可算出 $H_2CO_3^*$、HCO_3^-、CO_3^{2-} 及 OH^- 在水中的浓度(假定其他各种形态对碱度的贡献可以忽略)。例如，某水体的 pH 值为 7.00，碱度为 1.00×10^{-3} mol/L 时，就可算出上述各种形态物质的浓度。当 pH=7.00 时，CO_3^{2-} 的浓度与 HCO_3^- 的浓度相比可以忽略，此时碱度全部由 HCO_3^- 贡献。

$$[HCO_3^-]=碱度=1.00\times10^{-3}\ mol/L$$

$$[H^+]=1.00\times10^{-7}\ mol/L$$

根据酸的解离常数 K_1，可以计算出 $H_2CO_3^*$ 浓度：

$$[H_2CO_3^*]=\frac{[H^+][HCO_3^-]}{K_1}=\left(1.00\times10^{-7}\times\frac{1.00\times10^{-3}}{4.45\times10^{-7}}\right)\ mol/L=2.25\times10^{-4}\ mol/L$$

代入 K_2 表达式，可计算出$[CO_3^{2-}]$，即

$$[CO_3^{2-}]=\frac{K_2[HCO_3^-]}{[H^+]}=\left(4.69\times10^{-11}\times\frac{1.00\times10^{-3}}{1.00\times10^{-7}}\right)\ mol/L=4.69\times10^{-7}\ mol/L$$

若水体的 pH 值为 10，碱度仍为 1.00×10^{-3} mol/L 时，如何求上述各物质的浓度？在这种情况下，对碱度的贡献是由 CO_3^{2-} 及 OH^- 同时提供，总碱度可表示如下：

$$总碱度=[HCO_3^-]+2[CO_3^{2-}]+[OH^-]$$

再以$[OH^-]=1.00\times10^{-4}$ mol/L 代入，结合 K_2 表达式可得

$$[HCO_3^-]=4.69\times10^{-4}\ mol/L$$

$$[CO_3^{2-}]=2.18\times10^{-4}\ mol/L$$

可以看出，总碱度为三者之和，即

$$\begin{aligned}总碱度&=[HCO_3^-]+2[CO_3^{2-}]+[OH^-]\\&=(4.69\times10^{-4}+2\times2.18\times10^{-4}+1.00\times10^{-4})\ mol/L\end{aligned}$$

$$=1.05\times10^{-3}\ \text{mol/L}$$

这些结果可用于显示水体的碱度与通过藻类活动产生的生命体的能力之间的关系。

这里需要特别注意的是，在封闭体系中加入强酸或强碱，总碳酸量 c_T 不受影响，而加入 CO_2 时，总碱度值不发生变化。这时溶液 pH 值和各碳酸化合物浓度虽然发生变化，但它们的代数综合值仍保持不变。因此，总碳酸量 c_T 和总碱度在一定条件下具有守恒特性。

在环境水化学及水处理工艺过程中，常常会遇到向碳酸体系加入酸或碱而调整原有的 pH 值的问题，例如水的酸化和碱化问题。

【例 3-1】 某一个天然水体的 pH 值为 7.0，总碱度为 1.4 mmol/L，求需加多少酸才能把水体的 pH 值降低到 6.0。

解 根据

$$\text{总碱度}=c_T(\alpha_1+2\alpha_2)+\frac{K_w}{[H^+]}-[H^+]$$

得

$$c_T=\frac{1}{\alpha_1+2\alpha_2}(\text{总碱度}+[H^+]-[OH^-])$$

令

$$\alpha=\frac{1}{\alpha_1+2\alpha_2}$$

当 pH 值在 5～9 范围内、碱度 $\geqslant10^{-3}$ mol/L 或 pH 值在 6～8 范围内、碱度 $\geqslant10^{-4}$ mol/L 时，$[H^+]$、$[OH^-]$ 项可忽略不计，得到简化式：

$$c_T=\alpha\times\text{总碱度}$$

当 pH=7.0 时，查表 3-6 知 $\alpha_1=0.8162$，$\alpha_2=3.828\times10^{-4}$，则 $\alpha=1.224$，$c_T=\alpha\times$总碱度$=1.224\times1.4$ mmol/L=1.71 mmol/L。若加强酸将水的 pH 值降低到 6.0，其 c_T 值并不变化，而查表 3-6 知 α 变为 3.247，可得

$$\text{总碱度}=\frac{c_T}{\alpha}=\frac{1.71\ \text{mmol/L}}{3.247}=0.527\ \text{mmol/L}$$

总碱度降低值就是应加入酸的量：

$$\Delta A=(1.4-0.527)\ \text{mmol/L}=0.873\ \text{mmol/L}$$

碱化时的计算与此类似。

表 3-6　碳酸分布系数(25 ℃)

pH 值	α_0	α_1	α_2	α
4.5	0.9861	0.01388	2.053×10^{-8}	72.062
4.6	0.9826	0.01741	3.250×10^{-8}	57.447
4.7	0.9782	0.02182	5.128×10^{-8}	45.837
4.8	0.9727	0.02731	8.082×10^{-8}	36.615
4.9	0.9659	0.03414	1.272×10^{-7}	29.290
5.0	0.9574	0.04260	1.998×10^{-7}	23.472
5.1	0.9469	0.05305	3.132×10^{-7}	18.850
5.2	0.9341	0.06588	4.897×10^{-7}	15.179
5.3	0.9185	0.08155	7.631×10^{-7}	12.262
5.4	0.8995	0.1005	1.184×10^{-6}	9.946
5.5	0.8766	0.1234	1.830×10^{-6}	8.106
5.6	0.8495	0.1505	2.810×10^{-6}	6.644
5.7	0.8176	0.1824	4.286×10^{-6}	5.484

续表

pH 值	α_0	α_1	α_2	α
5.8	0.7808	0.2192	6.487×10^{-6}	4.561
5.9	0.7388	0.2612	9.729×10^{-6}	3.823
6.0	0.6920	0.3080	1.444×10^{-5}	3.247
6.1	0.6409	0.3591	2.120×10^{-5}	2.785
6.2	0.5864	0.4136	3.074×10^{-5}	2.418
6.3	0.5297	0.4703	4.401×10^{-5}	2.126
6.4	0.4722	0.5278	6.218×10^{-5}	1.894
6.5	0.4154	0.5845	8.669×10^{-5}	1.710
6.6	0.3608	0.6391	1.193×10^{-4}	1.564
6.7	0.3095	0.6903	1.623×10^{-4}	1.448
6.8	0.2626	0.7372	2.182×10^{-4}	1.356
6.9	0.2205	0.7793	2.903×10^{-4}	1.282
7.0	0.1834	0.8162	3.828×10^{-4}	1.224
7.1	0.1514	0.8481	5.008×10^{-4}	1.178
7.2	0.1241	0.8752	6.506×10^{-4}	1.141
7.3	0.1011	0.8980	8.403×10^{-4}	1.111
7.4	0.08203	0.9169	1.080×10^{-3}	1.088
7.5	0.06626	0.9324	1.383×10^{-3}	1.069
7.6	0.05334	0.9449	1.764×10^{-3}	1.054
7.7	0.04282	0.9549	2.245×10^{-3}	1.042
7.8	0.03429	0.9629	2.849×10^{-3}	1.032
7.9	0.02741	0.9690	3.610×10^{-3}	1.024
8.0	0.02188	0.9736	4.566×10^{-3}	1.018
8.1	0.01744	0.9768	5.767×10^{-3}	1.012
8.2	0.01388	0.9788	7.276×10^{-3}	1.007
8.3	0.01104	0.9798	9.169×10^{-3}	1.002
8.4	0.8746×10^{-2}	0.9797	1.154×10^{-2}	0.9972
8.5	0.6954×10^{-2}	0.9785	1.451×10^{-2}	0.9925
8.6	0.5511×10^{-2}	0.9763	1.823×10^{-2}	0.9874
8.7	0.4361×10^{-2}	0.9727	2.287×10^{-2}	0.9818
8.8	0.3447×10^{-2}	0.9679	2.864×10^{-2}	0.9754
8.9	0.2720×10^{-2}	0.9615	3.582×10^{-2}	0.9680
9.0	0.2142×10^{-2}	0.9532	4.470×10^{-2}	0.9592
9.1	0.1683×10^{-2}	0.9427	5.566×10^{-2}	0.9488
9.2	0.1318×10^{-2}	0.9295	6.910×10^{-2}	0.9365
9.3	0.1029×10^{-2}	0.9135	8.548×10^{-2}	0.9221
9.4	0.7997×10^{-3}	0.8939	0.1053	0.9054
9.5	0.6185×10^{-3}	0.8703	0.1291	0.8862

续表

pH 值	α_0	α_1	α_2	α
9.6	0.4754×10^{-3}	0.8423	0.1573	0.8645
9.7	0.3629×10^{-3}	0.8094	0.1903	0.8404
9.8	0.2748×10^{-3}	0.7714	0.2283	0.8143
9.9	0.2061×10^{-3}	0.7284	0.2714	0.7867
10.0	0.1530×10^{-3}	0.6806	0.3192	0.7581
10.1	0.1122×10^{-3}	0.6286	0.3712	0.7293
10.2	0.8133×10^{-4}	0.5735	0.4263	0.7011
10.3	0.5818×10^{-4}	0.5166	0.4834	0.6742
10.4	0.4107×10^{-4}	0.4591	0.5409	0.6490
10.5	0.2861×10^{-4}	0.4027	0.5973	0.6261
10.6	0.1969×10^{-4}	0.3488	0.6512	0.6056
10.7	0.1338×10^{-4}	0.2985	0.7015	0.5877
10.8	0.8996×10^{-5}	0.2526	0.7474	0.5723
10.9	0.5986×10^{-5}	0.2116	0.7884	0.5592
11.0	0.3949×10^{-5}	0.1757	0.8242	0.5482

注:引自汤鸿霄,1979。

4. 天然水体的缓冲能力

天然水体的 pH 值一般为 6～9,而且对于某一水体,其 pH 值几乎保持不变,这表明天然水体具有一定的缓冲能力,是一个缓冲体系。一般认为,各种碳酸化合物是控制水体 pH 值的主要因素,并使水体具有缓冲作用。最近研究表明,水体与周围环境之间的多种物理、化学和生物反应,对水体的 pH 值也有着重要作用。但无论如何,碳酸化合物仍是水体缓冲作用的重要因素。因而,人们时常根据它的存在情况来估算水体的缓冲能力。

对于碳酸-水体系,当 pH<8.3 时,可以只考虑一级碳酸平衡,其 pH 值可由下式确定:

$$\mathrm{pH}=\mathrm{p}K_1-\lg\frac{[\mathrm{H_2CO_3^*}]}{[\mathrm{HCO_3^-}]}$$

如果向水体投入 ΔB 量的碱性废水时,相应有 ΔB 量 $H_2CO_3^*$ 转化为 HCO_3^-,水体 pH 升高为 pH′,则

$$\mathrm{pH}'=\mathrm{p}K_1-\lg\frac{[\mathrm{H_2CO_3^*}]-\Delta B}{[\mathrm{HCO_3^-}]+\Delta B}$$

水体中 pH 变化为 ΔpH=pH′－pH,即

$$\Delta\mathrm{pH}=-\lg\frac{[\mathrm{H_2CO_3^*}]-\Delta B}{[\mathrm{HCO_3^-}]+\Delta B}+\lg\frac{[\mathrm{H_2CO_3^*}]}{[\mathrm{HCO_3^-}]}$$

若把$[HCO_3^-]$作为水的碱度,$[H_2CO_3{}^*]$作为水中游离碳酸$[CO_3^{2-}]$,就可推出

$$\Delta B=\text{碱度}\times\frac{10^{\Delta\mathrm{pH}}-1}{1+K_1\times10^{\mathrm{pH}+\Delta\mathrm{pH}}}$$

ΔpH 即为相应的 pH 改变值。在投入酸量 ΔA 时,只要把 ΔpH 作为负值,$\Delta A=-\Delta B$,也可以进行类似计算。

3.2　水体中的主要污染物

3.2.1　无机污染物

对环境造成污染的无机物称为无机污染物(inorganic pollutants)。水体中的无机污染物包括无机阴离子、金属及其化合物。当无机元素以不同价态或以不同化合物的形式存在时,其环境化学行为和生物效应大不相同。

1. 无机阴离子

1) 硫化物

在厌氧细菌的作用下,硫酸盐还原或含硫有机物的分解产生的硫化物(sulfide)通过地下水(特别是温泉水)及生活污水进入水体,某些工矿企业,如焦化、造气、选矿、造纸、印染和造革等工业废水亦含有硫化物。

水中硫化物包括溶解的 H_2S、HS^-、S^{2-},硫化物是水体污染的一项重要指标(清洁水中,硫化氢的嗅觉阈值为 0.035 μg/L)。

2) 氰化物

氰化物(cyanide)主要来源于电镀废水、焦炉和高炉的煤气洗涤水,合成氨、有色金属选矿、冶炼、化学纤维生产、制药等各种工业废水。水中氰化物以 CN^-、HCN 和配合氰化物形式存在。

3) 硫酸盐

硫酸盐(sulfate)在自然界分布广泛,地表水和地下水中硫酸盐来源于岩石土壤中矿物组分的风化和淋溶,金属硫化物氧化也会使硫酸盐含量增大。水中少量硫酸盐对人体健康无影响,但超过 250 mg/L 时有致泻作用。饮用水中硫酸盐的含量不应该超过 250 mg/L。

4) 氯化物

氯化物(chloride)是水和废水中常见的物质。几乎所有天然水中都有氯离子(Cl^-)存在,它的含量范围变化很大。在河流、湖泊、沼泽地区,氯离子含量一般较低,而在海水、盐湖及某些地下水中,含量可高达每升数十克。在人类的生存活动中,氯化物有很重要的生理作用及工业用途。正因为如此,在生活污水和工业废水中,均含有相当数量的氯离子。若饮水中氯离子含量达到 250 mg/L,相应的阳离子为 Na^+ 时,会感觉到咸味;水中氯化物含量高时,会损害金属管道和构筑物,并妨碍植物生长。

5) 氟化物

氟是人体必需元素之一,缺氟时易患龋齿病,饮水中氟的适宜浓度为 0.5～1.0 mg/L。当长期饮用含氟量高达 1～1.5 mg/L 的水时,则易患斑齿病,如水中含氟量高于 4 mg/L,则使人骨骼变形,可导致氟骨症和损害肾脏等。氟化物(fluoride)对许多生物都具有明显毒性。

6) 碘化物

天然水中碘化物(iodide)含量极低,一般每升仅含微克级的碘化物。成人每日生理需碘量在 100～300 μg 之间,来源于饮水和食物。当水中含碘量小于 10 μg/L 或平均每人每日碘摄入量小于 40 μg 时,即会不同程度地患上地方性甲状腺肿。

2. 金属污染物

1) 镉

工业含镉(cadmium)废水的排放、大气镉尘的沉降和雨水对地面的冲刷,都可使镉进入水体。镉是水迁移性元素，除了硫化镉外，其他镉的化合物均能溶于水。在水体中镉主要以 Cd^{2+} 状态存在。进入水体的镉还可与无机和有机配体生成多种可溶性配合物如 $[Cd(OH)]^+$、$Cd(OH)_2$、$HCdO_2^-$、CdO_2^{2-}、$CdCl_2$、$[CdCl_3]^-$、$[CdCl_4]^{2-}$、$[Cd(NH_3)_2]^{2+}$、$[Cd(NH_3)_3]^{2+}$、$[Cd(NH_3)_4]^{2+}$、$[Cd(NH_3)_5]^{2+}$、$Cd(HCO_3)_2$、$[Cd(HCO_3)_3]^-$、$CdCO_3$、$[CdHSO_4]^+$、$CdSO_4$ 等。实际上天然水中镉的溶解度受碳酸根或氢氧根浓度所制约。

水体中悬浮物和沉积物对镉有较强的吸附能力。已有研究表明，悬浮物和沉积物中镉的含量占水体总镉量的 90%以上。

水生生物对镉有很强的富集能力。据 Fassett 报道，对 32 种淡水植物的测定表明，所含镉的平均浓度可高出邻接水相1000多倍。因此，水生生物吸附、富集是水体中重金属迁移转化的一种形式，通过食物链的作用可对人类造成严重威胁。众所周知，日本的“痛痛病”就是由于长期食用含镉量高的稻米所引起的中毒。

2）汞

天然水体中汞(mercury)的含量很低，一般不超过 1.0 μg/L。水体汞的污染主要来自生产汞的厂矿、有色金属冶炼以及使用汞的生产部门排出的工业废水。尤以化工生产中汞的排放为主要污染来源。

水体中汞以 Hg^{2+}、$Hg(OH)_2$、CH_3Hg^+、$CH_2Hg(OH)$、CH_3HgCl、$C_6H_5Hg^+$ 为主要形态。在悬浮物和沉积物中以 Hg^{2+}、HgO、HgS、$CH_3Hg(SR)$、$(CH_3Hg)_2S$ 为主要形态。在生物相中，汞以 Hg^{2+}、CH_3Hg^+、CH_3HgCH_3 为主要形态。汞与其他元素形成配合物是汞能随水流迁移的主要因素之一。当天然水体中含氧量减少时，水体氧化还原电位可能降至 50～200 mV，从而使 Hg^{2+} 易被水中有机质、微生物或其他还原剂还原为 Hg，即形成气态汞，并由水体逸散到大气中。Lerman 认为，溶解在水中的汞有 1%～10%转入大气中。

水体中的悬浮物和底质对汞有强烈的吸附作用。水中悬浮物能大量摄取溶解性汞，使其最终沉降到沉积物中。水体中汞的生物迁移在数量上是有限的，但由于微生物的作用，沉积物中的无机汞能转变成剧毒的甲基汞而不断释放至水体中。甲基汞有很强的亲脂性，极易被水生生物吸收，通过食物链逐级富集，最终对人类造成严重威胁。它与无机汞的迁移不同，是一种危害人体健康与威胁人类安全的生物地球化学迁移。日本著名的“水俣病”就是食用含有甲基汞的鱼类造成的。

3）铅

由于人类活动及工业的发展，几乎在地球上每个角落都能检测出铅(lead)。矿山开采、金属冶炼、汽车废气、燃煤、油漆、涂料等都是环境中铅的主要来源。岩石风化及人类的生产活动，使铅不断由岩石向大气、水、土壤、生物转移，从而对人体的健康构成潜在威胁。

淡水中铅的含量为 0.06～120 μg/L，中值为 3 μg/L。天然水中的铅主要以 Pb^{2+} 状态存在，其含量和形态明显地受 CO_3^{2-}、SO_4^{2-}、OH^- 和 Cl^- 等含量的影响，铅可以 $[Pb(OH)]^+$、$Pb(OH)_2$、$[PbCl]^+$、$PbCl_2$ 等多种形态存在。在中性和弱碱性的水中，铅的含量受 $Pb(OH)_2$ 限制。水中铅含量取决于 $Pb(OH)_2$ 的溶度积。在偏酸性天然水中，水中 Pb^{2+} 含量被 PbS 限制。

水体中悬浮颗粒物和沉积物对铅有强烈的吸附作用，因此铅化合物的溶解度和水中固体物质对铅的吸附作用是导致天然水中铅含量低、迁移能力小的重要因素。

4）砷

岩石风化、土壤侵蚀、火山作用以及人类活动都能使砷(arsenic)进入天然水体中。淡水中砷含量为 0.2～230 μg/L,平均值为 1.0 μg/L。饮用水中砷含量必须小于 10^4 μg/L。天然水中砷可以 H_3AsO_3、$H_2AsO_3^-$、H_3AsO_4、$H_2AsO_4^-$、$HAsO_4^{2-}$、AsO_4^{3-} 等形态存在,在适中的氧化还原电位(E_h)值和呈中性的水中,砷主要以 H_3AsO_3 为主。但在中性或弱酸性富氧水体环境中则以 $H_2AsO_4^-$、$HAsO_4^{2-}$ 为主。

砷可被颗粒物吸附、共沉淀而沉积到底部沉积物中。水生生物能很好富集水体中无机和有机砷化合物。水体无机砷化合物还可被环境中厌氧细菌还原而产生甲基化,形成有机砷化合物。但一般认为甲基胂酸及二甲基胂酸的毒性仅为砷酸钠的 1/200,因此,砷的生物有机化过程亦可认为是自然界的解毒过程。

5) 铬

铬(chromium)是广泛存在于环境中的元素。冶炼、电镀、制革、印染等工业将含铬废水排入水体,均会使水体受到污染。天然水中铬的含量在 1～40 μg/L,主要以 Cr^{3+}、CrO_2^-、CrO_4^{2-}、$Cr_2O_7^{2-}$ 四种离子形态存在,因此水体中铬以三价和六价铬的化合物为主。铬存在形态决定着其在水体的迁移能力,三价铬大多数被底泥吸附转入固相,少量溶于水,迁移能力弱。六价铬在碱性水体中较为稳定并以溶解状态存在,迁移能力强。因此,水体中若三价铬占优势,可在中性或弱碱性水体中水解,生成不溶的氢氧化铬和水解产物,或被悬浮颗粒物强烈吸附,主要存在于沉积物中。若六价铬占优势,则多溶于水中。

六价铬毒性比三价铬大。它可被还原为三价铬,还原作用的强弱主要取决于 DO、五日生化需氧量(BOD_5)、化学需氧量(COD)值。DO 值越小,BOD_5 值和 COD 值越高,则还原作用越强。因此,水中六价铬可先被有机物还原成三价铬,然后被悬浮物强烈吸附而沉降至底部颗粒物中。这也是水中六价铬的主要净化机制之一。因为三价铬和六价铬能相互转化,所以近年来又倾向考虑以总铬量作为水质标准。

6) 铜

铜(copper)是人体必需的微量元素,成人每日的需要量估计为 2～3 mg。天然水体中的铜主要来源于岩石和土壤的风化过程,水生动植物的残体也是水环境中铜的一个重要来源。近年来,水环境中铜的含量迅速增加,主要来源包括硫酸铜杀虫剂和杀菌除藻剂的使用、冶炼、金属加工、机器制造、有机合成及其他工业排放含铜废水。水生生物对铜特别敏感,故渔业用水铜的容许含量为 0.01 mg/L,是饮用水容许含量的百分之一。淡水中铜的含量平均为 3 μg/L,其水体中铜的含量与形态都明显地与 OH^-、CO_3^{2-} 和 Cl^- 等含量有关,同时受 pH 值的影响。如 pH 值为 5～7 时,以碱式碳酸铜($Cu_2(OH)_2CO_3$)溶解度最大,二价铜离子存在较多;当 pH>8 时,则 $Cu(OH)_2$、$[Cu(OH)_3]^-$、$CuCO_3$ 及 $[Cu(CO_3)_2]^{2-}$ 等形态逐渐增多。

水体中大量无机和有机颗粒物,能强烈地吸附或螯合铜离子,使铜最终进入底部沉积物中,因此,河流对铜有明显的自净能力。

7) 锌

锌(zinc)是人体必不可少的有益元素,成人每日的需要量估计为 15～20 g。天然水中锌含量为 2～330 μg/L,但不同地区和不同水源的水体,锌含量有很大差异。水中的锌来自岩石风化、土壤淋溶、水土流失、大气降雨及动、植物体的分解,各种工业废水的排放是引起水体锌污染的主要原因。天然水中锌以二价离子状态存在,但在天然水的 pH 值范围内,锌都能水解生成多核羟基配合物 $[Zn(OH)_n]^{2-n}$,还可与水中的 Cl^-、有机酸、氨基酸、植物中的植酸、纤维素和半纤维素等形成可溶性配合物。锌可被水体中悬浮颗粒物吸附,或与沉淀物、亲水离子、氧化锰等一起沉淀,生成化学沉积物向底部沉积物迁移,因此,在河川底泥中锌的平均浓度可高达1000～4000 μg/g。水生生物对锌有很强的吸收能力，可使锌向生物体内迁移，富集倍数达10^3～10^5。

8）铊

铊(thallium)是稀散元素，大部分铊以分散状态的同晶形杂质存在于铅、锌、铁、铜等硫化物和硅酸盐矿物中。铊在矿物中替代了钾和铷。黄铁矿和白铁矿中有最大的含铊量。目前，铊主要从处理硫化矿时所得到的烟道灰中制取。

天然水中铊含量为1.0 μg/L，但受采矿废水污染的河水含铊量可达80 g/L，水中的铊可被黏土矿物吸附迁移到底部沉积物中，使水中铊含量降低。环境中Tl(Ⅰ)化合物的稳定性比Tl(Ⅲ)化合物的稳定性好。Tl_2O溶于水，生成水合物TlOH，其溶解度很高，并且有很强的碱性。Tl_2O_3几乎不溶于水，但可溶于酸。铊对人体和动植物都是有毒元素。

9）镍

岩石风化，镍矿的开采、冶炼及使用镍化合物的各个工业部门排放废水等，均可导致水体镍(nickel)污染。天然水中镍含量约为1.0 g/L，常以卤化物、硝酸盐、硫酸盐以及某些无机和有机配合物的形式溶解于水中。水中可溶性离子能与水结合形成水合离子$[Ni(H_2O)_6]^{2+}$，与氨基酸、胱氨酸、富里酸等形成可溶性有机配离子随水流迁移。

水中镍可被悬浮颗粒物吸附、沉淀和共沉淀，最终迁移到底部沉积物中，沉积物中镍含量为水中含量的3.8万～9.2万倍。水体中的水生生物也能富集镍。

10）铍

目前铍(beryllium)只是局部污染，主要来自生产铍的矿山、冶炼及加工厂排放的废水和粉尘。天然水中铍的含量很低，为0.005～2.0 g/L。溶解态的Be^{2+}可水解为$[Be(OH)]^+$、$[Be_3(OH)_3]^{3+}$等羟基或多核羟基配离子；难溶态的铍主要为BeO和$Be(OH)_2$。天然水中铍的含量和形态取决于水的化学特征。一般来说，铍在接近中性或酸性的天然水中以Be^{2+}形态存在为主，当水体pH>7.8时，则主要以不溶的$Be(OH)_2$形态存在，并聚集在悬浮物表面，沉降至底部沉积物中。

11）铝

铝(aluminum)是自然界中的常量元素，正常人每天摄入量为10～100 g，由于铝的盐类不易被肠壁吸收，所以在人体内含量不高。铝的毒性不大，过去曾被列为无毒的微量元素并能拮抗铅的毒害作用。后经研究表明，过量摄入铝能干扰磷的代谢，对胃蛋白酶的活性有抑制作用，且对中枢神经有不良影响。因此，对洁净水中铝的含量世界卫生组织的控制值为0.2 g/L。冶金工业、石油加工、造纸、罐头和耐火材料、木材加工、防腐剂生产、纺织等工业排放废水中都含较高的铝。氯化铝、硝酸铝、乙酸铝毒性较大。当铝含量不高时，可促进作物生长和增加其中维生素C的含量。当大量铝化合物随污水进入水体时，可使水体自净作用减慢。例如，硝酸铝浓度达到1.0 g/L时，水生生物繁殖会受到抑制，硫酸铝达到15 g/L时，水体自净作用受到抑制。

3.2.2　有机污染物

1. 农药

概括起来，水中常见的农药(pesticide)主要为有机氯农药(organic chlorinated pesticides)和有机磷农药(organophosphorus pesticides)，此外还有氨基甲酸酯类农药。它们通过喷施农药、地表径流及农药工厂的废水排入水体中。

有机氯农药由于难以被化学降解和生物降解，因此，在环境中的滞留时间很长；由于具有较低的水溶性和高的辛醇-水分配系数，故很大一部分被分配到沉积物有机质和生物脂肪中。在世界各地区土壤、沉积物和水生生物中都已发现这类污染物，并有相当高的含量。与沉积物和生物体中的含量相比，水中农药的含量是很低的。目前，有机氯农药如滴滴涕(DDT)由于它的持久性和通过食物链的累积性，已被许多国家禁用。一些污染较为严重的地区，淡水体系中有机氯农药的污染已经得到一定程度的遏制。我国国内几个水体中有机氯农药的质量浓度如表 3-7 所示。由表中可看出，水体中仍然能检测有机氯农药残留的存在，且有一定的空间差异。

表 3-7　国内几个水体中有机氯农药质量浓度　　(单位：ng/L)

化合物	西湖 2007 年 6 月	钱塘江 2005 年 6 月	钱塘江 2006 年 6 月	太湖梅梁湾 2004 年 8 月	长江 1998 年 5 月	官厅水库 2001 年 10 月	珠江 2001 年 8 月	辽河 1998 年 5 月
α-BHC	8.19	7.84	5.94		3.30	ND～7.69	1.58～7.53	2.45～63.80
β-BHC	29.72	23.42	23.08		2.30	2.93～7.11	3.08～10.2	7.40～10.70
γ-BHC	3.59	1.76	3.58	0.35～1.99	2.10	1.34～6.06	0.43～7.11	31.50～59.40
δ-BHC	4.70	4.24	24.65			ND～3.30	1.79～5.54	
4,4′-DDD	0.28	2.08	0.46	ND～0.17	0.40		0.15～0.37	ND～9.10
4,4′-DDE	1.94	5.12	1.12	ND～0.09			0.09～0.21	ND
4,4′-DDT	0.39	2.01	6.25	ND	0.90		0.11～0.21	17.50～54.10
七氯	1.12	5.25	21.63			ND～1.72	1.16～3.44	9.00～24.00
艾氏剂	ND	12.29	9.09		1.00	ND～8.71	0.40～3.65	ND
环氧七氯	ND	5.12	23.22	0.10～0.84		ND	0.04～0.56	
狄氏剂	12.37	5.38	2.17			ND～0.68	0.05～0.39	ND～8.40
异狄氏剂	ND	1.57	5.89			ND～0.76	0.05～0.34	
硫丹-Ⅱ	0.10					ND～36.40	0.03～0.24	
硫丹-Ⅰ	ND					ND～0.76	0.07～0.17	
异狄氏醛	ND						0.04～0.35	ND～13.60
硫丹硫酸盐	0.88					ND～0.60	ND～0.01	
甲氧滴滴涕	12.06					ND～31.60	0.01～0.69	

注：①表中时间为采样时间；②“ND”表示未检出；③为保持有效数字格式统一，根据 GB 8170287 对部分参考数据进行修约。引自梁一灵，2008。

有机磷农药和氨基甲酸酯农药与有机氯农药相比，较易被生物降解，它们在环境中的滞留时间较短，在土壤和地表水中降解速率较快。有机磷农药和氨基甲酸酯农药杀虫力较高，常用于消灭那些不能被有机氯杀虫剂有效控制的害虫。对于大多数氨基甲酸酯类和有机磷杀虫剂来说，由于它们的溶解度较大，其沉积物吸附和生物累积过程是次要的，然而当它们在水中含量较高时，有机质含量高的沉积物和脂质含量高的水生生物也会吸收相当量的该类污染物。目前在地表水中能检出的不多，污染范围较小。

此外，近年来除草剂的使用量逐渐增加，可用来杀死杂草和水生植物。它们具有较高的水溶解度和低的蒸气压，通常不易发生生物富集、沉积物吸附和从溶液中挥发等作用。根据它们的结构性质，主要分为有机氯除草剂、氮取代物、脲基取代物和二硝基苯胺除草剂四个类型。这些化合物的残留物通常存在于地表水体中，除草剂及其中间产物是污染土壤、地下水以及周围环境的主要污染物。

2. 多氯联苯

多氯联苯(polychlorinated biphenyls,PCBs)是联苯经氯化而成。氯原子在联苯的不同位置取代1～10个氢原子,可以合成210种化合物,通常获得的为混合物。由于它的化学稳定性和热稳定性较好,被广泛用作变压器和电容器的冷却剂、绝缘材料、耐腐蚀的涂料等。PCBs极难溶于水,不易分解,但易溶于有机溶剂和脂肪,具有高的辛醇-水分配系数,能强烈地分配到沉积物有机质和生物脂肪中,因此,即使它在水中含量很低,在水生生物体内和沉积物中的含量仍然可以很高,表3-8列出国内外部分地区沉积物中PCBs的污染水平。由于PCBs在环境中的持久性及对人体健康的危害,1973年以后,各国陆续减少或停止生产。

3. 卤代脂肪烃

大多数卤代脂肪烃(halohydrocarbon)属挥发性化合物,可以挥发至大气,并进行光解。对于这些高挥发性化合物,在地表水中能进行生物或化学降解,但与挥发速率相比,其降解速率是很慢的。卤代脂肪烃类化合物在水中的溶解度高,因而其辛醇-水分配系数低,在沉积物有机质或生物脂肪层中的分配趋势较弱,大多通过测定其在水中的含量来确定分配系数。

表3-8　国内外部分地区沉积物中PCBs的污染水平

表面沉积物来源	监测时间	总PCBs含量/(ng/g)
澳大利亚	20世纪七八十年代	NO～1300
印度东部沿海河口	1996	NO～1.4
Oder河口	1994—1996	0.13～9.55
科威特	1998	0.05～24.5
沙特阿拉伯		0.008～0.19
卡塔尔		0.02
阿拉伯联合酋长国		0.013～0.13
阿曼	2000	0.004～0.139
第二松花江	1982	3.373～25.4
浙江受污河流	1994	691
珠江广州段	1999	12.88～65.31
淮河信阳段和淮南段		6.34～8.24
大连湾		0.040～3.23
大连湾	1999	0.85～27.37
闽江口	1999	15.14～57.93
北京通惠河	2002	1.58～344.9

注:引自戴树桂,2005。

王泰等人调查海河与渤海湾水体中溶解态多氯联苯和有机氯农药污染状况,发现海河和渤海湾表层水中PCBs、六六六和DDT的含量分别为0.06～3.11 μg/L、0.05～1.07 μg/L和0.01～0.15 μg/L,与国内外类似水体相比,海河中PCBs和OCPs污染情况较为严重,而渤海湾则处于中等水平。表3-9列出一些研究区域有机氯溶解态污染物浓度。

此外,六氯环戊二烯和六氯丁二烯在底泥中是长效剂,能被生物积累,而二氯溴甲烷、氯二溴甲烷和三溴甲烷等化合物在水环境中的最终归宿,目前还不清楚。

4. 醚类

有七种醚类(ethers)化合物属美国环保局(EPA)优先污染物,它们在水中的性质及存在形式各不相同。其中五种,即双-(氯甲基)醚、双-(2-氯甲基)醚、双-(2-氯异丙基)醚、2-氯乙基乙烯基醚及双-(2-氯乙氧基)甲烷大多存在于水中,辛醇-水分配系数很低,因此它的潜在生物积累和在底泥上的吸附能力都低。4-氯苯苯基醚和4-溴苯苯基醚的辛醇-水分配系数较高,因此有可能在底泥有机质和生物体内累积。

5. 单环芳香族化合物

多数单环芳香族化合物(monocyclic aromatics)也与卤代脂肪烃一样,在地表水中主要是挥发,然后是光解。它们在沉积物、有机质或生物脂肪层中的分配趋势较弱。在优先污染物中已发现六种化合物,即氯苯、1,2-二氯苯、1,3-二氯苯、1,4-二氯苯、1,2,4-三氯苯和六氯苯可被生物累积。但总的来说,单环芳香族化合物在地表水中不是持久性污染物,其生物降解和化学降解速率均比挥发速率低(个别除外),因此,对这类化合物,吸附和生物富集均不是重要的迁移转化过程。

表 3-9 一些研究区域有机氯溶解态污染物浓度比较

物　质	研究区域	浓度范围/(μg/L)
PCBs	莱茵河	0.1～0.5
	美国 密执安湖	0.1～0.45
	美国 哈得孙河	0.53
	中国 渤海湾	0.06～0.71(0.21)
	中国 大亚湾	0.09～1.36(0.31)
	中国 九龙江	0.00036～1.505(0.355)
	中国 闽江	0.204～2.47(0.985)
	中国 海河	0.31～3.11(0.76)
HCHs	中国 珠江口	0.00138～0.0997(0.0461)
	西班牙 Mar Menor Lagoon	0.03～0.3
	中国 渤海湾	0.05～0.75(0.16)
	中国 闽江	0.052～0.515(0.206)
	中国 珠江	0.04～0.72(0.25)
	中国 海河	0.30～1.07(0.66)
	中国 大亚湾	0.0355～1.23(0.285)
	中国 白洋淀	0.3～2(1.4)
	埃及 EI-Haram Giza 地区	20.7～86.2(38.36)
DDTs	中国 珠江口	0.00533～0.00953(0.00781)
	中国 苏州河	0.017～0.099(0.075)
	中国 海河	0.009～0.152(0.076)
	中国 闽江	0.0461～0.235(0.142)
	中国 珠江	0.02～0.5(0.168)
	中国 白洋淀	ND～0.9(0.25)
	牙买加 Kingston	ND～7.02

注:引自王泰,2007。

6. 苯酚类和甲酚类

酚类化合物(phenols)具有水溶性高、辛醇-水分配系数低等性质,因此,大多数酚并不能在沉积物和生物脂肪中发生富集,主要残留在水中。然而,苯酚分子氯代程度增高时,其化合物溶解度下降,辛醇-水分配系数增加,如五氯苯酚等就易被生物累积。酚类化合物的主要迁移、转化过程是生物降解和光解,它们在自然沉积物中的吸附及生物富集作用通常很小(高氯代酚除外),挥发、水解和非光解氯化作用通常也不很重要。

7. 酞酸酯类

酞酸酯类(phthalate ester)有六种列入优先污染物,除双-(2-甲基己基)酞酸酯外,其他化合物的资料都比较少,这类化合物由于在水中的溶解度小,辛醇-水分配系数高,因此主要富集在沉积物有机质和生物脂肪中。

8. 多环芳烃类

多环芳烃(PAH)在水中溶解度很小,辛醇-水分配系数高,是地表水中滞留性污染物,主要累积在沉积物、生物体内和溶解的有机质中。已有证据表明多环芳烃化合物可以发生光解反应,其最终归趋可能是吸附到沉积物中,然后进行缓慢的生物降解。多环芳烃的挥发过程与水解过程均不是重要的迁移转化过程,显然,沉积物是多环芳烃的蓄积库,在地表水体中其浓度通常较低。

9. 亚硝胺和其他化合物

优先污染物中亚硝胺(nitrosoamine):2-甲基亚硝胺和2-正丙基亚硝胺可能是水中长效剂,二苯基亚硝胺、3,3-二氯联苯胺、1,2-二苯基肼、联苯胺和丙烯腈五种化合物主要残留在沉积物中,有的也可在生物体中累积。丙烯腈生物累积可能性不大,但可长久存在于沉积物和水中。

随着工业技术的发展,目前世界上化学品销售已达10万多种,且每年有1000多种新化学品进入市场。除少数品种外,人们对进入环境中的绝大部分化学物质,特别是有毒有机物在环境中的行为(光解、水解、微生物降解、挥发、生物富集、吸附、淋溶等)及其可能产生的潜在危害至今尚无所知或知之甚微。然而,一次次严重的有毒化学物质污染事件的发生,使人们的环境意识不断得到提高。但是由于有毒物质品种繁多,不可能对每一种污染物都制定控制标准,因而提出在众多污染物中筛选出潜在危险大的作为优先研究和控制对象,称之为优先污染物。美国是最早开展优先监测的国家,早在20世纪70年代中期,就在《清洁水法》中明确规定了129种优先污染物,其中有114种是有毒有机污染物。日本于1986年底,由环境厅公布了1974—1985年间对600种优先有毒化学品进行环境安全性综合调查的结果,其中检出率高的有毒污染物为189种。苏联1975年公布了496种有机污染物在综合用水中的极限容许含量,1985年公布了在此基础上进行修改后的561种有机污染物在水中的极限容许含量。联邦德国于1980年公布了120种水中有毒污染物名单,并按毒性大小分类。欧洲经济共同体在《关于水质项目的排放标准》的技术报告中,也列出了"黑名单"和"灰名单"。由于POPs对全球环境及人类健康的巨大危害,经过国际社会的共同努力,127个国家的政府代表于2001年签署了《关于持久性有机污染物的斯德哥尔摩公约》(《POPs公约》),该公约提出将艾氏剂、狄氏剂、异狄氏剂、DDT、氯丹、六氯苯、灭蚁灵、毒杀芬、七氯、多氯联苯、多氯代二苯并二噁英和多氯代二苯并呋喃这12种化学物质列为首批采取国际行动的物质。总之,有毒化学物质的污染问题越来越受到世界各国的重视和关注。

我国已把环境保护作为一项基本国策,将有毒化学物质污染防治工作列入国家环境保护科技计划,开展了大量研究工作。为了更好地控制有毒污染物排放,我国也开展了水中优先污染物筛选工作,提出初筛名单249种,通过多次专家研讨会,初步提出我国的水中优先控制污染物黑名单68种(表3-10),将为我国优先污染物控制和监测提供依据。

表 3-10　我国水中优先控制污染物黑名单

类　别	污　染　物
挥发性卤代烃	二氯甲烷、三氯甲烷、四氯化碳、1,2-二氯乙烷、1,1-二氯乙烷、1,1,2-三氯乙烷、1,1,2,2-四氯乙烷、三氯乙烯、四氯乙烯、三溴甲烷(溴仿),共计 10 个
苯系物	苯、甲苯、乙苯、邻二甲苯、间二甲苯、对二甲苯,共计 6 个
氯代苯类	氯苯、邻二氯苯、对二氯苯、六氯苯,共计 4 个
多氯联苯	1 个
酚类	苯酚、间甲酚、2,4-二氯酚、2,4,6-三氯酚、五氯酚、对-硝基酚,共计 6 个
硝基苯类	硝基苯、对硝基甲苯、2,4-二硝基甲苯、三硝基甲苯、对硝基氯苯、2,4-二硝基氯苯,共计 6 个
苯胺类	苯胺、二硝基苯胺、对硝基苯胺、2,6-二氯硝基苯胺,共计 4 个
多环芳烃类	萘、荧蒽、苯并(b)荧蒽、苯并(k)荧蒽、苯并(a)芘、茚并[1,2,3-c,d]芘、苯并[ghi]芘,共计 7 个
钛酸酯类	钛酸二甲酯、钛酸二丁酯、钛酸二辛酯,共计 3 个
农药	六六六、滴滴涕、敌敌畏、乐果、对硫磷、甲基对硫磷、除草醚、敌百虫,共计 8 个
丙烯腈	1 个
亚硝胺类	*N*-亚硝基二甲胺、*N*-亚硝基二正丙胺,共计 2 个
氰化物	1 个
重金属及其化合物	砷及其化合物、铍及其化合物、镉及其化合物、铬及其化合物、汞及其化合物、镍及其化合物、铊及其化合物、铜及其化合物、铅及其化合物,共计 9 类

注:引自周文敏等,1991。

3.2.3　热污染

人类的生产和生活活动导致环境温度变化并对环境和人类产生影响的现象称为热污染(thermal pollution)。水体热污染来源很多,一些火力发电厂、核电站、钢铁厂及其他工业过程中的冷却水,若不采取措施,直接排入水体,可引起地面水温度升高至 308～313 K。水温升到足以使水生生物系统发生重大变化的现象,称为水体的热污染。热污染对水体的危害不仅仅是由于温度的提高直接杀死水中生物(例如,鳟鱼在水温超过 293 K 时,可致死亡),而且温度升高后,水中溶解氧减少,厌氧菌大量繁殖,同时,水温升高加快水中有机质的腐烂过程,使水中氧进一步降低。这样不适宜的温度及缺氧的条件对水中生态系统的破坏是极严重的。

3.2.4　放射性污染

伴随放射性物质在近代科学技术和能源方面的应用,放射性污染亦成为水质新的重要威胁。放射性污染(radioactive contamination)是指人类活动排出的放射性物质,使环境的放射性水平高于天然本底或超过国家规定的标准。水体放射性污染(radioactive pollutant in water),主要来自地球水域和矿床(如铀、钍、镭、磷酸盐等矿脉及尾矿)、矿坑和洗矿废水、核反应堆冷却水和核燃料再生废水、核试验放射性沉降物等。这些放射性核素经自然沉降、雨水淋溶和径流冲刷等造成了局部地区及全球江河水系的放射性污染，影响饮水水质，并且污染水生生物和土壤，通过食物链对人产生内照射。

3.3 典型污染物在水体中的迁移转化

典型污染物特别是重金属和准金属等污染物，一旦进入水环境，均不能被生物降解，主要通过沉淀-溶解、氧化还原、配位作用、胶体形成、吸附-解吸等一系列物理化学作用进行迁移转化，参与和干扰各种环境化学过程和物质循环过程，最终以一种或多种形态长期存留在环境中，造成永久性的潜在危害。本节将重点介绍重金属污染物在水环境中迁移转化的基本原理。

3.3.1 重金属在水体中的迁移转化

重金属是构成地壳的元素，在自然界的分布非常广泛，它广泛存在于各种矿物和岩石中，经过岩石风化、火山喷发、大气降尘、水流冲刷和生物摄取等过程，构成重金属元素在自然环境中的迁移循环，使重金属元素遍布于土壤、大气、水体和生物体中。与人工合成的化合物不同，它们在环境的各部分都存在着一定的本底含量。

重金属可以通过多种途径（食物、饮水、呼吸、皮肤接触等）侵入人体，还可以通过遗传和母乳进入人体。重金属不仅不能被降解，反而能通过食物链在生物体或人体内富集。与生物体内的生物大分子如蛋白质、酶、核糖核酸等发生强烈相互作用，造成急性或慢性中毒，危害生命。

1.吸附过程

1）水体中胶体的种类

水体中的胶体物质是指直径在 1～100 nm 之间的微粒。水体中的胶体主要来源于矿物沉淀（包括铁、铝、钙、氧化锰、氢氧化物、碳酸盐、硅土、磷酸盐等）、岩石和矿物碎片、生物胶体（包括病毒、细菌、腐殖质）、非水相微乳液和大分子自然有机物成分以及外部来源（如废物处理）、地下水中的物理扰动或化学扰动以及矿物的过饱和析出物等。胶体是许多分子和离子集合物。按胶粒与分散介质之间的亲和力强弱，胶体可分为亲液胶体和疏液胶体，当分散介质为水时，则称为亲水胶体和疏水（憎水）胶体。胶体分散在分散介质中形成的体系称为胶体溶液。

（1）亲水胶体。

胶核表面存在某些极性基团，和水分子亲和力很大，使水分子直接吸附到胶核表面而形成一层水膜的胶体。如腐殖酸是一种带负电的高分子弱电解质，其形态构型与官能团的解离程度有关。在 pH 值较高的碱性溶液中，或离子强度低的条件下，羟基和羧基大多解离，沿着高分子呈现负电荷的方向相互排斥，构型伸展，亲水性强，因而趋于溶解。在 pH 值较低的酸性溶液中，或有较高浓度的金属阳离子存在时，各官能团难于解离而电荷减少，高分子趋于缩成团，亲水性弱，因而趋于沉淀或凝聚，富里酸因相对分子质量低而受构型影响小，故易溶解，腐殖酸则变为不溶的胶体。

（2）疏水胶体。

疏水胶体吸附层中的离子直接与胶核接触，水分子不能直接接触胶核。如铝、铁、硅、锰等金属水合氧化物在天然水中以无机高分子及胶体等形态存在。胶体微粒与水之间水化作用很弱,因此它们与水之间有较明显的界面,所以溶胶是一个微多相分散系统,具有聚结不稳定性。溶胶微粒表面有很薄的双电层结构,这种双电层结构有助于溶胶的稳定性。

由于胶体物质的微粒小,质量轻,单位体积所具有的表面积很大,故其表面具有较大的吸附能力,常常吸附着多量的离子而带电。同类胶体因带有同性的电荷而相互排斥,胶体在水中不能相互黏合而处于稳定状态。因此,胶体颗粒不能借重力自行沉降而去除,一般是在水中加入药剂破坏其稳定,使胶体颗粒增大而沉降予以去除。

2) 胶体物质对污染物的吸附作用

由于胶体具有巨大的比表面和表面能,因此,固-液界面存在表面吸附作用,胶体表面积越大,所产生的表面吸附能也越大,胶体的吸附作用也就越强。水环境中胶体颗粒的吸附作用大体可分为表面吸附、离子交换吸附和专属吸附等。所谓专属吸附,是指吸附过程中,除了化学键的作用外,尚有加强的憎水键和范德华力或氢键在起作用。专属吸附作用不但可使表面电荷改变符号,而且可使离子化合物吸附在同号电荷的表面上。在水环境中,配离子、有机离子、有机高分子和无机高分子的专属吸附作用特别强烈。水合氧化物胶体对重金属离子有较强的专属吸附作用,这种吸附作用发生在胶体双电层的 Stern 层中,被吸附的金属离子进入 Stern 层后,不能被通常提取交换性阳离子的提取剂提取,只能被亲和力更强的金属离子取代,或在强酸性条件下解吸。专属吸附的另一特点是它在中性表面甚至在与吸附离子带相同电荷符号的表面也能进行吸附作用。例如,水锰矿对碱金属(K、Na)及过渡金属(Co、Cu、Ni)离子的吸附特性就很不相同。对于碱金属离子,在低浓度时,当体系 pH 值在水锰矿零电位点(ZPC)以上时,发生吸附作用。这表明该吸附作用属于离子交换吸附。而对于 Co、Cu、Ni 等离子的吸附则不相同,当体系 pH 值在 ZPC 处或小于 ZPC 时,都能进行吸附作用,这表明水锰矿不带电荷或带正电荷均能吸附过渡金属元素。表 3-11 列出了水合氧化物对金属离子的专属吸附与非专属吸附的区别。

表 3-11　水合氧化物对金属离子的专属吸附与非专属吸附的区别

项　目	非专属吸附	专属吸附
发生吸附的表面净电荷的符号	−	−、0、+
金属离子所起的作用	反离子	配离子
吸附时发生的反应	阳离子交换	配体交换
发生吸附时体系的 pH 值	>零电位点	任意值
吸附发生的位置	扩散层	内层
对表面电荷的影响	无	负电荷减少,正电荷增多

注:引自陈静生,1987。

(1) 吸附等温线和等温式。

吸附是指溶液中的溶质在界面层浓度升高的现象。水体中颗粒物对溶质的吸附是一个动态平衡过程,在固定的温度条件下,当吸附达到平衡时,颗粒物表面上的吸附量(G)与溶液中溶质平衡浓度(c)之间的关系,可用吸附等温线来表达。水体中常见的吸附等温线有三类,即 Henry 型、Freundlich 型和 Langmuir 型。简称为 H 型、F 型和 L 型,见图 3-3。

H 型等温线为直线形,其等温式为

$$G = kc \tag{3.11}$$

式中:k——分配系数。该等温式表明溶质在吸附剂与溶液之间按固定比值分配。

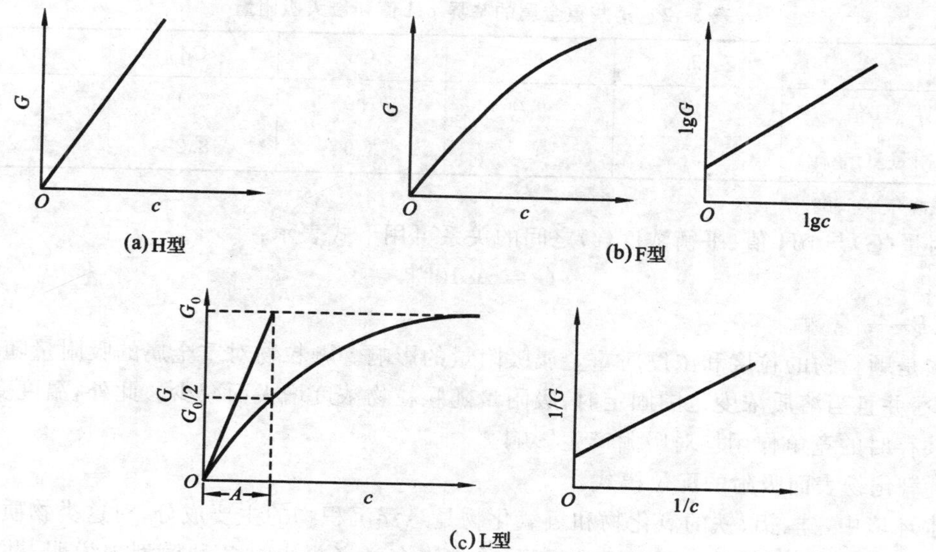

图 3-3　常见吸附等温线

(引自汤鸿霄,1984)

F 型等温式为

$$G = kc^{1/n} \tag{3.12}$$

若两侧取对数,则有

$$\lg G = \lg k + \frac{1}{n}\lg c \tag{3.13}$$

以 $\lg G$ 对 $\lg c$ 作图,可得一直线,$\lg k$ 为截距,因此,k 值是 $\lg c=0$ 时的吸附量,它可以大致表示吸附能力的强弱。

L 型等温式为

$$G = \frac{G^0 c}{A + c} \tag{3.14}$$

式中:G^0——单位表面上达到饱和时间的最大吸附量;

A——常数。

G 对 c 作图得到一条双曲线,其渐近线为 $G=G^0$,即当 $c\to\infty$ 时,$G\to G^0$。在等温式中 A 为吸附量达到 $G^0/2$ 时溶液的平衡浓度。

将式(3.14)转化为

$$\frac{1}{G} = \frac{1}{G^0} + \frac{A}{G^0}\frac{1}{c} \tag{3.15}$$

以 $1/G$ 对 $1/c$ 作图,同样得到一直线。

等温线在一定程度上反映了吸附剂与吸附物的特性,其形式在许多情况下与实验所用溶质浓度区段有关。当溶质浓度甚低时,可能在初始区段中呈现 H 型,当浓度较高时,曲线可能表现为 F 型,但统一起来仍属于 L 型的不同区段。

影响吸附作用的因素很多,首先是溶液 pH 值对吸附作用的影响。在一般情况下,颗粒物对重金属的总吸附量随 pH 值升高而增大。当溶液 pH 值超过某元素的临界 pH 值时,则该元素在溶液中的水解、沉淀起主要作用。表 3-12 为某些重金属的临界 pH 值和最大吸附量。

表 3-12　某些重金属的临界 pH 值和最大吸附量

元　素	Zn	Co	Cu	Cd	Ni
临界 pH 值	7.6	9.0	7.9	8.4	9.0
最大吸附量/(mg/g)	6.7	3.3	3.9	8.2	2.2

注:引自王晓蓉等,1983。

吸附量(G)与 pH 值、平衡浓度(c)之间的关系可用下式表示:

$$G = Ac10^{B\text{pH}} \tag{3.16}$$

式中:A、B——常数。

其次是颗粒物的粒度和浓度对重金属吸附量的影响。颗粒物对重金属的吸附量随粒度增大而减少,并且当溶质浓度范围固定时,吸附量随颗粒物浓度增大而减少。此外,温度变化、几种离子共存时的竞争作用均对吸附产生影响。

(2) 氧化物表面吸附的配位模式。

在水环境中,硅、铝、铁的氧化物和氢氧化物是悬浮沉积物的主要成分,对这类物质表面上发生的吸附机理,特别是对金属离子的吸附,曾有许多学者提出过各种模型来说明,并试图建立定量计算规律,例如离子交换、水解吸附、表面沉淀等。20 世纪 70 年代初期,由 Stumm、Shindler 等人提出的表面配位模式,逐步得到了更多的承认和推广应用,目前已成为吸附的主流理论之一,在水环境化学中发挥很重要的作用。

这一模式的基本点是把氧化物表面对 H^+、OH^-、金属离子、阴离子等的吸附看作一种表面配位反应。金属氧化物表面都含有$\equiv$MeOH基团,这是由于其表面离子的配位不饱和,在水溶液中与水配位,水发生解离吸附而生成羟基化表面。一般氧化物表面有 4～10 个/nm^2 OH^-,其总量是可观的。

表面羟基在溶液中可发生质子迁移,其质子迁移平衡可具有相应的酸度常数,即表面配位常数。

$$\equiv MeOH_2^+ \rightleftharpoons \equiv MeOH + H^+$$

$$K_{a_1}^s = \frac{[\equiv MeOH][H^+]}{[\equiv MeOH_2^+]}$$

$$\equiv MeOH \rightleftharpoons \equiv MeO^- + H^+$$

$$K_{a_2}^s = \frac{[\equiv MeO^-][H^+]}{[\equiv MeOH]}$$

其中,[$\equiv MeOH_2^+$]、[$\equiv$MeOH]分别表示溶液中化合态的浓度和表面化合态的浓度。

表面的$\equiv$MeOH基团在溶液中可以与金属离子和阴离子生成表面配合物,表现出两性表面特性及相应的电荷变化。其相应的表面配位反应为

$$\equiv MeOH + M^{z+} \rightleftharpoons \equiv MeOM^{(z-1)+} + H^+ \qquad {}^*K_1^s$$

$$2\equiv MeOH + M^{z+} \rightleftharpoons (\equiv MeO)_2M^{(z-2)+} + 2H^+ \qquad {}^*\beta_2^s$$

$$\equiv MeOH + A^{z-} \rightleftharpoons \equiv MeA^{(z-1)-} + OH^- \qquad K_1^s$$

$$2\equiv MeOH + A^{z-} \rightleftharpoons (\equiv Me)_2A^{(z-2)-} + 2OH^- \qquad \beta_2^s$$

表面配位反应使其电荷随之变化增减,平衡常数则可反映出吸附程度及电荷与溶液 pH 值和离子浓度的关系。如果可以求出平衡常数的数值,则由溶液 pH 值和离子浓度可求得表面的吸附量和相应电荷。图 3-4 所示为氧化物表面配位模式,现在该模式的吸附剂被扩展到黏土矿物和有机物,吸附离子已被扩展到许多阳离子、阴离子、有机酸、高分子物质等,成为广

泛的吸附模式。

表面配位模式的实质内容就是具体一种聚合酸，其大量羟基可以发生表面配位反应，但在配位平衡过程中需将邻近基团的电荷影响考虑在内，由此区别于溶液中的配位反应。这种模式建立了一套实验和计算方法，可以求得各种固有平衡常数。这样就把原来以实验求得吸附等温式的吸附过程转化为定量计算的过程，使吸附从经验方法走向理论计算方法有了很大的进展。

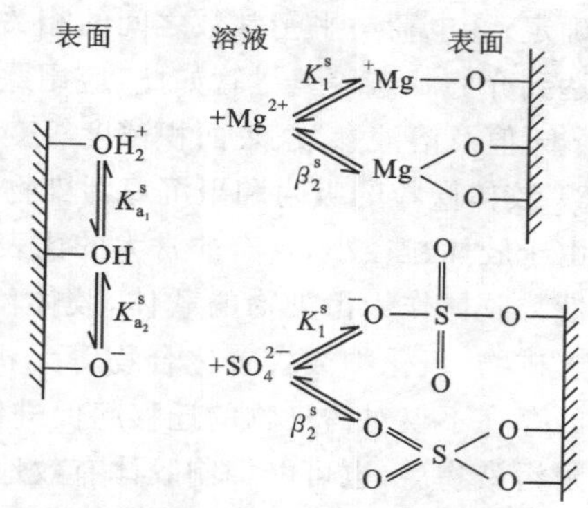

图 3-4　氧化物表面配位模式

（引自 Stumm 和 Morgan，1981）

求表面配位常数是比较复杂而精密的实验与计算过程。为了考察表面配位常数与溶液中配位常数的相关性，有关学者进行了一系列的实验。实验结果综合如图 3-5 和图 3-6 所示。从图 3-5、图 3-6 可看出，无论对金属离子还是对有机阴离子的吸附，表面配位常数与溶液中的吸附常数之间都存在有较好的相关性。表面吸附中对金属离子的配位为

$$\equiv MeOH + M^{z+} \rightleftharpoons \equiv MeOM^{(z-1)+} + H^+ \qquad {}^*K_1^s$$

它与溶液中金属离子的水解是相对应的：

$$H_2O + M^{z+} \rightleftharpoons Me(OH)^{(z-1)+} + H^+ \qquad {}^*K_1$$

图 3-5 表明，$-\lg {}^*K_1^s({}^*\beta_2^s)$ 与 $-\lg {}^*K_1({}^*\beta_2)$ 是线性相关的。同样，有机酸和无机酸的表面配位反应

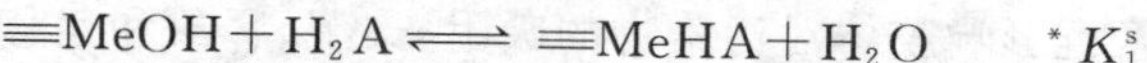

$$\equiv MeOH + H_2A \rightleftharpoons \equiv MeHA + H_2O \qquad {}^*K_1^s$$

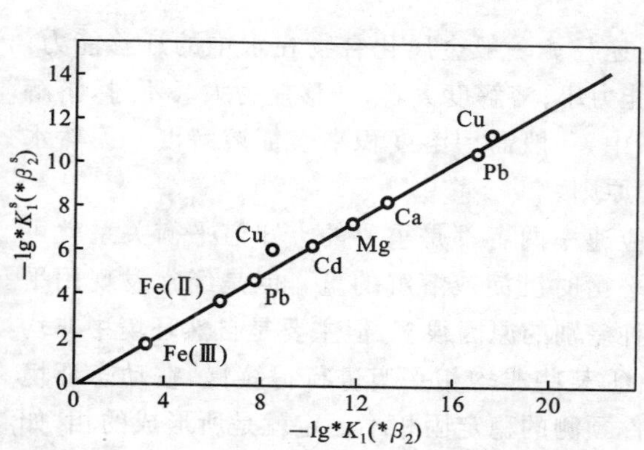

图 3-5　金属离子表面配位与溶液配位的比较

（引自汤鸿霄，1984）

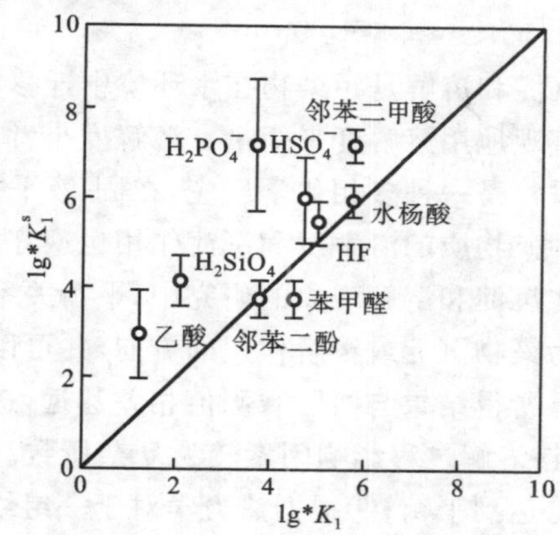

图 3-6　有机物表面配位与溶液配位的比较

（引自 Stumm 和 Morgan，1981）

与溶液中有机酸和无机酸的反应

$$\equiv Me(OH)^{2+} + H_2A \rightleftharpoons \equiv MeHA^{2+} + H_2O \qquad {}^*K_1$$

也是相互对应的。图 3-6 中 $\lg {}^*K_1^s$ 与 $\lg {}^*K_1$ 也有明显的相关性。这样，就有可能近似地应用溶液中已求得的大量配位常数来求得表面配位常数，大大扩展了表面配位模式的数据库及应用的广泛性。

表面配位模式及其实验计算方面存在着下列局限性：①表面配位的固有平衡常数不能精

确地确定；②电荷与平衡常数之间的相关性难以清楚表述；③实验时表面平衡比较缓慢，至多只能达到介稳状态等。尽管如此，应用此模式所得的结果至少可以半定量地反映吸附量和电荷随 pH 值及溶液参数、表面积浓度等变化的关系。

3）胶体微粒的吸附和聚沉对污染物的影响

由于胶体粒径小，具有非常大的比表面积，污染物对胶体比对固相基质表面显示出更高的亲和性。胶体作为污染物的载体，胶体微粒的吸附和聚沉能促使地下环境中污染物的迁移。如黏土矿物、氧化物或含碳化合物等无机胶体可以吸附污染物并有效地促进污染物的迁移。胶体的存在不仅对污染物的迁移起促进作用，而且受其粒径与所带电荷电性的影响，胶体形成并吸附污染物后，也可能抑制胶体有效地吸附地下水中的污染物并对其迁移距离及速率产生显著的影响，尤其是显著地影响低溶解度污染物在地下水中的迁移。影响胶体对污染物吸附和聚沉的主要因素有胶体粒度特征和胶体表面电性。

（1）胶体粒度特征的影响。

胶体体系为多分散的，且胶粒大小是不均匀的。通常分散度越大，胶体颗粒越细，单位体积内的颗粒数也越多，比表面积越大，表面能越大，所以吸附能力越大。

（2）胶体表面电性的影响。

胶体的一个最基本特性是其表面带有电荷，带电性质通常用 ζ 电位和电泳淌度的大小来表示。电泳淌度为胶体在单位时间间隔内和电位电场下移动的距离，其单位为 cm/(μs · V)。不同胶体的 ζ 电位和电泳淌度分布函数符合对数正态分布，ζ 电位和淌度越高，吸附量越大，这是因为 ζ 电位越高，胶体的稳定性越大，与污染物接触的机会越多，越容易吸附污染物。

此外，胶体的表面性质（亲水或疏水）、胶体的稳定性、水溶液的化学组分、离子强度、pH 值、水的流速和光等因素也影响胶体对污染物的吸附、聚沉、释放和运移。

2. 沉淀和溶解过程

沉淀和溶解是污染物在水环境中迁移的重要途径。一般金属化合物在水中的迁移能力，可以直观地用溶解度来衡量。溶解度小者，迁移能力小；溶解度大者，迁移能力大。不过，溶解反应时常是一种多相化学反应，在固-液平衡体系中，一般需用溶度积来表征溶解度。天然水中各种矿物质的溶解度和沉淀作用也遵守溶度积原则。

在沉淀和溶解现象的研究中，平衡关系和反应速率两者都是重要的。知道平衡关系就可预测污染物沉淀或溶解作用的方向，并可以计算平衡时沉淀或溶解的量。但是经常发现用平衡计算所得结果与实际观测值相差甚远，造成这种差别的原因很多，但主要是自然环境中非均相沉淀-溶解过程影响因素较为复杂所致。例如：①某些非均相平衡进行得缓慢，在动态环境下不易达到平衡；②根据热力学对于一组给定条件预测的稳定固相不一定就是所形成的相，如硅在生物作用下可沉淀为蛋白石，它可进一步转变为更稳定的石英，但是这种反应进行得十分缓慢且常需要高温；③可能存在过饱和现象，即出现物质的溶解量大于溶解度极限值的情况；④固体溶解所产生的离子可能在溶液中进一步进行反应；⑤引自不同文献的平衡常数有差异等。

下面着重介绍金属氧化物、氢氧化物、硫化物、碳酸盐及多种成分共存时的溶解-沉淀平衡问题。

1）金属氧化物和氢氧化物

金属氢氧化物沉淀有好几种形态，大部分情况下为无定形沉淀或具有无序晶格的很细小晶体，具有很高的“活性”，这类沉淀在漫长的地质年代里，由于逐渐“老化”，转为稳定的“非活性”。氧化物可看成是氢氧化物脱水而成的。由于这类化合物直接与pH值有关，实际涉及水解和羟基配合物的平衡过程，该过程往往复杂多变，这里用强电解质的最简单关系式表述：

$$Me(OH)_n(s) \rightleftharpoons Me^{n+} + nOH^-$$

根据溶度积

$$K_{sp} = [Me^{n+}][OH^-]^n$$

可转换为

$$[Me^{n+}] = \frac{K_{sp}}{[OH^-]^n} = \frac{K_{sp}[H^+]^n}{K_w^n}$$

$$-\lg[Me^{n+}] = -\lg K_{sp} - n\lg[H^+] + n\lg K_w$$

$$pc = pK_{sp} - npK_w + npH \quad (3.17)$$

根据式(3.17)，可以给出溶液中金属离子饱和浓度对数值与pH值的关系图(图3-7)，直线斜率等于n，即金属离子价。当离子价为+3、+2和+1时，则直线斜率分别为−3、−2和−1。直线横轴截距是$-\lg[Me^{n+}]=0$或$[Me^{n+}]=1.0$ mol/L时的pH值：

$$pH = 14 - \frac{1}{n}pK_{sp} \quad (3.18)$$

各种金属氢氧化物的溶度积数值列于表3-13。根据其中部分数据给出的对数浓度图(图3-7)可看出，同价金属离子的各线均有相同的斜率，靠图右边斜线代表的金属氢氧化物的溶解度大于靠图左边斜线代表的氢氧化物的溶解度。根据此图大致可查出各种金属离子在不同pH值溶液中所能存在的最大饱和浓度。

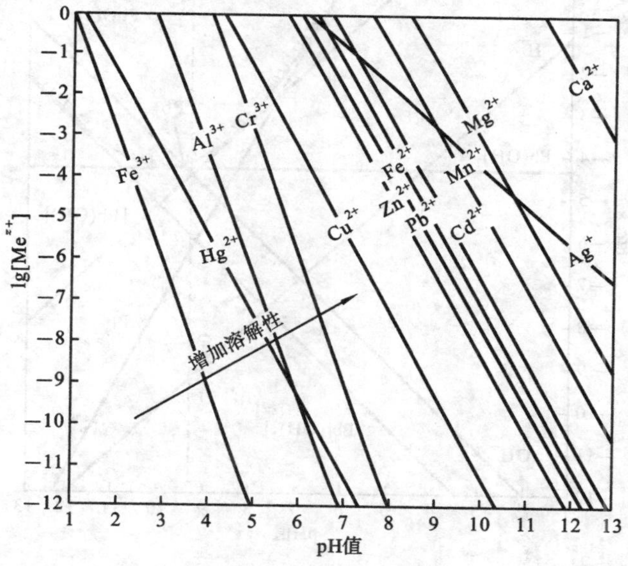

图3-7 氢氧化物溶解度

不过图3-7和式(3.17)所表征的关系，并不能充分反映出氧化物或氢氧化物的溶解度，应该考虑这些固体还能与羟基金属离子配合物$[Me(OH)_n]^{z-n}$处于平衡状态。如果考虑羟基配位作用，可以把金属氧化物或氢氧化物的溶解度(Me_T)表征如下：

$$Me_T = [Me^{z+}] + \sum^{n}[Me(OH)_n]^{z-n} \quad (3.19)$$

表 3-13　金属氢氧化物溶度积

氢氧化物	K_{sp}	pK_{sp}	氢氧化物	K_{sp}	pK_{sp}
$Ag(OH)$	1.6×10^{-8}	7.80	$Fe(OH)_3$	3.2×10^{-38}	37.50
$Ba(OH)_2$	5×10^{-3}	2.3	$Mg(OH)_2$	1.8×10^{-11}	10.74
$Ca(OH)_2$	5.5×10^{-6}	5.26	$Mn(OH)_2$	1.1×10^{-13}	12.96
$Al(OH)_3$	1.3×10^{-33}	32.9	$Hg(OH)_2$	4.8×10^{-26}	25.32
$Cd(OH)_2$	2.2×10^{-14}	13.66	$Ni(OH)_2$	2.0×10^{-15}	14.70
$Co(OH)_2$	1.6×10^{-15}	14.80	$Pb(OH)_2$	1.2×10^{-15}	14.93
$Cr(OH)_2$	6.3×10^{-31}	30.2	$Th(OH)_4$	4.0×10^{-45}	44.4
$Cu(OH)_2$	5.0×10^{-20}	19.30	$Ti(OH)_3$	1×10^{-40}	40
$Fe(OH)_2$	1.0×10^{-15}	15.0	$Zn(OH)_2$	7.1×10^{-18}	17.15

注:引自汤鸿霄,1979。

图 3-8 给出考虑到固相还能与羟基金属离子配合物处于平衡状态时溶解度的例子。在 25 ℃ PbO 固相与溶质化合态之间所有可能的反应如下:

$$PbO(s) + 2H^+ \rightleftharpoons Pb^{2+} + H_2O \qquad \lg{}^*K_{s_0} = 12.7 \tag{3.20}$$

$$PbO(s) + H^+ \rightleftharpoons [Pb(OH)]^+ \qquad \lg{}^*K_{s_1} = 5.0 \tag{3.21}$$

$$PbO(s) + H_2O \rightleftharpoons Pb(OH)_2 \qquad \lg K_{s_2} = -4.4 \tag{3.22}$$

$$PbO(s) + 2H_2O \rightleftharpoons [Pb(OH)_3]^- + H^+ \qquad \lg{}^*K_{s_3} = -15.4 \tag{3.23}$$

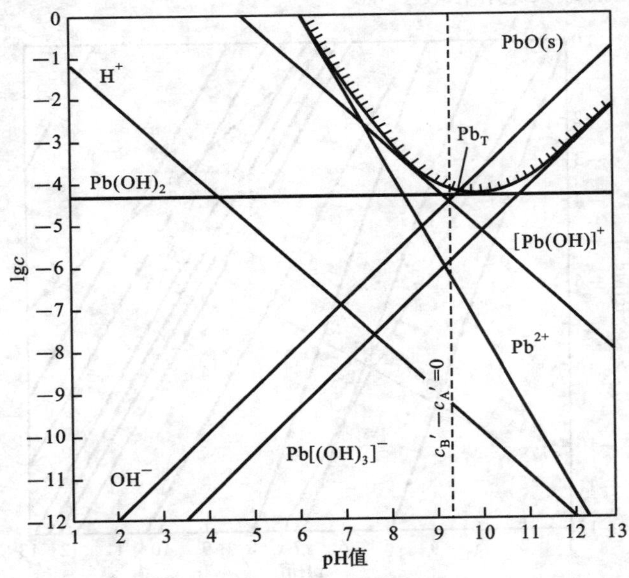

图 3-8　PbO 的溶解度

(引自 Pankow,1991)

根据式(3.20)～式(3.23),Pb^{2+}、$[Pb(OH)]^+$、$Pb(OH)_2$ 和 $[Pb(OH)_3]^-$ 作为 pH 值函数的特征线分别有斜率－2、－1、0 和＋1,把所有化合态都结合起来,可以得到图 3-8 中包围着阴影区域的线。因此,$[Pb(Ⅱ)_T]$在数值上可由下式得出:

$$[Pb(Ⅱ)_T] = {}^*K_{s_0}[H^+]^2 + {}^*K_{s_1}[H^+] + K_{s_2} + {}^*K_{s_3}[H^+]^{-1} \tag{3.24}$$

图 3-8 表明固体的氧化物和氢氧化物具有两性的特征。它们和 H^+ 或 OH^- 都发生反应,

存在一个 pH 值，在此 pH 值下溶解度为最小值，在碱性或酸性更强的 pH 值区域内，溶解度都变得更大。

2）硫化物

金属硫化物是比氢氧化物溶度积更小的一类难溶沉淀物，重金属硫化物在中性条件下实际上是难溶的，在盐酸中 Fe、Mn、Zn 和 Cd 的硫化物是可溶的，而 Ni 和 Co 的硫化物是难溶的。Cu、Hg 和 Pb 的硫化物只有在硝酸中才能溶解。表 3-14 列出重金属硫化物的溶度积。

表 3-14　重金属硫化物的溶度积

分 子 式	K_{sp}	pK_{sp}	分 子 式	K_{sp}	pK_{sp}
Ag_2S	6.3×10^{-30}	49.20	HgS	4.0×10^{-53}	52.40
CdS	7.9×10^{-27}	26.10	MnS	2.5×10^{-13}	12.60
CoS	4.0×10^{-21}	20.40	NiS	3.2×10^{-19}	18.50
Cu_2S	2.5×10^{-48}	47.60	PbS	8×10^{-28}	27.90
CuS	6.3×10^{-36}	35.20	SnS	1×10^{-25}	25.00
FeS	3.3×10^{-18}	17.50	ZnS	1.6×10^{-24}	23.80
Hg_2S	1.0×10^{-45}	45.00	Al_2S_3	2×10^{-7}	6.70

注：引自汤鸿霄，1979。

由表 3-14 可看出，只要水环境中存在 S^{2-}，几乎所有重金属均可从水体中除去。因此，当水中有硫化氢气体存在时，溶于水中的气体呈二元酸状态，其分级电离为

$$H_2S \rightleftharpoons H^+ + HS^- \qquad K_1 = 8.9\times10^{-8}$$

$$HS^- \rightleftharpoons H^+ + S^{2-} \qquad K_2 = 1.3\times10^{-15}$$

两式相加可得

$$H_2S \rightleftharpoons 2H^+ + S^{2-}$$

$$K = \frac{[H^+]^2[S^{2-}]}{[H_2S]} = K_1K_2 = 1.16\times10^{-22} \tag{3.25}$$

在饱和水溶液中，H_2S 浓度总是保持在 0.1 mol/L，因此可认为饱和溶液中 H_2S 分子浓度也保持在 0.1 mol/L，代入式(3.25)得

$$[H^+]^2[S^{2-}] = 1.16\times10^{-22}\times0.1 = 1.16\times10^{-23} = K'_{sp}$$

因此可把 1.16×10^{-23} 看成一个溶度积(K'_{sp})，它是在任何 pH 值的 H_2S 饱和溶液中必须保持的一个常数。由于 H_2S 在纯水溶液中的二级电离甚微，故可按一级电离处理，近似认为 $[H^+]=[HS^-]$，求得此溶液中 $[S^{2-}]$：

$$[S^{2-}] = \frac{K'_{sp}}{[H^+]^2} = \frac{1.16\times10^{-23}}{8.9\times10^{-8}}\ \text{mol/L} = 1.3\times10^{-16}\ \text{mol/L}$$

在任一 pH 值的水中，则有

$$[S^{2-}] = \frac{K'_{sp}}{[H^+]^2}$$

溶液中促成硫化物沉淀的是 S^{2-}，当溶液中存在二价金属离子 Me^{2+} 时，则有

$$[Me^{2+}][S^{2-}] = K_{sp}$$

因此，在硫化氢和硫化物均达到饱和的溶液中，可算出溶液中金属离子的饱和浓度为

$$[Me^{2+}] = \frac{K_{sp}}{[S^{2-}]} = \frac{K_{sp}[H^+]^2}{K'_{sp}} = \frac{K_{sp}[H^+]^2}{0.1K_1K_2} \tag{3.26}$$

3) 碳酸盐

在 Me^{2+}-H_2O-CO_2体系中，碳酸盐作为固相时需要比氧化物、氢氧化物更稳定，而且与氢氧化物不同，它并不是由 OH^- 直接参与沉淀反应，同时 CO_2还存在气相分压。因此，碳酸盐沉淀实际上是二元酸在三相中的平衡分布问题。在对待 Me^{2+}-H_2O-CO_2体系的多相平衡时，主要区别两种情况：①对大气封闭的体系（只考虑固相和液相，把 $H_2CO_3^*$ 当作不挥发酸类处理）；②除固相和液相外还包括气相（含 CO_2）的体系。由于方解石在天然水体系中的重要性，下面将以 $CaCO_3$为例进行介绍。

(1) 封闭体系。

① c_T＝常数时，$CaCO_3$的溶解度。

$$CaCO_3(s) \rightleftharpoons Ca^{2+} + CO_3^{2-}$$

$$K_{sp} = [Ca^{2+}][CO_3^{2-}] = 10^{-8.32}$$

$$[Ca^{2+}] = \frac{K_{sp}}{[CO_3^{2-}]} = \frac{K_{sp}}{c_T a_2} \tag{3.27}$$

由于 a_2对任何 pH 值都是已知的，根据式(3.27)，可以得出随 c_T和 pH 值变化的$[Ca^{2+}]$的饱和平衡值。对于任何与 $MeCO_3$(s)平衡时的$[Me^{2+}]$都可以写出类似方程，并可给出 $lg[Me^{2+}]$对 pH 值的曲线图(图 3-9)。

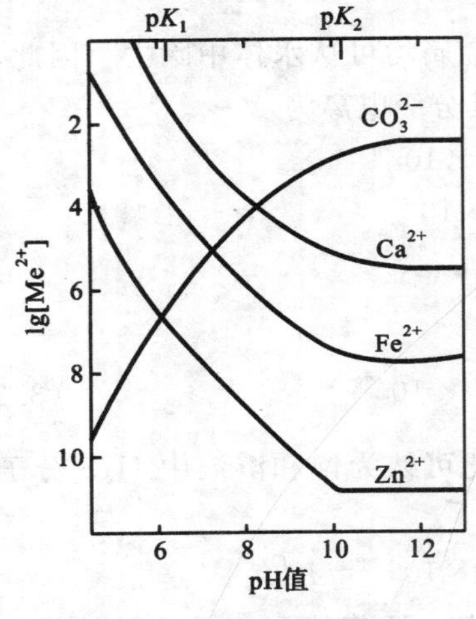

图 3-9　封闭体系中 c_T**＝常数时** $MeCO_3$ **的溶解度**($c_T=3\times10^{-3}$ mol/L)

(引自 Stumm 和 Morgan，1981)

图 3-9 基本上是由溶度积方程和碳酸平衡叠加而构成的，$[Ca^{2+}]$和$[CO_3^{2-}]$的乘积必须是常数。因此，在这一高 pH 值区时，$lg[CO_3^{2-}]$线斜率为零，$lg[Ca^{2+}]$线斜率也必为零，此时饱和浓度

$$[Ca^{2+}] = \frac{K_{sp}}{[CO_3^{2-}]} \tag{3.28}$$

在 $pK_1 < pH < pK_2$ 区，$lg[CO_3^{2-}]$的斜率为＋1，相应 $lg[Ca^{2+}]$的斜率为－1；在 $pH < pK_1$ 区，$lg[CO_3^{2-}]$的斜率为＋2，为保持乘积$[Ca^{2+}][CO_3^{2-}]$的恒定，$lg[Ca^{2+}]$的斜率必然为－2。图 3-9 是 $c_T=3\times10^{-3}$ mol/L 时一些金属碳酸盐的溶解度以及它们对 pH 值的依赖关系。

② $CaCO_3$(s)在纯水中的溶解。

溶液中的溶质为 Ca^{2+}、$H_2CO_3^*$、HCO_3^-、CO_3^{2-}、H^+和 OH^-，故相应的浓度有六个未知数。所以在一定的压力和温度下，需要有相应方程限定溶液的组成。如果考虑所有溶解出来的 Ca^{2+} 在浓度上必然等于溶解碳酸化合态的总和，就可得到方程

$$[Ca^{2+}] = c_T \tag{3.29}$$

此外，溶液必须满足电中性条件

$$2[Ca^{2+}] + [H^+] = [HCO_3^-] + 2[CO_3^{2-}] + [OH^-] \tag{3.30}$$

达到平衡时，可以用 $CaCO_3$(s)的溶度积来考虑，即

$$[Ca^{2+}] = \frac{K_{sp}}{[CO_3^{2-}]} = \frac{K_{sp}}{c_T a_2} \tag{3.31}$$

可得

$$[Ca^{2+}] = \left(\frac{K_{sp}}{\alpha_2}\right)^{1/2}$$

$$-\lg[Ca^{2+}] = 0.5pK_{sp} - 0.5p\alpha_2 \tag{3.32}$$

对于其他金属碳酸盐，则可写为

$$-\lg[Me^{2+}] = 0.5pK_{sp} - 0.5p\alpha_2 \tag{3.33}$$

把式(3.31)代入式(3.30)，可得

$$\left(\frac{K_{sp}}{\alpha_2}\right)^{1/2}(2 - \alpha_1 - 2\alpha_2) + [H^+] - \frac{K_w}{[H^+]} = 0 \tag{3.34}$$

可用试算法求解。

同样可以用 pc-pH 图表示碳酸钙溶解度与 pH 值的关系，应用在不同 pH 值区域中，存在以下条件便可绘制。

当 $pH > pK_2$，$\alpha_2 \approx 1$，则

$$\lg[Ca^{2+}] = 0.5pK_{sp}$$

当 $pK_1 < pH < pK_2$，$\alpha_2 \approx K_2/[H^+]$，则

$$\lg[Ca^{2+}] = 0.5\lg K_{sp} - 0.5\lg K_2 - 0.5pH$$

当 $pH < pK_1$，$\alpha_2 \approx K_1K_2/[H^+]^2$，则

$$\lg[Ca^{2+}] = 0.5\lg K_{sp} - 0.5\lg K_1K_2 - pH$$

图 3-10 给出某些金属碳酸盐溶解度曲线。

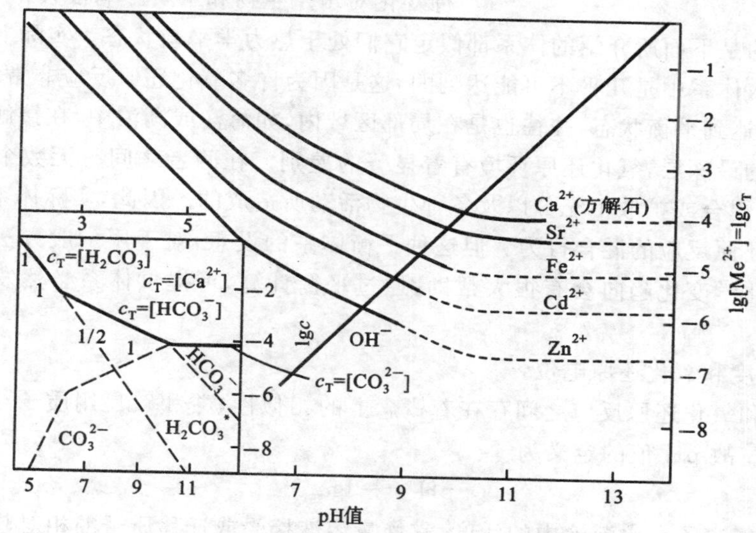

图 3-10　某些金属碳酸盐溶解度

（引自 Stumm 和 Morgan，1981）

(2) 开放体系。

向纯水中加入 $CaCO_3(s)$，并且将此溶液暴露于含有 CO_2 的气相中，因大气中 CO_2 分压固定，溶液中的 CO_2 浓度也相应固定，根据前面的讨论，可知

$$c_T = \frac{[CO_2]}{\alpha_0} = \frac{1}{\alpha_0}K_H p_{CO_2}$$

$$[CO_3^{2-}] = \frac{\alpha_2}{\alpha_0}K_H p_{CO_2}$$

由于要与气相中CO_2处于平衡状态，此时$[Ca^{2+}]$就不再等于c_T，但仍保持同样的电中性条件：

$$2[Ca^{2+}]+[H^+]=c_T(a_1+2a_2)+[OH^-]$$

综合气-液平衡式和固-液平衡式，可以得到基本计算式：

$$[Ca^{2+}]=\frac{a_0}{a_2}\frac{K_{sp}}{K_H p_{CO_2}} \tag{3.35}$$

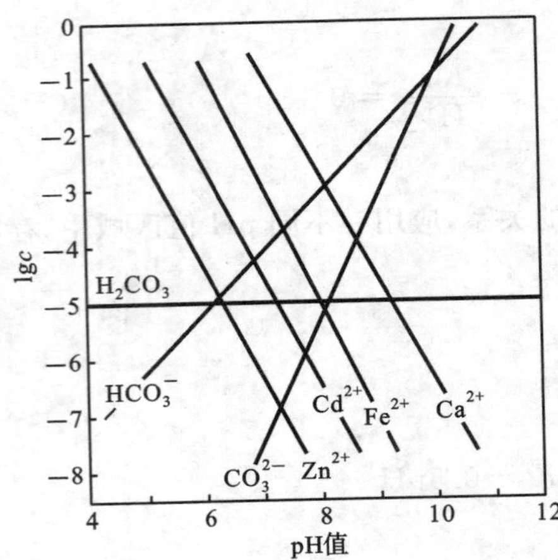

图 3-11　开放体系中的碳酸盐溶解度

同样可将此关系推广到其他金属碳酸盐，绘出 pc-pH 图，如图 3-11 所示。

3. 氧化与还原过程

氧化还原平衡对水环境中污染物的迁移转化具有重要意义。水体中氧化还原的类型、速率和平衡，在很大程度上取决于水中主要溶质的性质。例如，一个厌氧性湖泊，其底层的元素都将以还原形态存在：碳还原成−4 价形成CH_4；氮形成NH_4^+；硫形成H_2S；铁形成可溶性Fe^{2+}。而表层水由于可以被大气中的氧饱和，成为相对氧化性介质。当达到热力学平衡时，上述元素将以氧化态存在：碳形成CO_2；氮形成NO_3^-；铁形成$Fe(OH)_3$沉淀；硫形成SO_4^{2-}。显然这种变化对水生生物和水质影响很大。

值得注意的是下面所介绍的体系都假定它们处于热力学平衡状态。实际上这种平衡状态在天然水或污水体系中是几乎不可能达到的，这是因为许多氧化还原反应非常缓慢，很少达到平衡状态，即使达到平衡状态，往往也是在局部区域内，如海洋或湖泊中，在接触大气中氧气的表层与沉积物的最深层，氧化还原环境有着显著的差别。在两者之间有无数个局部的中间区域，它们是由于混合或扩散不充分以及各种生物活动所造成的。因此，实际体系中存在的是几种不同的氧化还原反应的混合行为。但这种平衡体系的设想，对于用一般方法去认识污染物在水体中发生化学变化趋向会有很大帮助，通过平衡计算，可提供体系必然发展趋向的边界条件。

1) 电子活度和氧化还原电位

酸碱反应和氧化还原反应之间存在着概念上的相似性，酸和碱是用质子给予体和质子接受体来解释的。故 pH 值的定义为

$$pH=-\lg a_{H^+} \tag{3.36}$$

式中：a_{H^+}——氢离子在水溶液中的活度，它衡量溶液接受或迁移质子的相对趋势。

与此相似，还原剂和氧化剂可以定义为电子给予体和电子接受体，同样可以定义 pE 为

$$pE=-\lg a_{e^-} \tag{3.37}$$

式中：a_{e^-}——水溶液中电子的活度。

由于a_{H^+}可以在好几个数量级范围内变化，所以可以很方便地用 pH 值来表示a_{H^+}。同样，一个稳定的水系统的电子活度可以在 20 个数量级范围内变化，所以也可以很方便地用 pE 来表示a_{e^-}。

pE 严格的热力学定义是由 Stumm 和 Morgan 提出的，基于下列反应：

$$2H^+(aq)+2e^- \rightleftharpoons H_2(g)$$

当这个反应的全部组分都以 1 个单位活度存在时，该反应的自由能变化 ΔG 可定义为零。

水中氧化还原反应的 ΔG 也是在溶液中全部离子的生成自由能的基础上定义的。

在离子的强度为零的介质中，$[H^+]=1.0\times10^{-7}$ mol/L，a_{H^+} 也为 1.0×10^{-7}，而 pH＝7.0。但是，电子活度必须根据式(3.37)定义，当 H^+(aq)在 1 单位活度与 H_2压力为 1.0130×10^5 Pa(同样活度也为 1)平衡的介质中，电子活度为 1.00，pE＝0.0。如果电子活度增加 10 倍，则 pE＝－1.0。

因此，pE 是平衡状态下(假设)的电子活度，它衡量溶液接受或给出电子的相对趋势，在还原性很强的溶液中，其趋势是给出电子。从 pE 的概念可知，pE 越小，电子浓度越高，体系给出电子的倾向就越强。反之，pE 越大，电子浓度越低，体系接受电子的倾向就越强。

2) 氧化还原电位 E 和 pE 的关系

若有一个氧化还原半反应

$$\text{Ox}+ne^-\longrightarrow\text{Red}$$

根据 Nernst 方程一般式，则上述反应可写成

$$E=E^{\ominus}-\frac{2.303RT}{nF}\lg\frac{[\text{Red}]}{[\text{Ox}]}$$

当反应达到平衡时，$E=0$，则

$$E^{\ominus}=\frac{2.303RT}{nF}\lg K$$

298 K 时，有

$$\lg K=\frac{nFE^{\ominus}}{2.303RT}=\frac{nE^{\ominus}}{0.0591}$$

从理论上考虑亦可将平衡常数 K 表示为

$$K=\frac{[\text{Red}]}{[\text{Ox}][e^-]^n}$$

所以

$$[e^-]=\left(\frac{1}{K}\frac{[\text{Red}]}{[\text{Ox}]}\right)^{1/n}$$

根据 pE 的定义，则上式可改写为

$$\text{p}E=-\lg[e^-]=\frac{1}{n}\left(\lg K-\lg\frac{[\text{Red}]}{[\text{Ox}]}\right)=\frac{EF}{2.303RT}\tag{3.38}$$

298 K 时，有

$$\text{p}E=\frac{E}{0.0591}$$

pE 是量纲为 1 的指标，它衡量溶液中可提供电子的水平。

同样

$$\text{p}E^{\ominus}=\frac{E^{\ominus}F}{2.303RT}\tag{3.39}$$

298 K 时，有

$$\text{p}E^{\ominus}=\frac{1}{0.0591}E^{\ominus}$$

因此，根据 Nernst 方程，pE 的一般表示形式为

$$\text{p}E=\text{p}E^{\ominus}+\frac{1}{n}\lg\frac{[\text{反应物}]}{[\text{生成物}]}\tag{3.40}$$

对于包含 n 个电子的氧化还原反应，其平衡常数为

$$\lg K=\frac{nE^{\ominus}F}{2.303RT}\tag{3.41}$$

298 K 时，有

$$\lg K=\frac{nE^{\ominus}}{0.0591}$$

此处 $E^{\ominus}$ 是整个反应的 $E^{\ominus}$ 值，故平衡常数

$$\lg K = n\mathrm{p}E^{\ominus} \tag{3.42}$$

同样,对于一个包括 n 个电子的氧化还原反应,自由能变化可由以下两个方程中任一个给出:

$$\Delta G = -nFE$$

$$\Delta G = -2.303nRT\mathrm{p}E \tag{3.43}$$

若将 $F=96500\ \mathrm{J/(V \cdot mol)}$ 代入式(3.43),便可获得以 J/mol 为单位的自由能变化值。若所有反应组分都处于标准状态下(纯液体、纯固体、溶质的活度为 1.00),则

$$\Delta G^{\ominus} = -nFE^{\ominus}$$

$$\Delta G^{\ominus} = -2.303nRT(\mathrm{p}E^{\ominus})$$

3) 水体的电位

在天然水体中,表层水富氧,底部水处于还原状态,那么 pE 的极限值是多少?这可以从水的氧化与还原反应来考虑。水能被氧化,如下式:

$$2H_2O \rightleftharpoons O_2 + 4H^+ + 4e^- \tag{3.44}$$

或

$$\frac{1}{4}O_2 + H^+ + e^- \rightleftharpoons \frac{1}{2}H_2O$$

在一定条件下水也可被还原,如下式:

$$2H_2O + 2e^- \rightleftharpoons H_2 + 2OH^- \tag{3.45}$$

或

$$H^+ + e^- \rightleftharpoons \frac{1}{2}H_2$$

这两个反应决定了水中的 pE 值,反应(3.44)决定水氧化态的 pE 上限,水的还原反应(3.45),即 H_2 的释放反应,限制了还原态时 pE 值的下限。因为这些反应有 H^+、OH^- 参与,因而 pE 与 pH 值有关。

水的氧化极限边界条件可选择氧的分压为 1.013×10^5 Pa,所以

$$\mathrm{p}E = \mathrm{p}E^{\ominus} + \lg(p_{O_2}^{1/4}[H^+]) \tag{3.46}$$

$$\mathrm{p}E = 20.75 - \mathrm{pH}$$

水的还原反应极限情况可选择氢的分压为 1.0130×10^5 Pa,所以

$$\mathrm{p}E = \mathrm{p}E^{\ominus} + \lg[H^+] \tag{3.47}$$

$$\mathrm{p}E = -\mathrm{pH}$$

当天然水的 pH=7.00 时,代入式(3.46)和式(3.47),则得到中性水的 pE 上限为 13.75,下限为 7.00。相对应的 E_h 为+0.81 V 和+0.441 V。这是中性纯水存在的两种极端边界条件,实际水的 pE(或 E_h)介于两者之间。

天然水体中有不同的氧化还原区域,有些区域氧化作用起主导作用,如天然水的表层水;有些区域还原作用占主导地位,如底部富集有机质的水。处于水体氧化还原区域的物质将以不同的形态存在。为了研究在不同的区域物质存在的形态,在环境化学中常用 pE-pH 图和 pE-lg$c$ 图来表示。

4) pE-lg$c$ 图和 pE-pH 图的绘制

(1) pE-lg$c$ 图的绘制。

在环境化学中,常用水中物质各种形态浓度对数对 pE 作图,称为 pE-lg$c$ 图。在一般情况下,pH 值是指定的。因此,pE-lg$c$ 图可以表征水中形态浓度随体系 pE 值变化的情况。下面用天然水中 pE 对各种形态无机氮的浓度影响来说明 pE-lg$c$ 图的绘制。在天然水中无机氮有 NH_4^+、NO_3^-、NO_2^- 三种主要形态,它们有以下的氧化还原平衡:

$$\frac{1}{6}NO_2^- + \frac{4}{3}H^+ + e^- \rightleftharpoons \frac{1}{6}NH_4^+ + \frac{1}{3}H_2O \qquad pE_1^\ominus = 15.14 \tag{3.48}$$

$$\frac{1}{2}NO_3^- + H^+ + e^- \rightleftharpoons \frac{1}{2}NO_2^- + \frac{1}{2}H_2O \qquad pE_2^\ominus = 14.5 \tag{3.49}$$

$$\frac{1}{8}NO_3^- + \frac{5}{4}H^+ + e^- \rightleftharpoons \frac{1}{8}NH_4^+ + \frac{3}{8}H_2O \qquad pE_3^\ominus = 14.09 \tag{3.50}$$

对于式(3.48)，pE 由下式决定：

$$pE = pE_1^\ominus + \lg\frac{[NO_2^-]^{1/6}}{[NH_4^+]^{1/6}} - \frac{4}{3}pH$$

根据此式可得
$$\frac{[NO_2^-]}{[NH_4^+]} = 10^{6(pE - pE_1^\ominus + \frac{4}{3}pH)}$$

同理对于式(3.49)可得
$$\frac{[NO_3^-]}{[NO_2^-]} = 10^{2(pE - pE_2^\ominus + pH)}$$

令
$$A = pE_1^\ominus - \frac{4}{3}pH \quad B = pE_2^\ominus - pH$$

则有
$$\frac{[NO_2^-]}{[NH_4^+]} = 10^{6(pE-A)} \tag{3.51}$$

$$\frac{[NO_3^-]}{[NO_2^-]} = 10^{2(pE-B)} \tag{3.52}$$

设体系的总氮浓度为 T_N，则

$$T_N = [NO_3^-] + [NO_2^-] + [NH_4^+] \tag{3.53}$$

由式(3.51)、式(3.52)、式(3.53)联立解方程可得

$$[NH_4^+] = \frac{T_N}{1 + 10^{6(pE-A)} + 10^{(6pE-6A-2B)}}$$

$$[NO_2^-] = \frac{T_N 10^{6(pE-A)}}{1 + 10^{6(pE-A)} + 10^{(6pE-6A-2B)}}$$

$$[NO_3^-] = \frac{T_N 10^{(6pE-6A-2B)}}{1 + 10^{6(pE-A)} + 10^{(6pE-6A-2B)}}$$

根据上述三式可求出在一定 pH 值、pE 变化时，氮的各种形态的浓度，再以 $\lg c$ 对 pE 作图，得 pE-$\lg c$ 图。当 $[H^+] = 10^{-7}$ mol/L，$T_N = 10^{-4}$ mol/L(更接近受氮污染的水)。图 3-12 为各种形态氮的 pE-$\lg c$ 图。

不同 pE 对金属形态浓度也有很大的影响。例如 Fe^{3+}-Fe^{2+}-H_2O 体系，设总溶解铁浓度为 1.1×10^{-3} mol/L，则

$$Fe^{3+} + e^- \rightleftharpoons Fe^{2+} \qquad \lg E^\ominus = 13.1$$

$$pE = 13.1 + \frac{1}{n}\lg\frac{[Fe^{3+}]}{[Fe^{2+}]} \tag{3.54}$$

当 $pE \leqslant pE^\ominus$ 时，有
$$[Fe^{3+}] \leqslant [Fe^{2+}]$$
$$[Fe^{2+}] = 1.0\times10^{-3} \text{ mol/L}$$

所以
$$\lg[Fe^{2+}] = -3.0 \tag{3.55}$$

$$\lg[Fe^{3+}] = pE - 16.1 \tag{3.56}$$

当 $pE \geqslant pE^\ominus$ 时，有
$$[Fe^{3+}] \geqslant [Fe^{2+}]$$
$$[Fe^{3+}] = 1.0\times10^{-3} \text{ mol/L}$$

所以
$$\lg[Fe^{3+}] = -3.0 \tag{3.57}$$

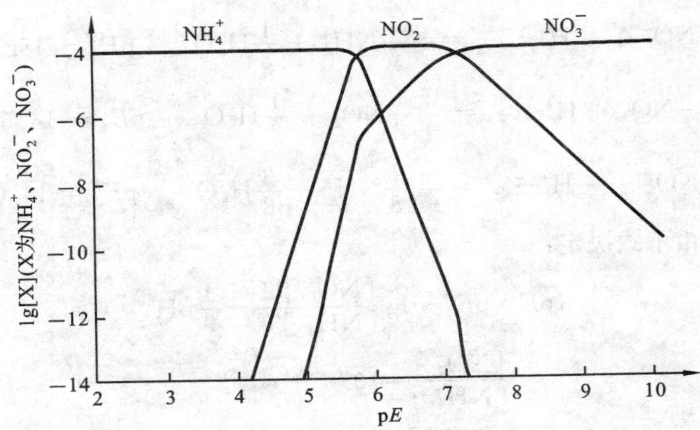

图 3-12　水中 NH_4^+、NO_3^-、NO_2^- 系统的 pE-lgc 图

(pH=7.00;总氮浓度=1.00×10^{-4} mol/L)

(引自 Manahan,1984)

$$\lg[Fe^{2+}] = 10.1 - pE \tag{3.58}$$

由式(3.55)、式(3.56)、式(3.57)和式(3.58)作图即得图 3-13,由图中可以看出:当 $pE<12$ 时,$[Fe^{2+}]$占优势;当 $pE>14$ 时,$[Fe^{3+}]$占优势。

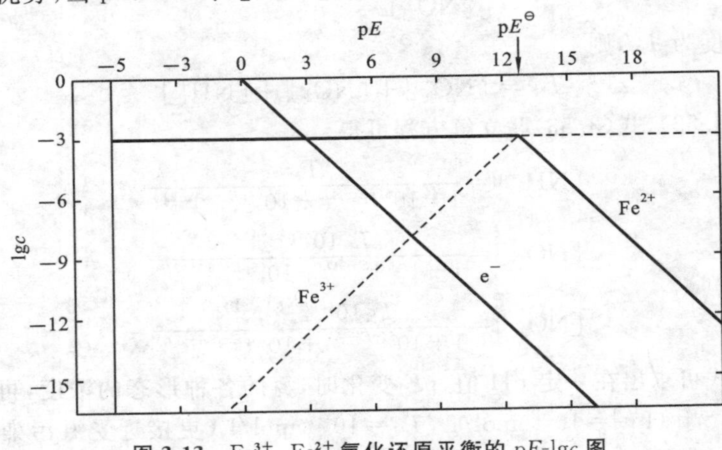

图 3-13　Fe^{3+}、Fe^{2+} 氧化还原平衡的 pE-lgc 图

(引自 Stumm 和 Morgan,1981)

(2) pE-pH 图的绘制。

pE-pH 图是指定体系中,体系的 pE 随 pH 值变化的情况,它可表明水中物质各种形态的稳定区域和边界条件。在大多数天然水中都含有碳酸根、SO_4^{2-}、S^{2-},各种金属元素的上述盐类在水体中的不同区域都占优势,为说明 pE-pH 图的基本原理和应用,下面以一个简化的例子加以说明。

在绘制 pE-pH 图时,必须考虑几个边界情况。首先是水的氧化还原反应限定图中的区域边界。选作水氧化限度的边界条件是氧的分压为 1.0130×10^5 Pa,水还原限度的边界条件是氢的分压为 1.0130×10^5 Pa,由这些边界条件可获得将水的稳定边界与 pH 值联系起来的方程。

水的氧化限度:

$$\frac{1}{4}O_2 + H^+ + e^- \rightleftharpoons \frac{1}{2}H_2O \quad pE^\ominus = +20.75$$

$$pE = pE^\ominus + \lg(p_{O_2}^{1/4}[H^+]) \tag{3.59}$$

$$pE = 20.75 - pH$$

水的还原限度：

$$H^+ + e^- \rightleftharpoons \frac{1}{2}H_2 \quad pE^\ominus = 0.00$$

$$pE = pE^\ominus + \lg[H^+] \tag{3.60}$$

$$pE = -pH$$

表明水的氧化限度以上的区域为 O_2 稳定区，还原限度以下的区域为 H_2 稳定区，在这两个限度之内的 H_2O 是稳定的，也是水中各化合态分布的区域。

下面以 Fe 为例，讨论如何绘制 pE-pH 图。假定溶液中溶解性铁的最大浓度为 1.0×10^{-7} mol/L，没有考虑 $[Fe(OH)_2]^+$ 及 $FeCO_3$ 等形态的生成，根据上面的讨论，Fe 的 pE-pH 图必须落在水的氧化还原限度内，下面将根据各组分间的平衡方程把 pE-pH 图的边界逐一推导。

① Fe^{3+} 和 Fe^{2+} 的边界。根据平衡方程

$$Fe^{3+} + e^- \rightleftharpoons Fe^{2+} \qquad \lg K = 13.1$$

$$pE = 13.1 + \lg\frac{[Fe^{3+}]}{[Fe^{2+}]}$$

边界条件为 $[Fe^{3+}] = [Fe^{2+}]$，则

$$pE = 13.1$$

由此，可绘出一条垂直于纵轴、平行于 pH 值轴的直线(图 3-14①)，表明与 pH 值无关。当 $pE > 13.1$ 时，有 $[Fe^{3+}] > [Fe^{2+}]$；当 $pE < 13.1$ 时，有 $[Fe^{3+}] < [Fe^{2+}]$。

② Fe^{3+} 与 $Fe(OH)^{2+}$ 的边界。根据平衡方程

$$Fe^{3+} + H_2O \rightleftharpoons [Fe(OH)]^{2+} + H^+ \qquad \lg K = -2.4$$

$$K = \frac{[[Fe(OH)]^{2+}][H^+]}{[Fe^{3+}]}$$

边界条件为 $[Fe^{3+}] = [[Fe(OH)]^{2+}]$，则

$$pH = 2.4$$

故可画出一条平行于 pE 的直线，如图 3-14 中②所示，表明与 pE 无关。直线左边为 Fe^{3+} 稳定区，直线右边为 $[Fe(OH)]^{2+}$ 稳定区。

③ Fe^{2+} 与 $[Fe(OH)]^{2+}$ 的边界。根据平衡方程

$$Fe^{2+} + H_2O \rightleftharpoons [Fe(OH)]^{2+} + H^+ + e^- \qquad \lg K = -15.5$$

$$pE = 15.5 + \lg\frac{[[Fe(OH)]^{2+}]}{[Fe^{2+}]} - pH$$

边界条件为 $[Fe^{2+}] = [[Fe(OH)]^{2+}]$，则

$$pE = 15.5 - pH$$

得到一条斜线，如图 3-14 中③所示。斜线上方为 $[Fe(OH)]^{2+}$ 稳定区，斜线下方为 Fe^{2+} 稳定区。

④ $Fe(OH)_3$ 与 $[Fe(OH)]^{2+}$ 的边界。根据平衡方程

$$Fe(OH)_3 + 2H^+ \rightleftharpoons [Fe(OH)]^{2+} + 2H_2O \qquad \lg K = 2.4$$

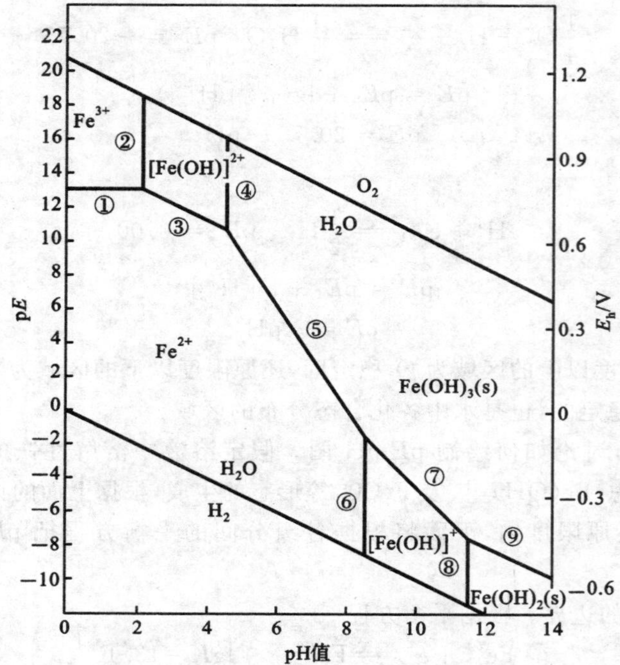

图 3-14　水中铁系统的 pE-pH 图(总可溶性铁浓度为 1.0×10^{-7} mol/L)

$$K=\frac{[[Fe(OH)]^{2+}]}{[H^+]^2}$$

边界条件为$[[Fe(OH)]^{2+}]=1.0\times10^{-7}$ mol/L,则

$$pH=4.7$$

可得一平行于 pE 的直线,如图 3-14 中④所示,表明与 pE 无关。当 pH>4.7 时,$Fe(OH)_3$(s)将陆续析出。

⑤ $Fe(OH)_3$(s)与 Fe^{2+} 的边界。根据平衡方程

$$Fe(OH)_3+3H^++e^-\rightleftharpoons Fe^{2+}+3H_2O \qquad \lg K=17.9$$

可得这两种形态的边界条件:

$$pE=17.9-3pH-\lg[Fe^{2+}]$$

将$[Fe^{2+}]=1.0\times10^{-7}$ mol/L 代入,得

$$pE=24.9-3pH$$

得到一条斜率为−3 的直线,如图 3-14 中⑤所示。斜线上方为 $Fe(OH)_3$(s)稳定区,斜线下方为 Fe^{2+} 稳定区。

⑥ Fe^{2+} 与$[Fe(OH)]^+$的边界。根据平衡方程

$$Fe^{2+}+H_2O\rightleftharpoons [Fe(OH)]^++H^+ \qquad \lg K=-8.6$$

$$K=\frac{[[Fe(OH)]^+][H^+]}{[Fe^{2+}]}$$

边界条件为$[Fe^{2+}]=[[Fe(OH)]^+]$,则

$$pH=8.6$$

同样得到一条平行于 pE 的直线,如图 3-14 中⑥所示。直线左边为 Fe^{2+} 稳定区,直线右边为$[Fe(OH)]^+$稳定区。

⑦ $Fe(OH)_3(s)$与$[Fe(OH)]^+$的边界。根据平衡方程

$$Fe(OH)_3+2H^++e^- \rightleftharpoons [Fe(OH)]^++2H_2O \qquad \lg K=9.25$$

可得这两种形态的边界条件：

$$pE=9.25-2pH-\lg[[Fe(OH)]^+]$$

将$[[Fe(OH)]^+]=1.0\times10^{-7}$ mol/L代入，得

$$pE=16.25-2pH$$

得到一条斜率为-2的直线，如图3-14中⑦所示。斜线上方为$Fe(OH)_3(s)$稳定区，斜线下方为$[Fe(OH)]^+$稳定区。

⑧ $Fe(OH)_2(s)$与$[Fe(OH)]^+$的边界。根据平衡方程

$$Fe(OH)_2+H^+ \rightleftharpoons [Fe(OH)]^++H_2O \qquad \lg K=4.6$$

可得两种形态边界条件：

$$pH=4.6-\lg[[Fe(OH)]^+]$$

将$[[Fe(OH)]^+]=1.0\times10^{-7}$ mol/L代入，得

$$pH=11.6$$

可得一平行于pE的直线，如图3-14中⑧所示，表明与pE无关。直线左边为$[Fe(OH)]^+$，直线右边$Fe(OH)_2(s)$稳定区。

⑨ $Fe(OH)_3(s)$和$Fe(OH)_2(s)$的边界。$Fe(OH)_3(s)$和$Fe(OH)_2(s)$平衡方程为

$$Fe(OH)_3(s)+H^++e^- \rightleftharpoons Fe(OH)_2(s)+H_2O \qquad \lg K=4.62$$

$$K=\frac{1}{[H^+][e^-]}$$

$$pE=4.62-pH$$

得到的边界是一斜线，见图3-14中的⑨。斜线上方为$Fe(OH)_3(s)$稳定区，斜线下方为$Fe(OH)_2(s)$稳定区。

至此，已导得制作Fe在水中的pE-pH图所必需的全部边界方程，水中铁系统的pE-pH图如图3-14所示。由图3-14可看出，当这个系统有一个相当高的H^+活度及高的电子活度时(酸性还原介质)，Fe^{2+}是主要形态(在大多数天然水体系中，由于FeS或$FeCO_3$的沉淀作用，Fe^{2+}的可溶性范围是很窄的)，在这种条件下，一些地下水中含有相当水平的Fe^{2+}；在很高的H^+活度及低的电子活度时(酸性氧化介质)，Fe^{2+}是主要的；在低酸度的氧化介质中，$Fe(OH)_2(s)$是主要的存在形态，最后在碱性的还原介质中，具有低的H^+活度及高的电子活度，固体的$Fe(OH)_2$是稳定的。注意，在通常的水体pH值范围内(5～9)，$Fe(OH)_3$或Fe^{2+}是主要的稳定形态。

5) 水体氧化还原条件对重金属迁移转化的影响

重金属元素在高pE水中，将从低价态氧化成高价态或较高价态；在低pE水中，将被还原成低价态或与其中硫化氢反应形成难溶硫化物，如硫化铅、硫化锌、硫化铜、硫化镉、硫化汞、硫化镍、硫化钴、硫化银等。表3-15列出天然水中重要氧化还原反应的p$E^\ominus$值。

表3-15　天然水中重要氧化还原反应的p$E^\ominus$值(298 K)

反应式	p$E^\ominus$(=lg$K$)	p$E^\ominus$(w)[①]
$\frac{1}{4}O_2(g)+H^+(w)+e^- \rightleftharpoons \frac{1}{2}H_2O$	+20.75	+13.75

续表

反应式	$pE^{\ominus}(=\lg K)$	$pE^{\ominus}(w)$①
$\frac{1}{5}NO_3^- + \frac{6}{5}H^+(w) + e^- \rightleftharpoons \frac{1}{10}N_2(g) + \frac{3}{5}H_2O$	+21.05	+12.65
$\frac{1}{2}MnO_2(s) + \frac{1}{2}HCO_3^-(10^{-3}) + \frac{3}{2}H^+ + e^- \rightleftharpoons \frac{1}{2}MnCO_3(s) + H_2O$		+8.5②
$\frac{1}{2}NO_3^- + H^+(w) + e^- \rightleftharpoons \frac{1}{2}NO_2^- + \frac{1}{2}H_2O$	+14.5	+7.15
$\frac{1}{8}NO_3^- + 2H^+(w) + e^- \rightleftharpoons \frac{1}{8}NH_4^+ + \frac{3}{8}H_2O$	14.9	6.15
$\frac{1}{6}NO_2^- + \frac{4}{3}H^+(w) + e^- \rightleftharpoons \frac{1}{6}NH_4^+ + \frac{1}{3}H_2O$	+15.14	+5.82
$\frac{1}{2}CH_3OH + H^+(w) + e^- \rightleftharpoons \frac{1}{2}CH_4(g) + \frac{1}{2}H_2O$	+9.88	+2.88
$\frac{1}{4}CH_2O + H^+(w) + e^- \rightleftharpoons \frac{1}{4}CH_4(g) + \frac{1}{4}H_2O$	+6.94	−0.06
$Fe(OH)(s) + HCO_3^-(10^{-3}) + 2H^+(w) + e^- \rightleftharpoons FeCO_3(s) + 2H_2O$		1.67②
$\frac{1}{2}CH_2O + H^+(w) + e^- \rightleftharpoons \frac{1}{2}CH_3OH$	+3.99	−3.01
$\frac{1}{6}SO_4^{2-} + \frac{4}{3}H^+(w) + e^- \rightleftharpoons \frac{1}{6}S(s) + \frac{2}{3}H_2O$	+6.03	−3.30
$\frac{1}{8}SO_4^{2-} + \frac{5}{4}H^+(w) + e^- \rightleftharpoons \frac{1}{8}H_2S(g) + \frac{1}{2}H_2O$	+5.75	−3.50
$\frac{1}{8}SO_4^{2-} + \frac{9}{8}H^+(w) + e^- \rightleftharpoons \frac{1}{8}HS^- + \frac{1}{2}H_2O$	+4.13	−3.75
$\frac{1}{2}S(s) + H^+(w) + e^- \rightleftharpoons \frac{1}{2}H_2S(g)$	+2.89	−4.11
$\frac{1}{8}CO_2(g) + H^+(w) + e^- \rightleftharpoons \frac{1}{8}CH_4(g) + \frac{1}{4}H_2O$	+2.87	−4.13
$\frac{1}{6}N_2(g) + \frac{4}{3}H^+(w) + e^- \rightleftharpoons \frac{1}{3}NH_4^+$	+4.68	−4.68
$H^+(w) + e^- \rightleftharpoons \frac{1}{2}H_2(g)$	0.00	−7.00
$\frac{1}{4}CO_2(g) + H^+(w) + e^- \rightleftharpoons \frac{1}{4}CH_2O + \frac{1}{4}H_2O$	−1.20	−8.20

注:① (w)指 $a_{H^+} = 1.00 \times 10^{-7}$ mol/L,$pE^{\ominus}(w)$指在 $a_{H^+} = 1.00 \times 10^{-7}$ mol/L 时的 $pE^{\ominus}$;② 这些数据是相当于 $a_{HCO_3^-} = 1.00 \times 10^{-7}$ mol/L 而不是 1,因此不是正确的 $pE^{\ominus}(w)$的值,但与 $pE^{\ominus}(w)$相比,更接近于典型的水体状况。

引自 Manahan,1984。

4. 配位作用

污染物特别是重金属污染物,大部分以配合物形态存在于水体,其迁移、转化及毒性等均与配位作用有密切关系。例如迁移过程中,大部分重金属在水体中的可溶态是配合物形态,随环境条件改变而运动和变化。配合物改变了溶液中的金属物种,一般来说它降低了自由金属离子的浓度。与此同时,与自由金属离子浓度有关系的各种作用和性质也都发生了改变,如金属溶解度、毒性和可能的生物刺激性的改变,固体表面性质的改变以及金属从溶液中的吸附等。至于毒性，自由铜离子的毒性大于配合态铜，甲基汞的毒性大于无机汞已是众所周知的。此外，已发现一些有机金属配合物增加水生生物的毒性，而有的则减少其毒性，因此，配位作用的实质问题是哪一种污染物的结合态更能为生物所利用。

天然水体中有许多阳离子，其中某些阳离子是电子的良好的配合物中心体（接受电子对，Lewis 酸），某些阴离子则可作为配体（提供电子对，Lewis 碱），一个或几个中心体与围绕着它们的一定数量的离子或分子配体键合组成配合物，它们之间的配位作用和反应速率等概念与机理，可以应用配合物化学基本理论予以描述，如软硬酸碱理论，Owen-Williams 顺序等。表 3-16 和表 3-17 列出金属离子和其他 Lewis 酸的分类。从表中，可以估计金属和配体形成离子或配合物的趋势及其稳定性的大致顺序。表 3-18 列出软、硬碱，根据软硬酸碱（HSAB）规则，硬酸倾向于与硬碱结合，而软酸倾向于与软碱结合，中间酸（碱）则与软、硬碱（酸）都能结合。

表 3-16　金属离子的分类

A 型金属阳离子	过渡金属阳离子	B 型金属阳离子
惰性气体的电子构型	外层电子数为 1 到 9	电子数相当于 Ni^0、Pd^0、Pt^0（外层电子数为 10 或 12）
低极化性“硬区”	非球形对称	低电负性，高极化性“软区”
（H^+）Li^+、Na^+、K^+、Be^{2+}、Mg^{2+}、Ca^{2+}、Sr^{2+}、Al^{3+}、Sc^{3+}、La^{3+}、Si^{4+}、Ti^{4+}、Zr^{4+}、Sn^{4+}、Th^{4+}	Cr^{3+}、Mn^{2+}、Fe^{3+}、Fe^{2+}、Ni^{2+}、Cu^{2+}、Ti^{3+}、Co^{2+}、Co^{3+}	Cu^+、Ag^+、Au^+、Ti^+、Cd^{2+}、Hg^{2+}、Zn^{2+}、Pd^{2+}、Pt^{2+}、Au^{3+}、In^{3+}、Bi^{3+}、Tl^{3+}

表 3-17　Lewis 酸的分类

硬　酸	交 界 酸	软　酸
所有 A 型金属阳离子、Cr^{3+}、Mn^{3+}、Fe^{3+}、Co^{3+}、As^{3+}、UO_2^{2+}、VO^{2+} 以及 BF_3、BCl_3、SO_3、RSO_2^+、RPO_2^+、CO_2、RCO^+、R_3C^+	所有二价过渡金属阳离子以及 Zn^{2+}、Pb^{2+}、Bi^{3+}、Sb^{3+}、SO_2、NO^+ 等	所有 B 型金属阳离子除去 Zn^{2+}、Pb^{2+}、Bi^{3+}、M^0（金属原子）

注：引自 Pearson，1963。

表 3-18　硬碱、软碱和中间碱（R 代表烃基）

硬　碱	中 间 碱	软　碱
F^-、O^{2-}、OH^-、H_2O、Cl^-、CH_3COO^-、ClO_4^-、SO_4^{2-}、CO_3^{2-}、PO_4^{3-}、ROH、R_2O、NH_3^*、RNH_2^*、$N_2H_4^*$ 等	Br^-、NO_3^-、SO_3^{2-}、吡啶等	R_2S、RSH、SCN、$S_2O_3^{2-}$、S^{2-}、R_3P、$(RO)_3P$、I^-、CN^-、RNC、CO、C_2H_4 等

注：* 也可认为是中间碱。

引自张祥麟，1979。

1）无机配体对重金属的配位作用

天然水体中重要的无机配体有 OH^-、$C1^-$、CO_3^{2-}、HCO_3^-、F^-、S^{2-}、CN^- 等。以上离子除 S^{2-} 外，均属于 Lewis 硬碱，它们易与硬酸进行配位。如 OH^- 在水溶液中将优先与某些作为中心离子的硬酸结合（如 Fe^{2+}、Mn^{2+} 等），形成羧基配离子或氢氧化物沉淀，而软碱 S^{2-}、CN^- 则

更易和软酸 Hg^{2+}、Ag^{+}、Cu^{+} 等形成多硫配离子或硫化物沉淀。按照这一规则,可以定性地判断某个金属离子在水体中的形态。

(1) 羟基对重金属的配位作用。

由于大多数重金属离子均能水解,其水解过程实际上就是羟基配位过程,它是影响一些重金属难溶盐溶解度的主要因素,因此,人们特别重视羟基对重金属的配位作用。现以 Me^{2+} 为例。

$$Me^{2+} + OH^- \rightleftharpoons [Me(OH)]^+ \qquad K_1 = \frac{[[Me(OH)]^+]}{[Me^{2+}][OH^-]}$$

$$[Me(OH)]^+ + OH^- \rightleftharpoons [Me(OH)_2]^0 \qquad K_2 = \frac{[[Me(OH)_2]^0]}{[[Me(OH)]^+][OH^-]}$$

$$Me(OH)_2 + OH^- \rightleftharpoons [Me(OH)_3]^- \qquad K_3 = \frac{[[Me(OH)_3]^-]}{[Me(OH)_2][OH^-]}$$

$$[Me(OH)_3]^- + OH^- \rightleftharpoons [Me(OH)_4]^{2-} \qquad K_4 = \frac{[[Me(OH)_4]^{2-}]}{[[Me(OH)_3]^-][OH^-]}$$

这里 K_1,K_2,K_3 和 K_4 为羟基配合物的逐级生成常数。在实际计算中,常用累积生成常数 β_1,β_2,β_3 等表示:

$$Me^{2+} + OH^- \rightleftharpoons [Me(OH)]^+ \qquad \beta_1 = K_1$$

$$[Me(OH)]^+ + OH^- \rightleftharpoons Me(OH)_2 \qquad \beta_2 = K_1 K_2$$

$$Me(OH)_2 + OH^- \rightleftharpoons [Me(OH)_3]^- \qquad \beta_3 = K_1 K_2 K_3$$

$$[Me(OH)_3]^- + OH^- \rightleftharpoons [Me(OH)_4]^{2-} \qquad \beta_4 = K_1 K_2 K_3 K_4$$

以 β 代替 K,计算各种羟基配合物占金属总量的百分数(以 Ψ 表示),它与累积生成常数及 pH 值有关,因为

$$[Me]_T = [Me^{2+}] + [[Me(OH)]^+] + [Me(OH)_2] + [[Me(OH)_3]^-] + [[Me(OH)_4]^{2-}]$$

由上述五式可得

$$[Me]_T = [Me^{2+}](1 + \beta_1[OH^-] + \beta_2[OH^-]^2 + \beta_3[OH^-]^3 + \beta_4[OH^-]^4)$$

设

$$\alpha = 1 + \beta_1[OH^-] + \beta_2[OH^-]^2 + \beta_3[OH^-]^3 + \beta_4[OH^-]^4$$

则

$$[Me]_T = [Me^{2+}]\alpha$$

$$\Psi_0 = \frac{[Me^{2+}]}{[M]_T} = \frac{1}{\alpha}$$

$$\Psi_1 = \frac{[Me(OH)^+]}{[Me]_T} = \frac{\beta_1[Me^{2+}][OH^-]}{[Me]_T} = \Psi_0\beta_1[OH^-]$$

$$\Psi_2 = \frac{[Me(OH)_2]}{[Me]_T} = \Psi_0\beta_2[OH^-]^2$$

……

$$\Psi_n = \frac{[[Me(OH)_n]^{2-n}]}{[Me]_T} = \Psi_0\beta_n[OH^-]^n$$

在一定温度下,β_1,β_2,…,β_n 等为定值,Ψ 仅是 pH 值的函数。图 3-15 表示了 Cd^{2+}-OH^- 配离子在不同 pH 值下的分布。

由图 3-15 可看出:当 pH<8 时,镉基本上以 Cd^{2+} 形态存在;pH=8 时,开始形成$[Cd(OH)]^+$配离子;pH 值约为 10 时,$[Cd(OH)]^+$ 达到峰值;pH 值至 11 时,$Cd(OH)_2$ 达到峰值;pH=12 时,$[Cd(OH)_3]^-$ 达到峰值;当 pH>13 时,则$[Cd(OH)_4]^{2-}$ 占优势。

(2) 氯离子对重金属的配位作用。

水环境中氯离子与重金属的配位作用主要存在以下几种形态：

$$Me^{2+}+Cl^{-}\rightleftharpoons[MeCl]^{+}$$

$$Me^{2+}+2Cl^{-}\rightleftharpoons MeCl_2$$

$$Me^{2+}+3Cl^{-}\rightleftharpoons[MeCl_3]^{-}$$

$$Me^{2+}+4Cl^{-}\rightleftharpoons[MeCl_4]^{2-}$$

氯离子与重金属离子的配位程度取决于 Cl^- 的浓度，也取决于重金属离子对 Cl^- 的亲和力。

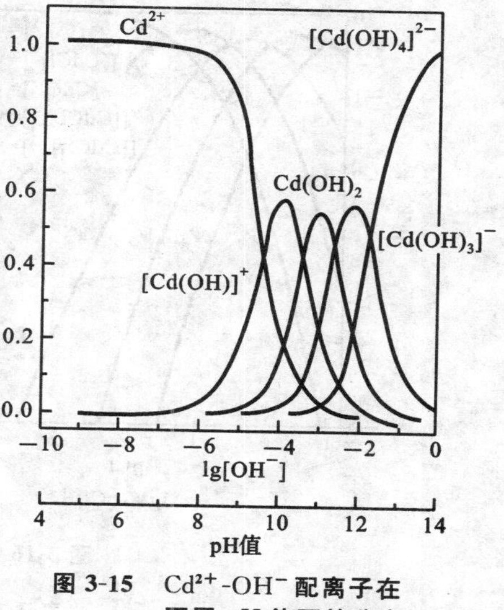

图 3-15　Cd^{2+}-OH^- 配离子在不同 pH 值下的分布

(引自陈静生，1987)

例如，Cd^{2+} 与 Cl^- 的逐级配位作用：

$$Cd^{2+}+Cl^{-}\rightleftharpoons[CdCl]^{+}\qquad K_1=34.7\quad \beta_1=34.7$$

$$[CdCl]^{+}+Cl^{-}\rightleftharpoons CdCl_2\qquad K_2=4.57\quad \beta_2=158$$

$$CdCl_2+Cl^{-}\rightleftharpoons[CdCl_3]^{-}\qquad \beta_3=200$$

$$[CdCl_3]^{-}+Cl^{-}\rightleftharpoons[CdCl_4]^{2-}\qquad \beta_4=40.0$$

同样，这里 K_1，K_2 等为配合物的逐级生成常数，β_1，β_2，β_3，β_4 为累积生成常数。当体系在离子强度为 1.0 mol/L，298 K 和 1.0130×10^5 Pa 条件下，这些常数是适用的。如果限制体系 pH 值低到 $[Cd(OH)]^+$ 羟基配合物可忽略，则可得

$$[Cd]_T=[Cd^{2+}]+[[CdCl]^{+}]+[CdCl_2]+[[CdCl_3]^{-}]+[[CdCl_4]^{2-}]$$

若各种氯配合物占金属总量的百分数以 Ψ 表示，则可得与 pCl 有关的函数：

$$\Psi_0=\frac{[Cd^{2+}]}{[Cd]_T}=\frac{1}{1+\beta_1[Cl^-]+\beta_2[Cl^-]^2+\beta_3[Cl^-]^3+\beta_4[Cl^-]^4}$$

$$\Psi_1=\frac{[[CdCl]^+]}{[Cd]_T}=\Psi_0\beta_1[Cl^-]$$

$$\Psi_2=\frac{[CdCl_2]}{[Cd]_T}=\Psi_0\beta_2[Cl^-]^2$$

$$\Psi_3=\frac{[[CdCl_3]^-]}{[Cd]_T}=\Psi_0\beta_3[Cl^-]^3$$

$$\Psi_4=\frac{[[CdCl_4]^{2-}]}{[Cd]_T}=\Psi_0\beta_4[Cl^-]^4$$

若以氯配合物的 Ψ 或 $\lg\Psi$ 与 pCl 作图(图 3-16)，就可观察到当 pCl 改变时，主要含镉的形态也发生相应的变化。在很低的 pCl 下，体系以 $[CdCl_4]^{2-}$ 的形态为主；在高 pCl 条件下，则以 Cd^{2+} 为主。

2) 有机配体与重金属离子的配位作用

有机配体情况比较复杂。天然水体中包括动植物组织的天然降解产物，如氨基酸、糖、脂肪酸、腐殖酸，以及生活废水中的洗涤剂、清洁剂、NTA、EDTA、农药和大分子环状化合物等。这些有机物相当一部分具有配位能力，表 3-19 列出了海水中有机物浓度。1971 年 Williams 将海洋有机物分为七大类：氨基酸、糖、脂肪酸、尿素、芳香烃、维生素和腐殖质。它们大都含有未共有电子对的活性基团，是较典型的电子供给体，易与某些金属形成稳定的配合物，如在海水的还原条件下铁与柠檬酸的配合物占总铁的 86.6%，镍与半胱氨酸的配合物占总镍的 99.9%。

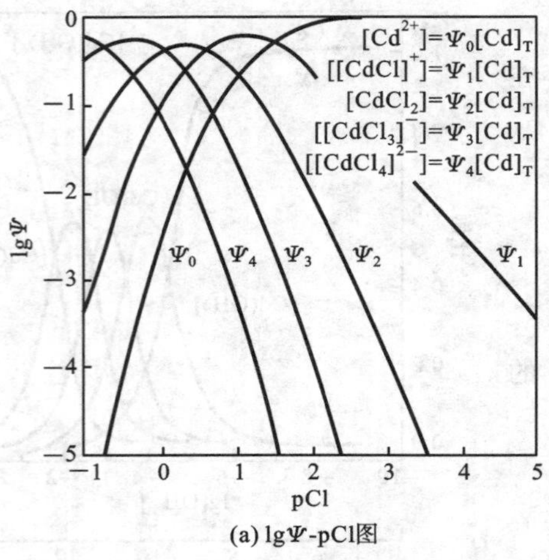

(a) lgΨ-pCl图

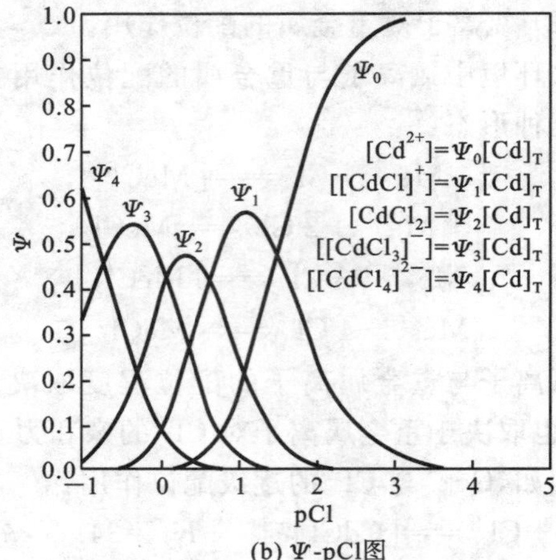

(b) Ψ-pCl图

图 3-16 Cd^{2+}-Cl^- 体系的逐级配位作用

表 3-19 海水中有机物(平均)浓度

有机物	浓度/(mol/L)	有机物	浓度/(mol/L)
乙酸	2×10^{-4}	羟基脯氨酸	4.35×10^{-7}
α-氨基丙酸	1.12×10^{-6}	乳酸	4.35×10^{-7}
精氨酸	1.15×10^{-7}	白氨酸(亮氨酸)	4.35×10^{-7}
天冬氨酸	1.2×10^{-6}	赖氨酸	4.35×10^{-7}
柠檬酸	1.04×10^{-6}	苹果酸	4.35×10^{-7}
半胱氨酸	1.65×10^{-7}	脯氨酸	4.35×10^{-7}
谷氨酸	1.09×10^{-6}	丝氨酸	4.35×10^{-7}
甘氨酸	4.00×10^{-6}	苏氨酸	4.35×10^{-7}
乙醇酸	7.89×10^{-6}	色氨酸	4.35×10^{-7}
组氨酸	2.58×10^{-7}	酪氨酸	4.35×10^{-7}
对-羟基苯甲酸	4.35×10^{-7}	缬氨酸	4.35×10^{-7}

天然水中对水质影响最大的有机物是腐殖质,它由生物体物质在土壤、水和沉积物中转化而成。腐殖质是有机高分子物质。一般根据其在碱和酸溶液中的溶解度划分为三类。①腐殖酸(humic acid):可溶于稀碱液但不溶于酸的部分,相对分子质量由数千到数万。②富里酸(fulvic acid):可溶于酸又可溶于碱的部分,相对分子质量由数百到数千。③腐黑物(humin):不能被酸和碱提取的部分。

在腐殖酸和腐黑物中,碳含量为50%~60%,氧含量为30%~35%,氢含量为4%~6%,氮含量为2%~4%,而富里酸中碳和氮含量较少,分别为44%~50%和1%~3%,氧含量较多,为44%~50%,不同地区和不同来源的腐殖质相对分子质量组成和元素组成都有区别。

腐殖质在结构上的显著特点是除含有大量苯环外,还含有大量羧基、醇羟基和酚羟基。富里酸单位质量含有的含氧官能团数量较多,因而亲水性也较强。富里酸的结构式如图 3-17 所示,这些官能团在水中可以解离并产生化学作用,因此腐殖质具有高分子电解质的特征,并表现为酸性。

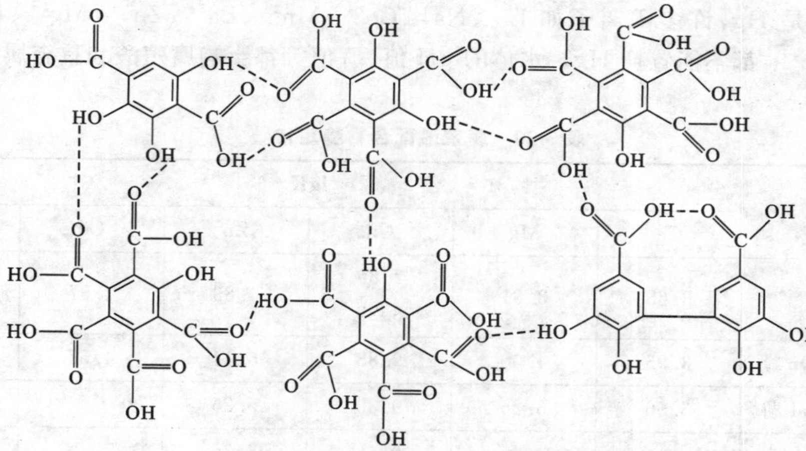

图 3-17　富里酸的结构

（引自 Schnitzer，1978）

腐殖质与环境中有机物之间的作用主要涉及吸附效应、溶解效应、对水解反应的催化作用、对微生物过程的影响以及光敏效应和淬灭效应等。但腐殖质与金属离子生成配合物是它们最重要的环境性质之一，金属离子能在腐殖质中的羧基及羟基间螯合成键：

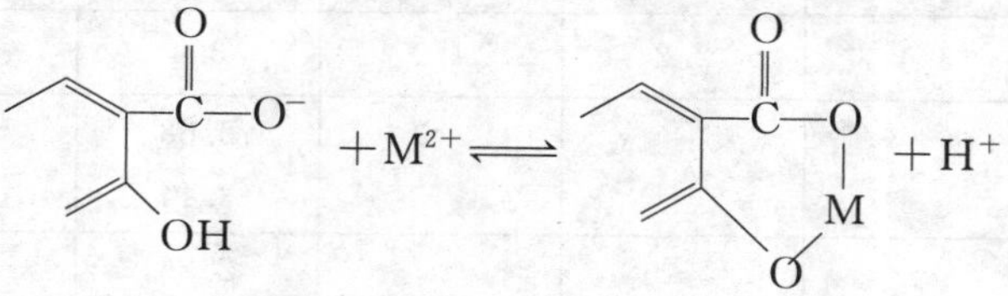

$$+M^{2+} \rightleftharpoons \quad +H^{+}$$

或者在两个羧基间螯合形成下面的配合物：

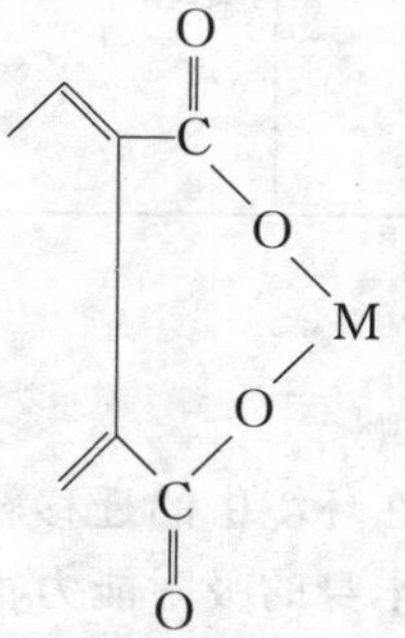

或者与 1 个羧基形成下面的配合物：

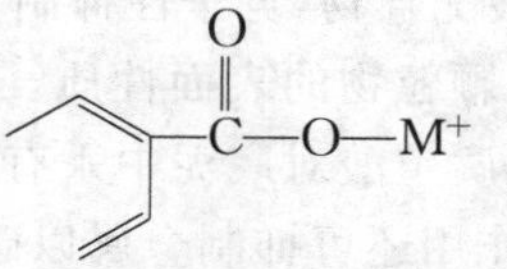

许多研究表明：重金属在天然水体中主要以腐殖酸的配合物形式存在。Matson 等指出 Cd、Pb 和 Cu 在美洲的大湖（Great Lake）水中不存在游离离子，而是以腐殖酸配合物形式存在。重金属与水体中腐殖酸所形成的配合物稳定性因水体腐殖酸来源和组分不同而有差别。表 3-20 列出不同来源腐殖酸与金属的配位稳定常数，并可看出，Hg 和 Cu 有较强的配位能力，在淡水中有大于 90％的 Cu、Hg 与腐殖酸配位，这点对考虑重金属的水体污染具有很重要

的意义。特别是 Hg,许多阳离子如 Li^+、Na^+、Co^{2+}、Mn^{2+}、Ba^{2+}、Zn^{2+}、Mg^{2+}、La^{3+}、Fe^{3+}、Al^{3+}、Ce^{3+}、Th^{4+},都不能置换 Hg。水体的 pH 值、E_h值等都影响腐殖酸和重金属配位作用的稳定性。

表 3-20　腐殖酸配合物稳定常数

来源		lg*K*					
		Ca	Mg	Cu	Zn	Cd	Hg
泥煤		3.65	3.81	7.85 8.29	4.83	4.57	18.3
湖水	Celyn 湖	3.95	4.00	9.83	5.14	4.57	19.4
	Balal 湖	3.56	3.26	9.30	5.25		19.3
河水	Dee 河			9.48	5.36		19.7
	Conway 河			9.59	5.41		21.9
海湾		3.65	3.50	8.89		4.95	20.9
底泥		4.65	4.09	11.37	5.87		21.9
海湾污泥		3.60	3.50	8.89	5.27		18.1
土壤		3.4	2.2	4.0	3.4		5.2
松花江水					2.68 3.14	2.54 3.01	16.02 16.74
松花江泥					2.76 3.13	2.66 3.00	16.51 16.39
蓟运河水、泥							16.38 16.28 16.41

注:引自彭安和王文华,1981。

5. 水体中主要重金属的迁移转化

1) 腐殖酸重金属的迁移转化的影响

腐殖酸与金属配位作用对重金属在环境中的迁移转化有重要影响,特别表现在颗粒物吸附和难溶化合物溶解度方面。腐殖酸本身的吸附能力很强,这种吸附能力甚至不受其他配位作用的影响。国外有人研究,在腐殖质存在下,大大地改变了镉、铜和镍在水合氧化铁上的吸附,发现由于形成了溶解的铜-腐殖酸配合物,竞争性抑制着铜的吸附,这是由于腐殖酸也很容易吸附在天然颗粒物上,于是改变了颗粒物的表面性质。国内彭安等研究天津蓟运河中腐殖酸对汞的迁移转化的影响,结果表明腐殖酸对底泥中汞有显著的溶出影响,并对河水中溶解态汞的吸附和沉淀有抑制作用。配位作用还可抑制金属以碳酸盐、硫化物、氢氧化物形式的沉淀产生。当 pH 值为 8.5 时,此影响对碳酸根及 S^{2-} 体系的影响特别明显。

腐殖酸对水体中重金属的配位作用还将影响重金属对水生生物的毒性。彭安等曾进行蓟运河腐殖酸影响汞对藻类、浮游动物、鱼的毒性实验。在对藻类生长的实验中,腐殖酸可减弱汞对浮游植物的抑制作用,对浮游动物的效应同样是减轻了毒性,但不同生物富集汞的效应不同,腐殖酸增加了汞在鲤鱼和鲫鱼体内的富集,而降低了汞在软体动物棱螺体内的富集。与大多数聚羧酸一样，腐殖酸盐在有 Ca^{2+} 和 Mg^{2+} 存在时（浓度大于 10^{-3} mol/L）发生沉淀。

2）其他有机配体对重金属迁移转化的影响

水溶液中共存的金属离子和有机配体经常生成金属配合物，这种配合物能够改变金属离子的特征，从而对重金属的迁移产生影响。

(1) 影响颗粒物（悬浮物或沉积物）对重金属的吸附。

根据 Vuceta 解释，加入配体可能以下列方式影响吸附：①由于和金属离子生成配合物，或与固体表面争夺可给吸附位，使吸附受到抑制；②如果配体能形成弱配合物，并且对固体表面亲和力很小，则不致引起吸附量的明显变化；③如果配体能生成强配合物，同时对固体表面具有实际的亲和力，则可能增大吸附量。

决定配体对金属吸附量影响的是配体本身的吸附行为。如果配体本身不可吸附，或者金属配合物是非吸附的，则由于配体与固体表面争夺金属离子，而使金属吸附受到抑制。例如，Vuceta 研究了柠檬酸和 EDTA 对 Pb(Ⅱ)和 Cu(Ⅱ)在 α-石英上吸附的影响（图 3-18），表明配体的存在降低石英对 Cu(x)、Pb(x)的吸附能力。

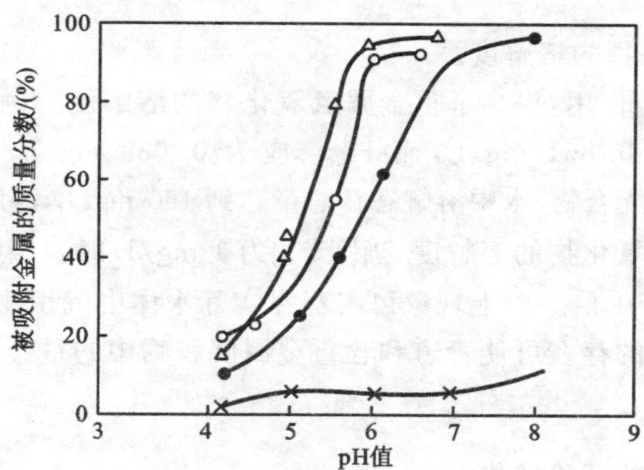

图 3-18　柠檬酸对 Pb(Ⅱ)和 Cu(Ⅱ)在 α-石英上吸附的影响

△—Cu(Ⅱ)；　×—Cu(Ⅱ)＋5×10^{-6} mol/L 柠檬酸；

○—Pb(Ⅱ)；　●—Pb(Ⅱ)＋5×10^{-6} mol/L 柠檬酸

如果配体浓度低，配体和金属结合能力弱或配体本身不能吸附，那么配体的加入几乎不会对金属的吸附行为产生影响。Ducorsma 发现，只有异己氨酸的浓度大约是典型天然水浓度的 10^4 倍时，才能看到其对 Co(Ⅱ)和 Zn(Ⅱ)吸附的显著影响。Vuceta 等发现，异己氨酸存在下的蒙脱土和加入半胱氨酸的无定形氢氧化铁对 Hg(Ⅱ)的吸附能力几乎无影响。

若配体被吸附，又有一个强的配位官能团指向溶液，则明显提高颗粒物对痕量金属的吸附量。Davis 等研究了谷氨酸、皮考啉酸和吡啶-2,3-二羧酸（2,3-PDCA）存在时，$Fe(OH)_3$ 对 Cu(Ⅱ)吸附的影响，结果表明，谷氨酸和 2,3-PDCA 增加了 $Fe(OH)_2$ 对 Cu(Ⅱ)的吸附，而皮考啉酸实际上妨碍了溶液中因配位作用所致的铜迁移（图 3-19）。

由图 3-19 看出，皮考啉酸的表面配位可能涉及羧基和含氮杂原子的电子给予体。因此，配位基是无效的，吸附的皮考啉盐离子不能像配位基一样对金属发生作用，而谷氨酸和 2,3-PDCA 可作为表面配位剂在表面与 Cu(Ⅱ)形成 Cu(Ⅱ)-谷氨酸和 Cu(Ⅱ)-2,3-PDCA 配合物。由此可见，被颗粒物吸附的配体和金属配合物将对氧化物表面吸附痕量金属起重要作用。吸附的配体功能团可能是表面上的“新吸附点”，因此，存在于溶液中的配体就改变了界面处的化学微观环境。目前，对天然有机物在促进和阻止金属吸附方面所起的作用尚未完全

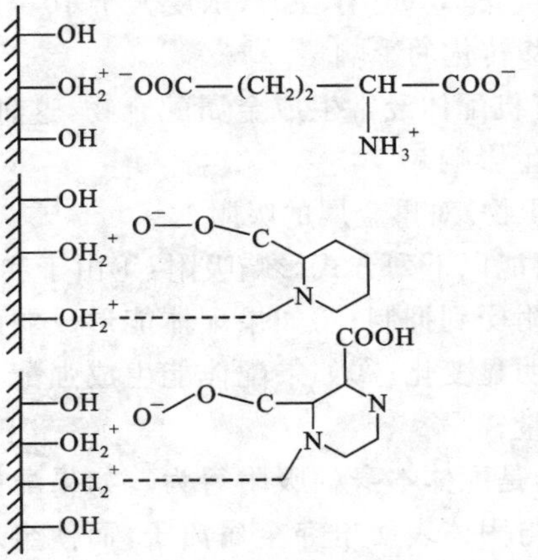

图 3-19　吸附谷氨酸、皮考啉酸和 2,3-PDCA 离子形成的表面配合物

清楚。

(2) 影响重金属化合物的溶解度。

重金属和羟基的配位作用,提高了重金属氢氧化物的溶解度。例如氢氧化锌(汞)按溶度积计算,水中 Zn^{2+} 应为 0.861 mg/L,而 Hg^{2+} 应为 0.039 mg/L。但由于水解配位生成 $Zn(OH)_2$ 和 $Hg(OH)_2$ 等配合物,水中溶解态锌总量达到 160 mg/L,溶解态汞总量达 107 mg/L。同样,氯离子也可提高氢氧化物的溶解度,当$[Cl^-]$为 1 mg/L 时,$Hg(OH)_2$ 和 HgS 的溶解度分别提高了 10^5 和 3.6×10^7 倍。以上现象可解释在实际水体中沉积物中重金属可再次释放至水体。同理,废水中配体的存在可使管道和含重金属沉积物中的重金属重新溶解,降低去除金属污染的效率。

3.3.2　有机物在水体中的迁移转化

水体中含有许多有机物,如腐殖质、蛋白质、糖类、脂肪等,部分水厂净化过程中加入消毒剂生成的消毒副产品如氯仿、四氯化碳等卤代烃具有致癌性,对饮用水安全构成一定威胁。另外,由于工农业污染,水体中还有苯胺等剧毒有机物,长期饮用含有这些物质的水,会出现机体累积性损伤。

与无机污染物在水环境中的行为不同,水中有机污染物,特别是一些憎水有机污染物,由于其本身的性质以及水体提供的环境条件,一般通过分配作用、吸附作用、挥发作用、水解作用、光解作用、生物富集和生物降解作用等方式在水中发生迁移转化。这些作用涉及物理的、化学的和生物的变化过程。从这个意义上讲,有机物在水中的转化过程比无机物更加复杂。研究这些过程,可以阐明有机污染物的迁移转化趋势。

1. 吸附作用

有机污染物离开水相的一个重要途径是被水体中的悬浮颗粒物或底泥所吸附,而悬浮颗粒物最终仍然要沉积到水体底部,形成底泥。水环境中的有机污染物种类繁多,化学性质相差很大。因此,它们在水中固体表面的吸附机理也各不相同。

1) 有机污染物的吸附机理

(1) 疏水作用吸附。

有机物含有疏水性基团,属于疏水性化合物。它们在水中有强烈的趋势要离开水相进入有机相。当有机污染物碰到疏水性的固体表面时，就会在固体表面发生聚集。这种现象叫做疏水作用吸附。

一般来说，疏水作用吸附只和固体中的有机成分有关，即与蜡、脂肪、树脂、腐殖质中的脂肪链以及极性基团较少的木质素衍生物等成分有关。这些组分都具有较强的疏水性。水中各类非离子型有机污染物在固体表面的吸附主要就是疏水作用吸附。疏水作用吸附可以看作有机污染物分子在水和固体中的有机质之间的分配过程。

(2) 分子间作用力吸附。

分子间作用力吸附是指固体表面与吸附质之间通过分子间作用力所引起的吸附，也叫做表面吸附。分子间作用力包括永久偶极、诱导偶极和色散力引起的各种分子间的相互作用，它存在于所有的吸附过程中。因此，分子间作用力吸附是吸附的最基本的类型。但在大多数情况下，它们相当微弱，与其他吸附机理相比往往是微不足道的。只有在其他吸附机理都不起作用的条件下，分子间作用力吸附才有可能起到主要作用。例如，蒙脱石和高岭石对异草啶的吸附以及腐殖质对毒莠啶的吸附主要就是分子间作用力吸附。

(3) 离子交换吸附。

由于绝大多数环境胶体带有负电荷，而强碱性有机污染物分子在水中以阳离子形式存在，弱碱性有机污染物分子在偏酸性条件下能质子化而带正电荷，因此，这两种污染物分子可通过阳离子交换作用被吸附。

同样，大多数环境胶体带负电荷，使得阴离子交换作用要比阳离子交换作用微弱得多。但对于酸性有机分子而言，它们在水体中常常会以阴离子形式存在，因此阴离子交换作用对酸性有机物的吸附具有重要意义。环境中能吸附这些阴离子的胶体主要是一些两性胶体，如含水铁铝氧化物等。

(4) 配位吸附。

有一些有机污染物可以通过与环境胶体一起共同作为某种金属离子的配体而形成配合物，从而达到被环境胶体所吸附的目的，如腐殖质与二胺均三氮杂苯的反应。

(5) 氢键作用吸附。

氢键是一种特殊的偶极-偶极相互作用。在此，氢原子充当了两个电负性原子之间的桥梁。水体悬浮物和底部沉积物的主要成分是有机胶体和黏土矿物，前者含有丰富的羰基、羟基和氨基等官能团，后者表面含有氧原子，两者均能与有机分子以氢键结合，例如：

$$\mathrm{R{-}\overset{\overset{\displaystyle O}{\|}}{C}{-}OH\cdots O{-}}\text{黏土矿物}$$

$$\mathrm{R{-}\overset{\overset{\displaystyle O}{\|}}{C}{-}\underset{\underset{\displaystyle R}{|}}{O}\cdots HO{-}}\text{有机胶体}$$

但在水体中，由于水分子的竞争，抑制了有机分子与胶体直接形成氢键。于是，有机分子往往利用羰基与水分子形成氢键，而这个水分子则与胶体表面的可交换性阳离子以离子-偶极键相连。在这种特殊形式的氢键中，水分子起到了“水桥”的作用：

$$\mathrm{(R_1)(R_2)C{=}O\cdots\binom{H}{H}O\cdots M^{2+}{-}}\text{液体}$$

被 Na^{+}、Ca^{2+}、Fe^{3+} 和 Al^{3+} 等金属离子饱和吸附的水化蒙脱石对马拉硫磷和丰索磷分子的吸附,就是通过这种方式进行的。此外,弱碱性有机分子也可以通过氢键作用与固体表面结合。在空间构型许可的条件下,黏土矿物或有机胶体上的羰基可以与有机分子中的氨基或羟基通过"水桥"相连。

有机污染物的吸附机理很多,不同的条件或不同的有机分子吸附机理是各不相同的。一般来说,某种有机分子在固体表面的吸附是几种机理共同作用的结果。

2) 有机污染物的吸附平衡

研究水环境中污染物在固相表面的吸附平衡最常用的手段是建立吸附等温线。就吸附作用而言,持久性有机污染物的情形要比金属离子复杂得多,它们的相对分子质量大,且表现出各不相同的带电状态及极性。例如,仅酸性有机物在环境胶体上的吸附至少涉及三种不同的机制。因此,描述有机污染物分子在固相表面吸附平衡的等温线的形式变化较多,有人将它们概括为以下四种类型。

(1) L 型吸附等温线。

L 型吸附等温线即 Langmuir 吸附等温线是最常见的一种吸附等温线形式。在吸附等温线符合该类型的吸附体系中,吸附质与吸附剂之间有较高的亲和性,吸附量随着溶液浓度增高而增加,但随着吸附量的不断增加,进一步吸附也会更加困难。

(2) S 型吸附等温线。

S 型吸附等温线代表协同吸附的平衡关系。在低浓度范围内,最初被吸附的吸附质有利于吸附作用的进一步发生,因此,在该阶段的吸附等温线斜率逐渐增加。当浓度增至一定程度后,曲线形式与 L 型吸附等温线相似。

(3) C 型吸附等温线。

C 型吸附等温线为恒定吸附平衡关系的表现形式。其机理可视为吸附物在水、固两相之间的简单分配,因此吸附量与溶液浓度始终呈线性相关。

(4) H 型吸附等温线。

H 型吸附等温线是一种比较特殊的等温线形式。在表现为这一形式的体系中,吸附质与吸附剂之间有很强的亲和性,只是吸附剂的吸附量有一极限。在体系中的吸附质总量不能满足饱和吸附之前,几乎被吸附物全部富集,一旦达到饱和吸附,吸附量便不再随浓度增加而改变。

以上四种涉及持久性有机污染物在固体表面吸附平衡的典型等温线形式如图 3-20 所示。此外,图 3-21 还列举了四种有机污染物在蒙脱石-水溶液体系中的吸附等温线,它们分别代表了上述四种不同类型。

对大多数持久性有机污染物而言,以单分子层吸附理论为依据的 Langmuir 吸附等温线最为适用。除图 3-21 中列举的扑草通外,许多其他有机污染物的吸附平衡也符合这种关系。

图 3-21 中,丰索磷的吸附等温线呈典型的 S 型吸附等温线的下半部。它体现了吸附物丰索磷与水分子之间对吸附基的强烈竞争以及丰索磷分子与水分子的相互排斥的趋势。在图中表示的低浓度范围内,已吸附在固体表面的丰索磷分子增加了表面对溶液中丰索磷的亲和性,从而有利于进一步吸附的进行。当然,这样的趋势不可能无限延续下去,当溶液中吸附质浓度增加到一定程度后,吸附曲线必然向另一方向弯曲。林丹的吸附等温线为直线,说明这种有机物在吸附剂表面和溶液中具有稳定的分配关系。对于主要被有机胶体吸附的非离子型有机

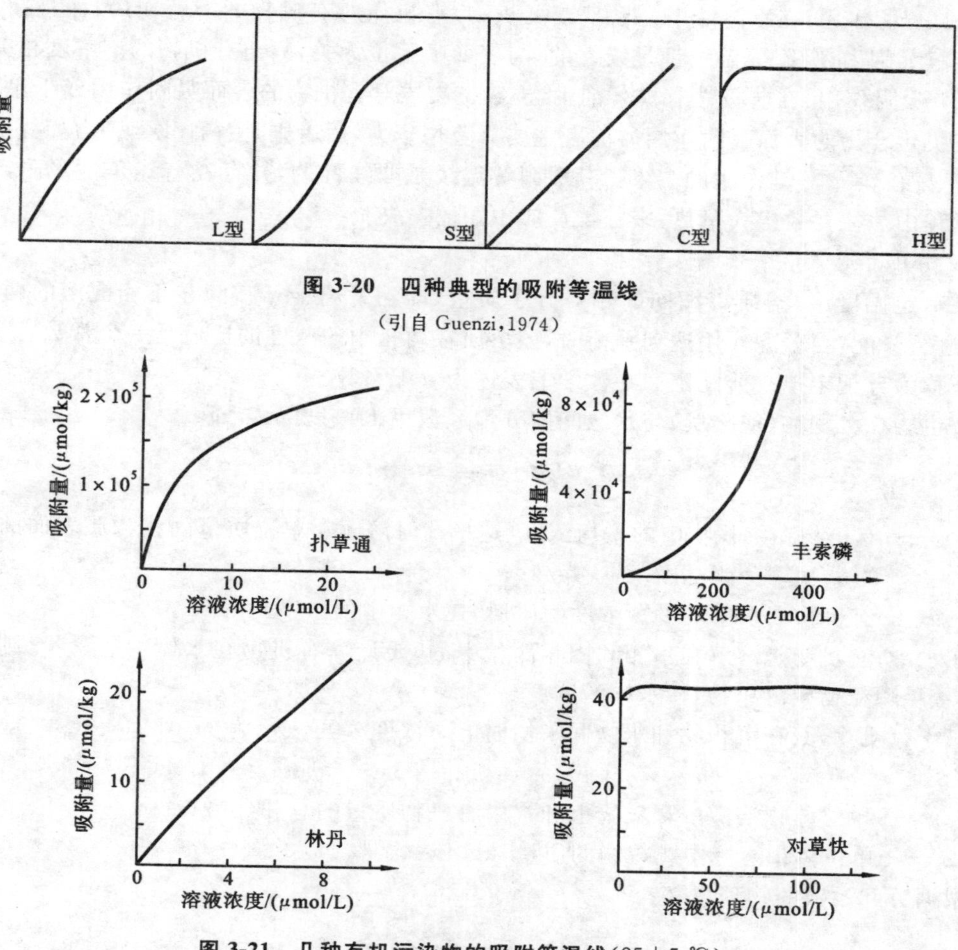

图 3-20 四种典型的吸附等温线

(引自 Guenzi,1974)

图 3-21 几种有机污染物的吸附等温线(25±5 ℃)

(引自冈泽,1974)

物,这样的关系是比较常见的。对草快是为数不多的阳离子型持久性有机物,它在蒙脱石上的吸附显然是简单的阳离子代换过程。由于它与蒙脱石之间有极强的亲和性,在吸附剂达到饱和吸附之前,溶液中的有机分子几乎被吸附殆尽。

2. 分配作用

1)分配理论

近几十年来,国际上众多学者对有机化合物的吸附分配理论开展了广泛研究。Lambert 研究了农药在土壤-水间的分配,认为当土壤有机质含量在 0.5%～40% 范围内,其分配系数与有机质的含量成正比。Karickhoff 研究了 10 种芳烃和氯代烃在水中沉积物中的吸附现象,发现当颗粒物大小一致时,其分配系数与有机质的含量成正相关。这些研究均表明,颗粒物(沉积物或土壤)从水中吸附憎水有机物的量与颗粒物中有机质含量密切相关。Chiou 进一步发现有机物的土壤-水分配系数与溶质在水中的溶解度成反比。

分配理论认为,土壤(或沉积物)对有机物的吸着主要是溶质的分配过程(溶解),即有机化合物通过溶解作用分配到土壤(或沉积物)有机质中,并经过一定时间达到分配平衡。此时有机化合物在土壤(或沉积物)有机质和水中含量的比值称为分配系数(K_p)。

有机物在土壤(沉积物)中的吸着存在着两种机理。

(1) 分配作用:在水溶液中,土壤(或沉积物)有机质对有机物的溶解作用,而且在溶质的整个溶解范围内,吸附等温线都是线性的,与表面吸附位无关,只与有机物的溶解度相关。

(2) 吸附作用:在非极性有机溶剂中,土壤矿物质对有机物的表面吸附作用或干土壤矿物质对有机化合物的表面吸附作用。前者主要靠范德华力,后者则是各种化学键力如氢键、离子偶极键、配位键及 π 键作用的结果。其吸附等温线是非线性的,并存在着竞争性吸附,同时在吸附过程中往往要放出大量热,来补偿反应中熵的损失。

2) 分配系数

在一定温度下,溶质以相同的相对分子质量(即不解离、不缔合)在不相混溶的两相中溶解,即进行分配,当分配作用达到平衡时,该溶质在两相中的浓度的比值是一个常数,这一定量关系被称为分配定律。分配定律在数学上表述为分配系数。

有机物在沉积物(或土壤)与水之间的分配系数用 K_p 来表示。即

$$K_p = \frac{\rho_\alpha}{\rho_w} \tag{3.61}$$

式中:ρ_α——有机物在沉积物中的平衡浓度(达平衡时溶解在单位质量固体物质表面的有机物的量,可视为固相浓度),μg/kg;

ρ_w——有机物在水中的平衡浓度(有机物在水相中的浓度),μg/L。

在水中,有机物是溶解在水相和固相两相中的,要计算有机物在水体中的含量,则须考虑固相(悬浮颗粒物或沉积物)在水中的浓度。

对于有机物,其在沉积物和水之间平衡时的总浓度 ρ_T 可表示为

$$\rho_T = \rho_\alpha \rho_p + \rho_w \tag{3.62}$$

式中:ρ_T——单位体积溶液中颗粒物上和水中有机物质量的总和,μg/L;

ρ_p——单位体积溶液中颗粒物的质量,kg/L。

根据分配系数的物理意义:

$$K_p = \frac{\rho_\alpha}{\rho_w} \tag{3.63}$$

将上式代入,整理后,得

$$\rho_w = \rho_T - \rho_\alpha \rho_p = \rho_T - K_p \rho_w \rho_p$$

此时水中有机物的平衡质量浓度(ρ_w)为

$$\rho_w = \frac{\rho_T}{K_p \rho_p + 1} \tag{3.64}$$

通过式(3.64)就将有机物在水中的溶解度与其在颗粒物中的分配特性联系起来了。

3) 标化分配系数

在水体中,有机物在颗粒物中的分配与颗粒物中的有机质含量有密切关系。研究表明,有机物在颗粒物-水中的分配系数与颗粒物中的有机碳成正相关。如果沉积物中不含有机碳,则其分配系数几乎为零。有机污染物在沉积物上溶解实质上是在沉积物中的有机组分上的溶解。

通常将有机污染物在纯有机碳上的分配系数记为 K_{oc},即

$$K_{oc} = \frac{\rho_{oc}}{\rho_w} \tag{3.65}$$

式中:ρ_{oc}——纯有机碳(沉积物或土壤的有机组分)与水的混合体系达平衡时有机污染物在固相中的浓度;

ρ_w——有机污染物在水相中的浓度。

假定不同沉积物样品中的有机组分在分配性质上没有大的差别，那么任何沉积物或土壤对有机污染化合物的分配系数 K_p 就等于沉积物中有机碳的质量分数 w_{oc} 与该化合物的有机碳分配系数 K_{oc} 的乘积，即

$$K_p = w_{oc}K_{oc}$$

根据这一认识，可以在类型各异、组分复杂的土壤或沉积物之间找到表征吸着的常数，即标化的分配系数 K_{oc}，亦即以有机碳为基础表示的分配系数：

$$K_{oc} = K_p / w_{oc} \tag{3.66}$$

式中：K_{oc}——标化的分配系数，以有机碳为基础表示的分配系数；

w_{oc}——沉积物中有机碳的质量分数。

这样，对于每一种有机物可得到与沉积物特征无关的一个 K_{oc}。因此，某一有机物，不论遇到何种类型沉积物（或土壤），只要知道沉积物中有机质含量，便可求得相应的分配系数。

4）颗粒物的大小对分配系数的影响

若进一步扩展到考虑颗粒物大小的影响，同时考虑有机碳对分配系数的影响，则其分配系数 K_p 可表示为

$$K_p = K_{oc}[0.2(1-w_f)\rho w_{oc}^s + w_f w_{oc}^f] \tag{3.67}$$

式中：w_f——细颗粒（$d<50\ \mu m$）质量分数；

w_{oc}^s、w_{oc}^f——粗、细沉积物组分有机碳的含量。

上式包含的物理意义：①所谓细颗粒，是指直径 $d<50\ \mu m$ 的沉积物，很显然，这部分的沉积物与粗颗粒沉积物相比，其对有机污染物的分配作用较大；②粗颗粒物对有机污染物的分配能力只有细颗粒的20%。故在考虑颗粒物对分配系数的影响时，对其不同粒径的作用要分别对待。

5）辛醇-水分配系数（K_{ow}）与其标化分配系数（K_{oc}）的关系

在众多的有机物中，逐个测定其 K_p 显然不大可能，有些还不易测定。那么，一般憎水有机化合物的某一溶解特征与其在水中溶解度之间有没有规律可循？如果有，就可以用一般规律来解决个性问题。可根据有机物其他一些参数估算求得。

由于颗粒物对憎水有机物的吸着是分配机制，当 K_p 不易测得或测得值不可靠需加以验证时，可运用 K_{oc} 与水-有机溶剂间的分配系数的相关关系进行测算。比如人们已经研究出了标化分配系数（K_{oc}）和憎水有机物辛醇-水分配系数 K_{ow} 之间的相关关系为

$$K_{oc} = 0.63K_{ow} \tag{3.68}$$

式中：K_{ow}——化学物质在平衡状态时在辛醇中的质量和水中质量之比。

事实上，人们通过对包括脂肪烃、芳香烃、芳香酸、有机氯和有机磷农药、多氯联苯在内的憎水有机化合物的辛醇-水分配系数（K_{ow}）的测定，总结出了有机物在水中的溶解度与其辛醇-水分配系数的关系，结果如图3-22所示。这种关系涉及数量级上的变化，故用对数关系表示：

$$\lg K_{ow} = 5.00 - 0.670\lg\left(S_w \times \frac{10^3}{M_r}\right) \tag{3.69}$$

式中：S_w——有机物在水中的溶解度，mg/L；

M_r——有机物的相对分子质量；

$S_w \times \dfrac{10^3}{M_r}$——有机物在水中的溶解度，$\mu$mol/L。

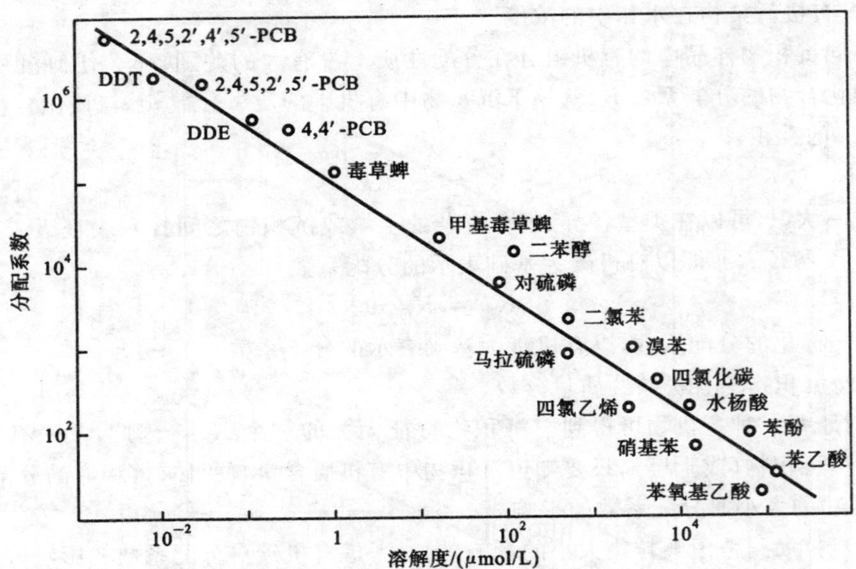

图 3-22　有机物在水中的溶解度及其与辛醇-水分配系数的关系

(引自戴树桂,2006)

K_{ow}——有机物在辛醇中浓度和在水中的浓度的比例,即辛醇-水分配系数。

所以可从以下过程求得某一有机污染物的分配系数:

$$S_w \to K_{ow} \to K_{oc} \to K_p$$

【例 3-2】 某有机物的相对分子质量为 192,溶解在含有悬浮物的水体中。若悬浮物中 85%为细颗粒,有机碳含量为 5%,其余粗颗粒物有机碳含量为 1%,已知该有机物在水中溶解度为 0.05 mg/L,求其分配系数。

解　其分配系数(K_p)可由以下步骤推算出。

因 $$\lg K_{ow}=5.00-0.670\lg\left(0.05\times\frac{10^3}{192}\right)$$

则 $$K_{ow}=2.46\times10^5$$

而 $$K_{oc}=0.63K_{ow}$$

得 $$K_{oc}=0.63\times2.46\times10^5=1.55\times10^5$$

所以 $$K_p=K_{oc}[0.2(1-w_f)w_{oc}^s+w_f w_{oc}^f]$$

故 $$K_p=1.55\times10^5\times[0.2\times(1-0.85)\times0.01+0.85\times0.05]=6.63\times10^3$$

从分配系数的定义出发,有 $$K_p=\frac{\rho_a}{\rho_w}$$

本题 $K_p=6.63\times10^3$,说明富集在悬浮物上的有机污染物浓度是其在水中的浓度的 6.63 $\times10^3$ 倍。可见,沉积物对有机污染物具有很强的富集作用。

【例 3-3】 某水体中含有 300 mg/L 的悬浮颗粒物,其中 70%为细颗粒,有机碳含量为 10%,其余的粗颗粒有机碳含量为 5%。已知苯并(a)芘的 K_{ow} 为 10^6,请计算该有机物的分配系数。

解 $$K_{oc}=0.63K_{ow}=0.63\times10^6$$

$$\begin{aligned}K_p&=K_{oc}[0.2(1-w_f)w_{oc}^s+w_f\,w_{oc}^f]\\&=0.63\times10^6\times[0.2\times(1-0.70)\times0.05+0.7\times0.1]\\&=4.6\times10^4\end{aligned}$$

6) 生物浓缩因子

有机毒物在生物体内的浓度与水中该有机物浓度之比,定义为生物浓缩因子,用符号

BCF 或 K_B 表示。表面上看这也是一种分配的机制，然而生物浓缩有机物的过程是复杂的，在测量的技术上化合物的浓度因水解、微生物降解、挥发等其他过程随时间而显著变化，这些因素将影响有机物与生物相互之间达到平衡的时间，有机物向生物内部缓慢地扩散以及体内代谢有机物都可以延缓平衡的到达。然而在某些控制条件下所得平衡时的数据也是很有用的资料，从中可以看出不同有机物向各种生物内浓缩的相对趋势。一般采用平衡法和动力学方法来测量 BCF。

3. 挥发作用

水体中有机污染物的挥发作用主要是指其由水中的溶解态转变形成气态进入大气的过程。挥发作用是有机污染物在水环境中迁移的一个重要途径。污染物的性质、水文和气象条件都会影响挥发过程的进行。

在自然环境中需要考虑许多有毒物质的挥发作用。如果有毒物质具有"高挥发"性质，那么显然在影响有毒物质的迁移转化和归趋方面，挥发作用是一个重要的过程。然而，即使有毒物的挥发量较小，挥发作用也不能忽视，这是由于毒物的归趋是多种过程的贡献。

1）挥发速率

水体中有机物的挥发速率可用下面的方程来表示：

$$\frac{\partial c}{\partial t} = -K_v(c - p/K_H)/Z = -K'_v(c - p/K_H) \tag{3.70}$$

式中：c——溶解相中有机物的浓度；

K_v——挥发速率常数；

K'_v——单位时间混合水体的挥发速率常数；

Z——水体的混合深度；

p——有机物在大气中的分压；

K_H——亨利定律常数。

在多数情况下，有机污染物在大气中的分压是可以忽略不计的，因此式(3.70)可以简化为

$$\frac{\partial c}{\partial t} = -K'_v c \tag{3.71}$$

由式(3.71)可知，有机污染物在水体中的挥发过程符合一级动力学方程，挥发速率与水体中所溶解的有机污染物浓度成正比。

如果用有机污染物的总浓度 c_T 来表征挥发过程，则式(3.71)可改写为

$$\frac{\partial c_T}{\partial t} = -K_{v,m} c_T \tag{3.72}$$

$$K_{v,m} = -K_v \alpha_w / Z$$

式中：α_w——有机污染物在溶解相的摩尔分数。

2）亨利定律

亨利定律：当一个化学物质在气-液相达到平衡时，溶解于水相的浓度与气相中化学物质浓度(或分压力)有关，即一种气体在液体中的溶解度正比于与液体所接触的该种气体的分压。

亨利定律的一般表示式为

$$p = K_H c_w \tag{3.73}$$

式中：p——有机污染物在水面大气中的平衡分压，Pa；

c_w——有机污染物在水中的平衡浓度，mol/m^3；

K_H——亨利定律常数,Pa·m³/mol。

在文献报道中,可以用很多方法确定亨利定律常数,常用的公式是

$$K'_H = c_a / c_w \tag{3.74}$$

式中:c_a——有机污染物在空气中的浓度,mol/m³;

K'_H——亨利定律常数的替换形式,量纲为1。

根据式(3.73)和式(3.74),可得如下关系式:

$$\begin{aligned} K'_H &= K_H/(RT) = K_H/[(8.314\ \text{J}/(\text{mol}\cdot\text{K}))T] \\ &= (4.1\times10^{-4}\ \text{mol/J})K_H \quad (\text{以 } 20\ ℃ \text{ 为准}) \end{aligned} \tag{3.75}$$

式中:T——水热力学温度,K;

R——摩尔气体常数。

而对于微溶化合物(摩尔分数≤0.02),亨利定律常数的估算式为

$$K_H = p_s M_w / \rho_w \tag{3.76}$$

式中:p_s——纯化合物的饱和蒸气压,Pa;

M_w——化合物的摩尔质量,g/mol;

ρ_w——化合物在水中的质量浓度,mg/L。

将 K_H 转换为无量纲形式,此时亨利定律常数则为

$$K'_H = \frac{0.12 p_s M_w}{\rho_w T} \tag{3.77}$$

必须注意的是,亨利定律(摩尔分数≤0.02)所适用的范围是34000~227000 mg/L,化合物的相对分子质量相应在30~200。

4. 水解作用

水解反应是有机物与水之间最重要的反应。环境中有机污染物的水解也是有机污染物从环境中被清除的一个重要途径,它影响着有机污染物在水中的停留时间,并且对有机污染物的毒性也会产生影响。在反应中,有机物的官能团 X^- 与 OH^- 发生交换,整个反应可表示为

$$RX + H_2O \longrightarrow ROH + HX$$

反应步骤还可以包括一个或多个中间体的形成,有机物通过水解反应而改变了原来的化学结构。在环境条件下,可能发生水解的官能团类有烷基卤、酰胺、胺、氨基甲酸酯、羧酸酯、环氧化物、腈、磷酸酯、磺酸酯、硫酸酯等。

水解产物的毒性、挥发性和生物或化学降解性均可能发生变化。水解产物可能比原来化合物更易或更难挥发,与pH值有关的离子化水解产物的挥发性可能是零,而且水解产物一般比原来的化合物更易为生物所降解(虽然有少数例外)。

1) 水解机理

有机物的水解可以简单地解释为一个亲核基团(水或 OH^-)进攻亲电基团(C、P等原子),同时取代一个离去基团(Cl^-、苯酚盐等)的过程,也叫做亲核取代反应。根据动力学的特点,亲核取代反应又进一步划分为单分子亲核取代(S_N1)和双分子亲核取代(S_N2)。

S_N1 过程可由下面两个方程来表示:

$$RX \xrightarrow{\text{慢}} R^+ + X^-$$

$$R^+ + H_2O \xrightarrow{\text{快}} ROH + H^+$$

这里决定反应速率的步骤是RX解离形成 R^+,随后 R^+ 的亲核进攻则进行得较快。故

S_N1过程与亲核试剂的浓度和性质无关，而是随中心原子给电子能力的增加而增加。

S_N2 过程相当于亲核试剂在离去基团背面进攻中心原子：

$$H_2O+RX \longrightarrow [H_2O\cdots R\cdots X] \longrightarrow HOR+H^+ +X^-$$

该反应速率依赖于亲核试剂的浓度和性质。

羧酸酯、酰胺或有机磷等化合物的水解通常为 S_N2 过程。

$$R-\overset{O}{\overset{\|}{C}}-OC_6H_5 \;(+\,OH_2) \longrightarrow \left[R-\overset{:\ddot{O}:^-}{\overset{|}{C}}-OC_6H_5 \atop {}^{+}OH_2\right] \longrightarrow$$

$$\left[RC(=O)({}^{+}OH_2) + {}^{-}OC_6H_5\right] \longrightarrow RC(=O)OH + C_6H_5OH$$

对于 S_N1 过程，要求 R 体系具有稳定的正碳离子（如特丁基、三苯甲基等），X 体系具有好的离去基团（如 X^-、对甲基苯磺酸离子等），此外，还要求具有高介电常数的溶剂，如水。相反，对于 S_N2 过程，要求 R 体系具有较低的空间阻碍和较低的正碳离子稳定性（如甲基和其他简单的烷烃基）。X 体系则要求有较弱的离去基团（如 NH_2^-、$CH_3CH_2O^-$），并且要求有与丙酮相类似性质的溶剂。但这两种极端的条件在自然界中是很少存在的。

2）水解速率

常见的水解反应通式为

$$RX+H_2O \longrightarrow ROH+HX$$

在一定温度下，水解反应速率的表达式如下：

$$-\mathrm{d}c/\mathrm{d}t = K_A[H^+]c + K_N c + K_B[OH^-]c \tag{3.78}$$

式中：K_A——酸催化反应速率常数；

K_N——中性反应速率常数；

K_B——碱催化反应速率常数。

以上 3 个反应速率常数与溶液中的$[H^+]$和$[OH^-]$无关。

令 K 为总反应速率常数，则有

$$K = K_A[H^+] + K_N + K_B[OH^-] \tag{3.79}$$

式(3.78)可改为

$$-\mathrm{d}c/\mathrm{d}t = Kc \tag{3.80}$$

$$c = c_0\exp(Kt) \tag{3.81}$$

水解半衰期为

$$t_{1/2} = \frac{\ln 2}{K} \tag{3.82}$$

3）影响水解的因素

(1) 温度。

温度与反应速率常数的关系可以从 Arrhenius 公式来表示，即

$$K = A\exp(-E_a/RT) \tag{3.83}$$

式中：A——频率因子；

E_a——反应活化能,J/mol;

R——摩尔气体常数,$R=8.314\ \mathrm{J/(mol\cdot K)}$;

T——绝对温度,K。

由式(3.83)可知,随着温度的升高,有机物水解速率增大。

将式(3.83)两边取对数,得

$$\lg K=\frac{-E_a}{2.303}\frac{1}{T}+\lg A \tag{3.84}$$

以 $\lg K$ 为纵坐标,$1/T$ 为横坐标作图,由直线的斜率即可求出反应的活化能 E_a。有机化合物水解的活化能通常在 50～105 kJ/mol 范围内,而多数在 70～84 kJ/mol。图 3-23 所示为温度对对硝基苯甲腈水解速率的影响。

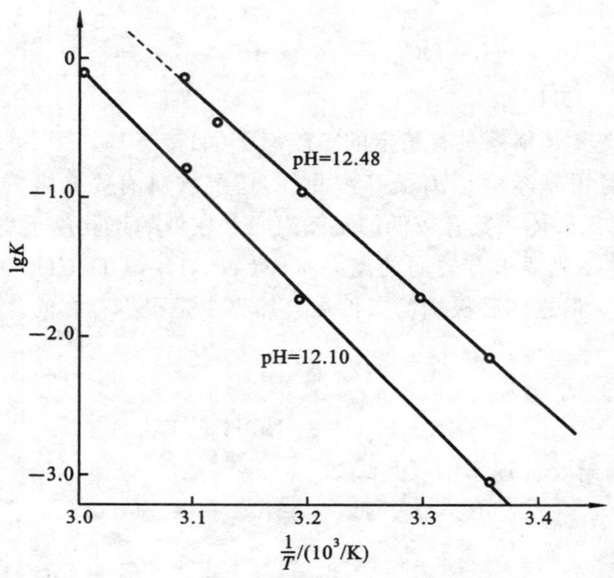

图 3-23 温度对对硝基苯甲腈水解速率的影响

(引自康春莉,2006)

(2) pH 值。

在一定温度条件下,pH 值对水解过程的影响是非常大的。由于不同的化合物性质不同,水解反应机理也不同,因此,pH 值对其影响也表现出很大的差别。如苯甲腈类污染物在酸性和中性条件下几乎不水解;乙酸苯硫酚酯类在中性条件下不水解,在强酸性条件下有微弱的水解。但两者在碱性条件下水解速率均较快。农药嘧啶氧磷在中性条件下的水解速率远远小于在酸性和碱性条件下的水解速率,并有下列关系:碱性条件下水解速率＞酸性条件下水解速率＞中性条件下水解速率。而敌敌畏和甲基对硫磷的水解速率与 pH 值的关系为:碱性条件下水解速率＞中性条件下水解速率＞酸性条件下水解速率。一般来说,绝大多数的有机污染物都更容易在碱性条件下发生水解。

(3) 反应介质。

反应介质的溶剂化能力对水解反应影响很大,所以离子强度和有机溶剂量的改变都会影响水解速率。另外,反应体系中存在的普通酸、碱和痕量金属也可能对水解过程产生催化效应。例如,在一定条件下,溶液中盐度的增加对水解过程会产生较大影响。实验表明,在温度为 60 ℃时，对硝基苯甲腈的水解速率常数随 NaCl 浓度的增加而减小，如图 3-24 所示。这是由于盐的存在，降低了OH^-的活性，从而抑制了对硝基苯甲腈的水解。

5. 光解作用

光解作用是真正意义上的有机物分解过程，它不可逆地改变了有机物的分子结构，强烈地影响水环境中某些污染物的归趋。越来越多的研究表明，污染物质在天然水中的光化学分解也是其迁移转化的一个重要途径。然而，某一有机污染物的光解产物可能毒性减小，也可能还有毒性。例如，在紫外辐射作用下，DDT 可以发生 C—C 键断裂反应生成氯苯游离基，后者则能结合生成二氯联苯。此外，二氯联苯还可能经 DDE→DDMU→二氯二苯甲酮→二氯联苯的反应历程生成，这类光化学反应过程的伴随产物还包括三氯联苯和四氯联苯等化合物，而一般认为多氯联苯的危害性远大于 DDT。因此，光解与去毒不能等同。有机污染物的光解速率依赖于许多化学和环境因素。光的吸收性质和化合物的反应、天然水的光迁移特征以及阳光辐射强度均是影响环境光解作用的一些重要因素。

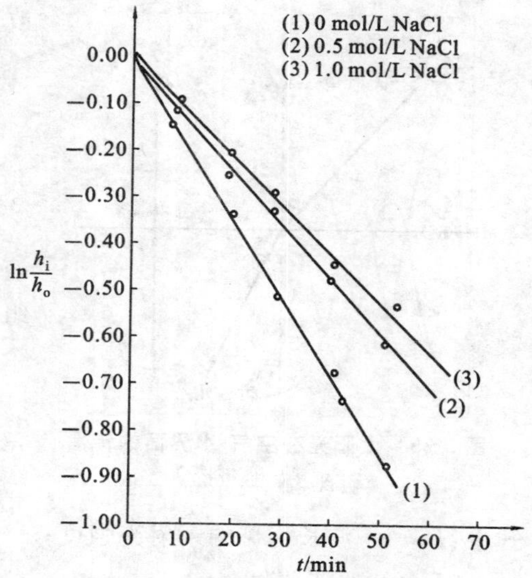

图 3-24　盐度对对硝基苯甲腈水解速率的影响

（引自康春莉，2006）

光解过程一般可分为三类，即直接光解、敏化光解和光氧化反应。

1）直接光解

直接光解是指有机污染物直接吸收太阳能后而进行的化学分解反应。直接光解是最简单的光化学反应。根据 Grothus-Draper 定律可知，只有那些吸收了光子的有机分子才会进行光化学转化（反应），这一转化的先决条件是有机污染物的吸收光谱要与太阳发射的光谱在水环境中可被利用的那部分辐射相适应。太阳辐射是天然水中所有光化学和光生物过程的基础。太阳辐射量、光谱特性和时空分布是影响水体光化学过程的关键变量。为了了解水环境中有机污染物对光子的平均吸收率，首先必须研究水体对光的吸收作用。

（1）水体对光的吸收。

光以具有能量的光子与物质作用，如果光子的相应能量变化允许分子间隔能量级之间的迁移，则光的吸收是可能的。因此，光子被吸收的可能性明显地随着光的波长的改变而变化。在紫外-可见光范围内的辐射作用，可以提供有效的能量给最初的光化学反应。

大气层对太阳辐射的吸收，使得到达地表的太阳光的波长主要位于 290～800 nm 之间。而到达地面的太阳光的强度又随着波长、太阳高度角、大气中臭氧和气溶胶的含量以及云量有关。太阳高度角和大气中臭氧的含量又随着纬度、季节和一天中不同的时间发生变化。地球表面的太阳辐射可以进一步分成两部分：一部分来自太阳的直接辐射；另一部分是经天空散射的太阳辐射，其波长主要位于 290～320 nm 范围内。一般说来，在地表太阳辐射的总能量中，天空散射光要占 50%以上。

当太阳光到达水体表面时，会有部分光在水体表面发生反射，且反射角与入射角相等。一般情况下，反射部分的光的数量比较少，低于 10%。而另一部分光会穿过水面，进入水体内部，被水体中的颗粒物、可溶性物质和水本身所散射，由此使得光在进入水体后，发生折射从而

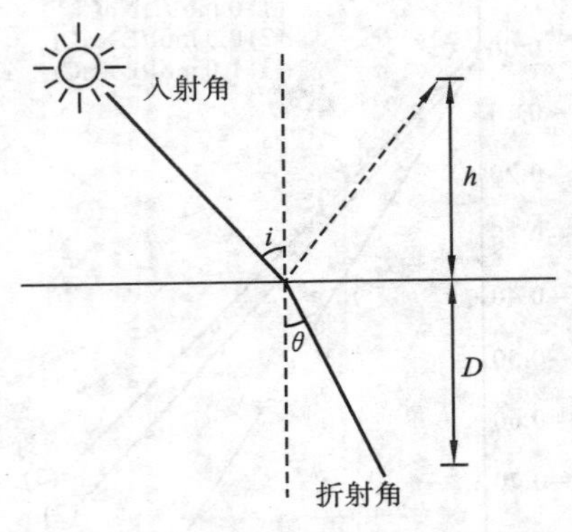

图 3-25 太阳光在空气-水界面的传播

(引自康春莉,2006)

改变传播方向,如图 3-25 所示。

入射角 i(天顶角)与折射角 θ 的关系为

$$n=\frac{\sin i}{\sin\theta} \tag{3.85}$$

式中:n——折射率,对于大气与水,$n=1.34$。

地表水之所以能够吸收太阳光,主要是因为水中溶解有大量的天然有机物和浮游植物。不同的水体,组成不同,因而对光的吸收程度也不一样。但对于一个具体的水体,它对光的吸收率是基本恒定的。

在一个充分混合的水体中,根据朗伯-比尔定律,其单位时间吸收的光量为

$$I_\lambda=I_{0\lambda}(1-10^{-\alpha_\lambda L}) \tag{3.86}$$

式中:$I_{0\lambda}$——波长为 λ 的入射光强度;

I_λ——吸光强度;

L——光程,即光在水中传播的距离;

α_λ——吸光系数。

如果考虑到太阳光的直射光和散射光,当水深为 D 时,单位体积的水体在单位时间内吸收的辐射能量为

$$I_{\alpha_\lambda}=\frac{I_{0d\lambda}(1-10^{-\alpha_\lambda L_d})+I_{0s\lambda}(1-10^{-\alpha_\lambda L_s})}{D} \tag{3.87}$$

当有机污染物进入水体后,水体的吸收系数就会由 α_λ 变为 $\alpha_\lambda+\varepsilon_\lambda c$。$\varepsilon_\lambda$ 为有机污染物的摩尔吸光系数,c 为有机污染物的浓度。则水体中有机污染物所吸收的辐射能量 I'_{α_λ} 为

$$I'_{\alpha_\lambda}=\frac{\varepsilon_\lambda c}{j(\alpha_\lambda+\varepsilon_\lambda c)}I_{\alpha_\lambda} \tag{3.88}$$

式中:j——换算常数,当有机污染物浓度单位为 mol/L,光强单位为光子/(cm^2·s)时,j 为 6.02×10^{20}。

由于一般有机污染物在水中的浓度很低,故 $\varepsilon_\lambda c\leqslant\alpha_\lambda$。因此式(3.88)可改写为

$$I'_{\alpha_\lambda}=\frac{\varepsilon_\lambda c}{j\alpha_\lambda}I_{\alpha_\lambda} \tag{3.89}$$

令

$$K_{\alpha_\lambda}=\frac{\varepsilon_\lambda}{j\alpha_\lambda}I_{\alpha_\lambda}$$

则有

$$I'_{\alpha_\lambda}=K_{\alpha_\lambda}c \tag{3.90}$$

在下面两种情况下,方程 $K_{\alpha_\lambda}=\frac{\varepsilon_\lambda}{j\alpha_\lambda}I_{\alpha_\lambda}$ 可以进一步化简。

① 若 $\alpha_\lambda L_d$ 和 $\alpha_\lambda L_s$ 均大于 2,则意味着几乎所有能够导致有机污染物发生光解的太阳光均被体系吸收,此时有

$$K_{\alpha_\lambda}=\frac{W_\lambda}{D}\frac{\varepsilon_\lambda}{j\alpha_\lambda} \tag{3.91}$$

式中:$W_\lambda=I_{0d\lambda}+I_{0s\lambda}$。此式适用于水体深度大于透光层的情况。

② 若 $\alpha_\lambda L_d$ 和 $\alpha_\lambda L_s$ 均小于 0.02,则此时体系所吸收的光的数量很少,K_{α_λ} 与 α_λ 无关。此时,

近似有下列等式成立：

$$K_{\alpha_\lambda}=\frac{2.303\varepsilon_\lambda(I_{0d\lambda}L_d+I_{0s\lambda}L_s)}{jD}\tag{3.92}$$

如果 $\varepsilon_\lambda c>\alpha_\lambda$，但只要 $\alpha_\lambda+\varepsilon_\lambda c>0.02$，则此时系统所吸收的光就会小于5%。

(2) 光量子产率。

虽然所有光化学反应都吸收光子，但并不是每一个被吸收的光子均诱发产生一个化学反应。除了化学反应外，被激发的分子还可能产生包括磷光、荧光的再辐射，光子能量内转换成为热能以及其他分子的激发作用等过程，如图3-26所示。

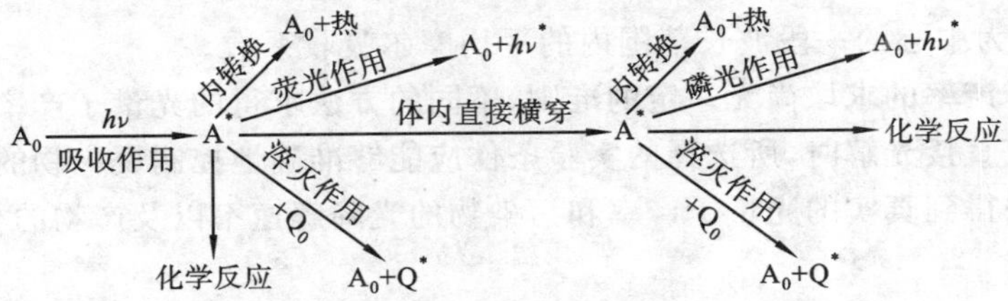

图3-26　激发分子的光化学途径示意图

(引自戴树桂,2006)

图中，A_0 为基态时的反应分子；A^* 为激发态时的反应分子；Q_0 为基态时的淬灭分子；Q^* 为激发态时的淬灭分子。

由图3-26可见，激发态分子并不都是可诱发产生化学反应。因此一个分子被活化是由体系吸收光子(又称光量子)进行的。光解速率只正比于单位时间所吸收的光子数，而不是正比于吸收的总能量。分子被活化后，它可能进行光反应，也可能通过光辐射的形式进行"去活化"再回到基态，进行光化学反应的光子与吸收总光子数之比，称为光量子产率(Φ)。

$$\Phi=\frac{\text{生成或破坏的给定物种的物质的量}}{\text{体系吸收光子的物质的量}}$$

在液相中，光化学反应的光量子产率表示出两种性质：①光量子产率≤1；②光量子产率与所吸收光子的波长无关。所以对于直接光解的光量子产率(Φ_d)为

$$\Phi_d=\frac{-\mathrm{d}c/\mathrm{d}t}{I_{\lambda d}}\tag{3.93}$$

式中：c——化合物浓度；

$I_{\lambda d}$——化合物吸收光的速率。

对于一个化合物而言，Φ_d 是恒定的。对于许多化合物而言，在太阳光波长范围内，Φ 值基本上不随 λ 而改变，因此光解速率(R_p)除了考虑光被污染物吸收的平均速率($I'_{\alpha_\lambda}=K_{\alpha_\lambda}c$)外，还应将 Φ 和不同波长考虑进去，可表示如下：

$$R_p=\sum K_{\alpha_\lambda}\Phi c$$

若

$$K_\alpha=\sum K_{\alpha_\lambda}\qquad K_p=K_\alpha\Phi$$

那么

$$R_p=K_pc\tag{3.94}$$

式中：K_p——光解速率常数。

环境条件影响光解的光量子产率，分子氧在一些光化学反应中的作用像是淬灭剂，减少光量子产率，在另外一些情况下，它不影响光量子产率甚至可能参加反应。因此在任何情况下，进行光解速率常数和光量子产率测量时均需说明水体中溶解氧的浓度。

悬浮沉积物也影响光解速率，它不仅可以增加光的衰减作用，而且还改变吸附在它们上面的化合物的活性。化学吸附作用也影响光解速率，一种有机酸或碱的不同存在形式可能有不同的光量子产率，化合物光解速率随 pH 值变化。

应用污染物光化学反应半衰期这一概念，可获得测量光解速率的简便方法，这个概念从光反应的光量子产率得到，与水体的光学性质无关。由光量子产率可求得直接光解半衰期($t_{1/2}$)：

$$t_{1/2}=\frac{0.693}{\Phi_d k_d}=\frac{0.693j}{2.303\Phi\sum\lambda\bar{\varepsilon}_\lambda Z_\lambda} \tag{3.95}$$

式中：Z_λ——以 λ 为中心的一段波长范围内的太阳辐射强度；

$\bar{\varepsilon}_\lambda$——以 λ 为中心的一段波长范围内的平均摩尔吸收系数。

目前，光量子产率的求取尚无一定的准则，不同的方法求得的光量子产率可相差几个数量级。因此，在研究直接光解时，所选择的实验条件应能够准确地控制反应物的消失和产物的形成。否则，将无法得到真实的光量子产率和污染物的光降解速率以及产物的分布状况。

2）敏化光解

敏化光解又称为间接光解。天然水中能够直接吸收太阳光发生光解的物质是极其稀少的，而间接光解的过程却是常见的，而且是特别重要的。所谓间接光解，是指天然水中存在的某些能够直接吸收太阳光的物质——光敏剂（敏化剂），在吸收太阳光后，将其能量传递给其他污染物分子，使污染物发生化学分解的过程。光敏剂本身在反应前后并不发生变化。这样的反应叫做光敏化反应，也叫做光催化反应。

例如，天然水中存在的腐殖质可以吸收 $\lambda<500$ nm 的光，吸光后，引起 2,5-二甲基呋喃很快降解，即产生光敏化反应。但在蒸馏水中 2,5-二甲基呋喃在阳光下并无反应。在天然水体中，腐殖质为光敏剂，2,5-二甲基呋喃为接受体分子。

在光敏化反应中的光量子产率为

$$\Phi=Qc \tag{3.96}$$

式中：Q——常数；

c——被敏化的污染物浓度。

由以上的关系可见敏化光解的光量子产率不是常数，它与污染物的浓度有关。这可能是由于敏化分子将能量传给被敏化的有机污染物分子时，光量子产率与污染物分子浓度成正比。

该类反应可表示为

$$K \xrightarrow{h\nu} K^*$$

$$K^* + A \longrightarrow (AK)^* \longrightarrow B + K$$

天然水体中，存在多种光敏剂，如叶绿素。某些染料和一些有机化合物也是光敏剂，如亚甲基蓝、孟加拉玫瑰、蒽醌、鱼藤酮、二苯甲酮、对二羟基二苯甲酮以及某些芳香胺等。此外，另一类半导体催化剂也十分重要，它们主要是过渡金属的氧化物、硫化物、硒化物、磷化物和砷化物等。半导体催化剂的作用原理是当用能量大于半导体禁带宽度的能量的光子照射时，半导体内的电子从价带跃迁到导带，从而产生了电子-空穴对($e^- - h^+$)，电子具有还原性，空穴具有氧化性。如 TiO_2 催化降解 CH_3COOH 的过程：

$$TiO_2 \xrightarrow{h\nu} TiO_2(e^- - h^+)$$

$$h^+ + CH_3COO^- \longrightarrow CH_3COO\cdot$$

$$e^- + H^+ \longrightarrow \frac{1}{2}H_2$$

此外，也可认为空穴将周围环境中 OH^- 的电子夺取过来，使其转化为 HO·，作为强氧化剂使有机物最终矿化为二氧化碳。具有这种光催化特性的半导体的能隙既不能太宽，又不能太窄。对太阳光敏感的、具有光催化特性的半导体能隙一般为 1.9～3.1 eV。

3）光氧化反应

天然水体中存在的某些物质在受太阳辐射后，又可以与溶解氧或其他物质作用，进而形成氧化性极强的单重态氧（$^1O_2$）、烷基过氧自由基（RO_2·）、烷氧自由基（RO·）或羟自由基（·OH）。这些自由基虽然是光化学反应的产物，但它们是与基态的有机物起作用的，属于自由基氧化过程，因而将其放在光化学反应之外，单独作为氧化反应这一类。这些氧化性的中间体使有机污染物氧化分解的过程叫做有机污染物的光氧化降解。

Miller 等认为，被日光照射的天然水体的表层水中含 RO_2· 约为 1×10^{-9} mol/L。文献中已报道了一些含氧自由基 RO_2· 对有机物的氧化。被 RO_2· 氧化的反应主要有以下几种类型：

$$RO_2\cdot + H-\overset{|}{\underset{|}{C}}- \longrightarrow RO_2H + \cdot\overset{|}{\underset{|}{C}}-$$

$$RO_2\cdot + >C=C< \longrightarrow RO_2-\overset{|}{\underset{|}{C}}-\overset{|}{\underset{|}{C}}\cdot$$

$$RO_2\cdot + ArOH \longrightarrow RO_2H + ArO\cdot$$

$$RO_2\cdot + ArNH_2 \longrightarrow RO_2H + Ar\dot{N}H$$

大量研究表明，单重态氧（$^1O_2$）是水中有机污染物的重要反应对象。Zepp 测定了美国东南部 10 种日照天然水中 $^1O_2$ 的浓度，结果为 1×10^{-11}～1×10^{-14} mol/L。$^1O_2$ 最容易与有机物中的双键部分发生作用。

$$>C=\overset{|}{C}-\overset{|}{C}H_2 + {}^1O_2 \longrightarrow >\underset{OOH}{\overset{|}{C}}-C=C<$$

$$\text{(1,3-diene)} + {}^1O_2 \longrightarrow \text{(cyclic peroxide, O—O)}$$

$$\underset{X}{>}C=C\overset{X}{<} + {}^1O_2 \longrightarrow X-\underset{O-O}{C-C}-X$$

$$2R_2S + {}^1O_2 \xrightarrow{\text{硫化物}} 2R_2SO$$

$$ArOH + {}^1O_2 \longrightarrow ArO\cdot + HO_2\cdot$$

羟自由基（·OH）与化合物的反应属于亲电性质的反应，污染物分子电子云密度高则有利于反应的进行。·OH 自由基与有机物反应的控速步骤是反应的第一步，即羟基加成：

$$C_6H_5COOH \xrightarrow{\cdot OH} \text{(HO-}C_6H_4\text{-COOH)} \xrightarrow{\cdot OH} \text{(邻醌-COOH)} \longrightarrow \text{开环}$$

污染物分子的结构、电子云特征或者官能团特征会在很大程度上影响反应速率。

6. 生物降解作用

有机物在水体中的降解主要是通过化学降解、光化学降解和生物降解来实现的。其中生物降解是引起有机污染物转化为简单有机物和无机物的最重要的环境过程之一。水环境中有机污染物的生物降解主要依赖于微生物通过酶催化反应而完成。当微生物代谢时,一些有机污染物作为食物源提供能量和细胞生长所需的碳;另一些有机物,不能作为微生物的唯一碳源和能源,还必须由另外的化合物提供。因此,有机物生物降解存在两种代谢模式,即生长代谢(growth metabolism)和共代谢模式(cometabolism)。这两种代谢特征和降解速率极不相同。

1) 生长代谢

许多有毒物质可以像天然有机污染物那样作为微生物的生长基质。只需用这些有毒物质作为微生物培养的唯一碳源便可鉴定是否属于生长代谢。在生长代谢过程中微生物可对有毒物质进行较彻底的降解或矿化,因而是解毒生长基质。去毒效应和相当快的生长基质代谢意味着与那些不能用这种方法降解的化合物相比,对环境威胁小。

在开始使用一个化合物之前,必须使微生物群落适应这种化学物质,野外和室内实验表明,一般需要 2~50 天的滞后期。一旦微生物群体适应了它,生长基质的降解是相当快的。使用化合物作为生长基质,由于生长基质和生长浓度均随时间而变化,因而其动力学表达式是非常复杂的。化合物作为唯一碳源时,其降解速率用 Monod 方程表示如下:

$$-\frac{\mathrm{d}c}{\mathrm{d}t}=\frac{1}{Y}\frac{\mathrm{d}B}{\mathrm{d}t}=\frac{\mu_{\max}}{Y}\frac{Bc}{K_s+c} \tag{3.97}$$

式中:c——污染物浓度;

B——细菌浓度;

Y——每单位碳消耗所产生的生物量;

$\mu_{\max}$——最大的比生长速率;

K_s——半饱和常数,即在最大比生产率 $\mu_{\max}$ 一半时的基质浓度。

在实验室中,Monod 方程已经成功地应用于唯一碳源的基质转化速率,而不论细菌菌株是单一种还是天然的混合种群。Paris 等用不同来源的菌株,以马拉硫磷作唯一碳源进行生物降解,如图 3-27 所示,分析菌株生长的情况和马拉硫磷的转化速率,可以得到 Monod 方程中的各种参数:$\mu_{\max}=0.37\ \mathrm{h}^{-1}$,$K_s=2.17\ \mu\mathrm{mol/L}(0.716\ \mathrm{mg/L})$,$Y=4.1\times10^{10}\ \mathrm{cell}/\mu\mathrm{mol}(1.2\times10^{11}\ \mathrm{cell/mg})$。

图中,$c_{马拉硫磷}$ 为马拉硫磷的浓度,单位为 μmol/L;$B_{细菌}$ 为细菌浓度,单位为 cell/mg。

Monod 方程是非线性的,但是在 c 很低时,$K_s \gg c$,则可简化为

$$-\frac{\mathrm{d}c}{\mathrm{d}t}=K_{b_2}Bc \tag{3.98}$$

式中:K_{b_2}——二级生物降解速率常数。

$$K_{b_2}=\frac{\mu_{\max}}{YK_s} \tag{3.99}$$

Paris 等在实验室内用不同浓度(0.0273~0.33 μmol/L)的马拉硫磷进行的实验测得其速率常数为$(2.6\pm0.7)\times10^{-12}\ \mathrm{L/(cell\cdot h)}$,而与上述参数值计算出的 $\mu_{\max}/(YK_s)$ 值($4.16\times10^{-12}\ \mathrm{L/(cell\cdot h)}$)相差一倍,这说明在浓度很低的情况下,可建立简化的动力学表达式。

然而,实际环境中被研究的化合物并不是唯一碳源。一个天然微生物群落总是从大量不

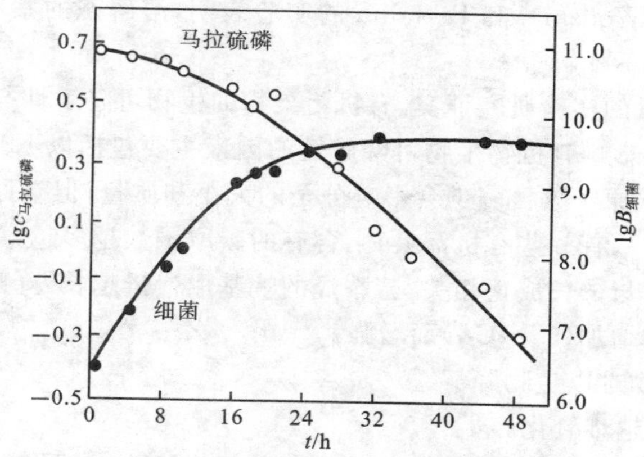

图 3-27　细菌生长与马拉硫磷浓度降低的关系

（引自戴树桂，2006）

同的有机碎屑物质中获取能量并降解它们。即使合成的化合物与天然基质的性质相似，连同合成的化合物在内是作为一个整体被微生物所降解。另外，在微生物量保持不变的情况下使化合物降解，那么 Y 的概念就失去意义。通常应用简单的一级动力学方程表示：

$$-\frac{dc}{dt}=K_b c \tag{3.100}$$

式中：K_b——一级生物降解速率常数。

2）共代谢

某些有机污染物不能作为微生物的唯一碳源与能源，必须有另外的化合物存在以提供微生物碳源或能源时，该有机物才能被降解，这种现象称为共代谢。它在那些难降解的化合物代谢过程中起着重要作用，展示了通过几种微生物的一系列共代谢作用，可使某些特殊有机污染物彻底降解。微生物共代谢的动力学明显不同于来自生长基质的动力学，共代谢没有滞后期，降解速率一般比完全驯化的生长代谢慢。

共代谢并不提供微生物体任何能量，不影响种群多少。然而，共代谢速率直接与微生物种群的多少成正比，Paris 等用式(3.98)描述了微生物催化水解反应的二级速率。

由于微生物种群 B 不依赖于共代谢速率，因而可以用 $K_b=K_{b_2}B$ 代入式(3.98)，将其进而简化为一级动力学方程。

用上述的二级生物降解的速率常数文献值时，需要估计细菌种群的多少，不同技术的细菌计数可能使结果发生高达几个数量级的变化，因此根据用于计算 K_{b_2} 的不同方法来估计 B 值是重要的。

3）影响有机物生物降解的主要因素

影响有机物生物降解的因素很多，主要可以分为三个方面，即与有机物、生物体以及环境有关的因素。

（1）有机物对生物降解的影响。

① 浓度。过高或过低浓度的有机物，都会对生物降解产生抑制作用。微生物降解的适宜的浓度范围主要受有机物和细菌的种类所控制。

② 溶解度。一般而言，溶解度低的有机物降解速率均较慢。原因在于这类有机物很难达到微生物细胞中的反应位置，因而生物降解的速率被溶解过程所控制。并且这类有机物也易

于在水体中发生吸附。Wodzinki 和 Bertalim 的实验表明,溶解态的萘和联苯是可降解的,但两者在纯结晶状态下均不降解。

③ 分子结构。大量的实验研究证实,有机污染物的生物可降解性与其结构特征存在着一定的关系。分子结构中影响有机物生物可降解性的因素主要包括以下几个方面。

a. 分子中含有的碳原子数目多少会影响分子的大小和质量,但碳原子的数目对不同种类化合物的影响是不同的。有一些有机污染物,含有的碳原子数越多越容易发生降解。例如,直链脂肪烃生物氧化速率与链长成正相关;芳香烃的烷基取代链越长,降解越快;洗涤剂 ABS 的生物降解能力随碳链的增加(C_6~C_{12})而增强。

b. 支链多的有机物难以生物降解。

c. 环的数目越多,越难氧化。

d. 取代基的种类和数目。一般来说,—OH 和—COOH 的数目越多,有机物越容易发生降解;$—NH_2$、—X、$—NO_2$ 和 SO_3H 等的数目越多,有机物越难降解。

e. 取代基的位置对有机物的生物降解性也会产生影响。

f. 结构的复杂性。通常来讲,有机物结构越复杂,生物可降解性越低。环境中的多氯联苯、人工合成高分子聚合物,如尼龙、聚乙烯、乙酸纤维素、农药、表面活性剂等都属于难降解的有机物。

(2) 生物体的影响。

① 微生物种属。不同的微生物种属,对体系中新引入的有机物的代谢作用的快慢是有一定差别的。在大多数生物活性环境中,葡萄糖可以维持许多生物种属的生长,而许多烃类只能维持少数微生物种属的生长,而且降解过程中需要滞后期。

② 微生物浓度。如果微生物降解有机物的时间较长,则微生物浓度的影响并不大。但如果降解时间较短,微生物浓度的影响会很明显。如在密集的细菌培养液中,葡萄糖完全代谢的时间为几小时,而在稀释的细菌培养液中,代谢时间达几天之久。

③ 生物种属间的相互作用。生物种属之间的相互作用会影响微生物的活性,从而间接影响生物降解速率。这种影响可正可负,取决于相互作用的生物种属的性质。

(3) 环境条件的影响。

环境条件的改变会影响微生物的代谢活性。

① 温度。微生物生长的环境温度为-12~100 ℃,个别种属为 30~40 ℃。在微生物正常生长的温度范围内,生物降解速率随温度的升高而增大。温度对反应的影响可近似地表示为

$$K_b(c_P) = K_b(c_P^*)Q_B^{T-T_0}K_b(T) = K_b(T_0)Q_B^{T-T_0} \tag{3.101}$$

式中:$K_b(T)$——温度为 T 时的生物降解速率常数;

$K_b(T_0)$——温度为 T_0时的生物降解速率常数;

T——环境温度,℃;

T_0——参考温度,℃;

Q_B——温度系数,Q_B=1.072。

② pH 值。一般而言,微生物只能在一定的 pH 值范围内正常生长。如藻类主要生长在微酸性条件下(pH5~6),细菌(嗜酸种属除外)主要生长在微碱性条件下。目前,人们还没有掌握 pH 值对生物降解影响的普遍规律。但一般认为,pH 值在 5~9 范围内,生物降解速率最快。

③ 溶解氧。有机物在好氧和厌氧环境中都能发生微生物降解。在好氧环境中，氧气可以作为许多降解反应最终的电子受体。当水中溶解氧含量大于 1 mg/L 时，降解速率不受溶解氧含量所影响；当溶解氧含量小于 1 mg/L 时，降解速率随溶解氧含量的降低而减少。在厌氧环境中，大多数有机物的生物降解会变慢，此时，少量的氧也会抑制微生物的活性。

④ 营养物。微生物的代谢过程需要氮、磷等营养元素，营养元素的缺乏会减慢或抑制微生物降解的过程。Michaelis-Menten 关系式可以用来描述营养物与有机物降解速率之间的关系：

$$K_b(c_P) = K_b(c_P^*)\frac{0.0277c_P}{1+0.0277c_P} \tag{3.102}$$

式中：c_P——可溶无机磷浓度；

$K_b(c_P)$——可溶无机磷浓度为 c_P 时的生物降解速率常数；

$K_b(c_P^*)$——没有营养物限制时的生物降解速率常数。

需要注意的是，该方程仅适用于碳、氮等其他营养物没有限制的情况。

7. 生物富集

20 世纪五六十年代造成千余人死亡的日本的“水俣病”就是由于乙醛等工厂生产废液中的甲基汞排入水体，通过食物链的生物富集作用浓集于鱼体内，最后由于人对鱼类的进食而导致自身身体发生病变。生物圈中种类繁多的生物体通过食与被食的关系，即食物链的关系紧密地联系着。食物链的重要属性之一就是其对于生物体不能够利用、代谢的有毒有害的物质具有生物富集的作用。生物富集作用在生态学上，以及对人的身心健康都会产生非常重要的影响。

生物富集是指生物通过非吞食方式，从周围环境（水、土壤、大气）蓄积某种元素或难降解的物质，使其在机体内浓度超过周围环境中浓度的现象。生物富集用生物浓缩系数表示，即

$$\mathrm{BCF} = c_b/c_e \tag{3.103}$$

式中：BCF——生物浓缩系数；

c_b——某种元素或难降解物质在机体中的浓度；

c_e——某种元素或难降解物质在机体周围环境中的浓度。

生物浓缩系数的大小与下列三个方面的影响因素有关。在物质性质方面的主要影响因素为降解性、脂溶性和水溶性。一般而言，降解性小、脂溶性高、水溶性低的物质，生物浓缩系数高；反之，则低。因此，同一种生物对不同物质的浓缩系数会有很大差别。例如，虹鳟鱼对 2，2′，4，4′-四氯联苯的生物浓缩系数为12400，而其对四氯化碳的生物浓缩系数仅为 17.7；又如，褐藻对钼的生物浓缩系数为 11，而对铅的生物浓缩系数却高达70000。在生物特征方面的影响因素有生物的种类、大小、性别、器官和生物发育阶段等。研究结果表明，在同一海域中绿鸬鹚对 DDT 的生物浓缩系数为叶片状海藻的1560倍之多。在环境条件方面的影响因素包括水体温度、pH 值、硬度、DO 和光照状况等。通常来讲，重金属元素和许多氯代烃、稠环、杂环等有机化合物具有很高的生物浓缩系数。

生物富集对于阐明物质或元素在生态系统中的迁移转化规律，评价和预测污染物进入环境后可能造成的危害，以及利用生物对环境进行监测和净化等方面均有极其重要的意义。

从动力学观点来看，水生生物对水中难降解物质的富集速率，是生物对其吸收速率、消除速率及由生物机体质量增长引起的物质稀释速率的代数和。吸收速率（R_a）、消除速率（R_e）及稀释速率（R_g）的表示式分别为

$$R_a = K_a c_w \tag{3.104}$$

$$R_e = -K_e c_f \tag{3.105}$$

$$R_g = -K_g c_f \tag{3.106}$$

式中:K_a、K_e、K_g——水生生物吸收、消除、稀释速率常数;

c_w、c_f——水、生物体内的瞬时物质浓度。

于是水生生物富集速率微分方程为

$$\frac{dc_f}{dt} = K_a c_w - K_e c_f - K_g c_f \tag{3.107}$$

如果富集过程中生物质量增长不明显,则 K_g 可忽略不计,式(3.107)简化成

$$\frac{dc_f}{dt} = K_a c_w - K_e c_f \tag{3.108}$$

通常,水体足够大,水中的物质浓度(c_w)可视为恒定。又设 $t=0$,$c_f(0)=0$,在此条件下,水生生物富集速率方程为

$$c_f = \frac{K_a c_w}{K_e + K_g}[1 - \exp(-K_e - K_g)t] \tag{3.109}$$

若忽略 K_g,则有

$$c_f = \frac{K_a c_w}{K_e}[1 - \exp(-K_e)t] \tag{3.110}$$

由此可见,水生生物浓缩系数(c_f/c_w)随时间延续而增大,先期增大比后期迅速,当 $t \to \infty$ 时,生物浓缩系数为

$$\mathrm{BCF} = \frac{c_f}{c_w} = \frac{K_a}{K_e + K_g} \tag{3.111}$$

若忽略 K_g,则有

$$\mathrm{BCF} = \frac{c_f}{c_w} = \frac{K_a}{K_e} \tag{3.112}$$

由此说明在一定条件下生物浓缩系数有一阈值。此时,水生生物富集达到动态平衡。生物浓缩系数常指生物富集到达平衡时的 BCF 值,并可由实验获得。在控制条件下的实验中,可用平衡方法测定水生生物体内及水中的物质浓度,也可用动力学方法测定 K_a、K_e 及 K_g,而后求得 BCF 值。

水生生物对水体中物质的富集过程可以说是非常复杂的。但是对于有较高脂溶性和较低水溶性的、以被动扩散通过生物膜的难降解有机物质,这一过程的机理可简化为该类物质在水和生物脂肪组织两相间的分配作用。

以正辛醇作为水生生物脂肪组织代表,通过研究得知,生物浓缩系数(BCF)与有机污染物在辛醇-水中的分配系数(K_{ow})有很好的相关性,即

$$\lg\mathrm{BCF} = b\lg K_{ow} + a \tag{3.113}$$

方程的常数 a、b 视具体的生物体的不同而不同,lgBCF 和 $\lg K_{ow}$ 的相关系数 r 值还与实验的点数(n 值)有关。

由于 K_{ow} 与有机污染物的溶解度有关,因此生物浓缩系数(BCF)与有机物在水中的溶解度(S_w)也有下列关系:

$$\lg\mathrm{BCF} = b\lg S_w + a \tag{3.114}$$

例如,Neely 等测量了虹鳟鱼肌肉摄取一些稳定有机化合物的生物浓缩系数(BCF),发现虹鳟鱼的生物浓缩系数(BCF)与有机化合物辛醇-水分配系数(K_{ow})及溶解度(S_w)的关系分别为

$$\lg BCF = 0.542\lg K_{ow} + 0.124 \quad (r = 0.948,\quad n = 8) \tag{3.115}$$

$$\lg BCF = -0.802\lg S_w - 0.497 \quad (r = -0.977,\quad n = 7) \tag{3.116}$$

很显然，lgBCF 与 $\lg K_{ow}$ 呈正相关，而由于 $\lg K_{ow}$ 和 $\lg S_w$ 呈负相关，故而，式(3.116)中 lgBCF 和 $\lg S_w$ 呈负相关。

式(3.113)中回归系数 a、b 与有机物质和水生生物的种类及水体条件有关。那么，选用已经建立起来的回归方程，代入 K_{ow} 或 S_w 值，即可算出相应有机物质的生物浓缩系数(BCF)值。

3.4　水体的自净

自然环境包括水环境对污染物质具有一定的承受能力，即所谓环境容量。水体能够在其环境容量范围以内，经过水体的物理、化学和生物作用，使排入污染物质的浓度和毒性随时间的推移在向下游流动的过程中自然降低，这称为水体的自净作用。水体自净作用往往需要一定的时间、一定范围的水域以及适当的水文条件。另一方面，水体的自净作用还取决于污染物的性质、浓度以及排放方式等。水体自净能力是有限的，如果排入的污染物数量超过自净能力，就不能恢复到正常的水平，从而危及水的使用和水生生态系统，便形成水体污染。

3.4.1　水体自净作用的方式

水体的自净包括稀释、扩散、沉降等物理过程，沉淀、氧化还原、分解化合、吸附凝聚等化学和物理化学过程以及生物吸收、降解等生物化学过程。各种过程在水体中同时发生，相互影响。各自所起作用的大小随水文和环境条件不同而不同。一般来说，物理和生物化学过程在水体自净中占主要地位。因此，水体的自净作用按其发生机理可分为物理自净、化学自净和生物自净三类。

1. 物理自净

物理自净是指污染物进入水体后，通过稀释、扩散、淋洗、挥发、沉降等作用降低浓度而减轻危害程度，使水体得到一定的净化。其中稀释作用是一项重要的物理净化过程。污水或污染物排入水体后，可沉降性固体逐渐沉至水底形成污泥。悬浮体、胶体和溶解性污染物因混合稀释而逐渐降低浓度。污水稀释的程度用稀释比表示。对河流来说，即参与混合的河水流量与污水流量之比。污水排入河流须经相当长的距离才能达到完全混合，因此这一比值是变化的。达到完全混合的时间受许多因素的影响，主要有稀释比、河流水文条件和污水排放口的位置和形式，以及污染物自身的物理性质如密度、形态、粒度等。在湖泊、水库、海洋中影响污水稀释的因素还要加上水流方向、风向和风力、水温和潮汐。物理自净对海洋和容量大的河段等水体的自净起着重要的作用。

2. 化学自净

化学自净是指污染物在水体中通过氧化和还原、化合和分解、酸碱中和、吸附和凝聚、交换、配位等化学反应，转化为无害物质或使危害程度减轻。化学净化过程中化学反应的产生和进行取决于污水和水体的具体情况。影响水环境化学净化的环境因素主要有温度、酸碱度(pH 值)、氧化还原电位(E_h)等。温度升高可加速化学反应，所以温热环境的自净能力比寒冷环境强。酸性水环境中有害的金属离子活性强，利于迁移，对人体和生物界危害大；碱性水环境中金属离子易于形成氢氧化物沉淀而利于净化。另外，污染物自身的形态和化学性质对化学自净也有很大影响。

3. 生物自净

生物自净是指通过生物的吸收、降解作用使环境中有害物质减少和消失。生物净化能力的大小除取决于生物的种类外，还与环境的水热条件和供氧状况有关。在温暖、湿润、养料充足、供氧良好的环境中，植物吸收净化能力和好氧微生物的降解净化能力强。比如，在 20～40 ℃、pH 值为 6～9、养料充分、空气充足的条件下，好氧微生物繁殖旺盛，能将水中各种有机物迅速地分解，氧化转化成 CO_2、H_2O、硫酸盐、磷酸盐和硝酸盐等，使水体净化。

水体自净的三种机理往往同时发生，并相互交织在一起。哪一方面起主导作用取决于污染物性质和水体的水文学及生物学特征。

水体污染恶化过程和水体自净过程是同时发生和存在的。但在某一水体的部分区域或一定的时间内，这两种过程中总有一种过程是相对主要的。它决定着水体污染的总特征。这两种过程的主次地位在一定的条件下可相互转化。如距污水排放口近的水域，往往表现为污染恶化过程，形成严重污染区。在下游水域，则以污染净化为主，形成轻度污染区，再向下游最后恢复到原来水体质量状态。所以当污染物排入清洁水体之后，水体一般呈现出三个不同水质区，即水质恶化区、水质恢复区和水质清洁区。

3.4.2　水体自净过程的特征

水体自净过程的主要特征如下。

(1) 污染物浓度逐渐下降。

(2) 一些有毒污染物可经各种物理、化学和生物作用，转变为低毒或无毒物质。

(3) 重金属污染物以溶解态被吸附或转变为不溶性化合物，沉淀后进入底泥。

(4) 部分复杂有机物被微生物利用和分解，变成二氧化碳和水。

(5) 不稳定污染物转变成稳定的化合物。

(6) 自净过程初期，水中溶解氧含量急剧下降，到达最低点后又缓慢上升，逐渐恢复至正常水平。

(7) 随着自净过程及有毒物质浓度或数量的下降，生物种类和个体数量逐渐随之回升，最终趋于正常的生物分布。

3.4.3　水体自净作用的场所

水体的自净作用按其发生场所可分为以下四类。

(1) 水中的自净作用：污染物质在天然水中的稀释、扩散、氧化还原或生物化学分解等。

(2) 水与大气间的自净作用：天然水体中某些有害气体的挥发释放和氧气的溶入等。

(3) 水与底质间的自净作用：天然水中悬浮物质的沉淀和污染物被底质所吸附。

(4) 底质中的自净作用：底质中微生物的作用使底质中有机污染物发生分解等。

总之，天然水体的自净作用有着十分广泛的内容，它们同时存在、同时发生并相互影响。

3.5　废水的化学处理法

实践表明，要有效地控制水污染，必要的工程措施是不可或缺的。对废水的循环利用，也常需先采用适当的处理方法进行加工。废水处理就是将有害物质从废水中分离出来，予以利用或进行无害处理，或者直接在废水中使有害物质转化为无害物质。

根据水处理的原理，一般废水的处理技术可分为物理法、化学法、物理化学法和生物法四大类；根据被处理对象物质的物态和种类不同，又可分为悬浮物去除技术，溶解性无机物、有机物去除技术和杀菌、杀藻技术等。许多方法和技术都是以化学反应为核心而展开的。

水的化学处理是向废水中投加某种化学物质，利用化学反应来分离、回收废水中的某些污染物，或使其转化为无害物质。它的处理对象主要是废水中的无机或有机的(难以生物降解的)溶解物质或胶体物质。主要的方法有化学混凝法、中和法、化学沉淀法和氧化还原法等。

3.5.1　酸碱废水的中和处理

很多工业废水含有酸或碱。酸性废水主要来自钢铁厂、化工厂、矿山等。酸性废水中可能含有无机酸(如硫酸、盐酸、硝酸、磷酸等)或有机酸(如草酸、柠檬酸、乙酸等)。pH＝1～4，腐蚀性强，酸性废水若直接排放，将会腐蚀管道，损坏农作物，伤害鱼类等水生物，危害人体健康。因此，酸性废水必须处理达到排放标准后才能排放，或回收利用。碱性废水来自印染厂、造纸厂、炼油厂。碱性废水中有苛性钠、碳酸钠、硫化钠和胺类等。其 pH＝10～14，腐蚀危害小于酸性水，但也影响水生植物。

酸碱废水在浓度高达 3%以上时，应考虑回收和综合利用，制造硫酸亚铁、硫酸铁；在浓度不高，如小于 3%时，才可考虑采用中和处理的方法。

1. 酸性废水中和处理

1）酸碱废水相互中和法

酸碱废水相互中和是一种既简单又经济的以废治废的处理方法。例如，电镀厂的酸性污水和印染厂的碱性污水相互混合，达到中和目的。酸碱废水相互中和一般是在混合反应池内进行，池内设有搅拌装置。两种废水相互中和时，由于水量和浓度难以保持稳定，因此给操作带来困难。在此情况下，一般在混合反应池前设有均质池。

根据化学反应等当量原理，计算污水中酸碱的含量及废水水量，使酸碱废水等当量混合，达到等当量中和并略偏于碱性。

2）药剂中和法

投药中和是应用广泛的一种中和方法。最常采用的碱性药剂是石灰，它能够处理任何浓度的酸性废水。

用碱性、酸性物质为中和剂处理，常采用石灰处理酸性废水，也就是将石灰消解成石灰乳后投加，其主要成分是 $Ca(OH)_2$。$Ca(OH)_2$ 还是混凝剂，对废水中的杂质具有凝聚作用，因此适用于含杂质多的酸性废水。有时采用苛性钠、石灰石或白云石等。

$$H_2SO_4 + Ca(OH)_2 \longrightarrow CaSO_4 + 2H_2O$$

$$2HNO_3 + Ca(OH)_2 \longrightarrow Ca(NO_3)_2 + 2H_2O$$

当废水中含有重金属离子时，加入石灰，碱性增大，使水中重金属离子积大于溶度积而产生沉淀。

$$Fe^{2+} + Ca(OH)_2 \longrightarrow Fe(OH)_2 \downarrow + Ca^{2+}$$

$$Pb^{2+} + Ca(OH)_2 \longrightarrow Pb(OH)_2 \downarrow + Ca^{2+}$$

药剂中和法的工艺过程主要包括中和药剂的制备与投配、混合与反应、中和产物的分离、泥渣的处理与利用。酸性废水投药中和流程如下。

药剂中和在混合池中进行，其后需设沉淀池和污泥干化设施，污水在混合反应池停留时间为5 min(给水反应池的停留时间是 8～10 min)，在沉淀池停留时间为 1～2 h，污泥是污水体积的 2%～5%,污泥需脱水干化。

投加石灰有干投法和湿投法。

干投法是首先用机械将生石灰或石灰石粉碎,使其达到技术上要求的粒径(0.5 mm 以下),然后直接投入水中。干投法的优点是设备简单,缺点是反应不彻底,反应速率慢,投药量大,为理论值的 1.4～1.5 倍,石灰破碎、筛分等劳动强度大。

湿投法是将药剂溶解成液体,用计量设备控制投加量,一般采用机械搅拌。与干投法相比,湿投法的设备多,但湿投法反应迅速、彻底,投药量少,仅为理论值的 1.05～1.10 倍。

3) 过滤中和法

该种方法适合处理酸浓度低(硫酸 2 g/L 以下,盐酸、硝酸 20 g/L)的酸性废水,多用于原料所在地。但对含有大量悬浮物、油、重金属盐类和其他有毒物质的酸性废水,不宜采用。

过滤中和是指使废水流经具有中和能力的滤料(如石灰石、白云石、大理石等)进行中和反应,产生中和作用。最常用的是石灰石。采用石灰石作滤料时,其反应如下:

$$2HCl + CaCO_3 \longrightarrow CaCl_2 + H_2O + CO_2 \uparrow$$

$$H_2SO_4 + CaCO_3 \longrightarrow CaSO_4 \downarrow + H_2O + CO_2 \uparrow$$

对含硫酸废水,采用白云石作滤料,其反应如下:

$$2H_2SO_4 + CaCO_3 \cdot MgCO_3 \longrightarrow CaSO_4 \downarrow + MgSO_4 + 2H_2O + 2CO_2 \uparrow$$

白云石中含有 $MgCO_3$,可生成溶解度较大的 $MgSO_4$,不会造成反应中滤池的堵塞,产生的 $CaSO_4$ 量是石灰石中和产生的 50%,影响小一些,可以适当提高进水硫酸浓度。但白云石的反应速率较石灰石慢。

过滤中和均产生 CO_2,其溶于水即为碳酸,使出水 pH 值在 5 左右,需用曝气等方法脱掉 CO_2,从而提高 pH 值。

过滤中和所使用的设备为中和滤池,分为普通中和滤池和升流式膨胀滤池两种类型。在滤池运行中,滤料有所消耗,应定期补充。运行中应防止高浓度硫酸废水进入滤池,否则会使滤料表面结垢而失去作用。滤池运行一定时间后,由于沉淀物积累过多导致中和效果下降,应进行倒床,更换新滤料。

2. 碱性废水中和处理

碱性废水的中和要用酸性物质,碱性废水常用酸性废水中和,或者采用投酸中和和烟道气中和。

利用酸性废水中和就是酸碱废水的相互中和。投酸中和主要是采用工业硫酸,因为硫酸价格较低。使用硫酸的最大优点是反应产物的溶解度大,泥渣量少,但出水浓度高。无机酸中和碱性废水的工艺过程与设备和投药中和酸性废水时基本相同。

碱性废水中和处理需具备采用方法的条件,投加酸中和方法简单,但是费用过高,烟道气体中和方便、实用。

烟道气中含有 CO_2(有时高达 24%),有时含有少量的 SO_2 及 H_2S,溶于水中形成 H_2CO_3 和 H_2SO_4,使碱性污水被中和:

$$CO_2 + 2NaOH \longrightarrow Na_2CO_3 + H_2O$$

$$SO_2 + 2NaOH \longrightarrow Na_2SO_3 + H_2O$$

$$H_2S + 2NaOH \longrightarrow Na_2S + 2H_2O$$

上述反应产物均为弱酸强碱盐,具有一定的碱性,因此酸性物质必须过量。烟道气体中和的方法如下。

(1) 将碱性污水作为湿法除尘的喷淋水。(给排水、暖通交叉)

(2) 将烟道气通入碱性污水鼓泡中和。

利用烟道气中和碱性废水的优点是可以把废水处理与消烟除尘结合起来,缺点是处理后的废水中,硫化物、色度和耗氧量均有显著增加。

3.5.2　化学沉淀

向废水中投加某种化学物质,使它和水中某些溶解物质产生反应,生成难溶于水的盐类沉淀下来,从而降低水中这些溶解物质的含量。这种方法称为水处理中的化学沉淀法。

各种物质在水中的溶解度是不同的。利用这一性质,对废水中一些溶解性污染物进行化学沉淀分离处理。

化学沉淀法经常用于处理含汞、铅、铜、锌、六价铬、硫、氰、氟、砷等有毒化合物的废水。如废水中的铝、砷、铅、锌金属离子,与石灰作用后能形成不溶或微溶于水的沉淀物。

$$As_2O_3+Ca(OH)_2 \longrightarrow Ca(AsO_2)_2\downarrow+H_2O$$

$$Zn^{2+}+2OH^- \longrightarrow Zn(OH)_2\downarrow$$

根据使用的沉淀剂的不同,通常使用的化学沉淀法主要有氢氧化物沉淀法、硫化物沉淀法、碳酸盐沉淀法和钡盐沉淀法等。

1. 氢氧化物沉淀法

采用氢氧化物作沉淀剂使工业废水中的许多重金属离子生成氢氧化物沉淀而得以去除,这种方法一般称为氢氧化物沉淀法。

氢氧化物沉淀与 pH 值有很大的关系,金属氢氧化物的生成条件和存在状态与溶液的 pH 值有直接关系。

此外,有些金属如 Zn、Pb、Cr、Al 等的氢氧化物为两性化合物,如果 pH 值过高,它们会重新溶解。将重金属离子的溶解度与 pH 值关系绘成曲线,从曲线中可以得到重金属离子的临界浓度值。

采用氢氧化物沉淀法处理废水,pH 值是一个重要因素。处理污水中的 Fe^{2+} 时,pH 值大于 9 则可完全沉淀,而处理污水中 Al^{3+} 时,pH 值应严格控制为 5.5,否则 $Al(OH)_3$ 沉淀物又会溶解。

2. 硫化物沉淀法

工业废水中的许多重金属离子可以形成硫化物沉淀而得以去除。由于大多数金属硫化物的溶解度比其氢氧化物的溶解度要小得多,采用硫化物可使重金属得到较完全的去除。硫化物沉淀法常用的沉淀剂有硫化氢、硫化钠、硫化钾等。

重金属离子的浓度和 pH 值有关,随着 pH 值增加而降低。虽然硫化物沉淀法比氢氧化物沉淀法可更完全地去除重金属离子,但是由于它的处理费用较高,硫化物沉淀困难,常常需要投加凝聚剂以加强去除效果,因此,采用得并不广泛,有时仅作为氢氧化物沉淀法的补充方法使用。此外,在使用过程中还应注意避免造成硫化物的二次污染问题。

3. 碳酸盐沉淀法

金属离子的碳酸盐的溶度积很小,对于高浓度的重金属废水,可以用投加碳酸钠的方法加以回收。

1) 含锌废水处理

某些化工厂排出的废水中含锌离子,若不进行处理将污染环境。用碳酸钠与之反应,生成

碳酸锌沉淀。沉渣用清水漂洗后,再经真空抽滤筒抽干,可以回收或回用于生产。其化学反应如下:

$$ZnSO_4 + Na_2CO_3 \longrightarrow ZnCO_3 \downarrow + Na_2SO_4$$

2) 含铜废水处理

某些含铜工业废水也可以采用碳酸盐沉淀法回收,对于其沉淀下来的铜,一般还应进一步回收利用。

$$2Cu^{2+} + CO_3^{2-} + 2OH^- \longrightarrow Cu_2(OH)_2CO_3 \downarrow$$

3) 含铅废水处理

对于某些含铅工业废水利用碳酸盐沉淀法处理,对于其沉淀下来的废渣,应该送固体废物处理中心或在本单位进行无害化处理,以保证不对环境造成二次污染。

其反应式为

$$Pb^{2+} + CO_3^{2-} \longrightarrow PbCO_3 \downarrow$$

4. 钡盐沉淀法

钡盐沉淀法主要用于处理含六价铬的废水。沉淀剂主要为碳酸钡、氯化钡、硝酸钡、氢氧化钡等。

以碳酸钡为例:

$$BaCO_3 + CrO_4^{2-} \longrightarrow BaCrO_4 \downarrow + CO_3^{2-}$$

为了提高除铬效果,应投加过量的碳酸钡,反应时间应保持 25～30 min。投加过量的碳酸钡会使出水中含有一定数量的残钡,在回用前可用石膏法去除:

$$CaSO_4 + Ba^{2+} \longrightarrow BaSO_4 \downarrow + Ca^{2+}$$

3.5.3　氧化还原法

氧化还原法是利用溶解于废水中的有毒物质,在氧化还原反应中能被氧化或还原的性质,把它转化为无毒无害或毒性小的新物质的方法。

在废水处理中,若有毒污染物处于氧化型,用还原剂将其转化为还原型,称其为还原处理法;若污染物处于还原型,用氧化剂将其转变为无毒的氧化型,称为氧化处理法。

1. 化学氧化法

化学氧化是最终去除废水中污染物质的有效方法之一。化学氧化法常用的氧化剂有空气中的氧、纯氧、臭氧、氯气、漂白粉、次氯酸钠、三氯化铁等。化学氧化法主要用于去除废水中的氰化物、硫化物、酸、醇、油类污染物及脱色、脱臭、杀菌等。

通过化学氧化,可以使废水中的有机物和无机物氧化分解,从而降低废水的 BOD 和 COD 值,或使废水中有毒物质无害化。例如,在含氰废水中,氰化钠、氰化钾易析出 CN^-(剧毒),加入氧化剂后转化为配合物,不易析出 CN^-,表现为较低的毒性。

以空气中的氧为氧化剂来氧化水中的硫化氢,硫化氢最终氧化成无毒的硫酸根,反应温度为 80～90 ℃,接触时间为 1.5 h,投入氯化铜作催化剂,可使反应进行完全。

2. 次氯酸氧化法

$$Ca(OCl)_2 \longrightarrow Ca^{2+} + 2OCl^-$$

$$Cl_2 + H_2O \longrightarrow H^+ + Cl^- + HOCl$$

$$HOCl \longrightarrow H^+ + OCl^-$$

次氯酸钠在水中呈碱性反应,在还原时生成氯化物和 OH^-:

$$NaOCl + H_2O + 2e^- \longrightarrow Na^+ + Cl^- + 2OH^-$$

次氯酸钙有两种商品：一是含有效氯量为 25%～35% 的漂白粉；二是含有效氯量为 70%～80% 的漂粉精。次氯酸钙加入水中，生成次氯酸：

$$Ca(OCl)_2 + 2H_2O \longrightarrow Ca(OH)_2 + 2HOCl$$

次氯酸及次氯酸盐是很强的氧化剂。氯气具有漂白性就是由于它与水作用而生成次氯酸，所以完全干燥的氯气没有漂白的作用。次氯酸作氧化剂时，本身被还原为 Cl^-。

漂白粉是用氯气与消石灰作用而制得的，是次氯酸钙、氯化钙和氢氧化钙的混合物。制备漂白粉的主要反应也是氯的歧化反应。

$$2Cl_2 + 3Ca(OH)_2 \longrightarrow Ca(OCl)_2 + CaCl_2 \cdot Ca(OH)_2 \cdot H_2O + H_2O$$

次氯酸的漂白作用主要是基于次氯酸的氧化性。

废水处理中选择何种次氯酸盐为好，主要取决于以下因素：有效氯量的价格、稳定性、反应产物的溶解性、操作条件、来源等。如 $Ca(OCl)_2$ 可生成大量 $Ca(OH)_2$ 和 $CaCO_3$ 污泥，而 NaOCl 则不会。

3. 臭氧氧化

1) 概述

臭氧(O_3)是氧气的同素异构体，O_3 分子由三个氧原子组成。臭氧是一种具有特殊气味的淡紫色有毒气体。臭氧在水中的分解速率很快，能与废水中大多数有机物及微生物迅速作用，可用于除臭、脱色、杀菌、除铁、除锰、除有机物等，而且具有显著效果。剩余的臭氧很容易分解为氧，一般来说不产生二次污染。臭氧氧化适用于废水的三级处理。

臭氧的性质如下。

(1) 它是一种强氧化剂，仅次于氟，比氧、氯都高，能与水和废水中存在的大多数有机化合物和微生物以及无机物迅速发生反应。

(2) 易溶于水。

(3) 分解氧化速率与 pH 值与水温有关，在空气中自行分解。

(4) 臭氧的半衰期为 20～30 min。

(5) 臭氧具有强腐蚀性，除金和铂之外对所有金属都有腐蚀性。因此，与之接触的设备、管路采用耐腐蚀材料或防腐处理。但不含碳的铬铁合金不受腐蚀，可用来制造设备。

(6) 臭氧是有毒气体，生产和使用场合的空气中最高容许浓度为 0.1 mg/L。

臭氧制造方法有化学法、电解法、无声放电法、放射法、紫外辐射法和等离子射流法。

影响臭氧氧化的因素有污水中杂质性质、浓度、pH 值、温度、臭氧的浓度、用量、投入方式、停留时间等。

臭氧在水处理中的应用发展很快。近年来，随着一般公共用水污染日益严重，要求进行深度处理，国际上再次出现了以臭氧作为氧化剂的趋势。臭氧净化废水之所以如此引人注意，在于它有着自身特性，如处理后不存在二次污染问题，它是利用电能以空气中的氧为原料制取的，而空气资源取之不尽。

2) 臭氧氧化应用

(1) 氧化无机物。

臭氧可将水中可溶性铁、锰离子氧化成三价铁、四价锰生成沉淀而去除；氨氮被臭氧缓慢地氧化成 NO_3^-，然后经生物硝化和代谢同化得以去除。

某些简单氰化物在轻金属水溶液中能用臭氧快速、定量地氧化，产生氰酸盐，随后用臭氧进一步氧化或水解成碳酸盐和氮气。

$$CN^- + O_3 \longrightarrow OCN^- + O_2$$

$$2OCN^- + H_2O + 3O_3 \longrightarrow 2HCO_3^- + 3O_2 + N_2$$

(2) 氧化有机物。

臭氧能氧化许多有机物,如蛋白质、氨基酸、胺、链状不饱和有机化合物、芳香族化合物、木质素、腐殖质等。目前在水处理中,采用 COD 和 BOD 作为测定这些有机物的指标。臭氧在氧化这些有机物的过程中,将生成一系列中间产物,这些中间产物的 COD 和 BOD 比原产物还高。为了降低 COD 和 BOD,必须投加足够的臭氧,以使有机物彻底氧化,转化为无机物,因此单纯采用臭氧来氧化有机物一般不如生化处理来得经济。但在有机物浓度较低的水处理中,例如废水的三级处理以及受到有机物污染的给水处理,采用臭氧氧化法不仅可以有效地去除水中有机物,且反应快,设备体积小。尤其水中含有酚类化合物时,臭氧处理能去除酚所产生的恶臭。其次对于难降解有机物,微生物无法使其分解,而臭氧却很容易氧化分解这些物质。

4. 光催化氧化法

1) 概述

光化学氧化是指可见光或紫外光作用下的所有氧化过程,利用光化学氧化法可以对某些有机污染物,包括剧毒的污染物进行有效处理。光化学氧化可分为直接光化学氧化和光催化氧化两部分。直接光化学氧化为反应物分子吸收光能呈激发态,与周围物质发生氧化还原反应;光催化氧化是利用易于吸收光子能量的中间产物(常指催化剂)首先形成激发态,然后再诱导引发反应物分子的氧化过程。在大多数情况下,光子的能量不一定刚好与分子基态和激发态之间的能量差值相匹配,在这种情况下,反应物分子不能直接受光激发,因此在某种程度上光催化氧化法是一种具有广泛发展前景的新方法,对它的研究具有深远的意义。

光催化氧化法起源于 20 世纪 70 年代,在 TiO_2 单电极上,光照下完成了水的分解反应,引起了人们对光诱导氧化还原反应的兴趣。起初仅限于催化合成的研究,将半导体材料用于光催化降解水中有机物的研究始于近十几年。目前采用的半导体材料主要是 TiO_2、ZnO、CdO、WO_3、SnO_2 等。不同半导体的光催化活性不同,对具体有机物的降解效果也有明显差别。TiO_2 因具有化学稳定性高、耐腐蚀、对人体无害、廉价、价带能级较深等特点,特别是其光致空穴的氧化性极高,还原电位可达 +2.53 V,还可在水中形成还原电位比臭氧还高的 ·OH 自由基,同时光生电子也有很强的还原性,可以把氧分子还原成超氧负离子,水分子歧化为 H_2O_2。所以 TiO_2 成为半导体光催化研究领域中最活跃的一种物质,非常适合于环境催化应用研究。

多相光催化反应在环境保护中的应用日益得到人们的重视。它具有能耗低、操作简便、反应条件温和及可减少二次污染等突出优点,能有效地将有机污染物转化为 H_2O、CO_2、PO_4^{3-}、SO_4^{2-}、NO_3^-、卤素离子等无机物,达到完全无机化的目的,许多难降解或其他方法难以去除的物质如氯仿、多氯联苯、有机磷化合物和多环芳烃等有机污染物也可以用此法去除。

2) 光催化氧化基本原理

目前对半导体光催化过程较普遍的解释是利用电子-空穴理论进行的,半导体材料能作为催化剂是由其自身的光电特性所决定的。半导体粒子具有能带结构,一般由添满电子的低能价带和空的高能导带构成,价带和导带之间存在禁带,当半导体受到能量等于或大于禁带宽度的光照射时,其价带上的电子(e^-)受激发,穿过禁带进入导带,同时在价带上产生相应的空穴(h^+)。由于禁带的存在,由光激发生成的电子与空穴并不会立刻消失,而是拥有足够长的寿命(具有 ns 数量级)来进行电荷的分离和迁移。电子和空穴被光激发后可以经历多种变化途径,机理如下。

(1) 光激发产生电子-空穴对　$TiO_2 + h\nu \longrightarrow h^+ + e^-$

(2) 电子-空穴对的复合　$h^+ + e^- \longrightarrow$ 热量

(3) 由 h^+ 产生 HO·　$h^+ + OH^- \longrightarrow HO\cdot$

$$H_2O_2 + h\nu \longrightarrow 2HO\cdot$$

$$h^+ + H_2O \longrightarrow HO\cdot + H^+$$

(4) 由 e^- 产生 HO·　$e^- + O_2 \longrightarrow O_2^-$

$$O_2^- + H^+ \longrightarrow HO_2\cdot$$

$$2HO_2\cdot \longrightarrow O_2 + H_2O_2$$

$$H_2O_2 + O_2^- \longrightarrow HO\cdot + OH^- + O_2$$

$$H_2O_2 + h\nu \longrightarrow 2HO\cdot$$

3) 催化剂的制备

TiO_2有板钛矿型、锐钛矿型和金红石型三种晶型,用作光催化剂的一般是锐钛矿型,或含有少量金红石的混合晶型的超细 TiO_2。按照光催化氧化的机理,光催化剂的活性主要取决于受光激发后产生的光生载流子(h^+ 和 e^-)的浓度和催化剂表面的活性点及表面吸附性能,而这些因素都与催化剂的粒径有关,随着颗粒粒径的减小表面原子迅速增多,光吸收效率提高,从而增加了颗粒表面光生载流子的浓度;另一方面,超细的粒子比表面积增大,活性点增多并且吸附性能提高。这些都对催化剂的活性有利。所以目前 TiO_2 的制备方法研究都是围绕着超细粉体进行的。

纳米 TiO_2无毒、无味,被广泛应用于光催化、太阳能电池、高档轿车涂料、感光材料、化妆品、食品包装、化学纤维、红外线反射膜、隐身涂料等技术领域。纳米 TiO_2因有如此多的优异性能而受到人们空前的关注,并被开发出多种制备方法,纳米 TiO_2粉体的制备方法可以概括为气相法和液相法。

(1) 气相法。

① $TiCl_4$氢氧火焰水解法。

这种方法是将 $TiCl_4$汽化后导入氢氧火焰中进行气相水解,反应温度在 700～1000 ℃。化学反应式为

$$TiCl_4(g) + 2H_2(g) + O_2(g) \longrightarrow TiO_2(s) + 4HCl(g)$$

利用氢氧火焰水解法制备的 TiO_2一般是锐钛矿和金红石的混合晶型,产品分散性好,团聚程度低,而且纯度高(99.5%),粒径基本在 20 nm 左右。

② $TiCl_4$气相氧化法。

将氮气携载预热到 435 ℃的 $TiCl_4$蒸气和预热到 870 ℃的 O_2,分别经套管喷嘴的内外管送入高温管式反应器。$TiCl_4$和 O_2在 900～1400 ℃下进行氧化反应,基本反应式为

$$TiCl_4(g) + O_2(g) \longrightarrow TiO_2(s) + 2Cl_2(g)$$

生成的纳米 TiO_2微粒经粒子捕集系统事先气固分离,其工艺自动化程度高,可制备优质的粉体,但控制条件更加复杂和精确。目前处于小试阶段。

③ 钛醇盐气相水解法。

该工艺最早由三菱公司开发,用来生产单分散球形 TiO_2 纳米颗粒。钛醇盐($Ti(OR)_4$)蒸气和水蒸气分别由载气导入反应器,在反应器内瞬间混合快速进行水解反应。

$$Ti(OR)_4(g)+4H_2O(g) \longrightarrow Ti(OH)_4(g)+4ROH(g)$$

$$Ti(OH)_4(g) \longrightarrow TiO_2 \cdot H_2O(s)+H_2O(g)$$

$$nTi(OH)_4 \longrightarrow nTiO_2+2nH_2O$$

$$TiO_2 \cdot H_2O(s) \longrightarrow TiO_2(s)+H_2O(g)$$

日本的曹达公司已经利用这种工艺实现了工业化生产 TiO_2 超细粉体。该法是目前气相法制备纳米 TiO_2 中使用最多的方法。

(2) 液相法。

液相法在工艺上较气相法简单,而且过程容易控制,操作条件也比较温和。

① 溶胶-凝胶法。

溶胶-凝胶(sol-gel)法是 20 世纪 80 年代以来兴起的一种材料制备方法。它能够通过低温化学手段剪裁和控制材料的显微结构,在材料合成领域具有极大的应用价值。溶胶-凝胶法制备纳米 TiO_2 主要以钛醇盐($Ti(OR)_4$)为原料在有机介质中进行水解得到 $Ti(OH)_4$ 水溶胶。水解生成的 $Ti(OH)_4$ 水溶胶发生聚合反应,形成 TiO_2 凝胶:

$$nTi(OH)_4 \longrightarrow nTiO_2+2nH_2O$$

再经凝胶、干燥、焙烧后获得超细粉体。

② 液相沉淀法。

液相沉淀法一般是以 $TiCl_4$ 或 $Ti(SO_4)_2$ 等无机钛盐为原料,用 $(NH_4)_2CO_3$、NaOH 或 NH_4OH 作沉淀剂。生成的无定形 $Ti(OH)_4$ 沉淀,经过滤、洗涤、干燥和焙烧,得到 TiO_2 超细粉体。通过控制制备条件,如中和过程的 pH 值、焙烧温度等,可以得到不同晶型、不同粒径的产品。

③ 水热合成法。

水热合成法制备纳米粉体是在密闭的高压反应器中用水溶液作反应介质,高温、高压下使前驱物在水热介质中溶解,进而成核、生长,最终形成具有一定粒度和结晶形态的晶粒。水热合成法不需要高温焙烧就能直接得到晶型好的粉体 TiO_2,同时避免了高温焙烧时硬团聚物的形成。通过改变工艺条件,能实现对粉体粒径和晶型的控制。

4) 提高光催化效率的途径

光催化剂是光催化反应的主体和核心,其活性和固定化是催化能否实现工业化的一个决定性因素。在多相光催化研究中使用的光催化剂大多是半导体,虽然半导体材料与污染物之间的物理作用对催化反应速率有一定影响,但半导体本身的性质更为重要,通过改变半导体的成分、结构和形状可以显著改变光吸收和光催化效能。目前提高光催化效率的方法主要有以下几种。

(1) 光催化剂纳米化。

由于半导体纳米超细微粒具有与块状半导体不同的物理化学特性,可以通过减小 TiO_2 的颗粒半径显著提高其光催化效率,纳米级光催化剂的活性比相应的单晶半导体高得多。

(2) 半导体复合。

半导体复合是提高光催化效率的有效手段。半导体与绝缘体复合时,绝缘体如 Al_2O_3、ZrO_2 等大都起载体的作用。光催化剂负载于适当的载体后,可获得较大的表面积和适合的孔结构,并具有一定的机械强度,以便在各种反应床上应用。另外,可增加半导体吸引质子或电子的能力等,从而提高催化活性。

(3) 半导体的光敏化。

半导体光敏作用是将活性化合物，如联吡啶 Ru 化合物等染色物质，物理吸附或化学吸附于 TiO_2 表面，这些染料物质一般在可见光下即可被激发，产生光电子。常用的光敏剂有赤藓红 B、曙红、叶绿酸、紫菜碱等。

(4) 贵金属沉积。

半导体光催化剂表面上用贵金属沉积可改善其光催化活性。最常用的沉积贵金属是第Ⅷ族的 Pt，其次是 Pd、Ag、Au、Ru、Rh 等。这些贵金属的沉积普遍提高了半导体的光催化活性，包括水的分解、有机物的氧化及重金属的氧化等。

(5) 加入氧化剂。

向体系中加入氧化剂，催化剂表面的电子被氧化剂俘获，有效抑制光生电子和空穴的简单复合，同时促进 HO· 的生成，这是提高光催化效率的有效方法。

5) 光催化氧化技术的应用

目前，纳米 TiO_2 光催化的应用研究主要针对废水中有机、无机污染物的催化分解和贵金属的回收，以及空气中有机污染物和氮氧化物等有害物质净化。纳米 TiO_2 还能使微生物、细菌等分解成 CO_2、H_2O，起到灭菌、除臭、防污自洁的作用。在此，仅对其在废水处理中的应用加以介绍。

(1) 有机废水。

据有关研究报道，至今发现 3000 多种难降解的有机化合物可以在紫外线的照射下通过 TiO_2 迅速降解。卤代脂肪烃、卤代芳烃、有机酸类、硝基芳烃、多环芳烃、染料、酚类、表面活性剂、农药等都能有效地进行光催化反应，最终生成无机小分子物质。纳米 TiO_2 光催化降解法，特别适用于处理废水中那些用生物或一般化学方法难以降解的芳烃或其他芳香化合物，对于废水中浓度高达几千毫克每升的有机污染物体系，光催化降解均能有效地将污染物降解除去，达到规定的环境标准。所以纳米 TiO_2 应用于含卤有机物废水、染料废水、有机磷农药的催化降解，油田的含油废水及含有石油污染物的水体的处理，含苯酚类污染物的洗煤废水、垃圾填埋场的渗滤液的处理等，均有良好的效果。

(2) 含卤废水。

有机氯化物是水中最重要的一类污染物，毒性大、分布广，其治理是废水处理的一个重要课题。光催化过程在处理有机氯化物方面显示了较好的应用前景，目前关于这方面的研究已有许多报道。研究认为卤代烃、卤代脂肪酸等均可完全降解，氯酚、氯苯等经过一系列中间产物生成 CO_2 和 HCl。

(3) 染料废水。

在生产和应用染料的工厂排放废水中残留的染料分子进入水体会造成严重的环境污染，其中有的还含有苯环、硝基、偶氮基团等致癌物质。常用的生物化学法对于水溶性染料的降解往往是低效率的。研究者们对偶氮染料废水的处理进行了很多研究，发现 TiO_2 对偶氮化合物的光催化降解十分有效。

(4) 农药废水。

农药的光催化降解中，一般原始物质的去除十分迅速，但并非所有污染物最终都能达到完全矿化。陈士夫等人对于有机磷农药废水 TiO_2 光催化降解的研究指出，该方法能将有机磷完全降解为磷酸根，COD 去除率达到 70%～90%，并利用太阳光做了室外实验。

(5) 表面活性剂。

目前广泛使用的合成表面活性剂通常包括不同的碳链结构。随着结构的不同，光催化降解性能往往有很大的差异。Hidaka 等对表面活性剂的降解做了系统的研究,实验结果表明,含芳环的表面活性剂比含烷氧基的更易断链降解实现无机化,直链部分降解速率极慢。

虽然表面活性剂中的链烷烃部分采用光催化降解反应还较难完全氧化成 CO_2,目前国内外公认,将此法用于废水中表面活性剂的处理具有很大的吸引力。

(6) 含油废水。

随着石油工业的发展,每年都有大量的石油流入海洋,对水体及海岸环境造成严重污染。TiO_2 密度远大于水,为使其能漂浮于水面与油类进行光催化反应,必须寻找一种密度远小于水,能被 TiO_2 良好附着而又不被 TiO_2 光催化氧化的载体。陈爱平等人用膨胀珍珠岩为载体制备了漂浮型负载 TiO_2 光催化剂,以癸烷为水面模拟污染物,考察了在日光下照射的降解效率,实验表明经过日光照射 7 h 后,能降解癸烷 95%以上,而且以膨胀珍珠岩为载体可以制得长期漂浮在水面上的高效催化剂。

(7) 无机废水。

除有机物外,许多无机物在 TiO_2 表面也具有光化学活性。目前研究集中在含铬废水和含氰废水。如废水中的 Cr^{6+} 具有较强的致癌作用,有研究发现在酸性条件下 TiO_2 对 Cr^{6+} 具有明显的光催化还原作用,在 pH 值为 2.5 的体系中,光照 1 h 后,Cr^{6+} 被还原为 Cr^{3+},还原效率高达 85%。另外,有研究发现以 TiO_2 为光催化剂处理含氰废水时,CN^- 首先被氧化成 OCN^-,再进一步反应生成 CO_2、N_2、NO_3^-。在柠檬酸根离子存在的情况下,Hg^{2+} 在含氧溶液中能被还原为 Hg 而沉淀在 TiO_2 表面上。该方法用于电镀工业废水处理时,不仅能消除镀液中氰化物对环境的污染,而且能够还原回收镀液中的贵重金属。

5. 化学还原法

化学还原法可用于处理一些特殊的废水。化学还原法常用的还原剂有二氧化硫、硫化氢、硫代硫酸钠、亚硫酸钠、硫酸亚铁、氯化亚铁、铁屑、锌粉、$NaBH_4$ 或甲醛等。

与化学氧化法相比,化学还原法应用的范围较小。化学还原法主要应用于重金属离子的去除,目前主要用于含铬废水和含汞废水的处理。也用于一些特殊的纯化,如可用硫代硫酸钠将游离氯还原成氯化物,用初生态氢或用铁屑还原硝基化合物。

1) 含铬废水的处理

电镀、制革、冶金、化工等工业废水中的六价铬以 CrO_4^{2-}(碱性条件下)或 $Cr_2O_7^{2-}$(酸性条件下)形式存在,对生物的毒性大。对于含六价铬的废水,常用硫酸亚铁、二氧化硫、焦亚硫酸钠、亚硫酸钠和亚硫酸氢钠等还原剂将其中六价铬还原为三价铬。还原反应通常在反应池中进行,反应过程中 pH 值为 3~4。在这一 pH 值条件下氧化还原反应进行得最彻底,投药量也最省。反应生成的三价铬可通过投加石灰石或其他碱性物质使其生成氢氧化铬沉淀而除去。

$$Cr_2(SO_4)_3 + 3Ca(OH)_2 \longrightarrow 2Cr(OH)_3 \downarrow + 3CaSO_4 \downarrow$$

2) 含汞废水的处理

氯碱、炸药、制药等工业废水中常含有 Hg^{2+},可以将其还原为 Hg 而分离回收。常用的还原剂为比汞活泼的金属(铁屑、锌粉、铝粉、铜屑等)、硼氢化钠、醛类、联胺等。对废水中的有机汞通常先将其氧化成无机汞再还原除去。

采用活泼金属如锌粉做还原剂,可发生如下反应:

$$Zn + Hg^{2+} \longrightarrow Hg \downarrow + Zn^{2+}$$

在 pH 值为 9~11 条件下,硼氢化钠可将 Hg^{2+} 还原为 Hg:

$$2Hg^{2+} + BH_4^- + 4OH^- \longrightarrow 2Hg \downarrow + 2H_2 \uparrow + B(OH)_4^-$$

思考与练习题

1. 简述天然水的主要性质，天然水的分布有何特点？主要离子组成是怎样的？
2. 水体中有哪些污染物？存在哪几类颗粒物？
3. 亨利常数有哪几种定义式？它们之间的相互关系式有哪些？影响亨利常数的因素有哪些？
4. 什么叫优先污染物？我国优先控制的污染物包括哪几类？
5. 什么是表面吸附作用、离子交换作用和专属吸附作用？
6. 试述水合氧化物对金属离子的专属吸附和非专属吸附的区别。
7. 向某一含有碳酸的水体加入重碳酸盐。试问：总酸度、总碱度、无机酸度、酚酞碱度和 CO_2 酸度是增加、减少还是不变？
8. 水体中常见的吸附等温线有哪几类？
9. 试说明胶体的凝聚和絮凝之间的区别。
10. 含镉废水通入 H_2S 达到饱和并调整 pH 值为 8.0，请求出水中剩余镉离子浓度(已知 CdS 的溶度积为 7.9×10^{-27})。
11. 请叙述水中主要有机和无机污染物的分布和存在形态。
12. 如何理解配合物和配离子的定义？
13. 天然有机配体主要有哪些配位基团？
14. 简述有机配体对重金属迁移的影响。
15. 什么是电子活度 pE？pE 与 pH 值有何区别？
16. 从湖水中取出深层水，其 pH＝7.0，溶解氧浓度为 0.32 mg/L，试计算 pE。
17. 请叙述有机物在水环境中的迁移、转化中存在的重要过程。
18. 为什么在潮湿的空气中铁容易被腐蚀？
19. 已知干空气中 CO_2 的含量为 0.0314%(体积分数)，水在 25 ℃时蒸气压为 3.167×10^3 Pa，CO_2 的亨利常数是 3.34×10^{-7} mol/(L · Pa)(25 ℃)，求 CO_2 在水中的溶解度。
20. 若一天然水的 pH 值为 7.0，碱度为 1.4×10^{-3} mol/L，需加入多少盐酸才能把水体的 pH 值降低到 6.0？
21. 具有 1.00×10^{-3} mol/L 碱度的水，pH 值为 7.00，请计算$[H_2CO_3^*]$、$[HCO_3^-]$、$[CO_3^{2-}]$和$[OH^-]$。
22. 已知：水体 A，pH 值为 7.5、碱度为 5.38 mmol/L；水体 B，pH 值为 9.0、碱度为 1.80 mmol/L。若两者以等体积混合，求混合后水体的 pH 值。
23. 在一个 pH 值为 6.5，碱度为 1.6 mmol/L 的水体中，若加入碳酸钠使其碱化，则每升中需加多少的碳酸钠才能使水体 pH 值上升至 8.0？若用 NaOH 强碱进行碱化，则每升中需加多少碱？
24. 二氯乙烷的蒸气压为 2.4×10^4 Pa，20 ℃时在水中的质量浓度为 5500 mg/L，请分别计算出亨利常数 K_H、K_H'。
25. 某水体中含有 400 mg/L 的悬浮颗粒物，其中 80%为细颗粒($d<50\ \mu m$)，有机碳含量为 15%，其余的粗颗粒有机碳含量为 5%，已知苯并[a]芘的 K_{ow} 为 10^6，请计算该有机物的分配系数。

主要参考文献

[1] Wong Y S, Tam N F Y, Lau P S, et al. The toxicity of marine sediments in Victoria Harbour, Hong Kong [J]. Marine Pollution Bulletin, 1995, 31: 464-470.
[2] 叶常明，王春霞，金龙珠. 21 世纪的环境化学[M]. 北京：科学出版社，2004.
[3] 戴树桂. 环境化学进展[M]. 北京：化学工业出版社，2005.
[4] 戴树桂. 环境化学[M]. 北京：高等教育出版社，2006.
[5] 叶常明. 多介质环境污染研究[M]. 北京：科学出版社，1997.

[6] 黄满平. 太湖水环境及其污染控制[M]. 北京:科学出版社. 2001.

[7] 汤鸿霄. 环境水化学纲要[J]. 环境科学丛刊,1986,9(2):1-74.

[8] 王晓蓉. 环境化学[M]. 南京:南京大学出版社,1993.

[9] 陈静生. 水环境化学[M]. 北京:高等教育出版社,1987.

[10] 周文敏,傅德黔,孙宗光. 水中优先控制污染物黑名单[J]. 中国环境监测,1990,6(4):1-3.

[11] 王晓蓉. 金沙江颗粒物对重金属的吸附[J]. 环境化学,1983,2(1):23-32.

[12] 金相灿. 有机化合物污染化学——有毒有机污染化学[M]. 北京:清华大学出版社,1990.

[13] 方子云. 水资源保护工作手册[M]. 南京:河海大学出版社,1988.

[14] Stumm W,Morgan J J. Aquatic Chemistry[M]. New York:John Wiley & Sons. Inc. ,1981.

[15] Manahan S E. Environmental Chemistry[M]. 4th ed. Boston:Willard Grant Press,1984.

[16] Zeep R G,Cline D M. Rates of direct photolysis in aquatic environment[J]. Environmental Science & Technology. 1977,11(4):359-366.

[17] Stumm W. Chemistry of the solid-water interface[M]. New York:John Wiley & Sons. Inc. ,1992.

[18] 王泰,张祖麟,黄俊,等. 海河与渤海湾水体中溶解态多氯联苯和有机氯农药污染状况调查[J]. 环境科学,2007,28(4):730-735.

[19] 邓南圣. 环境化学教程[M]. 武汉:武汉大学出版社,2006.

[20] 王夔. 生命科学中的微量元素[M]. 北京:中国计量出版社,1996.

[21] 刘兆荣. 环境化学教程[M]. 北京:化学工业出版社,2003.

[22] 夏立江. 环境化学[M]. 北京:中国环境科学出版社,2003.

[23] 刘绮. 环境化学[M]. 北京:化学工业出版社,2004.

[24] 陈英旭. 环境学[M]. 北京:中国环境科学出版社,2001.

[25] 苑宝玲. 水处理新技术原理与应用[M]. 北京:化学工业出版社,2006.

[26] 朱亦仁. 环境污染治理技术[M]. 北京:中国环境科学出版社,2002.

[27] 姚运先. 水环境监测[M]. 北京:化学工业出版社,2005.

[28] 何燧源. 环境化学[M]. 上海:华东理工大学出版社,2003.

[29] 王凯雄. 环境化学[M]. 北京:化学工业出版社,2006.

第4章　土壤环境化学

本章要点

本章主要介绍土壤的基本组成及物理化学性质，氮、磷、重金属和农药等污染物在土壤中的迁移、转化和归趋等环境化学行为和作用机制，以及污染土壤的修复技术。要求了解土壤的组成、粒级分组与性质，掌握土壤的吸附性、酸碱性、氧化还原特性以及配位和螯合作用，了解污染物的环境效应，掌握重金属离子和主要农药污染物在土壤中的迁移特点、影响因素及转化机理，了解污染物的防治措施，掌握污染土壤的电动修复和植物修复技术。

土壤圈是覆盖于地球和浅水域底部的土壤所构成的一种连续体或覆盖层，是大气圈、水圈、生物圈和岩石圈在地表或地表附近相互作用的产物，是联系有机界和无机界的中心环节，也是与人类关系最为密切的一种环境要素。土壤圈的平均厚度约为 5 m，面积有近 1.3×10^{8} km^{2}。土壤是陆地表面由矿物质、有机质、水、空气和生物组成，具有一定的肥力、能生长植物的未固结层，是人类和生物赖以生存的物质基础。植物生长发育所需的水分和养分，一般都从土壤获取，土壤是生物地球化学循环的储存库。进入土壤的物质可发生一系列物理、化学和生物降解反应转化生成新的物质，因而土壤也是保护环境的重要自净化剂，同时对环境变化具有高度的敏感性。

近年来，人类活动导致土壤环境质量日益恶化，如农药与化肥的大量使用、污水灌溉、固体废物填埋场有毒有害物质的泄漏、大气沉降等。被污染的土壤通过对地表水和地下水形成二次污染并经土壤-植物系统由食物链进入人体，直接危及人体健康。因此，土壤生态环境的保护与治理已引起人们的普遍关注。土壤环境化学研究化学物质，包括各种污染物在土壤中的分布、迁移、转化过程中的化学行为、反应机理、积累和归宿等方面的规律，以及产生的各种环境效应，为防治土壤污染奠定理论基础。

4.1　土壤的组成与性质

4.1.1　土壤的组成

土壤是由固体、液体和气体物质组成的多相分散系统。土壤的基本成分是矿物质、有机质、水分和空气。这些成分在土壤中相互结合、相互依赖和相互制约。

土壤中的固体物质是由颗粒状的矿物质和土壤有机质（包括动植物残体及其转化产物和活动的土壤微生物、土壤动物）形成的不可分割的复合体。土壤矿物质是由岩石经风化而成的，构成土壤的基本骨架，一般占土壤总质量的 95%～98%；土壤有机质包覆在矿物质颗粒表面，占土壤总质量的 1%～5%。

在土壤固相物质的颗粒之间存在着大小和形状各异的孔隙，其间充满了液体和气体。液体即土壤中的水分，溶有离子、分子及胶体状态的各种有机和无机物质。土壤中的气体就是土壤中的空气，它与大气成分基本相似，但二氧化碳含量比大气中高，而氧气含量较少，水汽经常处于饱和状态。土壤溶液和空气占土壤总体积的 50%,它们相互融合,构成一个动态的、协调的有机整体。

1. 土壤气体

土壤气体是指土壤孔隙中存在的各种气体混合物,也称土壤空气。它影响土壤微生物的活动、植物的生长发育,参与土壤中营养物质和污染物的转化,是土壤的重要组分之一。土壤空气的数量,通常以单位土体容积中所占容积百分数来表示,称为土壤含气量。

空气和水分共存于土壤的孔隙系统中,在水分不饱和的情况下,孔隙中总有空气存在,这些气体主要源于大气,其次是土壤中进行的生物化学过程所产生的气体,因而,土壤空气成分和大气有一定的差别。土壤空气成分与大气组成的差异如表 4-1 所示。

表 4-1　土壤空气与大气组成的差异

气　体	O_2/(%)	CO_2/(%)	N_2/(%)	其他气体/(%)
近地表的大气	20.94	0.03	78.05	0.98
土壤空气	18.0～20.03	0.15～0.65	78.8～80.24	0.98

土壤空气与大气不同之处主要表现有:首先,土壤空气是不连续的,存在于被隔开的土壤孔隙中,其组成因土壤成分差异而不尽相同;其次,土壤空气一般比大气含水量高,在土壤含水量适宜时,土壤相对湿度接近 100%;再次,由于土壤生物(根系、土壤动物、土壤微生物)的呼吸作用和有机质的分解等,土壤空气中 CO_2 的含量一般高于大气,为大气 CO_2 含量的5～20倍,同样由于生物消耗 O_2,土壤空气中的 O_2 含量则明显低于大气。当土壤通气性不良时,或者土壤中的新鲜有机质状况以及温度和水分状况有利于微生物活动时,都会进一步提高土壤空气中 CO_2 的含量而降低 O_2 的含量。由于通气效果差,微生物对有机质进行厌氧性分解,产生大量的还原性气体,如 CH_4、CO、H_2、H_2S、NH_3、NO_2 等,而大气中一般还原性气体极少。土壤空气中的 N_2 含量与大气中的含量相差很小,主要是由于 N_2 是一种不活泼的气体,很少参与土壤中的各种过程;此外,在土壤空气组成中,经常含有与大气污染相同的污染物质。

土壤空气的数量和组成不是固定不变的,土壤孔隙状况的变化和含水量的变化是土壤空气数量发生变化的主要原因。土壤空气组成的变化则受两组同时进行的过程制约:一组过程是土壤中的各种化学和生物化学反应,其作用结果是消耗 O_2 和产生 CO_2;另一组过程是土壤空气与大气相互交换,即空气运动。此两组过程,前者趋于扩大土壤空气组成与大气的差别,后者则趋于使土壤空气组成与大气一致,总体表现为动态平衡。通过对流和扩散,土壤空气和大气进行交换;否则,土壤空气中的 O_2 可能在 12～24 h 内消耗殆尽。

2. 土壤溶液

土壤溶液是土壤水及其所含溶质(包括气体)的总称,是土壤三相间物质和能量交换的结果。在土壤剖面内各土层间物质主要以溶液形式进行运移,因而它在土壤形成过程中起着非常重要的作用。土壤水在很大程度上参与了土壤内许多物质的转化过程,如矿物质风化、有机化合物的合成和分解等,同时,土壤水是作物吸收水的主要来源,也是自然界水循环的一个重要环节,处于不断的变化和运动中,因而影响作物生长和土壤中许多物理、化学和生物学过程。

1) 土壤水

土壤孔隙中的水在重力、土粒表面分子引力、毛细管力等共同作用下,表现出不同的物理状态,这决定了土壤水分的保持、运动及对植物的有效性。据此,可将土壤水大致划分为如下几种类型(图 4-1)。

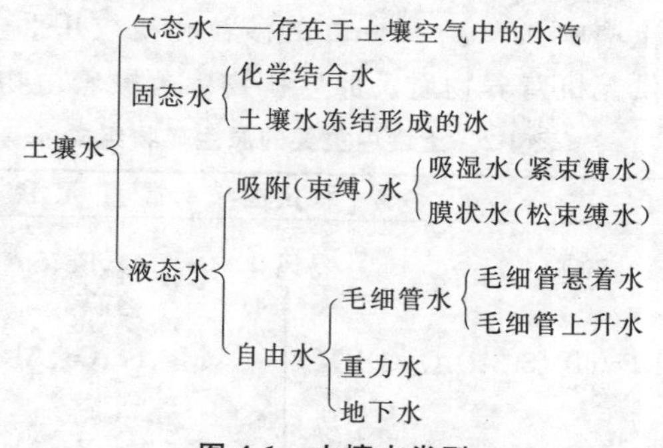

图 4-1　土壤水类型

2) 土壤溶质

土壤溶质组分非常复杂,常见的主要溶质有五类。

(1) 可溶性气体,如 CO_2、O_2、N_2 等,它们的溶解度大小顺序为 $CO_2>O_2>N_2$。

(2) 无机盐类离子,主要包括无机阳离子和无机阴离子:阳离子主要有 Ca^{2+}、Mg^{2+}、K^+、NH_4^+、H^+,少量 Fe^{3+}、Fe^{2+}、Cu^{2+}、Al^{3+} 和微量元素离子;阴离子主要有 HCO_3^-、CO_3^{2-}、NO_3^-、NO_2^-、$H_2PO_4^-$、HPO_4^{2-}、PO_4^{3-}、Cl^-、SO_4^{2-} 等。

(3) 无机胶体,如铁、铝、硅等的水合氧化物。

(4) 可溶性有机物,如富里酸、氨基酸及各种弱酸、糖类、蛋白质及其衍生物和醇类。

(5) 配合物,主要有铁、铝和锰等的有机配合物。

土壤溶液浓度和成分因土壤种类不同而有很大差异。除盐碱土和刚施过肥的土壤外,土壤溶液的浓度一般为 0.1%～0.4%。

3. 土壤矿物质

土壤矿物质是天然产生于地壳中具有一定物理性质、化学组成和内在结构的物质,是组成岩石的基本单位,构成了土壤的骨架。土壤矿物质是岩石经物理和化学风化作用形成的,按其成因可以分为原生矿物和次生矿物两类。

1) 原生矿物

原生矿物是各种岩石(主要是岩浆岩)经物理作用风化形成的碎屑,也即在风化过程中未改变化学组成和结晶结构的原始成岩矿物,它们主要分布在土壤的沙粒和粉粒中。如表 4-2 所示为土壤中主要的原生矿物组成,主要的原生矿物可分为四类。

(1) 硅酸盐类矿物。层状硅酸盐黏土矿物从外部形态上看,是一些极微细的结晶颗粒;从内部构造上看,是由两种基本结构单位所构成,且都含有结晶水,只是化学成分和水化程度不同而已。如长石($KAlSi_3O_8$)、云母($(KSi_3Al)Al_2O_{10}(OH)$)、辉石($MgSiO_3$)等,它们易风化而释放出钾、镁、铝和铁等植物所需的无机营养元素供植物和微生物吸收利用,同时形成新的次生矿物。

(2) 氧化物类矿物。氧化物类矿物既可以结晶质状态存在,也可以非晶质状态存在,一般较为稳定、不易风化,对植物养分意义不大。如土壤中广泛分布的石英(SiO_2),热带、亚热带土壤中常见矿物,如赤铁矿(Fe_2O_3)、金红石(TiO_2)等。

(3) 硫化物类矿物。硫化物类矿物主要为含铁的硫化物,即黄铁矿和白铁矿,两者为同质异构体,化学式均为 FeS_2,极易风化,是土壤中硫元素的主要来源。

(4) 磷酸盐类矿物。土壤中分布广泛的有氟磷灰石($Ca_5(PO_4)_3F$)、氯磷灰石($Ca_5(PO_4)_3Cl$)、磷酸铁($FePO_3$)、磷酸铝($AlPO_4$)等,是土壤无机磷的主要来源。

原生矿物粒径比较大,土壤中 0.001～1 mm 的沙粒和粉粒几乎全部是原生矿物。原生矿物构成了土壤的骨架,并提供无机营养物质。原生矿物中蕴藏着植物所需要的一切元素。

表 4-2　土壤中主要的原生矿物组成

原生矿物	分子式	稳定性	常量元素	微量元素
橄榄石	$(Mg、Fe)_2SiO_4$	易风化	Mg、Fe、Si	Ni、Co、Mn、Li、Zn、Cu、Mo
角散石	$Ca_2Na(Mg、Fe(Ⅱ))_2(Al、Fe(Ⅲ))(Si、Al)_4O_{11}(OH)_2$	↓	Mg、Fe、Ca、Al、Si	Ni、Co、Mn、Li、Se、V、Zn、Cu、Ga
辉　石	$Ca_2(Mg、Fe、Al)_2)(Si、Al)_2O_6$		Ca、Mg、Fe、Al、Si	Ni、Co、Mn、Li、Se、V、Pb、Cu、Ga
黑云母	$K(Mg、Fe)_3(AlSi_3O_{10})(OH)_2$		K、Mg、Fe、Al、Si	Rb、Ba、Ni、Co、Se、Li、Mn、V、Zn、Cu
斜长石	$CaAl_2Si_2O_8$		Ca、Al、Si	Sr、Cu、Ga、Mo
钠长石	$NaAlSi_3O_8$		Na、Al、Si	Cu、Ga
石榴子石		较稳定	Cu、Mg、Fe、Al、Si	Mn、Cr、Ga
正长石	$KAlSi_3O_8$		K、Al、Si	Ra、Ba、Sr、Cu、Ga
白云母	$KAl_2(AlSi_3O_{10})(OH)_2$		K、Al、Si	F、Rb、Sr、Ga、V、Ba
钛铁矿			Fe、Ti	Co、Ni、Cr、V
磁铁矿			Fe	Zn、Cu、Ni、Cr、V
电气石			Cu、Mg、Fe、Al、Si	Li、Ga
锆英石		↓	Si	Zn、Hg
石　英	SiO_2	极稳定	Si	

2) 次生矿物

次生矿物为原生矿物经风化后重新形成的新矿物,其化学组成和晶体结构都会有所改变,有晶态和非晶态之分。次生矿物颗粒很小,粒径一般小于 0.25 μm,具有胶体性质,它是土壤中黏粒和无机胶体的组成部分,也是土壤固体物质中最有影响的部分,影响土壤许多重要的物理化学性质,如吸收性、保蓄性、膨胀收缩性、黏着性等。土壤中次生矿物种类很多,按照其结构和性质可以分为三类:简单盐类、三氧化物类和次生铝硅酸盐类。

(1) 简单盐类。这类矿物包括碳酸盐,如方解石($CaCO_3$)、白云石($CaMg(CO_3)_2$)、石膏($CaSO_4 \cdot 2H_2O$)、泻盐($MgSO_4 \cdot 7H_2O$)、芒硝($Na_2SO_4 \cdot 10H_2O$)、水氯镁石($MgCl_2 \cdot 6H_2O$)等。它们都是原生矿物经化学风化后的最终产物,晶体结构也较简单,属于水溶性盐,易淋失,一般土壤中较少,常见于干旱和半干旱地区的土壤和盐渍土中。

(2) 三氧化物类。这类矿物主要有针铁矿($Fe_2O_3 \cdot H_2O$)、褐铁矿($2Fe_2O_3 \cdot 3H_2O$)和三水铝石($Al_2O_3 \cdot 3H_2O$)等,它们是硅酸盐矿物彻底风化后的产物,结晶构造较简单,常见于湿热的热带和亚热带地区土壤中,特别是基性岩(玄武岩、石灰岩、安山岩)上发育的土壤中含量最多。

(3) 次生铝硅酸盐类。这类矿物在土壤中普遍存在,种类很多,由长石等原生铝硅酸盐矿物风化后形成,它们是土壤的主要成分,故又称为黏土矿物或黏粒矿物。母岩和环境条件的不同,使岩石风化处于不同阶段,在不同的风化阶段所形成的次生黏土矿物的种类和数量也不同。但其最终产物都是铁铝氧化物。土壤中次生铝硅酸盐可分为伊利石、蒙脱石和高岭石等三大类。

伊利石是一种风化程度较低的矿物,一般土壤中均有分布,但以温带干旱地区的土壤中含量最多。其颗粒直径小于 2 μm，膨胀性较小，具有较高的阳离子交换量，并富含钾素(以 K_2O 计为 4%～7%)。

蒙脱石为伊利石进一步风化的产物，是基性岩在碱性环境条件下形成的，在温带干旱地区的土壤中含量较高。其颗粒粒径小于 1 μm，因而分散性高，吸水性强，且膨胀性大，阳离子交换量极高。它所吸收的水分植物难以利用，因此生长在富含蒙脱石的土壤的植物易感水分缺乏，同时干裂现象严重而不利于植物生长。

高岭石为风化程度极高的矿物，主要见于湿热的热带和亚热带地区土壤中，在花岗岩残积母质上发育的土壤中含量也较高。高岭石类颗粒直径较大，膨胀性小，阳离子交换量亦低，因而富含高岭石的土壤透水性良好，植物可获得的有效水分多，但供肥、保肥能力差，植物易感养分不足。

次生矿物为土壤提供了氧、钾、铝、铁、钠、钾、钙、镁和硫等基本元素。

4. 土壤有机质

土壤有机质概指土壤中动植物残体、微生物体及其分解和生成的物质，是土壤固相组成部分。土壤有机质是土壤中重要的物质组成，一般占土壤固相总质量的 5%左右，含量虽不高，但对土壤形成过程及物理化学性质影响大，能促进土壤结构形成，调控土壤水、热、气、肥，缓冲土壤中污染物质的毒害，是植物和微生物生命活动所需养分和能量的源泉。土壤有机质的化学组成有碳水化合物，含氮化合物，木质素，含磷、含硫化合物和脂肪、蜡质、单宁、树脂等。土壤有机质可分为两大类：第一类为非特殊性的土壤有机质，包括动植物残体的组成部分及有机质分解的中间产物，如蛋白质、树脂、糖类和有机酸等，占土壤有机质总量的 10%～15%；第二类为土壤腐殖质，这是土壤特有的有机物质，不属于有机化学中现有的任何一类，占土壤有机质总量的 85%～90%，主要是动植物残体通过微生物作用转化而成的。

土壤有机质主要来源于动植物残体，各类土壤差异大，一般为森林＞草原＞荒漠；森林植被中，热带森林＞亚热带森林＞温带森林＞寒温带针叶林；草原植被中，热带稀树草原＞温带草原＞荒漠化草原＞荒漠植被。

4.1.2　土壤的粒级分组

土壤矿物质是以大小不同的颗粒状态存在的。不同粒径的土壤矿物质颗粒(即土粒)，其性质和成分都不一样。为了研究方便，通常按粒径的大小将土粒分为若干组，称为粒组或粒级。同组土粒的成分和性质基本一致，组间则有明显差异。

由于各种矿物抵抗风化的能力不同，它们经受风化后，在各粒级中分布的多少也不相同。石英抗风化能力很强，常以粗的土粒存在，而云母、角闪石等易于风化，多以较细的土粒存在。矿物的粒级不同，其化学成分差异较大。一般来说，土粒越细，所含养分越多；反之，则越少。在较细粒级中，钙、镁、磷、钾等元素含量增加。

由于土粒大小不同，矿物成分和化学组成也不同，各粒级表现出来的物理化学性质和肥力特征差异也很大。

(1) 石块和石砾多为岩石碎块，直径大于 1 mm，以山区土壤和河漫滩涂土壤中常见。土壤中石块和石砾多时，孔隙过大，水和养分易流失。

(2) 沙粒主要为原生矿物，大多为石英、长石、云母、角闪石等，其中以石英为主，粒径为 0.05～1 mm，冲积平原土壤中常见。土壤含沙粒多时，孔隙大，通气和透水性强，毛细管水上升高度很低，保水保肥能力弱，营养元素含量少。

(3) 黏粒主要是次生矿物,粒径小于 0.001 mm,含黏粒多的土壤,其营养元素含量丰富,团聚能力较强,有良好的保水保肥能力,但土壤的通气和透水性较差。

(4) 粉粒是原生矿物与次生矿物的混合体。原生矿物有云母、长石、角闪石等,其中白云母较多;次生矿物有次生石英、高岭石,含水氧化铁、钴等,其中次生石英较多,粒径为 0.005～0.05 mm,在黄土中含量较多。粉粒的物理及化学性状介于沙粒与黏粒之间,团聚性和胶结性较差,分散性强,保水保肥能力较好。

4.1.3　土壤的性质

土壤因其矿物组成和化学组成不同、颗粒大小和结构不同而表现出不同的物理化学性质和生物学特性。

1. 土壤的吸附性

土壤具有吸附并保持固态、液态和气态的能力,也即土壤具有吸附性能。土壤的吸附性能与土壤中存在的胶体物质密切相关。土壤胶体是土壤固体颗粒中最细小的、具有胶体性质的微粒,土壤学中所指的土壤胶体是指土壤颗粒直径小于 2 μm 的土壤微粒。土壤胶体以其巨大的比表面积和带电性,使土壤具有吸附性能,对污染物在土壤中的迁移、转化起着重要作用。

1) 土壤胶体的性质

(1) 大的比表面积和表面能。比表面积是单位质量(或体积)物质中所有颗粒总外表面积之和(单位为 cm^2/g、cm^2/cm^3)。一般包括外表面和内表面,外表面主要指黏土矿物、氧化物(如铁、铝和硅等的氧化物)和腐殖质分子等暴露在外的表面,内表面主要指的是层状硅酸盐矿物晶层之间的表面以及腐殖质分子聚集体内部的表面。比表面积是衡量物质特性的重要参量,其大小与颗粒的粒径、形状、表面缺陷及孔隙结构等密切相关;一定质量或体积的土壤,随着颗粒数增多,比表面积增大。物体表面分子与该物体内部的分子处于不同环境,内部分子与相似分子接触,受到相等的吸引力可相互抵消,而表面分子受到内部和外部不同的吸引力而具有多余的自由能。处于胶体表面分子受到内部和周围接触介质界面上的引力不平衡而具有的剩余能量称为表面能。物质的比表面积越大,表面能越大,因而表现出吸附特性。

土壤无机胶体中,常见黏土矿物的表面积如表 4-3 所示。

表 4-3　常见黏土矿物的表面积

胶体成分	内表面积/(m^2/g)	外表面积/(m^2/g)	总表面积/(m^2/g)
蒙脱石	700～750	15～150	700～850
蛭　石	400～750	1～50	400～800
水云母	0～5	90～150	90～150
高岭石	0	5～40	5～40
埃洛石	0	10～45	10～45
水化埃洛石	400	25～30	430
水铝英石	130～400	130～400	260～800

(2) 表面带有电荷。土壤胶体微粒都带有一定的电荷,在多数情况下带负电荷,但也有带

正电荷的，还有因环境条件不同而带不同电荷的两性胶体。土壤胶体微粒带电的主要原因是微粒表面分子本身的解离。因而土壤胶体微粒具有双电层结构，微粒的内部一般带负电荷，形成一个负离子层，其外部由于电性吸引，形成一个正离子层，合称为双电层。

土壤胶体的种类不同，产生电荷的机制也不同。根据土壤胶体电荷产生的机制，一般可将其分为永久电荷和可变电荷。

永久电荷是由黏土矿物晶格中的同晶置换所产生的电荷。黏土矿物的结构单位是硅氧四面体和铝氧八面体，硅氧四面体的中心离子 Si^{4+} 和铝氧八面体的中心离子 Al^{3+} 能被其他离子所代替，从而使黏土矿物带电荷。如果中心离子被低价阳离子所代替，黏土矿物带负电荷；如果中心离子被高价阳离子所代替，黏土矿物带正电荷。一般情况下是黏土矿物的中心离子被低价阳离子所取代，如 Si^{4+} 被 Al^{3+}、Fe^{3+} 取代，Al^{3+} 被 Mg^{2+}、Fe^{2+} 取代，因而黏土矿物以带负电荷为主。由于同晶置换一般发生在黏土矿物的结晶过程中，存在于晶格的内部，这种电荷一旦形成就不会受到外界环境（pH 值、电解质浓度等）的影响，称为永久电荷。

土壤胶体表面电荷的数量和性质会随着介质 pH 值的改变而改变，这些电荷称为可变电荷。可变电荷是因为土壤胶体向土壤中释放离子或吸附离子而产生。如果在某个 pH 值时，黏土矿物表面上既不带正电荷，又不带负电荷，其表面净电荷等于零，此时的 pH 值称为零点电荷（ZPC）。如 $Al(OH)_3$ 的零点电荷为 4.8～5.2，Fe_2O_3 为 3.2，当介质 pH 值大于零点电荷时，从胶体中电离出 H^+，使胶粒带负电荷，胶粒会吸附土壤中带正电的离子；当介质 pH 值小于零点电荷时，电离出 OH^-，使胶粒带正电荷，胶粒会吸附土壤中带负电的离子。

表面既带负电荷，又带正电荷的土壤胶体称为两性胶体，随溶液土壤反应的变化而变化（如三水铝石、腐殖质等结构中的某些原子团在不同 pH 值条件下的变化）。以 $Al(OH)_3$ 为例说明如下：

在酸性环境中带正电　$Al(OH)_3 + H^+ \rightleftharpoons [Al(OH)_2]^+ + H_2O$

在碱性环境中带负电　$Al(OH)_3 + OH^- \rightleftharpoons [Al(OH)_2O]^- + H_2O$

可变电荷胶体表面电荷会随介质 pH 值的改变而改变，带电量按电性不同可分为正电荷和负电荷。一般土壤中游离的 Fe、Al 氧化物是产生正电荷的主要物质（酸性条件下解离可带正电荷），高岭石裸露在外的铝氧八面体在酸性条件下的质子化可带正电荷，有机质中—NH_2 基团在酸性条件下的质子化也能带正电荷；同晶置换，含水氧化硅的解离，含水氧化铁和铝在碱性条件下的解离，黏土矿物表面—OH 在碱性条件下的解离，腐殖质功能团中 R—COOH、R—CH_2—OH、—OH 等的解离产生负电荷。土壤正、负电荷的代数和为净电荷，由于一般情况下土壤带负电荷的数量远大于正电荷的数量，所以大多数土壤带有净负电荷，只有少数含 Fe、Al 氧化物在含量较高的强酸性土壤中才有可能带净正电荷。

（3）凝聚性和分散性。由于胶体的比表面积和表面能都很大，为了减小表面能，土壤胶体具有相互吸引、凝聚的趋势，这就是胶体的凝聚性。但在土壤溶液中，胶体常带负电荷，即具有负的电动电位，所以胶体微粒又因相同电荷而相互排斥。电动电位越高，相互排斥力越强，胶体微粒呈现出的分散性也越强。

溶胶的形成是由于胶体带有相同电荷和胶粒表面水化层的存在，相同电荷胶粒电性相斥，水膜的存在则妨碍胶粒的相互凝聚。影响土壤凝聚性能的主要因素是土壤胶体的电动电位和扩散层厚度。例如当土壤溶液中阳离子增多，由于土壤胶体表面负电荷被中和，从而加强了土壤的凝聚。此外，土壤溶液中电解质浓度、pH 值也将影响其凝聚性能。

由于土壤胶体主要是阴离子胶体，它可在阳离子作用下凝聚。阳离子对带负电荷的土壤胶体的凝聚能力随离子的价数增加、半径增大而增强,常见阳离子凝聚能力大小顺序为 $Fe^{3+} > Al^{3+} > Ca^{2+} > Mg^{2+} > K^{+} > NH_4^{+} > Na^{+}$。

电解质引起胶体凝聚的浓度值称为该电解质的凝聚点或凝聚极限。研究表明,二价离子的凝聚能力比一价阳离子的大 25 倍,而三价阳离子的凝聚能力比二价阳离子的大 10 倍。

2) 土壤胶体的离子吸附

土壤的吸收性能是指土壤吸收和保持土壤溶液中的分子和离子、悬液中的悬浮颗粒、气体及微生物的能力。土壤离子交换作用为土壤的物理化学吸收方式,是指土壤对可溶性物质中离子态养分的保持能力,由于土壤胶体带有正电荷或负电荷,能吸附溶液中带异号电荷的离子,这些被吸附的离子又可与土壤溶液中的同号电荷的离子交换而达到动态平衡。

(1) 土壤胶体的阳离子吸附。一般情况下,土壤有机胶体或无机胶体带负电荷,在其表面吸附了一定量的阳离子,如 Al^{3+}、Ca^{2+}、Mg^{2+}、K^{+}、H^{+} 等,这些被土壤胶体所吸附的离子,可以与溶液中其他阳离子相互交换,对于这种能相互交换的阳离子称为交换性阳离子,这种相互交换作用称为离子交换作用。离子交换作用包括阳离子交换作用和阴离子交换作用。土壤胶体吸附的阳离子与土壤溶液中的阳离子进行交换反应,表示如下:

$$\boxed{\text{土壤胶体}}\begin{matrix}-Na^{+}\\-Na^{+}\end{matrix} + Mg^{2+} \rightleftharpoons \boxed{\text{土壤胶体}}-Mg^{2+} + 2Na^{+}$$

土壤胶体在吸附阳离子过程中,可与土壤溶液中的阳离子以离子价为依据进行等价交换,一种阳离子将其他阳离子从胶粒上交换下来的能力叫做该种阳离子的交换能力。影响阳离子交换能力的主要因素有离子电荷数、离子半径及水化程度等。一般离子电荷数越高,阳离子交换能力越强;同价离子中,离子半径越大,水化离子半径就越小,因而具有较强的交换能力。土壤中一些常见阳离子的交换能力顺序如下:$Fe^{3+} > Al^{3+} > H^{+} > Ba^{2+} > Sr^{2+} > Ca^{2+} > Mg^{2+} > Cs^{+} > Rb^{+} > NH_4^{+} > K^{+} > Na^{+} > Li^{+}$。

土壤的可交换性阳离子有两类:一类是致酸离子,包括 H^{+} 和 Al^{3+};另一类是盐基离子,包括 Ca^{2+}、Mg^{2+}、K^{+}、Na^{+}、NH_4^{+} 等。当土壤胶体上吸附的阳离子均为盐基离子,且已达到吸附饱和时的土壤,称为盐基饱和土壤。若土壤胶体上吸附的阳离子有一部分为致酸离子,则这种土壤为盐基不饱和土壤。土壤交换性阳离子中盐基离子所占的百分数称为土壤盐基饱和度。盐基饱和度的大小常与降雨量、母质、植被等自然条件有密切关系。一般干旱地区的土壤盐基饱和度大,多雨地区则较小。我国土壤阳离子交换量由南向北、由西向东有逐渐增多的趋势。

每千克干土中所含全部阳离子总量,称为阳离子交换量(CEC),单位为 cmol /kg。影响阳离子交换量的因素有以下几个:①土壤胶体种类不同,阳离子交换量不同。饱和度相同的条件下,不同种类胶体的阳离子交换量的顺序为有机胶体>蒙脱石>水化云母>高岭土>含水氧化铁、铝。不同类型土壤胶体的阳离子交换量如表 4-4 所示。②土壤质地越细,阳离子交换量越大。土壤胶体物质(包括矿质胶体、有机胶体和复合胶体)越多,则阳离子交换量越大。就矿质胶体而言,阳离子交换量随着质地黏重程度增加而增加。研究表明沙土、沙壤土、壤土和黏土的阳离子交换量分别为 1～5 cmol/kg、7～8 cmol/kg、7～18 cmol/kg、25～30 cmol/kg。③土壤胶体中 SiO_2 与 R_2O_3(R_2O_3 为 $Al_2O_3 + Fe_2O_3$)含量比值越大,其阳离子交换量越大,当 SiO_2 与 R_2O_3 的含量比值小于 2 时,阳离子交换量显著降低。④因土壤胶体表面—OH 基团的解离受 pH 值的影响,土壤溶液体系 pH 值下降,土壤负电荷减少,阳离子交换量降低,反之交换量增大。

表 4-4　不同类型土壤胶体的阳离子交换量

土壤胶体	CEC/(cmol/kg)
腐殖质	200
蛭石	100～150
蒙脱石	70～95
伊利石	10～40
高岭石	3～15
倍半氧化物	2～4

(2) 土壤胶体的阴离子吸附。土壤对阴离子的吸附既有与对阳离子吸附相似之处,又有不同的地方。如土壤胶体对阴离子也有静电吸附和专性吸附作用,但一般土壤胶体带负电荷,因此,在很多情况下,阴离子还可出现负吸附现象。虽然,从数量上讲,大多数土壤对阴离子的吸附量比对阳离子的吸附量少,但由于许多阴离子在植物营养、环境保护甚至矿物形成和演变等方面均具有相当重要的作用,因此,土壤的阴离子吸附一直是土壤化学研究中相当活跃的领域。按照其吸附机理可以分为交换吸附、静电吸附和负吸附。

土壤中阴离子交换吸附是指带正电荷的胶体所吸附的阴离子与溶液中阴离子的交换作用。阴离子的交换吸附比较复杂,它可与胶体微粒(如酸性条件下带正电荷的含水氧化铁、铝)或溶液中阳离子(Ca^{2+}、Al^{3+}、Fe^{3+})形成难溶性沉淀而被强烈地吸附(如 PO_4^{3-}、HPO_4^{2-} 与 Ca^{2+}、Fe^{3+}、Al^{3+} 可形成 $CaHPO_4 \cdot 2H_2O$、$Ca_3(PO_4)_2$、$FePO_4$、$AlPO_4$ 等难溶性沉淀)。由于 Cl^-、NO_3^-、NO_2^- 等离子不能形成难溶盐,故它们不被或很少被土壤吸附。各种阴离子被土壤胶体吸附的顺序为 F^->草酸根>柠檬酸根>PO_4^{3-}≥AsO_4^{3-}≥硅酸根>HCO_3^->$H_2BO_3^-$>CH_3COO^->SCN^->SO_4^{2-}>Cl^->NO_3^-。如 F^- 与 OH^- 的交换吸附过程:

$$\left[\mathrm{M}\begin{matrix}\diagup\mathrm{OH_2}\\ \diagdown\mathrm{OH}\end{matrix}\right]^0 + F^- \rightleftharpoons \left[\mathrm{M}\begin{matrix}\diagup\mathrm{OH_2}\\ \diagdown\mathrm{F}\end{matrix}\right]^0 + OH^-$$

土壤对阴离子的静电吸附是由于土壤胶体表面带有正电荷引起的。产生静电吸附的阴离子主要是 Cl^-、NO_3^-、ClO_4^- 等,这种吸附作用是由胶体表面与阴离子之间的静电引力所产生的,因此,离子的电荷及其水合半径大小直接影响离子与胶体表面的作用力。对于同一土壤,当环境条件相同时,相反电荷离子的价态越高,吸附力越强;同价离子中,水合半径较小的离子,吸附力较强。产生阴离子静电吸附的主要是带正电荷的胶体表面,因此,这种吸附与土壤表面正电荷的数量及密度密切相关。土壤中铁、铝、锰的氧化物是产生正电荷的主要物质。在一定条件下,高岭石结晶的边缘或表面上的羟基也可带正电荷。此外,有机胶体表面的某些带正电荷的基团如—NH_3^+ 等也可静电吸附阴离子。pH 值是影响可变电荷的重要因素,因此,土壤 pH 值的变化对阴离子的静电吸附有重要影响。随着 pH 值的降低,正电荷增加,静电吸附阴离子量增加。在 pH>7 的情况下,即使是以高岭石和铁、铝氧化物为主要胶体物质的可变电荷土壤,其阴离子的静电吸附量也相当低。

阴离子的负吸附是指电解质溶液加入土壤后阴离子浓度相对增大的现象。阴离子负吸附的主要原因为,大多数土壤在一般情况下主要带负电荷,因此会造成对同号电荷的阴离子的排斥,其斥力大小和阴离子与土壤胶体表面距离有关,距离越近则斥力越大,对阴离子排斥越强烈，表现出较强的负吸附；反之，负吸附则弱。对阴离子而言，负吸附随阴离子价数的增加而增加，如在钠质膨润土中，不同钠盐的阴离子所表现出的负吸附次序为$[Fe(CN)_6]^{4-} > SO_4^{2-} > NO_3^- = Cl^-$。电解质溶液中阳离子对阴离子负吸附也有影响，如在不同阳离子饱和的黏土与含相应阳离子的氯化物溶液的平衡体系中，影响Cl^-的负吸附大小顺序为$Na^+ > K^+$、$Ca^{2+} > Ba^{2+}$。就土壤胶体而言，表面类型不同，对阴离子的负吸附作用也不一样。带负电荷越多的土壤胶体，对阴离子的排斥作用越强，负吸附作用越明显。

2. 土壤的酸碱性

土壤酸碱性是土壤的重要物理化学性质之一，土壤体系复杂，存在着各种化学和生物化学反应，使得土壤表现出不同的酸碱性。土壤的酸碱性与土壤固相组成、微生物活动、有机物分解、营养元素的释放和土壤中元素的迁移、气候、地质、水文等因素有关。土壤的酸碱度可划分为九个等级，如表 4-5 所示。

表 4-5　土壤的酸碱度分级

pH 值	土壤的酸碱度
<4.5	极强酸土壤
4.5～5.5	强酸土壤
5.5～6.0	酸土壤
6.0～6.5	弱酸土壤
6.5～7.0	中性土
7.0～7.5	弱碱性土
7.5～8.5	碱性土
8.5～9.5	强碱性土
>9.5	极强碱性土

我国土壤的 pH 值大多在 4.5～8.5 范围内，并有由南向北 pH 值递增的规律，长江（北纬 33°）以南的土壤多为酸性和强酸性，南方的极酸土壤到北方的强碱土壤，pH 值相差很大。华南、西南地区广泛分布的红壤、黄壤，pH 值大多数在 4.5～5.5 之间，有少数低至 3.6～3.8；华中、华东地区的红壤，pH 值在 5.5～6.5 之间；长江以北的土壤多为中性或碱性，如华北、西北的土壤大多含$CaCO_3$，pH 值在 7.5～8.5 之间，少数强碱性土壤的 pH 值甚至高达 10.5。

1）土壤的酸度

根据土壤中H^+的存在方式，土壤酸度可以分为活性酸度和潜性酸度两大类。

（1）活性酸度。土壤的活性酸度是土壤溶液中氢离子浓度的直接反映，又称有效酸度，通常用 pH 值表示。土壤溶液中氢离子的主要来源为土壤中CO_2溶于水形成的碳酸和有机物质分解产生的有机酸，以及土壤中矿物质氧化产生的无机酸，还有施用肥料中残留的无机酸，如硝酸、硫酸和磷酸等。此外，因大气污染形成的大气酸沉降（H_2SO_4、HNO_3）会使土壤酸化，也是土壤活性酸度的重要来源。

（2）潜性酸度。土壤潜性酸度的来源是土壤胶体吸附的可交换性H^+和Al^{3+}（包括交换酸和水解酸）。这些致酸离子只有在一定条件下才显酸性，因此，称为潜性酸度。当这些离子处于吸附状态时，不显酸性，但通过离子交换作用进入土壤溶液之后，可增加土壤的H^+浓度，使土壤 pH 值降低。根据测定土壤潜性酸度所用提取液的不同，可以把潜性酸度分为交换性酸度和水解性酸度。

用过量中性盐（如 NaCl、KCl 或$BaCl_2$）溶液淋洗土壤胶体，溶液中金属离子与土壤中H^+和Al^{3+}发生离子交换作用，而表现出的酸性称为交换酸。

$$\boxed{\text{土壤胶体}}-H^{+}+KCl \rightleftharpoons \boxed{\text{土壤胶体}}-K^{+}+HCl$$

$$\boxed{\text{土壤胶体}}\equiv Al^{3+}+3KCl \rightleftharpoons \boxed{\text{土壤胶体}}\begin{cases}K^{+}\\K^{+}\\K^{+}\end{cases}+AlCl_3$$

$$AlCl_3+3H_2O \rightleftharpoons Al(OH)_3+3HCl$$

中性盐浸提的交换反应是一个可逆的阳离子交换平衡，一般不足以把胶粒中吸附的 H^+ 全部交换，因土壤矿物质胶体释放出的 H^+ 很少，只有土壤腐殖质中的腐殖酸才可产生较多的 H^+。

$$R-COOH+KCl \rightleftharpoons RCOOK+H^{+}+Cl^{-}$$

近代研究结果表明，交换性 Al^{3+} 是矿物质土壤中潜性酸度的主要来源，如红壤的潜性酸度 95%以上是由交换性 Al^{3+} 产生的。土壤酸度过高，造成铝硅酸盐晶格内铝氧八面体的破裂，使晶格中的 Al^{3+} 释放出来，变成交换性 Al^{3+}。

用弱酸强碱盐类溶液（如常用 1 mol/L 的 NaAc 溶液，pH 值为 8.2）淋洗土壤，溶液中金属离子将土壤胶体吸附的 H^+、Al^{3+} 交换出来，而表现出的酸性称为水解酸。同时生成某弱酸（如 HAc），用碱滴定测出的该弱酸的酸度称为水解酸度。其化学反应步骤如下所述。

① 乙酸钠（NaAc）的水解。

$$CH_3COONa+H_2O \longrightarrow CH_3COOH+Na^{+}+OH^{-}$$

② 生成的乙酸分子解离度很小，而氢氧化钠可以完全解离，因而 Na^+ 浓度很高，可交换出绝大部分土壤胶体吸附的 H^+ 和 Al^{3+}。

$$H^{+}-\boxed{\text{土壤胶体}}\equiv Al^{3+}+4CH_3COONa \rightleftharpoons H^{+}-\boxed{\text{土壤胶体}}\begin{cases}Na^{+}\\Na^{+}\\Na^{+}\end{cases}+Al(OH)_3+4CH_3COOH$$

③ 水化氧化物表面的羟基和腐殖质的某些功能团（如羟基、羧基）上部分 H^+ 解离进入浸提液被中和。

$$\boxed{\text{氧化物}}-H+CH_3COONa \rightleftharpoons \boxed{\text{氧化物}}-ONa+CH_3COOH$$

上式反应的生成物中，$Al(OH)_3$ 在中性和碱性介质中沉淀，而 CH_3COOH 的解离度极小而呈分子态，故反应向右进行，直到被吸附的 H^+ 和 Al^{3+} 被 Na^+ 完全交换，再以 NaOH 标准液滴定浸出液，根据所消耗的 NaOH 用量换算出土壤酸量。这样测得的潜性酸度称为土壤的水解性酸度。我国部分地区土壤酸度测试结果如表 4-6 所示，土壤水解性酸度大于交换性酸度，土壤水解性酸度也可作为酸性土壤改良时计算石灰需要量的参考数据。

表 4-6　几种土壤的交换性酸度和水解性酸度的比较

土　壤 ＼ 潜性酸度	交换性酸度	水解性酸度
黄　壤（广西）	3.62	6.81
黄　壤（四川）	2.06	2.94
黄棕壤（安徽）	0.20	1.97
黄棕壤（湖北）	0.01	0.44
红　壤（广西）	1.48	9.14

研究结果表明，吸附性铝离子（Al^{3+}）是大多数酸性土壤中潜性酸度的主要来源，而吸附

性氢离子(H^+)是次要来源。潜性酸度在决定土壤性质上有很大作用,它的改变将影响土壤性质、养分供给和生物的活动。

土壤的活性酸度与潜性酸度是同一个平衡体系中的两种酸度,可以相互转化,而在一定条件下可以处于暂时的平衡状态。在潜性酸和活性酸共存的一个平衡系统中,活性酸可以被胶体吸附成潜性酸,而潜性酸也可被交换生成活性酸。

一般土壤活性酸的 H^+ 很少,而潜性酸的 H^+ 较多,且土壤的潜性酸度往往比活性酸度大得多,两者的比例在沙土中约为 1000,在有机质丰富的黏土中可高达 $1\times10^4\sim1\times10^5$,因而土壤酸碱性主要取决于潜性酸度。

$$\boxed{\text{土壤胶体}}\!-\!Ca^{2+} + 2H^+(\text{活性酸}) \rightleftharpoons \boxed{\text{土壤胶体}}\!\begin{matrix} / H^+ \\ -(\text{潜性酸}) \\ \backslash H^+ \end{matrix} + Ca^{2+}$$

2) 土壤的碱度

土壤溶液中 OH^- 的主要来源是碳酸根和碳酸氢根的碱金属(Na、K)和碱土金属(Ca、Mg)的盐类。碳酸盐碱度和重碳酸盐碱度的总和称为总碱度。不同溶解度的碳酸盐和重碳酸盐对土壤碱性的贡献不同,$CaCO_3$ 和 $MgCO_3$ 的溶解度很小,故富含 $CaCO_3$ 和 $MgCO_3$ 的石灰性土壤呈弱碱性(pH 值在 7.5～8.5 之间),对总碱度贡献小;Na_2CO_3、$NaHCO_3$ 及 $Ca(HCO_3)_2$ 等都是水溶性盐类,可以出现在土壤溶液中,对土壤溶液的碱度贡献很大。从土壤 pH 值来看,含 Na_2CO_3 的土壤,其 pH 值一般较高,可达 10 以上,而含 $NaHCO_3$ 及 $Ca(HCO_3)_2$ 的土壤,其 pH 值常在 7.5～8.5 之间,碱性较弱。上述碳酸盐和重碳酸盐的水解作用与水中 H^+ 进行交换使土壤显碱性。

$$Na_2CO_3 + 2H_2O \rightleftharpoons 2NaOH + H_2CO_3$$
$$NaHCO_3 + H_2O \rightleftharpoons NaOH + H_2CO_3$$
$$2CaCO_3 + 2H_2O \rightleftharpoons Ca(HCO_3)_2 + Ca(OH)_2$$
$$Ca(HCO_3)_2 + 2H_2O \rightleftharpoons Ca(OH)_2 + 2H_2CO_3$$

当土壤胶体上吸附的 Na^+、K^+、Mg^{2+}(主要是 Na^+)等离子的饱和度增加到一定程度时,会引起交换性阳离子的水解作用。结果在土壤溶液中产生 NaOH,使土壤呈碱性。此时 Na^+ 离子饱和度亦称土壤碱化度。

$$\boxed{\text{土壤胶体}}\!-\!xNa^+ + yH_2O \rightleftharpoons \boxed{\text{土壤胶体}}\!\begin{matrix} -(x-y)Na^+ \\ -yH^+ \end{matrix} + yNaOH$$

胶体上吸附的盐基离子不同,对土壤 pH 值或土壤碱度的影响也不同,如表 4-7 所示。

表 4-7　不同盐基离子完全饱和吸附于黑钙土时的 pH 值

吸附性盐基离子	黑钙土的 pH 值	吸附性盐基离子	黑钙土的 pH 值
Li^+	9.00	Ca^{2+}	7.84
Na^+	8.04	Mg^{2+}	7.59
K^+	8.00	Ba^{2+}	7.35

3) 土壤的缓冲性能

土壤缓冲性能是指土壤缓和酸碱度发生剧烈变化的能力,它可以保持土壤反应的相对稳定,为植物生长和土壤生物的活动创造比较稳定的生活环境,因而土壤的缓冲性能是土壤的重要性质之一。按照其缓冲性能的作用机制可以分为土壤溶液的缓冲作用和土壤的缓冲作用。

土壤溶液的缓冲作用是因为土壤溶液中含有多种弱酸及弱酸强碱的盐类，如碳酸、磷酸、硅酸、腐殖酸及其盐类，它们的解离度都很小，在土壤溶液中构成一个良好的缓冲系统，对酸、碱具有缓冲作用。如溶液中含有 $H_2PO_4^-$ 和 HPO_4^{2-}，可构成一个缓冲系统，在加入较强酸(如 HCl)时，可与 HPO_4^{2-} 反应，生成磷酸二氢盐，抑制了土壤酸度的升高。

$$HPO_4^{2-} + H^+ \rightleftharpoons H_2PO_4^-$$

当加入强碱(如 $Ca(OH)_2$)时，可与 $H_2PO_4^-$ 反应，生成磷酸一氢钙或磷酸钙沉淀，缓解了土壤碱度的剧变。

$$[Ca(H_2PO_4)_2]^- + Ca(OH)_2 \rightleftharpoons 2CaHPO_4 \downarrow + H_2O$$

$$2CaHPO_4 + Ca(OH)_2 \rightleftharpoons Ca_3(PO_4)_2 \downarrow + 2H_2O$$

土壤中的某些有机酸(如氨基酸、胡敏酸等)是两性物质，有缓冲作用，如氨基酸含有氨基和羧基，可分别中和酸和碱，从而对酸和碱都具有一定的缓冲能力。

$$H^+—CH(NH_2)(COOH) + HCl \longrightarrow H^+—CH(NH_3Cl)(COOH)$$

$$H^+—CH(NH_2)(COOH) + NaOH \longrightarrow H^+—CH(NH_2)(COONa) + H_2O$$

土壤的缓冲作用是因为土壤可吸附各种阳离子，其中盐基离子(如 Ca^{2+}、Mg^{2+} 和 Na^+ 等)和 H^+、Al^{3+} 能分别对酸和碱起缓冲作用。

对酸的缓冲作用：

$$\boxed{土壤胶体}—M + HCl \rightleftharpoons \boxed{土壤胶体}—H + MCl$$

对碱的缓冲作用：

$$\boxed{土壤胶体}—H + MOH \rightleftharpoons \boxed{土壤胶体}—M + H_2O$$

土壤胶体的数量和盐基交换量越大，土壤的缓冲性能就越强。因此，沙土掺黏土及施用各种有机肥料，都可有效提高土壤缓冲性能。在交换量相等的条件下，盐基饱和度越高，土壤对酸的缓冲能力越强；反之，盐基饱和度越低，土壤对碱的缓冲能力越强。

Al^{3+} 对碱的缓冲作用表现在 pH<5 的酸性土壤里，土壤溶液中 Al^{3+} 结合有 6 个水分子，当加入碱类使土壤溶液中 OH^- 增多时，Al^{3+} 周围的 6 个水分子中有 1 个或 2 个水分子解离出 H^+，中和加入的 OH^-，并发生如下反应：

$$2[Al(H_2O)_6]^{3+} + 2OH^- \rightleftharpoons [Al_2(OH^-)_2(H_2O)_8]^{4+} + 4H_2O$$

水分子解离出来的 OH^- 则留在铝离子周围，这种带有 OH^- 的铝离子很不稳定，可聚合成更大的离子团。如图 4-2 所示，可多达上十个铝离子相互聚合成离子团。聚合形成的铝离子

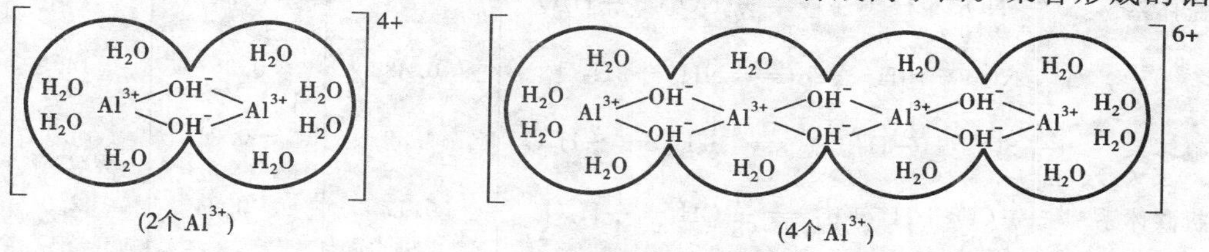

图 4-2　铝离子聚合形成的离子团示意图

团越大,解离出的 H^+ 就越多,对碱的缓冲能力就越强。在 pH＞5.5 时,Al^{3+} 开始形成 $Al(OH)_3$ 沉淀,失去缓冲能力。一般土壤缓冲能力的大小顺序为腐殖质土＞黏土＞沙土。

3. 土壤的氧化还原性

土壤中共存有多种有机和无机的还原性和氧化性物质,电子在物质之间的传递引起氧化还原反应,表现为元素价态的变化,因而土壤中的氧化还原反应影响着土壤形成过程中物质的转化、迁移和土壤剖面的发育,控制着土壤元素的形态和有效性,制约着污染物在土壤环境中的形态、迁移、转化和归趋。

土壤溶液中的氧化作用,主要是自由氧、NO_3^- 和高价态金属离子,如铁(Ⅲ)、锰(Ⅳ)、钒(Ⅴ)等所引起的;还原作用是某些有机质分解产物,厌氧性微生物生命活动及少量铁、锰等金属低价氧化物所引起的。氧化态物质和还原态物质的相对比例决定了土壤的氧化还原状态。土壤中物质的氧化态与还原态相互转化过程中浓度发生变化,溶液电位也相应改变。这种由于溶液中氧化态物质和还原态物质的浓度关系变化而产生的电位称为氧化还原电位,用 E_h 表示,单位为伏(V)或者毫伏(mV)。

氧化还原反应中氧化剂(电子接受体)和还原剂(电子给予体)构成了氧化还原体系。氧化还原反应的实质是电子得失过程,可以表示为

$$\text{氧化剂} + ne^- \rightleftharpoons \text{还原剂}$$

其氧化还原电位 E_h,可采用 Nernst 方程进行计算:

$$E_h = E^\ominus + \frac{RT}{nF}\ln\frac{[\text{氧化剂}]}{[\text{还原剂}]}$$

式中:$E^\ominus$——标准氧化还原电位,它是指在体系中氧化剂浓度和还原剂浓度相等时的电位;

　　n——氧化还原反应中的电子转移数目。

土壤中多种氧化还原物质共存,某一物质释放出电子被氧化,伴随着另一物质得到电子被还原。土壤中氧化还原物质可以分为无机体系和有机体系。无机体系中主要有氧体系、铁体系、锰体系、硫体系和氢体系等。有机体系主要包括不同分解程度的有机物、微生物及其代谢产物、根系分泌物、能起氧化还原反应的有机酸、酚、醛和糖类等。常见的氧化还原体系及其标准氧化还原电位如表 4-8 所示。

表 4-8　土壤中常见的氧化还原体系

体系		$E^\ominus$/V (pH=0)	$E^\ominus$/V (pH=7)	$pE^\ominus = \lg K$
氧体系	$\frac{1}{4}O_2 + H^+ + e^- \rightleftharpoons \frac{1}{2}H_2O$	1.23	0.84	20.8
锰体系	$\frac{1}{2}MnO_2 + 2H^+ + e^- \rightleftharpoons \frac{1}{2}Mn^{2+} + H_2O$	1.23	0.40	20.8
铁体系	$Fe(OH)_3 + 3H^+ + e^- \rightleftharpoons Fe^{2+} + 3H_2O$	1.06	−0.16	17.9
氮体系	$\frac{1}{2}NO_3^- + H^+ + e^- \rightleftharpoons \frac{1}{2}NO_2^- + \frac{1}{2}H_2O$	0.85	0.54	14.1
	$NO_3^- + 10H^+ + 8e^- \rightleftharpoons NH_4^+ + 3H_2O$	0.88	0.36	14.9
硫体系	$\frac{1}{8}SO_4^{2-} + \frac{5}{4}H^+ + e^- \rightleftharpoons \frac{1}{8}H_2S + \frac{1}{2}H_2O$	0.30	−0.21	5.1
有机碳体系	$\frac{1}{8}CO_2 + H^+ + e^- \rightleftharpoons \frac{1}{8}CH_4 + \frac{1}{4}H_2O$	0.17	−0.24	2.9
氢体系	$H^+ + e^- \rightleftharpoons \frac{1}{2}H_2$	0	−0.41	0

土壤氧化还原能力的大小可用土壤的氧化还原电位(E_h)来衡量，其值主要是以氧化态物质与还原态物质的相对浓度比的大小为依据。由于土壤中氧化态物质与还原态物质的组成十分复杂，因此计算土壤的实际氧化还原电位(E_h)很困难，一般以实际测量的土壤氧化还原电位(E_h)衡量土壤的氧化还原性。一般旱地土壤的氧化还原电位(E_h)为＋400～＋700 mV，水田的 E_h 值在－200～＋300 mV。根据土壤的 E_h 值可确定土壤中有机物和无机物可能发生的氧化还原反应和环境化学行为。

土壤 E_h 值决定着土壤中可能进行的氧化还原反应，因此测得土壤的 E_h 值，就可以判断该物质处于何种价态。当土壤的 E_h＞700 mV 时，土壤完全处于氧化条件下，有机物质会迅速分解；当 E_h 值在 400～700 mV 时，土壤中氮素主要以 NO_3^- 的形式存在；当 E_h＜400 mV 时，反硝化开始发生；特别是当 E_h＜200 mV 时，NO_3^- 开始消失，出现大量的 NH_4^+。当土壤渍水时，E_h 值降至－100 mV 以下，Fe^{2+} 浓度已经超过 Fe^{3+} 浓度；E_h 值更低，小于－200 mV 时，H_2S 大量产生，Fe^{2+} 就会以 FeS 的形式产生沉淀，其迁移能力大大降低。

土壤氧化还原电位具有非均匀性，即在同一块土壤中的不同位置，E_h 值也不尽相同。如土壤表层是好氧条件，而土壤胶粒内部可能是厌氧环境，因为大气中的氧气需要透过土壤溶液再经扩散才能进入聚集体孔隙中，在数毫米差距之间，氧气可能就有很大的浓度梯度。

影响土壤氧化还原作用的主要因素有以下几类。

(1) 土壤通气性。土壤通气状况决定土壤空气中的氧浓度，通气良好的土壤与大气间气体交换迅速，土壤氧浓度较高，E_h 值较高。排水不良的土壤通气孔隙少，与大气交换缓慢，再加上微生物活动消耗氧，氧浓度降低，E_h 值下降。E_h 值可作为土壤通气性的指标。

(2) 土壤无机物的含量。一般还原性无机物多，还原作用强；氧化性无机物多，氧化作用强。如土壤中氧化锰矿物浓度增加，则 E_h 值变大，氧化能力强。

(3) 易分解有机质的含量。有机质的分解主要是耗氧过程，在一定的通气条件下，土壤易分解的有机质愈多，耗氧愈多，氧化还原电位愈低。易分解的有机质主要指植物组成中的糖类、淀粉、纤维素、蛋白质等以及微生物本身的某些中间分解产物和代谢产物，如有机酸、醛类等。新鲜有机物质(如绿肥)含易分解的有机物质较多。

(4) 土壤的 pH 值。如表 4-8 所示，H^+ 一般参与了土壤中物质的氧化还原反应，土壤 pH 值和 E_h 值的关系很复杂，在理论上土壤的 pH 值与 E_h 值关系为 $\Delta E_h/\Delta pH=-59$ mV，也即在通气不变条件下，pH 值每上升一个单位，E_h 值要下降 59 mV，但实际情况并不完全如此。据测定，我国 8 个红壤性水稻土样本 $\Delta E_h/\Delta pH$ 平均值约为 85 mV，变化范围在 60～150 mV 之间；13 个红壤 $\Delta E_h/\Delta pH$ 平均值约为 60 mV，接近于 59 mV。一般土壤 E_h 值随 pH 值的升高而下降。

(5) 植物根系的代谢作用。植物根系分泌物可直接或间接影响根际土壤 E_h。植物根系分泌多种有机酸，形成特殊的根际微生物的活动条件，有一部分分泌物能直接参与根际土壤的氧化还原反应。水稻根系分泌氧，使根际土壤的 E_h 值比根外土壤高。

(6) 微生物活动。微生物活动对土壤 E_h 值的影响是复杂的过程。一方面，微生物活动需要氧，这些氧可能是游离态的气体氧，也可能是化合物中的化合态氧。如果微生物活动强烈，耗氧多，就使土壤溶液中的氧压减低，或使还原态物质的浓度相对增加；另一方面，在微生物作用下，低价金属离子可被氧化成高价态的氧化物，如 Mn^{2+} 被氧化生成 MnO_2，Fe^{2+} 被氧化生成 Fe_2O_3，使得土壤 E_h 值增加，氧化能力增强。

4. 土壤的配位和螯合作用

土壤中的有机、无机配体能与金属离子发生配位或螯合作用,从而影响金属离子在环境中的迁移、转化等物理化学行为。

土壤中的有机配体主要有腐殖质、蛋白质、多糖类、木质素、多酶类和有机酸等。其中最为重要的是腐殖质,土壤腐殖质具有多种官能团,如氨基($-NH_2$)、羟基($-OH$)、羧基($-COOH$)、羰基($-C=O$)、硫醚(RSR)等基团。因此,重金属与土壤腐殖质可形成稳定的配合物和螯合物。

土壤中常见的无机配体有 Cl^-、SO_4^{2-}、HCO_3^-、OH^- 等,它们可与金属离子配位形成各种配合物。

金属配合物或螯合物的稳定性与配体或螯合剂、金属离子的种类及其环境条件等有关。土壤有机质对金属离子的配位或螯合能力的顺序为 $Pb^{2+} > Cu^{2+} > Ni^{2+} > Zn^{2+} > Hg^{2+} > Cd^{2+}$。不同配位基与金属离子亲和力的大小顺序为 $—NH_2 > —OH > —COO^- > —C═O$。土壤介质的 pH 值对螯合物的稳定性有较大的影响:pH 值较低时,H^+ 与金属离子竞争螯合剂,螯合物的稳定性较差;pH 值较高时,金属离子可形成氢氧化物、磷酸盐或碳酸盐等不溶性化合物。

螯合作用对金属离子迁移的影响取决于所形成螯合物的可溶性。形成的螯合物易溶于水,则有利于金属离子的迁移,反之,有利于金属在土壤中的滞留,降低其活性。

4.2　污染物在土壤中的迁移转化

4.2.1　土壤污染物

土壤环境以其自身组成及相应功能,对进入土壤的新物质有一定的缓冲、净化能力。主要表现为土壤胶体对外源污染物的吸附、交换作用,土壤的氧化还原作用对外源污染物形态的改变使其转化成沉淀或因挥发和淋溶从土壤迁移至大气或水体,土壤微生物或植物可将污染物降解成无毒或毒性较小的物质。但土壤环境的自净能力还是有限的,随着现代工农业的发展,化肥、农药的大量施用,工矿企业废水灌溉农田、固体废物的不当堆放和填埋引起有害物质的淋溶与释放、酸雨和降尘等使污染物不断进入土壤,在数量和速度上往往超出了土壤自净能力范围。人类活动产生的污染物进入土壤并积累到一定程度,引起土壤质量恶化的现象即为土壤污染。土壤被污染的程度主要取决于进入土壤的污染物的数量、强度和土壤自身的净化能力大小,当进入量超过土壤自净能力,将会导致土壤污染。

土壤受到污染后,不仅会影响植物生长,也会产生不良的生态效应,如影响土壤内部生物群的变化与物质的转化。土壤污染物会随地表径流而进入河、湖,当这种径流中的污染物浓度较高时,会污染地表水。例如,土壤中过多的 N、P,一些有机磷农药和部分有机氯农药、酚和氰的淋溶迁移常造成地表水污染。污染物进入土壤后有可能对地表水、地下水造成次生污染。土壤污染物还可通过土壤-植物系统,经由食物链最终影响人类的健康。如日本的“痛痛病”就是上游铅锌冶炼厂的废水排入农田,污染土壤,造成稻米含镉量增加而危害人类健康。

土壤污染物来源广泛、种类繁多,既有化学物质,也有放射性污染物和生物病毒等。土壤的污染物主要可分如下几类。

(1) 化学污染物。无机污染物主要是指对动、植物有危害作用的元素及其无机化合物,如镉、汞、铜、铅、锌、镍、砷等重金属，硝酸盐、硫酸盐、氟化物、可溶性碳酸盐等盐类化合物，过量使用氮肥或磷肥也会造成土壤污染。有机污染物主要是指有机农药、除草剂、三氯乙醛(酸)、矿物油类、表面活性剂、废塑料制品、洗涤剂和酚类，以及工矿企业排放的含有机质的“三废”。其中农药是土壤的主要有机污染物，常用的农药就约有 50 种。

(2) 物理污染物。物理污染物是指来自工厂、矿山的固体废物，如尾矿、废石、粉煤灰和工业垃圾等。

(3) 生物污染物。生物污染物是指带有各种病菌(如肠道细菌、炭疽杆菌、肠寄生虫和结核杆菌等)的城市垃圾和由卫生设施(包括医院)排出的废水、废物及厩肥等。

(4) 放射性污染物。放射性污染物主要存在于核原料开采和大气层核爆炸地区，以锶和铯等在土壤中生存期长的放射性元素为主。

较大气污染和水污染而言，土壤污染有其自身特点，一般表现如下。

(1) 土壤污染具有隐蔽性和滞后性。大气污染、水污染和废弃物污染等问题一般比较直观，通过感官就能发现。而土壤污染则不同，它往往要通过对土壤样品进行分析化验和农作物的残留检测，甚至通过研究对人畜健康状况的影响才能确定。因此，土壤污染从产生污染到出现问题通常会滞后较长的时间。如日本的“痛痛病”经过了 10～20 年之后才被人们所认识。

(2) 土壤污染的累积性。污染物质在大气和水体中一般比在土壤中更容易迁移，这使得污染物质在土壤中并不像在大气和水体中那样容易扩散和稀释，因此污染物容易在土壤中不断积累而超标，同时也使土壤污染具有很强的地域性。

(3) 土壤污染具有不可逆转性。重金属对土壤的污染基本上是一个不可逆转的过程，如被某些重金属污染的土壤可能要过 100～200 年才能够恢复，许多有机化学物质也需要较长时间才能降解。

(4) 土壤污染治理难度大。如果大气和水体被污染，在切断污染源之后通过稀释作用和自净化作用有可能使污染问题得到解决，但积累在污染土壤中的难降解污染物则很难靠稀释作用和自净化作用来消除。土壤污染一旦发生，仅依靠切断污染源的方法往往很难恢复，有时要靠换土、淋洗土壤等方法才能解决问题，其他治理技术可能见效较慢。因此，治理污染土壤通常成本较高、周期较长。鉴于土壤污染难以治理，而土壤污染问题的产生又具有明显的隐蔽性和滞后性等特点，因此土壤污染问题一般不太容易受到重视。

土壤污染化学发展相对较晚，20 世纪 70 年代前后土壤污染化学研究的重点是金属元素的污染问题，20 世纪 80 年代主要研究目标为有机物质、酸雨和稀土元素等污染问题。在金属及类金属元素研究中，关注较多的是铅、硒和铝等元素的化学行为，研究内容集中为化学物质在土壤中的元素形态转化、降解等行为。

土壤污染化学涉及内容非常广泛，发展也很迅速，本节重点就土壤中氮、磷和重金属污染物的存在形态及其转化过程，以及土壤中有毒有机污染物特别是化学农药的转化与降解等环境化学行为进行探讨。

4.2.2　土壤的化学肥料污染及氮、磷的迁移转化

氮、磷是植物生长不可缺少的营养元素。农业生产过程中常施用氮、磷化学肥料以增加粮食作物的产量，但不合理使用，也会引起土壤污染。长期过量施用化肥会破坏土壤结构，造成土壤板结、生物学性质恶化，影响农作物的产量和质量。此外，未被作物吸收利用且没有被根层土壤吸附固定的养分，都在根层以下积累或转入地下水，成为潜在的环境污染物。

1. 氮污染及其迁移转化

1) 氮污染

农田中过量施用氮肥会影响农业产量和产品的质量,还会间接影响人类健康,同时在经济上也是一种损失。施用过多的氮肥,由于水的沥滤作用,土壤中积累的硝酸盐渗滤并进入地下水,如水中硝酸盐含量超过 4.5 μg/mL,就不宜饮用。蔬菜和饲料作物等可以积累土壤中的硝酸盐。空气中的细菌可将烹调过的蔬菜中的硝酸盐还原成亚硝酸盐,饲料中的硝酸盐在反刍动物胃里也可被还原成亚硝酸盐。亚硝酸盐能与胺类反应生成亚硝胺类化合物,具有致癌、致畸、致突变的性质,威胁人类健康。硝酸盐和亚硝酸盐进入血液,可将其中的血红蛋白(Fe^{2+})氧化成高铁血红蛋白(Fe^{3+}),后者不能将其结合的氧分离供给肌体组织,导致组织缺氧,使人和家畜发生急性中毒。此外,农田施用过量的氮肥容易造成地表水的富营养化。

2) 土壤中氮的来源

陆地生态系统中氮以不同形态存在于大气圈、岩石圈(土壤圈)、生物圈和水圈中,植物可利用氮的主要来源为大气中的氮,但高等植物不能直接利用单质氮,需要经过转化成为可利用的形态,可以说土壤中的氮素几乎直接或间接来源于大气圈。土壤氮固定的主要途径包括如下四个方面:①豆科作物根瘤菌或某些非豆科作物根系共生根瘤菌和其他微生物的固氮作用;②自生土壤微生物的固氮作用,生长在热带植物叶片上的生物也可能有固氮能力;③大气放电作用使 N_2 转变成某种氮氧化物而产生的固氮作用;④采用工业合成法将 N_2 固定合成 NH_3、NO_3^- 以用来生产氮肥。各种来源的氮素进入土壤后,以不同的形态存在,参与氮在土壤中的各种转化作用,构成了自然界的氮素循环。

3) 土壤中氮的形态

土壤中氮一般可分为无机氮和有机氮,表层土壤中氮的 95%或者更多为有机氮。

土壤无机氮包括铵(NH_4^+)、硝态氮(NO_3^-)、亚硝态氮(NO_2^-)、单质氮(N_2)、氧化亚氮(N_2O)和氧化氮(NO),土壤中的气态氮有 N_2 和含量很低的 N_2O 和 NO。无机氮在土壤中占全氮的比例变化幅度较大,一般在 2%～8%之间。惰性单质氮只有被根瘤菌和其他固氮微生物所利用。就土壤肥力而言,主要以 NH_4^+ 和 NO_3^- 两种形态的氮最为重要,通常占土壤全氮的 2%～5%;这两种形态的氮主要来源于土壤有机质的好气分解或施入的化肥。N_2、N_2O 和 NO 的氮主要来源于反硝化作用,也是造成土壤氮素损失的主要形式,它们与整个生态系统的氮循环以及大气环境质量密切相关。

土壤有机氮一般占土壤氮的 92%～98%,有机氮包括胡敏酸、富啡酸和胡敏素中的氮,固定态氨基酸(即蛋白质)、游离态氨基酸、氨基糖以及生物碱、磷脂、胺和维生素等其他未确定的复合体,如铵和木质素反应的产物、醌和氮化合物的聚合产物、糖和胺的缩合产物等。

4) 氮在土壤中的迁移转化

土壤中无机氮和有机氮之间的相互转化是十分复杂而又非常重要的过程,有机氮转变为无机氮的过程叫做矿化过程。无机氮转化为有机氮的过程称为非流动性过程。这两种过程都是微生物作用的结果。主要过程简要介绍如下。

(1) 土壤无机氮的微生物固持和有机氮的矿化。

土壤无机氮的微生物固持是指进入土壤的或土壤中原有的 NH_4^+ 和 NO_3^- 被微生物转化成微生物的有机氮。它不同于土壤中 NH_4^+ 的矿物固定,也不同于 NH_4^+ 和 NO_3^- 被高等植物的同化。土壤有机氮的矿化,是指土壤中原有的或进入土壤中的有机肥和植物、动物残体中的有机氮被微生物分解转变成氨,因而这一过程又称为氨化过程。有机氮的矿化和矿质氮的微生物固持是土壤中同时进行的两个相反的过程,相对强弱受到诸多因素的影响,特别是可供微生物利用的有机碳化物(即能源物质)的种类和数量的影响。当土壤中易分解的能源物质过量存在时,矿质氮的生物固持作用就大于有机氮的矿化作用,表现为矿质氮的净生物固持。只有在矿化作用大于固持作用时才能有多余的无机氮化物供给植物营养。

土壤氮库中实际上以有机氮为主体。不包括土壤矿物固定态铵在内的土壤有机氮库的组成及相互作用如图4-3所示,有机残体腐解及其矿化放出无机氮(NH_4^+、NO_3^-)被微生物利用结合到微生物体,构成土壤微生物生物量氮。生物死亡后,一部分微生物生物量氮可进一步转化为无机氮和较稳定的有机氮,后者可以通过腐殖化过程进一步转变成稳定的腐殖质。

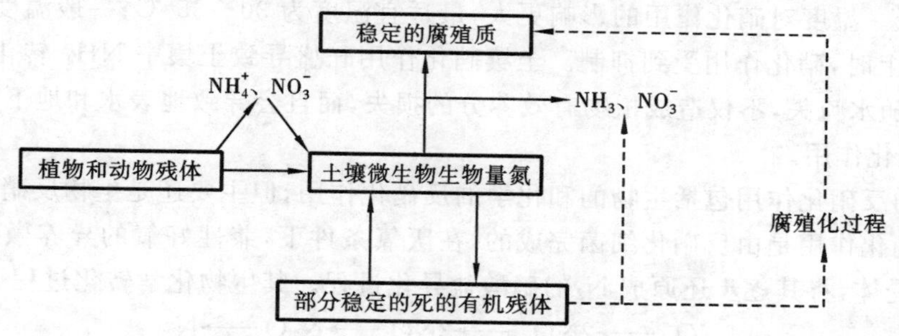

图4-3 土壤有机氮库及其相互作用

土壤中含氮有机化合物的矿化作用主要分为两个阶段。第一阶段先把复杂的含氮有机化合物(腐殖质、蛋白质和核酸等)经多种微生物酶的作用逐级分解成简单的氨基化合物,称为氨基化阶段,其作用反应可表示为

$$\text{含氮有机化合物} \longrightarrow R-NH_2+CO_2+\text{能量}+\text{其他中间产物}$$

第二阶段是在微生物作用下各种简单的氨基化合物分解成氨,称为氨化阶段或氨化作用。氨化作用可表示为

$$R-NH_2+HOH \longrightarrow NH_3+R-OH+\text{能量}$$

$$\downarrow H_2O$$

$$NH_4^+ + OH^-$$

(2) 硝化作用。

硝化作用是微生物在好氧条件下将铵离子氧化为硝酸根或亚硝酸根离子,或者是由微生物导致的氧化态增多的过程,自养和异养微生物均可参与此过程。发挥硝化作用的主要是化能自养硝化细菌,它利用CO_2、碳酸作为碳源并从NH_4^+的氧化中获得能量。

$$NH_4^+ + 2O_2 \longrightarrow NO_3^- + 2H^+ + H_2O + \text{能量}$$

其中,NH_4^+来自土壤有机质的矿化及施肥。硝化作用分两步进行。第一步主要是由亚硝酸细菌将氨氧化为NO_2^-,中间过渡产物为NH_2OH,总的反应式如下:

$$2NH_3 + OH^- + 3O_2 \longrightarrow 2NO_2^- + H^+ + 3H_2O$$

第二步由硝酸细菌将NO_2^-氧化为NO_3^-:

$$NO_2^- + H_2O \longrightarrow NO_3^- + 2H^+$$

$$2H^+ + \frac{1}{2}O_2 \longrightarrow H_2O$$

与NH_4^+态氮一样,硝化作用形成的NO_3^-态氮也是植物容易吸收的氮素,但后者易于淋失而进入地下水。同时,硝化过程可以生成 N_2O,它具有破坏臭氧层的作用。目前对硝化过程中产生 N_2O 的机制尚无定论,主要认为有两种可能:一是铵氧化细菌在 O_2 缺乏的情况下利用 NO_2^- 作为电子受体从而产生 N_2O,二是介于 NH_4^+ 和 NO_2^- 之间的中间体或者 NO_2^- 本身能化学分解为 N_2O。

硝化作用受多种因素的影响,主要包括酸度、通气性、湿度、温度和有机质等。在排水良好的中性或微酸性土壤中,NO_2^- 氧化成 NO_3^- 的速率常大于 NH_4^+ 转变为 NO_2^- 的速率,形成 NO_2^- 的速率等于或大于形成 NH_4^+ 的速率,因此土壤中容易积累硝酸盐。湿度(水分)的大小会影响土壤的通气性进而也影响硝化作用。研究发现土壤水分为最大持水量的50%~60%时,硝化作用最活跃。温度对硝化作用的影响更大,最适宜温度为 30~35 ℃;一般温度在 5 ℃以下或者 40 ℃以上时,硝化作用受到抑制。土壤硝化作用旺盛导致土壤中 NH_4^+ 转化成易自由移动的 NO_3^- 而随水流失,不仅造成植物有效养分的损失,而且会导致地表水和地下水的污染。

(3) 反硝化作用。

土壤中的反硝化作用包括生物的和化学的反硝化作用,但主要还是生物反硝化作用。

生物反硝化作用是由反硝化细菌完成的,在厌氧条件下,兼性好氧的异养微生物作用,以 NO_3^- 为电子受体,将其逐步还原成 N_2 的硝酸盐异化过程。其生物化学转化过程可表述为

$$2NO_3^- \longrightarrow 2NO_2^- \longrightarrow 2NO \longrightarrow N_2O \longrightarrow N_2$$

反硝化微生物引起的反硝化过程是由反硝化微生物分泌的酶体系来催化的,反硝化产物的种类和数量由土壤本身的物理化学性质和微生物特性决定。一般增加土壤 NO_3^- 含量能提高反硝化速率,土壤通气性、水分含量、土壤有效氮含量、土壤有机质和土壤 pH 值等都影响土壤的反硝化作用及 N_2O 排放,其中缺乏易分解有机质是限制厌氧土壤反硝化的主要因素。

化学反硝化作用是 NO_3^- 或 NO_2^- 被化学还原为 N_2 或形成氮氧化物的过程。在大多数土壤中,NO_2^- 通过硝化细菌氧化为 NO_3^- 的速率比 NH_4^+ 通过亚硝化细菌氧化为 NO_2^- 的速率快,因而一般很难检测出 NO_2^-。在大量施用 NH_3 或 NH_4^+ 态氮肥(如液态氨、碳铵和尿素等),使局部土壤呈强碱性时,会导致 NO_2^- 大量积累,而 NO_2^- 易通过化学反应,生成氮气而损失。化学反硝化作用方式可能有如下四种。

第一种方式:NO_2^- 与胡敏酸或富啡酸反应,生成 N_2 或 N_2O。

第二种方式:NO_2^- 与氨基酸反应,生成氮气。

$$RNH_2 + HNO_2 \longrightarrow ROH + H_2O + N_2$$

第三种方式:NO_2^- 与 NH_3 反应,生成亚硝酸铵,再分解成氮气。

$$NH_3 + HNO_2 \longrightarrow NH_4NO_2 \longrightarrow 2H_2O + N_2$$

第四种方式:NO_2^- 通过化学歧化反应,转变为 NO_3^- 和 NO。

$$3HNO_2 \longrightarrow HNO_3 + H_2O + 2NO$$

NO 进一步与 O_2 反应生成 NO_2。

$$2NO + O_2 \longrightarrow 2NO_2$$

干燥的土壤条件特别有利于 NO_2^- 转化为 N_2,有利于 NO 和 NO_2 逸失进入大气。化学反硝化生成的含氮气体中绝大部分为 NO,而 N_2O 所占比例很小,其生成的 N_2O 量远小于硝化过程或反硝化过程形成的 N_2O 量。

(4) 铵(NH_4^+)的矿物固定和释放。

土壤矿物对 NH_4^+ 有一定的吸附和释放特性。在 2∶1 的黏粒矿物的膨胀性晶格中,层间的阳离子(Ca^{2+}、Mg^{2+}、Na^+)被 NH_4^+ 取代后,可引起铵的固定。被吸附的 NH_4^+ 容易脱去水化

膜，进入黏粒矿物层间表面由氧原子形成的六角形孔穴中，当NH_4^+进入层间的孔穴后，由于层间离子半径的变化，可导致黏粒矿物晶层的收缩而使NH_4^+固定。不同土壤对NH_4^+的固定能力不同，主要受如下因素的影响。

① 土壤黏粒矿物类型的影响，如蛭石对NH_4^+的固定能力最强，其次是水云母，蒙脱石较小。1∶1型黏粒矿物高岭石基本上不固定铵。

② 土壤质地的影响，固铵能力一般随黏粒含量增加而增强，在土壤剖面中，表层土的固铵能力较心土和底土低。

③ 土壤中钾的状态的影响，当晶体层间K^+饱和时，会影响NH_4^+的进入，铵的固定量大大减少，许多土壤中可能因种植作物携出部分K^+而使固铵能力增强，施用钾肥对NH_4^+的固定有一定影响。

土壤中铵的固定量随铵态氮施用量的增加而增加，但施入的NH_4^+固定率随施用量增加而减少。铵的固定过程虽能持续一段时间，但多在几小时内可完成。

④ 水分条件的影响，施用NH_4^+后土壤变干时，可增加铵的固定率和固定量。蛭石和水云母在大多数条件下能固定NH_4^+，但蒙脱石必须在干旱时才能固定铵。干湿交替可促进土壤铵的固定作用，土壤的冻结可能与干湿交替有相似的效果。

⑤ 土壤pH值的影响，土壤酸度和NH_4^+固定能力之间的关系尚无定论。但随着pH值的增加，如通过施用石灰，铵的固定趋向于略微增加。强酸性土壤（$pH<5.5$）固定的NH_4^+量一般很少。施用铵态氮肥后所形成的土壤“新固定态铵”，其有效性较高，而土壤中“原有固定态铵”的有效性则很低，能释放出来的数量很少。

(5) 淋失。

以NO_3^-淋失为主，但在沙质土壤中也可能有NH_4^+的淋失。硝酸盐的淋失与土质、气候、地表覆盖度、肥料和栽培管理措施等有关。在作物密植且不施肥或施肥较少的土壤中氮的淋失很少，因为土壤中的NO_3^-含量较低，易被作物吸收利用。在湿润和半湿润地区的土壤中，氮的淋失较多；在半干旱地区，NO_3^-淋失很少；在干旱地区，除沙质土壤外，几乎无淋失。草地土壤根系密集，吸氮强烈，土壤中很少有硝酸盐积累，即使在湿润地区，氮的淋失也较弱。休闲地淋洗和通过反硝化作用氮损失较大。淋洗出的硝酸盐可随地表径流排入河流、湖泊等水体中，增加水体的氮负荷，也可引起地下水的污染。

2. 磷污染及其迁移转化

1）磷污染

土壤对磷酸盐有很强的亲和力，表层土壤中磷酸盐含量可达200 μg/g，在黏土层中高达1000 μg/g。土壤中磷酸盐主要以固相存在，其活度与总量无关，因此，磷污染比氮污染要简单，只是在灌溉时才会出现磷过量的问题。另外，土壤中的Ca^{2+}、Al^{3+}、Fe^{3+}等容易和磷酸盐生成低溶性化合物，能抑制磷酸盐的活性，即使土壤中含磷量高，作物仍有可能缺磷。由此可见，土壤磷污染对农作物生长影响并不是很大，但其中的磷酸盐可随水土流失进入湖泊、水库等，造成水体富营养化。

富营养化是当今世界水污染的难题之一，氮、磷是藻类繁殖所需的主要养分，因此水体中氮、磷含量的高低与水体富营养化程度关系密切。一般来说，无机氮和总磷分别超过300 mg/m^3和20 mg/m^3就认为水体处于富营养化状态。磷在浓度不很高时就可引起水体的富营养化，是大多数水体中藻类生长的主要限制因子。

如果氮、磷等植物营养物质大量而连续地进入湖泊、水库及海湾等缓流水体，将促进各种水生生物的活性，特别是刺激藻类疯长。由于营养过剩，藻类在水面越长越厚，部分藻类被压在水下，因难见阳光而死亡。湖底的细菌以死亡藻类作为养分，迅速增殖。大量增殖的细菌消耗了水中的氧气，使湖水处于缺氧状态，依赖氧气生存的鱼类死亡，随后细菌也会因缺氧而死亡，最终出现湖泊老化、死亡。震惊全国的太湖蓝细菌(蓝藻)事件就是湖泊富营养化的典型例子，它的形成原因就是周边化工企业大量的含磷、氮的污水排放引起的。

2) 土壤中磷的来源

土壤中可被植物吸收利用的磷基本上来源于地壳表层的风化释放以及成土过程中磷在土壤表层的生物富集。农业中磷肥的长期大量施用，在改变土壤中磷的含量、迁移转化状况和土壤供磷能力的同时，很大程度上增加了磷素向水环境中释放的风险，许多有毒有害的重金属元素也随磷肥的施用进入土壤和水体。另外，生活污水和工业废水灌溉农田，也会导致土壤中磷含量的增加，出现土壤磷污染。

3) 土壤中磷的形态

地壳中磷的平均含量约为 1.2 g/kg，而大多数自然土壤的磷含量则远远低于地壳中磷平均值。自然界土壤中的磷素取决于母质类型、风化程度和淋失状况。从世界范围来看，土壤总含磷量在 200～5000 mg/kg，平均值为 500 mg/kg。我国土壤含磷量在 200～1100 mg/kg，含磷量随风化程度的增加而减少，表现出由北向南土壤全磷含量有下降的趋势。然而，耕作土壤含磷量除与成土母质有关外，还与有机质和施磷肥量有关。

土壤中的磷按其存在形态可以分为有机磷和无机磷两大类。已知的土壤中的有机磷化合物主要有植酸类、磷脂类和核酸及其衍生物类。有机磷在土壤总磷中的比重为15%～80%，我国大部分土壤中有机磷占 20%～50%，但是在森林和草原植被下的土壤中可达 50%～80%。土壤中的无机磷几乎全部为正磷酸盐，除少量水溶态外，绝大部分以吸附态和固体矿物态存在于土壤中。一般根据土壤无机磷在不同化学提取剂中的选择溶解性，将无机磷可分为磷酸铝类化合物、磷酸铁类化合物、磷酸钙(镁)类化合物和闭蓄态磷等 4 组。在大部分土壤中，无机磷含量占主导地位，占土壤全磷量的 50%～90%。

4) 磷在土壤中的迁移转化

了解土壤中磷的循环转化过程，认识磷肥施用对水体、土壤生态环境以及对农产品质量的影响，已成为环境土壤学研究的重点内容之一。土壤磷的迁移转化包括一系列复杂的化学和生物化学反应，如有机磷的矿化和无机磷的生物固定、有效磷的固定和难溶性磷的释放过程。

有机磷的矿化和无机磷的生物固定是两个方向相反的过程，前者使有机磷转化为无机磷，后者使无机磷转化为有机磷。土壤中的有机磷除了一部分被作物直接吸收利用外，其余大部分需经微生物作用进行矿化转化为无机磷，才能被作物吸收，其分解反应示例如下：

$$\text{磷酸肌醇}\xrightarrow[\text{磷酸酯酶}]{\text{水解}}\text{肌醇}+H_2O$$

$$\text{卵磷脂}\xrightarrow[\text{磷酸酯酶}]{\text{水解}}\text{磷酸甘油}+\text{胆碱}+\text{脂肪酸}$$

$$\text{磷酸甘油}\longrightarrow\text{甘油}+\text{磷酸}$$

$$\text{核蛋白}\xrightarrow{\text{水解}}\text{核酸}+\text{蛋白质}$$

$$\text{核酸}\xrightarrow{\text{核酸酶}}\text{核苷酸}$$

$$\text{核苷酸}\xrightarrow{\text{核苷酸酶}}\text{核苷}+\text{磷酸}$$

土壤中有机磷的矿化，主要是土壤中的微生物和游离酶、磷酸酶共同作用的结果，其分解速率与有机氮的矿化速率相似，取决于土壤温度、湿度、通气性、pH值、无机磷和其他营养元素及耕作技术、根分泌物等因素。温度在30～40 ℃时，有机磷的矿化速率随温度增加而增加，矿化最适温度为35 ℃，30 ℃以下不仅不进行有机磷的矿化，反而发生磷的净固定。干湿交替可以促进有机磷的矿化，淹水可以加速六磷酸肌醇的矿化；氧压低、通气差时，矿化速率变小。磷酸肌醇在酸性条件下易与活性铁、铝形成难溶性化合物，降低其水解作用；同时，核蛋白的水解亦需一定数量的Ca^{2+}，故酸性土壤施用石灰后，可以调节pH值和Ca与Mg的含量比，从而促进有机磷的矿化；施用无机磷对有机磷的矿化亦有一定的促进作用。有机质中磷的含量，是决定磷是否产生纯生物固定和纯矿化的重要原因，其临界指标约为0.2%，大于0.2%时则发生纯矿化，小于0.2%时则发生纯生物固定。同时，有机磷的矿化速率还受到C与P的含量比和N与P的含量比的影响，当C与P的含量比或N与P的含量比大时，则发生纯生物固定，反之则发生纯矿化。同样供硫过多时，也会发生磷的纯生物固定。土壤耕作能降低磷酸肌醇的含量，因此，多耕的土壤中有机磷的含量比少耕或免耕的土壤少。植物根系分泌的、易同化的有机物能增加强曲霉、青霉、毛霉、根霉和芽孢杆菌、假单胞菌属等微生物的活性，使之产生更多的磷酸酶，加速有机磷的矿化，特别是菌根植物根系的磷酸酶具有较大的活性。可见土壤有机磷的分解是一个生物作用的过程，分解矿化的速率受土壤微生物活性的影响，环境条件适宜微生物生长时，土壤有机磷分解矿化速率就加快。

土壤中无机磷的生物固定作用，即使在有机磷矿化过程中也能够发生，因为分解有机磷的微生物本身也需要磷才能生长和繁殖。当土壤中有机磷含量不足或C与P的含量比值大时，就会出现微生物与作物竞争磷的现象，发生磷的生物固定。土壤对磷的固定和释放是磷的重要性质，磷的固定是水溶性磷从液相转入固相；磷的释放是固定作用的逆行作用，是从固相转入液相的过程。

土壤中磷的固定机理主要是磷化合物的沉淀作用和吸附作用。土壤中一般磷的浓度较高，有大量可溶态阳离子存在和土壤pH值较高或较低时，沉淀作用是主要的。相反，土壤磷浓度较低时，在土壤溶液中阳离子浓度也较低的情况下，吸附作用是主要的。

土壤中的磷和阳离子形成固体而沉淀，在不同的土壤中，由不同的系统所控制。在石灰性土壤和中性土壤中，由钙镁系统控制，土壤溶液中磷酸主要形态为HPO_4^{2-}（图4-4），它与土壤胶体上交换性Ca^{2+}经化学作用产生Ca-P化合物。如水溶性磷酸一钙（$Ca(H_2PO_4)_2 \cdot H_2O$），在石灰性土壤中最初形成磷酸二钙，继续反应逐渐形成溶解度很小的磷酸八钙，最终缓慢转化为稳定的磷酸十钙。随着这一转化过程的继续进行，生成物的溶度积常数相继增大，溶解度变小，生成物在土壤中趋于稳定，磷的有效性降低。

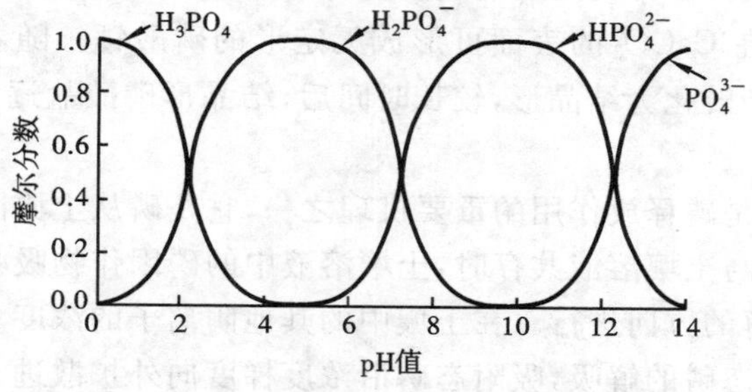

图4-4　土壤溶液中磷的形态与pH值的关系

在酸性土壤中,由铁铝系统控制。酸性土壤中的磷酸根离子主要以 $H_2PO_4^-$ 形态与活性铁、铝或交换性铁、铝以及赤铁矿、针铁矿等化合物作用,形成一系列溶解度较低的 Fe(Al)-P 化合物,如磷酸铁铝、盐基性磷酸铁铝等。

根据热力学的理论,磷和土壤反应的最终产物在碱性土壤或石灰性土壤中,是羟基和氟基磷灰石,而在中性或酸性土壤中是磷铝石和粉红磷铁矿。当土壤不断风化时,土壤 pH 值降低,磷酸钙会向无定形和结晶的磷酸铝盐转变,而磷酸铝盐则进一步向磷酸铁盐转化。因此,土壤中各种磷肥和土壤的最初反应产物都将按热力学规律向更加稳定的状态转化,直至变为最终产物,如图 4-5 所示。

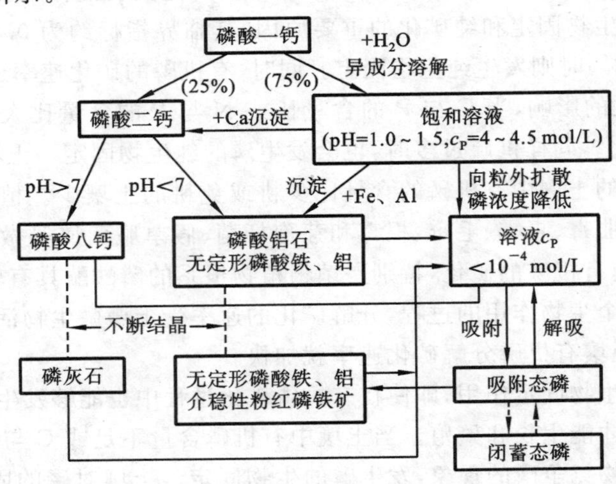

图 4-5 磷酸盐转化过程示意

土壤中磷化合物具有吸附作用,由于土壤固相性质不同,吸附固定过程可分为专性吸附和非专性吸附。在酸性条件下,土壤中的铁铝氧化物能从介质中获得质子而使本身带正电荷,由于静电引力吸附阴离子,这是非专性吸附。

$$\text{M(金属)}-OH+H^+\longrightarrow M-[OH_2]^+$$

$$\text{M(金属)}-[OH_2]^+ + H_2PO_4^- \longrightarrow M-[OH_2]^+\cdot H_2PO_4^-$$

除上述自由正电荷引起的吸附固定外,磷酸根离子置换土壤胶体(黏性矿物或铁铝氧化物)表面金属原子配位壳中的—OH 或—OH_2^+ 配位基,同时发生电子转移并共享电子对而被吸附在胶体表面上即为专性吸附。不论黏粒带正电还是带负电,专性吸附均能发生,其吸附过程较缓慢。随着时间变化,由单键吸附逐渐过渡到双键吸附,从而出现磷的"老化",最后形成晶体状态,磷的活性降低。在石灰性土壤中,也会发生这种专性吸附。当土壤溶液中磷酸根离子的局部浓度过高时,在 $CaCO_3$ 的表面可形成无定形的磷酸钙。随着 $CaCO_3$ 表面不断渗出 Ca^{2+},无定形磷酸钙逐渐转化为结晶形,较长时间后,结晶形磷酸盐逐步形成磷酸八钙或磷酸十钙。

土壤磷的解析作用是磷释放作用的重要机理之一,它是磷从土壤固相向液相转移的过程。土壤磷或磷肥的沉淀物与土壤溶液共存时,土壤溶液中的磷因作物吸收而含量降低,破坏了原有的平衡,反应向磷溶解的方向进行。在土壤中的其他阴离子的浓度大于磷酸根离子时,因竞争吸附作用会出现吸附态磷的解吸,吸附态磷沿浓度梯度向外扩散进入土壤溶液。

4.2.3　土壤重金属污染及其迁移转化

土壤本体均含有一定量的重金属元素，其中有些是作物生长所需要的微量元素，如 Mn、Cu、Zn 等，而超标的重金属营养元素和有些毒性重金属元素如 Cd、As、Hg 等对植物生长是不利的。由于采用城市污水或工业污水灌溉使其中的重金属及有机污染物进入农田，矿渣、炉渣及其他固体废物任意堆放，其淋溶物随地表径流进入农田，这些都可造成土壤重金属污染。

重金属元素大多是变价元素，重金属在土壤中的迁移转化及生态效应均与其存在形态有关。重金属易与环境中的有机、无机配体形成配合物，可被土壤胶体吸附，移动性弱，不易被水淋溶，也不易被微生物降解。土壤一旦受到重金属污染，就难以彻底消除，其向地表水或地下水中迁移，可加重水体污染。

重金属进入土壤后，可以以可溶性自由态或配离子的形式存在于土壤溶液中，但主要被土壤胶体所吸附，或以各种难溶化合物的形态存在。以土壤中硒为例，它能以硒酸盐、亚硒酸盐、元素硒等无机硒化物和有机硒化合物等多种形态存在，而在土壤溶液中主要存在形态为亚硒酸盐，其他形态的硒通过氧化、水解或还原作用均可转变为稳定的亚硒酸盐。土壤 pH 值、pE 值、黏土矿物和铁、铝水合氧化物以及有机质等都会直接影响土壤中重金属元素存在的形态。

土壤重金属污染的危害主要表现在以下几方面。一是影响植物生长，即使是营养元素，当其过量时也会对作物生长产生不利影响。实验表明，土壤中无机砷含量达 12 μg/g 时，水稻生长开始受到抑制；无机砷为 40 μg/g 时，水稻减产 50%；含砷量为 160 μg/g 时，水稻不能生长；有机砷化物对植物的毒性则更大。二是影响土壤生物群的变化及物质的转化，重金属离子对微生物的毒性顺序为 Hg＞Cd＞Cr＞Pb＞Co＞Cu，其中 Hg^{2+}、Ag^{+} 对微生物的毒性最强，通常浓度在 1 μg/g 时，就能抑制许多细菌的繁殖。三是影响人体健康，土壤重金属可通过多种途径危及人和牲畜的健康。例如，土壤中的重金属经化学或微生物的作用转化为金属有机化合物（如有机砷、有机汞）或蒸气态金属或化合物（如汞、氢化砷）通过挥发作用进入大气中；受水特别是酸雨的淋溶或地表径流作用，重金属进入地表水和地下水，影响水生生物；植物吸收并积累土壤中的重金属，通过食物链进入人体。土壤中重金属可通过上述三种途径造成二次污染，最终通过人体的呼吸作用、饮水及食物链进入人体。应当指出，经由食物链进入人体的重金属，在相当一段时间内可能不表现出受害症状，但潜在危害性很大。总之，重金属污染不仅影响土壤的性质，还可影响植物生长乃至人类的健康。

不同重金属的环境化学行为和生物效应各异，同种金属的环境化学和生物效应与其存在形态有关。例如，土壤胶体对 Pb^{2+}、Pb^{4+}、Hg^{2+} 及 Cd^{2+} 等阳离子的吸附作用较强，而对 AsO_2^- 和 $Cr_2O_7^{2-}$ 等阴离子的吸附作用较弱。对土壤水稻体系中污染重金属行为的研究表明：四种金属元素对水稻生长的影响为 Cu＞Zn＞Cd＞Pb，元素由土壤向植物的迁移明显受共存元素的影响，在实验条件下，元素吸收系数的大小顺序为 Cd＞Zn＞Cu＞Pb，与土壤对这些元素的吸持强度正好相反。

下面简要介绍主要重金属在土壤中的迁移转化及其生物效应。

1. 汞

汞在自然界中含量很低，岩石圈中汞含量约为 0.1 mg/kg，土壤中汞的背景值为 0.01～0.15 mg/kg。汞除了来源于母岩以外，主要来自污染源，如含汞农药的施用、含汞污水灌溉等，因而各地土壤中汞含量差异较大。来自污染源的汞进入表层土壤，因土壤胶体及有机质的强吸附作用,汞在土壤中移动性较弱,往往积累于表层,在剖面中呈不均匀分布。土壤中的汞不易随水流失,但易挥发至大气中。土壤中的汞按其化学形态可分为金属汞、无机汞和有机汞。无机汞有难溶性的 HgS、HgO、$HgCO_3$、$HgHPO_4$ 和 $HgSO_4$ 等和可溶性的 $HgCl_2$、$Hg(NO_3)_2$ 等,有机汞主要有甲基汞(CH_3Hg^+)、二甲基汞($(CH_3)_2Hg^+$))、乙基汞($C_2H_5Hg^+$)、苯基汞($C_6H_5Hg^+$)、烷氧乙基汞($CH_3OC_2H_4Hg^+$)以及土壤腐殖质与汞形成的配合物等。

在正常的 pE 值和 pH 值范围内,土壤中汞以单质形态存在。在一定条件下,各种形态的汞可以相互转化。当土壤在还原条件下,有机汞可降解为金属汞,进入土壤的一些无机汞可分解生成金属汞。一般情况下,土壤中都能发生 $Hg_2^{2+} = Hg^{2+} + Hg$ 反应,新生成的汞能挥发。在通气良好的土壤中,汞可以任何形态稳定存在。在厌氧条件下,部分汞可转化为可溶性甲基汞或气态二甲基汞。

无机汞之间的相互转化的主要反应有

$$3Hg \rightleftharpoons Hg_2^{2+} + Hg^{2+}$$

$$Hg_2^{2+} \rightleftharpoons Hg^{2+} + Hg$$

$$Hg^{2+} + S^{2-} \rightleftharpoons HgS$$

$$Hg^{2+} \xrightleftharpoons{\text{土壤微生物}} Hg$$

无机汞与有机汞之间的相互转化途径为

$$CH_3OC_2H_4Hg^+ \longrightarrow Hg^{2+}$$

$$(CH_3)_2Hg \xrightleftharpoons{\text{碱}} CH_3Hg^+ \rightleftharpoons Hg^{2+} \longleftarrow C_6H_5Hg^+$$

$$C_2H_5Hg^+ \longrightarrow Hg^{2+}$$

阳离子态汞易被土壤吸附,许多汞盐如磷酸汞、碳酸汞和硫化汞的溶解度亦很低。在还原条件下,金属汞也可被硫酸还原细菌转化为硫化汞,Hg^{2+} 与 H_2S 生成极难溶的 HgS,可阻止汞在土壤中的移动。当氧气充足时,硫化汞又可慢慢氧化成亚硫酸盐和硫酸盐。以阴离子形式存在的汞,如$[HgCl_3]^-$、$[HgCl_4]^{2-}$ 也可被带正电荷的氧化铁、氢氧化铁或黏土矿物的边缘所吸附;分子态的汞,如 $HgCl_2$,可以被 Fe、Mn 的氢氧化物吸附;$Hg(OH)_2$ 溶解度小,也可被土壤保留。因而汞化合物在土壤中的迁移缓慢,单质汞在土壤中主要以气相在孔隙中扩散为主。当汞被土壤中有机质螯合时,亦会发生一定的水平和垂直移动。总体而言,汞比其他有毒金属容易迁移。

汞是危害植物生长的元素。土壤中含汞量过高时,汞不但能在植物体内积累,还会对植物产生毒害。通常有机汞和无机汞化合物以及蒸气汞都会引起植物中毒。例如,汞对水稻的生长发育产生危害。中国科学院植物研究所水稻水培实验结果表明,采用含汞浓度为 0.074 μg/mL 的培养液处理水稻,产量开始下降,秕谷率增加;以 0.74 μg/mL 浓度处理时,水稻根部开始受损,并随着实验浓度的增加,根部扭曲加剧,呈褐色,有锈斑;当介质含汞浓度为 7.4 μg/mL 时,水稻叶子发黄,分蘖受到抑制,植株高度变矮,根系发育不良。此外,随着浓度的增加,植物各部分的含汞量上升。介质浓度为 22.2 μg/mL 时,水稻严重受害,水培水稻受害的致死浓度为 36.5 μg/mL。但是,在作物的土培实验中,即使土壤含汞达 18.5 μg/g,水稻和小麦产量也未受到影响。可见,汞对植物的有效性和环境条件密切相关。不同植物对汞的敏感程度有差别。例如，大豆、向日葵、玫瑰等对汞蒸气特别敏感，纸皮桦、橡树、常青藤、芦苇等对汞蒸气抗性较强，而桃树、西红柿等对汞蒸气的敏感性属中等。

植物吸收汞的数量不仅取决于土壤含汞量，还取决于其有效性。汞对植物的有效性和土壤氧化还原条件、酸碱度、有机质含量等有密切关系。不同植物吸收积累汞的能力有差异，同种植物的各器官对汞的吸收也不一样。汞进入植物主要有两条途径：一是通过根系吸收土壤中的汞离子，在某些情况下，也可吸收甲基汞或金属汞；其次是喷施叶面的汞剂、飘尘或雨水中的汞以及在日夜温差作用下土壤所释放的汞蒸气，由叶片进入植物体或通过根系吸收。由叶片进入植物体的汞，可被运转到植株其他各部位，而被植物根系吸收的汞，常与根中蛋白质发生反应而沉积于根上，很少向地上部分转移。

植物对汞的吸收与土壤中汞的存在形态有关，土壤中不同形态的汞对作物生长发育的影响存在差异。土壤中无机汞和有机汞对水稻生长发育影响的盆栽实验表明，当汞浓度相同时，汞化合物对水稻生长和发育的危害为乙酸苯汞＞$HgCl_2$＞HgO＞HgS，HgS不易被水稻吸收。即使是同一种汞化合物，当土壤环境条件变化时，可以不同的形态存在，对作物的有效性也就不一样。

2. 镉

地壳中镉的丰度为5 μg/g，土壤中镉的背景值一般在0.01～0.70 μg/g，我国部分地区镉的背景值为0.15～0.20 μg/g。土壤中镉污染主要来自矿山、冶炼、污水灌溉以及污泥的施用，镉还可伴随磷矿渣和过磷酸钙的使用而进入土壤，工业废气、汽车尾气中镉扩散并沉降至土壤中。

土壤中镉一般可分为水溶性镉、难溶性镉和吸附态镉。水溶性镉主要以Cd^{2+}离子态或以有机和无机可溶性配合物的形式存在，如$[Cd(OH)]^+$、$Cd(OH)_2$、$[CdCl]^+$、$CdCl_2$、$[Cd(HCO_3)]^+$和$Cd(HCO_3)_2$等，易被植物吸收。难溶性镉化合物主要以镉的沉淀物或难溶性螯合物的形态存在，如在旱地土壤中以$CdCO_3$、$Cd(OH)_2$和$Cd_3(PO_4)_2$等形态存在，在淹水稻田中镉多以CdS的形式存在，因而不易被植物吸收。吸附态的镉化合物主要是指被黏土或腐殖质吸附交换的镉，土壤中的镉可被胶体吸附，其吸附作用与pH值呈正相关。被吸附的镉可被水溶出而迁移，pH值越低，镉溶出率越大。如pH值为7.5时，镉则很难溶出；pH值为4时，镉的溶出率大于50%。

土壤中镉的迁移与土壤的种类、性质、pH值等因素有关，还直接受氧化还原条件的影响。水稻田是氧化还原电位很低的特殊土壤，当水田灌满水时，由于水的遮蔽效应形成了还原性环境，有机物厌氧分解产生硫化氢；当施用硫酸铵肥料时，硫还原细菌的作用使硫酸根还原产生大量的硫化氢。在淹水条件下，镉主要以CdS形式存在，抑制了Cd^{2+}的迁移，难以被植物吸收。排水时形成氧化淋溶环境，S^{2-}氧化成SO_4^{2-}，引起pH值降低，镉溶解在土壤中，易被植物吸收。土壤中其他离子，如PO_4^{3-}等均能影响镉的迁移转化，Cd^{2+}和PO_4^{3-}形成难溶的$Cd_3(PO_4)_2$，不易被植物所吸收。因此，土壤被镉污染，可施用石灰和磷肥，调节土壤pH值至5.0以上，以抑制镉污染引起的毒害。

在旱地土壤里，镉主要以$CdCO_3$、$Cd_3(PO_4)_2$及$Cd(OH)_2$等形态存在，而其中又以$CdCO_3$为主，尤其是在pH＞7的石灰性土壤中，形成$CdCO_3$的反应式为

$$Cd^{2+} + CO_2 + H_2O \longrightarrow CdCO_3 + 2H^+$$

可见旱地土壤中Cd^{2+}浓度与pH值呈负相关。

镉是危害植物生长的有毒元素，在较低浓度时，对作物的危害虽在外观上无明显症状，但

通过食物链可危及人类健康。当土壤镉浓度高到一定含量时,不仅能在植物体内残留,而且也会对植物的生长发育产生明显的危害。水稻盆栽实验结果表明:土壤含镉为 300 μg/g 时,水稻生长受到显著影响;含镉为 500 μg/g 时,严重影响水稻生长发育。

植物对镉的吸收与累积取决于土壤中镉的含量和形态、在土壤中的活性及植物的种类。许多植物能从土壤中吸收镉,并在体内累积到一定数量。植物吸收镉的量不仅与土壤的含镉量有关,还受其化学形态的影响。例如,水稻对三种无机镉化合物吸收累积的顺序为 $CdCl_2$＞$CdSO_4$＞CdS。不同种类的植物对镉的吸收存在着明显的差异,同种植物的不同品种之间对镉的吸收累积也会有较大的差异。作物如小麦、玉米、水稻和大豆都可通过根系吸收镉,其吸收量依次是玉米＞小麦＞水稻＞大豆。同一作物,镉在体内各部位的分布也是不均匀的,其含量一般为根＞茎＞叶＞子实。植物在不同的生长阶段对镉的吸收量也不一样,其中以生长期吸收量最大。镉可通过土壤-植物系统等途径,经由食物链进入人体,危害人类健康。因此,环境的镉污染是人们关注的重点问题。

3. 铅

地壳中铅的丰度为 12.5 μg/g,土壤中铅的平均背景值为 15～20 μg/g。土壤的铅污染主要因汽油燃烧和铅锌冶炼烟尘的沉降、降水及矿山、冶炼废水污灌引起。城市和矿山、冶炼厂附近的土壤铅含量比较高,汽车尾气造成的铅污染主要集中在大城市和公路两侧。

土壤中铅以难溶性的化合物为主要形态,如 $Pb(OH)_2$、$PbCO_3$、$PbSO_4$、$Pb_3(PO_4)_2$ 等固体形式,而可溶性的铅含量很低,因而土壤中的铅不易被淋溶,迁移能力较弱,虽主要蓄积在土壤表层,但生物效应较低。当土壤 pH 值降低时,部分被吸附的铅可释放出来,使铅的迁移能力提高,生物有效性增加。进入土壤的 Pb^{2+} 容易被有机质和黏土矿物所吸附。不同土壤对铅的吸附能力不同:黑土(771.6 μg/g)＞褐土(770.9 μg/g)＞红壤(425.0 μg/g);腐殖质对铅的吸附能力明显高于黏土矿物。铅也可以和配体形成稳定的金属配合物和螯合物。

植物对铅的吸收与累积取决于土壤中铅的浓度、土壤条件及植物的种类与部位,还有叶片的大小和形状。铅进入植物体的途径,一是被植物根部吸收,二是被叶面吸收。土壤条件不同,植物对铅的吸收也不尽相同。在酸性土壤中植物对铅的吸收累积较在碱性土壤中大。在植物吸收过程中,土壤中其他元素与铅发生竞争反应。例如,在石灰性土壤中,钙较铅更易被植物根系吸收。被植物吸收和输送到地上部分的铅,取决于植物种类和环境条件,但被吸收的铅主要集中在根部。

铅不是植物生长发育的必需元素,铅进入植物的过程主要是非代谢性被动进入植物根内。铅在环境中比较稳定,一定浓度的铅对作物生长不会产生危害,但通常还是认为铅对植物是有害的。作物受铅的毒害依其对铅的敏感程度而异,如大豆对铅的毒害比较敏感。土壤中高浓度的铅能抑制水稻生长,主要表现在叶片的叶绿素含量降低,影响光合作用,延缓生长,推迟成熟而导致减产。一般情况下,土壤含铅量增高会引起作物产量下降,在严重污染地区,能使植物的覆盖面大大减少。在某些极端情况下,生长在严重污染地区的植物,往往具有耐高浓度铅的能力。作物吸收铅与土壤含铅量之间的关系目前还没有一致的结论。

4. 铬

地壳中铬的丰度为 200 μg/g,铬的土壤背景值一般为 20～100 μg/g,各类土壤因成土母质不同,铬的含量差别很大。土壤中铬的人为污染主要有冶炼、电镀、制革、印染等行业排放的“三废”,以及施用铬含量较高的化肥。

土壤中铬主要以两种价态存在,即三价铬(Cr^{3+}、CrO_2^-、$Cr(OH)_3$)及六价铬(CrO_4^{2-} 和

$Cr_2O_7^{2-}$），其中三价铬稳定，而六价铬毒性高。土壤中可溶性铬只占总铬量的0.01%～0.4%。铬的迁移转化与土壤的pH值、氧化还原电位、有机质含量等因素有关。不同价态铬之间的相互转化可以简明表示如下：

$$
\begin{array}{ccc}
Cr_2O_7^{2-} & \underset{H^+}{\overset{OH^-}{\rightleftharpoons}} & 2CrO_4^{2-} \\
\text{还原剂(如腐殖质)}\downarrow & & \uparrow\text{氧化剂(如水钠锰矿)} \\
Cr^{3+} \underset{H^+}{\overset{OH^-}{\rightleftharpoons}} & Cr(OH)_3 & \underset{H^+}{\overset{OH^-}{\rightleftharpoons}} CrO_2^-
\end{array}
$$

三价铬进入土壤后，90%以上迅速被土壤吸附固定，形成铬和铁氢氧化物的混合物或被封闭在铁氧化物中，故土壤中三价铬难以迁移。土壤溶液中三价铬的溶解度取决于土壤溶液的pH值。当pH值大于4时，三价铬溶解度降低；当pH值大于5.5时，全部沉淀；在碱性溶液中形成铬的多羟基化合物。此外，在pH值较低时，铬能形成有机配合物，迁移能力增强。

土壤胶体对三价铬的强烈吸附作用与pH值呈正相关。Cr^{3+}可交换黏土矿物晶格中的Al^{3+}，黏土矿物吸附三价铬的能力为吸附六价铬的30～300倍。六价铬进入土壤后大部分游离在土壤溶液中，仅有8.5%～36.2%被土壤胶体吸附固定。不同类型的土壤或黏土矿物对六价铬的吸附能力有明显的差异，如红壤＞黄棕壤＞黑土＞黄壤，高岭石＞伊利石＞蛭石＞蒙脱石。土壤中有机质越多，电负性越强，对六价铬阴离子的吸附力就越弱。

土壤中铬的迁移转化受氧化还原条件影响较大。当含铬废水进入农田时，其中的Cr(Ⅲ)被土壤胶体吸附固定，同时Cr(Ⅵ)迅速被有机质还原成Cr(Ⅲ)后被土壤胶体吸附，导致铬的迁移能力及生物有效性降低，进而在土壤中积累。在一定条件下，Cr(Ⅲ)可转化为Cr(Ⅵ)，存在着潜在危害。在pH值为6.5～8.5时，土壤中的Cr(Ⅲ)能被氧化为Cr(Ⅵ)，其反应为

$$4[Cr(OH)_2]^+ + 3O_2 + 2H_2O \longrightarrow 4CrO_4^{2-} + 12H^+$$

此外，土壤中的氧化锰也能使Cr(Ⅲ)转化为Cr(Ⅵ)，一般氧化锰矿物晶格中同时存在Mn(Ⅳ)和Mn(Ⅲ)，如常见的水钠锰矿、锰钾矿等，实验发现Mn(Ⅳ)只具有基于热力学上的氧化容量，而与动力学上的氧化速率的关系不大，存在的Mn(Ⅲ)及Mn(Ⅳ)被还原过程中新生成的Mn(Ⅲ)对铬的氧化速率影响较为显著。

在土壤常见的pH值和pE值范围内，Cr(Ⅵ)也可被有机质等迅速还原为Cr(Ⅲ)。在不同水稻田中，Cr(Ⅵ)的还原率与有机碳含量呈显著的正相关。当砖红壤中有机碳含量为1.56%和1.33%时，Cr(Ⅵ)的还原率分别为89.6%和77.2%；一般情况下，土壤中有机碳增加1%，Cr(Ⅵ)的还原率约增加30%。有机质对Cr(Ⅵ)的还原作用与土壤pH值呈负相关。当土壤有机质含量极低时，pH值对Cr(Ⅵ)的还原率影响更加明显。例如，当土壤pH值为3.35和7.89时，Cr(Ⅵ)的还原率分别为54%和20%。

植物在生长发育过程中，可从外界环境中吸收铬，铬可以通过根和叶进入植物体。植物中铬的残留量与土壤中铬含量呈正相关，体内含铬量因植物种类及土壤类型的不同差别很大。植物从土壤中吸收的铬绝大部分积累在根中，其次是茎叶，子粒里积累的铬量最少。

微量元素铬是植物所必需的。植物缺少铬就会影响其正常发育，低浓度的铬对植物生长有刺激作用，但植物体内累积过量铬又会引起毒害作用，直接或间接地给人类健康带来危害。总的说来，铬对植物生长的抑制作用较弱，其原因是铬在植物体内迁移性很低。水稻栽培实验结果表明，重金属在植物体内的迁移能力为Cd＞Zn＞Ni＞Cu＞Cr。高浓度铬不仅对植物产生危害，而且会影响植物对其他营养元素的吸收。例如，当土壤含铬大于5 μg/g时会干扰植

株上部对钙、钾、磷、硼、铜的吸收,受害的大豆最终表现为植株顶部严重枯萎。

土壤中铬对植物的毒性与下列因素有关。一是铬的化学形态和含量,如Cr(Ⅵ)的毒性比Cr(Ⅲ)大。土壤中Cr(Ⅲ)为20～40 μg/g时,对玉米苗生长有明显的刺激作用;当Cr(Ⅲ)为320 μg/g时,则有抑制作用。土壤中Cr(Ⅵ)为20 μg/g时,对玉米苗生长有刺激作用;Cr(Ⅵ)为80 μg/g时,则有显著的抑制作用。二是土壤性质,土壤胶体对Cr(Ⅲ)有强烈的吸附固定作用,在酸性或中性条件下对Cr(Ⅵ)也有很强的吸附作用;同时,土壤有机质具有吸附或螯合作用,还能使可溶性Cr(Ⅵ)还原成难溶的Cr(Ⅲ),因而,土壤黏粒和有机质的含量会影响铬对植物的毒性。三是土壤氧化还原电位,如在同一Cr(Ⅲ)浓度下,旱地土壤中有效态铬比在水田中高得多。四是土壤pH值,Cr(Ⅵ)在中性和碱性土壤中的毒性要比在酸性土壤中大,而Cr(Ⅲ)对植物的毒性在酸性土壤中较大。

5. 铜

岩石圈中铜的丰度为70 μg/g,土壤中铜的含量为2～200 μg/g。我国土壤含铜量为3～300 μg/g,其中大部分土壤含铜量在15～60 μg/g,平均值为20 μg/g。铁镁矿物和长石类矿物,如橄榄石、角闪石、辉石、黑云母、正长石、斜长石等含铜量较多。铜是亲硫元素,往往以辉铜矿(CuS)、黄铜矿($CuFeS_2$)、赤铜矿(CuO)、孔雀石($Cu_2(OH)_2CO_3$)和蓝铜矿($Cu_3(OH)_2(CO_3)_2$)等矿物存在。含铜矿产的开采、冶炼厂“三废”的排放、工业粉尘、含铜杀菌剂的长期大量使用、城市污泥的堆肥利用、污水灌溉等使土壤含铜量达到原始土壤的几倍甚至几十倍,引起土壤的铜污染。日本被铜污染的土地面积约为456450亩(1亩＝667 m^2),占重金属污染总面积的80%左右,其中渡良濑川流域土壤平均含铜达1000 μg/g,最高达2020 μg/g。

土壤中铜的存在形态可分为可溶性铜、交换性铜、非交换性铜和难溶性铜四类。可溶性铜约占土壤总铜量的1%,主要是可溶性铜盐,如$Cu(NO_3)_2 \cdot 3H_2O$、$CuCl_2 \cdot 2H_2O$、$CuSO_4 \cdot 5H_2O$等。交换性铜是指能被土壤有机、无机胶体所吸附,可被其他阳离子交换出来的铜。非交换性铜是指被有机质紧密吸附的铜和原生矿物、次生矿物中的铜,不能被中性盐所置换。难溶性铜大多是不溶于水而溶于酸的化合物,如CuO、Cu_2O、$Cu(OH)_2$、$[Cu(OH)]^+$、$CuCO_3$、Cu_2S和$Cu_3(PO_4)_2 \cdot 3H_2O$等。

土壤中腐殖质能与铜离子形成螯合物。土壤有机质及黏土矿物对铜离子有很强的吸附作用,吸附强弱与其含量、组成有关。黏土矿物及腐殖质吸附铜离子的强度为腐殖质＞蒙脱石＞伊利石＞高岭石。我国几种主要土壤对铜的吸附强度为黑土＞褐土＞红壤。土壤pH值对铜的迁移及生物效应有较大的影响,游离铜与土壤pH值呈负相关;在酸性土壤中,铜易发生迁移,其生物效应也增强。

铜是生物必需元素,广泛分布在一切植物中。在缺铜的土壤中施用铜肥,能显著提高作物产量。例如,硫酸铜是常用的铜肥,可以用作基肥、种肥、追肥,还可用来处理种子。但过量铜会对植物生长发育产生危害。如当土壤含铜量达200 μg/g时,小麦枯死;当含铜达250 μg/g时,水稻会枯死。又如,用含铜0.06 μg/mL的溶液灌溉农田,水稻减产15.7%;铜浓度增至0.6 μg/mL时,减产45.1%;铜浓度增至3.2 μg/mL时,水稻无收获。研究表明,铜对植物的毒性还受其他元素的影响。在水培液中只要有1 μg/mL的硫酸铜,即可使大麦停止生长;然而加入其他营养盐类,即使铜浓度达4 μg/mL,也不至于使大麦停止生长。

生长在铜污染土壤中的植物,其体内会发生铜的累积。植物中铜的累积与土壤中的总铜量无明显的相关性,而与有效态铜的含量密切相关。有效态铜包括可溶性铜和土壤胶体吸附的交换性铜，土壤中有效态铜量受土壤 pH 值、有机质含量等直接影响。不同植物对铜的吸收累积有一定差异，铜在同种植物不同部位的分布也不一样。铜在植物各部分累积分布多为根＞茎，叶＞果实，但少数植物体内铜的分布与此相反，如桦叶是果＞枝＞叶，小叶樟叶则是茎＞根＞叶。

6. 锌

岩石圈中锌的丰度为 80 μg/g。土壤中锌的总含量为 10～300 μg/g，平均值为 50 μg/g；我国一些土壤中含锌量为 3～790 μg/g，平均值为 100 μg/g。除来自岩石母质外，铅锌矿的开采尾砂、农田施用污泥、含锌废水灌溉和大气沉降等都会导致土壤中的锌污染，一些地质异常地区和铅锌矿周围土壤常常受到锌的污染。

用含锌废水污灌时，锌以 Zn^{2+} 或配离子 $[Zn(OH)]^{+}$、$[ZnCl]^{+}$、$[Zn(NO_3)]^{+}$ 等形态进入土壤，并被土壤胶体吸附累积；有时则形成氢氧化物、碳酸盐、磷酸盐和硫化物沉淀，或与土壤中的有机质结合。

锌主要被富集在土壤表层。研究结果表明，土壤中各部分的含锌量依次为黏土＞氧化铁＞有机质＞粉沙＞沙＞交换态。土壤中大部分锌以结合态存在，为有机复合物及各种矿物，一般不易被植物吸收。植物只能吸收可溶性或交换态的锌。锌的迁移能力及有效性主要取决于土壤的酸碱性，其次是土壤吸附和固定锌的能力。总体而言，土壤中有效态锌浓度比其他重金属的有效浓度高，平均有效态锌占总锌量的 5%～20%。

土壤中锌的迁移主要取决于 pH 值。当土壤为酸性时，被黏土矿物吸附的锌易解吸，不溶性氢氧化锌可与酸作用转化为 Zn^{2+}。因此，酸性土壤中锌容易发生迁移。当土壤中锌以 Zn^{2+} 为主存在时，容易淋失迁移或被植物吸收，故缺锌现象常常发生在酸性土壤中。在碱性环境中，Zn^{2+} 会转换生成 $Zn(OH)_2$ 絮状沉积物转移到底质中，迁移能力明显减弱。

由于稻田淹水，处于还原状态，硫酸盐还原菌将 SO_4^{2-} 转化为 H_2S，土壤中 Zn^{2+} 与 S^{2-} 形成溶度积小的 ZnS，土壤中锌发生累积。锌与有机质相互作用，能形成可溶性的或不溶性的配合物。可见，土壤中有机质对锌的迁移会产生较大的影响。

锌是植物生长发育不可缺少的元素。常把硫酸锌作为微量元素肥料，但过量的锌会伤害植物的根系，从而影响作物的产量和质量。土壤酸度的增加会加重锌对植物的危害，而植物对锌的忍耐浓度大于其他元素。例如：在中性土壤里加入 100 μg/mL 的锌溶液，洋葱生长正常，当加入 500 μg/mL 锌时，洋葱茎叶变黄；在酸性土壤中，加入 100 μg/mL 的锌溶液，洋葱生长发育受阻，加入 500 μg/mL 锌时，洋葱几乎不生长。各种植物对高浓度锌毒害的敏感性也不同。一般说来，锌在土壤中的富集，必然导致在植物体中的累积，植物体内累积的锌与土壤含锌量密切相关，如水稻糙米中锌的含量与土壤的含锌量呈线性相关。

土壤中其他元素可影响植物对锌的吸收。如施用过多的磷肥，可使锌形成不溶性磷酸锌而固定，植物吸收的锌就减少，甚至引起锌缺乏症。温度和阳光对植物吸收锌也有影响。不同植物对锌的吸收累积差异很大，一般植物体内自然含锌量为 10～160 μg/g，但有些植物对锌的吸收能力很强，植物体内累积的锌可达 0.2～10 mg/g。锌在植物体各部位的分布也是不均匀的。如在水稻、小麦中锌含量分布为根＞茎＞果实。

7. 砷

砷虽非重金属，但具有类似重金属的性质，也称其为准金属。地壳中砷的平均丰度为 2 μg/g，土壤中砷的背景值一般在 0.2～40 μg/g，我国土壤平均含砷量约为 10 μg/g。土壤中的砷除来自岩石风化外，主要还是人类活动引起，如矿山和工厂含砷废水的排放、煤的燃烧过程中含砷飘尘的沉降以及含砷农药的喷洒等导致土壤砷污染。

砷是变价元素，土壤中砷以三价或五价态存在，其存在形态可分为可溶性砷、吸附交换态砷及难溶性砷。可溶性砷主要为 AsO_4^{3-}、AsO_3^{3-}、$HAsO_3^{2-}$、$H_2AsO_3^-$、$HAsO_4^{2-}$ 等阴离子，一般只占总砷量的5%～10%。我国土壤中可溶性砷低于1%，其总量低于1 μg/g。吸附交换态砷是指土壤胶体对 AsO_4^{3-} 和 AsO_3^{3-} 的吸附作用。如带正电荷的氢氧化铁、氢氧化铝和铝硅酸盐黏土矿物表面的铝离子都可以吸附含砷的阴离子，但有机胶体对砷无明显的吸附作用，研究表明，用 Fe^{3+} 饱和的黏土矿物吸附砷的量为620～1172 μg/g，吸附强度顺序为蒙脱石＞高岭石＞白云石。用 Ca^{2+} 饱和的黏土矿物对砷的吸附量为75～415 μg/g，吸附强度顺序为高岭石＞蒙脱石＞白云石。难溶性砷是指砷与铁、铝、钙、镁等离子形成难溶的砷化物，也可与氢氧化铁、氢氧化铝等胶体产生共沉淀而被固定难以迁移。含砷（Ⅴ）化合物的溶解度顺序为 $Ca_3(AsO_4)_2$＞$Mg_3(AsO_4)_2$＞$AlAsO_4$＞$FeAsO_4$，可见 Fe^{3+} 固定 AsO_4^{3-} 的能力最强。几种土壤对砷的吸附能力顺序为红壤＞砖红壤＞黄棕壤＞黑土＞碱土＞黄土。

土壤中吸附态砷可转化为溶解态的砷化物，这个过程与土壤pH值和氧化还原电位、微生物种类和砷的形态及其浓度等条件有关。土壤中砷常以 AsO_4^{3-} 和 AsO_3^{3-} 盐形式存在，如土壤 pE 值降低，pH值升高，砷溶解度显著增加。在碱性条件下，土壤胶体的正电荷减少，对砷的吸附能力也就降低，可溶性砷含量增加。由于 AsO_4^{3-} 比 AsO_3^{3-} 容易被土壤吸附固定，如果土壤中砷以 AsO_3^{3-} 状态存在，砷的溶解度相对增加。AsO_4^{3-} 与 AsO_3^{3-} 之间的转化同时取决于氧化还原条件。例如：旱地土壤处于氧化状态，AsO_3^{3-} 可氧化成 AsO_4^{3-}；水田土壤处于还原状态，大部分砷以 AsO_3^{3-} 形态存在，砷的溶解度及有效性相对增加，砷害也就增加。

土壤微生物也能促进砷的形态变化。如氧化细菌可把 AsO_3^{3-} 氧化为 AsO_4^{3-}；厌氧微生物砷霉菌可使高价砷化物还原为 AsH_3 等形态从土壤中气化逸脱；此外，土壤微生物还可使无机砷转化为有机砷化物。磷化合物和砷化合物特性相似，因此土壤中磷化合物的存在将影响砷的迁移能力和生物效应。一般土壤吸附磷的能力比砷强，致使磷能夺取土壤中固定砷的位置，砷的可溶性及生物有效性相对增强。

由此可见，砷的性质与镉、铬等相反。当土壤处于氧化状态时，它的危害比较小；当土壤处于淹水还原状态时，AsO_4^{3-} 还原为 AsO_3^{3-}，加重了砷对植物的危害。因此，在实践中，对砷污染的水稻土，常采取措施提高土壤氧化还原电位或加入某些物质，以减轻砷对作物生长的危害。

一般认为，砷不是植物必需的元素。低浓度砷对许多植物生长有刺激作用，高浓度砷则有危害作用。砷中毒可阻碍作物的生长发育。研究表明，土壤含砷量为25 μg/g和50 μg/g时，可使小麦分别增产8.7%和20%；含砷量达100 μg/g时，则严重影响小麦生长；含砷量为200～1000 μg/g时，小麦全部死亡。不同砷化物对作物生长发育的影响是有差别的。如有机砷化物易被水稻吸收，其毒性比无机砷大得多，即使是无机态砷，AsO_3^{3-} 对作物的危害比 AsO_4^{3-} 大。

作物对砷的吸收累积与土壤含砷量有关，不同植物吸收累积砷的能力有很大的差别，植物的不同部位吸收累积的砷量也是不同的。砷进入植物的途径主要是根、叶吸收。植物的根系可从土壤中吸收砷，然后在植株内迁移运转到各部分；有机态砷被植物吸收后，可在体内逐渐降解为无机态砷。同重金属一样，砷可以通过土壤-植物系统，经由食物链最终进入人体。

综上所述，土壤重金属污染主要来自废水污灌、污泥施用以及大气降尘，废渣及城市垃圾的任意堆放也可造成土壤重金属污染。土壤中高浓度的重金属会危害植物的生长发育，影响农产品的产量和质量。重金属对植物生长发育的危害程度取决于土壤中重金属的含量，特别是有效态的含量。影响土壤中重金属迁移转化及生物效应的因素是多方面的，主要因素有胶体对重金属的吸附、各种无机及有机配体的配位或螯合作用、土壤的氧化还原状态、土壤的酸碱性及共存离子的作用、土壤微生物的作用等。

重金属不能被微生物降解，同时由于胶体对重金属离子有强烈的吸附作用等不易迁移，可通过土壤-植物系统及食物链最终进入人体，影响人类健康。因此，土壤一旦遭受重金属污染，就很难彻底消除，应积极防治土壤的重金属污染。

4.2.4 土壤的农药污染及其迁移转化

农药是农用药剂的简称，指用于预防、消灭或者控制危害农业、林业的病、虫、草和其他有害生物以及有目的地调节植物、昆虫生长的化学合成或者来源于生物、其他天然物质的一种或多种物质的混合物及其制剂。农药不仅包括杀虫剂，还包括除草剂、杀菌剂、防治啮齿类动物的药物，以及动植物生长的调节剂。按照防治对象可以分为杀虫剂、杀菌剂、除草剂、杀螨剂、杀鼠剂、杀线虫剂和植物生长调节剂等。自 1939 年瑞士科学家 Moller 发明了 DDT 杀虫剂以来，农药的研发和应用取得了很大进展，现在世界各国注册的农药品种已有 1700 多种，2013 年产量约为 2.3×10^6 t。我国已批准登记的农药产品和正在试验的农药新产品有几百种，根据国家统计局统计，2015 年农药产量为 3.74×10^6 t(100%有效成分计)，居世界第一位。农药的施用在很大程度上起到了增产保收的显著功效，但由于化学农药在环境中的残留和持久性、高毒性和高生物活性等特点，尤其像 DDT 类农药对生态环境产生了许多有害的作用和影响，如降低浮游生物的光合作用，使鸟类不能正常生长繁殖，使虫害获得了抗药能力而益鸟和益虫却大量减少等，因此，农药污染现已成为全球性的环境问题，并引起人们的高度关注。

病、虫、杂草等有害生物，在形态、行为、生理代谢等方面均有很大差异，因此，一种农药往往仅能防治某一种病虫害，专用性很强。人工合成的化学农药种类很多，按化学组成主要可分为有机氯、有机磷、有机汞、有机砷、氨基甲酸酯类等制剂，按农药在环境中存在的物理状态可分为粉状、可溶性液体、挥发性液体等，按其作用方式有胃毒、触杀、熏蒸等。按照其化学成分主要有如下几类。

(1) 有机氯类农药。该类农药是含氯的有机化合物，大部分是含有一个或几个苯环的氯素衍生物，最主要的品种是 DDT 和六六六，其次是艾氏剂、狄氏剂和异狄氏剂等。有机氯类农药的特点如下：化学性质稳定；在环境中残留时间长；短期内不易分解；易溶于脂肪并在脂肪中蓄积。有机氯农药是一类重要的持久性有机污染物(POPs)，特别是 DDT 等有机氯农药在 20 世纪 80 年代以前相当长一段时间里一直是我国的主导农药，长期施用，是造成环境污染的最主要农药类型。目前许多国家都已禁止使用，我国已于 1985 年禁止生产和使用。

(2) 有机磷类农药。有机磷类农药是含磷的有机化合物，有的还含有硫、氮元素，化学结构一般含有 C—P 键、C—O—P 键、C—S—P 键或 C—N—P 键等，其大部分是磷酸酯类或酰胺类化合物，如对硫磷(1605)、敌敌畏、二甲硫吸磷、乐果、敌百虫、马拉硫磷等。这类农药一般显剧毒性，但较易分解，在环境中残留时间短，在动植物体内受酶的作用磷酸酯进行分解不易蓄积，因此常被认为是较安全的一种农药。有机磷农药对昆虫哺乳类动物均可呈现毒性，破坏神经细胞分泌乙酰胆碱的功能，阻碍刺激的传送等生理作用，致机体死亡。因此，在短期内有机磷类农药的环境污染毒性仍不可忽视。近年来许多研究报告指出有机磷农药具有烷基化作用，可能引起动物的致癌、致突变作用。

(3) 氨基甲酸酯类农药。该类农药具有苯基-N-烷基甲酸酯的结构,如甲萘威、仲丁威、速灭威、杀螟丹等。其特点是在环境中易分解,在动物体内也能迅速代谢,而且代谢产物的毒性多数低于本身毒性,因此属于低残留的农药。

(4) 除草剂。除草剂具有选择性,只能杀伤杂草,而不伤害作物。最常用的除草剂有2,4-D(2,4-二氯苯基乙酸)和2,4,5-T(2,4,5-三氯苯氧基乙酸)及其酯类,能灭除许多阔叶草,但对许多狭叶草则无害,是一种调解物质。有的是非选择性的,对药剂接触到的植物都可杀死,如五氯酸钠;有的品种只对药剂接触到的部分发生作用,药剂在植物体内不转移,不传导。大多数除草剂在环境中会逐渐分解,对哺乳动物的生化过程无干扰,对人、畜毒性不大,也未发现在人畜体内累积。

有机氯等农药不仅能杀灭害虫,也能杀死许多害虫的天敌及传粉昆虫等益鸟、益虫,长期施用还能增强害虫的抗药性。施入土壤的化学农药,有的化学性质稳定、存留时间长,大量而持续使用农药,使其不断在土壤中累积,到一定程度便会影响作物的产量和质量。农药还可以通过各种途径,如挥发、淋溶和食物链等转入大气、水体和生物体中,造成其他环境要素的污染,通过食物链对人体产生危害。目前,防止农药污染已成为当前世界上很多国家关切的环境问题。因此,了解农药在土壤中的迁移转化规律以及土壤对有毒化学农药的净化作用,对于预测其变化趋势及控制土壤的农药污染都具有重要意义。

1. 土壤中化学农药的迁移转化

1) 吸附

土壤组成及其性质可显著影响土壤中农药的环境化学行为,其中土壤的吸附作用影响最大,是农药在土壤中滞留的主要因素。土壤胶体的吸附作用影响农药在土壤的固、液、气三相中的分配,进而影响土壤中农药的迁移转化及毒性,如降低农药的溶解度和生理活性,但这种作用是不稳定的,也是有限的。土壤对农药的吸附可分为物理吸附、离子交换吸附、氢键结合和配位键结合等形式的吸附,其中离子交换吸附较为重要。

(1) 土壤对农药的吸附机理。

① 物理吸附。土壤对农药的物理吸附作用主要是胶体内部和周围农药的离子或极性分子间的偶极作用,是吸附质和吸附剂以分子间作用力为主的吸附,也称范德华吸附。非离子型、非极性或弱极性农药分子与土壤间的吸附作用,如土壤有机质对西维因、毒莠定、对硫磷的吸附等。物理吸附的强弱取决于土壤胶体比表面积的大小。无机黏土矿物中,蒙脱石和高岭石对丙体六六六的吸附量分别为10.3 mg/g和2.7 mg/g;有机胶体比无机胶体对农药有更强的吸附力,如土壤腐殖质对马拉硫磷的吸附力较蒙脱石大70倍,腐殖质还能吸附水溶性差的农药。由此可见,土壤质地和有机质含量对农药吸附作用影响很大。

② 离子交换吸附。化学农药按其化学性质可分为离子型和非离子型农药。离子型农药(如联吡啶类除草剂敌草快和百草枯)在水中能解离成离子,非离子型农药包括有机氯类的DDT、艾氏剂,有机磷类的对硫磷、地亚农等。离子型农药进入土壤后,一般解离为阳离子,可被带负电荷的有机胶体或无机胶体吸附。如杀草快质子化后,被腐殖质胶体上的两个—COOH吸附,有些农药的官能团(—OH、$—NO_2$、—COOR、—NHR等)解离时产生负电荷成为阴离子,则被带正电荷的$Fe_2O_3 \cdot nH_2O$、$Al_2O_3 \cdot nH_2O$等胶体吸附。因此,离子交换吸附可分为阳离子交换吸附和阴离子交换吸附。土壤pH值对农药的吸附有一定的影响,有些农药在不同的酸碱条件下有不同的解离方式,因而有不同的吸附形式。

③ 氢键吸附。土壤组分和农药分子中的—NH、—OH基团或N和O原子形成氢键,是

非离子型极性农药分子被黏土矿物或有机质胶体吸附最为普遍的一种方式。农药分子可与黏土表面氧原子、边缘羟基或土壤有机质的含氧基团、氨基等以氢键形式相结合，如下所示：

$$\boxed{\text{土壤胶体}}\text{—O}\cdots\text{H—N—R}$$

$$\boxed{\text{土壤胶体}}\text{—O}\cdots\text{HO—C—R=O}$$

有些交换性阳离子与极性有机农药分子还可以通过水分子以氢键相结合，如酮分子与水合的交换性阳离子(M^{n+})的相互作用：

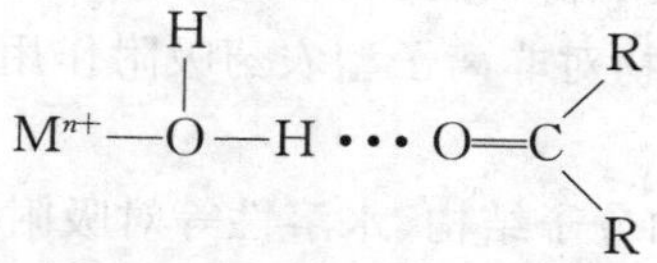

$$M^{n+}\text{—}\underset{}{\overset{\displaystyle H}{\overset{|}{O}}}\text{—H}\cdots O\text{=C}\langle^{R}_{R}$$

④ 配体交换吸附。农药分子置换了土壤胶体一个或几个配体而被土壤吸附。配位型结合对农药在土壤中的行为和归趋尤为重要。发生配体交换反应的必要条件是农药分子比被置换的配体具有更强的配位能力。有些农药分子配体可与黏土矿物上各种金属离子形成配合物，如咪草烟被蒙脱石吸附，不仅在表面吸附，且能进入蒙脱石内层与其层间阳离子形成配合物。

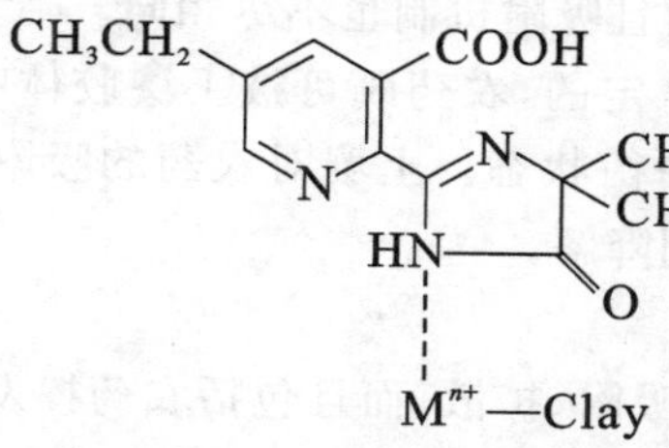

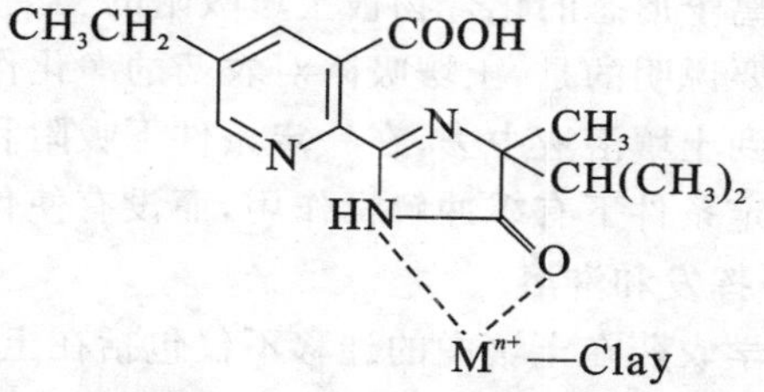

CH_3CH_2　COOH　N　CH_3　$CH(CH_3)_2$　HN　O　M^{n+}—Clay

CH_3CH_2　COOH　N　CH_3　$CH(CH_3)_2$　HN　O　M^{n+}—Clay

农药分子还可以通过疏水性结合、电荷转移等形式被土壤吸附，而非离子型农药在土壤有机质-水体中的吸附主要还是分配作用。

(2) 土壤中农药的吸附等温式。

对于土壤对农药的吸附，可通过吸附等温线（L 型和 F 型吸附等温线）反映污染物在土壤颗粒表面吸附作用的方式，一般可以用 Langmuir 和 Freundlich 等温吸附方程来定量描述。具体等温吸附方程在前面已作详细介绍，这里不再复述。

农药可以分为离子型和非离子型农药，使用品种和数量最多的还是非离子型农药，如有机氯、有机磷和氨基甲酸酯等。研究结果表明，非离子型农药在土壤中有较明显的吸附行为特征。土壤中非离子型农药在土壤有机质-水体中的吸附主要是分配作用，也即可通过溶解作用而进入土壤有机质中。

土壤-水系统中土壤矿物表面可吸附离子型物质，还可与水分子发生偶极作用，吸附位点几乎被全部占据，而非离子型的有机物很难吸附在矿物表面的吸附位点上。由于非离子型有机物难溶于水，易溶于土壤有机质，类似于有机溶剂从水中萃取非离子型有机物，因此，当多种非离子型有机物在土壤有机质中分配时，它们服从溶解平衡原理，因而也不存在竞争吸附现象。这种吸附符合线性等温吸附方程，即 Henry 型等温吸附方程

$$\frac{x}{m} = Kc$$

式中：$\frac{x}{m}$——单位体积土壤吸附农药的量，$\mu g/cm^3$；

c——吸附平衡时溶液中农药的浓度，$\mu g/cm^3$；

K——分配系数。

该等温吸附方程表明农药在土壤胶体和溶液之间按照固定比例分配，研究证明非离子型有机物在土壤-水系统中的分配系数随其水中溶解度减小而增大。

土壤对农药的吸附方式有多种形式，因而影响土壤对农药吸附作用的因素也很多，主要有如下几种。

① 土壤胶体的性质。如黏土矿物、有机质含量、组成特征以及硅铝氧化物及其水化物的含量。土壤有机质和各种黏土矿物对非离子型农药吸附作用的顺序为有机质＞蛭石＞蒙脱石＞伊利石＞绿泥石＞高岭石。

② 农药本身的化学性质。如分子结构、水溶性等对吸附作用也有很大的影响。农药分子中某些官能团如—OH、—NH_2—NHR、—$CONH_2$、—COOR以及R_3^+N—等有助于吸附作用，其中带—NH_2的化合物最易被吸附；在同一类农药中，农药的分子越大，溶解度越小，越易被土壤所吸附。

③ 土壤的pH值。在不同酸碱度条件下农药解离成阳离子或有机阴离子，而被带负电荷或带正电荷的土壤胶体所吸附。pH值可决定农药的解离或组合的程度，进而影响分子、阳离子或阴离子形态的化合物被土壤吸附的程度和吸附量，而且吸附机制也不尽相同。

需要说明的是，土壤吸附对农药的净化作用也是不稳定的，农药既可被土壤胶体吸附，也可释放到土壤溶液中去，在一定条件下吸附和解吸处于平衡状态。土壤对农药的吸附作用只是在一定条件下有缓冲解毒作用，而没有使化学农药得到降解。

2）挥发和淋溶

化学农药在土壤中的迁移不仅包括在土壤固相中的吸附、扩散，而且包括农药挥发到气相的移动以及经淋溶进入液相的过程。进入土壤的农药，在被吸附的同时，可挥发至大气中，或因水的淋溶随地表径流进入水体。土壤中农药的迁移，可引起大气、水和生物的污染。近年来，对土壤中化学农药的迁移十分重视，许多国家，如美国、德国和荷兰等都规定在农药注册时必须提供化学农药在土壤中迁移的评价资料。

(1) 化学农药在土壤中的挥发。

农药挥发是指在自然条件下农药从植物表面、水面和土壤表面通过挥发作用逸入大气的过程。蒸气压大、挥发作用强的农药，在土壤中的迁移主要以挥发扩散形式进行。各类化学农药的蒸气压相差很大，有机磷和某些氨基甲酸酯类农药蒸气压很高，相应挥发性强。很多资料表明，农药(包括不易挥发的有机氯农药)都可以从土壤表面挥发，对于低水溶性和持久性的化学农药，挥发是农药透过土壤逸入大气的重要途径。

农药的挥发受到很多因素的影响，如农药本身的蒸气压、分配系数、扩散系数、水溶性、浓度、土壤的吸附作用、农药的喷撒方式、气候条件和土壤质地等。农药的挥发与土壤含水量有密切关系。土壤干燥时，农药不扩散，主要被土体表面所吸附，随着土壤水分的增加，由于水的极性大于有机物农药，因此水占据了土壤矿物质表面的吸附位点，使农药的挥发性大大增加。挥发也因土壤质地不同而异，如沙土吸附能力小于壤土，农药的蒸发损失较壤土高；土温增高，也能促进农药的蒸发。农药的挥发与它在土壤中的浓度也有很大的关系，同一种农药在土壤中的浓度越高，则它的挥发度越大。喷施方式对农药挥发有影响，如采用表面施喷和种子处理两种施药方式，发现表面施喷的林丹大量挥发，而种子处理的林丹则挥发速率很低，但如果第二年进行耕地深翻，林丹被带出地表，则残留的林丹很快就会挥发。

土壤中农药的挥发速率可以用下式来表示：

$$V_{sw/a}=\frac{c_w}{c_a}\left(\frac{1}{r}+K_a\right)$$

式中：$V_{sw/a}$——农药从土壤中的挥发速率；

c_w——农药在土壤溶液中的浓度；

c_a——农药在空气中的浓度；

r——土壤中土壤固相与水的质量比；

K_a——土壤对农药的吸附系数。

$V_{sw/a}$值越小，说明农药的挥发性能越强，越容易从土壤表面向大气中挥发；$V_{sw/a}$值越大，说明农药的挥发性能越弱。通常根据$V_{sw/a}$值大小将农药的挥发性能分为三个等级：$V_{sw/a}<10^4$，为易挥发；$V_{sw/a}$值在$10^4\sim10^6$之间，为微挥发；$V_{sw/a}>10^6$，为难挥发。土壤吸附系数K_a越大，$V_{sw/a}$值也就越大，农药越不易从土壤中挥发。上述表达式可有效解释具有较高蒸气压的农药（如氟乐灵等）在水中具有较大的挥发性，而进入土壤后却很少挥发。

(2) 化学农药在土壤中的淋溶迁移。

农药淋溶作用是指农药在土壤中随水流垂直向下移动的能力。淋溶作用是农药在水与土壤颗粒之间的吸附-解析或分配的一种综合行为，淋溶过程与农药被土壤胶体吸附的过程相反。一般来说，农药吸附作用越强，其淋溶作用越弱。农药淋溶作用的强弱是评价农药对地下水是否有污染危险的重要指标。

影响农药淋溶作用的因素很多，主要有农药自身的物理化学性质、土壤的结构与性质、作物类型及耕作方式等。若农药在水中溶解度大，则淋溶能力强，如2,4-D、涕灭威、呋喃丹等淋溶作用强，有可能进入深层土壤而污染地下水。淋溶作用还与农药施用地区的气候、土壤条件等关系密切，如在多雨、土壤沙性的地区，农药容易淋溶，如一般农药在吸附性能小的沙性土壤中易于淋溶，而在黏粒和有机质含量高的土壤中淋溶较难。一般来说，农药在土壤中的淋溶较弱，故残留于土壤中的农药大多聚集于表土之中。

目前，一般用最大淋溶深度作为评价农药淋溶性能的指标。最大淋溶深度是指土层中农药残留质量分数为5×10^{-9}时，农药所能达到的最大深度。

农药在土壤气相-液相之间的移动，主要取决于农药在水相和气相之间的分配系数K_{wa}，其计算公式为

$$K_{wa}=\frac{c_w}{c_a}=\frac{8.29ST}{pM}$$

式中：c_w——水相中农药的浓度，μg/cm³；

c_a——气相中农药的浓度，μg/cm³；

S——农药在水中的溶解度，μg/cm³；

p——农药的蒸气压，Pa；

M——农药的相对分子质量；

T——绝对温度，K。

一般认为，农药的$K_{wa}<10^4$时，其迁移方式以气相扩散为主，属于易挥发性农药；当K_{wa}在$10^4\sim10^6$之间时，其迁移方式以水、气相扩散并重，属于微挥发性农药；当$K_{wa}>10^6$时，以水相扩散为主，属于难挥发性农药。

农药除以气体形式扩散外，还能以水为介质进行迁移，其主要方式有两种：一是直接溶于

水；二是被吸附于土壤固体细粒表面随水分移动而进行机械迁移。农药在土壤中的气迁移能力和水迁移能力可用挥发指数和淋溶指数进行比较。规定最难迁移的 DDT 的挥发指数和淋溶指数为 1.0，以此为基数与其他农药相比，计算出其他农药的挥发指数和淋溶指数，如表 4-9 所示，指数越大，迁移能力越强。

表 4-9　部分农药在土壤中的挥发和淋溶指数

农药名称	挥发指数	淋溶指数	农药名称	挥发指数	淋溶指数
氯铝剂	3.0	1.0～2.0	乙硫磷	1.0～2.0	1.0～2.0
敌败	2.0	1.0～2.0	地亚农	3.0	2.0
氟乐灵	2.0	1.0～2.0	甲氧基内吸磷	3.0	3.0～4.0
茅草枯	1.0	4.0	西维因	3.0～4.0	2.0
2-甲-4-氯	1.0	2.0	DDT	1.0	1.0
2,4-D	1.0	2.0	六六六	3.0	1.0
2,4,5-T	1.0	2.0	氯丹	2.0	1.0
保棉磷	—	1.0～2.0	毒杀芬	3.0	1.0
磷胺	2.0～3.0	3.0～4.0	艾氏剂	1.0	1.0
速灭灵	3.0～4.0	3.0～4.0	狄氏剂	1.0	1.0
甲基对硫磷	4.0	2.0	异狄氏剂	1.0	1.0
对硫磷	3.0	2.0	克菌丹	2.0	1.0
马拉硫磷	2.0	2.0～3.0	苯菌灵	3.0	2.0～3.0
乐果	2.0	2.0～3.0	代森锌	1.0	2.0
倍硫磷	2.0	2.0	代森锰	1.0	2.0
三溴磷	4.0	3.0	代森锌锰	1.0	1.0

一般来说，农药在吸附性能小的沙性土壤中容易移动，而在黏粒含量高或有机质含量多的土壤中则不易移动，大多积累于土壤表层 30 cm 土层内。因此，有研究者指出农药对地下水的污染不大，主要是由于土壤侵蚀、通过地表径流流入地表水体造成地表水体的污染。

3）降解

化学农药在防治病虫害、提高作物产量方面发挥了重要的作用。但化学农药作为人工合成的有机物，与天然有机物相比，具有稳定性较高、不易分解的特点，能在环境中长期存在，并在土壤和生物体内积累而产生危害。农药作为有机化合物，还可通过各种生物或化学等作用被逐渐分解，最终形成 H_2O、CO_2、Cl_2 和 N_2 等简单的无机物质而消失。化学农药逐步分解转化为无机物的这一过程，称为农药的降解过程。

不同结构的化学农药，在土壤中降解的速率不同，快则仅需几小时至几天，慢则需数年乃至更长的时间才能降解完全。此外，农药降解过程中的一些中间产物也可能对环境造成危害。

土壤的组成性质和环境因素，如土壤中微生物的种类、数量，有机质、矿物质的类型及其分布、土壤表面电荷和金属离子的种类等对农药降解过程都会产生一定的影响。农业土壤是一个湿润并具有一定透气性的环境，在极干旱状态下表层土壤的相对湿度才降到 90%以下，而气候温和时土体湿度大多在 90%以上。化学农药在此条件下可能发生氧化和水解反应，或由于渍水等嫌气条件而发生一系列还原性反应。土壤中许多降解反应在水分存在时发生，或者水本身就是反应物。土壤具有很大的比表面积，并有许多活性反应点，吸附作用影响着农药的降解反应；农药与土壤有机质分子中的活性基团以及自由基都可能发生反应；农药的化学反应可被黏粒表面、金属氧化物、金属离子以及有机质等作用而催化。土壤中种类繁多的生物，特别是数量巨大的微生物群落，对农药降解的贡献最大。已经证实，有许多细菌、真菌和放线菌能降解一种或多种农药。各种微生物还能对农药降解起协同作用。土壤中其他生物如蚯蚓等无脊髓动物对农药的代谢作用亦不容忽视，还有一些农药在被吸收到植物体内后代谢降解。除了生物降解以外，对某些农药而言，非生物降解作用亦十分重要，有些农药在土壤中主要通过化学作用而降解。

化学农药在土壤中的降解常经历一系列中间过程，形成一些中间产物。中间产物的组成、结构、理化性质和生物活性与母体往往有很大差异，因此，深入研究和了解化学农药的降解作用是非常重要的。总体来说，化学农药在土壤中的降解机制可以分为化学降解、光化学降解和微生物降解等三类。各类降解反应可以单独发生，也可以同时作用于化学农药，互相影响。

（1）化学降解。

化学农药在土壤中的化学降解包括水解、氧化、离子化等反应，矿物胶体表面、金属离子、氢离子、氢氧根离子、游离氧及有机质等在这些化学反应中往往具有催化作用。

土壤中化学降解反应大多在水溶液中进行，水解是化学农药最主要的反应过程之一。农药在土壤中水解，有区别于在其他介质中的显著特点，即土壤可起非均相催化作用。研究结果表明，化学水解在土壤中氯代均三氮苯类除草剂降解方面起着重要的作用。在高有机质和低pH 值的土壤中，氯代均三氮苯有较高的水解反应速率。水解反应还随氯代均三氮苯在土壤上吸附量增加而增强，所以认为农药氯代均三氮苯化学水解的机制是吸附催化水解，具体反应如下：

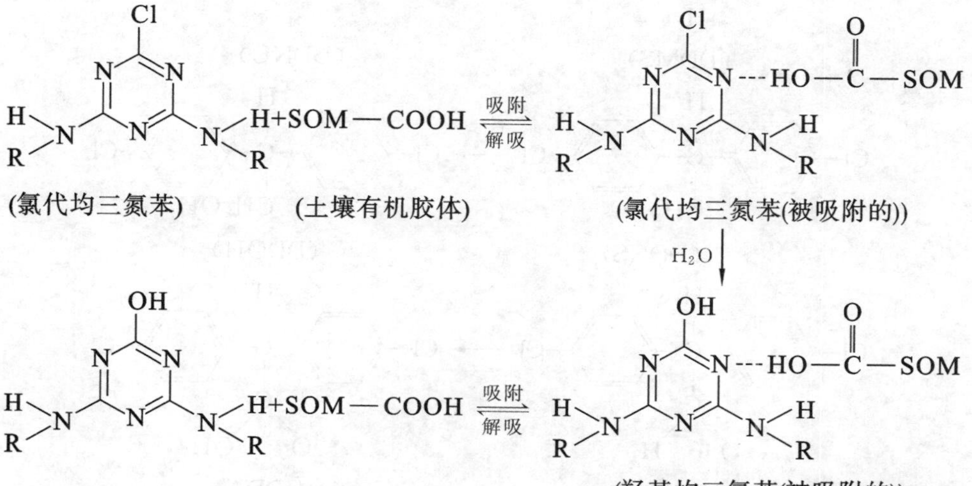

(氯代均三氮苯) + SOM—COOH (土壤有机胶体) $\underset{\text{解吸}}{\overset{\text{吸附}}{\rightleftharpoons}}$ (氯代均三氮苯(被吸附的))

$\downarrow H_2O$

(羟基均三氮苯) + SOM—COOH $\underset{\text{解吸}}{\overset{\text{吸附}}{\rightleftharpoons}}$ (羟基均三氮苯(被吸附的))

实验也发现，各种磷酸酯或硫代磷酸酯农药在土壤中的降解，主要是化学水解，其反应为

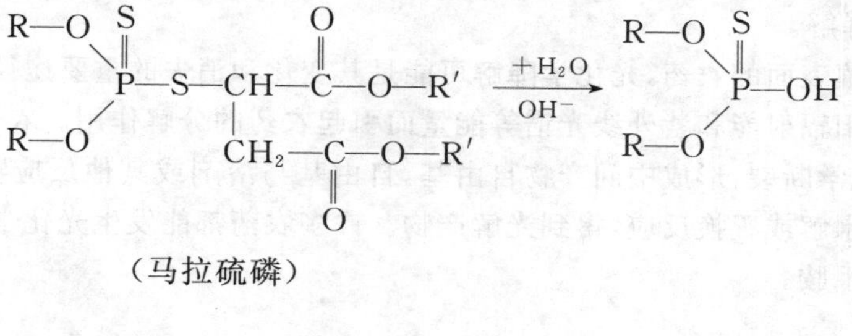

$$(RO)_2P(=S)-S-CH(COOR')-CH_2-COOR' \xrightarrow[OH^-]{+H_2O} (RO)_2P(=S)-OH$$

（马拉硫磷）

$$+\ \begin{matrix} \mathrm{HS{-}CH{-}C(=O){-}O{-}R'} \\ | \\ \mathrm{CH_2{-}C(=O){-}O{-}R'} \end{matrix} \xrightarrow[H_2O]{OH^-} \begin{matrix} \mathrm{HS{-}CH{-}C(=O){-}OH} \\ | \\ \mathrm{CH_2{-}C(=O){-}OH} \end{matrix} + 2R'O$$

许多农药,如林丹、艾氏剂和狄氏剂在臭氧氧化或曝气作用下都能被去除。实验结果表明,土壤无机组分作催化剂能使艾氏剂氧化成为狄氏剂,铁、钴、锰的碳酸盐及硫化物也能起催化氧化及还原作用,特别是氧化锰矿物以其强的氧化特性对化学农药的氧化降解意义重大。化学农药氧化降解生成羧基、羟基等,如 p,p'-DDT 脱氯产物 p,p'-DDD 可进一步氧化为 p,p'-DDA,具体反应如下:

$$\mathrm{(Cl{-}C_6H_4)_2CH{-}CHCl_2} \longrightarrow \mathrm{(Cl{-}C_6H_4)_2C{=}CHCl}$$

(p,p'-DDD)　　(DDMU)

$$\mathrm{(Cl{-}C_6H_4)_2CH{-}CH_2Cl} \longrightarrow \mathrm{(Cl{-}C_6H_4)_2C{=}CH_2}$$

(DDMS)　　(DDNU)

$$\mathrm{(Cl{-}C_6H_4)_2CH{-}CH_3} \longrightarrow \mathrm{(Cl{-}C_6H_4)_2CH{-}CH_2OH}$$

(DDNS)　　(DDOH)

$$\mathrm{(Cl{-}C_6H_4)_2CH{-}CHO} \longrightarrow \mathrm{(Cl{-}C_6H_4)_2CH{-}COOH}$$

　　(p,p'-DDA)

(2) 光化学降解。

对施用于土壤表面的农药,光化学降解可能是其变化和消失的重要途径,光化学降解是指土壤表面接受太阳辐射能和紫外线光谱等能量而引起农药的分解作用。农药分子吸收相应波长的光子,发生化学断裂,形成中间产物自由基,自由基与溶剂或其他反应物反应,引起氧化、脱烷基、异构化、水解或置换反应,得到光解产物。许多农药都能发生光化学降解作用,如除草快光解生成盐酸甲胺。

$$\left[H_3C-N\langle\text{C}_5\text{H}_4\rangle-\langle\text{C}_5\text{H}_4\rangle N-CH_3\right]Cl_2 \longrightarrow$$

$$\left[H_3C-N\langle\text{C}_5\text{H}_4\rangle-COOH\right]Cl \longrightarrow CH_3NH_2\cdot HCl$$

光化学降解对稳定性较差的农药作用明显，且不同类型的农药光解速率也差别很大。实验结果表明，不同类别的农药光解速率按下列次序递减：有机磷类＞氨基甲酸酯类＞均三氮苯类＞有机氯类。农药化合物对光的敏感性表明，光化学反应对土壤农药的降解有着潜在的重要性，是决定化学农药在土壤环境中残留期长短的重要因素。

化学农药光化学降解作用形成的产物，有的毒性较母体低，有的毒性较母体更大。如辛硫磷经光催化、异构化反应，使其由硫酮式转变为硫醇式，毒性更大。

$$(C_2H_5O)_2P(=S)-O-N=C(CN)-C_6H_5 \xrightarrow{h\nu} (C_2H_5O)_2P(=O)-S-N=C(CN)-C_6H_5$$

磷酸酯类农药，在紫外线照射下，如有水共存时，即可发生光水解反应。水解发生的部位，通常是在酯基上，产物的毒性小于母体。有机磷酸酯类农药的光降解如下所示。

$$(RO)_2P(=O)-O-R' + H_2O \xrightarrow{h\nu} (RO)_2P(=O)-OH + R'OH$$

有机氯农药在紫外光作用下的降解过程主要有两种类型：一类是脱氧过程；另一类是分子内重排，形成与原化合物相似的同分异构体。

(3) 微生物降解。

土壤中生物种类繁多，特别是数量巨大的微生物群落，对化学农药的直接或间接降解作用重大。研究发现，许多细菌、真菌和放线菌能够降解一种乃至多种化学农药，各种微生物的协同作用还可进一步增强降解潜力。

微生物对农药的降解是土壤中农药最主要，也是最彻底的净化。土壤中农药微生物降解反应是极其复杂的，目前，已知的化学农药的微生物降解的机制主要有脱氯作用、氧化还原作用、脱烷基作用、水解作用和环破裂作用等。

① 氧化作用。氧化是微生物降解农药的重要酶促反应，有多种形式，如羟基化、脱烷基、β-氧化、脱羧基、醚键开裂、环氧化、氧化偶联、芳环或杂环开裂等。如 p,p'-DDT 脱氯产物 p,p'-DDNS在微生物氧化酶作用下，可进一步氧化形成 DDA。

$$Cl-C_6H_4-CH(CCl_3)-C_6H_4-Cl \xrightarrow{-Cl} Cl-C_6H_4-CH(CH_3)-C_6H_4-Cl \xrightarrow{+O}$$

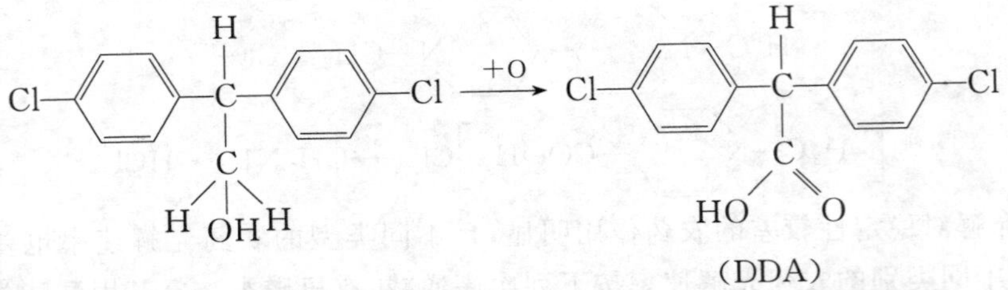

(DDA)

② 还原作用。某些农药在厌氧条件下发生还原作用,如在厌氧条件下氟乐灵中的硝基被还原为氨基。又如有机磷农药甲基对硫磷,经还原作用,硝基还原为氨基,降解成甲基氨基对硫磷。

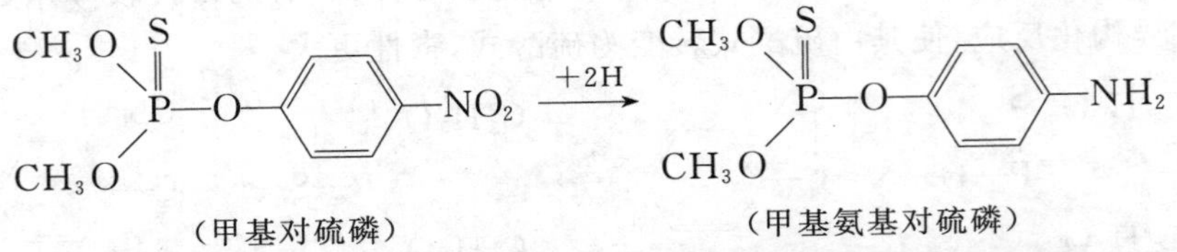

(甲基对硫磷) (甲基氨基对硫磷)

③ 水解作用。许多酸酯类农药(如磷酸酯类和苯氧乙酸酯类等)和酰胺类农药,在微生物水解酶的作用下,其中的酯键和酰胺键易发生水解。降解反应过程如下:

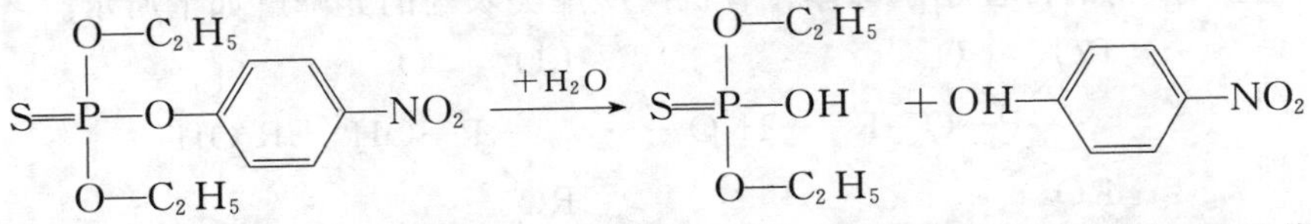

对硫磷在微生物水解酶的作用下,几天时间即可被分解,毒性基本消失,对这类农药而言,应防止使用过程中的急性中毒。

④ 苯环破裂作用。许多土壤细菌和真菌能使芳香环破裂。芳香环破裂是该类有机物在土壤中彻底降解的关键步骤。如在微生物作用下,农药西维因被逐一开环,最终分解为 CO_2 和 H_2O。

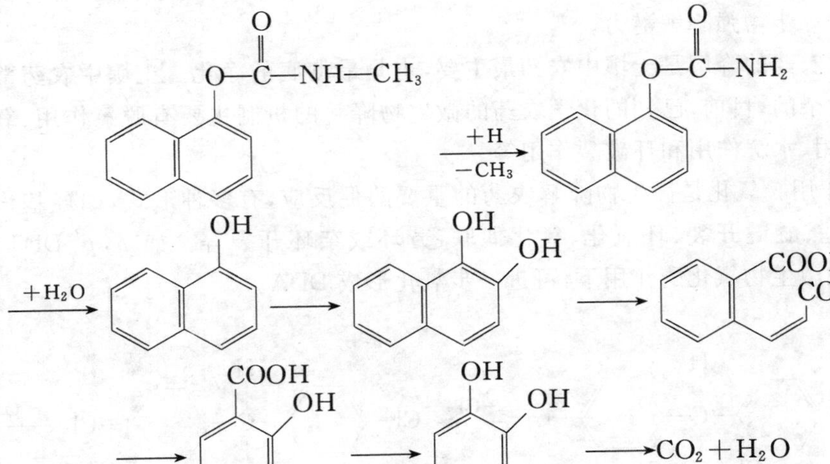

$\longrightarrow CO_2 + H_2O$

对具有苯环的有机农药,影响其降解速率的是化合物分子中取代基的种类、数量、位置以及取代基团的大小。苯类化合物中,各种取代基衍生物抗分解的顺序为$-NO_2 > -SO_3H > -OCH_3 > -NH_2 > -COOH > -OH$。同类化合物中,取代基的数量越多,基团的相对分子质量越大，就越难分解。取代基位置也影响其降解速率，取代基在间位上的化合物比在邻位或对位上的化合物难分解。

⑤ 脱氯作用。许多有机氯农药在微生物还原脱氯酶的作用下可脱去取代基氯，如 p,p'-DDT可通过脱氯作用转变为 p,p'-DDD，或是脱去氯化氢，转变为 p,p'-DDE。

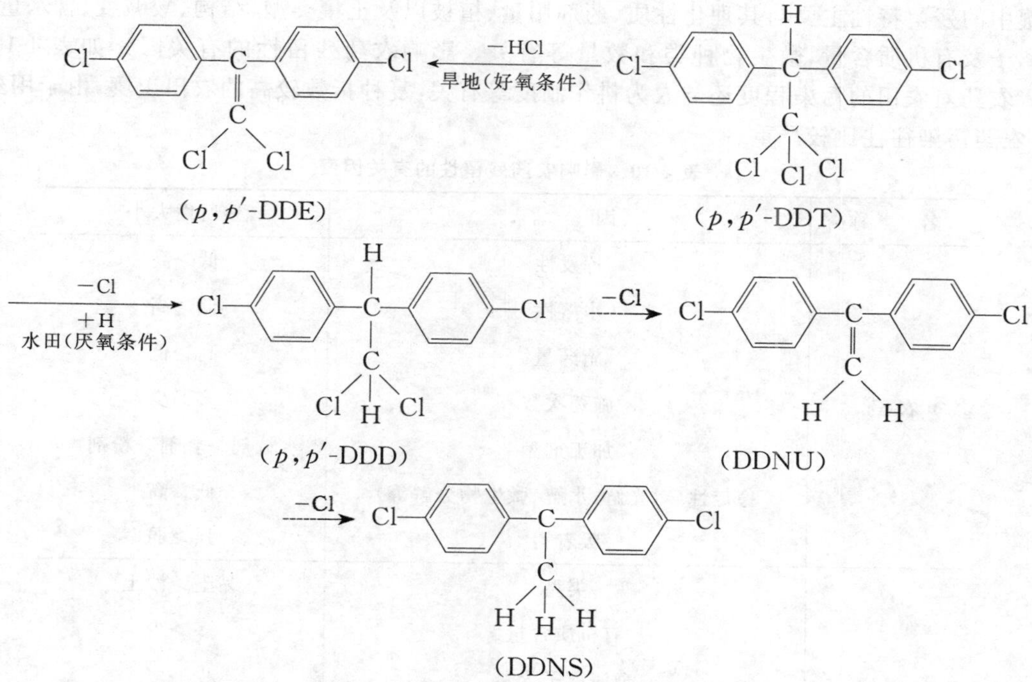

$(p,p'\text{-DDE})$ ← $-\text{HCl}$，旱地(好氧条件) — $(p,p'\text{-DDT})$

→ $-\text{Cl}$，$+\text{H}$，水田(厌氧条件) → $(p,p'\text{-DDD})$ → $-\text{Cl}$ → (DDNU)

→ $-\text{Cl}$ → (DDNS)

DDT 由于分子中特定位置上有氯原子，化学性质非常稳定。因此，在微生物作用下脱氯和脱氯化氢成为其主要的降解途径。p,p'-DDE 极稳定，p,p'-DDD 还可通过脱氯作用继续降解，形成一系列脱氯型化合物，如 DDNU、DDNS 等。代谢产物 DDD、DDE 的毒性比 DDT 低得多，但 DDE 仍具有慢性毒性，且在水中溶解度较 DDT 大，易进入植物体内蓄积，因此应注意此类农药降解产物在环境中的积累和危害。

⑥ 脱烷基作用。分子中的烷基与 N、O 或 S 原子连接的农药在微生物作用下容易进行脱烷基降解，如三氮苯类除草剂，在微生物作用下易发生脱烷基。

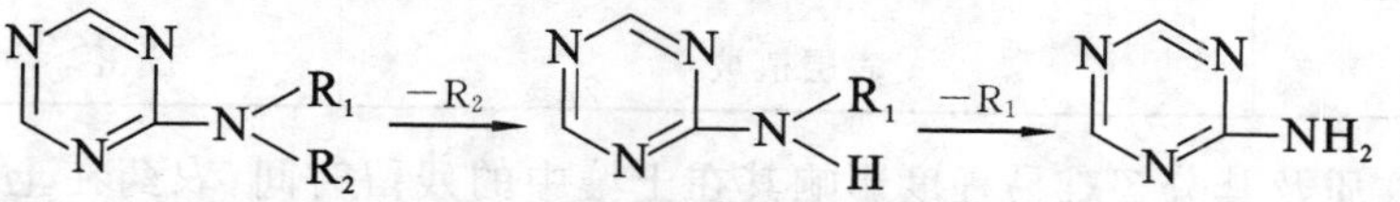

$$\text{三氮苯}-N(R_1)(R_2) \xrightarrow{-R_2} \text{三氮苯}-N(R_1)H \xrightarrow{-R_1} \text{三氮苯}-NH_2$$

需要指出的是，二烷基胺三氮苯在微生物作用下可脱去两个烷基，但形成的产物比原化合物毒性更大，因而，农药的脱烷基作用并不伴随发生去毒反应，只有脱去氨基和环破裂它才能成为无毒的物质。

从上述微生物降解化学农药机理来看，化学农药进入土壤后，对环境的影响是不同的，在土壤中的行为也是极其复杂的。从农药降解产物毒性来看，有些剧毒农药，一经降解就失去了毒性；而另一些农药，虽然自身的毒性不大，但它们的分解产物毒性很大；还有一些农药，其本身和代谢产物都有较大的毒性。所以在评价一种农药是否对环境有污染时，不仅要看农药本身的毒性，而且要注意代谢产物是否具有潜在危害。土壤中农药的迁移转化，不仅取决于农药本身的物理化学性质，而且与土壤的组成、性质密切相关。只有在一定条件下，土壤对化学农药才具有解毒净化作用,否则,土壤将面临农药残留和污染的危害。

2. 化学农药在土壤中的残留及危害

土壤中化学农药虽经挥发、淋溶、降解以及作物吸收等途径而逐渐消失,但仍有一部分残留在土壤中。农药对土壤的污染程度反映在它的残留特性上,也即残留量和残留期。农药在土壤中的残留特性主要与其理化性质、药剂用量、植被以及土壤类型、结构、酸碱度、含水量、金属离子及有机质含量、微生物种类和数量等有关。影响农药残留性的有关因素如表 4-10 所示。农药对农田的污染程度还与人为耕作制度等有关,复种指数较高的农田土壤,由于用药较多,农药污染往往比较严重。

表 4-10　影响农药残留性的有关因素

名　称	因　子	残留性大小
农药	挥发性	低>高
	水溶性	低>高
	施药量	高>低
	施药次数	多>少
	加工剂型	粒剂>乳剂>粉剂
	稳定性(对光解、水解、微生物分解等)	低>高
	吸着力	强>弱
土壤	类型	黏土>沙土
	有机质含量	多>少
	金属离子含量	少>多
	含水量	少>多
	微生物含量	少>多
	pH 值	低>高
	通透性	好氧>厌氧
其他	气温	低>高
	温度	低>高
	表层植被	茂密>稀疏

化学农药性质及其分解难易程度影响其在土壤中的残留时间,农药在土壤中的残留时间常用半衰期和残留期表示。半衰期是指农药施用后附着在土壤上的量因降解等原因减少一半所需要的时间。残留期是指施于土壤的农药,因降解等原因含量减少 75%～100%所需要的时间。表 4-11 所示为各类常用化学农药的半衰期。

从表 4-11 可见,各类化学农药因化学结构和性质不同,半衰期差别非常大,有的差别可达几个数量级。铅、砷等制剂几乎能长久残留在土壤中,有机氯农药在土壤中的残留期也很长,这些农药虽已被禁用,但在环境中的残留量仍十分可观。其次是均三氮苯类、取代脲类和苯氧羧酸类除草剂,残留期一般在数月至一年;有机磷和氨基甲酸酯类杀菌剂,残留期一般很短,只有几天或几周,故在土壤中很少积累。但也有少数有机磷农药,在土壤中残留期较长,如二嗪农的残留期可达数月之久。

土壤中农药的残留量受到挥发、淋溶、吸附及生物、化学降解等诸多因素的影响。土壤中农药残留量近似计算公式为

$$R = c_0 \exp(-kt)$$

式中：R——农药残留量；

c_0——农药初始使用量；

k——衰减常数，取决于农药品种及土壤性质等因素；

t——化学农药施用后的时间。

表 4-11　各类常用化学农药的半衰期

农药名称	半衰期	农药名称	半衰期
含 Pb、As、Cu 类	10～30 年	2,4-D 等苯氧羧酸类	0.1～0.4 年
DDT 等有机氯类	2～4 年	有机磷类	0.02～0.2 年
西玛津等均三氮苯类	数月～1 年	氨基甲酸酯类	0.02～0.1 年
敌草隆等取代脲类	数月～1 年		

化学农药在土壤中的残留积累毒害：农药一旦进入土壤生态系统，残留是不可避免的，尽管残留的时间有长有短、数量有多有少，但有残留并不等于有残毒，只有当土壤中的农药残留积累到一定程度，与土壤的自净效应产生脱节、失调，危及农业环境生物，包括农药的靶生物与非靶环境生物的安全，间接危害人畜健康，才称其具有残留积累毒害。一般来说，土壤化学农药的残留积累毒害主要表现在两方面：一是残留农药转移产生的危害；二是残留农药对靶生物的直接毒害。

残留农药的转移主要与食物有关，据美国科研结果报道，生物体内残留农药的转移主要有下面三条路线。第一条：土壤→陆生植物→食草动物。第二条：土壤→土壤中无脊椎动物→脊椎动物→食肉动物。第三条：土壤→水系(浮游生物)→鱼和水生生物→食鱼动物。一般来说，强水溶性农药易随降水、灌溉水淋溶，沿土壤体纵向渗滤进入地下水，或由地表径流、排灌水流失沿横向迁移、扩散至周围水源(体)，进而构成对水生环境中自、异养型生物的污染危害。脂溶性或内吸传导型农药易被土壤吸附，移动性差，而被作物根系吸收或经茎叶传输，分布并蓄积在当季作物体内，甚至构成对后季作物的二次药害和再污染，引起陆生环境中自、异养型生物及食物链高位次生物的慢性危害。

残留农药对靶生物的直接毒害在于农药残存于土壤中，对土壤中的微生物、原生动物以及其他的节肢动物、环节动物、软体动物等均产生不同程度的影响。土壤动物种类和数量随着农药影响程度的加深而减少，在农药污染严重的实验区动物的种类和数量都显著低于轻度污染区和对照区，有一些种类甚至完全消失。实验结果表明，乐果施用 10 d 能显著降低土壤微生物的呼吸作用。还有实验证明农药污染对土壤动物的新陈代谢以及卵的数量和孵化能力均有影响。

另外，土壤中残留农药对植物的生长发育也有显著的影响。有研究发现三氯乙醛污染的土壤对小麦种子萌发有明显的抑制作用，也有实验指出农药进入植物体后，可能引起植物生理学变化，导致植物对寄主或捕食者更加敏感，如使用除草剂可增加玉米的病虫害。此外，也有报道农药可以抑制或者促进农作物或其他植物的生长，提早或推迟成熟期。

进入动物体内的农药，在肝等内脏器官内分解排泄，但是较难分解的农药如果继续被动物

摄取,则不能分解排泄而在体内积累下来,特别是 DDT 和狄氏剂等脂溶性农药,因溶入体内脂肪而能长期残留于体内,使动物体内受到污染危害。积累于动物体内的农药还会转移至禽蛋和奶中,由此造成各种禽产品的污染。人类以动植物的一定部位为食,由于动植物体受污染,必然引起食物的污染。可见,残留农药的转移及生物浓缩的作用使得农药污染问题变得更为严重。

当然,对农药残留性的评价,要从保护环境和保护作物两方面去衡量。从保护环境角度,希望各种农药的残留期越短越好,残留期短不会引起污染;从保护作物角度,残留期太短,就难以达到理想杀虫、灭菌、除草的要求。因此,农药发展方向主要是研发具有以下一些特征的农药:一是高效,对防治对象,如害虫、病菌和杂草等毒性要高,或对它们特有的酶系统要起抑制作用;二是低毒,对非目标生物无持续影响;三是无药害,对农作物不产生药害作用;四是无残毒,对环境无残留毒性,使其易被日光或微生物分解。

4.3　污染土壤的防治措施与修复技术

4.3.1　污染土壤的防治措施

污染物可以通过多种途径进入土壤,引起土壤正常功能的变化,从而影响植物的正常生长和发育。然而,土壤对污染物也能起净化作用,特别是进入土壤的有机污染物可经过扩散、稀释、挥发、化学降解及生物化学降解等作用而得到净化。如果进入土壤中的污染物在数量和速度上超过土壤的净化能力,即超过土壤的环境容量,最终将导致土壤正常功能失调,阻碍作物正常生长。

土壤环境容量是指土壤环境单元在一定时限内遵循环境质量标准,既保证农产品的产量和生物学质量,同时也不使环境污染时,土壤所能容纳的污染物的最大数量或最大负荷量。

土壤与植物的生命活动紧密相连,污染物可通过土壤-植物系统及食物链,最终影响人体健康,因而土壤污染的防治十分重要。首先要控制和消除污染源,对已经污染的土壤,要采取一切有效措施,消除土壤中的污染物,或控制土壤污染物的迁移转化,使其不能进入食物链。

控制和消除土壤污染源是防止污染的根本措施。控制土壤污染源,即控制进入土壤中污染物的数量和速度,使其在土体中缓慢自然降解,以免产生土壤污染。主要可从如下几方面加强污染土壤的防治措施。

(1) 控制和消除工业"三废"的排放。在工业方面,应认真研究和大力推广闭路循环和清洁工艺,以减少或消除污染源,对工业"三废"及城市废物不能任意堆放,必须处理与回收,即进行废物资源化。对排放的"三废"要净化处理,控制污染物的排放数量和浓度。

我国水资源短缺,分布又不均匀,近几年来水体污染日益严重,以致农业用水也甚为紧张。因此,我国许多地方已发展了污水灌溉。这一方面解决了部分农田用水,另一方面,污水中虽含有相当多的肥料成分,但也可以导致土壤污染。因此利用污水灌溉和施用污泥时,首先要根据土壤的环境容量,制定区域性农田灌溉水质标准和农用污泥施用标准,要经常了解污水中污染物质的组分、含量及其动态。必须控制污灌水量及污泥施用量,避免滥用污水灌溉引起土壤污染。

(2) 合理施用化肥和农药。为防止化学氮肥和磷肥的污染,应控制化肥、农药的使用,研究制定出适宜用量和最佳施用方法,以减少在土壤中的累积量,防止流入地下水体和江河湖泊而进一步污染环境。为防止化学农药的污染，禁止或限制使用剧毒、高残留农药，如有机氯农药；发展高效、低毒、低残留农药，如除虫菊酯、烟碱等植物体天然成分的农药。积极推广应用生物防治措施，大力发展微生物与激素农药，同时，应研究残留农药的微生物降解菌剂，使农药残留降低到国家标准以下。探索和推广生物防治病虫害的途径，开展生物上的天敌防治法，如应用昆虫、细菌、霉、病毒等微生物作为病虫害的天敌。还应开展害虫不孕化防治法。

(3) 提高土壤环境容量，增强土壤净化能力。增加土壤有机质含量，采用沙土掺黏土或改良沙性土壤等方法，可增加或改善土壤胶体的性质，增加土壤对有毒物质的吸附能力和吸附量，从而增加土壤环境容量，提高土壤的净化能力。分析、分离或培养新的微生物品种以增加微生物对有机污染物的降解作用，也是提高土壤净化能力极为重要的环节。

(4) 建立土壤污染监测、预测和评价系统。在土壤环境标准或基准和土壤环境容量的基础上，加强土壤环境质量的调查、监测和预控，建立系统的档案材料。在有代表性的地区定期采样或定点安置自动监测仪器，进行土壤环境质量的测定，以观察污染状况的动态变化规律。分析影响土壤中污染物的累积因素和污染趋势，建立土壤污染物累积模型和土壤容量模型，预测控制土壤污染或减缓土壤污染的对策和措施。

(5) 其他措施。施用化学改良剂，如抑制剂和强吸附剂以阻碍重金属向作物体内转移。采取生物改良措施，通过植物的富集而排除部分污染物，包括种植对重金属吸收能力极强的作物，如黄颔蛇草对重金属的吸收量比水稻高10倍，种植这些非食用性作物，在一定程度上可排除土壤中的重金属。控制氧化还原条件以减轻重金属污染的危害。改变耕作制，如对已被有机氯农药污染的土壤，可通过旱作改水田或水旱轮作的方式加快土壤中有机氯农药的分解与去除。

4.3.2　污染土壤的修复技术

土壤自身具有一定的自净能力，在土壤矿物质、有机质和土壤微生物作用下，进入土壤的重金属通过吸附、沉淀、配位和氧化还原等作用可转变为难溶性化合物，使其暂缓生物循环，减少了在食物链中的传递；有机污染物进入土壤后，经过化学、生物等降解作用使其活性降低，在一定条件下转变为无毒或低毒物质，重金属和有机污染物在上述过程中得到净化。污染物通过植物吸收、土壤固定或其他方式从土壤中消失或降低其生物有效性和毒性的过程称为土壤自净化。

土壤自净化能力和速率通常满足不了污染给环境造成的压力，土壤污染治理和修复技术逐渐被重视。污染土壤修复主要是通过技术手段促使污染的土壤恢复其基本功能和重建生产力的过程。污染土壤修复方法很多，按照治理土壤污染的途径可分为异位治理法和原位治理法，按照修复原理可以分为物理修复、化学修复以及生物修复三大类。物理修复主要以物理手段为主，而化学修复主要是以控制化学反应来治理污染物。生物修复包括广义和狭义的两种类型。广义的生物修复是指一切以利用生物为主体的环境污染治理技术，包括植物、动物和微生物吸收、降解、转化土壤中的污染物，使污染物浓度降低到可接受的水平，或将有毒、有害污染物转化为无毒、无害物质。根据此定义，可以将生物修复划分为植物修复、动物修复和微生物修复三类。而狭义的生物修复特指微生物作用消除土壤中的污染物。

1. 污染土壤的物理修复

污染土壤的物理修复是指用物理的方法进行污染土壤的修复，主要有翻土、客土、换土、热处理、气提、隔离、固化和填埋等。这些措施和工程治理效果通常较为彻底、稳定，但其工程量大、投资大,也会引起土壤肥力减弱,因此,目前它仅适用于小面积的污染区。

土壤污染通常集中在土壤表层,翻土就是深翻土壤,使聚集在表层的污染物分散到更深的土层,达到稀释的目的。该方法适用于土层较深厚的土壤,且要配合增加施肥量,以弥补耕层养分的减少。

客土法就是向污染土壤加入大量的干净土壤,覆盖在表层或混匀,使污染物浓度降低到临界危害浓度以下或减少污染物与植物根系的接触,从而达到减轻危害的目的。对于浅根植物(如水稻等)和移动性较差的污染物(如重金属铅等),采用覆盖法较好,而客入的土壤应尽量选择有机质含量高的土壤,避免降低土壤肥力,还可增加土壤环境容量、减少客土量。

换土法就是把污染土壤取走,换入新的干净土壤。该方法对小面积污染严重且污染物具有放射性或易扩散难分解的土壤是必需的,以防止扩大污染范围。对换出的土壤要妥善处理,以防止二次污染。1986 年,国内某地发生柴油泄露引起土壤和地下水污染,对污染的土壤和包气带采取了帷幕注浆挖土、换土的方法,在一个月内完成了第一步的治理工作。

有研究表明,在镉污染的土壤去 15 cm 表层土并压实新土,在连续淹水条件下可产生含镉量小于 0.4 mg/kg 的稻米;去表土后再加客土 20 cm,间歇灌溉,也不会产生镉超标的稻米,如果客土厚度超过 30 cm,无论什么水分条件均能生产合格的稻米。翻土法、客土法和换土法治理效果显著,不受土壤条件限制,但需大量人力、物力,投资大,且肥力会有所下降。操作过程中,应多施肥料以增加肥力,且对土壤扰动大,操作人员直接接触污染物的机会多。

高温热解法也即热处理技术,是通过向土壤中通入热蒸气或用射频加热等方法把已经污染的土壤加热,使污染物产生热分解或将挥发性污染物赶出土壤并收集起来进行处理的方法。该方法多用于能够热分解的有机污染物,如石油污染等。产生热的方法有多种,如红外辐射、微波和射频等方式,也可以用管道输入水蒸气,或打井引入地热等来加热土壤,从而使污染物挥发去除。研究表明,高温热解法的最低温度为 300 ℃,持续时间在 30 min 以上,该法可去除土壤中 99%的 PAHs 和挥发性污染物。在 350 ℃处理时,土壤可保持大部分的原有性质,而在 600 ℃处理时,土壤的物理化学性质和矿物学组分会发生显著变化。因此,一般可在 350～400 ℃处理污染土壤,将处理过的土壤返回原地点,并辅以适当的肥水管理和种植措施,则有可能使污染土壤恢复其生产力。

土壤气提技术基本原理是通过注气孔把空气注入土壤内,同时还利用真空设备通过井孔把土中的含有挥发性的有机污染物就地抽出地表。抽出的气体需收集作后期处理。该方法能处理挥发性有机污染物(VOCs)和某些半挥发性有机物(SVOCs)。实践证明利用该方法处理被汽油污染的土壤极其有效,而处理被柴油、煤油、润滑油污染土壤的效果则不如通气生物修复法。为提高土壤中蒸气提取法处理的效果,可与注入热气法配合使用。

隔离法就是用各种防渗材料,如水泥、黏土、石板和塑料板等,把污染土壤就地与未污染土壤或水体分开,以减少或阻止污染物扩散到其他土壤或水体的做法。该方法应用于污染严重、易于扩散且污染物又可以在一段时间后分解的情况,如较大规模事故性农药污染的土壤。

固化技术是将重金属污染的土壤按一定比例与固化剂混合,经熟化最终形成渗透性很低的固体混合物。固化剂种类繁多,主要有水泥、玻璃、硅酸盐、高炉矿渣、石灰、窑灰、粉煤灰和沥青等。固化技术的处理效果与固化剂的成分、比例,土壤重金属的总浓度以及土壤中影响固化的干扰物质有关。采用高炉渣含量不超过 80%的水泥固化 Cr 污染土壤的结果表明,Cr 浓度超过 1000 mg/kg 的土壤经固化后,浸提出 Cr 浓度可以低于 5.0 mg/kg。而且随着高炉渣比例增加,浸提液中 Cr 的浓度进一步降低,固化后的混合物强度也很大。该方法不足之处在于会破坏土壤，而且需要使用大量的固化剂，因而只适用于污染严重但面积较小的土壤修复。玻璃固化技术是通过加热将污染的土壤熔化，冷却后形成比较稳定的玻璃态物质，金属很难被浸提出来。该技术还可将污染的土壤与废玻璃或玻璃的组分 SiO_2、Na_2SiO_3、CaO 等一起在高温下熔融，冷却后也能形成玻璃态物质。所形成的玻璃质具有强度高、耐久性好、抗渗出等优点。该方法能有效处理金属污染物和有机污染物混合的污染土壤。玻璃化技术相对比较复杂，熔化过程需要高温条件（1600～2000 ℃），成本很高，限制了其应用。一般只在固体废物成分复杂，而其他单一方法又难处理时才采用，实际应用中会出现难以达到完全熔化及出现地下水渗透等问题。

填埋处理是将污染土壤挖掘出来或固化后的污染土壤填埋到经过防渗预处理后的填埋场中，从而使污染土壤与未污染土壤分开，以减少或阻止污染物扩散到其他土壤中。该方法适用于污染严重的局部性、事故性土壤。水泥被认为是一种有效、易得和廉价的黏结剂。采用水泥做黏结剂固化后的土壤可作为建筑公路的路基材料。

2. 污染土壤的化学修复

化学修复主要基于污染物土壤化学行为的改良措施，如添加改良剂、抑制剂等化学物质，通过化学反应把土壤中具有危害性的污染物转化为无毒或低毒的化合物，或使之形成化学稳定性更高、迁移性更弱的新的化合物，以减轻污染物对生态和环境的危害。化学修复的机制主要包括沉淀、吸附、氧化还原、催化氧化、脱氯、聚合、水解和 pH 值调节等。其中，氧化还原法能够修复包括有机污染物（主要是具有芳香环、稠环结构、强共轭和环取代的有机污染物）和重金属在内的多种污染物污染的土壤，通过氧化还原作用降低土壤中污染物的毒性或溶解度。

化学修复剂的施用方式多种多样，如果是水溶性的化学修复剂，可通过灌溉将其浇灌或喷洒在污染土壤的表层，或通过注入井把液态化学修复剂注入亚表层土壤中。如果试剂会产生不良的环境效应，或者所施用的化学试剂需要回收利用，则可通过水泵从土壤中提取化学试剂。非水溶性的改良剂或抑制剂可通过人工撒施、注入和填埋等方式施入污染土壤。如果土壤湿度较大，并且污染物主要分布在土壤表层，则适合采用人工撒施的方法。

1）土壤淋洗法

土壤淋洗法是用淋洗液来淋洗土壤，使吸附固定在土壤颗粒上的污染物形成能溶解的离子或配合物，然后收集淋洗液并对其进一步处理的方法。淋洗液可以是水，也可以是能提高污染物可溶性的试剂。按照淋洗液的类型，可将土壤淋洗法分为清水淋洗、无机溶剂淋洗、有机溶液淋洗和有机溶剂淋洗等四种。

土壤淋洗技术一般可用于放射性物质、有机物或混合有机物、重金属或其他无机物污染土壤的处理或前处理。对沙质土、壤质土和黏土的处理分别采用不同的淋洗方法，对于大粒径级别污染土壤的修复更为有效，沙砾、沙、细沙以及类似土壤中的污染物更容易被清洗出来，而黏土中的污染物则较难清洗。一般而言，当土壤中黏土含量达到 25%～30%时，将不考虑采用该技术。如果污染物主要是有机物，黏土含量高的土壤更宜选用微生物修复的方法。

土壤淋洗法往往消耗大量的淋洗液，从某种程度而言，只是污染物从土壤介质向淋洗液中的转移，因而对淋洗液的处理或循环利用关系到此法的成败，否则易造成二次污染。有些含污染物的淋洗液可以进入常规污水处理厂处理，有的需要特殊处理，如 Steinle 等对淋洗氯酚污染土壤后的碱液进行了厌氧固化床生物反应器处理，Loraine 利用单质铁脱去淋洗液中三氯乙烷和五氯乙烷的氯原子，使淋洗液可以循环使用。

土壤淋洗法可以去除包气带中的大量污染物，有着广泛的应用前景。该法和其他方法相比,投资及消耗相对较少,操作人员可不直接接触污染土壤。但此法必须尽可能避免潜在有害化学品在土壤中的残留,避免溶剂和土壤的反应,才能发挥土壤淋洗液的优势。

2) 化学钝化剂和改良剂

通过施用化学钝化剂等降低土壤污染物的水溶性、扩散性和生物有效性,从而降低它们进入植物体、微生物和水体的能力,减轻对生态系统的危害。

无机钝化剂应用较多,在重金属镉、铅和铜等污染的土壤中,通常施用石灰性物质,可提高土壤 pH 值,使重金属生成氢氧化物沉淀,降低其在土壤中的活性,减少作物对重金属的吸收。因此,对于受重金属污染的酸性土壤,施用石灰、高炉渣、矿渣、粉煤灰等碱性物质,或配施钙镁磷肥、硅肥等碱性肥料,能降低重金属的溶解度,从而可有效减少重金属对土壤的不良影响,降低植物体内重金属浓度。施入石灰硫黄合剂等含硫物质,能使土壤中重金属形成硫化物沉淀。在一定条件下施用碳酸盐、磷酸盐和氧化物质等都能促进沉淀生成。施用有机物等还原性物质可降低土壤氧化还原电位,使重金属生成硫化物沉淀。如对砷污染的土壤应投加 $FeSO_4$ 和 $Fe_2(SO_4)_3$,在一定程度上可使土壤酸化,同时形成铁和砷的共沉淀,从而抑制作物对砷的吸收和砷的迁移。

钝化剂的吸附作用亦能降低土壤中重金属的生物有效性。研究表明,用膨润土、人工合成沸石等硅铝酸盐作添加剂,可钝化土壤中镉等重金属,显著降低镉污染土壤中作物的镉浓度。

需要指出的是,无机钝化剂的作用除了通过调节 pH 值、沉淀和吸附等影响污染物的溶解度外,还可在一定程度上,通过离子间的拮抗作用降低植物对污染物的吸收。如 Ca^{2+} 能减轻 Cu^{2+}、Pb^{2+}、Cd^{2+}、Zn^{2+}、Ni^{2+} 等重金属离子对水稻、番茄的毒害。Zn^{2+} 对 Cd^{2+} 的吸收有明显的抑制作用,污染土壤施用工业 $ZnSO_4$ 时可抑制 Cd^{2+} 的吸收,当然这种情况仅适用于含锌量较低的土壤。研究表明,施用硅不仅能降低植株对锰的吸收,而且可增强植物体对过量锰的耐性,可减轻锰对水稻的毒害。

土壤钝化剂的选择必须根据生态系统的特征、土壤类型、作物种类、污染物的性质等来确定。如在重金属污染的碳酸盐褐土中,因其 $CaCO_3$ 含量高,土壤中有效磷易被固定,因而不适宜施用石灰等碱性物质;在此土壤中施加 K_2HPO_4 时,既可使重金属形成难溶性磷酸盐,又可增加土壤中有效磷含量。

有机改良剂常为腐殖酸类肥料和其他有机肥料,可增加土壤中腐殖质含量,提高土壤肥力,又能提高土壤对重金属的吸附能力,从而减少植物对重金属的吸收。另外,腐殖酸是重金属的螯合剂,在一定条件下能与重金属离子结合,从而降低土壤中重金属的毒害,且取材方便、经济,因此在土壤重金属污染改良中得到了广泛应用。研究表明,施用有机肥料明显降低了土壤中有效 Cd 的含量,其中猪粪的效果高于麦秆和稻草,有机肥料的施用促使交换态 Cd 向有机结合态、锰氧化物结合态 Cd 转化。施用有机改良剂减少了水溶态 Cr 和交换态 Cr,增加了有机结合态 Cr。实验发现,在低有机质土壤中,堆肥、厩肥、鱼粉、马粪、蘑菇糟渣、猪粪和鸡粪等有机改良剂均可降低土壤中 Cr(Ⅵ)的生物有效性,其中堆肥在降低 Cr 的生物毒性方面效果最明显。

3) 氧化剂/还原剂

向污染土壤中添加氧化剂/还原剂可降低污染物毒性。氧化剂可以用于治理土壤中的有机污染物或无机污染物,即使氧化剂不能完全降解污染物,也可以将污染物转化为易于生物降解的形态。常用的氧化剂有臭氧、过氧化氢(双氧水)、次氯酸盐、氯气和二氧化氯、高锰酸钾等。如向土壤中注入过氧化氢,15 d 后观察到 15～66 cm 土层中 50%以上的硝基苯被氧化降解。向土壤中添加过氧化氢不仅能够起到氧化降解的作用，同时也能够为土壤中污染物降解菌提供氧。此方法已经成功地应用于苯类化合物污染土壤的治理。

还原脱氯常用于 PCBs 和其他含氯的有机污染物的治理。该方法是将污染土壤和碱金属充分混合，通过还原作用改变污染物的分子结构，使得氯原子从母体分子上脱离，从而有利于污染物的生物降解或者其他方法去除。还原脱氯方法通常与其他化学方法结合使用。

4）光催化降解

进入土壤表面的农药或除草剂，可在日光照射下引起直接光化学降解，这一过程可在催化剂作用下加速反应。土壤中催化剂如 TiO_2、Fe_2O_3 等，敏化剂如腐殖质，还有氧化剂如 H_2O_2、O_3 和 O_2 等存在时，产生光催化、光敏化和光氧化现象，导致农药或除草剂被间接光化学降解。

许多有机化合物能够吸收可见光和紫外光，吸收光能后可以加速化合物的降解。紫外线的能量足以使许多类型的共价键断裂，可用于 PCBs、二噁英、PAHs 和石油中芳香族化合物的降解，但目前这类技术仍停留在实验室研究阶段。

5）萃取

超临界萃取技术主要用于含有 PCBs 和 PAHs 等有机污染物污染土壤的修复。首先将污染土壤置于装有临界流的容器中，利用二氧化碳、丙烷、丁烷或者酒精，在临界压力和临界温度下形成流体，使有机污染物移动到容器上部，随后泵入第二个容器。在第二个容器中随着温度和压力的下降，浓缩的有机污染物被回收处理，临界流被回收再次利用。该方法用于治理 PCBs 污染的沉积物效率高，萃取率可达 90%～98%。然而该技术工艺非常复杂，费用较高，目前很少使用。

3. *污染土壤的电动修复*

污染土壤的电动修复是一门综合环境化学、土壤化学、电化学和分析化学等学科的交叉领域，电动修复的基本原理是将电极插入受污染土壤的溶液中，在电极上施加直流电压，形成两电极之间的直流电场，土壤中的污染物在电场作用下发生电迁移、电渗流以及电泳等，最终被带到两电极附近，再用其他方法加以去除，从而使污染土壤得以修复。

土壤电动修复装置主要包括提供直流电压的电源，阴、阳极电解池和相应电极，以及处理导出污染液体的装置等。电解池通常设有气体出口，用来分别导出阴、阳两极产生的氢气和氧气，图 4-6 为其基本结构示意图。

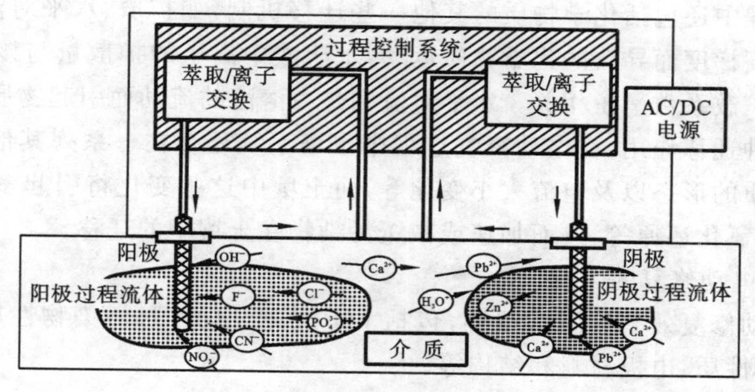

图 4-6　电动力学土壤原位修复装置结构示意图

电动力学处理过程中阳极应该选用惰性电极如石墨、铂、金、银等，在实际应用中多选用高品质的石墨电极，阴极可以用普通的金属电极。

电动力学过程中最主要的电极反应如下：

阳极反应　　$2H_2O-4e^- \longrightarrow O_2\uparrow+4H^+$　　$E_0=-1.229$ V

阴极反应　　$2H_2O+2e^- \longrightarrow H_2\uparrow+2OH^-$　　$E_0=-0.828$ V

阳极产生的 H^+，在直流电场的作用下向阴极迁移，这样就容易形成酸性迁移带。酸性迁移带的形成促使重金属离子从土壤表面解吸及溶解，进行迁移。

1) 电动修复污染物迁移机制

电动力学修复过程中污染物的迁移机理有电渗析、电迁移、电泳和电解反应等。当污染物迁移至电极，可通过电镀、沉淀/共沉淀、配位等作用去除。

(1) 电迁移。

电迁移是指离子在土壤溶液中朝带相反电荷电极方向的运动，阳离子向阴极移动，阴离子向阳极移动。电迁移速率取决于土壤-水系统的导电情况，它的强弱与电流的大小以及离子的电荷数等因素有关。

(2) 电渗流。

电渗流是指土壤微孔中的液体在电场作用下，由于其带电双电层与电场的作用而作相对于带电土壤表层的移动。土壤孔隙表面带有负电荷，与孔隙水中的离子形成双电层，在外加电场作用下，引起孔隙水向阴极流动。随孔隙水迁移的污染物质富集在阴极附近。

(3) 电泳。

电泳是指带电粒子或胶体在外加电场作用下的迁移。土壤中的胶体粒子，包括细小土壤颗粒、腐殖质及微生物细胞等，吸附在这些颗粒上的污染物质随之迁移，从而可以去除这类污染物质。由于电动修复过程中带电土壤颗粒的移动性小，电泳作用往往可以忽略。

与电渗流相比，离子电迁移速率要快得多。在单位电压梯度下，离子平均电迁移速率约为 5×10^{-6} m/s，比孔隙水的平均电渗流速率大 10 倍左右。离子电迁移与土壤孔隙大小及土壤导水性无关，在细粒和粗粒土壤(如粗沙土和沙砾土)中都能发生，而电渗流在水分少的沙土中可能消失。孔隙水中的离子同时受电渗流和电迁移的作用，其实际迁移速率等于这两种速率的矢量和。电渗流和电渗析对阳离子的作用方向相同，对阴离子作用方向相反，所以阳离子实际迁移速率被增大，而阴离子实际迁移速率被减小，不带电荷的中性物质不受电迁移的影响，只能随电渗析移动。

电动修复过程中还包括化学物质的其他一些迁移机制，如扩散、水平对流和化学吸附等。扩散是指由于浓度梯度而导致的化学物质运动，水溶液中离子的扩散量与该离子的浓度梯度和其在溶液中的扩散系数呈正相关。水平对流则是由溶液的流动而引起物质的对流运动。

随着以上几种迁移作用，在电动修复过程中土壤系统还存在一系列其他变化，如 pH 值、孔隙液中化学物质的形态以及电流大小变化等，而土壤中这些变化将引起多种化学反应的发生，如溶解、沉淀、氧化还原等，进而加速或减缓污染物在土壤中的迁移。

2) 影响土壤电动修复的因素

影响土壤电动修复效率的因素很多，包括 pH 值、土壤类型、污染物性质、电压和电流大小、洗脱液组成和性质、电极材料和结构等。

(1) pH 值。

当对插在土壤中的电极施加较高的直流电场(>5 V)时会导致水的电解，在阳极产生氢离子，在阴极产生氢氧根离子，阳极区 pH 值降低至 2，阴极区 pH 值升高到 12。由于溶液中氢离子的淌度远远超过了氢氧根离子的淌度，并且电渗流的方向是向阴极的，所以酸面推进的速率要远远快于碱面，经过一段时间反应后，整个土壤系统中除了阴极区以外其余都显酸性。土壤溶液 pH 值变化影响污染物的溶解度、形态以及在土壤表面的吸附特性。对于一些弱碱性的金属，不同的 pH 值条件有不同的形态，一些两性金属根据不同 pH 值条件，以正离子或者负离子形式存在，如在酸性条件下金属锌以阳离子形态存在(Zn^{2+})，但在碱性条件下以金属酸根离子(ZnO_2^{2-})形态存在，在 pH 值阶跃处金属离子的溶解度最小，它们以$Zn(OH)_2$的形式沉淀。高 pH 值条件下阴离子向阳极移动，并且阴极区的 pH 值上升还会有沉积生成，降低了孔隙流中离子的浓度，即沉积降低了孔隙流中离子的浓度，同时降低了这个区域的电导率，结果增强了电场梯度，增加了处理费用。

(2) 土壤的物理化学性质。

土壤的特征影响污染物去除的动力学，包括吸附、离子交换缓冲能力等。在细颗粒的土壤表面上，土壤与污染物之间的相互作用非常剧烈。研究结果表明，金属离子通过配位方式被土壤吸附，吸附量的大小与土壤类型和土壤 pH 值有关，不同土壤类型吸附量顺序为钠基蒙脱土＞高岭土＞冰碛土。离子型的污染物首先要解析或者离子交换，才能被去除，像钠基蒙脱土有很强的吸附和缓冲能力，使得金属阳离子的解析非常困难，增大电动修复难度。

(3) 污染物类型和浓度。

土壤中污染物的存在形式较多，包括作为固体沉淀物、溶解在土壤孔隙水中、吸附在土壤胶体颗粒或土壤有机质上等形态。电动修复技术可以去除重金属、放射性物质、部分有机物，如果自由相的非极性有机物以小的气泡形式存在，也可被电渗流迁移。吸附污染物的胶体也可被电渗流或电迁移作用去除。孔隙溶液中离子浓度高，增加了电导率，但降低了电渗流效率，进而要降低电场强度以减少能耗和热的产生。总之，污染物浓度对该技术的应用不产生任何难以克服的障碍。

(4) 电压和电流。

在许多研究中，电流密度为每平方厘米几十毫安，虽然高电流密度能产生更多的酸，可提高污染物的去除速率，但很大程度上增加了能耗。因能耗和电流密度的平方成正比，电流密度为 1～10 A/m^2 被认为最有效。然而，电流密度和电场强度的选择取决于被处理土壤的电化学性质，特别是电导率。土壤的电导率越高，要求有越高的电流密度来维持所需的电场强度。该技术应用时，起始电场强度可为 50 V/m，最佳电流密度或电场强度的选择依据包括土壤性质、电极间距和处理时间等。

(5) 电极材料、布局和间距。

惰性且导电的材料，如石墨、钛基、铂可作为阳极，防止在酸性条件下溶解和产生腐蚀产物，如有必要，溶解电极也可用作阳极。任何在碱性条件下不腐蚀的导电材料都可作为阴极。选择电极材料主要考虑如下因素：材料的导电性能、材料成本、加工和安装难易度。无论什么电极材料，电极必须适当安装，以保证与地下土壤有好的电接触，允许电极与地下环境发生溶液交换的开放式电极布局对技术功能的发挥意义重大，电极应具有导电、化学惰性、多孔和中空等性质。空的电极可加快污染溶液的去除，且便于向地下加注冲洗溶液。

电极布局可以为水平放置，也可为竖直放置，目前只有少数研究涉及电极布局与去除效率之间的关系。可采用一维、二维或轴对称的电极布局，大多数室内实验和现场实验研究是一维的。对于一维电极，在野外安装电极沟槽，近似的一维电极也可通过线状布置棒状电极获得，这可能是最简单和最经济有效的安装方式。然而，这种布局可能在同极性电极间形成电场死区。

3) 几种电动力学修复方法和技术

(1) Lasagna 工艺。

Lasagna 工艺是一种综合的土壤原位修复技术。该工艺是在污染土壤中建立近似断面的渗透性区域,通过向里面加入适当的物质(吸附剂、催化剂、微生物、缓冲剂等)将其变成处理区,然后采用电动力学方法使污染物(如重金属)从土壤迁移至处理区,在吸附、固定等作用下得到去除。该工艺适用于低渗透性土壤或者包含低渗透性区域的非均相土壤。工艺结构主要有:通直流电的电极(可利用电场促使水和可溶性污染物迁移),加有机试剂并且有近似断面的处理区域(使可溶性有机污染物分解,或者将无机污染物固定然后进行去除及处理),一个水循环系统(使在阴极积聚的水(高 pH 值)循环至阳极(低 pH 值)进行酸碱中和)。

"Lasagna"的本意是"烤宽面条",该工艺的装置由几个平行的渗透反应区组成,类似于烤宽面条。美国环保局(EPA)和辛辛那提(Cincinnati)大学论证了在污染土壤下安装水平方向上的电极的可行性,如图 4-7 所示;美国能源部(DOE)及其工业合伙人研究了安装垂直方向上的电极装置的 Lasagna 工艺,如图 4-8 所示。

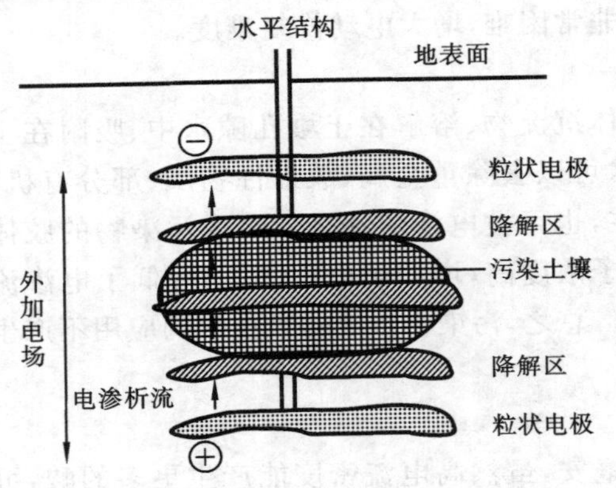

图 4-7 水平布置的 Lasagna 工艺示意图

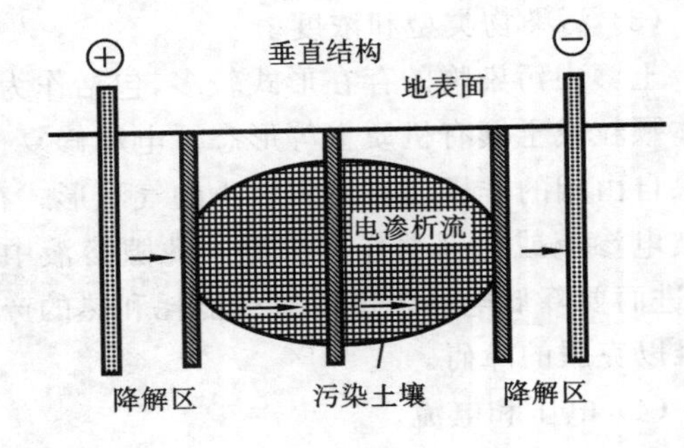

图 4-8 垂直布置的 Lasagna 工艺示意图

一般来说,水平结构的电极装置适用于超固结黏土。在垂直方向上,污染土壤的上面和下面插入石墨电极形成垂向电场。另外,可以向电极中间土壤加入试剂来提高处理效果。水平结构电极的缺点是在处理过程中,电极下表面产生的气体难以逃逸电极表面,形成较大的界面电阻,且电极产生的气体向上运动穿过污染土壤,这样会增大土壤的电阻,提高处理成本。这种装置在现场运行时要注意地下水位,以免影响处理效果。垂直结构电极装置适用于浅层土壤污染(<15 m)及土壤不是超固结状态时。电极垂直插入污染土壤的两端,形成一个水平方向上的直流电场。这种结构可以和其他的处理方法结合起来以提高处理效果。该设计和操作过程中要考虑的因素太多,如处理区的间距、化学试剂的选择、垂直粒状电极的放置方法等。Lasagna 工艺能处理土壤中多种污染物,但是对于某些污染物要采用特定的方法以确保这种处理工艺的兼容性,如生物处理工艺与 Lasagna 工艺结合使用。

(2) 阴极区注导电性溶液工艺。

当用电动力学方法处理重金属污染的土壤时,土壤中会产生酸性迁移带和碱性迁移带。酸性迁移带会促进重金属离子从土壤中分离,而碱性迁移带会促使重金属离子沉淀,这样会降低重金属离子的去除效率。为此,有研究指出,在土壤和阴极之间注入导电性溶液,把由于碱性迁移带产生的高 pH 值区控制在土壤和阴极之间的导电性溶液中,装置如图 4-9 所示。这种装置的好处是不需要额外的水循环系统，可以使处理系统简单化，还可能适用于一个可移动的土壤原位修复。实验结果表明，Cu^{2+} 和 Zn^{2+} 在沙土中 5 d 内的去除效率可达 96%以上。但该方法应用于原位修复时，注入地下的导电性溶液量非常大，不是很现实，因此可以采用图 4-10所示的装置，将导电性溶液和阴极放在地表以上的容器中。

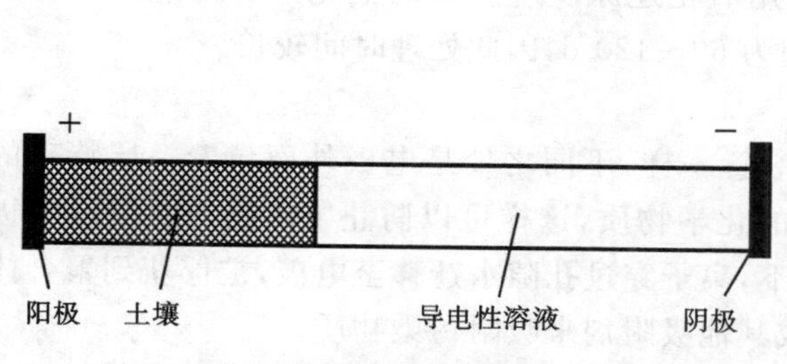

图 4-9 导电性溶液注入阴极和土壤之间

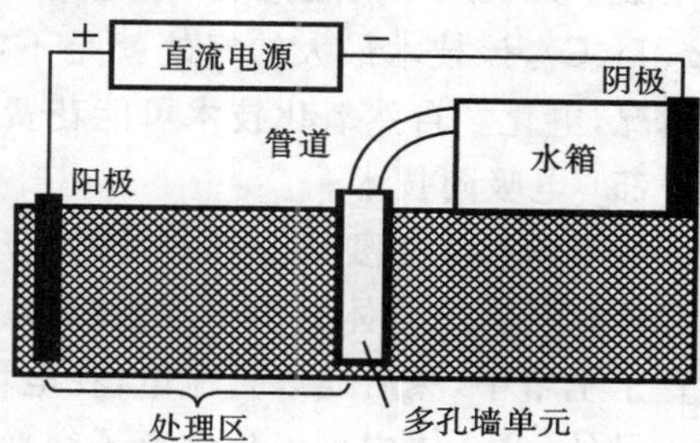

图 4-10 阴极区注导电性溶液工艺示意图

这种方法使重金属的处理效率大为提高，且装置简单易操作，但位于土壤和阴极之间的导电性溶液的长度至少要是土壤的长度的两倍，且 pH 缓冲容量、介质的阳离子交换能力及导电性溶液与土壤的相互反应可能影响酸碱迁移带的前进和 pH 值跃迁的位置，另外导电性溶液要放在一个特殊的容器中，这可能增大处理成本。

(3) 阳离子选择性透过膜。

鉴于阴极区注入导电性溶液工艺处理方法的缺点，在此基础上进一步改进了工艺：将一个阳离子选择性透过膜放在土壤中靠近阴极的地方，如图 4-11 所示，H^+ 和金属阳离子可以通过阳离子选择性透过膜，而 OH^- 则无法通过。这样可以把高 pH 值区限制在靠近阴极的地方，提高重金属离子的去除效率。该工艺包括污染土壤、土壤和阳离子选择性透过膜之间的溶液室、膜和阴极之间的阴极室三部分。

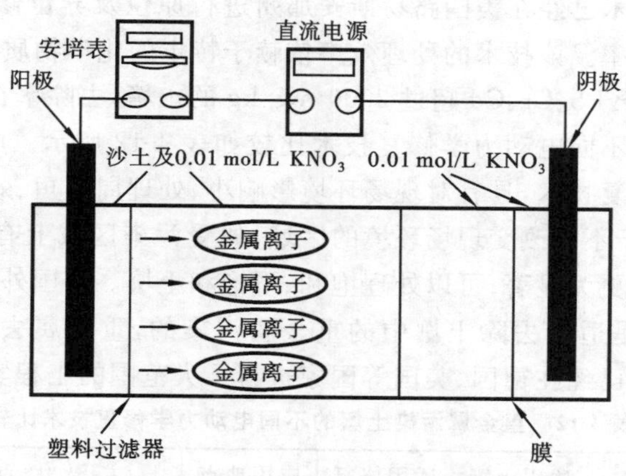

图 4-11 带阳离子选择性透过膜的电动力学处理装置示意图

在外加电场的作用下，带不同电荷的离子分别向电性相反的电极迁移。放置于土壤和阴极之间的阳离子选择性透过膜，允许阳离子及少数阴离子通过，把阴极电解产生的大部分 OH^- 限制在膜靠近阴极的区域，而阳极的酸性迁移带可以穿过膜，与碱性迁移带中和，在膜的附近发生 pH 值的跃迁。实验结果表明，重金属的去除率可达 90%以上。另外，为了提高处理效果，还可向这种装置的阴极区加入酸性溶液（如乙酸）来控制 pH 值，加入酸性溶液后的重金属离子的去除效率要高于仅使用阳离子选择性透过膜的去除效率。

(4) 电化学自然氧化技术。

电化学自然氧化技术是目前德国采用的一种技术,用来处理土壤中有机和无机污染物。这种技术就是向插入地下的电极两端施加电流,电流产生氧化还原反应,这样可以促进电极之间土壤中无机离子的稳定和有机离子的矿化。由于在大多数土壤中存在天然的催化剂(Fe、Mg、Ti、C),该技术最大的好处就是不需要使用氧化还原反应所需的催化剂。对于不同的具体情况,电化学自然氧化技术可能花费的时间为60～120 d,因此处理时间较长。

(5) 电吸附技术。

电吸附技术主要部分和普通的电动力学装置一样,不同之处是电极外面包着一层特殊的聚合体材料。聚合体材料中充满调节 pH 值的化学物质,这样可以防止 pH 值的跃变。电极放置于土壤中,然后通以直流电,在电场作用下,离子穿过孔隙水迁移至电极,被俘获到聚合体中。另外,聚合体中可以包含离子交换树脂或其他吸附剂来吸附污染物质。

(6) 电动力学生物修复技术。

电动力学生物修复技术原理是通过特殊的生物电技术向土壤土著微生物加入营养物质(主要是硝酸盐类),由于微生物对外界供给的电化学能量有接受的本性,添加的营养物能有效地增加微生物群体活性,促进其生长、繁殖,提高对污染物的降解能力。其反应过程是将营养物注入电极井,外加电场使之分散进入土壤中被微生物利用,如在阳极加入铵离子,在阴极加入硫酸盐离子,纹理细密的沙性土和高岭石中营养物的迁移具有一定的规律。为了保持土壤环境为中性,可在电极附近加入缓冲液。电动力学生物修复法的优点是不需要外加微生物群体,但污染物浓度过高会毒害微生物甚至引起死亡,另外修复耗时较长。

(7) Electro-Klean™电分离技术。

Electro-Klean™电分离技术是一种新的技术,使用两个电极向污染土壤中供给直流电,可以用来从饱和/非饱和沙土、粉土、细颗粒黏土及沉积物中去除重金属、放射性物质和特定的挥发性有机物质。这种技术已经在美国路易斯安那州进行原位及异位修复,可以向土壤中加入合适的酸以提高处理效率。该技术的处理效率依赖于特定的化学物质及其浓度和土壤缓冲容量。研究结果表明,对于 Pb、Cr、Cd 超过 2000 mg/kg 的土壤,去除率在75%～95%。

重金属污染土壤的不同电动力学修复技术比较如表4-12所示。电动力学修复技术作为一种新兴的土壤原位修复技术,具有对现场环境影响小、处理周期短、效果明显、成本低且经济上可行等优点,可适合于不能改变现场环境的区域,如受污染区域上有建筑物,对于质地均匀的粉土和黏土处理效果更为显著;可以处理饱和、不饱和土壤。从国外一些室内实验和现场实验的结果来看,该技术是适合去除土壤中的重金属污染的,重金属去除效率高,一般可达到90%以上。该技术目前已经在德国、美国等国家进行了大范围的工程实验。

表 4-12 重金属污染土壤的不同电动力学修复技术比较

修复技术	技术特点	适用土壤	适用修复	应用地点	主要优点	主要缺点
Lasagna	由几个渗透反应区组成	饱和黏性土	原位	美国肯塔基州	循环利用阴极抽出水,成本相对较低	电解产生的气泡覆盖在电极上,使电极导电性降低
Electro-Klean	向土壤外加电压时加入增强剂(主要是酸类)	饱和及非饱和土壤	原位或异位	美国路易斯安那州	去除范围广,可去除重金属离子、放射性核素和挥发性污染物	对缓冲能力高的土壤和存在多种污染物的土壤去除效果差

续表

修复技术	技术特点	适用土壤	适用修复	应用地点	主要优点	主要缺点
电化学自然氧化	利用土壤中催化剂作污染物的氧化降解剂		原位	德国	不需外加催化剂，而利用天然存在的铁、镁、钛和碳元素	需要的修复时间长
电吸附	电极外包聚合材料以俘获向电极迁移的离子		原位	美国路易斯安那州	聚合材料内的填充物可调节 pH 值，防止其突变	仍有必要进一步研究其经济性
电动力学生物修复	通过生物电技术向土壤土著微生物加入营养物	饱和及非饱和土壤	原位		不需要外加微生物群体	高浓度污染物会毒害微生物，需要的修复时间长

土壤电动力学修复因其工艺设计自身特点和土壤环境的复杂性，也存在着如下问题。首先是极化现象，在电动力学实验中发现，随着实验的进行，土壤中的电流密度减小，即产生极化现象，主要包括活化极化、电阻极化和浓差极化。活化极化是电解过程中产生气体（H_2、O_2）覆盖在电极表面，由于这些气体是良好的绝缘体，导致土壤导电性下降，电流降低；电阻极化是电动力学修复后，在阴极表面形成一层白色的膜，这层膜可能是不溶性盐类或吸附在阴极表面的其他杂质，从而使电导率下降，进而降低了电流；浓差极化是阴极产生的 H^+ 和阳极产生的 OH^- 各自向电性相反的电极迁移，如果产生的酸碱没有被及时中和，就会使电流降低。其次是土壤 pH 值的影响，重金属离子在土壤中的存在形态与土壤的 pH 值有很大关系。一般来讲，酸性条件有利于重金属离子在电动力学作用下去除，因而要尽量控制 pH 值在一定范围内，可以通过向土壤中加入一些其他溶液以控制土壤 pH 值及促进重金属离子从土壤中的解吸。再次是温度问题，当向污染土壤施加比较高的电压，通电时间较长时，土壤温度会升高，这样可能降低电动力学处理重金属的效率。还有土壤中的杂质的影响，当污染土壤中含有碳酸盐、赤铁矿以及大块的岩石、沙砾时，电动力学法对重金属的去除效率就会降低。

电动力学修复作为一种新型高效的原位修复技术，正越来越受到科研人员的关注。电动力学修复涉及的物理化学过程以及土壤组分的性质相当复杂，还有许多基础研究需要进一步开展和完善。虽然在实验条件和小规模现场应用方面获得了很多研究成果，取得了很大的进展，但对大规模污染土壤的就地修复技术仍不健全。

我国的土壤污染问题比较严重，这就要求进一步发展新的、廉价的修复技术。原位电动力学修复具有经济效益高、后处理方便、二次污染少等一系列优点，在修复污染土壤方面将有着良好的应用前景。随着电化学、土壤学等诸领域发展的成熟以及组合电动力学修复技术的成熟，电动力学修复技术会在我国污染土壤修复中发挥越来越重要的作用。

4. *污染土壤的微生物修复*

土壤微生物是土壤生态系统的重要生命体，它不仅可以指示污染土壤的生态系统稳定性，而且具有巨大的潜在环境修复功能。微生物修复是指利用天然存在的或人工培养的功能微生物群，在适宜环境条件下，促进或强化微生物代谢功能，从而降低有毒污染物活性或将其降解成无毒物质的生物修复技术，它已成为污染土壤生物修复技术的重要组成部分和生力军。根据对污染土壤的扰动情况进行分类,微生物修复可分为原位修复和异位修复;从污染物的角度来看,微生物修复可分为可用于受有机物污染土壤的修复和可用于受重金属污染土壤的修复。

微生物修复的基础是土壤中存在着各种微生物,根据来源不同可以把起作用的微生物分为3类,即土著微生物、外源微生物和基因工程菌。目前在实际的生物修复工程中应用的大多是土著微生物,土著微生物无论在数量上还是在降解潜力上都是巨大的,另一方面,外源微生物在环境中难以保持较高的活性,基因工程菌的应用目前仍受到较为严格的限制。引进外源微生物和基因工程菌时必须考虑其对土著微生物的影响。土著微生物虽然在土壤中广泛存在,但其生长速度较慢,代谢活性不高,或者由于污染物的存在造成土著微生物的数量下降,致使其降解污染物能力降低,因而,有时需要在污染的土壤中接种一些能高效降解污染物的菌种。如在2-氯苯酚污染的土壤中,只添加营养物时,7周内2-氯苯酚浓度从245 mg/kg降为105 mg/kg,而添加营养物并接种 *Pseudomonas putida* 纯培养物后,4周内2-氯苯酚的浓度即明显下降,7周后其浓度仅为2 mg/kg。目前,利用外源微生物进行微生物修复的方法已越来越多,特别是在不利于微生物生存的极端情况下,接种微生物的做法更为常见。近年来,采用遗传工程手段研究和构建高效的基因工程菌已引起人们的普遍关注。构建基因工程菌的技术包括组建带有多个质粒的新菌种、降解性质粒DNA的体外重组、质粒分子育种和原生质体融合技术等。采用这些技术可将多种降解基因转入同一微生物中,使其获得广谱的降解能力。如将甲苯降解基因从 *Pseudomonas putida* 转移给其他微生物,从而使受体菌在0 ℃时也能降解甲苯。这比简单的接种特定的微生物要有效得多,因为接种的微生物不一定能够成功地适应外界环境的要求。尽管利用遗传工程能提高微生物生物降解能力的工作已经取得了良好的效果,很多研究者同时也担心基因工程菌释放到环境中会产生新的环境问题,导致对人和其他高等生物产生新的疾病或影响其遗传基因。目前,对此问题仍存在争议,美国、日本和其他大多数国家对基因工程菌的实际应用有严格的立法控制。

1) 有机污染土壤的微生物修复原理

土壤中大部分有机污染物可以被微生物降解、转化,并降低其毒性或使其完全无害化。微生物降解有机污染物主要依靠两种作用方式:一是通过微生物分泌的胞外酶降解;二是污染物被微生物吸收至其细胞内后,由胞内酶降解。微生物从胞外环境中吸收摄取物质的方式主要有主动运输、被动扩散、促进扩散、基团转位及胞饮作用(内吞作用)等。

微生物降解和转化土壤中有机污染物,通常是依靠多种基本反应模式来实现的。主要反应类型有氧化作用、还原作用、基团转移作用、水解作用以及其他反应类型。对有机污染物的氧化作用主要表现有:醇的氧化,如乙酸杆菌将乙醇氧化为乙酸,氧化节杆菌可将丙二醇氧化为乳酸;醛的氧化,如铜绿假单胞菌将乙醛氧化为乙酸;甲基的氧化,如铜绿假单胞菌将甲苯氧化为安息香酸(苯甲酸),其中表面活性剂的甲基氧化主要是亲油基末端的甲基氧化为羧基的过程,等等。对有机污染物的还原作用主要表现有:乙烯基的还原,如大肠杆菌可将延胡索酸还原为琥珀酸;醇的还原,如丙酸梭菌可将乳酸还原为丙酸;芳环羟基化,如甲苯酸盐在厌氧条件下可以羟基化;也有醌类还原、双键、三键还原作用,等等。对有机污染物的基团转移作用主要表现有:脱羧作用,如脱卤作用是氯代芳烃、农药、五氯酚等的生物降解途径;脱烃作用,常见于某些有烃基连接在氮、氧或硫原子上的农药降解反应,还存在脱氢卤以及脱水反应,等等。水解作用主要表现有酯类、胺类、磷酸酯以及卤代烃等的水解降解。

2) 重金属污染土壤的微生物修复原理

利用微生物修复受重金属污染的土壤,主要是依靠微生物对土壤中重金属进行固定、移动或转化，改变它们在土壤中的环境化学行为，可促进有毒、有害物质解毒或降低毒性，从而达到生物修复的目的。因此，重金属污染土壤的微生物修复原理主要包括生物富集（如生物积累、生物吸着）和生物转化（如生物氧化还原、甲基化与去甲基化以及重金属的溶解和有机配位降解）等作用方式。与有机污染物的微生物修复相比，关于重金属污染的微生物修复方面的研究和应用较少，直到最近几年才引起人们的重视。

微生物对重金属的生物积累和生物吸着主要表现在胞外配位、沉淀以及胞内积累等 3 种形式，其作用方式有：金属磷酸盐、金属硫化物沉淀，如 *Citrobacter* sp. 产生的酶能使 U、Pb 和 Cd 形成难溶磷酸盐，细菌胞外多聚体，金属硫蛋白、植物螯合肽和其他金属结合蛋白，铁载体，真菌来源物质及其分泌物对重金属的去除。由于微生物对重金属具有很强的亲和吸附性能，有毒金属离子可以沉积在细胞的不同部位或结合到胞外基质上，或被轻度螯合在可溶性或不溶性生物多聚物上。尽管微生物吸附方法修复矿区废弃物已有报道，但迄今为止，微生物对重金属的吸附作用主要还是用于废水治理。微生物吸附的实际应用取决于两个方面，即筛选具有专一吸附能力的微生物和降低培育微生物的成本。最近在提高微生物吸附特定金属离子的能力、收集生物体及采用生物吸附金属离子的新方法方面都取得了进展。

重金属污染土壤中存在一些特殊微生物类群，它们不仅对有毒重金属离子具有抗性，而且可以使重金属进行生物转化。其主要作用机理包括微生物对重金属的生物氧化和还原、甲基化与去甲基化以及重金属的溶解和有机配位降解转化重金属，改变其毒性，从而形成某些微生物对重金属的解毒机制。在细菌对有毒金属离子的修复中，修复 Cr 污染土壤的研究较多，如在好氧或厌氧条件下，有许多异养微生物能够催化 Cr(Ⅵ)转化为 Cr(Ⅲ)。金属价态改变后，金属的配位能力也发生变化，一些微生物的分泌物与金属离子发生配位作用，这可能是微生物降低重金属毒性的另一机理。如一些 Fe^{3+} 还原细菌可以把 Co^{3+}-EDTA 中的 Co^{3+} 还原为 Co^{2+}，因放射性 Co^{3+}-EDTA 的水活性很高，而 Co^{2+} 与 EDTA 结合较弱，可使钴的移动性降低，因而具有较大的实际应用价值。

3）污染土壤的微生物修复技术与应用

土壤微生物修复技术是在适宜条件下利用土著微生物或外源微生物的代谢活动，对土壤中污染物进行转化、降解与去除的技术。从修复场地来分，土壤微生物修复技术主要分为两类，即原位微生物修复和异位微生物修复。

（1）原位微生物修复。

原位微生物修复不需将污染土壤搬离现场，直接向污染土壤投放 N、P 等营养物质和供氧，促进土壤中土著微生物或特异功能微生物的代谢活性，降解污染物。原位微生物修复技术主要有以下几种。

① 生物通风法。

生物通风法又称土壤曝气，是基于改变生物降解的通气状况等环境条件而设计的，是一种强迫氧化的生物降解方法。其操作原理是在污染的土壤上至少打 2 口井，安装鼓风机和抽空机，将空气强制注入土壤中，然后抽出土壤中的挥发性有机毒物。在通入空气时，可以加入一定量的氧气和营养液，改善土壤中降解菌的营养条件，提高土著微生物的降解活性，从而达到污染物降解的目的。

② 生物强化法。

生物强化法是基于改变生物降解中微生物的活性和强度而设计的，可分为土著菌培养法和投菌法。土著菌培养法是定期向污染土壤投加 H_2O_2 和营养，以满足土著降解菌的需要，提高土著微生物的代谢活性，将污染物充分矿化成 CO_2 和 H_2O 的方法。目前，该方法在生物修复工程中实际应用较多，其原因一方面是土著微生物降解污染物的潜力巨大，另一方面是接种的外源微生物在土壤中难以保持较高的活性以及工程菌的应用受到较为严格的限制。投菌法是直接向污染土壤中接入高效降解菌，同时提供给这些微生物生长所需营养的方法。使用该方法时常常受到土著微生物的竞争。因此，在应用时我们需要接种大量的外源微生物形成优势菌群，以便迅速开始生物降解过程。

③ 土地耕作法。

土地耕作法也称农耕法，是以就地污染土壤作为接种物的好氧生物过程。其简要操作规程如下：首先对污染土壤进行耕耙，同时施入肥料等养分，进行灌溉，对降解菌株接种，定期翻动充氧，从而尽可能地为微生物降解提供一个良好的环境，以便土壤中形成污染物的降解过程。一般情况下，土地耕作修复法只能适用于 30 cm 以上的耕层土壤。土地耕作法相比于其他处理方法，如填埋、焚烧、洗脱等，具有对土壤结构体破坏较小、实用、有效等特点，应用范围较广。

④ 化学活性栅修复法。

化学活性栅修复法是依靠掺入污染土壤的化学修复剂与污染物发生氧化、还原、沉淀、聚合等化学反应，从而使污染物得以降解或转化为低毒性或移动性较差的化学形态的方法。其中较为典型的化学活性栅系统修复规程如下：通过注入井，把粉状胶体物质(如零价胶态铁粉)注入污染地区水流走向的下方，然后，在注入井的水流下方开挖第二个井，用以抽取污染的地下水。通过污染地下水的处理，可以达到污染土壤修复的目的。目前，这一技术已经成功地应用于石油烃，特别是卤代烃等有机物污染土壤的修复。

(2) 异位微生物修复。

异位微生物修复是把污染土壤挖出，进行集中生物降解的方法。主要包括以下几种方法。

① 预制床法。

预制床法是农耕法的延续，它可以使污染物的迁移量减至最低。其简要操作规程如下：在不泄露的平台上铺上沙子和石子，将污染土壤平铺 10～30 cm 厚于平台上，并加入营养液和水，必要时加入表面活性剂，定期翻动供氧，以满足土壤微生物的生长需要；将处理过程中流出的渗滤液及时回灌于土层，以彻底清除污染物。该方法在 PCP、杂酚油、石油、农药等污染土壤修复中获得了一些成功的案例。

② 堆制法。

堆制法是利用传统的堆肥方法，将污染土壤与有机废弃物质(如木屑、秸秆、树叶等)、粪便等混合起来，使用机械或压气系统充氧，同时加入石灰以调节 pH 值，经过一段时间依靠堆肥过程中微生物作用来降解土壤中的有机污染物。堆制法包括风道式、好气静态式和机械式等3种，其中机械式(在密封容器中进行)易于控制，可以间歇或连续进行。近年来，国内外学者均在积极研究堆制修复的原理、工艺、条件、影响因素、降解效果等，并已将此工艺应用到污染土壤的修复。

③ 泥浆生物反应器法。

泥浆生物反应器法是将污染土壤转移至生物反应器，加水混合成泥浆，调节适宜的 pH 值，同时加入一定量的营养物质和表面活性剂，底部鼓入空气以补充氧气，在满足微生物所需氧气的同时，使微生物与污染物充分接触，加速污染物的降解，降解完成后，过滤脱水。这种方法处理效果好、速度快，但仅仅适宜于小范围的污染治理。生物反应器一般设置在现场或特定的处理区，通常为卧鼓型和升降机型，有间隙式和连续式两种，但多为间隙式。目前，生物反应器在国外已进入实际应用阶段，国内还处于实验室模拟阶段。泥浆生物反应器具有有利于增加土壤微生物与污染物的接触面积，可使营养物、电子受体和主要基质均匀分布等优点，因此，生物反应器的修复效率较高。但是由于增加了物料处理、固液分离、水处理等能量消耗，泥浆生物反应器的处理成本要比农耕作法、堆制法等技术高。因此，在选择污染土壤微生物修复技术时，应充分考虑上述各种修复方法的优缺点，结合污染物的类型、污染场地、污染状况等因素，充分发挥每种微生物修复方法的长处，加以灵活运用。

4. 污染土壤的植物修复

污染土壤的修复是当今环境科学研究的热点，自 20 世纪 90 年代以来，植物修复成为环境污染治理研究中的一个前沿性课题，它广泛利用绿色植物的新陈代谢活动来固定、降解、提取和挥发环境中的污染物质，降低其对环境的危害。该方法成本低、效果好、不破坏环境，具有较好的发展前景，因而得到了广泛的关注。

植物修复是利用植物及其根际圈微生物体系的吸收、挥发、转化和降解的作用机制来清除环境中污染物质的一项新兴的污染治理技术。具体地说，是应用植物本身特有的性质，利用、转化污染物，或通过氧化还原、水解等作用，使污染物得以降解和脱毒，利用植物根际圈特殊的生态条件加速土壤微生物的生长，显著提高根际圈微环境中微生物的生物量和潜能，从而提高分解土壤中有机污染物的能力，以及利用某些植物特殊的固定与积累能力去除土壤中某些无机和有机污染物。它属于广义生物修复的范畴，是继生物修复后提出的又一项新技术。

1）植物修复技术的分类

一般来说，植物对土壤中的无机污染物和有机污染物都有不同程度的吸收、挥发和降解等修复作用，有的植物甚至同时具有上述几种作用。而修复植物不同于普通植物的特殊之处在于其在某一方面表现出超强的修复功能，如超积累植物等。根据修复植物在某一方面的修复功能和特点，可将植物修复技术分为以下 6 种基本类型。

(1) 植物提取：利用重金属超积累植物从污染土壤中超量吸收、积累一种或几种重金属元素，然后收割植物富集部位或植物整体(包括部分根)，并经过热处理、微生物、物理或化学的处理，减少植物的体积或质量，以达到降低加工、填埋和人工操作费用的目的。

(2) 植物钝化：利用特殊植物将污染物钝化/固定，降低其生物有效性及迁移性，使其不能为生物所利用，达到钝化/稳定、隔离、阻止其进入水体和食物链的目的，以减少其对生物和环境的危害。植物枝叶分解物、根系分泌物以及腐殖质对重金属离子的螯合作用等都可固定土壤中的重金属。

(3)植物挥发：利用植物将土壤中的一些挥发性污染物吸收到植物体内，然后将其转化为气态物质释放到大气中，从而对污染土壤起到治理作用。如一些植物能将土壤中的 Se、As 和 Hg 等甲基化，从而形成可挥发性的分子，释放到大气中去，对有机污染物治理也具有较好的应用前景。

(4) 植物降解：利用修复植物的转化和降解作用去除土壤中有机污染物，其修复途径包括污染物在植物体内转化和分解及在植物根分泌物酶的作用下引起的降解。植物降解一般对某些结构比较简单的有机污染物去除效率很高，但对结构复杂的污染物则无能为力。

(5) 植物转化：在植物的根部或其他部位通过新陈代谢作用将污染物转化为无毒或毒性较小的形态。

(6) 根际圈生物降解：利用植物分泌氨基酸、糖、酶等物质刺激根际圈菌根真菌、专性或非专性细菌等微生物的降解作用来转化有机污染物,降低或彻底消除其生物毒性,从而达到有机物污染土壤修复的目的。这种修复方式实际上是微生物与植物的联合作用过程,只不过微生物在降解过程中起主导作用。实践证明,根际圈生物降解有机污染物的效率明显高于单一利用微生物降解有机污染物的效率。

2) 植物修复技术的应用

(1) 重金属的植物修复。

重金属不同于有机物,它不能被生物所降解,只能通过植物吸收才能从土壤中去除。用微生物进行大面积现场修复时,不仅微生物吸收的金属量较少,而且富集重金属的微生物的后处理也比较困难。植物具有生物量大且易于后处理的优势,因此植物修复是解决重金属污染问题的一个有效手段。植物主要通过植物提取、植物挥发和植物钝化/稳定等方式去除土壤中重金属离子或降低其生物活性。

大多数植物都会将重金属排除在组织外,但也有一些特殊植物能超量富集重金属,也即重金属的超富集植物。对不同重金属,其超富集植物的浓度标准也不尽相同。目前采用较多的是Baker等人提出的参考值,即把植物叶片或地上部(干重)中含镉达到100 mg/kg,含砷、钴、铜、镍、铅达到1000 mg/kg,含锰、锌达到10000 mg/kg以上的植物称为超富集植物。表4-13所示为某些超富集植物及其金属含量。

表4-13 某些超富集植物及其金属含量(以干重计)

金属	植物种类	金属含量/(mg/kg)
钴	蒿莽草属	10200
锌	天蓝遏兰菜	51600
铅	圆叶遏兰菜	8200
镉	灯心草	8670
镍	九节木属	47500
铜	高山甘薯	12300
锰	粗脉叶澳洲坚果	51800

利用重金属的超富集植物的高吸收、高富集特性吸收土壤中的重金属或者放射性元素,并在地上部位大量富集,用常规的农业生产技术收获植株,从而达到清除污染的目的。利用超富集植物的提取作用将重金属彻底去除是植物提取修复的核心内容,也是植物修复最具代表性的修复方式。普通植物绝大多数对重金属具有吸收积累能力,但以此作为修复手段所需时间较长,而利用超富集植物将大大缩短修复时间。

目前,国际上报道的超富集植物已有500多种。我国目前发现的超富集植物也有多种,如As超富集植物蜈蚣草和大叶井口边草,Zn超富集植物东南景天,Cd超富集植物油菜、宝山堇菜、龙葵和东南景天,Pb超富集植物土荆芥,Mn超富集植物商陆等。图4-12所示为Zn的超富集植物长萼堇菜和As的超富集植物蜈蚣草。根据目前的现实需要,超富集植物一般应具有以下几个特性:一是即使在污染物浓度较低时也有较高的积累速率,尤其在接近土壤重金属含量水平下,植株仍有较高的吸收速率,须有较高的运输能力;二是能在体内积累高浓度的污染物,地上部能够较普通作物积累10~500倍甚至更多的某种金属;三是最好能同时积累几种金属;四是生长快、生物量大;五是具有抗病虫害能力。

(a) 长萼堇菜

(b) 蜈蚣草

图 4-12 Zn 的超富集植物长萼堇菜和 As 的超富集植物蜈蚣草

植物挥发是与植物提取相联系的,利用植物根系吸收重金属污染物到体内并转化为可挥发的形态从叶片等部位挥发到大气中,从而消除对土壤的污染。植物挥发修复技术应用范围较小,从目前的研究来看,主要用于修复硒、汞和砷污染的土壤,污染物转化挥发的机制尚不清楚。

尽管对微生物转化和挥发土壤硒早有报道,但直到近年来才发现某些特殊植物具有类似的功能,也可将环境中的硒转化为气态。现已发现许多植物可从污染土壤中吸收硒并将其转化成可挥发的二甲基硒或二甲基二硒,从而降低硒对土壤生态系统的毒性。印度芥菜有较高的吸收和积累硒的能力,种植第一年和第二年可使土壤中全硒减少 48% 和 13%,一些农作物如水稻、花椰菜、卷心菜、胡萝卜、大麦和苜蓿等有较强的吸收并挥发土壤中硒的能力。研究表明,硒挥发的主要形态是无毒的二甲基硒,其毒性仅相当于无机硒的 1/7000 到 1/5000,植物体内挥发态硒产生的速率限制步骤是硒的还原。根际细菌不仅能增强植物对硒的吸收,而且能提高硒的挥发速率。这种刺激作用归功于细菌对须根发育的促进作用,从而使根表的有效吸收面积增加。更重要的是,根际细菌能刺激产生一种热稳定化合物,它使 SeO_4^{2-} 通过质膜进入根内,当这种热稳定化合物进入植物根系后,植物体内出现硒酸盐的显著积累。

汞在环境中以多种形态存在,有单质汞、无机汞离子、有机汞化合物等。金属汞在常温下以液态存在并容易挥发。燃煤、工业废弃物排放、火山喷发等可将汞带入土壤并与黏粒矿物结合。在土壤或沉积物中,厌氧细菌作用可使离子态汞转化为毒性很强的甲基汞,其毒性比单质汞高两个数量级。同时,污染土壤中的抗汞细菌,可通过酶的作用将甲基汞和离子态汞还原成毒性小得多的可挥发态单质汞,这已成为降低汞毒性的一种生物途径。将细菌体内的汞还原酶基因转入拟南芥属植物后,得到的转基因植物比对照植物的耐汞能力提高了 10 倍,并可吸收土壤中的汞,将其还原成单质汞后挥发到大气中。然而,植物体挥发的汞仍然是有毒的,需要通过进一步的工作将其转化为无毒形态,或使气态汞的挥发作用控制在环境的许可范围内。

砷是另一个可被生物挥发的元素,海藻耐砷毒的机理之一是把$(CH_3)_2AsO_2^-$挥发至体外,但对高等植物来说,对砷是否具有挥发作用仍不清楚。在普通植物体内,砷主要积累在根系中,较少向地上部运输。植物代谢或者植物与微生物复合代谢,也可形成甲基砷化物或砷气体。由于植物挥发修复技术只适用于挥发性污染物,所以应用范围较小,并且将污染物转移到大气中对人类和生物仍有一定风险,因此其应用受到一定程度的限制。

植物钝化主要针对采矿及废弃矿区、冶炼厂污染土壤、清淤污泥和污水处理厂污泥等重金属污染现场的复垦。植物通过某种生化过程使污染基质中金属的流动性降低,生物可利用性下降,从而减轻有毒金属对植物的毒性。研究植物对土壤中铅的固定时发现一些植物可以降低铅的生物可利用性,缓解铅对环境中生物的毒害作用。植物固定修复并没有从土壤中将重金属去除,只是暂时将其固定,在减少污染物重金属向四周扩散的同时,也减少其对土壤中生物的毒害。但如果环境条件改变,重金属的可利用性可能发生变化,因而并没有彻底解决重金属污染问题。由于其作用与治理效果有些差距,故目前很少有研究报道。

(2) 有机污染物的植物修复。

植物修复可用于石油化工污染、炸药废物、燃料泄露、氯代溶剂、填埋场淋滤液和农药等有机污染物的治理。与重金属污染土壤的植物修复技术相比,有机物污染的植物修复技术起步更晚。有机化合物能否被植物吸收,并在植物体内发生转移,完全取决于有机化合物的亲水性、可溶性、极性和相对分子质量。植物降解有机污染物的途径主要有三种:一是将有机物直接吸收到植物体内,不经代谢而仅在植物组织中积累,或将污染物的代谢产物积累在植物组织中,或将有机污染物完全矿化成无毒或低毒的化合物,如二氧化碳、硝酸盐、氨和氯等;二是通过根系分泌物和酶的作用,直接或间接地在根部将有机污染物降解成毒性较小的化合物;三是植物刺激效应,通过植物提高根际圈微生物的活性来促进有机污染物的降解,也即植物和微生物的联合代谢作用。

植物可直接吸收有机污染物而降低其对土壤的污染,植物根对有机物的直接吸收与有机物的相对亲脂性有关。某些化合物被吸收后,有的以一种很少能被生物利用的形式束缚在植物组织中,也有某些有机污染物进入植物体内后,其代谢产物可能黏附在植物的组分如木质素中。环境中大多数苯系化合物、有机氯化剂和短链脂肪族化合物都是通过植物直接吸收途径去除的。有机化合物被植物吸收后,植物可将其分解,并通过木质化作用使其成为植物体的组成部分,也可转化成无毒性的中间代谢物,储存在植物体内,或完全被降解并最终被矿化成二氧化碳和水,达到去除有机污染物的目的。

植物分泌物和酶可降解有机污染物,植物分泌物包括糖类、氨基酸、有机酸、脂肪酸、甾醇、生长素、核苷酸、黄烷酮及其他化合物,这些化合物能改变土壤的物理化学条件。研究表明,某些能降解有机污染物的酶类不是来源于微生物而是来源于植物。植物根系释放到土壤中的酶可直接降解有关污染物,致使有机污染物从土壤中的解吸和质量转移成为限速步骤,植物死亡后酶释放到环境中,还可以继续发挥分解作用。已有报道,实验室从淡水的沉积物中鉴定出的脱卤酶、硝酸还原酶、过氧化物酶、漆酶和腈水解酶等 5 种酶均来自植物;又有研究表明,硝酸盐还原酶和漆酶可降解军火废物,如 TNT(2,4,6-三硝基甲苯),使之成为无毒物质;脱卤酶可降解含氯溶剂如 TCE(四氯乙烯),生成氯离子、水和二氧化碳。

植物与根际微生物的转化可降解土壤中的有机污染物,植物能以多种方式刺激微生物对有机污染物进行转化,根际微生物在生物降解中起着重要作用。土壤中由于植物根系的存在,增加了微生物的活动和数量。植物根系土壤中的微生物数量和活性比无根系土壤中微生物数量和活性增加了 5～10 倍,有的高达 100 多倍,这些微生物可以加速许多有机农药及三氯乙烯和石油烃的降解,甲基硫类物质和某些杀虫剂也能被几种根际微生物所降解,其降解的原因可能是植物根系分泌物刺激了微生物的活动。

影响植物修复的因素主要有以下几个方面:一是环境条件,包括土壤水分、pH 值、有机质含量、孔隙度等,这些因素会间接决定土壤微生物的种类、数量和生物活性,pH 值变化能显著影响耐重金属植物对重金属的吸收;二是污染物性质,重金属在低 pH 值下呈吸附态进入土壤溶液，会增加植物对重金属的生物获取量，有机化合物的亲水性大小是影响它能否被植物吸收的因素之一，亲水性越小，进入土壤溶液的机会越小，被植物吸收量越少；三是植物种类，不同植物甚至同一种植物的亚种或变种所产生的分泌物和酶的种类、数量、功效是不同的，这对植物修复的功效会产生一定的影响；四是基因工程，基因工程是获得超富集植物的新方法，基因工程改造能显著提高植物修复环境的功效。

植物修复技术目前仍处于研究探索阶段，大规模实际应用的并不是太多，植物修复仍有许多不足之处。一是只适合对一定污染程度以下的土壤进行修复，因为如果被修复的土壤中污染物浓度太高，即使找到高富集或超富集植物，其富集容量也是有限的，而对于有机污染土壤的修复，如果污染的程度过高将限制植物的正常生长，这种情况下，必须有其他技术与之相配合，方能达到预期的修复效果；二是植物修复周期相对较长，因此不利的气候因素或不良的土壤条件会影响植物生长，也将间接影响植物修复的效果。与其他常规方法相比，植物修复技术产生的废物量最小，植物修复技术能处理的重金属种类相对较多，是一种宜大规模推广的处理技术。尽管此技术仍有不完善的地方，但随着各方面研究和实践的深入，必将得到大规模的实际应用。

5. 污染土壤修复的发展趋势

近年来对防治土壤污染和对污染土壤修复技术的研究工作日益为人们所重视，也是当今环境科学研究的热点之一。目前，污染土壤修复技术已得到了广泛研究和开发，但在实际应用中出于经济上的考虑以及大规模工程操作过程中出现的问题，往往受到了一定限制。如在英国，土壤重金属污染修复大多采用封闭措施、覆盖系统、挖掘填埋或几种方法联合使用。欧美国家如荷兰、美国等在研究开发创新性的污染土壤修复技术方面较为领先，但较常采用的方法也还是挖掘和填埋法。由于填埋法存在占用土地、渗漏和污染周围环境等负面影响，并非是一种理想的处理方法，因此，美国政府正采取征税、制定严格标准等措施限制挖掘填埋方法的使用，并鼓励、支持创新性修复技术的开发和应用。

在工程上，采用传统的化学方法和微生物方法对重金属和放射性核素类污染的治理均有明显的成效，但并不能从根本上解决这类污染问题。而植物修复技术表现出治理效果的永久性、治理过程中的原位性、对土壤扰动小、治理成本低和环境美学兼容性，且后期处理简单。修复过程一般无二次污染，某些金属元素可以回收利用，因此，在矿山恢复和重金属污染农田的恢复等方面有着一定的应用前景。新兴的电化学修复法可有效缩短修复时间，在一定程度上可以节省成本，如1993年Probstein等研究发现电动修复1 m^3污染土壤约需要10 kW·h的能耗，相当于花费2美元，而整个处理费用相当于约10倍的电力费用，也即处理1 t的污染土壤需花费20～30美元，与一般处理费150美元相比，该技术具有很好的竞争力。

各种污染土壤修复技术联合应用可有效提高修复效果，也是今后土壤修复技术发展的重要方向。电动力学修复技术和生物修复技术联用，如金属氢氧化物或氧化物可以在电动力学修复过程中被酸化溶解，但是金属硫化物很难溶解，不能直接用电动力学方法修复，在土壤溶液中使用某些专一菌种能转化金属硫化物为可溶性硫酸盐，电动力学处理时通过去除抑制离子和通过其他电流对土壤微生物的正向影响刺激硫氧化菌的活性，提高重金属离子的迁移速率和相应的修复速率，这些协同作用提高了修复速率。此外，物理修复与化学修复联合使用、植物修复与微生物修复联合应用等都能显著提高修复效果。但在联用技术方面还缺少基础研究，特别是反应机理方面的研究，有待进一步开展。

污染土壤修复研究的开展，也需要环境工程学的有力支持和推动。在一些国家，污染土壤和地下水修复已经占环保产业产值的15%以上,并保持强劲的增长势头。我国是土地资源短缺的国家,污染更加剧了土壤短缺的严重程度。对已污染的土地资源开展有效修复,是解决这一问题的有效途径之一。因此,深入开展污染土壤修复研究,将科研成果尽快转化为生产力,特别是发展用于污染土壤修复的生物材料、修复设备与成套技术,以及发展污染土壤修复的环保产业,都具有很好的应用前景。

目前,国内有关污染土壤修复技术的研究和应用尚在起步阶段,而我国土壤污染形势不容乐观,一些地区的农产品安全已经受到土壤污染的严重威胁。相信随着研究的不断拓展和新技术成果的不断推广应用,环境修复单一及其联用技术能够在我国未来的污染土壤修复工作中发挥越来越重要的作用。

思考与练习题

1. 名词解释:土壤、土壤溶液、原生矿物、次生矿物、零点电荷、活性酸度、潜性酸度、交换酸、土壤污染、土壤环境容量、生物修复、污染土壤的电动力学修复。
2. 土壤的基本组成是什么?它具有哪些基本性质?
3. 影响土壤氧化还原作用的主要因素有哪些?
4. 土壤污染的类型有哪些?
5. 试述土壤中氮、磷的迁移转化过程。
6. 试述重金属汞在土壤中的迁移转化过程及生物效应。
7. 农药按照其化学成分主要可以分为哪几类?
8. 土壤中化学农药的迁移转化机理有哪些?
9. 试阐述控制和消除土壤污染源是防止污染的根本措施。
10. 污染土壤的化学修复有哪些基本方法?
11. 污染土壤的电动力学修复的基本原理是什么?
12. 试述污染土壤电动力学修复 Lasagna 技术工艺设计。
13. 试比较污染土壤的物理修复、化学修复、微生物修复和植物修复的优缺点。
14. 在查阅专业文献的基础上,试论述目前我国污染土壤的修复技术及其发展趋势。

主要参考文献

[1] 陈怀满. 环境土壤学[M]. 北京:科学出版社,2005.
[2] 黄昌勇. 土壤学[M]. 北京:中国农业出版社,2000.
[3] 李天杰. 土壤环境学——土壤环境污染防治与土壤生态保护[M]. 北京:高等教育出版社,1995.
[4] 王凯雄,胡勤海. 环境化学[M]. 北京:化学工业出版社,2006.
[5] 戴树桂. 环境化学[M]. 2版. 北京:高等教育出版社,2006.
[6] 刘兆荣,陈忠明,赵广英,等. 环境化学教程[M]. 北京:化学工业出版社,2003.
[7] 王晓蓉. 环境化学[M]. 南京:南京大学出版社,1993.
[8] Spiro T G,Stigliani W M. 环境化学[M]. 张钟宪译. 2版. 北京:清华大学出版社,2007.
[9] 邓南圣,吴峰. 环境化学教程[M]. 2版. 武汉:武汉大学出版社,2000.
[10] 易清风,李冬艳. 环境电化学研究方法[M]. 北京:科学出版社,2006.
[11] Manahan S E. Environmental Chemistry[M]. 7th ed. Boca Raton: Lewis Publishers, 2000.
[12] Manahan S E. Fundamentals of Environmental Chemistry [M]. 2nd ed. Boca Raton: CRC Press LLC, 2001.
[13] 闫晓明,何金柱,苗青松. 污染土壤植物修复技术研究进展[J]. 中国生态农业学报,2004,12:131-133.
[14] 鲍桐,廉梅花,孙丽娜,等. 重金属污染土壤植物修复研究进展[J]. 生态环境,2008,17:858-865.

[15] 郭彦威，王立新，林瑞华．污染土壤的植物修复技术研究进展[J]．安全与环境工程，2007，14：25-28.

[16] 滕应，骆永明，李振高．污染土壤的微生物修复原理与技术进展[J]．土壤，2007，39：497-502.

[17] 于颖，周启星．污染土壤化学修复技术研究与进展[J]．环境污染治理技术与设备，2005，6：1-7.

[18] 高志炜．浅谈磷化工污染的危害及治理途径[J]．无机盐工业，1999，31：14-16.

[19] 沙净，王建中．农药污染土壤的植物修复技术研究进展[J]．安徽农业科学，2008，36：2509-2511.

[20] 蓝俊康．污染场地修复技术的种类[J]．四川环境，2006，25：90-100.

第5章　仪器分析在环境化学中的应用

本章要点

仪器分析内容广泛，考虑到环境类专业的特点，本章对于环境监测中涉及的、常用的仪器分析方法进行论述，将仪器分析理论与在环境分析中的实践经验有机结合。本章主要介绍原子发射光谱法、原子吸收光谱法、原子荧光光谱法、紫外-可见吸收光谱法、红外吸收光谱法、电位分析法和离子选择电极、电解和库仑分析法、气相色谱法、高效液相色谱法、质谱分析法、核磁共振波谱法、联用技术等在环境化学中的应用。

污染物在环境中的迁移、转化和归趋以及它们对生态系统的效应是环境化学的重要研究领域。要想解决环境问题，必须了解引起环境质量变化的原因，因此就要对环境中化学物质，特别是危害大的污染物的性质、来源、含量及形态进行监测和分析。为了实现这一目的，应用分析化学的方法和技术研究环境中污染物的种类和成分，并对它们进行定性和定量分析，称为环境分析。

对环境中样品的分析具有化学物质种类繁多、样品组分复杂、样品组分稳定性较差、变异性较大以及目标物含量低等特点。

环境分析的任务是复杂物质的分析，要求连续快速，又是痕量、超痕量的分析，这就要求分析方法和监测仪器具有高灵敏度、高准确度、高选择性和高分辨率等性能，并达到标准化、自动化的目标。

仪器分析具有灵敏度高、检出限低、试样用量少、选择性好、操作简单，分析速度快，易于实现自动化等特点，适用于微量、痕量和超痕量成分的测定。而且很多仪器方法可以通过选择和调整测定条件，使共存组分不干扰，简化了分离过程。

由于环境样品与仪器分析的上述特点以及环境分析任务的复杂性和特殊性，与化学分析相比，仪器分析更能满足环境分析的要求，更适合用来进行环境样品的分析测定，是环境分析化学的主要发展方向。特别是新的仪器分析方法不断出现，其应用也日益广泛，从而使仪器分析在环境分析化学中所起的作用不断增大，并成为现代环境分析的重要支柱。在环境分析中，仪器分析已成为研究污染物的组成、结构、形态、分布、含量及其迁移转化规律等所必需的手段。

仪器分析内容广泛，考虑到环境类专业的特点，本章对于环境监测中涉及的、常用的仪器分析方法进行论述，将仪器分析理论与在环境分析中的实践经验有机结合。下面主要介绍原子发射光谱法、原子吸收光谱法、原子荧光光谱法、紫外-可见吸收光谱法、红外吸收光谱法、电位分析法和离子选择电极、电解和库仑分析法、气相色谱法、高效液相色谱法、质谱分析法、核磁共振波谱法、联用技术等在环境化学中的应用。

5.1　原子光谱法

光谱法是基于物质对光的吸收、发射和拉曼散射等作用，通过检测相互作用后光谱波长和强度的变化而建立的光分析方法。光谱法又可分为原子光谱法和分子光谱法两大类，主要包括：原子发射光谱法、原子吸收光谱法、X 射线光谱法、分子荧光和磷光法、化学发光法、紫外-可见光谱法、红外吸收光谱法、拉曼光谱法、核磁共振波谱法等。其中的红外吸收光谱法、拉曼光谱法、核磁共振波谱法常用于化合物结构分析，其他多用于定量分析。

原子光谱是由原子外层价电子受到辐射后，在不同能级之间的跃迁所产生的各种光谱线的集合，通常是线性光谱。在原子光谱分析法中，基于原子外层电子跃迁的有原子吸收光谱(AAS)、原子发射光谱(AES)和原子荧光光谱(AFS)。基于原子内层跃迁的有 X 射线荧光光谱(XFS)，基于原子核与射线作用的有穆斯堡尔谱。

5.1.1　原子吸收光谱

1. 原子吸收光谱概述

原子吸收光谱法(atomic absorption spectrometry，AAS)也称原子吸收分光光度法，简称原子吸收法，是基于试样蒸气相中待测元素的基态原子对光源发出的该原子特征谱线的吸收作用来进行元素定量分析的一种方法。根据被测元素原子化方式的不同，可分为火焰原子吸收法和非火焰原子吸收法两种。另外，某些元素如汞，能在常温下转化为原子蒸气而测定，称为冷原子吸收法。

原子吸收光谱法与紫外-可见光谱法基本原理相同，都是基于物质对光选择吸收而建立起来的光学分析法，都遵循朗伯-比尔定律。但它们的吸光物质的状态不同，原子吸收光谱法是基于蒸气相中基态原子对光的吸收，吸收的是空心阴极灯等光源发出的锐线光，是窄频率的线状吸收。紫外-可见光谱法则是基于溶液中的分子(或原子团)对光的吸收，可在广泛的波长范围内产生带状吸收光谱，这是两种方法的根本区别。

原子吸收光谱分析和原子发射光谱分析是互相联系的两种相反过程。它们使用的仪器和测定方法有相似之处，也有不同之处。原子的吸收线比发射线数目少得多，由谱线重叠引起光谱干扰的可能性很小，因此原子吸收光谱法的选择性高。原子吸收光谱法由吸收前后辐射强度的变化来确定待测元素的浓度，辐射吸收值与基态原子的数量有关，在实验条件下，原子蒸气中基态原子数比激发态原子数多得多，测定的是大部分原子，使原子吸收光谱法具有高灵敏度。另外在原子发射光谱法中原子的蒸气与激发过程都在同一能源中完成，而原子吸收光谱法则分别由原子化器和辐射光源提供。

原子吸收光谱法具有检出限低、灵敏度高、精密度好、选择性好、准确度高、分析速度快、应用范围广、易于普及等优点。

原子吸收光谱法也有它的局限性：每测定一种元素都需要更换相应的空心阴极灯，不能对多种元素进行同时测定。

2. 原子吸收光谱法基本原理

1) 原子吸收光谱的产生、共振线、特征谱线

原子的核外电子具有不同的电子能级，在通常情况下，最外层电子处于最低的能级状态，整个原子也处于最低能级状态——基态。基态原子的外层电子得到一定的能量($h\nu=\Delta E$)后，电子从低能级向高能级跃迁。当通过基态原子的某辐射线具有的能量(或频率)恰好符合该原子从基态跃迁到激发态所需能量(或频率)时，该基态原子就会从入射辐射中吸收能量跃迁到激发态，引起入射光强度的变化，产生原子吸收光谱。

原子的外层电子从基态跃迁到能量最低的激发态(即第一电子激发态)时，要吸收一定频

率的光,这时产生的吸收谱线称为第一共振吸收线(或主共振吸收线)。原子的能级是量子化的,所以原子对不同频率辐射的吸收也是有选择的。这种选择吸收的定量关系如下:

$$\Delta E = h\nu = \frac{hc}{\lambda} \tag{5.1}$$

各种元素的原子结构和外层电子排布不同,不同元素的原子从基态激发至第一激发态时吸收的能量不同,其共振线就不同,所以共振线是元素的特征谱线。

原子由基态跃迁到第一激发态所需能量最低,跃迁最容易,因此大多数元素主共振线就是该元素的灵敏线。

2) 基态原子与激发态原子的分配

在通常的原子吸收测定条件下,原子蒸气中基态原子数近似等于总原子数。在原子蒸气中,可能有基态与激发态存在。根据热力学原理,在一定温度下达到热平衡时,基态与激发态原子数的比例遵循玻耳兹曼分布定律,即

$$\frac{N_{\mathrm{i}}}{N_0} = \frac{g_{\mathrm{i}}}{g_0}\exp\left(-\frac{E_{\mathrm{i}}}{kT}\right) \tag{5.2}$$

式中:N_{i}——激发态原子数;

N_0——基态原子数;

g_{i}——激发态能级的统计权重;

g_0——基态能级的统计权重;

k——玻耳兹曼常数,其值为 1.38×10^{-23} J/K;

T——热力学温度;

E_{i}——激发能。

在原子光谱中,一定波长的谱线,g_{i}/g_0、E_{i}均是已知值,因此可以计算一定温度下 N_{i}/N_0 值。从式(5.2)可以看出,激发态原子数随温度升高而增加;电子跃迁的能级差越小,吸收波长越长,N_{i}/N_0也越大。但是在原子吸收光谱法中,原子化温度一般小于 3000 K,大多数元素的共振线波长都低于 600 nm,N_{i}/N_0值绝大多数在 10^{-3} 以下,激发态的原子数不足基态的千分之一,激发态的原子数在总原子数中可以忽略不计,即基态原子数近似等于总原子数。因此,原子吸收测定的吸光度与吸收介质中原子总数 N 成正比。

3) 谱线轮廓与谱线变宽

原子结构比分子结构简单,理论上应产生线状光谱线。但实际上原子吸收光谱线并不是严格的几何意义上的线(几何线无宽度),用特征吸收频率的辐射光照射时,获得具有一定宽度(相当窄的波长和频率范围)的峰形吸收峰,称为吸收线轮廓。一束不同频率、强度为 I_0 的平行光通过厚度为 l 的原子蒸气时,透过光强度 I_{t}服从吸收定律,即

$$I_{\mathrm{t}} = I_0\exp(-K_\nu l) \tag{5.3}$$

式中:K_ν——基态原子对频率为 ν 的光的吸收系数。

式(5.3)表明透过光强度随入射光的频率而变化,如以 I_{t}对频率 ν 作光谱图,得一条曲线(图 5-1(a)),由图可见,在频率 ν_0处透过光强度最小,亦即吸收最大。如以 K_ν对频率 ν 作图,所得曲线为吸收线轮廓(图 5-1(b))。由图可见,不同频率下吸收系数不同,在 ν_0处最大,称为峰值吸收系数 K_0。原子吸收线的轮廓以原子吸收谱线的中心频率(或中心波长)和半宽度来表征。中心频率由原子能级决定。半宽度是中心频率位置,吸收系数极大值一半处,谱线轮廓上两点之间频率或波长的距离($\Delta\nu$ 或 $\Delta\lambda$)。

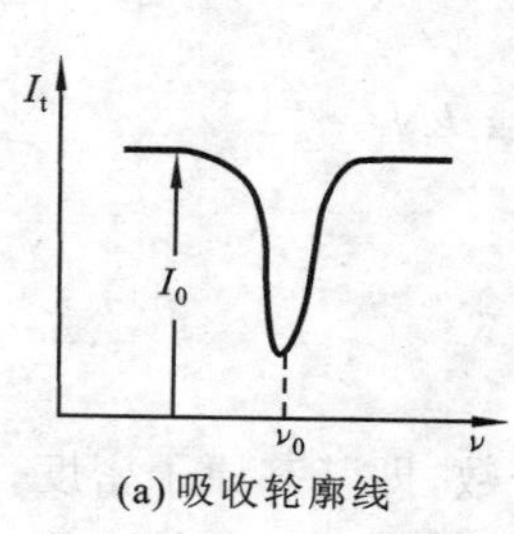

(a) 吸收轮廓线

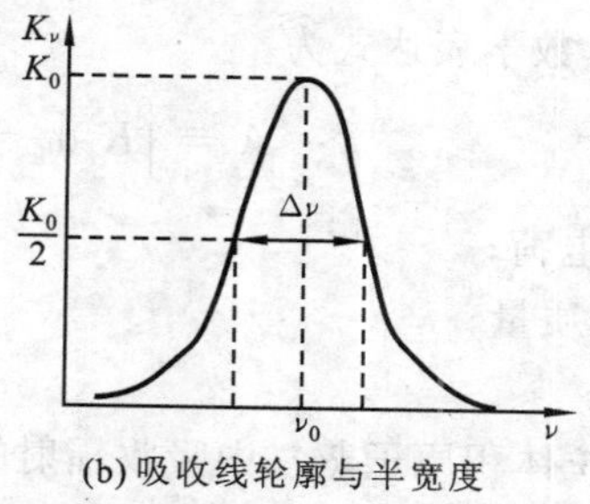

(b) 吸收线轮廓与半宽度

图 5-1　吸收峰形状与表征

半宽度受到很多因素的影响，下面讨论几种主要因素。

(1) 自然宽度。

没有外界影响，谱线仍有一定的宽度，称为自然宽度。它与激发态原子的平均寿命有关，平均寿命越长，谱线宽度越窄。

(2) 热变宽。

热变宽是谱线变宽中的一种主要变宽，也称多普勒(Doppler)变宽，是由原子热运动引起的。

Doppler 宽度随温度升高和相对原子质量减小而变宽。在火焰原子化器中，Doppler 变宽是造成谱线变宽的主要因素，可达 10^{-3} nm 数量级，但它不引起中心频率偏移。

(3) 压力变宽。

在原子化蒸气中，由于大量粒子相互碰撞而造成的谱线变宽称为压力变宽。原子之间的相互碰撞导致激发态原子平均寿命缩短，引起谱线变宽。相互碰撞的概率与原子吸收区的气体压力有关，故称为压力变宽($\Delta\nu_L$)。依据相互碰撞的粒子不同，压力变宽又分为 Lorentz 变宽和 Holtsmark 变宽。

Lorentz 变宽是指被测原子和其他原子碰撞引起的变宽，它随原子区内气体压力增大和温度升高而增大。而 Holtsmark 变宽则是指同种原子碰撞引起的变宽，也称共振变宽，只有在被测元素浓度高时才起作用。

压力变宽引起中心频率偏移，使吸收峰变得不对称，造成辐射线与吸收线中心错位，影响原子吸收光谱分析法的灵敏度。

(4) 自吸变宽。

由自吸现象引起的谱线变宽称为自吸变宽。空心阴极灯光源发射的共振线被灯内同种基态原子所吸收产生自吸现象，灯电流越大，自吸现象越严重。

(5) 场致变宽。

由外界电场、带电粒子、离子形成的电场及磁场的作用而造成的谱线变宽称为场致变宽。其一般影响较小。

4) 原子吸收光谱测量

(1) 积分吸收。

在原子吸收光谱法中，若以连续光源(氘灯或钨灯)来进行吸收测量将非常困难。若以具有宽通带的光源对窄的吸收线进行测量，由待测原子吸收线引起的吸收值仅相当于总入射光强度的 0.5%，测定灵敏度极差。

如果将图 5-2 中吸收线所包含的面积进行积分，代表总的吸收，称为积分吸收。它表示吸

收的全部能量，其数学表达式为

$$A = \int K_{\nu}\mathrm{d}\nu = \frac{\pi e^2}{mc}N_0 f = kN_0 \tag{5.4}$$

式中：e——电子电荷；

m——电子质量；

c——光速；

N_0——单位体积原子蒸气中吸收辐射的基态原子数，即基态原子密度；

f——振子强度，表示每个原子中能够吸收或发射特定频率光的平均电子数，在一定条件下对一定元素，可视为一个定值；

k——将各项常数合并后的新常数。

式(5.4)表明，积分吸收与单位体积原子蒸气中基态原子数呈简单的线性关系。这是原子吸收分析方法的重要理论基础。若能测得积分吸收，即可计算出待测元素的原子浓度。但由于原子吸收线的半宽度很小，测定半宽度这么小的吸收线积分吸收值，需要分辨率高达 50 万的单色器，目前的制造技术无法达到。

1955 年，Walsh 提出了以锐线光源作为激发光源，用测量峰值吸收系数代替积分值的方法，使这一难题得到解决。

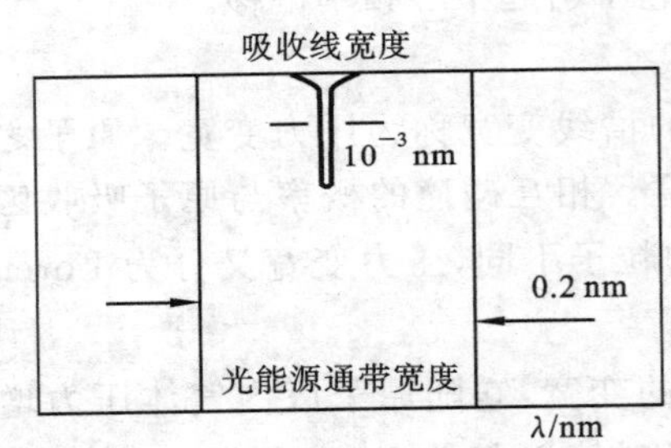

图 5-2　连续光源与原子吸收线的通带宽度对比示意图

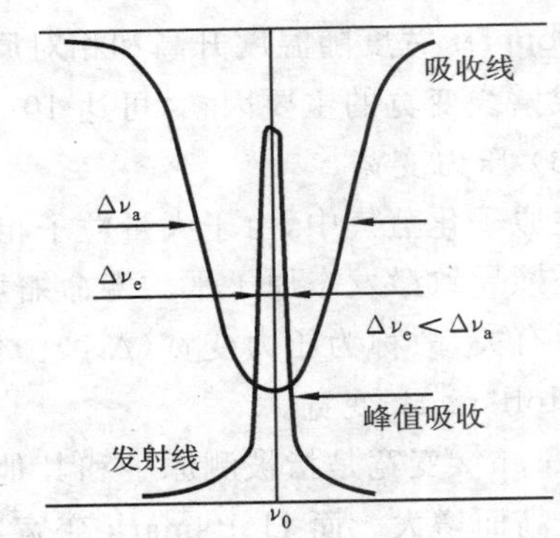

图 5-3　峰值吸收测量示意图

(2) 峰值吸收。

所谓锐线光源（narrow-line source），就是能发射宽度很窄的发射线的光源，其发射线的半宽度（$\Delta\nu_e$）远小于原子吸收线的半峰宽（$\Delta\nu_a$），如图 5-3 所示。

吸收线中心波长处的吸收系数 K_0 为峰值吸收系数，简称峰值吸收（peak absorption）。

若使锐线光源的中心频率与待测原子吸收线的中心频率相同，在 $\Delta\nu$ 很窄的范围内，可认为 $K_{\nu} \approx K_0$，即可用峰值吸收系数 K_0 代替吸收系数 K_{ν}，测得的吸光度 A 与原子蒸气中基态原子数成正比。热力学平衡时，原子蒸气中激发态原子与待测元素原子总数符合玻耳兹曼分布规律。通常情况下，最低激发态上的原子数 N_j 与基态原子数 N_0 之比小于 10^{-3}，可以用基态原子数代表待测元素的原子总数，而原子总数与被测元素的浓度成正比。

$$N_0 \approx N \propto c$$

则

$$A = ac \tag{5.5}$$

式中：a——常数。

这就是原子吸收光谱法的定量基础，但要注意应用的前提条件是浓度低和发射线宽度要比吸收线宽度小。

3. 原子吸收分光光度计

原子吸收分光光度计按结构原理分为单光束仪器和双光束仪器两种类型。两类仪器均主要由光源、原子化器、单色器、检测器及数据处理系统组成。

光源的作用是发射被测元素的共振辐射，目前应用最广的是空心阴极灯和无极放电灯等；原子化器的功能是提供能量，使试样干燥、蒸发并原子化。常用的原子化器有火焰原子化器和非火焰原子化器。

在原子吸收光谱法中，由于使用了锐线光源，对单色器的要求不高，多采用平面光栅。原子吸收分光光度计的检测器多采用光电倍增管。

原子吸收光谱法的弱点是多元素同时测定的能力差。尽管如此，这项技术一直在发展。多元素同时测定的仪器基本可分为三类：多通道光学系统仪器；采用中阶梯光栅、固体检测器的仪器；采用高速扫描的光学系统仪器。

连续光源原子吸收光谱仪采用一个连续光源（高聚焦短弧氙灯）取代传统的空心阴极灯，只要用一只氙灯就可以满足全波长（189～900 nm）范围内所有元素的测定波长需求，可以实现多元素顺序测定。另外，连续光源原子吸收光谱仪不仅可以测试原子的吸收水平，还可以利用分子吸收进行检测，因此在检测水质中有害重金属元素（铅、镉、汞、铬）时，用同样检测方法还可实现土壤矿物的全量分析，包括金属营养元素（铜、铁、锰、锌、钾、钠、钙、镁）及一些产生分子吸收的非金属营养元素（如磷、硫等），因此，连续光源原子吸收光谱仪对提高环境监测应用能力起到很大的作用。

多元素同时测定技术的发展为原子吸收光谱分析技术的发展带来了生机，但它较大幅度提高了仪器成本，而且在实际应用中需要寻求折中条件，原子吸收光谱分析测定线性范围不如发射光谱宽，这些制约了它的发展。

4. 原子吸收光谱的干扰及消除

原子吸收光谱法中的干扰效应，按其性质和产生的原因可分为光谱类干扰和非光谱类干扰。非光谱类干扰又可分为物理干扰、化学干扰和电离干扰。

1）光谱干扰

光谱干扰是指待测元素的共振线与干扰物质谱线分离不完全及背景吸收所造成的影响，包括谱线重叠、光谱通带内存在非吸收线、原子化器内的直流发射、分子吸收、光散射等。这类干扰主要来自光源、试样中的共存元素和原子化装置。谱线重叠干扰，如 Cd 的分析线 228.80 nm，而 As 的 228.81 nm 谱线将对 Cd 产生谱线干扰，可通过调小狭缝或另选分析线来抑制或消除；光谱通带内存在的非吸收线干扰可通过减小狭缝宽度与灯电流，或另选谱线来减小；空心阴极灯的发射干扰可采用纯度较高的单元素灯来减免。另外，灯内气体的发射线也会干扰。例如，铬灯如果用氩气作内充气体，氩的 357.7 nm 谱线将干扰铬的 357.9 nm 谱线。

2）物理干扰

物理干扰主要指的是样品在处理、雾化、蒸发和原子化的过程中，由于任何物理因素的变化而引起原子吸收信号下降的效应。其物理因素包括溶液的离子强度、密度、表面张力，溶剂的种类、气体流速等。这些因素会影响试液的喷入速度、雾化效率、雾滴大小等，因而会引起吸收强度的变化。物理干扰是非选择性干扰，对试样各元素的影响基本是相似的。

消除方法：配制与被测样品组成相同或相近的标准溶液；不知道试样组成或无法匹配试样时，可采用标准加入法。若样品溶液浓度过高，还可采用稀释法。

3) 化学干扰

化学干扰是指待测元素与共存组分之间发生化学作用所引起的干扰效应,它主要影响待测元素的原子化效率,是原子吸收光谱法中的主要干扰源。液相或气相中被测元素的原子与干扰物质组分之间形成热力学更稳定的化合物,从而影响被测元素化合物的解离及其原子化,使参与吸收的基态原子减少。如Al的存在,对Ca、Mg的原子化起同样的作用,因为会生成热稳定性高的$MgO \cdot Al_2O_3$、$3CaO \cdot 5Al_2O_3$等化合物;PO_4^{3-}的存在会形成$Ca_3(PO_4)_2$而影响Ca的原子化,同样F^-、SO_4^{2-}也影响Ca的原子化。

消除方法:化学分离、使用高温火焰、加入释放剂和保护剂、使用基体改进剂等。如上述的PO_4^{3-}干扰Ca的测定,可提高原子化温度,在高温火焰中PO_4^{3-}不干扰Ca的测定;可加入La、Sr的盐类,它们与PO_4^{3-}生成更稳定的磷酸盐,把Ca释放出来;在一定条件下加入EDTA,生成稳定的EDTA-Ca,可保护Ca;Al干扰Mg的测定,8-羟基喹啉可作为保护剂。除了加入上述试剂控制化学干扰外,还可用标准加入法来控制化学干扰。

如果这些方法都不能理想地控制化学干扰,可考虑采用沉淀法、离子交换法、溶剂萃取法等化学分离方法除去干扰元素。

4) 电离干扰

电离干扰指的是在高温条件下,原子发生电离,使基态原子数减少,生成的离子不产生吸收,因此使吸光度下降。电离干扰与原子化温度和被测元素的电离电位及浓度有关。元素的电离随温度的升高而增加,随元素的电离电位及浓度的升高而减小。电离电位小于6 eV的碱金属、碱土金属容易产生电离干扰。

消除方法:加入一定量的比待测元素更易电离的其他元素(即消电离剂),以达到抑制电离的目的。在相同条件下,消电离剂首先被电离,产生大量电子,抑制了被测元素的电离。例如,测定钙和钡时有电离干扰,加入适量的KCl溶液可消除。钙和钡的电离电位分别是6.1 eV和5.21 eV,钾的电离电位是4.3 eV。K电离产生大量的电子,将抑制待测元素Ca或Ba的电离。

5. 原子吸收光谱法的实验技术

1) 测量条件的选择

原子吸收光谱法中,测量条件的选择对测定的准确度、灵敏度有较大的影响。

(1) 分析线。

通常选用共振吸收线为分析线,测定高含量元素时,可以选用灵敏度较低的非共振吸收线为分析线。

(2) 狭缝宽度。

狭缝宽度影响光谱通带宽度与检测器接收的能量。不引起吸光度减小的最大狭缝宽度,即为应选取的合适狭缝宽度。

(3) 空心阴极灯的工作电流。

灯电流的一般选用原则是,在保证有稳定和足够的发射光通量的情况下,尽量选用较低的工作电流,通常控制在额定电流的40%～60%。实际工作中应通过实验确定。

(4) 原子化条件。

火焰原子化法中火焰类型和特征是影响原子化效率的主要因素,首先要根据试样的性质来选择火焰的类型,然后通过实验确定合适的燃助比。石墨炉原子化法中,合理选择干燥、灰化、原子化及除残等阶段的温度与时间是十分重要的。干燥应在稍低于溶剂沸点的温度下进行，以防止试液飞溅。灰化的目的是除去基体和局外组分，在保证被测元素没有损失的前提下应尽可能使用较高的灰化温度。原子化温度的选择原则是，选用达到最大吸收信号的最低温度作为原子化温度。原子化时间的选择，应以保证完全原子化为准。

进样量也会影响测量过程：进样量过小，吸收信号弱，不便于测量；进样量过大，在火焰原子化法中，对火焰产生冷却效应，在石墨炉原子化法中，会增加除残的困难。在实际工作中可通过实验选择合适的进样量。

2）原子吸收光谱分析中的萃取技术

为除去测定中的化学干扰，可向试液中加入适当的有机溶剂与被测元素形成配合物，萃取后将有机相直接喷雾，也可将萃取的有机溶剂蒸发，配成水溶液后喷雾，还可用有机溶剂萃取除去干扰元素，再将水相喷雾。

萃取剂不宜选用氯仿、苯、环已烷和异丙醚等，它们不但对光有吸收，产生背景干扰，而且燃烧不完全所产生的微粒使光发生散射，造成假吸收。适宜的萃取剂有酯类、酮类，在测定波长范围内，它们对光无吸收，燃烧完全，火焰稳定。

6. 原子吸收的灵敏度、特征浓度及检出限

1）灵敏度与特征浓度（质量）

（1）灵敏度。

灵敏度（S）是指在一定浓度时，测定值（吸光度）的增量（ΔA）与相应的待测元素浓度（或质量）的增量（Δc 或 Δm）的比值。其表达式为

$$S_c = \frac{\Delta A}{\Delta c}, \quad S_m = \frac{\Delta A}{\Delta m} \tag{5.6}$$

灵敏度 S 也即校正曲线的斜率。

（2）特征浓度与特征质量。

在原子吸收光谱中习惯用1%吸收灵敏度，也叫特征灵敏度。其定义为产生1%吸收（即吸光度为0.00434）信号时所对应的被测元素浓度（c_0）或质量（m_0）。

在火焰原子化法中，特征灵敏度以特征浓度 c_0（单位：(μg/mL)/1%）表示，即

$$c_0 = \frac{0.00434c_x}{A_x} \quad (\mu\text{g/mL})/1\% \tag{5.7}$$

式中：c_x——某待测元素的浓度；

A_x——多次测量吸光度的平均值。

在非火焰（石墨炉）原子吸收法中，由于测定的灵敏度取决于加到原子化器中试样的质量，因此特征灵敏度以特征质量 m_0（characteristics mass）表示更适宜，即

$$m_0 = \frac{0.00434m_x}{A_x} \quad (\mu\text{g/g})/1\% \tag{5.8}$$

式中：m_x——被测元素质量。

例如1 μg/g 的镁溶液，测得其吸光度为0.54，则镁的特征浓度为

$$\frac{1}{0.54} \times 0.00434\ (\mu\text{g/g})/1\% = 0.008\ (\mu\text{g/g})/1\%$$

2）检出限

检出限（detection limit，DL）定义为在适当置信度下，能检测出的待测元素的最小浓度或最小量。用接近于空白的溶液，经若干次（10～20次）重复测定所得吸光度的标准偏差 s_0 的3倍求得，即

$$DL=\frac{3s_0}{S}=\frac{3cs_0}{\overline{A}} \tag{5.9}$$

式中：s_0——空白溶液的标准偏差；

S——灵敏度；

c——待测元素的浓度；

$\overline{A}$——吸光度的平均值。

绝对检出限也可用 g 表示。

只有存在量达到或高于检出限，才能可靠地将有效分析信号与噪声信号区分开，确定试样中被测元素具有统计意义的存在。“未检出”即指被测元素的量低于检出限。

7. 原子吸收光谱法在环境分析中的应用

原子吸收光谱分析主要用于测定各类样品中的微痕量金属元素，如果和其他的化学方法或手段相结合，也可间接测定一些无机阴离子或有机化合物。

原子吸收光谱法可进行土壤、肥料和植物体元素的分析，也可进行废料、废水和灌溉用水的质量监测，还可以对大气飘尘、污泥和生物体内的重金属含量进行测定，为环境评价提供依据。测定的元素有汞、锰、铅、铍、镍、钡、铬、铋、硒、铁、铜、锌、钼、铝和砷等近 70 种。

1）大气及颗粒物样品

利用原子吸收光谱法测定大气或飘尘中的微量元素时，一般用大气采样器，控制一定的流量，用装有吸收液的吸收管或滤纸采样，然后用适当的办法处理。可根据具体测定的元素选择消解体系和基体改进剂。石墨炉原子吸收光谱法已被用来分析环境空气、工业废气、香烟烟气及大气颗粒物中的锡、铅、镉、铬、汞、铜、锌等金属元素，结果表明准确度和精密度较高。

2）水样

水质分析是经常做的项目，对于雪、雨水、无污染的清洁水样和金属元素的含量极微量的情况，可采用共沉淀、萃取等富集手段，然后测定。但要注意干扰，当对各种元素的干扰不清楚时，采用标准加入法可获得理想的结果。对于污水、矿泉水，所含的无机物、有机物比较多，情况复杂，一般是将萃取法、离子交换法等分离技术与标准加入法配合使用。主要测定水体中的铅、铜、铬、镉、铁、锰、镍、汞、锌、钴及锑等金属。

用原子吸收光谱法还可以进行元素的形态与价态分析。例如，用巯基棉分离法，选择不同的洗脱剂，用冷原子吸收光谱法可分别测定河水中的有机汞和无机汞。利用巯基棉在酸性介质中对三价砷有较强的吸附能力，而对五价砷却完全不能吸附的特点，将水样适当酸化后，通过巯基棉可定量吸附三价砷。再将水样中的五价砷经碘化钾还原，用另一巯基棉柱吸附，然后分别用盐酸洗脱。采用砷化氢发生器系统，用原子吸收光谱法可分别测定环境水样中的不同氧化价态的砷。以抗坏血酸为还原剂，使二价铁离子与邻菲罗啉形成螯合物，用硝基苯萃取，火焰原子吸收光谱法测定有机相中的铁，可以分析天然水中铁的 Fe^{2+} 和 Fe^{3+} 不同形态。利用氢化物原子吸收光谱法分别在高 pH 值和酸性条件下测定三价锑 Sb(Ⅲ)和总锑的量，用差减法即可求得不同价态的痕量锑 Sb(Ⅲ)和 Sb(Ⅴ)。

用原子吸收光谱法可间接测定水中溶解氧(DO)和 COD。在水样中加入 $MnSO_4$ 和 NaOH 溶液固定溶解氧后，加酸调溶液酸度为 pH=5，使 $Mn(OH)_2$ 沉淀溶解，而 $MnO(OH)_2$ 沉淀仍留在溶液中，离心分离 $MnO(OH)_2$ 沉淀后，在 pH=1 时加 KI 溶液使沉淀溶解，用原子吸收光谱法测定溶液中的 Mn，可间接求得溶解氧的含量。在 H_2SO_4 介质中用 $K_2Cr_2O_7$ 同 COD 水样反应，反应后水相中过量的 Cr(Ⅵ)以 $Cr_2O_7^{2-}$ 形式被 TOA 萃取入有机相中，而生成的Cr(Ⅲ)则留在水相,用原子吸收光谱法测定有机相中的 Cr(Ⅵ)或水相中的 Cr(Ⅲ)都可求得 COD 含量。测定结果同标准方法(COD_{Cr}法)一致。

3) 土壤、沉积物

利用火焰原子吸收光谱法可以直接测定土壤中的钼。用石墨炉原子吸收光谱法测定土壤和沉积物中的钡、离子交换态的镉。用微波消解-原子吸收光谱法测定土壤和近海沉积物标准物质中铜、锌、铅、镉、镍和铬。

原子吸收光谱法除了在以上大气、水样、土壤及矿样方面的应用,还有很多其他的应用。用原子吸收光谱法可以测定汽油、原油和渣油中铁、镍、铜等金属。用间接原子吸收光谱法可测定茶叶中茶多酚、维生素 C 及异烟肼等有机物的含量。

5.1.2　原子发射光谱

1. 原子发射光谱概述

原子发射光谱法(atomic emission spectrometry, AES)是根据处于激发态的待测元素原子回到基态时发射的特征谱线对待测元素进行分析的方法。

原子吸收光谱法建立以后,原子发射光谱法在分析化学中的作用下降。20 世纪 70 年代等离子体光源的发射分光光度计的出现使原子发射光谱具有多元素同时分析的能力,也适用于液体样品分析,性能大大提高,使其应用范围迅速扩大。

原子发射光谱分析具有多元素同时检测、分析速度快、选择性好、检出限低、准确度较高和试样消耗少等优点。

原子发射光谱法的缺点如下:常见的非金属元素(如氧、硫、氮、卤素等)谱线在远紫外区,目前一般的分光光度计尚不好检测;还有一些非金属元素,如 P、Se、Te 等,由于其激发电位高,灵敏度较低。

2. 原子发射光谱法基本原理

1) 原子发射光谱的产生

原子的外层电子受到激发跃迁至激发态,很短时间后又从高能级激发态跃迁回低能级激发态或基态,多余的能量以电磁辐射的形式发射出去,就得到由一系列谱线组成的发射光谱。谱线波长与能量的关系为

$$\lambda = \frac{hc}{\Delta E} = \frac{hc}{E_1 - E_2} \tag{5.10}$$

式中:E_1、E_2——高能级与低能级的能量;

λ——波长;

h——普朗克常量,其值为 6.626×10^{-34} J·S;

c——光速。

2) 元素的特征谱线

周期表中每一个元素都能显示出一系列的光谱线,这些光谱线对元素具有特征性和专一性,称为元素的特征光谱,这也是元素的定性基础。原子中某一外层电子由基态激发到高能级所需要的能量称为激发电位,以 eV(电子伏)表示。原子光谱中每一条谱线的产生各有其相应的激发电位,这些激发电位在元素谱线表中可以查到。由第一激发态向基态跃迁的能量最小,最易发生,强度也最大,称为第一共振线,是该元素最强的谱线。

原子如果获得足够的能量(电离能),将失去一个电子产生电离(一次电离)。一次电离的

原子再失去一个电子称为二次电离,以此类推。

离子也可能被激发,当离子由激发态跃迁回基态时,产生离子谱线(离子发射的谱线)。每一条离子谱线也都有其激发电位,这些离子谱线激发电位大小与电离电位高低无关,是离子的特征共振线。

在原子谱线表中,罗马字"Ⅰ"表示中性原子发射的谱线,"Ⅱ"表示一次电离离子发射的谱线,"Ⅲ"表示二次电离离子发射的谱线……例如,Al Ⅰ 396.15 nm 为原子线,Ⅱ 167.08 nm 为一次电离离子谱线。

利用色散系统对光谱进行线色散,可获得按序排列的光谱线谱图。选择元素特征光谱中的较强谱线(通常是第一共振线)作为分析线,依据谱线的强度与激发态原子数成正比,而激发态原子数与样品中对应元素的原子总数成正比的关系就可以进行定量分析。

3) 谱线的自吸与自蚀

样品中的元素产生发射谱线,首先必须让试样蒸发为气体。等离子体是指以气态形式存在的、包含分子、原子、离子、电子等各种粒子的整体电中性的集合体。等离子体内温度和原子浓度分布不均匀,中心部位温度高,激发态原子浓度大,边缘部位温度低,基态原子、低能态原子比较多。某元素的原子从中心发射一定波长的电磁辐射,必须通过边缘到达检测器,这样中心原子发射的电磁辐射就可能被边缘的同一元素的基态或低能态原子吸收,导致谱线中心强度降低的现象,称为元素的自吸(self-absorption)。

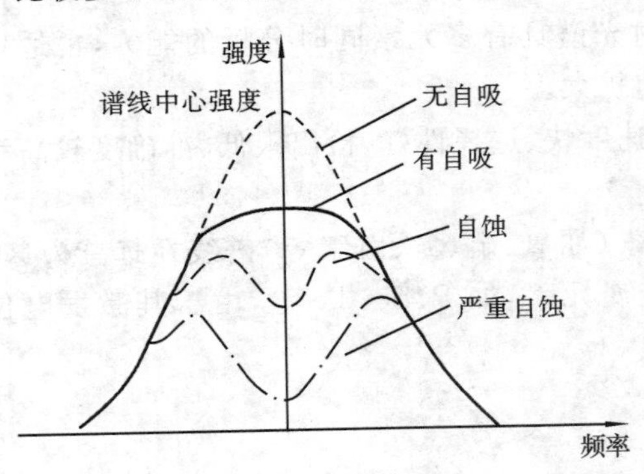

图 5-4　自吸与自蚀谱线轮廓图

自吸对谱线中心处强度影响很大,这从图 5-4 可以看出。元素浓度低时,中心到边缘区域厚度薄,一般不出现自吸;元素浓度增大时,中心到边缘区域厚度增大,自吸现象增加;当达到一定浓度时,自吸现象严重,谱线中心强度完全被吸收,出现两条谱线,此时的自吸就称为自蚀(self-reversal)。在谱线表中,常用"r"表示自吸谱线,用"R"表示自蚀谱线。基态原子对共振线的自吸最为严重,常产生自蚀。

4) 谱线强度及其与元素含量的关系

影响谱线强度的因素有统计权重、激发能、跃迁概率、激发温度和基态原子数。对某一谱线,g_i/g_0、跃迁概率、激发能是恒定值。因此,当温度一定时,该谱线强度 I 与被测元素浓度 c 成正比,即

$$I = ac \tag{5.11}$$

式中:a——比例常数。

考虑到谱线自吸时,上式可改为

$$I = ac^b \tag{5.12}$$

式中:b——自吸系数。当溶液浓度很小时,$b=1$,即无自吸。

3. 原子发射分光光度计

原子发射分光光度计由四部分组成,即光源、分光系统、进样装置和检测器。其中光源起着非常关键的作用。

1）光源

作为光谱分析用的光源对试样具有两个作用过程。首先是把试样中的组分蒸发解离为气态原子，然后使这些气态原子激发，使之产生特征光谱。因此光源的主要作用为试样蒸发、原子化和激发发光提供所需的能量，它的性质影响着光谱分析的灵敏度和准确度。所以在分析具体试样时，应根据分析的元素和对灵敏度及精确度的要求选择适当的激发光源。原子发射光谱的光源种类很多，基本可分为适宜液体试样分析的光源（如早期的火焰和目前应用最广的等离子体光源）和适宜固体样品直接分析的光源（如直流电弧、交流电弧和电火花光源）。

目前使用最广泛的光源为电感耦合等离子体（inductively coupled plasma，ICP）光源。ICP 光源具有十分突出的优点：温度高，惰性气氛，原子化条件好，有利于难熔化合物的分解和元素激发，有很高的灵敏度和稳定性；具有“趋肤效应”，即涡电流在外表面处密度大，使表面温度高，轴心温度低，中心通道进样对等离子体的稳定性影响小，也可有效消除自吸现象，工作线性范围宽（4～5 个数量级），试样消耗少，特别适合于液态样品分析；由于不用电极，因此不会产生样品污染，同时 Ar 气背景干扰少，信噪比高，在 Ar 气的保护下，不会产生其他化学反应，因而对难激发的或易氧化的元素更为适宜。

2）分光系统

分光系统的作用是将试样中待测元素的激发态原子（或离子）所发射的特征光经分光后，得到按波长顺序排列的光谱，以便进行定性和定量分析。原子发射光谱的分光系统目前采用棱镜分光和光栅分光两种。

棱镜分光系统主要是利用棱镜对不同波长的光有不同的折射率，复合光被分解为各种单色光，从而达到分光的目的。早期的发射光谱仪采用棱镜分光。

光栅分光系统的色散元件采用光栅，利用光在光栅上产生的衍射和干涉来实现分光。

光栅色散与棱镜色散比较，具有较高的色散与分辨能力，适用波长范围宽，而且色散率近乎常数，谱线按波长均匀排列，缺点是有时出现“鬼线”（由于光栅刻线间隔的误差引起在不该有谱线的地方出现的“伪线”）和多级衍射的干扰。

3）进样装置

对于以电弧、电火花及激光为光源的发射光谱仪器，主要分析固体试样，分析时将试样放在石墨对电极的下电极的凹槽内。而以等离子体为光源时，则需要将试样制备成溶液后进样。在分析过程中，试液试样中组分经过雾化、蒸发、原子化和激发四个阶段。

4）检测器

原子发射分光光度计中采用的检测器主要有光电倍增管和阵列检测器两类。光电倍增管具有灵敏度高（电子放大系数可达 10^8～10^9），线性响应范围宽（光电流在 10^{-9}～10^{-4} 范围内与光通量成正比），响应时间短（约 10^{-9} s）等优点，因此广泛应用于光谱分析仪器中。阵列检测器的发展迅速，目前主要有以下几种类型：光敏二极管阵列检测器、光导摄像管阵列检测器和电荷转移阵列检测器。

4. 原子发射光谱的分析方法

1）元素的分析线、最后线、灵敏线、共振线

复杂元素的谱线可多达数千条，只能选择其中几条特征谱线进行检测，称其为分析线。当试样的浓度逐渐减小时，谱线强度减小直至消失，最后消失的谱线称为最后线。每种元素都有一条或几条强度最大的线，这几个能级间的跃迁最易发生，这样的谱线称为灵敏线，最后线也是最灵敏线。共振线是指由第一激发态回到基态所产生的谱线，通常也是最灵敏线、最后线。

2）光谱的分析方法

(1) 定性分析。

元素的发射光谱具有特征性和唯一性，这是定性的依据，但元素一般有许多条特征谱线，分析时不必将所有谱线全部检出，只要检出该元素两条以上的灵敏线或最后线，就可以确定该元素的存在。但如果只见到某元素的一条谱线，不能断定该元素确实存在于试样中，因为有可能是其他元素谱线的干扰。

光谱定性分析中要确定某种元素的存在，必须在试样的光谱中辨认出其分析线。但应注意，在某试样的光谱中没有某元素的谱线，并不表示在此试样中该元素绝对不存在，而仅仅表示该元素的含量低于检测方法的灵敏度。通常使用的分析方法有标准试样比较法和铁光谱比较法。

(2) 半定量分析。

分析准确度要求不高，但要求简便、快速而有一个精确到数量级的结果，以及在进行光谱定性分析时，除需给出试样中存在哪些元素外，还需要指出其大致含量的情况下，应用半定量分析法可以快速、简便地解决问题。

光谱半定量分析常采用摄谱法中的比较黑度法，这个方法需配制基体与试样组成相近的被测元素的标准系列。在相同条件下，在同一块感光板上标准系列与试样并列摄谱；然后在映谱仪上用目视法直接比较试样与标准系列中被测元素分析线的黑度。若黑度相同，则可认为试样中待测元素的含量与标准样品中该元素含量近似相等。

(3) 定量分析。

原子发射光谱定量分析有内标法、校准曲线法和标准加入法。

内标法是一种相对强度法，即在被测元素的光谱中选择一条作为分析线(强度 I)，再选择内标物的一条谱线(强度 I_0)，组成分析线对，则

$$I = ac^b \tag{5.13}$$

$$I_0 = a_0 c_0^{b_0} \tag{5.14}$$

相对强度

$$R = \frac{I}{I_0} = \frac{ac^b}{a_0 c_0^{b_0}} = Ac^b \tag{5.15}$$

$$\lg R = b\lg c + \lg A \tag{5.16}$$

A 为其他三项合并后的常数项，上式即为内标法定量的基本关系式。以 $\lg R$ 对 $\lg c$ 作图，绘制标准曲线，在相同条件下，测定试样中待测元素的 $\lg R$，在标准曲线上即可求得未知试样的 $\lg c$。

校准曲线法是最常用的方法。在确定的分析条件下，用三个或三个以上含有不同浓度被测元素的标准样品与试样溶液在相同条件下激发光谱，以分析线强度 I，或内标法分析线对强度比 R 或 $\lg R$ 对浓度 c 或 $\lg c$ 作校准曲线。再由校准曲线求得试样中待测元素的含量。

当测定低含量元素时，基体干扰较大，找不到合适的基体来配制标准试样，无合适内标物，多采用标准加入法。

取若干份试液(c_x)，依次按比例加入不同量的待测物的标准溶液(c_0)，调整至体积相同，则浓度依次为

$$c_x, c_x + c_0, c_x + 2c_0, c_x + 3c_0, c_x + 4c_0, c_x + 5c_0, \cdots$$

在相同条件下激发光谱，以分析线强度对标准加入量浓度作图，将直线外推，与横坐标相

交截距的绝对值即为试样中待测元素的浓度 c_x。

定量分析法使用直读分光光度计，可将各元素校准曲线事先输入计算机，测定时直接得到元素的含量。多道光电直读分光光度计带有内标通道。

5. 原子发射光谱法在环境分析中的应用

原子发射光谱分析可以进行定性分析和定量分析。在合适的条件下，利用元素的特征谱线可以无误地确定某种元素的存在，方法灵敏快速，又简便。

由于具有对多元素同时测定、灵敏度高以及测定方法简便快速等特性，原子发射光谱法已在水体、土壤、底泥、大气、矿石、植物等环境样品的测定中得到广泛应用。

1）大气样品

有人用直流电弧激发的原子发射光谱法测定了炼铜尾气烟灰中的砷、锑、铋、铅、碲及钒六种元素的含量，用 ICP-AES 测定了空气中的镍、铁、银、铅、锰、镉、锌和钇等金属含量以及大气颗粒物中的铬、铜、铅、锰、锌、镍和铁。

2）水样

人们用 ICP 新型激发源的原子发射光谱法测定各种水中重金属元素及碘、磷等非金属元素，测定的水样包括饮用水、地表水、地下水、海水、城市污水和工业废水等。测定的元素包括碘饮用水中的碘（$I^-+IO_3^-$）、铅、砷、铜、铁、锌、锰、铬、镉、银、铝、硒、钙、镁、钾、钡、磷、锶、钒、钴等元素，地表水中总砷、磷、铬、镉、铜、镍、铅、锌及微污染水中的 Cr(Ⅵ)和有机态 Cr(Ⅲ)，城市污水中铅、镉、铜、锌、铬、镍、铁、锰、硒、锑、砷及农药和活性炭行业废水中的总磷。

3）土壤、水体沉积物及底泥

样品经适当处理后，利用 ICP-AES 法，测定了土壤和水系沉积物、底泥及垃圾焚烧飞灰中的铜、铅、铁、锰、镍、锌、锡、镉、铍、铈、汞、金、钯、锗等元素。测定结果良好。

在地质和矿石分析中，ICP-AES 也得到了较广的应用。利用 ICP-AES 可以测定地质样品中镧、铈、钇、硼、铍、镓、锆、铌、钪、铊、钍、钽及金、银、铂、钯等过渡金属和稀有金属。

5.1.3　原子荧光光谱

1. 原子荧光光谱概述

原子荧光光谱法（atomic fluorescence spectrometry，AFS）是通过测定待测原子蒸气在辐射能激发下发射的荧光强度来进行定量分析的方法。从原理来看该方法属原子发射光谱范畴，发光机制属光致发光，但所用仪器与原子吸收分光光度计相近。

原子荧光光谱分析中，样品中待测元素先被转变为原子蒸气，原子蒸气吸收一定波长的辐射而被激发，然后回到较低激发态或基态时便发射出一定波长的辐射——原子荧光。

我国科学工作者把氢化物发生和原子荧光光谱法结合起来，研创了实用的氢化物-原子荧光光谱商品仪器。此后，原子荧光光谱分析迅速普及并发展成为原子发射光谱法和原子吸收光谱法的有力补充。

原子荧光光谱法具有谱线简单、检出限低、可同时进行多元素分析、可以用连续光源、校准曲线的线性范围宽等优点。

原子荧光光谱法也存在一定的局限性：在较高浓度时会产生自吸，导致非线性的校正曲线；在火焰样品池中的反应和原子吸收的相似，也能引起化学干扰；存在荧光淬灭效应及散射光的干扰等问题。

原子荧光光谱法目前多用于砷、铋、镉、汞、铅、锑、硒、碲、锡和锌等元素的分析。相比之下,该法不如原子发射光谱法和原子吸收光谱法用得广泛。

2. 原子荧光光谱法基本原理

1) 原子荧光光谱的产生

当气态自由原子受到强的特征辐射时,原子的外层电子由基态跃迁到激发态,约在 10^{-8} s 后,再由激发态返回到基态或较低能级时,辐射出与吸收光波长相同或不同的辐射,即为原子荧光。原子荧光是光致发光,属二次发光。当激发光源停止辐射后,跃迁停止,荧光立即消失,不同元素的荧光波长不同。

2) 荧光淬灭

在产生荧光的过程中,同时也存在着非辐射去激发的现象。当受激发原子与其他原子碰撞,能量以热或其他非荧光发射方式给出后回到基态,产生非荧光去激发过程,使荧光减弱或完全不发生的现象称为荧光淬灭。荧光的淬灭会使荧光的量子效率降低,荧光强度减弱。

荧光淬灭的程度与原子化气氛有关,氩气气氛中荧光淬灭程度最小。许多元素在烃类火焰(如燃气为乙炔的火焰)中要比在用氩稀释的氢-氧火焰中荧光淬灭大得多,因此原子荧光光谱法尽量不用烃类火焰而用氩稀释的氢-氧火焰。使用烃类火焰时,应使用较强的光源,以弥补荧光淬灭的损失。

3) 待测原子的浓度与荧光光谱强度

原子荧光光谱强度由原子吸收与原子发射过程共同决定。当光源强度稳定、辐射光平行及自吸可忽略时,发射荧光的强度 I_f 正比于基态原子对特定频率光的吸收强度 I_a,即

$$I_f = \Phi I_a \tag{5.17}$$

在理想情况下,有

$$I_f = \Phi I_0 A K_0 L N \tag{5.18}$$

式中:Φ——荧光量子效率,表示发射荧光光量子数与吸收激发光光量子数之比;

I_0——原子化器内单位面积上接受入射光的强度;

A——受光源照射后在检测系统中观察到的有效面积;

K_0——峰值吸收系数;

L——吸收光程;

N——能够吸收辐射的基态原子浓度。

在实际工作中,仪器参数和实验测试条件保持不变,即 Φ、I_0、A、K_0、L 均为常数,即可认为,原子荧光光谱强度与基态原子的浓度成正比。由于原子浓度与待测元素浓度 c 成正比,所以可得

$$I_f = Kc \tag{5.19}$$

式中:K——常数。

式(5.19)表明:在实验条件一定时,原子荧光光谱强度与待测元素浓度成正比,这是原子荧光光谱法定量分析的基础。

3. 原子荧光分光光度计

原子荧光分光光度计与原子吸收分光光度计组成基本相同,由激发光源、原子化器、单色器、检测器及信号处理显示系统组成。主要区别在于原子吸收分光光度计的锐线光源、原子化器、单色器和检测器位于同一条直线上,而原子荧光分光光度计中,激发光源与检测器处于直角状态,如图 5-5 所示,这是为了避免激发光源发射的辐射进入单色器和检测系统,影响荧光信号的检测。

原子荧光分光光度计有色散型和非色散型两类。其结构基本相似,只是单色器不同。

4. 原子荧光光谱法在环境分析中的应用

原子荧光光谱法具有检出限低、灵敏度高、谱线简单、干扰小、线性范围宽(可达3～5个数量级)及选择性极佳,不需要基体分离可直接测定等优点。如对Cd的检出限可达10^{-12} g/mL,Zn的检出限可达10^{-11} g/mL。20多种元素的检出限优于原子吸收光谱法,特别是采用激光作为激发光源及冷原子化法测定,性能更加突出,同时也易实现多元素同时测定。不足之处是存在荧光淬灭效应及散射干扰等问题。原子荧光光谱法在环境监测方面有较重要的应用。

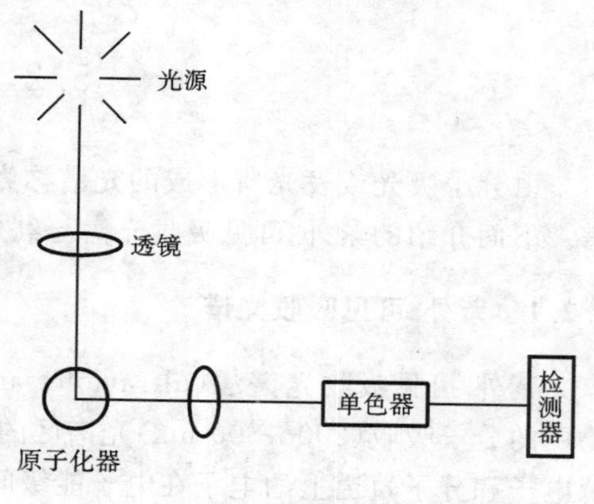

图5-5　原子荧光分光光度计示意图

1) 大气及大气颗粒物

原子荧光光谱法用于大气及颗粒物中某些元素的测定,为了解大气的污染情况提供信息。用双道原子荧光分光光度计测定空气中的铅、硒的含量,检出限分别达到1 μg/L和4.72×10^{-5} mg/m^3。用冷原子荧光光谱法测定大气中痕量气态总汞、汞矿区冶炼车间空气中的二价汞、垃圾卫生填埋场排气筒中的气态总汞及排气筒中单甲基汞和二甲基汞的含量。经消解后,采用原子荧光光谱法可对大气颗粒物中铅、汞、砷和锑等重金属元素的分布进行分析。

2) 水样

利用氢化物发生-原子荧光光谱法(HG-AFS)对水中砷、铋、镉、汞、铅、锑、硒、碲、锡和锌等元素进行分析,可了解其污染情况,为污染的治理与防治提供依据,有时甚至为寻找某些地方病的病因提供帮助。

利用HG-AFS可以直接测定环境水样中Sb(Ⅲ)和Sb(Ⅴ)、江河水及皮革废水中的痕量砷和硒,通过调节氢化物发生反应的酸度实现As(Ⅲ)和As(Ⅴ)的形态分离,用HG-AFS直接测定水样中As(Ⅲ)和As(Ⅴ),不需任何预分离技术,砷的检出限为0.026 μg/L。应用AFS-220-2E型双道原子荧光分光光度计测定生活饮用水中的汞,汞的检出限为0.0411 μg/L。原子荧光光谱法不仅可以分析金属元素,在弱酸性介质中,以I^--$[Cd(Phen)_3]^{2+}$-硝基苯为萃取体系,经0.24 mol/L的HCl反萃取后用HG-AFS测定镉,从而间接测定痕量碘。

3) 土壤、污泥

原子荧光光谱法在土壤方面的应用主要是测定土壤中的铅、硒、砷、锡、锑、汞等元素的总量及元素不同形态的含量,为了解土壤污染情况、推测污染源及给治理提供依据。如结合连续化学提取,使用HG-AFS可检测各种结合态的硒和总硒;经离子交换树脂富集,用不同浓度的HCl洗脱,用HG-AFS测定土壤水溶态Se(Ⅳ)和Se(Ⅵ);选择合适的掩蔽剂,用HG-AFS测定土壤中水溶态的Sb(Ⅲ)和Sb(Ⅴ)等。

4) 矿物和合金

通过矿石中元素的某些分析可以了解矿石有关成分的含量,为采矿提供依据和指导。通过对合金中微量元素的测定,可以了解合金的纯度。如用HG-AFS测定了锌精矿中砷、锑、铋、锡,地质样品中的痕量铋,锑精矿中的微量砷,钢铁中的痕量铋以及高纯阴极铜中硒、碲。

原子荧光光谱法除了上面在大气、水、土壤及合金中的应用外,还应用到植物、中草药、保健品、海产品等样品中的元素测定。

5.2 分子光谱法

由分子吸光或发光所形成的光谱称为分子光谱(molecular spectrum),分子光谱是带状光谱。下面介绍的紫外-可见吸收光谱与红外吸收光谱都属分子光谱。

5.2.1 紫外-可见吸收光谱

紫外-可见吸收光谱法(ultraviolet and visible(UV-Vis) spectrophotometry)是利用某些物质的分子吸收(200~800 nm)光谱区的辐射来进行分析测定的方法。这种吸收光谱产生于价电子和分子轨道上的电子在电子能级间的跃迁,该法是研究物质电子光谱的分析方法。通过测定分子对紫外-可见光的吸收,可鉴定和定量测定大量的无机化合物和有机化合物。

1. 紫外-可见吸收光谱法基本原理

紫外-可见吸收光谱的波长范围为 10~800 nm,该区域又可分为:可见光区(380~800 nm),有色物质在这个区域有吸收;近紫外光区(200~380 nm)又称石英紫外区,芳香族化合物或具有共轭体系的物质在此区域有吸收,所以近紫外光区对结构研究很重要;远紫外光区(10~200 nm),由于空气中的 O_2、N_2、CO_2和水蒸气在这个区域有吸收,对测定有干扰,所以在远紫外光区的操作必须在真空条件下进行,因此这个区域又称为真空紫外区。通常所说的紫外光谱是指 200~380 nm 的近紫外光谱。

1) 紫外-可见吸收光谱的产生

紫外-可见吸收光谱属于分子光谱的范畴。通过分子内部运动,化合物分子吸收或发射光量子时产生的光谱称为分子光谱。分子的内部运动可分为分子内价电子(外层电子)的运动、分子内原子在平衡位置附近的振动、分子绕其重心的转动三种形式。根据量子力学原理,分子的每一种运动形式都有一定的能级而且是量子化的。因此分子具有电子(价电子)能级、振动能级和转动能级。分子所处的能级状态可用量子数表示:电子量子数($n=1,2,\cdots$)表示各电子能级,振动量子数($v=1,2,\cdots$)表示振动能级,转动量子数($j=1,2,\cdots$)表示转动能级。分子在一定状态下所具有的总内部能量(E)为其电子能量(E_e)、振动能量(E_v)和转动能量(E_r)之和。

$$E = E_e + E_v + E_r \tag{5.20}$$

2) 紫外-可见吸收光谱的特点

(1) 紫外-可见吸收光谱所对应的电磁波长较短,能量大,它反映了分子中价电子能级跃迁情况,主要应用于共轭体系(共轭烯烃和不饱和羰基化合物)及芳香族化合物的分析。

(2) 由于电子能级改变的同时,往往伴随有振动能级的跃迁,因此电子光谱图比较简单,但峰形较宽。一般来说,利用紫外-可见吸收光谱进行定性分析信号较少。

(3) 紫外-可见吸收光谱常用于共轭体系的定量分析,灵敏度高,检出限低。

3) 紫外-可见吸收曲线

紫外-可见吸收曲线又称紫外-可见吸收光谱,通常以波长 λ(nm)为横坐标,以物质对不同波长光的吸光度 A 或摩尔吸光系数 ε 为纵坐标。光谱曲线中吸光度最大的地方为吸收峰,其对应的波长为最大吸收波长(λ_{max}),与 λ_{max}相应的摩尔吸光系数为 ε_{max}。

4) 吸收定律

朗伯-比尔定律(Lambert-Beer Law)是比色和光谱定量分析的基础。该定律表述为:当一

束单色光通过介质时，光被介质吸收的比例正比于吸收光的分子数目，而与入射光强度无关。其数学表达式为

$$A = -\lg\frac{I}{I_0} = -\lg T = \varepsilon c l \tag{5.21}$$

式中：A——吸光度（又称光密度）；

I_0、I——入射光和透射光的强度；

T——透过率；

ε——样品的摩尔吸光系数，L/(mol · cm)；

c——样品溶液的浓度，mol/L；

l——样品池光程，cm。

在紫外-可见吸收光谱中，吸收带的强度常用 λ_{max} 处的摩尔吸光系数的最大值 ε_{max} 表示。

2. 紫外-可见分光光度计的组成

紫外-可见分光光度计所使用的波长范围通常在 180～800 nm。180～380 nm 是近紫外，380～800 nm 为可见光。

各种型号的紫外-可见分光光度计（UV-Vis spectrophotometer），其基本结构都是由五个基本部分组成，即光源、单色器、吸收池、检测器和信号指示系统。

光源的作用是提供激发能，使待测分子产生光吸收。在紫外光区一般使用氢灯或氘灯，在可见光区一般使用钨灯和卤钨灯。

吸收池包括液体和固体样品支架、多池支架，可用于测量混浊样品和固体样品。现在较新的仪器使用高度聚焦光束，图像完美，适用于准确、可重复地测量小体积样品，如使用少于 4 μL 而非数毫升的样品，从而轻松分析珍贵样品。

3. 紫外-可见吸收光谱法的应用

1）定性分析

紫外-可见吸收光谱法较少用于无机元素的定性分析。在有机化合物的定性鉴定和结构分析中，其光谱较简单，特征性不强，也存在一定的局限性，因为物质的紫外吸收光谱基本上是其分子中生色团及助色团的特性，而不是它的整个分子的特性。如果物质组成的变化不影响生色团及助色团，就不会显著地影响其吸收光谱，例如甲苯和乙苯的紫外吸收光谱实际上是相同的。另外，外界因素如溶剂的改变也会影响吸收光谱，在极性溶剂中某些化合物吸收光谱的精细结构会消失，成为一个宽带。因此，只根据紫外光谱不能完全确定物质的分子结构。但若紫外-可见吸收光谱与红外吸收光谱（IR）、核磁共振波谱（NMR）、质谱（MS）等化学方法相配合则可发挥较大作用。

根据紫外-可见吸收光谱可以进行化合物某些特征基团的判别，推断有机化合物的分子中是否含有共轭结构体系，如 C═C—C═C、C═C—C═O、苯环等。

如果一个化合物在紫外区是透明的，则说明分子中不存在共轭体系，不含醛基、羰基或溴和碘。可能是脂肪族碳氢化合物、胺、腈、醇等不含双键和环状共轭体系的化合物。

如果在 210～250 nm 有强吸收，表示有 K 带吸收，则可能是含有两个双键的共轭体系，如共轭二烯和 α,β-不饱和酮等。

如果在 260～300 nm 有中强吸收（ε=200～1000 L/(mol · cm)），体系中可能有苯环。如果苯环上有生色团，则 ε 可以大于 10000 L/(mol · cm)。

如果在 250 nm 有弱吸收带（R 吸收带），则可能含有简单的非共轭体系并含有 n 电子的生

色团,如羰基等。

如果化合物呈现许多吸收带,甚至延伸到可见光区,则可能含有一个长链共轭体系或多环芳香性生色团。若化合物具有颜色,则分子中至少含有四个共轭生色团或助色团,一般在五个以上(偶氮化合物除外)。

虽然仅从紫外-可见吸收光谱不能完全确定化合物的分子结构,还必须与红外吸收光谱、核磁共振、质谱及其他方法相配合,方能得出可靠的结论,但紫外光谱在推测化合物结构时,也能提供一些重要的信息,如发色官能团、结构中的共轭关系,共轭体系中取代基的位置、种类和数目等。

其鉴定的方法有以下两种。

(1) 与标准物、标准谱图对照。

将样品和标准物以同一溶剂配制相同浓度溶液,并在同一条件下测定,比较光谱是否一致。如果两者是同一物质,所得的紫外光谱应完全一致。如果没有标准样品,可以与标准谱图进行对比,但要求测定的条件与标准谱图完全相同,否则可靠性较差。

(2) 吸收波长和摩尔吸光系数。

具有相同发色团的不同化合物,也可能具有相同的紫外吸收波长,但是它们的摩尔吸光系数是有差别的。如果样品和标准物的吸收波长相同,摩尔吸光系数也相同,可以认为样品和标准物是同一物质。

2) 结构分析

紫外吸收光谱除了可用于推断化合物所含官能团外,还可以用于确定一些化合物的构型和构象。

(1) 判断顺反异构。

反式异构体空间位阻小,共轭程度较高,其 λ_{max} 和 ε_{max} 大于顺式异构体。如 1,2-二苯乙烯具有顺式和反式两种异构体,已知生色团或助色团必须处在同一平面上才能产生最大的共轭效应。由二苯乙烯的结构式可见,顺式异构体因产生位阻效应而影响平面,使共轭的程度降低,因而发生浅色移动(λ_{max} 向短波方向移动),并使 ε 值降低。由此可判断其顺、反式的存在。

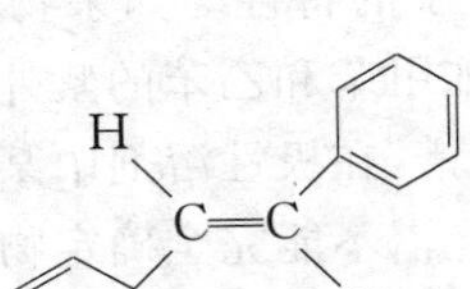

(反式)

$\lambda_{max}=295$ nm

$\varepsilon_{max}=27000$ L/(mol·cm)

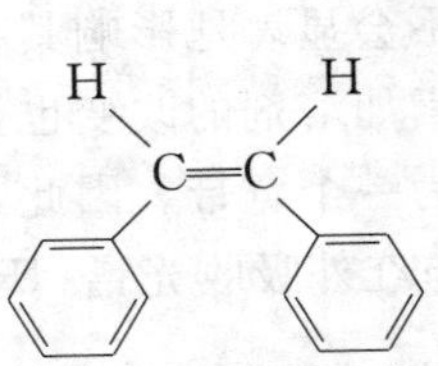

(顺式)

$\lambda_{max}=280$ nm

$\varepsilon_{max}=10500$ L/(mol·cm)

(2) 判别互变异构。

一般共轭体系的 λ_{max}、ε_{max} 大于非共轭体系,据此可用紫外-可见吸收光谱对某些同分异构体进行判别。例如,乙酰乙酸乙酯有酮式和烯醇式间的互变异构:

$$CH_3-\underset{\underset{O}{\|}}{C}-CH_2-\underset{\underset{O}{\|}}{C}-OC_2H_5 \rightleftharpoons CH_3-\underset{\underset{OH}{|}}{C}=CH-\underset{\underset{O}{\|}}{C}-OC_2H_5$$

(酮式) (烯醇式)

在极性溶剂中该化合物以酮式存在，吸收峰弱；在非极性溶剂正己烷中以烯醇式为主，出现强的吸收峰。

3）定量分析

紫外-可见吸收光谱法常用于定量分析，根据测定波长的范围可分为可见分光光度定量分析法和紫外分光光度定量分析法。前者用于有色物质的测定，后者用于有紫外吸收物质的测定，两者的测定原理和步骤相同，通过测定溶液对一定波长入射光的吸光度，依据朗伯-比尔定律，就可求出溶液中物质的浓度或含量。

（1）单组分测定。

如果只要求测定某一个样品中一种组分，且在选定的测量波长下，其他组分没有吸收即对该组分不干扰，则这种单组分的定量分析较为简单。有吸光系数法（绝对法）、标准对照法和标准曲线法。

（2）多组分测定。

吸光度具有加和性，在同一样品中可以同时测定两个或两个以上组分。假设要测定样品中的两个组分为 x、y，需要先测定两种纯组分的吸收光谱，对比其最大吸收波长，并计算出对应的吸光系数。两种纯组分的吸收光谱可能有以下三种情况，如图 5-6 所示。

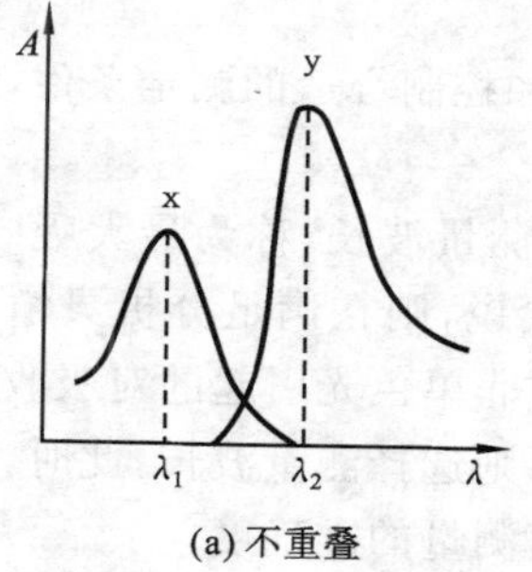

(a) 不重叠

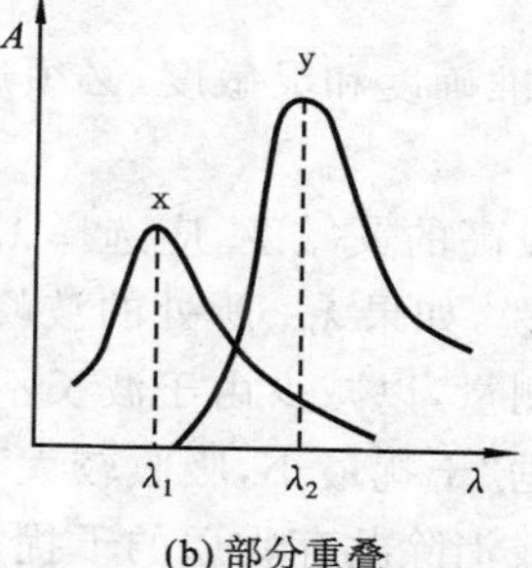

(b) 部分重叠

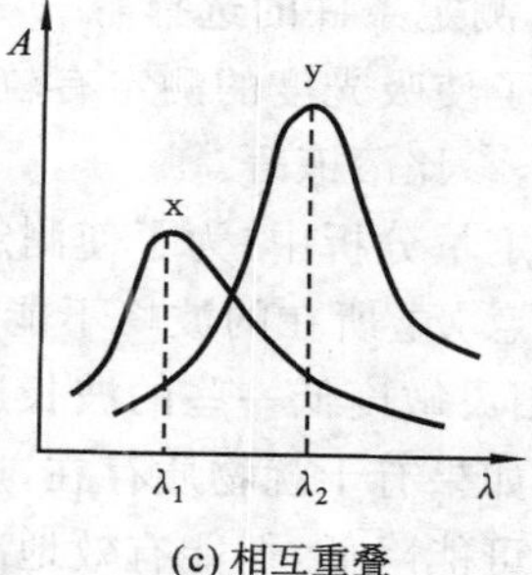

(c) 相互重叠

图 5-6　混合组分的吸收光谱

① 图 5-6(a)中两组分互不干扰，可分别在 λ_1 和 λ_2 测量溶液的吸光度，求两组分的浓度。

② 图 5-6(b)中组分 x 对组分 y 的测定有干扰，而组分 y 对组分 x 的测定没有干扰。这时可以先在 λ_1 处测定溶液的吸光度 A_{λ_1}（组分 x 的吸光度），求得组分 x 的浓度 c_x，然后再在 λ_2 处测定溶液的吸光度 $A_{\lambda_2}^{x+y}$（组分 x 和组分 y 的吸光度之和）及组分 x、组分 y 的 $\varepsilon_{\lambda_1}^{x}$ 和 $\varepsilon_{\lambda_2}^{y}$，根据吸光度的加和性原则有

$$A_{\lambda_2}^{x+y} = \varepsilon_{\lambda_2}^{x} bc_x + \varepsilon_{\lambda_2}^{y} bc_y \tag{5.22}$$

由式(5.22)即能求得组分 y 的浓度 c_y。

③ 图 5-6(c)中两组分彼此干扰，吸收光谱相互重叠。在这种情况下，需要首先测定纯物质 x 和 y 分别在 λ_1、λ_2 处的吸光系数 $\varepsilon_{\lambda_1}^{x}$、$\varepsilon_{\lambda_1}^{y}$、$\varepsilon_{\lambda_2}^{x}$ 和 $\varepsilon_{\lambda_2}^{y}$，再分别测定混合组分溶液在 λ_1、λ_2 处的吸光度 $A_{\lambda_1}^{x+y}$ 和 $A_{\lambda_2}^{x+y}$，然后根据吸光度的加和性原则列出联立方程：

$$\begin{aligned} A_{\lambda_1}^{x+y} &= \varepsilon_{\lambda_1}^{x} bc_x + \varepsilon_{\lambda_1}^{y} bc_y \\ A_{\lambda_2}^{x+y} &= \varepsilon_{\lambda_2}^{x} bc_x + \varepsilon_{\lambda_2}^{y} bc_y \end{aligned} \tag{5.23}$$

其中，$\varepsilon_{\lambda_1}^{x}$、$\varepsilon_{\lambda_1}^{y}$、$\varepsilon_{\lambda_2}^{x}$ 和 $\varepsilon_{\lambda_2}^{y}$ 均由已知浓度的 x 及 y 的纯溶液测得。试液的 $A_{\lambda_1}^{x+y}$ 和 $A_{\lambda_2}^{x+y}$ 由实验测得，c_x 和 c_y 便可通过解联立方程求得。更复杂的组分体系，可用计算机处理测定数据。

4. 紫外-可见吸收光谱法的实验技术

1）显色反应条件的选择

显色反应条件包括显色剂及用量、溶液酸度、反应时间和反应温度。

显色剂应该与待测离子生成组成恒定、稳定性强的产物；产物对紫外-可见光有较强的吸收能力；显色剂与产物的吸收波长有明显的差别，一般要求 $\Delta\lambda_{max}>60$ nm。选定了显色剂以后，还必须对其用量进行选择。因为对稳定性好的配合物，只要显色剂过量，显色反应就能定量进行。但对不稳定的配合物或可形成逐级配合物时，显色剂的用量必须控制。显色剂用量可通过实验确定，固定金属离子浓度，作吸光度随显色剂浓度的变化曲线，选取吸光度恒定时的显色剂用量。

多数显色剂是有机弱酸或弱碱，介质酸度直接影响显色剂的解离程度，从而影响显色反应的完全程度。在实际分析中，常通过实验来选择显色反应的适宜酸度。具体做法如下：固定溶液中待测组分和显色剂的浓度，改变溶液的 pH 值，分别测定在不同 pH 值溶液的吸光度 A，绘制 A-pH 曲线，从中找出最适宜的 pH 值范围。

各种显色反应的反应速率往往不同，因此，选定介质酸度、显色剂的浓度后，有必要选择控制显色反应的显色时间；有些显色反应受温度影响较大，需要进行反应温度的选择和控制。

2）测定条件的选择

为了使吸光度的测定有较高的准确度和灵敏度，必须选择和控制合适的测定条件，包括测量波长、参比溶液等。

在定量分析中，为了使测定有较高的灵敏度，应选择 λ_{max} 为测量波长，称为最大吸收原则。但要注意 λ_{max} 所在的波峰不能太尖锐，如果 λ_{max} 所处的波峰太尖锐，则在满足分析灵敏度前提下，选用灵敏度低一些的波长进行测量，以减少由于波长不准或非单色光引起的对吸收定律的偏离。如果有干扰物质存在，应根据“干扰最小，吸收较大”的原则选择测量波长，此时，测定的灵敏度可能降低，但能有效地减少或消除共存物质的干扰，提高测量的准确度。

用适当的参比溶液在一定的入射波长下调 $A=0$，可以消除由比色皿、显色剂和试剂对待测组分的干扰，参比溶液的选择具体如下：当显色剂、试剂在测定波长下均无吸收时，用纯溶剂（或水）作参比溶液，称溶剂空白；若显色剂和其他试剂无吸收，而试液中共存的其他离子有吸收，则用不加显色剂的试液为参比溶液，称为“样品空白”（或试液空白）；当试剂、显色剂有吸收而试液无吸收时，以不加试液的试剂、显色剂按照操作步骤配成参比溶液，称为试剂空白。总之，要求用参比溶液调 $A=0$ 后，测得被测组分的吸光度与其浓度的关系符合朗伯-比尔定律。

5. 紫外-可见吸收光谱法在环境分析中的应用

利用紫外-可见吸收光谱与红外吸收光谱、核磁共振波谱、质谱以及其他化学、物理方法共同配合，可以对未知物进行定性和结构分析，但是紫外-可见吸收光谱法在环境分析中的应用更多的还是定量分析。

利用紫外-可见吸收光谱法可以测定有机物、金属离子及无机离子（或离子团）。对于在紫外-可见光区有吸收的物质，可直接进行测定；大多数无机物在此区域无吸收，不能直接测定，选择合适的显色剂与之发生显色反应，生成在此区域有吸收的配合物后即可进行测定。但在实际应用中，更多的是利用被测物质对某些指示剂氧化或还原反应的催化作用，依据待测物质的量与吸光度变化值（ΔA）之间的关系进行测定。

不管测试样是大气、水还是土壤、沉积物，经过适当的处理，建立合适的分析体系都可用紫外-可见吸收光谱法进行分析。

5.2.2　红外吸收光谱

1. 红外吸收光谱概述

红外吸收光谱(infrared absorption spectroscopy)又称为分子振动-转动光谱。当样品受到频率连续变化的红外光照射时,分子吸收某些频率的辐射,并由其振动或转动运动引起偶极矩的净变化,产生分子振动和转动能级从基态到激发态的跃迁,使相应于这些吸收区域的透射光强度减弱。记录红外光的百分透射比与波数或波长关系的曲线,就得到红外吸收光谱。

1) 红外吸收光谱的区域

习惯上按红外线波长将红外吸收光谱分成三个区域。

(1) 近红外区。

0.78～2.5 μm(12820～4000 cm^{-1}),主要用于研究分子中的 O—H、N—H、C—H 键的振动倍频与组频。

(2) 中红外区。

2.5～25 μm(4000～400 cm^{-1}),主要用于研究大部分有机化合物的振动基频。

(3) 远红外区。

25～300 μm(400～33 cm^{-1}),主要用于研究分子的转动光谱及重原子成键的振动。

其中,中红外区是研究和应用最多的区域,通常说的红外光谱就是指中红外区的红外吸收光谱。红外光谱除用波长 λ 作为横坐标外,更常用波数 σ。纵坐标为透光率 $T(\%)$。

2) 红外吸收光谱的特点

(1) 红外吸收光谱与紫外-可见吸收光谱同属于分子光谱范畴,但它们的产生机制、研究对象和使用范围不尽相同。紫外-可见吸收光谱是电子-振动-转动光谱,研究的主要对象是不饱和有机化合物,特别是具有共轭体系的有机化合物,而红外光谱是振动-转动光谱,主要研究在振动中伴随有偶极矩变化的化合物。因此除了单原子分子和同核分子,如 Ne、He、O_2、N_2、Cl_2 等少数分子外,几乎所有化合物均可用红外吸收光谱法进行研究,研究对象和适用范围更加广泛。

(2) 红外吸收光谱最突出的特点是具有高度的特征性,除光学异构体外,每种化合物都有自己特征的红外吸收光谱。它作为“分子指纹”广泛地用于分子结构的基础研究和化学组成分析上。红外吸收谱带的波数位置、波峰数目及强度,反映了分子结构的特点,可以用来鉴定未知物的分子结构或确定其化学基团。而吸收谱带的吸收强度与分子组成或其化学基团的含量有关,可用于定量分析或纯度鉴定。

(3) 红外吸收光谱法对气体、液体、固体样品都可测定,具有样品用量少、分析速度快、不破坏样品等特点。

2. 红外吸收光谱法基本原理

1) 红外吸收光谱产生的条件

物质分子吸收红外辐射应满足如下两个条件。

(1) 辐射应具有刚好能满足物质发生振动能级跃迁所需的能量。

(2) 辐射与物质之间有耦合作用。即分子振动引起瞬间偶极矩变化。

红外辐射具有适当的能量,当一定频率的红外光照射分子时,如果分子中某个基团的振动频率和外界红外辐射的频率一致,满足了第一个条件;如果分子中某个基团偶极子的振动频率和它一致,分子与辐射相互作用而增加它的振动能,使振幅增大,满足了第二个条件。此时,分子就由原来的基态振动跃迁到较高的振动能级,产生振动跃迁。

可见,并非所有的分子振动都会产生红外吸收,只有发生偶极矩变化的振动才能引起红外吸收,这种振动称为具有红外活性,反之则称为非红外活性。完全对称的双原子分子,其振动没有偶极矩变化,辐射不能引起共振,无红外活性,如 N_2、O_2、Cl_2 等的振动;非对称分子有偶极矩,辐射能引起共振,属红外活性,如 HCl、H_2O 等偶极子的振动。

2) 红外吸收光谱产生的机理

红外吸收光谱是分子中基团的振动和转动能级跃迁产生的振动-转动光谱,所需能量是位于红外光谱区的光子能量。

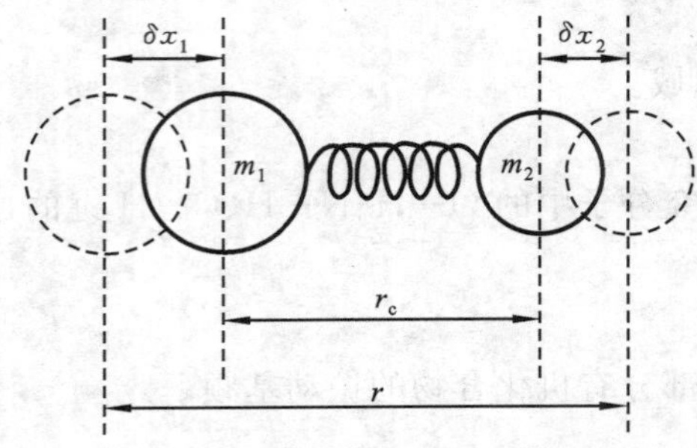

图 5-7 成键双原子间的振动模型

(1) 双原子分子的振动光谱。

分子振动可以近似地看作是分子中的原子以平衡点为中心,以非常小的振幅(与原子核之间的距离相比)做周期性的振动,即简谐振动。对双原子分子,可以把它看作一个弹簧两端连接着两个刚性小球,m_1、m_2 分别代表两个小球的质量,弹簧的长度 r 就是化学键的长度,如图 5-7 所示。

这个体系的振动频率 $\nu_{振}$ 可由经典力学导出,即

$$\nu_{振} = \frac{1}{2\pi}\sqrt{\frac{k}{\mu}} \tag{5.24}$$

若以波数 σ 表示这个体系的振动频率,则可记为

$$\sigma = \frac{1}{2\pi c}\sqrt{\frac{k}{\mu}} \tag{5.25}$$

式中:k——化学键的力常数,其定义为将两原子由平衡位置伸长单位长度时的恢复力,N/cm,单键、双键和三键的力常数分别近似为 5 N/cm、10 N/cm 和 15 N/cm;

c——光速;

μ——两小球(即两个原子)的折合质量,g,即 $\mu=\frac{m_1 m_2}{m_1+m_2}$。

由式(5.25)可见,影响基本振动频率的直接因素是原子质量和化学键的力常数。按照经典电磁场理论,若双原子分子振动时,电偶极发生变化,则这样的分子可因共振而吸收频率相同的电磁波。即

$$\nu_{L} = \nu_{振} = \frac{1}{2\pi}\sqrt{\frac{k}{\mu}} \tag{5.26}$$

k 越大,μ 越小,则振动频率越大,吸收峰的频率也越大;反之,亦然。

应注意的是,上述处理分子振动的方法是宏观处理方法,是为了得到宏观的图像,便于理解。但一个真实分子的振动能量变化是量子化的,分子的运动需要用量子理论方法加以处理。如果用量子力学来处理,则求解可得到分子的振动能级的能量,即

$$E_{振} = \left(\nu \pm \frac{1}{2}\right)h\nu_{振} \tag{5.27}$$

在常温下,分子几乎处于基态,红外吸收光谱主要讨论从基态跃迁到第一激发态所产生的光谱,对应的吸收峰称为基频峰,因此,可以用谐振动运动规律近似地讨论化学键的振动。

其次,非谐性表现在,真实分子振动能级不仅可以在相邻能级间跃迁,而且可以一次跃迁到两个或多个能级。因而,在红外吸收光谱中,除了有基频吸收峰外,还有其他类型的吸收峰。

① 倍频峰。

分子的振动能级从基态跃迁至第二、第三振动激发态等高能态时所产生的吸收峰。

由于相邻能级差不完全相等，因此倍频峰的频率不严格地等于基频峰频率的整数倍。倍频峰一般很弱，只有第一倍频峰（从 $\nu=0 \longrightarrow \nu=2$ 的跃迁）具有实际意义，吸收峰的频率近似等于基频峰的两倍。

② 组合频峰。

在多原子分子中，非谐性使分子的各种振动间可以相互作用，而形成组合频峰，其频率等于两个或更多个基频峰的和或差。前者称为合频峰，后者称差频峰。合频峰指分子吸收一个光子，同时使分子中原子的两种振动类型分别向高能态跃迁，吸收光子的能量值等于对应两种能级间距之和。差频峰指分子吸收一个光子使两种振动类型中有一个向高能态跃迁，另一个向低能态跃迁，对应的两种能级间距的差值等于吸收光子的能量值。

(2) 多原子分子的振动形式及光谱。

双原子分子振动是最简单的，只发生在连接两个原子的直线方向上，并且只有一种振动形式，即两原子的相对伸缩振动。而多原子分子由于组成原子数目增多，组成分子的键、基团和空间结构不同，其振动光谱比双原子分子要复杂得多。一般将振动形式分为两类：伸缩振动和变形振动。

① 伸缩振动。

原子沿键轴方向伸缩，键长发生变化而键角不变的振动称为伸缩振动，用符号 u 表示。它又可分为对称伸缩振动（u_s）和不对称伸缩振动（u_{as}）。对同一基团，不对称伸缩振动所需的能量比对称伸缩振动所需的能量高，u_{as} 的频率稍高于 u_s。

② 变形振动。

基团键角发生周期性变化而键长不变的振动称为变形振动，又称弯曲振动。它可分为面内和面外等形式。

一般说来，键长的改变比键角的改变需要更多的能量，因此伸缩振动出现在高频区，而变形振动出现在低频区。

3. 红外吸收光谱的应用

1) 定性分析

每种化合物的红外吸收光谱都具有鲜明的特征性，所以被誉为化合物“分子的指纹”。其谱带数目、位置、强度和形状都随化合物及其聚集状态的不同而异。因此根据化合物的红外吸收光谱，就可以像辨认人的指纹一样，确定所分析化合物是何种基团并进而推断其结构式。利用红外吸收光谱对化合物进行定性分析的过程，称为谱图解析（即对红外吸收光谱的辨认、识别）。

(1) 官能团定性分析。

在化学式中引入或除去某官能团，则其红外吸收光谱图中相应的特征吸收峰应出现或消失，进行光谱解析即可确定。

① 否定法。

已知某波数区的谱带对某个基团是特征的，在谱图中的这个波数区如果没有谱带存在，就可以判断某些基团在分子中不存在。

② 肯定法。

在用肯定法解析谱图时应当注意，有许多基团的吸收峰会出现在同一波数区域内，因此很难作出明确的判断,这就需要从几个不同波数区域内的相关峰来综合判断某个基团。

(2) 已知物鉴定。

当已经知道物质的化学结构,仅仅要求证实是否为所期待的化合物时,用红外光谱验证是一种有效的简便方法。将样品的谱图与标准样品的谱图进行对照,或者与文献中对应标准物的谱图进行对照。如果两张谱图中各吸收峰的位置和形状完全相同,峰的相对强度一样,就可以认为样品是该种标准物。如果两张谱图不一致,则说明两者不为同一化合物,或样品中可能含有杂质。

在与标准谱图对照时应注意,被测物与标准物的聚集状态、制样方法及绘制谱图的条件等要相同才具有可比性。

(3) 未知物结构测定。

红外吸收光谱的重要用途是测定未知物的结构。在进行谱图解析时,首先要确认试样的纯度(应在98%以上),而且要根据试样的来源、物理化学常数或其他分析鉴定的手段,对可能的分子结构作些预想,再结合基团(或化学键)的特征频率、谱带的相对强度以及形状作出综合的分析判断,并对所确定的分子结构加以验证。具体步骤大致归纳如下。

① 分子式的确定。

首先由元素分析、相对分子质量测定、质谱法等各种手段推出分子式。

② 不饱和度的计算。

不饱和度是分子结构式中达到饱和所缺一价元素的“对”数。即表示有机分子中是否含有双键、三键、苯环,是链状分子还是环状分子等,对决定分子结构非常有用。根据分子式计算不饱和度的经验公式为

$$\Omega = 1 + n_4 + \frac{n_3 - n_1}{2} \tag{5.28}$$

式中:n_1、n_3、n_4——分子中一价、三价、四价原子的数目。

通常规定双键或饱和环结构的不饱和度为1,三键不饱和度为2,苯环不饱和度为4(一个环加三个双键),式(5.28)不适用于有高于四价杂原子的分子。

③ 确定分子中所含的基团或键的类型。

依照特征官能团区、指纹区及四个重要光谱区域的特性,对谱图进行解析,判断该化合物是无机物还是有机物,是饱和的还是不饱和的,是脂肪族、脂环族、芳香族、杂环化合物还是杂环芳香族。根据存在的基团确定可能为哪一类化合物。

④ 推测分子结构。

在确定了化合物类型和可能含有的官能团后,再根据各种化合物的特征吸收谱带,推测分子结构。

⑤ 分子结构的验证。

确定了化合物的可能结构后,应与相关化合物的标准红外吸收光谱图或用标准物质在相同条件下绘制的红外吸收光谱图进行对照。当谱图上所有的特征吸收谱带的位置、强度和形状完全相同时,才能认为推测的分子结构是正确的。需要注意的是,由于使用仪器性能和谱图的表示方式(等波数间隔或等波长间隔)的不同,其特征吸收谱带的强度和形状有些差异,要允许合理性差异的存在,但其相对强度的顺序是不变的。

对于结构复杂或待定结构的新化合物,只用红外吸收光谱很难确定其结构,需要和紫外-可见吸收光谱、核磁共振波谱以及质谱等分析手段结合才能确定出它的结构式。

2）定量分析

红外吸收光谱主要用于未知化合物分析和分子结构的分析，但通过对特征吸收谱带强度的测量，根据朗伯-比尔定律可以对组分的含量进行测定。该法不受样品状态的限制，能定量测定气体、液体和固体样品。

（1）吸光度的测量。

由红外吸收光谱直接得到的往往是入射光强度 I_0 及透射光强度 I_t，需根据 $A = -\lg(I_t/I_0)$ 确定吸收峰的吸光度 A。测量 I_0、I_t 的方法有一点法和基线法两种。

① 一点法。

当背景吸收较小可忽略不计，吸收峰对称且没有其他吸收峰影响时，可用一点法测量。

② 基线法。

背景吸收较大不可忽略，并有其他峰的影响使测量峰不对称时，可用基线法测量。通过测量峰两边的峰谷作一切线，以两切点连线的中点确定 I_0，以峰最大处确定 I_t，从而计算吸光度。

（2）基本分析方法。

红外吸收光谱定量分析方法包括标准曲线法、联立方程求解法及比例法等。

① 标准曲线法。

在固定液层厚度、入射光的波长和强度的情况下，测定一系列不同浓度标准溶液的吸光度，以对应分析谱带的吸光度对标准溶液浓度作图，得 A-c 曲线，在相同条件下测试液的吸光度，从 A-c 工作曲线上查得试液的浓度。

② 联立方程求解法。

在处理二元或三元混合体系时，由于吸收谱带之间相互重叠，特别是在使用极性溶剂时所产生的溶液效应，使选择孤立的吸收谱带有困难，此时可采用解联立方程的方法求出各组分的浓度。

③ 比例法。

标准曲线法要求测试样品和标准样品都使用相同厚度的吸收池，且其厚度能准确测量，如果其厚度不定或不易准确测量，可采用比例法。

比例法主要用于两组分混合物样品的分析。在两纯组分的红外吸收光谱图中各选择一个互不受干扰的吸收峰作为测量峰。设两组分的浓度分别为 c_1、c_2，如果 c 用质量分数或摩尔分数表示，则 $c_1 + c_2 = 1$。根据朗伯-比尔定律，则有

$$\begin{aligned} A_1 &= a_1 b c_1 \\ A_2 &= a_2 b c_2 \end{aligned} \tag{5.29}$$

其中：$K = a_1/a_2$ 是两组分在各自测量峰处的吸光系数之比，通常为常数，可通过已知浓度的标准样品求得。将 R 代入 $c_1 + c_2 = 1$，则

$$R = \frac{A_1}{A_2} = \frac{a_1 b c_1}{a_2 b c_2} = K\frac{c_1}{c_2}$$

$$c_1 = \frac{R}{K + R} \tag{5.30}$$

$$c_2 = \frac{K}{K + R} \tag{5.31}$$

由此可计算出两个组分的浓度。

4. 红外分光光度计

1）仪器组成

(1) 光源。

红外光源应能够发射高强度连续红外光，常用的有能斯特灯和硅碳棒。

(2) 分光系统。

红外分光光度计的分光系统包括入射狭缝到出射狭缝这一部分。它主要由反射镜、狭缝和色散元件组成，是红外分光光度计的关键部分，其作用是将通过样品池和参比池后的复式光分解成单色光。为避免产生色差，红外分光光度计中一般不使用透镜。由于玻璃、石英对红外线几乎全部吸收，应注意根据不同的工作波长区域选用不同的透光材料来制作棱镜以及吸收池窗口、检测器窗口等。

(3) 样品池。

红外样品吸收池一般可分为气体样品吸收池和液体样品吸收池，其重要部分是红外透光窗片，通常用 NaCl 晶体（非水溶液）或 CaF_2（水溶液）等红外透光材料作窗片。

对于固体样品，若能制成溶液，可装入液体吸收池内测定，也可将样品分散在 KBr 中并加压制成透光薄片后测定。对于热熔性的高聚物样品，亦可制成薄膜供分析测定用。

(4) 检测器。

红外光谱区的光子能量较弱，不足以引起光电子发射，因此电信号输出很小，不能用光电管和光电倍增管作检测器。常用的红外检测器有真空热电偶、热释电检测器和汞镉碲检测器。

2）红外分光光度计类型

红外分光光度计分为色散型双光束红外分光光度计和干涉型分光光度计（即傅里叶变换红外分光光度计）。

(1) 色散型双光束红外分光光度计。

由光源发射的红外光被分成强度相等的两束光：一束通过样品吸收池，称为样品光束；另一束通过参比吸收池，称为参比光束。它们随斩光器（扇面镜）的调制交替通过单色器，然后被检测器检测。当样品有吸收，使两束光强度不等时，检测器产生交流信号，驱动光楔进入参比光路，使参比光束减弱直至与样品光束强度相等。显然被衰减的参比光束能量就是样品吸收的辐射能，与光楔相连的记录笔就可以直接记录下在小波数范围的吸收峰。仪器主要部件如下。

① 光源。红外光源应能发射高强度的连续红外辐射。常用的是能斯特灯或硅碳棒。在短波范围硅碳棒辐射效率高，在长波范围能斯特灯辐射效率高。

② 吸收池。红外吸收池的透光窗片常用 NaCl、KBr、CsI 等透光材料制成。固体样品常与纯 KBr 混匀压片，直接测定。

③ 单色器。单色器主要由色散元件、准直镜和狭缝构成。

④ 检测器。多数红外分光光度计采用真空热电偶、热释电检测器等作为检测元件。其原理是利用照射在检测器上的红外辐射产生热效应，转变为电压或电流信号而被检测。

⑤ 记录系统。红外分光光度计一般有记录仪自动记录红外图谱。

(2) 傅里叶变换红外分光光度计。

傅里叶变换红外分光光度计（FTIR）是基于光相干性原理而设计的干涉型红外分光光度计。它没有色散元件，主要由光源、干涉仪、检测器、计算机和记录仪等组成。其核心部位是干涉仪，它将光源来的信号以干涉图的形式送往计算机进行傅里叶变换的数学处理，最后又将干涉图还原成光谱图。

傅里叶变换红外分光光度计具有如下特点。

① 扫描速度快。测量光谱速度要比色散型仪器快数百倍。

② 灵敏度高。检出限可达 10^{-12}～10^{-9}，对微量组分的测定非常有利。

③ 分辨率高。在整个光谱范围内波数精度可达到 0.005～0.1 cm^{-1}。

④ 测量的光谱范围宽。测量范围可达 10～1000 cm^{-1}。

5. 红外吸收光谱法在环境分析中的应用

1）气相色谱-傅里叶变换红外光谱联用技术在环境污染领域的应用

该技术可用于以下方面：工业废水中复杂有机污染物的分离鉴定；气溶胶中包含的有机有害物质的分析鉴定；工厂丢弃的化学废物，或受工业污水、农药、除莠剂污染的土壤中有机污染物的分离鉴定；急性中毒事件中对未知毒物样品的组成和结构进行剖析，为进一步分析鉴定提供线索；香烟烟气、卫生香烟气、蚊香烟雾化学成分的分离鉴定；化妆品中香精油挥发组分、食品中挥发组分及植物精油、药用挥发油组分的定性、定量分析。

总的说来，GC-FTIR 与 GC-MS 是互补的两大分离分析技术，各有所长。GC-MS 的灵敏度高，同时对碳氢化合物同系物的指认特别有效，而 GC-FTIR 对分子特征光能团的鉴定和有机污染物同分异构体的鉴定具有绝对优势，其灵敏度低的缺点可通过提高样品的富集倍数来改善。因此，在实际问题中选用哪一种技术，主要由信息内容来定。而对于环境中复杂有机污染体系的分析鉴定，常需 GC-FTIR 与 GC-MS 的联合使用。如 Carlton 等利用 GC-FTIR 与 GC-MS 技术，对 24 h 气溶胶样品中的 26 种多环芳烃进行了定性鉴定和定量分析。

2）利用特征官能团的特征分子振动的红外吸收进行污染物的分析测定

Ying 和 Levine 等借助于长光程气体池及采用最小二乘法的 LSF 程序，研究了 12 种常用涂料溶剂的检出限，其结果远低于工业卫生临界值 TLV；Paluszkiewicz C. 等利用可变长光程气体池分析了汽车尾气中的碳氢化合物，并经过毒理实验建议将 C_2H_4 定为一种致癌危险物。

美国环保局(EPA)采用红外分光光度法，国际标准化组织(ISO)采用红外吸收光谱法，利用油类物质中 CH_3、CH_2、Ar 的 C_2H 伸缩振动，分别在波数 2960 cm^{-1}、2930 cm^{-1}、3030 cm^{-1} 处有特征吸收而进行水体中总油、矿物油的分析。

可将气溶胶样品收集在特氟隆滤材或 KBr、ZnSe 盐片上，直接进行无机组分的红外光谱分析。

红外光谱还可用于土壤腐殖酸的研究。

中、远红外波段用于探测大气中的很多气体和污染物时，往往能实现遥测，这一能力大大改变了我们测量环境的途径，使我们在环境和大气监测领域取得巨大进步。

5.3　电化学分析法

电化学分析（也称电分析化学）法主要是应用电化学的基本原理和技术，研究在化学电池内发生的特定现象，利用物质的组成及含量与该电池的电学量，如电导、电位、电流、电量等有一定的关系而建立起来的一类分析方法。

电化学分析的特点是灵敏度、选择性和准确度都较高，被分析物质的最低量接近 10^{-12} mol 数量级。近代电化学分析技术能对质量为 10^{-9} g 的试样作出可靠的分析。随着电子技术的发展，自动化技术、遥控技术等在电化学分析中的应用已经发展起来。微电极的研究成功，为在生物体内实时(real time)监控提供了可能。

根据测定的物理量不同,电化学分析法又分为电位分析法、库仑分析法、伏安分析法等。

5.3.1　电位分析法和离子选择电极

1. 概述

电极电位与电极活性物质的活度之间的关系可用能斯特方程来表示:

$$E = E_0 + \frac{RT}{nF}\ln a \tag{5.32}$$

式中:E——电极电位;

E_0——相对于标准氢电极的标准电位;

R——摩尔气体常数;

F——法拉第常数;

T——热力学温度;

n——参加反应的电子数;

a——电子活度。

利用此关系建立了一类通过测量电极电位来测定某物质含量的方法,称为电位分析法。

电极电位的测量需要构成一个化学电池。在电位分析中,将电极电位随被测物质活度变化的电极称为指示电极。将另一个与被测物质无关的、电位比较稳定的、提供测量电位参考的电极称为参比电极。电解质溶液一般由被测试样及其他组分组成。

电位分析法有两类。第一种方法选用适当的指示电极浸入被测试溶液,测量相对一个参比电极的电位。根据测得的电位,直接求出被测量的物质浓度,这种方法称为直接电位法。第二种方法是向试液中加入能与被测物质发生化学反应的已知浓度的试剂。观察滴定过程中指示电极电位变化,以确定滴定的终点。根据所需滴定试剂的量计算出被测物质的含量。这类方法称为电位滴定法。

2. 参比电极

参比电极是决定指示电极电位的重要因素,一个理想的参比电极应具备以下条件:①能迅速建立热力学平衡电位,这要求电极反应是可逆的;②电极电位是稳定的,能允许仪器进行测量。常用的参比电极有甘汞电极和银-氯化银电极。

甘汞电极是以甘汞(Hg_2Cl_2)饱和的一定浓度的 KCl 溶液为电解液的汞电极,其电极反应为

$$2Hg + 2Cl^- \rightleftharpoons Hg_2Cl_2 + 2e^-$$

电极电位为

$$E = E_{Hg_2Cl_2,Hg} - 0.059\lg a_{Cl^-} \tag{5.33}$$

甘汞电极的电极电位随温度和 KCl 溶液浓度的变化而发生改变。其中,在 25℃下饱和 KCl 溶液中的甘汞电极是最常用的,此时的电极称为饱和甘汞电极,其电极电位为 0.2444 V。甘汞电极通过其尾端的烧结陶瓷塞或多孔玻璃与指示电极相连。这种接口具有较高的阻抗和一定的电流负载能力,因此甘汞电极是一种很好的参比电极。

银-氯化银(Ag-AgCl)电极也是一种广泛使用的参比电极,它是浸在 KCl 溶液中的涂有氯化银的银电极,其电极反应为

$$Ag + Cl^- \rightleftharpoons AgCl + e^-$$

Ag-AgCl 电极电位也是随温度和 KCl 溶液浓度的变化而发生改变。商品 Ag-AgCl 电极的外形与甘汞电极类似。有些实验中，Ag-AgCl 电极（涂有 AgCl 的银丝）可以作为参比电极直接插入反应体系，具有体积小、使用灵活等优点。另外，Ag-AgCl 电极可以在温度高于 60℃的体系中使用。

3. 指示电极

1) pH 玻璃电极主要构造及原理

玻璃电极属于刚性基质电极，使用最早的是 pH 玻璃电极，用于测定 H^+。通过改变玻璃膜的组成，还可以制成对其他离子有选择性响应的玻璃电极，用于测定 Na^+、K^+、Li^+、Ag^+ 等。

pH 玻璃电极的结构如图 5-8 所示，其主要部分是下端部由特殊成分的玻璃（摩尔分数：Na_2O 0.22，CaO 0.06，SiO_2 0.72）吹制而成的球状敏感膜，其厚度为 0.05～0.1 mm。球内装有内参比溶液（含 NaCl 的 pH7 缓冲溶液）并插入 Ag-AgCl 电极作为内参比电极，其内参比电极电位恒定，与待测溶液 pH 值无关。

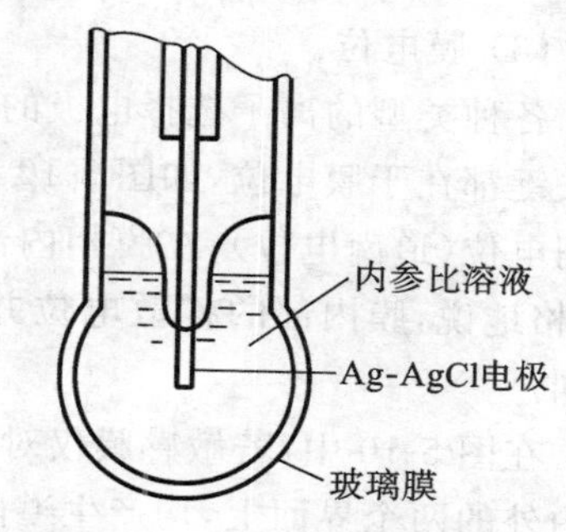

图 5-8 pH 玻璃电极结构示意图

玻璃电极作为指示电极，其作用主要在玻璃膜上，其化学组成对电极的性质有很大影响。由纯二氧化硅制成的石英玻璃膜，没有可提供离子交换的电荷点，所以对溶液中 H^+ 没有响应。在加入 Na_2O 后制成的钠硅酸盐玻璃晶格中，Na(Ⅰ)取代了晶格中部分 Si(Ⅳ)的位置，使部分 Si—O 键断裂，形成了固定的带负电荷的硅-氧骨架，即得 $-\overset{|}{\underset{|}{Si}}-O^-Na^+$ 。

Na(Ⅰ)与 O 的键合为离子键，形成了可供离子交换的定域体。溶液中的 H^+ 能进入晶格代替 Na^+ 的点位，但其他负离子被带负电荷的硅-氧晶格所排斥；二价和高价正离子也不能进出晶格。这是 pH 玻璃电极对 H^+ 有选择性响应的原因。

实践证明，一个玻璃膜的表面必须经过水合作用才能显示 pH 电极的作用，未吸湿的玻璃膜不表现 pH 电极功能。新的玻璃电极在使用前需在纯水中浸泡 24 h 以上，方可使用，测量后于清水中保存。

pH 玻璃电极的膜电极电位由以下因素决定：

(1) 扩散电位。

如图 5-9(a)所示，有两个互相接触但其浓度不同的 HCl 溶液（也可以是不同的溶液），若 c_2 大于 c_1，则 HCl 由 2 向 1 扩散。由于 H^+ 的迁移速度较 Cl^- 快，造成两溶液界面上的电荷分布不均匀，溶液 1 带正电荷多而溶液 2 带负电荷多，产生电位差。带正电荷的溶液 1 对 H^+ 有静电排斥作用，而使之迁移变慢，对 Cl^- 有静电吸引作用而使之迁移变快，最后 H^+ 和 Cl^- 以相同的速度通过界面，达到平衡，使两溶液界面有稳定的界面电位，这一电位称为液接电位。因它不只出现在两个液体界面，也可以出现在其他两相界面之间，所以这类电位通称扩散电位。这类扩散属于自由扩散，阴、阳离子都可以扩散通过界面，没有强制性和选择性。

(2) 道南电位。

如图 5-9(b)中的渗透膜，仅容许 K^+ 扩散通过（$c_1>c_2$），而 Cl^- 不能通过，于是造成两相界面电荷分布不均匀,产生电位差,这一电位称为道南(Donnan)电位。这类扩散具有强制性和选择性。

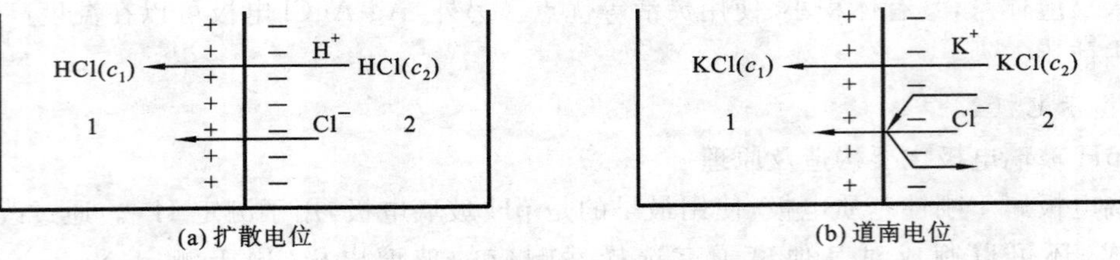

图 5-9 扩散电位和道南电位示意图

(3) 膜电位。

各种类型的离子选择电极的响应机理虽各有特点,但其电位产生的根本原因都是相似的,即关键都在于膜电位,如图 5-10 所示。在敏感膜与溶液两相间的界面上,由于离子扩散,产生相间电位(道南电位);在膜相内部,膜内外的表面和膜本体的两个界面上尚有扩散电位产生(严格地说,膜内部的扩散电位并无明显的分界线,图中为了方便而人为画出),其大小应该相同。

在图 5-10 中,若敏感膜仅对阳离子有选择性响应,当电极浸入含有该离子的溶液中时,在膜内外的两个界面上,均产生道南型的相间电位。

$$E_1 = k_1 + \frac{RT}{nF}\ln\frac{a_1}{a'_1} \tag{5.34}$$

$$E_2 = k_2 + \frac{RT}{nF}\ln\frac{a_2}{a'_2} \tag{5.35}$$

式中:a——液相中阳离子的活度;

a'——膜相中阳离子的活度;

n——离子的电荷数。

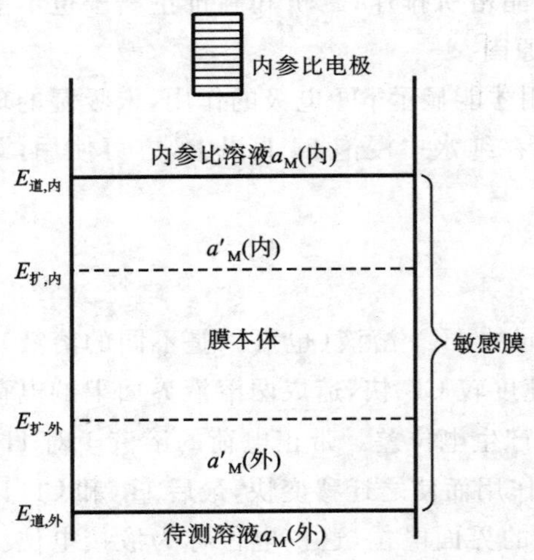

图 5-10 膜电位及离子选择电极的作用示意图

通常敏感膜内外表面的性质可以看成是相同的,即 $k_1=k_2$,$a'_1=a'_2$,且 $E_{扩,内}=E_{扩,外}$,故膜电位为

$$E_{膜} = E_1 + E_{扩,外} - E_{扩,内} - E_2 = \frac{RT}{nF}\ln\frac{a_1}{a_2} \tag{5.36}$$

由于内参比溶液中阳离子的活度 a_2 不变,为常数,用 K 表示,所以

$$E_{膜} = K + \frac{RT}{nF}\ln a_1 \tag{5.37}$$

可见,膜电位与溶液中离子活度之间的关系,符合能斯特公式。常数项为膜内界面上的相间电位,还应包括由于膜的内外两个表面不完全相同而引起的不对称电位。

(4) 不对称电位。

如果内充液和膜间的溶液相同,即 $a_1=a_2$,则 $E_{膜}=0$,但实际上仍存在一个很小的电位,

使得 $E_{膜} \neq 0$，这个电位称为不对称电位。对于同一个 pH 电极的不对称电位会随时间而缓慢变化，其产生原因需进一步研究。影响因素有制造时玻璃膜内外表面产生的应力不同、外表面经常被机械和化学侵蚀等。不对称电位对 pH 值测量的影响只能用标准缓冲溶液来校正。

（5）活度与浓度。

应用离子选择电极进行电位分析时，能斯特公式表示的是电极电位与离子活度之间的关系，所以测量得到的是离子的活度，而不是浓度。

如果分析时能控制试液与标准溶液的总离子强度相一致，那么试液中待测离子的活度系数也就相同。

$$E = k + \frac{RT}{nF}\ln a = k + \frac{RT}{nF}\ln(cf) \tag{5.38}$$

由于活度系数 f 可视为恒定值，可并入常数项，则

$$E = k' + \frac{RT}{nF}\ln c \tag{5.39}$$

所以在实际工作中，常采用加入离子强度调节缓冲液的方法来控制溶液的总离子强度。

玻璃电极对阳离子的选择性与玻璃成分有关。若在玻璃中加入 Al_2O_3 或 B_2O_3 成分，则可以增强对碱金属的响应能力。在碱性范围内，玻璃电极电位由碱金属离子的活度决定，而与 pH 值无关，这种电极称为 pM 玻璃电极。pM 玻璃电极中最常用的是 pNa 电极，用来测 Na^+ 浓度。

2）离子选择电极

离子选择电极是对离子有选择性指示的电极。玻璃电极实际上也是一种离子选择电极，以下简单介绍玻璃电极之外的其他离子选择电极。

（1）氟离子选择电极。

氟离子选择电极（简称氟电极）是晶体膜电极，其结构如图 5-11 所示。它的敏感膜是由难溶盐 LaF_3 单晶（定向掺杂 EuF_2）薄片制成，电极管内装有 0.1 mol/L NaF 和 0.1 mol/L NaCl 的内充液，浸入一根 Ag-AgCl 内参比电极。

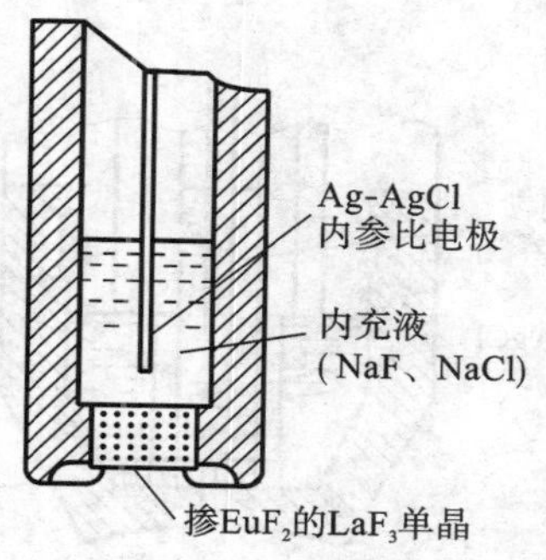

图 5-11　氟离子选择电极

测定时，氟电极、饱和甘汞电极（外参比电极）和含氟试液组成电池：

氟电极 | F^- 试液（$c=x$）‖ 饱和甘汞电极

一般离子计上氟电极接负极，饱和甘汞电极（SCE）接正极，测得电池的电位差为

$$E_{电池} = \varphi_{SCE} - \varphi_{膜} - \varphi_{Ag\text{-}AgCl} + \varphi_a + \varphi_j \tag{5.40}$$

在一定的实验条件下（如溶液的离子强度、温度等），外参比电极电位 φ_{SCE}、活度系数 γ、内参比电极电位 $\varphi_{Ag\text{-}AgCl}$、氟电极的不对称电位 φ_a 以及液接电位 φ_j 等都可以作为常数处理。而氟电极的膜电位 $\varphi_{膜}$ 与 F^- 活度的关系符合能斯特方程，因此上述电池的电位差 $E_{电池}$ 与试液中 F^- 活度的对数呈线性关系，即

$$E_{电池} = K + \frac{2.303RT}{F}\lg a_{F^-} \tag{5.41}$$

因此，可以用直接电位法测定 F^- 的浓度。式（5.39）中 K 为常数，R 为摩尔气体常数（8.314 J/(mol · K)），T 为热力学温度，F 为法拉第常数（96485 C/mol）。

当有共存离子时，可用电极选择性系数来表征共存离子对响应离子的干扰程度：

$$E_{电池} = k + \frac{2.303RT}{Z_i F}\lg(a_i + K_{ij} a_j^{\frac{Z_i}{Z_j}}) \tag{5.42}$$

式中:a_i、a_j——响应离子 i 和共存离子 j 的活度;

$K_{i,j}$——电极选择性系数,它表示共存离子 j 对响应离子 i 的干扰程度;

Z_i、Z_j——响应离子 i 和共存离子 j 的电荷数。

若把上述晶体膜电极的 LaF_3 改为 AgCl、AgBr、AgI、CuS、PbS 和 Ag_2S 等,压片制成薄膜作为电极材料,可以制成卤素离子(Cl^-、Br^-、I^-)、Ag^+、Cu^{2+}、Pb^{2+} 等的离子选择电极。

(2) 硝酸根和钙、钾离子选择电极。

该类电极属于液膜电极,其结构如图 5-12 所示,由含有离子交换剂的憎水性多孔膜、含有离子交换剂的有机相、内参比溶液和参比电极构成。

对于钙离子选择电极,内参液为 0.1 mol/L $CaCl_2$ 溶液,液体膜为多孔性纤维素渗析膜。该渗析膜中含有离子交换剂(0.1 mol/L 二癸基磷酸钙的苯基磷酸二正辛酯溶液)。改变离子交换剂,这种液膜电极可用以测定 K^+、NO_3^- 等。

3) 气敏电极

气敏电极是一种气体传感器,常用于分析溶于水中的气体和能在水溶液中生成这些气体的离子。它的作用原理是利用待测气体与电解质溶液反应,生成一种能被离子选择电极响应的离子。由于这种离子的活度(浓度)与溶解的气体量成正比,因此,电极的电位响应与试液中气体的活度(浓度)有关。气敏电极一般由透气膜、中间溶液、离子选择电极及参比电极组成(图 5-13)。

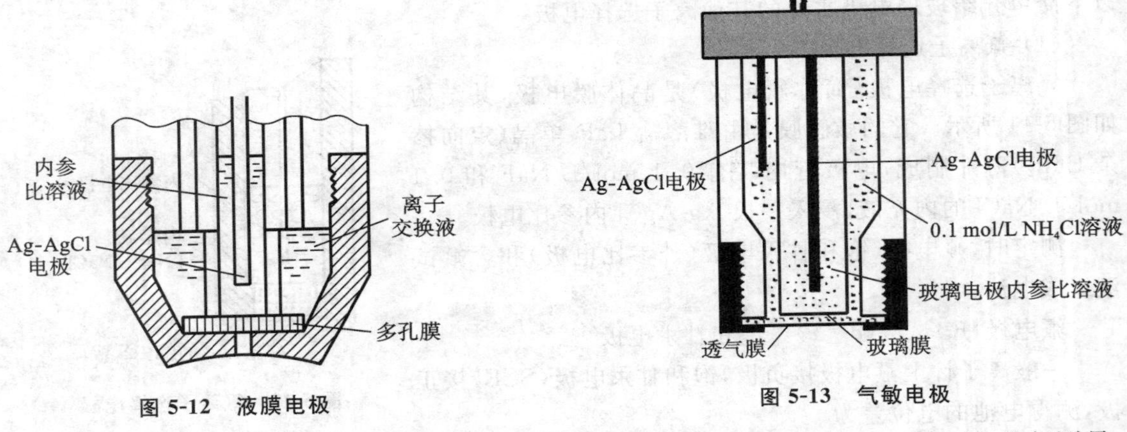

图 5-12 液膜电极　　图 5-13 气敏电极

常用的气敏电极能分别对 CO_2、NH_3、NO_2、SO_2、H_2S、HCN、HF、HAc 和 Cl_2 进行测量。气敏电极还可用于测定试液中的有关离子,如 NH_4^+、CO_3^{2-} 等,此时借助于改变试液的酸碱性使它们以 NH_3、CO_2 等的形式逸出,然后进行测定。

4) 生物电极

生物电极是将生物化学和电分析化学相结合而研制成的电极。其特点是将电位法电极作为基础电极,生物酶膜或生物大分子膜作为敏感膜而实现对底物或生物大分子的分析。

(1) 酶电极。

酶电极的分析原理是基于用电位法直接测量酶促反应中反应物的消耗量或生成物的产生量而实现对底物分析的一种方法。酶电极的结构如图 5-14 所示,它将酶活性物质覆盖在电极表面,这层酶活性物质与被测的有机物或无机物(底物)反应,形成一种能被电极响应的物质。

（2）微生物电极。

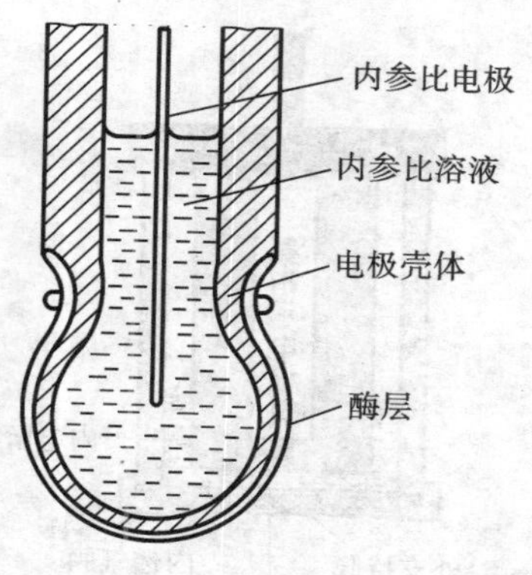

图 5-14　酶电极

微生物电极的分子识别部分是由固定化的微生物构成的。这种生物敏感膜的主要特征如下：①微生物细胞内含有活性很高的酶体系；②微生物的可繁殖性使该生物膜获得长期可保存的酶活性，从而延长了传感器的使用寿命。例如，将大肠杆菌固定在二氧化碳气敏电极上，可实现对赖氨酸的监测分析；将球菌固定在氨气敏电极上，可以实现对精氨酸的检测。

微生物菌体系含有天然的多酶系列，活性高，可活化再生，稳定性好，作为生物膜传感器，具有广泛的应用和开发前景。

（3）电位法免疫电极。

生物中的免疫反应具有很高的特异性。用电位法免疫电极检测免疫反应的发生，实际上是一种直接检测方法。其原理如下：抗体与抗原结合后的电化学性质与单一抗体或抗原的电化学性质有较大差别。将抗体（或抗原）固定在膜或电极的表面，与抗原（或抗体）形成免疫复合物后，膜中电极表面的物理性质，如表面电荷密度、离子在膜中的扩散速度发生了改变，从而引起了膜电位或电极电位的改变。如将人绒毛膜促性腺激素（hCG）的抗体通过共价交联的方法固定在二氧化钛电极上，形成检测 hCG 的免疫电极。当该电极上 hCG 抗体与被检测溶液中的 hCG 形成免疫复合物时，电极表面的电荷分布发生变化。该变化通过电极电位的测量检测出来。同样，抗体也可以交联在乙酰纤维素膜上形成免疫电极（图 5-15）。

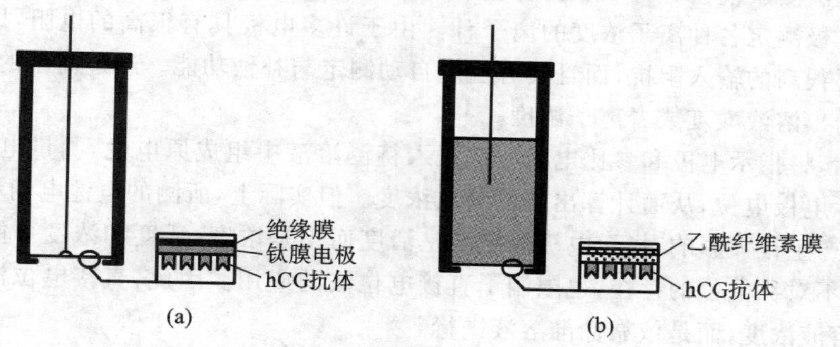

图 5-15　hCG 电位法免疫电极

（4）组织电极。

组织电极是以生物组织内存在的丰富的酶作为催化剂，利用电位法指示电极对酶促反应产物或反应物的响应，而实现对底物的测量。组织电极所使用的生物敏感膜可以是动物组织切片，如肾、肝、肌肉、肠黏膜等，也可以是植物组织切片，如植物的根、茎、叶等。

组织电极的典型例子之一是测定鸟嘌呤用的生物电极。其构成是用尼龙网将兔肝切片固定在氨指示电极上（图 5-16）。

其生物催化反应为

$$\text{(鸟嘌呤结构式)} + H_2O \xrightarrow{\text{兔肝切片}} \text{(黄嘌呤结构式)} + NH_3$$

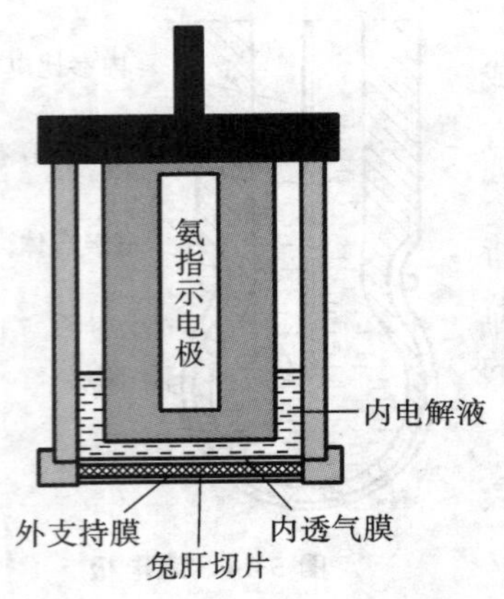

图 5-16　鸟嘌呤兔肝组织电极

有研究将鸟嘌呤兔肝组织电极与鸟嘌呤酶电极作了比较。固定化鸟嘌呤酶电极对鸟嘌呤的响应为 20.0 mV/单位浓度，而鸟嘌呤兔肝组织电极对鸟嘌呤的响应为 48.0 mV/单位浓度。这表明组织电极的灵敏度较酶电极高。组织电极中的组织切片厚度对电极响应有一定的影响。底物、酶促反应产物以及组织切片内对于基础电极的扩散行为等也有影响。

某些组织电极并不是基于酶促反应，而是基于组织切片的膜传输性质。例如，将蟾蜍组织切片贴在钠离子选择电极上，可用于抗利尿激素的检测。其原理是利用该激素能打开蟾蜍组织切片中 Na^+ 通道，使 Na^+ 可以穿过膜而达到钠离子选择电极的表面。Na^+ 的流量与抗利尿激素的浓度相关。

4. 电位法测量仪器与方法

电极电位的测定是通过测量待测电极与参比电极组成的原电池的电动势来实现的。因此，电位法测量仪器是将参比电极、指示电极和测量仪器构成回路来进行电极电位的测量。电位法测量仪器分为两种类型：直接电位法测量仪器和电位滴定法测量仪器。

1）直接电位法

直接电位法测量仪器有将 pH 玻璃电极作为指示电极测定酸度的 pH 计和将离子选择电极作为指示电极测定各种离子浓度的离子计。由于许多电极具有很高的电阻，因此 pH 计和离子计均需要很高的输入阻抗，而且具有温度自动测定与补偿功能。经过简单的标定，这种仪器可以直接给出溶液酸度或者离子浓度。

从理论上，将指示电极和参比电极一起浸入待测溶液中组成原电池，测量电池电动势，就可以得到指示电极电位，从而计算出待测物质浓度。但实际上，所测的电池电动势包括液接电位，会对测量产生很大影响；指示电极测定的是活度而不是浓度，活度和浓度可能存在较大的差别；膜电极不对称电位的存在，也限制了直接电位法的应用。因此，直接电位法不是由电池电动势计算溶液浓度，而是依靠标准溶液进行。

(1) 工作曲线法。

配制一系列含有不同浓度的待测离子的标准溶液，在每一种标准溶液中均加入一定体积的总离子强度调节缓冲液，然后将离子选择电极、参比电极分别与不同浓度的标准溶液组成电池，测量其电动势，以 E 对相应的 $\lg c$(阴离子为 $-\lg c$)作图，得校正曲线，用同样方法测定试液的 E 值，即可从校正曲线上查出试液中待测离子浓度。

由于待测溶液和标准溶液均加入总离子强度调节缓冲液，其各自的总离子强度基本相同，它们的活度系数也基本相同，所以测定时可以用浓度代替活度。待测液和标准溶液的组成相同，使用同一套电极，液接电位和不对称电位的影响可通过校正曲线校正。该法适用于组成较简单的大批样品分析。

(2) 标准加入法。

标准加入法又称已知增量法。这种方法通常是在一定体积且含有总离子强度调节缓冲液的试液中，加入已知体积的标准溶液，根据标准溶液加入前后电池电动势的变化计算试液中待测离子的浓度。由于加入前后的溶液除待测离子的浓度不同外，离子强度和其他组分都可看作是相同的，因此减小了复杂基体的影响，使该方法具有较高的准确度。这种方法适用于组成复杂的试样分析。

(3) 溶液 pH 值的测定。

测量溶液 pH 值时，将 pH 玻璃电极与饱和甘汞电极(SCE)和待测溶液组成电池。

$$Hg|Hg_2Cl_2|\text{饱和 KCl}\|\text{待测液}|\text{玻璃膜}|0.1\ \text{mol/L HCl}|AgCl|Ag$$

其电动势为

$$\begin{aligned}E &= \varphi_{\text{玻}} - \varphi_{\text{SCE}} - \varphi_{\text{L}} \\ &= k_{\text{玻}} - \frac{2.303RT}{F}\text{pH} - \varphi_{\text{SCE}} - \varphi_{\text{L}} \\ &= K - \frac{2.303RT}{F}\text{pH}\end{aligned} \tag{5.43}$$

式中：φ_{L}——液接电位；

$K = k_{\text{玻}} - \varphi_{\text{SCE}} - \varphi_{\text{L}}$，$K$ 在一定条件下为常数。

可见，电池电动势 E 与 pH 值呈线性关系，直线的斜率为 $2.303RT/F$。

在 25 ℃时，斜率等于 0.0591 V/pH 单位，即溶液 pH 值变化一个单位时，电动势变化 59.1 mV。

$$E_{\text{膜}} = K + 0.0591\ \lg a_1(\text{H}^+) = K + 0.0591\ \text{pH}$$

式(5.43)中 K 除了包含内、外参比电极电位外，还包含不对称电位和液接电位。故 K 值无法准确测量和计算，即根据测量试液的电动势无法计算 pH 值。实际测定中，试液的 pH 值(pH_x)是通过与标准缓冲溶液 pH 值(pH_s)相比较而确定的。

若测得 pH_x的标准缓冲液的电动势为 E_s，则

$$E_s = K - \frac{2.303RT}{F}\text{pH}_s \tag{5.44}$$

在相同条件下，测得 pH_x的试液电动势为 E_x，则

$$E_x = K - \frac{2.303RT}{F}\text{pH}_x \tag{5.45}$$

由以上两式相减消去 K，可得

$$\text{pH}_x = \text{pH}_s + \frac{F}{2.303RT}(E_s - E_x) \tag{5.46}$$

这种以标准缓冲溶液的 pH_s值为基准，通过比较 E_s和 E_x的值便可求出试液 pH_x值的方法，称为 pH 标度法。为了减小测定误差，所选择的标准缓冲溶液的 pH_s值应尽量与试液的 pH_x值接近。

测量溶液 pH 值时，将 pH 玻璃电极与甘汞电极插入待测溶液构成电池，两极与 pH 计相连。先用 1～2 个标准缓冲溶液对 pH 计进行校正，然后才能对试液进行测量，并直接在 pH 计上读出试液的 pH 值(称直读法)。

pH 计上有一个“定位”旋钮，通过它校正式(5.45)中的 K 值，还有一个“温度”调节钮，调节它可使不同温度时的 E-pH 直线有不同的斜率。有的 pH 玻璃电极的响应斜率与理论值有差别。为解决这个问题，在较精密 pH 计上另有一个“斜率”调节钮，采用两个标准缓冲溶液来调整 E-pH 直线的斜率。这种校正方法称为二点校正法。对精密度要求高的测量，应采用二点校正法。

(4) F^-浓度测定。

氟电极原理如前文所述,由式(5.42)可以看出,测量电位与被测物质的活度有一定关系,可根据电极电位求出活度,但实际分析结果要求是浓度而非活度。

在电解质溶液中,活度与浓度的关系为 $a=fc$,a 表示活度,f 为活度系数,c 为浓度。在极稀溶液中 $f=1$,此时 $a=c$,但一般情况下,$a\neq c$。离子自身电荷数越高,所在溶液的离子强度越大,f 值越小。

在实际测量中,必须控制溶液的离子强度为一个常数,这样活度系数也为一个常数,可以根据能斯特方程直接求出待测物质的浓度。以氟电极为指示电极,甘汞电极为参考电极,组成电化学电池。电池的电动势为

$$E_{\text{电池}} = E_{\text{氟}} - E_{\text{甘汞}} \tag{5.47}$$

甘汞电极电位在测定中保持不变,氟电极电位在测定中要随溶液中 F^- 活度而改变,加入总离子强度调节缓冲液后,有

$$E_{\text{氟}} = \varphi - (2.303RT/F)\lg c_{F^-} \tag{5.48}$$

代入式(5.41)并合并常数项,可得

$$E_{\text{电池}} = K - (2.303RT/F)\lg c_{F^-} \tag{5.49}$$

由上式可见,在一定条件下,电池电动势与试液中的 F^- 浓度的对数呈线性关系。氟电极可测定溶液中 $10^{-6}\sim 1$ mol/L F^- 。

温度、pH 值、离子强度、共存离子均要影响测定的准确度,因此为了保证测定准确度,需向标准溶液和待测试样中加入由 KNO_3、柠檬酸-柠檬酸钠缓冲溶液和柠檬酸盐组成的总离子强度调节缓冲液,其中柠檬酸-柠檬酸钠缓冲溶液的缓冲 pH 值为 6.5。柠檬酸盐还可消除 Al^{3+}、Fe^{3+} 等对 F^- 的干扰。KNO_3 保持离子强度不变。

2) 电位滴定法

电位滴定法是在滴定过程中通过测量电位变化来确定滴定终点的方法。和直接电位法相比,电位滴定法不需要准确地测定电极电位值,因此,温度、液接电位的影响并不重要,其准确度优于直接电位法。普通滴定是依靠指示剂颜色变化来指示滴定终点,如果待测溶液有颜色或者混浊,终点的指示就比较困难,或者无法找到合适的指示剂。电位滴定法是依靠电极的电位突跃来指示滴定终点。在滴定达到终点前后,溶液中的待测离子浓度往往连续变化几个数量级,引起电位的突跃,被测成分的含量仍然通过消耗滴定剂的量来计算。使用不同的指示电极,电位滴定法可以进行酸碱滴定、氧化还原滴定、配位滴定和沉淀滴定。酸碱滴定使用 pH 玻璃电极为指示电极;在氧化还原滴定中可以用铂电极作为指示电极;在配位滴定中,若以 EDTA 为滴定剂,可以用汞电极作为指示电极;在沉淀滴定中,若用硝酸银滴定卤素离子,可以用银电极作为指示电极。在滴定过程中,随着滴定剂的不断加入,电极电位(E)不断发生变化,电极电位突跃时,说明滴定达到终点。图 5-17(a)所示为常规滴定曲线,图 5-17(b)所示为一次微分曲线,用微分曲线更容易确定滴定终点。

如果使用自动电位滴定仪,在滴定过程中可以自动绘出滴定曲线,自动找出滴定终点,并给出体积值,滴定快捷方便。

电位滴定法的仪器又分为手动滴定法所需仪器和自动电位滴定仪。手动滴定法所需仪器为上述 pH 计或者离子计,在滴定过程中测定电极电位的变化,然后绘制标准曲线。随着电子技术与计算机技术的发展,各种自动电位滴定仪相继出现。自动电位滴定仪有两种工作方式:自动记录滴定曲线方式和自动滴定终点停止方式。自动记录滴定曲线方式是在滴定过程中自动绘制滴定体系中 pH 值(或电位值)随滴定体积变化曲线,然后由计算机找出滴定终点,给出

消耗的滴定液体积；自动滴定终点停止方式则预先设置滴定终点的电位值，当电位值达到预定值后，滴定自动停止。

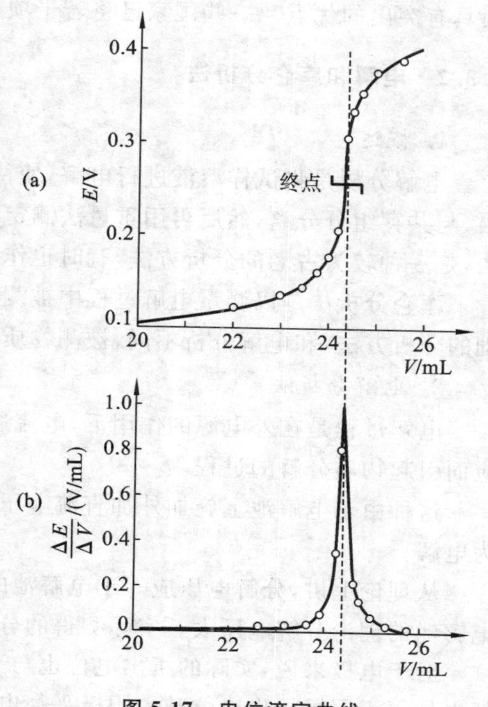

图 5-17　电位滴定曲线

图 5-18 所示为 ZD-2 型自动电位滴定仪的工作原理。ZD-2 型自动电位滴定仪采用自动滴定终点停止方式。使用前，预先设置化学计量点电位值 E_0。滴定过程中，被测离子浓度由电极转变为电信号，经调制放大器放大后，一方面送至电表指示出来（或由记录仪记录）；另一方面，由取样回路取出电位信号和设定的电位值 E_0 比较。其差值 ΔE 送至电位-时间转换器（E-t 转换器）作为控制信号。

E-t 转换器是一个脉冲电压发生器，其作用为产生开通和关闭两种状态的脉冲电压。当 $\Delta E>0$ 时，E-t 转换器输出脉冲电压加到电磁阀线圈两端，电磁阀开启，滴定继续进行；当 $\Delta E=0$ 时，电磁阀关闭。图 5-18 中滴液开关的作用是设置两种不同情况：滴定时电位由低到高，经过化学计量点；滴定时电位由高到低，经过化学计量点。延迟电路的作用是当滴定到达终点时，电磁阀关闭，但不马上自锁，而是延长一定时间（如 10 s），在这段时间内，若溶液电位有返回现象，使 $\Delta E>0$，电磁阀还可以自动打开补加滴定液。在 10 s 后，即使有电位返回现象，电磁阀也不再打开。

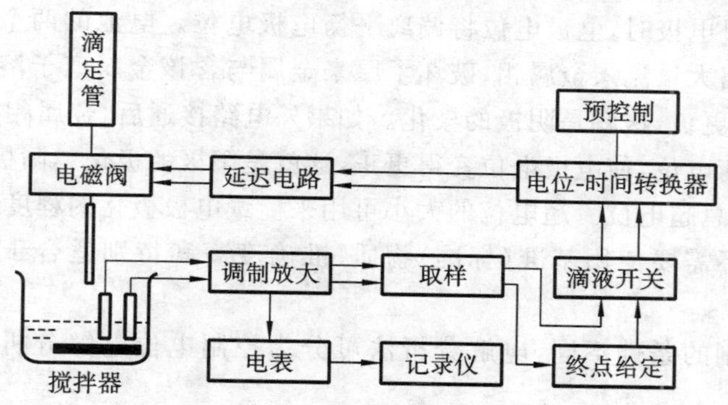

图 5-18　ZD-2 型自动电位滴定仪工作原理

5. 电位分析法在环境分析中的应用

电位分析法是最重要的电化学分析方法之一，各种高选择性离子选择电极、生物膜电极及微电极的研究一直是分析化学中活跃的研究领域。电位分析主要应用于各种试样中的无机离子、有机电活性物质及溶液 pH 值的测定，也可以用来测定酸碱的解离常数或配合物的稳定常数。随着各种新型生物膜电极的出现，采用电位分析法对药物、生物试样进行的分析也日益增加。

在水质和土地监测中，离子选择电极分析法是被经常使用的测定技术之一，离子选择电极作为自动检测仪器的发送器，在水、气的现场连续自动监测，有害气体报警，土壤现场分析等方面具有突出的优点。一些国家已将若干项电位分析法确定为标准方法。

5.3.2 电解和库仑分析法

1. 概述

电解分析是将试样溶液进行电解,使待测成分以金属单质或氧化物在阴极或在阳极上析出,与共存组分分离,然后再用重量法测定析出的物质。因此,电解分析法又称为电重量分析法,是一种较为古老的分析方法,有时也作为一种分离的手段,方便地去除某些杂质。

库仑分析法是以测量电解过程中被测量物质在电极上发生电化学反应所消耗的电量为基础的分析方法,和电解分析不同,被测物质不一定在电极上沉积,但是要求电流效率为100%。

2. 电解分析法

电解过程是在外电源的作用下,电流通过电解池,使电解质溶液在电极上发生氧化还原反应而引起物质分解的过程。

这种由于电解池上施加外加直流电压,在电极上发生电极反应而引起物质分解的过程称为电解。

从理论上讲,分解电压应等于电解池的理论分解电压,但是实验证明测得的分解电压要比电解池的理论分解电压大。实际测得的分解电压与理论分解电压的差值称为超电压。

对于电极来说,实际的析出电位也与平衡电位不相等,它们之间的偏差称为超电位。阳极超电位等于阳极析出电位减去阳极平衡电位,阴极超电位等于阴极析出电位减去阴极平衡电位。阳极与阴极超电位的差形成了超电压。

影响超电位大小的主要因素有电流密度、温度、电极材料和析出物形态。

超电压是电极极化引起的,极化的结果使阴极电位更负,阳极电位更正。电极的极化是指当有一定量电流通过电极时,电极电位将偏离平衡电极电位。电池的两个电极都可以发生极化。当电子从外电路大量流入金属相,破坏了原来金属与含该金属离子溶液两相间的平衡电位,使电极电位变得更负,这就是阴极的极化。如果外电路接通后,金属相的离子大量流失,同样破坏了原来的平衡电位,使电极电位变得更正,这就是阳极的极化。阳极超电位和阴极超电位之和,称为电极的总超电位。超电位的大小可用来衡量电极极化的程度。

电解分析具有不需要使用基准(标准)物质、准确度高和特别适合于高含量成分分析等特点。

根据电解时控制的条件不同,电解分析法可分为控制电位电解分析法和恒电流电解分析法。

1) 控制电位电解分析法

由于各种离子的析出电位不同,当阴极电位控制为一定的和适当的数值进行电解时,可以选择性地使某种离子在阴极上定量析出,而其他共存离子完全不析出,从而对析出的元素进行定量测定。

如以 Pt 为电极,电解液为 0.1 mol/L H_2SO_4 溶液,含有 0.01 mol/L Ag^+ 和 0.1 mol/L Cu^{2+} 。

Cu 开始析出的电位为

$$E_{Cu}=E_0+\frac{0.0591}{2}\lg[Cu^{2+}]=0.337\ V$$

Ag 开始析出的电位为

$$E_{Ag}=E_0+0.0591\lg[Ag^+]=0.681\ V$$

由于 Ag 的析出电位较 Cu 的正，所以 Ag^+ 先在阴极析出。当其浓度低至 10^{-6} mol/L 时，一般认为 Ag^+ 电解完全。此时 Ag 的电极电位为

$$E_c=(0.799+0.0591\lg10^{-6})\ V=0.445\ V$$

电解时阳极发生水的氧化反应，析出 O_2。

$$E_a=(1.189+0.72)\ V=1.909\ V$$

电池的外加电压值为

$$U_{外}=E_a-E_{Ag}=(1.909-0.681)\ V=1.228\ V$$

这时 Ag^+ 开始析出。当 Ag^+ 析出完全时，有

$$U_{外}=E_a-E_c=(1.909-0.445)\ V=1.464\ V$$

即 1.464 V 时，电解完全，Cu^{2+} 开始析出的电压值为

$$U=E_a-E_{Cu}=(1.909-0.337)\ V=1.572\ V$$

故 $U=1.464$ V 时，Cu^{2+} 还没有析出。

但在实际电解过程中随着金属离子的析出，阴极电位不断变化，而阳极电位也并不完全恒定。由于电子浓度随电解的进行而下降，电池的电解电流也逐渐减小，应用控制外加电压的方式达不到好的分离效果，较好的方法是控制阴极电位。

要实现对阴极电位的控制，需要在电解池中插入一个参比电极，并通过运算扩大器的输出很好地控制阴极电位和参比电位差为恒定值。

电解测定 Cu^{2+} 时，Cu^{2+} 浓度从 1.0 mol/L 降到 10^{-6} mol/L，阴极电位相应地从 0.337 V 降到 0.16 V。只要不在该范围内析出的金属离子都能与 Cu^{2+} 分离。还原电位比 0.337 V 更正的离子通过电解分离，比 0.16 V 更负的离子留在溶液中。

控制阴极电位电解，开始时被测物质析出速度较快，随着电解的进行，浓度越来越小，电极反应的速率下降，因此电流也越来越小，当电流趋于零时，电解完成。

控制电位电解分析法有如下特点。

(1) 选择性好。可以在多组分溶液中对一种离子分离测定，也可以对数种离子进行分别测定。但是这些离子必须有较大的析出电位的差别才行（一价离子相差 0.35 V 以上，二价离子应相差 0.20 V 以上）。

(2) 在电位允许范围内，开始可以采用较大的电流（较大的外加电压）进行电解，以加快分析速度。

(3) 为了控制阴极电位为固定数值，需要不断调节外加电压并采用自动控制。

2）恒电流电解分析法

恒电流电解分析法是在控制电流恒定的情况下进行电解，使待测金属元素在电极上析出，然后直接称量电极上析出物的质量来进行分析。这时外加电压较高，电解反应的速率较快，但选择性不如控制电位电解分析法好。往往一种金属离子还没沉淀完全时，第二种金属离子就在电极上析出。

为了防止干扰，可使用阳极或阴极去极化剂维持电位不变。如在 Cu^{2+} 和 Pb^{2+} 的混合液中，为防止铅在分离沉积铜时沉积，可加入硝酸根作去极化剂。硝酸根在阴极上形成氨离子，即

$$NO_3^-+10H^++8e^-\longrightarrow NH_4^++3H_2O$$

其电位比铅的正，而且量比较大，在铜电解完成前可防止铅在阴极上沉积。

类似的情况也可用于阳极,加入的去极化剂优先在阳极上氧化,可以维持阳极电位不变,加入的阳极去极化剂起还原剂作用。盐酸肼和盐酸羟胺是常用的阳极去极化剂。

恒电流电解分析法的特点如下:装置简单,操作方便;准确度高,但选择性不高;电解效率高,分析速度快;在酸性溶液中,恒电流电解法可以测定金属活动顺序表中氢以后的金属,如铜、汞、银等,另外铅、锡、镉、镍等在中性或碱性溶液中析出,也可以用此法测定。

3. 库仑分析法

库仑分析法是通过测量电解完全时所消耗的电量,计算待测物质含量的分析方法。

1) 基本原理和法拉第电解定律

库仑分析法是在电解分析法基础上发展起来的,通过电解过程中消耗的电量对物质进行定量。库仑分析法的基本要求是电极反应必须单纯,用于测定的电极反应必须具有100%的电流效率,电量全部消耗在被测物质上。

库仑分析法的基本依据是法拉第电解定律。法拉第电解定律表示物质在电解过程中参与电极反应的质量 m 与通过电解池的电量 Q 成正比,用数学式表示为

$$m_B = \frac{QM_B}{F} = \frac{M_r}{nF}It \tag{5.50}$$

式中:m_B——电极上析出待测物质B的质量,g;

F——法拉第常数,$F=96485$ C/mol;

M_B——待测物质B的摩尔质量,g/mol;

I——电流,A;

Q——电量,C;

t——时间,s;

M_r——物质的相对分子质量;

n——电极反应中电子转移数。

法拉第电解定律不受湿度,温度,大气压,溶液浓度和电解池材料、形状,溶剂等外界条件影响。

库仑分析法可分为恒电位库仑分析法和恒电流库仑分析法。

2) 恒电位库仑分析法

恒电位库仑分析法是指在电解过程中,控制工作电极的电位保持恒定值,使待测物质以100%的电流效率进行电解。当电流趋于零时,指示该物质已被电解完全,测量电解所消耗的总电量。根据法拉第电解定律,得出待测物质的量。

但在实际电解过程中,电解开始时的电流较大,随着电解反应的进行,由于待电解离子浓度不断下降以及极化现象,阴极和阳极的电位不断发生变化,电解电流也逐渐降低。为使电极电位恒定,保证电解电流效率为100%,工作中一般不采用控制外加电压的方式,而是控制工作电极的电位。

为了使工作电极的电位保持恒定,电解过程中,必须不断减小外加电压,而电流不断减小。电解时,在电路上串联一个库仑计或电子积分仪,可指示通过电解池的电量,测定结果准确性的关键是电量的测量。

恒电位库仑分析法广泛地用于多种金属元素的测定及某些有机化合物如三氯乙酸、苦味酸等的测定。

氢氧库仑计是一种气体库仑计,电解管置于恒温水浴中,内装 0.5 mol/L K_2SO_4 或

Na_2SO_4溶液，当电流通过时，Pt 阳极上析出 O_2，Pt 阴极上析出 H_2。电解前后刻度管中液面之差为氢氧气体总体积。在标准状况下，每库仑电量相当于析出 0.1741 mL 氢氧混合气体。若得到的气体体积为 V(单位为 mL)，则电解消耗的电量(单位为 C)为

$$Q=\frac{V}{0.1741} \tag{5.51}$$

电极析出物的质量(单位为 g)为

$$m=\frac{M_r V}{0.1741\times 96485\times n} \tag{5.52}$$

3) 恒电流库仑分析(库仑滴定)法

本法是在控制电解电流的基础上，在特定的电解液中，以电极反应的产物作为滴定剂与被测物质定量作用，借助于指示剂或电化学方法确定滴定终点，根据到达终点时产生滴定剂所耗的电量计算检测物质的含量。要保证有较高的准确度，关键在于在恒电流下电解，并确保电流效率为100%及指示终点准确。

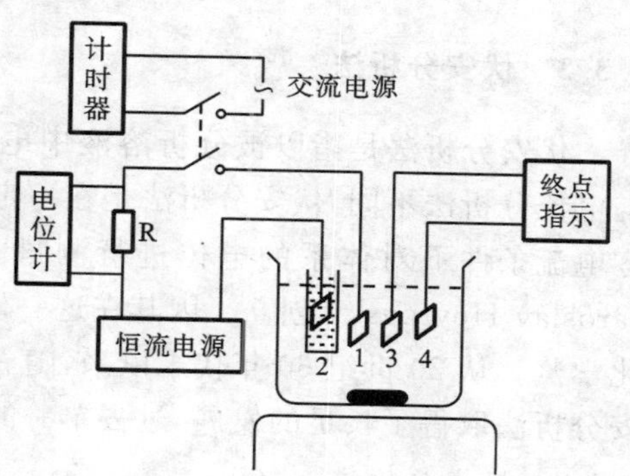

图 5-19　库仑滴定装置

1—工作电极；2—辅助电极；
3、4—指示电极

库仑滴定装置如图 5-19 所示，它包括试剂发生系统和指示系统两部分。前者的作用是提供要求的恒电流，产生滴定剂，并准确记录滴定时间等。后者的作用是准确判断滴定终点。

库仑滴定法(又叫恒电流库仑法)是一种相当灵敏而准确的分析方法，不需要配制标准溶液或使用基准物质。它能滴定微量、痕量组分，并可实现自动化分析。

4. 电解和库仑分析法在环境分析中的应用

1) 环境样品中微量水的测定

卡尔·费休法测定微量水是库仑分析法的一个重要应用，卡尔·费休法包括卡尔·费休容量滴定法和库仑法两种。而库仑法更为精确，可实现连续作业，自动化。

测量的基本原理是 I_2 氧化 SO_2 时需要定量的水，反应方程式为

$$I_2+SO_2+2H_2O=\!=\!=H_2SO_4+2HI$$

反应是可逆的，当加入卡尔·费休试剂时会打破这种平衡。卡尔·费休试剂由 I_2、C_5H_5N、SO_2 和 CH_3OH 组成，C_5H_5N 是为了中和生成的酸，使反应向右进行。加入 CH_3OH 是为了防止副反应的发生。

$$C_5H_5N\cdot I_2+C_5H_5N\cdot SO_2+C_5H_5N+H_2O=\!=\!=2C_5H_5N\cdot HI+C_5H_5N\cdot SO_3$$

$$C_5H_5N\cdot SO_3+CH_3OH=\!=\!=C_5H_5NHOSO_2\cdot OCH_3$$

反应过程所需要的 I_2 由电解产生，消耗的电量由积分仪记录。

2) 水质污染中化学需氧量(COD)的测定

化学需氧量(COD)是指在一定条件下，1 L 水中可被氧化的物质(主要为有机物)氧化所需的氧化剂的量，是评价水质污染的重要指标之一，是环境监测的一个重要项目。

其测定仪的工作原理是用一定量的 $KMnO_4$ 标准溶液与水样加热后，将剩余的 $KMnO_4$ 用电解产生的 Fe^{2+} 进行库仑滴定，反应式为

$$5Fe^{2+}+MnO_4^-+8H^+=\!=\!=Mn^{2+}+5Fe^{3+}+4H_2O$$

根据产生 Fe^{2+} 所消耗的电量,可计算出溶液剩余 $KMnO_4$ 的量,再计算出水样的 COD。计算公式为

$$\mathrm{COD}=\frac{i(t_1-t_2)}{96485\,V}\times\frac{32}{4}\times10^{-3}$$

式中:i——恒电流,mA;

t_1——电解产生 Fe^{2+} 标定 $KMnO_4$ 浓度所需的电解时间,s;

t_2——测定与水样作用后剩余的 $KMnO_4$ 所需的电解时间,s;

V——待测水样的体积,mL。

5.3.3 伏安分析法

伏安分析法是指以被分析溶液中电极的电压-电流行为为基础的一类电化学分析方法。与电位分析法不同,伏安分析法是在一定的电位下对体系的电流进行测量,而电位分析法是在零电流条件下对体系的电位进行测量。极谱分析法是伏安分析法的早期形式,1922 年由 Jaroslav Heyrovsky 创立。因其在这一研究中的杰出贡献,1959 年 Heyrovsky 被授予诺贝尔化学奖。从 20 世纪 60 年代末以来,随着电子技术的发展,固体电极、修饰电极的广泛使用,伏安分析法取得了长足的发展,过去单一的极谱分析方法已经成为伏安分析法的一种特例。

1. 极谱分析法

1)概述

极谱分析法是一种特殊的伏安分析方法,其仪器如图 5-20(a)所示。与普通的伏安分析法相比,极谱分析法的特殊性主要表现在两个方面:一是极谱分析采用小面积滴汞电极做工作电极和大面积的甘汞电极做参比电极,即将三电极体系简化为两电极体系。这是由于当伏安分析法的三电极体系中的辅助电极面积足够大时,电化学池中所发生的电极反应主要集中在工作电极上。此时,辅助电极可以作为参比电极(图 5-20(b))。二是在不搅拌的条件下进行电解,因此电极表面仅有能斯特扩散层,没有对流层,从而产生了极谱分析所必需的浓差极化条件。

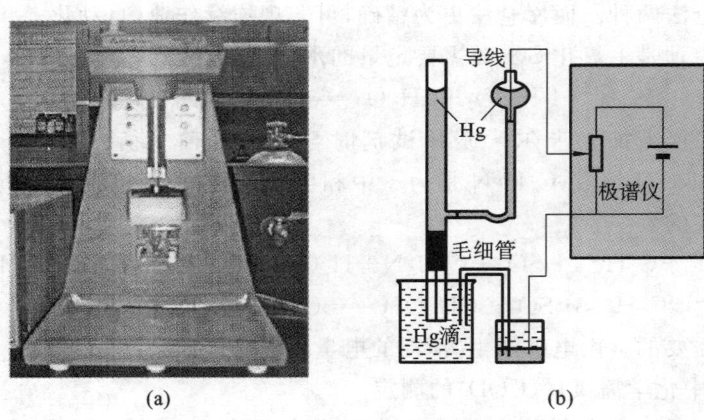

图 5-20 极谱分析的原理与装置

在极谱分析中采用滴汞电极的原因是氢在该电极上的超电位比较高。此外,由于滴汞电极的表面可以不断更新,因此能获得很高的重现性。但是汞为环境中的重要污染物,对人类是有害的,这是极谱分析法的使用受到较大局限的重要原因。

2）极谱波的产生

如图 5-21 所示，外加电压被施加于极谱仪的滴汞电极和甘汞电极上。当外加电压尚未达到被测电活性物质的分解电压时，被测物质不在滴汞电极上还原，没有还原电流通过电解池，此时记录的是背景电流，称为残余电流（I_r）。随着外加电压的增加，达到被测物质的分解电压时，电极表面的反应粒子开始析出，同时出现极谱电流（I）。随着外加电压的进一步增大，极谱电流迅速增大。由于滴汞电极是极化电极，面积小，电流密度大，电极表面附近被测物质浓度很快降低为零。极谱电流的大小完全受扩散控制，因此达到一个固定值，而不再随外加电压的增大而增大，此时的极谱电流称为极限扩散电流。

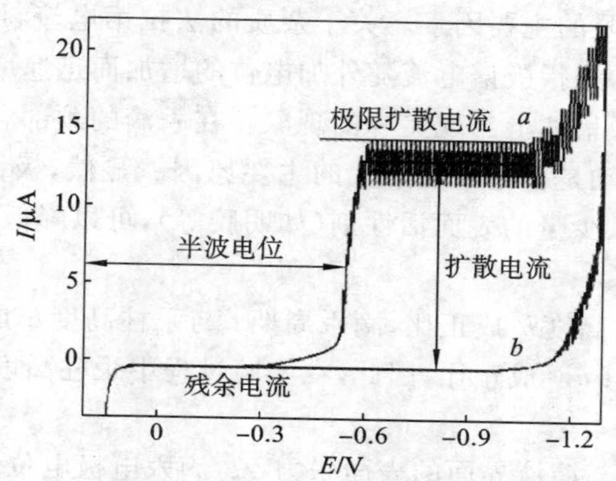

图 5-21　Cd^{2+}（5×10^{-4} mol/L）在 1 mol/L HCl 溶液中的极谱图及 1 mol/L HCl 溶液的极谱图

图 5-21 为典型的极谱曲线。其中曲线 a 是 Cd^{2+} 的极谱曲线，曲线 b 是空白溶液的极谱曲线。对于曲线 a，其电极反应为

$$Cd^{2+}+2e^{-}+Hg \xlongequal{} Cd(Hg)$$

曲线 a 和 b 都有相应的背景值，即残余电流 I_r。曲线 b 上极化到 −1 V 以后开始析出氢；曲线 a 上在 −0.6 V 时开始析出镉。如图 5-21 所示，由于滴汞电极的汞滴不断滴落，因此极谱电流随毛细管中汞滴的出现呈现周期性的变化。

在极谱曲线半峰高处的电位称为半波电位。对于可逆波，物质的氧化半波电位与该物质的还原半波电位是相同的。极谱中的半波电位是极谱分析定性的基础。物质的半波电位随物质所处的状态不同而不同。当溶液中存在配位剂时，半波电位要发生变化。若混合溶液中有几种被测离子，当外加电位加到某一被测物质的分解电位时，这种物质便在滴汞电极上还原，产生相应的极谱波。然后电极表面继续极化，直到达到第二种物质的析出电位。如果溶液中集中物质的析出电位相差较大，就可以分别得到几个清晰的极谱波。

3）极限扩散电流方程及其影响因素

（1）极限扩散电流方程。

当反应体系可逆时，电极表面的反应粒子浓度迅速降低，极谱电流达到极限扩散电流（$I_{d,max}$）。该电流满足尤考维奇方程：

$$I_{d,max} = 706nD^{1/2}m^{2/3}t^{1/6}c \tag{5.53}$$

式中：D——扩散系数，cm^2/s；

m——汞通过毛细管的质量流量，mg/s；

t——汞滴的寿命，s；

c——被测物质的浓度,mol/mL。

当考虑的是平均极限扩散电流而不是最大极限扩散电流时,系数 706 变为 607,即

$$I_{d,max} = 607nD^{1/2}\ m^{2/3}\ t^{1/6}c \tag{5.54}$$

其中 $m^{2/3}t^{1/6}$ 称为毛细管常数,是滴汞电极的特征常数。

(2) 影响扩散电流的因素。

① 残余电流与极谱极大。

极谱曲线上的残余电流主要来自电容电流与杂质的法拉第电流。电容电流在残余电流中占大部分,大约为 10^{-7} A 数量级,相当于 10^{-6}～10^{-5} mol/L 的物质还原所产生的电流。所以电容电流是限制极谱检出限的主要因素。关于杂质的法拉第电流,可以通过实验前小心处理加以消除。所谓极谱极大,是指极谱电流随外加电位的增加而迅速增加达到极大值,随后恢复到极限电流的正常值,在极谱波上出现尖峰的现象。在汞滴的颈部和底部不同位置,界面张力的不均匀引起溶液切向运动是极谱极大产生的主要原因。显然,极谱极大对半波电位及扩散电流的测量产生干扰,加入少量的表面活性剂(如明胶等),可以降低乃至消除极谱极大。

② 毛细管特性。

汞质量流量 m 与汞柱高度 h 成正比,滴汞周期 t 与汞柱高度 h 成反比,故 $m^{2/3}t^{1/6}$ 与 $h^{1/2}$ 成正比,所以极限扩散电流与 $h^{1/2}$ 成正比,因此,在实验过程中汞柱高度应保持一致。

③ 滴汞电极电位。

滴汞周期有赖于滴汞与溶液界面的表面张力 γ。滴汞电极电位影响 γ,从而影响滴汞周期 t。t 随毛细管电荷曲线而变化,受滴汞电极电位的影响较大,而 $m^{2/3}t^{1/6}$ 值随滴汞电极电位的影响相对较小,在 0～1 V 将近变化 1%。但在 −1 V 以后,应该考虑毛细管特性和滴汞电极电位的影响。

④ 温度。

温度对扩散系数 D 有显著影响。在 25 ℃附近,许多离子扩散系数的温度系数为 1%/℃～2%/℃。因此要求极谱电解池内溶液的温度变化控制在 0.5 ℃之内。若温度系数大于 2%/℃,极谱电流便有可能不完全受扩散控制。

⑤ 溶液组成。

溶液组成的改变导致溶液的黏度发生变化。扩散电流与溶液的黏度系数成正比。极谱极大抑制剂加入量过小时,起不到抑制极谱极大的作用;加入量过大时,影响临界滴汞周期。滴汞周期小于 1.5 s 时,滴汞速度过快,引起溶液的显著搅动,扩散过程受到破坏,从而影响扩散电流。存在配位剂时形成配离子,不仅改变离子的扩散速度,而且改变电子的交换速度。

⑥ 氧波。

在极谱分析方法中,氧波经常干扰实验的进行。通常溶解氧在电极表面发生两种电极反应(图 5-22):一种是溶解氧获得电子生成过氧化氢的阴极过程;另一种是过氧化氢获得电子进一步生成水的阴极过程。

$$O_2 + 2H^+ + 2e^- \longrightarrow H_2O_2$$

$$H_2O_2 + 2H^+ + 2e^- \longrightarrow H_2O$$

通常消除氧波的方法是通入惰性气体,将溶解在水中的氧气驱除。

经典极谱法具有较大的局限性,主要表现在电容电流在检测过程中不断变化,电位施加较慢以及极谱电流检测速度慢。为克服这些局限性,现代极谱法一方面改进和发展极谱仪器以降低电容电流的影响,如采用单扫描示波极谱法、方波极谱法等;另一方面采用阳极溶出伏安

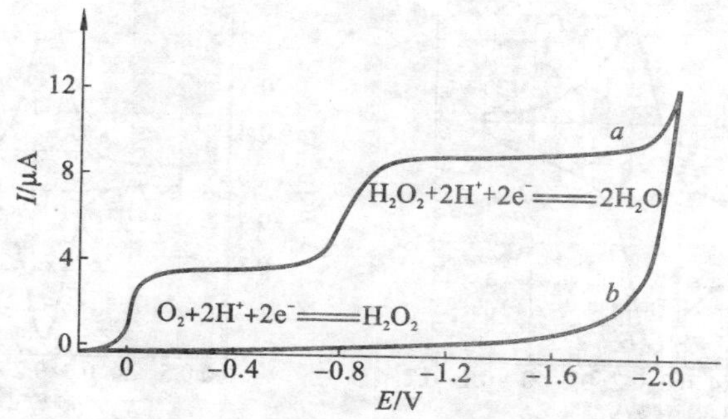

图 5-22　伏安曲线

a—溶解氧在 0.10 mol/L KCl 溶液中的汞阴极伏安曲线；*b*—通氮除氧后汞阴极伏安曲线

法等提高样品的有效利用率，从而提高检测灵敏度等。

2. 循环伏安分析法

1）概述

如果用图 5-23(a) 中的三角波电位进行扫描，所获得的电流响应与电位信号关系图（图 5-23(b)）称为循环伏安曲线。正向扫描时，电位从 E_1 扫描到 E_2；反向扫描时，从 E_2 到 E_1。E_p^c 和 E_p^a 分别为阴极峰值电位和阳极峰值电位，I_p^c 和 I_p^a 分别为阴极峰值电流和阳极峰值电流。

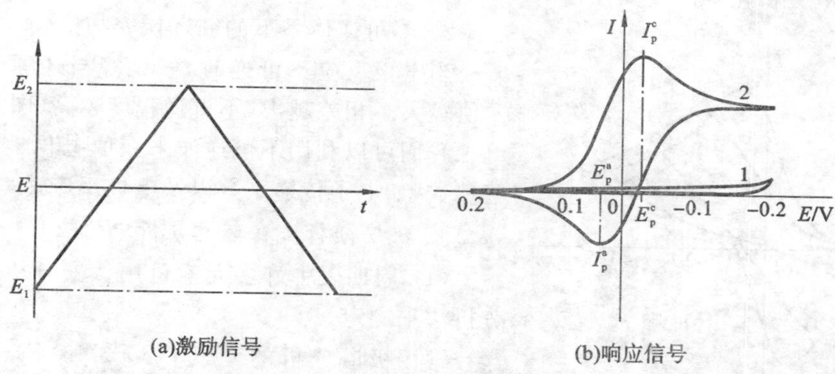

图 5-23　循环伏安扫描中的激励信号与响应信号

2）可逆体系下的循环伏安扫描

$[Fe(CN)_6]^{3-}$ 和 $[Fe(CN)_6]^{4-}$ 是典型的可逆氧化还原体系。图 5-24 所示为 $[Fe(CN)_6]^{3-}$ 在金电极上典型的循环伏安曲线。电位信号为三角波信号。E_1 和 E_2 分别为 0.8 V、−1.2 V (SCE)，电位幅值为 1.0 V。

正向扫描时为阴极扫描：

$$[Fe(CN)_6]^{3-}+e^-=[Fe(CN)_6]^{4-}$$

反向扫描时为阳极扫描：

$$[Fe(CN)_6]^{4-}-e^-=[Fe(CN)_6]^{3-}$$

在该电极体系中，还原与氧化过程中电荷转移速率很快，电极过程可逆。这可以从伏安图中还原峰值电位和氧化峰值电位之间的距离得到判断。一般情况下，阳极扫描峰值电位与阴极扫描峰值电位之间的差值（ΔE_p）可以用来检测电极反应是否是能斯特反应。当一个电极反

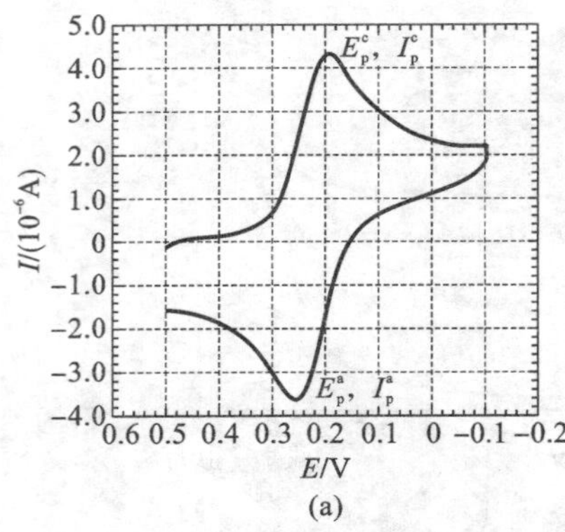

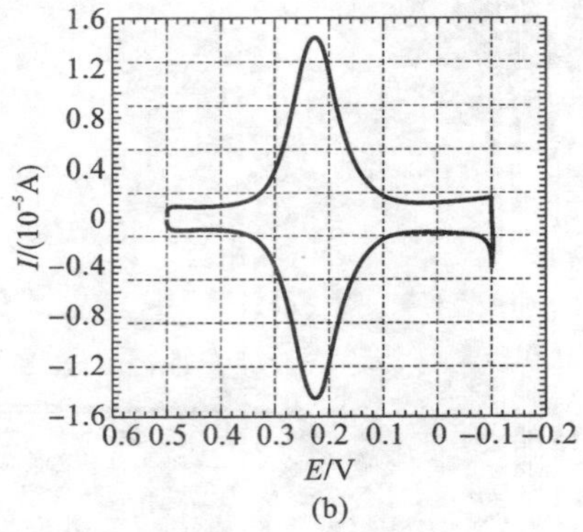

图 5-24 $[Fe(CN)_6]^{3-}$在金电极上的循环伏安曲线及半微分扫描

应的 ΔE_p接近 $2.3RT/(nF)$（或 0.59/n mV，25 ℃）时，我们可以判断该反应为能斯特反应，即是一个可逆反应。伏安曲线可以作半微分处理，处理后的伏安曲线灵敏度有较大提高（图 5-24(b)）。

所谓电极反应可逆体系，是由氧化还原体系、支持电解质与电极体系构成的。对于同一氧化还原体系，不同的电极、不同的支持电解质，得到的伏安响应不一样。因此，寻找合适的电极和支持电解质，充分利用伏安分析法进行氧化还原体系的反应粒子浓度以及该体系的电化学性质研究是电分析化学的重要任务。

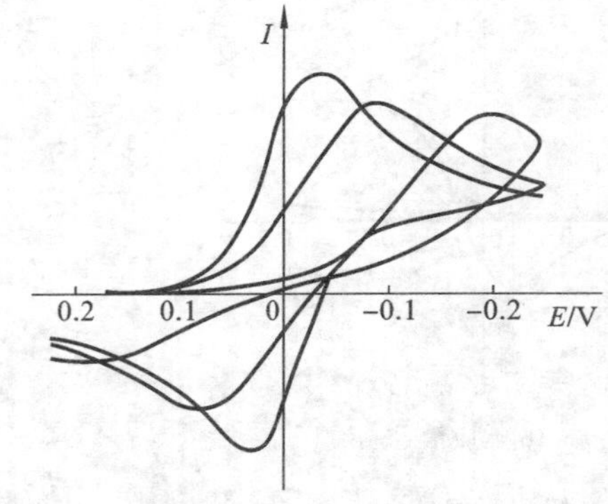

图 5-25 可逆与不可逆伏安图谱比较

2）不可逆体系下的循环伏安扫描

当电极反应不可逆时，氧化峰与还原峰的峰电位差值较大。相差越大，不可逆程度越高（图 5-25）。

我们可以利用不可逆波来获取电化学动力学的一些参数，如电子传递系数以及电极反应速率常数等。

3. 伏安分析法在环境分析中的应用

（1）周期表中许多元素可用伏安分析法中的极谱分析法来测定。

常用极谱分析的元素有 Cr、Mn、Fe、Co、Ni、Cu、Zn、Cd、In、Sn、Sb、Pb、As 和 Bi 等。这些元素易于测定，其还原电位分布在 0 V 与－1.6 V 之间，往往可以在一张极谱图上同时获得若干元素的极谱波。如在氨性溶液中，Cu、Cd、Ni、Zn、Mn 可同时测定。

无机极谱分析主要用于测定纯金属中的微量杂质元素，合金中的各种成分，矿石中的金属元素，工业制品、药物、食品、环境样品中的金属元素，以及动植物体内或者海水中的微量与痕量金属元素。

（2）极谱分析法对一般有机化合物、高分子化合物、药物和农药等分析也非常适用。

许多有机化合物在滴汞电极上还原产生有机极谱波，如共轭不饱和化合物、羰基化合物、有机卤化物、含氮化合物、亚硝基化合物、偶氮化合物、含硫化合物等。在药物分析方面，有各种抗微生物类药物、维生素、激素、生物碱、磺胺类、呋喃类和异烟肼等。在农药分析方面，有敌百虫和某些硫磷类农药。

（3）极谱分析除用于定量测定外，还可以测定配离子的解离常数和配位数。

根据尤考维奇方程,可以测定金属离子在溶液中的扩散系数。使用汞柱高度的改变、对极谱波作对数分析等手段来判断电极过程的可逆性。

5.4 色谱分析法

色谱分析法是利用混合物中各组分在互不相溶的两相(固定相和流动相)中吸附能力、分配系数或其他亲和作用的差异而建立的分离、测定方法。色谱包括气相色谱、高效液相色谱、离子色谱、超临界流体色谱、高效毛细管电泳等,本章主要介绍气相色谱和液相色谱。

5.4.1 色谱分析法概述

1. 简介

色谱法是一种极有效的分离技术,当其与适当的检测手段相结合时就构成了色谱分析方法。它的分离原理是,使混合物中各组分在两相间进行分配,其中一相是不动的,称为固定相,另一相是携带混合物流过此固定相的,称为流动相。当流动相中所含混合物经过固定相时,与固定相发生作用。由于各组分在结构和性质(溶解度、极性、蒸气压、吸附能力)上的差异,与固定相发生作用的强弱也有差异(即有不同的分配系数),因此在同一推动力作用下,不同组分在固定相中的滞留时间不同,按先后次序从固定相中流出。这种借助两相间分配系数的差异而使混合物中各组分分离,并对组分进行测定的方法,就是色谱分析法,简称为色谱法(又称色层法、层析法)。

2. 分类

1) 按两相状态分

依据流动相的物态,色谱法可分为气相色谱法(gas chromatography, GC)、液相色谱法(liquid chromatography, LC)和超临界流体色谱法(supercritical fluid chromatography, SFC)。再依据固定相的物态,气相色谱又可分为气-固色谱法(gas-solid chromatography, GSC)和气-液色谱法(gas-liquid chromatography, GLC);液相色谱亦可分为液-固分配色谱法(liquid-solid chromatography, LSC)和液-液分配色谱法(liquid-liquid chromatography, LLC)。其中在超临界流体色谱法中,流动相不是一般的气体或液体,而是临界点(临界压力和临界温度)以上高度压缩的气体,其密度比一般气体大得多,而与液体相似,此法又称为高密度气相色谱法或高压气相色谱法。至今研究较多的是 CO_2 超临界流体色谱。

2) 按固定相的形式分

按固定相的形式,色谱法可分为:柱色谱法(固定相装在色谱柱中),柱色谱又分为填充柱色谱和开管柱色谱(毛细管柱色谱);纸色谱法,此法以滤纸为固定相,把试样液体滴在滤纸上,用溶剂将它展开,根据其在纸上有色斑点的位置与大小,进行定性鉴定与定量测定;薄层色谱法,此法是将吸附剂涂布在玻璃板上或压成薄膜,用与纸色谱相类似的方法进行操作。

3) 按分离过程的机制分

按分离过程的机制,色谱法可分为:吸附色谱法(利用吸附剂表面对组分吸附强弱的差异来进行分离),如气-固吸附色谱法、液-固吸附色谱法;分配色谱法(利用组分在两相中溶解能力和分配系数的差异来进行分离),如气-液分配色谱法、液-液分配色谱法;离子交换色谱法(利用固定相对各组分的离子交换能力的差异来进行分离)和空间排阻色谱法(利用多孔性物质对分子大小不同的各组分的排阻作用差异而进行分离,亦称尺寸排阻色谱法、凝胶色谱法)等。

此外,还有离子对色谱、配合色谱、亲和色谱,尽管它们的分离原理不尽相同,但都是利用组分在两相间的分配系数不同而分离的。

由于色谱过程的特殊物理化学原理或特殊的操作方式,还可以给出其他一些色谱类型。如化学键合相色谱、制备色谱、裂解色谱、二维色谱。

3. 色谱法的特点

1）高效能

由于色谱柱具有很高的板数,在分离复杂混合物时,可将各个组分分离成单一色谱峰。例如,一根长 30 m、内径 0.32 mm 的 SE-30 柱,可以把炼油厂原油分离出 150～180 个组分。

2）高灵敏度

色谱分析的高灵敏度表现在可检出 10^{-14}～10^{-11} g 的物质。

3）高选择性

色谱法对那些性质相似的物质,如同位素、同系物、烃类异构体等有很好的分离效果。例如,一个 2 m 长装有有机皂土及邻苯二甲酸二壬酯的混合固定相柱,可以很好地分离邻、间、对位二甲苯。

4）分析速度快

一般分析一个试样只需几分钟或几十分钟便可完成。

5.4.2　气相色谱分析

1. 气相色谱分析的理论基础

1）色谱图

当组分经固定相的吸附分离后,经过色谱柱到达检测器所产生的响应信号(以电压或电流表示)对时间或载气流出体积的曲线称为色谱流出曲线,亦称色谱图。在适当的色谱条件下,样品中每个组分均有相应的色谱峰。色谱峰的区域宽度与组分的流出时间(或保留时间)一般呈线性关系,流出时间愈长,色谱峰的区域宽度愈宽,峰高与半峰高宽度之比,随组分保留时间增加而减少。

色谱图应标明流动相、固定相、操作条件、检测器的类型和操作参数、样品类型和有关说明等。从色谱图上可以获得以下信息。

(1) 在一定的色谱条件下,可看到组分分离情况及组分的多少。

(2) 每个色谱峰的位置可用每个峰流出曲线最高点所对应的时间或保留体积表示,以此作为定性分析的依据,不同的组分,峰的位置也不同。

(3) 每一组分的含量与这一组分相对应的峰高或峰面积有关,峰高或峰面积可以作为定量分析的依据。

(4) 通过观察峰的分离及扩展情况判断柱效好坏,色谱峰越窄,柱效越高。

(5) 色谱柱中仅有流动相通过时,检测器响应信号的记录值称为基线,稳定的基线应该是一条直线。可以通过观察基线的稳定情况来判断仪器是否正常。

(6) 如果色谱峰的半峰高宽度不规则增大,则预示着在一个色谱峰中有一个以上组分。

2）色谱曲线常用术语

现以组分的流出色谱图(图 5-26)来说明有关色谱术语。

(1) 基线。

在实验操作条件下,当色谱柱后没有组分进入检测器时所得到的信号-时间曲线称为基

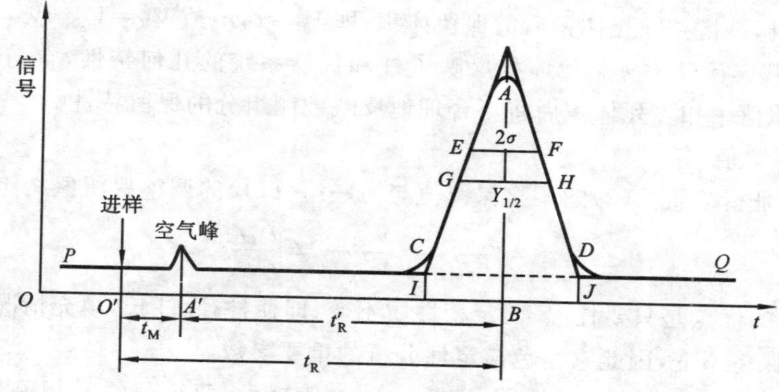

图 5-26　色谱流出曲线图

线。它反映检测器系统噪声随时间变化的情况。稳定的基线是一条直线，如图 5-26 中 PQ 所示的直线。

(2) 基线漂移。

基线漂移是指基线随时间定向的缓慢变化。这种变化是由于操作条件如温度、流动相速率，或检测器及附属电子元件工作状态的变更等引起的。

(3) 基线噪声。

基线噪声是指由各种未知的偶然因素如流动相速率、固定相的挥发、外界电信号干扰等所引起的基线起伏。基线漂移和基线噪声给准确测定带来了困难。

(4) 保留值。

保留值是试样中各组分在色谱柱中的滞留时间的数值，通常用时间或用将组分带出色谱柱所需载气的体积来表示。在一定的固定相和操作条件下，任何一种物质都有确定的保留值，这样就可用作定性参数。

(5) 死时间 t_M。

死时间是指不被固定相滞留的组分从进样开始到柱后出现浓度最大值时所需的时间，如图 5-26 中 $O'A'$ 所示。显然，死时间正比于色谱柱的空隙体积。

(6) 保留时间 t_R。

保留时间是指被测组分从进样开始到柱后出现浓度最大值时所需的时间，如图 5-26 中 $O'B$。

(7) 调整保留时间 t'_R。

调整保留时间是指扣除死时间后的保留时间，如图 5-26 中 $A'B$，即 $t'_R=t_R-t_M$。此参数可理解为某组分由于溶解或吸附于固定相而在色谱柱中多滞留的时间。

(8) 死体积 V_M。

死体积是指色谱柱填充后柱管内固定相颗粒间所剩留的空间、色谱仪中管路和连接头间的空间以及检测器的空间的总和。当后两项很小而可忽略不计时，死体积可由死时间与色谱柱出口的载气体积流速 F_0(mL/min)来计算，即 $V_M=t_MF_0$。

(9) 保留体积 V_R。

保留体积是指从进样开始到柱后被测组分出现浓度最大值时所通过的载气体积，即 $V_R=t_RF_0$。载气流速大，保留时间相应降低，两者乘积仍为常数，因此 V_R 与载气流速无关。

(10) 调整保留体积 V'_R。

调整保留体积是指扣除死体积后的保留体积，即 $V'_R = t'_R F_0$ 或 $V'_R = V_R - V_M$。同样 V'_R 与载气流速无关。死体积反映了柱和仪器系统的几何特性，它与被测物的性质无关，故保留体积值中扣除死体积后将更合理地反映被测组分的保留特性。

(11) 相对保留值 r_{21}。

相对保留值是指某组分(2)的调整保留值与另一组分(1)的调整保留值之比。

$$r_{21} = \frac{t'_{R(2)}}{t'_{R(1)}} = \frac{V'_{R(2)}}{V'_{R(1)}} \neq \frac{t_{R(2)}}{t_{R(1)}} \tag{5.55}$$

相对保留值的优点是只要柱温、固定相性质不变，即使柱径、柱长，填充情况及流动相流速有所变化，r_{21} 仍保持不变，因此它是色谱定性分析的重要参数。

r_{21} 亦可用来表示固定相(色谱柱)的选择性。r_{21} 值越大，两组分的 t'_R 相差越大，分离得越好，$r_{21}=1$ 时，两组分不能被分离。r 亦可用 α 代替。

(12) 区域宽度。

色谱峰区域宽度是色谱流出曲线的一个重要参数。从色谱分离角度着眼，希望区域宽度越窄越好。通常度量色谱峰区域宽度有以下三种方法。

① 标准偏差 σ。标准偏差即 0.607 倍峰高处色谱峰宽度的一半，如图 5-26 中 EF 的一半。

② 半峰宽度 $Y_{1/2}$。半峰宽度又称半宽度或区域宽度，即峰高为一半处的宽度，如图 5-26 中 GH，它与标准偏差的关系为 $Y_{1/2} = 2\sigma\sqrt{2\ln 2}$。

由于 $Y_{1/2}$ 易于测量，使用方便，因此常用它表示区域宽度。

③ 峰底宽度 Y。峰底宽度即自色谱峰两侧的转折点所作切线在基线上的截距，如图 5-26 中的 IJ。它与标准偏差的关系为 $Y=4\sigma$。

3) 色谱分离的基本理论

色谱理论的本质是研究色谱热力学、色谱动力学以及将热力学与动力学有机结合来寻求色谱分离的最佳化途径。色谱热力学研究试样中各组分在两相间的分配情况，各个色谱峰的保留值反映了各组分在两相间的分配情况。色谱动力学研究的是各组分在色谱柱中的运动情况，与各组分在流动相和固定相之间的传质阻力有关。各个色谱峰的半峰宽度就反映了各组分在色谱柱中运动的情况。要达到多组分复杂混合物的理想分离，就必须从热力学及动力学两方面考虑。

(1) 分配理论。

物质在固定相和流动相(气相)之间发生的吸附、脱附和溶解、解析的过程，叫做分配过程。被测组分按其溶解和解析能力(或吸附和脱附能力)的大小，以一定的比例分配在固定相和气相之间。在一定温度下组分在两相之间分配达到平衡时的浓度比称为分配系数 K。

$$K = \frac{\text{组分在固定相中的浓度}}{\text{组分在流动相中的浓度}} = \frac{c_s}{c_M} \tag{5.56}$$

在一定温度下，不同物质在两相之间的分配系数不同。具有小分配系数的组分，每次分配后在气相中的浓度较大，较早流出色谱柱。而分配系数大的组分，则由于每次分配后在气相中的浓度较小，因而流出色谱柱的时间较迟。当分配次数足够多时，就能将不同的组分分离开来。由此可见，分配系数是色谱分离的依据。

(2) 塔板理论。

塔板理论是半经验理论，把色谱柱比作一个精馏塔，借用精馏塔中塔板的概念、理论来处理色谱过程，并用理论塔板数作为衡量柱效率的指标。

塔板理论把组分在流动相和固定相之间的分配行为看作在精馏塔中的分离过程，柱中有若干块假想的塔板，一个塔板的长度称为理论塔板高度。当组分随流动相进入色谱柱后，在每一块塔板内很快地在两相间达到一次分配平衡，经过若干个假想塔板的多次分配平衡后，分配系数小的组分先离开色谱柱，分配系数大的组分后离开色谱柱。

塔板理论用热力学观点解释了溶质在色谱柱中的分配平衡和分离过程，导出了流出曲线的数学模型，在解释流出曲线的形状（呈正态分布）、浓度极大点的位置以及计算评价柱效能等方面都取得了成功。但它的某些基本假设是不当的，色谱过程不仅受热力学因素影响，同时还与分子扩散、传质等动力学因素有关。因此塔板理论只能定性地给出塔板高度的概念，却不能给出影响塔板高度的因素，因而无法解释造成色谱扩散使柱效能下降的原因及不同流速下可以测得不同理论塔板数的事实。尽管如此，由于以 n 或 H 作为柱效能指标很直观，因而迄今仍为色谱工作者所接受。

(3) 速率理论（范第姆特方程式）。

1956年荷兰学者范第姆特（Van Deemter）等提出了色谱过程的动力学理论即速率理论。他们吸收了塔板理论中塔板高度的概念，并把影响塔板高度的动力学因素结合进去，指出理论塔板高度是色谱峰展宽的量度，导出了塔板高度 H 与载气线速度 u 的关系，即

$$H = A + \frac{B}{u} + Cu \tag{5.57}$$

式中：A——涡流扩散项系数；

B——分子扩散项系数；

C——传质阻力项系数。

式(5.57)即为范第姆特方程式的简化式。该式从动力学角度很好地解释了影响板高（柱效）的各种因素，任何减小方程右边三项数值的方法，都可以降低 H，从而提高柱效。

(4) 分离度理论。

一个混合物能否为色谱柱所分离，取决于固定相与混合物中各组分间相互作用的大小是否有区别（对气-液色谱）。

两个组分要达到完全分离的条件：首先是两组分的色谱峰之间的距离必须足够大；其次是峰必须窄。

为判断相邻两组分在色谱柱中的分离情况，常用分离度（R，也称分辨率）作为柱的总分离效能指标。其定义为相邻两组分色谱峰保留值之差与两个组分色谱峰峰底宽度总和的一半的比值。

$$R = \frac{t_{R(2)} - t_{R(1)}}{\frac{1}{2}(Y_1 + Y_2)} \tag{5.58}$$

式中：$t_{R(2)}$、$t_{R(1)}$——两组分的保留时间；

Y_1、Y_2——相应组分的色谱峰峰底宽度，与保留值用同样单位。

R 值越大，相邻两组分分离得越好。

从理论上可以证明，若峰形对称且满足于正态分布，则当 $R<1$ 时，两峰总有部分重叠；当 $R=1$ 时，分离程度可达94%；当 $R=1.5$ 时，分离程度可达99.7%。因而可用 $R=1.5$ 来作为相邻两峰已完全分开的标志。

2. 气相色谱法

气相色谱法是以气体为流动相，以涂渍在惰性载体（担体）或柱内壁上的高沸点有机化合

物(称为固定液)或表面活性吸附剂为固定相的柱色谱分离技术。

1) 气-固色谱法和气-液色谱法的基本原理

色谱柱有两种:一种是将固定液均匀地涂敷在毛细管的内壁,称为毛细管柱;另一种是内装固定相的,称为填充柱。

气-固色谱法中的固定相是表面具有吸附活性的吸附剂,它具有多孔性及较大表面积等特点。试样由载气携带进入柱子后,立即被吸附剂吸附。载气不断流过吸附剂时,吸附着的被测组分又被洗脱下来,这种洗脱下来的现象称为脱附。脱附的组分随着载气继续前进时,又可被前面的吸附剂所吸附。随着载气的流动,被测组分在吸附剂表面进行多次反复的物理吸附、脱附过程。由于吸附剂对各组分吸附能力不同,越难被吸附的组分越容易被脱附,也就越先流出色谱柱。这样经过一定时间,即通过一定量的载气后,试样中的各个组分最终彼此得到分离。

气-液色谱法中的固定相是涂渍在具有化学惰性的载体(担体)表面上在使用温度下呈液态的物质,称为固定液。在气-液色谱柱内,试样中各组分的分离是基于各组分在固定液中溶解度的不同。当载气携带试样进入色谱柱和固定液接触时,被测组分就溶解到固定液中去。载气连续流经色谱柱,溶解在固定液中的被测组分会从固定液中挥发到气相中去。随着载气的流动,挥发到气相中的被测组分又会溶解在前面的固定液中,此过程称为解析。这样混合组分在气、液两相中经过反复多次的溶解、解析过程,最后获得分离。在固定液中溶解度大的组分,其解析所需时间长,停留在柱中的时间就长,较晚流出色谱柱;反之亦然。

2) 样品处理

有些试样不宜于直接进行气相色谱测定,需要进行预处理,包括:除去样品中腐蚀性物质,如无机强酸、溴、氯等;除去某些高相对分子质量的物质和汽化的无机物,以免注入色谱仪,造成汽化室、气体管路、检测器的堵塞和污染,如天然产品中的油脂、胶状物等;初步分离富集,提高样品中痕量组分浓度,达到检测浓度范围;采用衍生技术,制备成适合一定色谱方法分离和一定检测技术的衍生物。

一般说来,相对分子质量小于 500 或沸点在 500 ℃以下的物质,可以用气相色谱分析。在大气压下的气体,低沸点化合物(包括永久性气体、无机气体、低分子碳氢化合物)总是采用气相色谱分析。

有些物质,由于极性很强,挥发性很低,不适合直接进行气相色谱分析,这类化合物可通过化学反应(硅烷化反应、酰化反应、酯化反应、烷基化反应和生成螯合物反应等)定量转化成挥发性衍生物,以降低极性和沸点。

3. 分离条件的选择

分离条件要根据样品性质和分析要求而定,主要是根据最难分离的物质对来选择色谱条件。

1) 最难分离物质对的确定

最难分离物质对是指结构、相对分子质量或沸点相差很小的一对物质。可根据理论推测和试分离确定。

分离同系物时,彼此只相差一个次甲基($—CH_2$),相对分子质量愈小,保留值愈小。因此,难分离物质对可能是保留值最小的一对物质。如分离 C_{12}～C_{20} 偶数碳脂肪酸甲酯,C_{12}、C_{14} 酸甲酯最难分离;同族化合物含有相同碳数,官能团不同,难分离物质对可能是相对分子质量最小的一对物质;异构体混合物中,难分离物质对可能是沸点相差最小的一对物质。

2）分离操作条件的选择

确定最难分离物质对后，要进行分离条件的选择，包括载气流速及载气类型、柱温、载体粒度和筛分范围、进样量和进样时间、汽化温度及柱长与柱内径的选择。

对一定的色谱柱和试样，有一个最佳的载气流速，此时柱效率最高，根据式(5.57)

$$H = A + \frac{B}{u} + Cu$$

用在不同流速下测得的塔板高度 H 对流速 u 作图，得 H-u 曲线，在曲线的最低点，塔板高度 H 最小($H_{最小}$)，此时柱效率最高。该点所对应的流速即为最佳流速 $u_{最佳}$，$u_{最佳}$ 及 $H_{最小}$ 可由式(5.57)微分求得，即

$$u_{最佳} = \sqrt{\frac{B}{C}} \tag{5.59}$$

将式(5.59)代入式(5.57)得

$$H_{最小} = A + 2\sqrt{BC} \tag{5.60}$$

4. 气相色谱仪

1）气相色谱仪简介

气相色谱仪主要包括分离和检测两部分，也可按结构分为气路系统和电路系统。气路系统亦称为分析单元，电路系统亦称为显示记录单元。气路系统要求气密性好、稳定性好、计量准确、控制方便、柱效率优异和检测灵敏等。

2）气相色谱仪各个组成部分

(1) 电路系统。

气相色谱仪的电路系统由电源、温度控制器、记录单元等组成。对电路系统的基本要求如下：结构简单，使用方便，灵敏度高，性能稳定和图谱逼真等。

国产气相色谱仪一般使用的电源电压为 220 V，频率为 50 Hz。电压变化应小于 10%；温度控制器用于控制气路系统中的色谱柱和检测器等处的温度，使其达到所给定的操作温度；目前常用色谱专用微处理机处理数据。

(2) 气路系统。

气路系统包括载气系统、进样装置、色谱柱和柱箱及检测器。

载气系统包括气源、气体净化、气体流速控制和测量；进样系统包括汽化室和气体进样阀，前者用于液体、固体溶液、气体的进样，后者只用于气体定量进样，如果测定水中易挥发组分，可不经有机萃取或预处理，直接采用顶空进样或吹扫捕集方式进样；色谱柱是色谱仪的核心，欲使试样在较短的时间内获得较好的分离必须选择制备一根好的色谱柱；气相色谱检测器是把流经色谱柱后流出物质的浓度转换成电信号的一种装置，是色谱仪的重要组成部分。

气相色谱检测器是一种用于感知并测定柱后载气中各分离组分及其浓度变化的装置，是气相色谱仪中的主要组成部分。检测作用的基本原理如下：利用样品组分与载气的物化性质之间的差异，当流经检测器的组分及浓度发生改变时，检测器则产生相应的响应信号。

根据检测原理响应特性的不同，检测器可分为浓度型检测器和质量型检测器两种。

浓度型检测器测量的是载气中某组分浓度瞬间的变化，即检测器的响应值和组分的浓度成正比。如热导池检测器和电子捕获检测器等。

质量型检测器测量的是载气中某组分进入检测器的速率变化，即检测器的响应值与单位

时间内进入检测器某组分的质量成正比。如氢火焰离子化检测器、火焰光度检测器和氮磷检测器等。

每种检测器对不同物质响应的灵敏度不同,应根据测试组分和灵敏度要求选择检测器。

5. 气相色谱分析方法

色谱定性与定量分析是以色谱图为依据,根据图中色谱峰的保留值与各色谱峰之间相对峰面积的大小来实现的。保留值取决于试样中组分在两相中的分配系数,它与组分的性质有关,是色谱定性的依据;峰面积取决于试样中组分的相对含量,是色谱定量的依据。

1) 气相色谱定性方法

色谱定性就是确定色谱图中每个色谱峰代表何种物质。虽然不同的物质具有不同的保留值,但根据保留值定性只是一种相对性的方法。另外,多数色谱检测器给出的响应信号并不是分子结构的特征信号。因此,色谱法只能定性鉴定人们已知的化合物,不能鉴定尚未被人们所了解的新化合物。

(1) 根据色谱保留值进行定性分析。

① 与已知物对照定性。

依照保留值,用已知纯物质与未知样品对照定性,是色谱的主要定性方法。在一定色谱系统和操作条件下,每种物质都有确定的保留值,在同一条件下,比较已知物和试样各组分保留值,就可以鉴定每个色谱峰代表的是哪种物质。这种方法简便,但不同化合物在相同的色谱条件下往往具有近似甚至完全相同的保留值,因此这种方法的应用有很大的局限性。仅限于当未知物通过其他方面的考虑已被确定可能为某几个化合物或属于某种类型时作最后的确证;其可靠性不足以鉴定完全未知的物质。

保留值可以是保留时间,也可以是保留距离或保留体积。在同一条件下,保留值相同的不一定为同一物质。如果未知物与标准样品的保留值相同,但峰形不同,仍然不能认为是同一物质。进一步的检验方法是将两者混合起来进行色谱分析,比较加入标样前后的色谱图进行色谱定性。

② 双柱定性。

对一个不清楚其组成的混合物样品,在一根色谱柱上用保留值鉴定组分有时不一定可靠,会发生错误。这是由于分离条件选择不合适时,不同的组分也有可能在同一色谱柱上有相同的保留值,所以应采用双柱或多柱法进行定性分析。即采用两根或多根性质(极性)不同的色谱柱进行分离,显示保留值的差别,观察未知物和标准样品的保留值是否始终重合,这样可提高定性的准确性。

③ 利用保留值经验规律定性。

人们通过大量实验总结出如下规律:在一定的温度下,同系物的保留值的对数与组分分子中的碳原子数呈线性关系,称为碳规律;同系物或同族化合物的保留值的对数与其沸点呈线性关系,称为沸点规律。

当已知样品为同一系列,可利用上述两个规律定性。

④ 文献值对照法。

科学工作者在多年的实践中积累了大量有机化合物在不同柱子、不同柱温下的保留数据。在使用文献数据时,要注意实验测定时所使用的固定液及柱温效应和文献记载的一致。

利用文献保留数据定性,仍需要首先知道未知物属于哪一类,然后再根据类别查找文献中规定分离该类物质所需固定相与柱温条件,测得未知物的保留值,并与文献中的保留值对照。

(2) 与其他方法结合的定性方法。

① 利用检测器的选择性相应定性。

不同类型的检测器对各种组分的选择性和灵敏度是不相同的。利用这一特点,将两种不同类型的检测器联用,根据色谱峰响应信号的差别,可得到化合物类型或结构信息,对未知物大致分类定性。该法是色谱定性的辅助方法之一。

在气相色谱定性分析中,常采用的检测器组合如下。

a. 氢火焰离子化检测器与热导池检测器联用:前者只对有机物有响应,后者则是通用型检测器,对所有能用气相色谱分析的物质均有响应,因而可鉴别样品中存在的无机化合物和有机化合物。

b. 氢火焰离子化检测器与电子捕获检测器联用:后者只对具有高电负性的组分有较高响应,可用于鉴别含有卤素、氧、氮等电负性强的物质。

c. 氢火焰离子化检测器与火焰光度检测器联用:后者只对含 P、S 的化合物有很高响应,能鉴别试样中有机硫、有机磷化合物。

② 与化学方法配合进行定性分析。

带有某些官能团的化合物,经一些特殊试剂处理,发生物理变化或化学反应后,其色谱峰将会消失或提前、移后,比较处理前后色谱图的差异,就可初步辨认试样含有哪些官能团。因此在色谱系统进行化学反应也是一种辅助定性手段,常用的方法有柱前反应和柱后反应。

③ 与质谱、红外光谱等仪器联用。

现代色谱仪备有样品收集系统,可以很方便地收集复杂混合物经色谱柱分离后的各个分离组分,然后采用质谱、红外光谱或核磁共振等仪器进行定性鉴定。其中以色谱、质谱联用最有效。色谱分离后的样品进入质谱仪检测,可以得到有关试样元素组成、相对分子质量和分子碎片的结构等信息,是目前解决复杂未知物定性问题的最有效工具之一。

2) 气相色谱定量方法

在一定操作条件下,分析组分 i 的质量(m_i)或其在载气中的浓度与检测器的响应信号(色谱图上为峰面积 A_i 或峰高 h_i)成正比,即

$$m_i = f'_i A_i \tag{5.61}$$

这就是色谱定量分析的依据。由上式可见,在定量分析中需要:准确测量峰面积;准确求出比例常数 f'_i(称为定量校正因子)。

(1) 峰面积测量法。

峰面积的测量直接关系到定量分析的准确度。根据峰形的不同,常用而简单的峰面积测量方法有对称峰形面积的测量——峰高乘半峰宽法、不对称峰形面积的测量——峰高乘平均峰宽法、积分仪法和剪纸称重法。

积分仪法是测量峰面积最方便的方法,速度快,线性范围宽,精度一般可达 0.2%～2%,对小峰或不对称峰也能得出较准确的结果。数字电子积分仪能以数字的形式把峰面积和保留时间打印出来。

(2) 定量校正因子。

色谱定量分析是基于被测物质的量与其峰面积的正比例关系。但事实证明,同一种物质在不同检测器上有不同的响应值;不同物质在同一检测器上响应值也不同。为了使检测器产生的响应值能真实地反映出物质的含量,就要对响应值进行校正而引入"定量校正因子"。它按被测组分使用的计量单位不同,可分为质量校正因子、摩尔校正因子和体积校正因子。

校正因子的测定方法是,准确称量被测组分和标准物,将两者配制成已知比例的混合试样,再在一定色谱条件下进行分析(注意进样量应在线性范围之内)分别测量相应的峰面积,计算质量校正因子、摩尔校正因子。

6. 气相色谱法在环境分析中的应用

1) 概述

气相色谱法已成为分离科学中较为成熟的一种分离分析方法。它可以应用于分析气体试样及易挥发或可转化为易挥发的液体和固体;既可分析有机物,也可分析部分无机物。在已知存在的大约300万种化合物中,可用气相色谱进行有效分析的挥发性、热稳定的化合物占20%左右,对人类危害最大的一些化合物大都包括在其中。气相色谱法广泛用于大气、水质、土壤、生物、食品等环境样品的分析,因而在环境分析,特别是环境有机物分析中占有主导地位。

目前,有机污染物分析的特点是以色谱为中心的各种技术联用。最有代表性的是GC-MS,将质谱仪作为色谱的一个检测器。此外,色谱-原子吸收(原子荧光)GC-AA(AF),色谱-傅里叶变换红外(GC-FTIR),色谱-等离子发射光谱GC-ICP,以及液相色谱、薄层色谱和各种检测器的联用等。从理论上讲,色谱可以和不同原理的检测器联用。

2) 在大气、降水、废气等监测中的应用

美国公共卫生协会(APHA)规定以气相色谱法作为下列大气或废气中污染物的分析方法(或试行方法):烃类、总烃、甲烷、酚类、一氧化碳、氧气、氮气、二氧化碳、硫化氢、二氧化硫、甲硫醇、甲硫醚、芳香族胺、双氯甲醚、对硫磷、低相对分子质量脂肪族醛、过氧化乙酰硝酸酯(PAN)、多环芳烃(PAH)和苯甲酸等。

20世纪80年代初,我国采用气相色谱法分析大气中一氧化碳、总烃、非甲烷烃和三氯乙醛以及可同时测定废气中的苯等10种有机化合物。1990年版《空气和废气监测分析方法》将气相色谱法列为下列化合物的分析方法:空气中一氧化碳、二硫化碳、总烃及非甲烷烃,芳香烃(苯系物等)、苯乙烯、甲醇、低相对分子质量醛、丙酮、酚类化合物、硝基苯、吡啶、丙烯腈、氯乙烯、氯丁二烯、环氧氯丙烷、甲基对硫磷、偏二甲基肼和废气中苯系物,有机硫化合物(硫醇、硫醚)等。其中包括试行或推荐方法,共列入20个分析方法,气相色谱法占空气中有机污染物分析方法的72.7%。

随着区域环境研究的发展以及污染源治理的开展,大气中有机污染物的检测分析日益引起人们的重视,建立了不少好的方法。例如,色谱-质谱联用分析大气飘尘中的烷烃和多环芳烃,气相色谱法测定大气中的多环芳烃,薄层扫描法测定大气飘尘中苯并(a)芘,气相色谱法测定大气中的C_1～C_5醛及挥发烃等。

气相色谱法在大气、降水、废气、民用生活物品乃至外层空间的监测中取得了重要的成果。如在飘尘中主要检出多环芳烃、硝基多环芳烃、正构烷烃等有机物;大气中主要检出碳氢化合物、苯系物和有机硫化合物等;在废气和民用生活物品中主要检出碳氢化合物,芳香族的烃、醇、醛、酮、酸和多环芳烃、氯代二苯并二噁英、氯代二苯并呋喃(PCDD、PCDF)等;降水中主要检出一些离子及SO_2、NO_2、有机酸等化合物;在外层空间监测中测定月球、火星和金星的大气组成。

3) 在水质监测中的应用

1979年美国环保局(EPA)公布了水中129种优先检测的污染物,其中的114种有机污染物推荐使用气相色谱或GC-MS法进行定性和定量分析。1989年我国确定了"中国环境优先监测污染物黑名单”,共68种有毒污染物,其中有58种有机污染物,显然气相色谱法占有主导地位。

我国将气相色谱法定为水中六六六、DDT的分析方法。1989年规定气相色谱法为水中硒、苯系物、挥发性卤代烃、氯苯类、六六六、DDT、有机磷农药、有机磷农药总量(试行)、三氯乙醛(试行)和硝基苯类等污染物的分析方法。最近又将其列为测定水中的苯系物的标准分析方法。

水体中多种有机磷农药残留量可用气相色谱分析,水样经氯仿萃取后进行色谱分析,可同时测定敌敌畏、3911、地亚农、稻瘟净、马拉硫磷、对硫磷和乙硫磷。

4) 在土壤、底质、食品、生物等监测中的应用

我国已将气相色谱法分析土壤、植物、底质中的六六六、DDT和有机氯农药列入监测分析方法。利用气相色谱法测定大气中的$C_1 \sim C_5$烃,水生生物等样品中的有机汞、黄曲霉素,葡萄中的2,4-D残留量,废水中有机氯及有机磷,农药、焦化废水中的苯系物,TNT酸性废水中的三硝基甲苯,污水中的三氯乙醛等,均获得成功。多氯联苯(PCBs)和甲基汞的监测采用气相色谱法测定为最好。

气相色谱法,特别是毛细管气相色谱法,可以分析对映异构体。气相色谱法测定铜、镍的氨基酸螯合物,检出限达10^{-9}数量级,已用于环境污染物的分析。

5) 在海洋油污染监测中的应用

毛细管色谱分辨率高,越来越多地用于油污染源的监测。美国海岸警卫法中已将毛细管气相色谱法与红外光谱法、荧光光谱法并列为鉴别油污染的官方方法。采用先进的毛细管气相色谱法分离鉴定,依据比较不同油类的正构烷烃谱峰轮廓与特征峰、生物标记物峰的比值的方法,可以辨别海面油迹污染是否与附近轮船有关。

5.4.3 高效液相色谱

1. 概述

高效液相色谱法(high pressure liquid chromatography,HPLC)又称高压液相色谱法。气相色谱法对离子型化合物、相对分子质量大的化合物、热不稳定物质及生物活性物质的分析无能为力。而生命科学、生物工程技术的发展,迫切需要解决上述复杂混合物的分离分析。这种需要推动人们致力于液相色谱的研究。

高压液相色谱法是在借鉴了气相色谱法的成功经验,克服经典液相色谱法缺点的基础上发展起来的。采用粒度细、筛分范围窄、效能高的固定相以提高柱效率,采用高压泵加快液体流动相的流动速率,设计灵敏度高、死体积小的检测器,配备自动记录和数据处理装置,从而实现了其具有分析速度快、分离效率高和操作自动化等一系列可与气相色谱法相媲美的特点。同时还保持了液相色谱对样品适应范围宽、流动相改变灵活性大的优点。因此,高效液相色谱法在分析和分离技术领域中有广泛的应用。

高效液相色谱法的特点如下。

(1) 高压。

高效液相色谱法以液体作为流动相(称为载液),液体流经色谱柱时,受到的阻力较大,为了能迅速地通过色谱柱,必须对载液施加高压。

(2) 高速。

高效液相色谱法所需的分析时间较经典液体色谱法短得多,一般小于1 h。例如,分离苯的烃基化合物7个组分,只需要1 min就可完成。

(3) 高效。

气相色谱法的分离效能很高,柱效率约为 2000 塔板/m,而高效液相色谱法的柱效率更高,可达 30000 塔板/m 以上。

(4) 高灵敏度。

采用高灵敏度的检测器,进一步提高了分析的灵敏度。

2. 高效液相色谱法的分类及分离原理

根据分离机制的不同,高效液相色谱法可分为液-液分配色谱法、液-固吸附色谱法、离子交换色谱法、离子色谱法和空间排阻色谱法等。

1) 液-液分配色谱法

液-液分配色谱(partition chromatography,PC)是根据各组分在固定相与流动相中的相对溶解度(分配系数)的差异进行分离的。其流动相和固定相都是液体,固定相是通过化学键合的方式固定在基质(惰性载体)上的。固定液对流动相来说是一种很差的溶剂,而对样品组分来说却是一种很好的溶剂。其分离机理如图 5-27 所示。样品溶于流动相,并在其携带下通过色谱柱,样品组分分子穿过两相界面进入固定液中,进而很快达到分配平衡。由于各组分在两相中溶解度、分配系数的不同,使各组分获得分离;分配系数大的组分保留值大,最后流出色谱柱。

根据所用固定液与流动相液体极性的差异,液-液分配色谱可分为正相分配色谱和反相分配色谱。在正相分配色谱中,固定相的极性大于流动相的极性,组分在柱内的洗脱顺序为极性从小到大。在反相分配色谱中,固定相是非极性的,流动相是极性的。组分的洗脱顺序和正相分配色谱相反,极性大的组分先流出,极性小的组分后流出。

液-液分配色谱技术的关键是相体系选择。如采用正相色谱,则应采用对组分有较强保留能力的固定相和对组分有较低溶解度的流动相。

液-液分配色谱可用于几乎所有类型的化合物,包括极性的或非极性的、有机物或无机物、大分子或小分子的物质,只要官能团不同,或者官能团数目不同,或者相对分子质量不同,均可获得满意的分离。

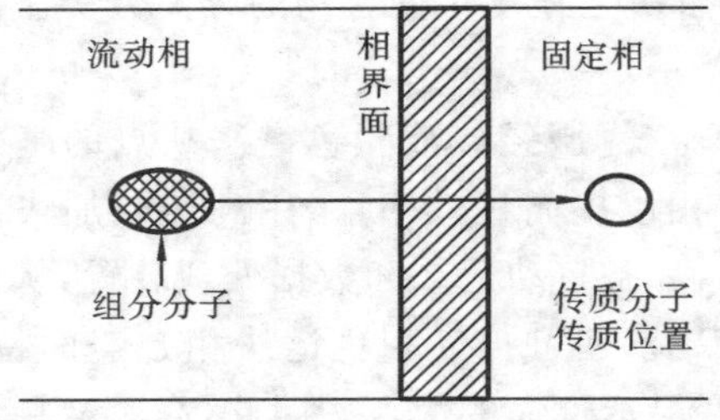

图 5-27　液-液分配色谱分离

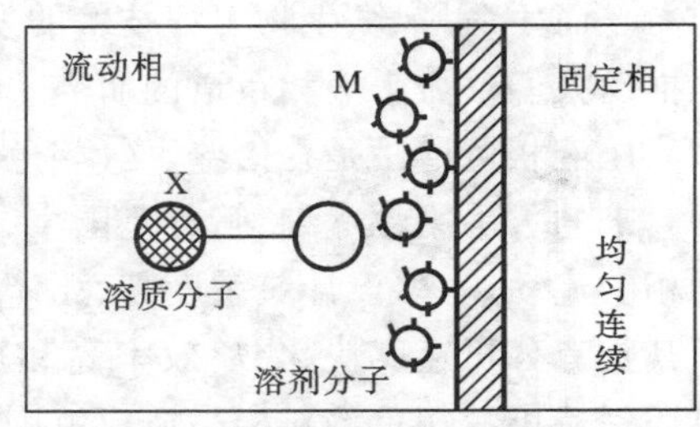

图 5-28　液-固吸附色谱竞争吸附

2) 液-固吸附色谱法

液-固吸附色谱(liquid solid adsorption chromatography, LSAC),固定相是吸附剂,流动相是以非极性烃类为主的溶剂。它是根据混合物中各组分在固定相上的吸附能力的差异进行分离的。当混合物在流动相(移动相或淋洗液)携带下通过固定相时,固定相表面对组分分子和流动相分子吸附能力不同,有的被吸附,有的脱附,产生竞争吸附。这样导致各组分在固定相上的保留值不同进而达到最终分离的目的(图 5-28)。

组分与吸附剂性质相近时,易被吸附,具有高保留值;吸附剂表面具有刚性结构,组分分子构型与吸附剂表面活性中心的刚性几何结构相适应时，易于吸附，保留值高。在吸附色谱中如果采用极性吸附剂(如硅胶或矾土)，则极性分子对吸附剂作用能力较强。由此可知，决定相对吸附作用的主要因素是官能团。官能团差别大的组分，在液-固吸附色谱上可得到良好的选择性分离。对同系物的选择性分离弱。

液-固吸附色谱法具有传质快、分离速度快、分离效率高、易自动化等优点。它适用于分离相对分子质量中等(<1000)、低挥发性化合物和非极性或中等极性的、非离子型的油溶性样品，对具有不同官能团的化合物和异构体有较高的选择性。凡能用薄层色谱法成功地进行分离的化合物，亦可用液-固色谱法进行分离。它可用于定量分析，也可用于在线分析和制备色谱中。它的缺点是由于非线性等温吸附常引起峰的拖尾现象。

3) 离子交换色谱法

离子交换色谱以离子交换树脂作为固定相，树脂上具有固定离子基团和可电离的离子基团。当流动相携带组分离子通过固定相时，离子交换树脂上可电离的离子基团与流动相中具有相同电荷的溶质离子进行可逆交换，依据这些离子对交换剂具有不同的亲和力而将它们分离。它可用于分离测定离子型化合物，在溶剂中能够电离的物质通常都可以用离子交换色谱法来进行分离。

固定相是带有固定电荷的活性基团的交换树脂。其离子交换平衡可表示为

阳离子交换：

$$\underset{(\text{溶剂中})}{M^+} + (Na^+ O_3S^- - \text{树脂}) \longrightarrow (M^+ O_3S^- - \text{树脂}) + \underset{(\text{溶剂中})}{Na^+} \tag{5.62}$$

阴离子交换：

$$\underset{(\text{溶剂中})}{X^-} + (Cl^- R_4N^+ - \text{树脂}) \longrightarrow (X^- R_4N^+ - \text{树脂}) + \underset{(\text{溶剂中})}{Cl^-} \tag{5.63}$$

从式(5.62)可以看出，溶剂中的阳离子 M^+ 与树脂中的 Na^+ 交换以后，溶剂中的 M^+ 进入树脂，而 Na^+ 进入溶剂里，最终达到平衡。同样，在式(5.63)中，溶剂中的阴离子 X^- 与树脂中的 Cl^- 进行交换，达平衡后，有

$$K = \frac{[-NR_4^+X^-]}{[-NR_4^+Cl^-]}\frac{[Cl^-]}{[X^-]} \tag{5.64}$$

分配系数 K 表示离子交换过程达到平衡后的组分离子和洗脱液中离子在两相中的分配情况。K 值越大，组分离子与交换剂的作用越强，组分的保留时间也越长。因此，在离子交换色谱中可以通过改变洗脱液中离子种类、浓度以及 pH 值来改变离子交换的选择性和交换能力。

4) 离子色谱法

离子色谱法以离子交换树脂为固定相，电解质溶液为流动相。通常以电导检测器为通用检测器，为消除流动相中强电解质背景离子对电导检测器的干扰，设置了抑制柱。样品组分在分离柱和抑制柱上的反应原理与离子交换色谱法相同。例如，在阴离子分析中，样品通过阴离子交换树脂时，流动相中待测阴离子(以 Br^- 为例)与树脂上的 OH^- 交换。洗脱反应则为交换反应的逆过程，其反应式为

$$R—OH^- + Na^+Br^- \underset{\text{洗脱}}{\overset{\text{交换}}{\rightleftharpoons}} R—Br^- + Na^+OH^-$$

其中 R 代表离子交换树脂。在阴离子分离中，最简单的洗脱液是 NaOH，洗脱过程中 OH^- 从

分离柱的阴离子交换位置置换待测阴离子 Br^-。洗脱液中 OH^- 浓度要比样品阴离子浓度大得多才能使分离柱正常工作。因此,与洗脱液的电导值相比,由于样品离子进入洗脱液而引起电导的改变就非常小,用电导检测器直接测定试样中阴离子的灵敏度极差。若使分离柱流出的洗脱液通过填充有高容量 H^+ 型阳离子交换树脂的抑制柱,则在抑制柱上将发生两个非常重要的交换反应,即

$$R—H^+ + Na^+OH^- \longrightarrow R—Na^+ + H_2O$$

$$R—H^+ + Na^+Br^- \longrightarrow R—Na^+ + H^+Br^-$$

由此可见,从抑制柱流出的洗脱液中,洗脱液(NaOH)已被转变成电导值很小的水,消除了本底电导的影响;样品阴离子则被转变成其相应的酸,由于 H^+ 的离子淌度是 Na^+ 的 7 倍,这就大大提高了所测阴离子的检测灵敏度。

在阳离子分析中,也有相似的反应。此时以阳离子交换树脂作分离柱,一般用无机酸为洗脱液,洗脱液进入阳离子交换柱洗脱分离阳离子后,进入填充有 OH^- 型高容量阴离子交换树脂的抑制柱,将酸(即洗脱液)转变为水。

$$R—OH^- + H^+Cl^- \longrightarrow R-Cl^- + H_2O$$

同时,将样品阳离子 M^+ 转变成其相应的碱。

$$R—OH^- + M^+Cl^- \longrightarrow R-Cl^- + M^+OH^-$$

因此抑制反应不仅降低了洗脱液的电导,而且由于 OH^- 的离子淌度为 Cl^- 的 2.6 倍,因此提高了所测阳离子的检测灵敏度。

上述双柱型离子色谱法又称为化学抑制型离子色谱法。

如果选用低电导的洗脱液(流动相),如 $1\times10^{-4}\sim5\times10^{-4}$ mol/L 的苯甲酸盐或邻苯二甲酸盐等稀溶液,不仅能有效地分离、洗脱分离柱上的阴离子,而且背景电导较低,能显示样品中痕量 F^-、Cl^-、NO_3^- 和 SO_4^{2-} 等阴离子的电导。这称为单柱型离子色谱法,又称为非抑制型离子色谱法,其分析流程类似于通常的高效液相色谱法,其分离柱直接连接电导检测器而不采用抑制柱。阳离子分离可选用稀硝酸、乙二胺硝酸盐稀溶液等作为洗脱液。洗脱液的选择是单柱法中最重要的问题,除与分析的灵敏度及检出限有关外,还决定能否将样品组分分离。

5) 空间排阻色谱法

溶质分子在多孔填料表面上受到的排斥作用称为排阻(exclusion)。空间排阻色谱法(size exclusion chromatography,SEC)(凝胶色谱法)的固定相是化学惰性的多孔性物质(凝胶)。根据所用流动相的不同,凝胶色谱可分为两类:用水溶液作流动相的,称为凝胶过滤色谱;用有机溶剂作流动相的,称为凝胶渗透色谱。

空间排阻色谱法的分离机理与其他色谱法完全不同。它类似于分子筛的作用,但凝胶的孔径比分子筛要大得多,一般为数纳米到数百纳米。在排阻色谱中,组分和流动相、固定相之间没有力的作用,分离只与凝胶的孔径分布和溶质的流体力学体积或分子大小有关。如图 5-29所示,混合物随流动相通过凝胶色谱柱时,大于凝胶孔径的大组分分子因不能渗入孔内而被流动相携带着沿凝胶颗粒间隙最先淋洗出色谱柱;中等体积的组分分子能渗透到某些孔隙,但不能进入另一些更小的孔隙,它们以中等速率淋洗出色谱柱;小体积的组分分子可以进入所有孔隙,最后被淋洗出色谱柱,由此实现分子大小不同的组分分离。因此,分子大小不同,渗透到固定相凝胶颗粒内部的程度和比例不同,被滞留在柱中的程度不同,保留值不同。

洗脱次序取决于相对分子质量的大小，相对分子质量大的先洗脱。分子的形状也同相对分子质量一样，对保留值有重要的作用。例如，利血平（一种药物）的实际相对分子质量为608，而实验校正曲线上所表示的却是相应于相对分子质量为410的洗脱体积，这是由于它有紧密的结构，在溶剂中分子显得小了。

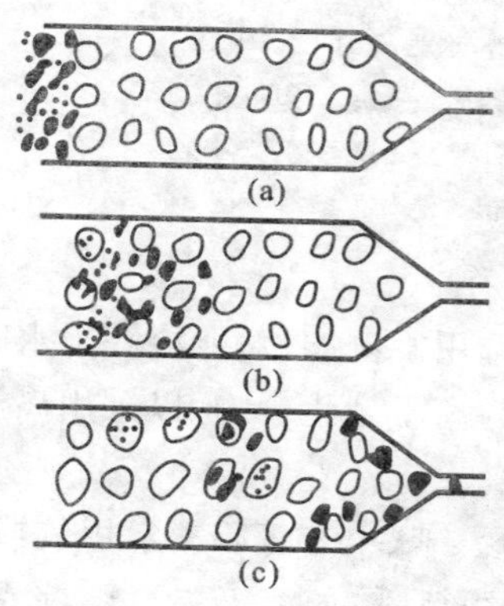

图 5-29　凝胶色谱分离过程模型

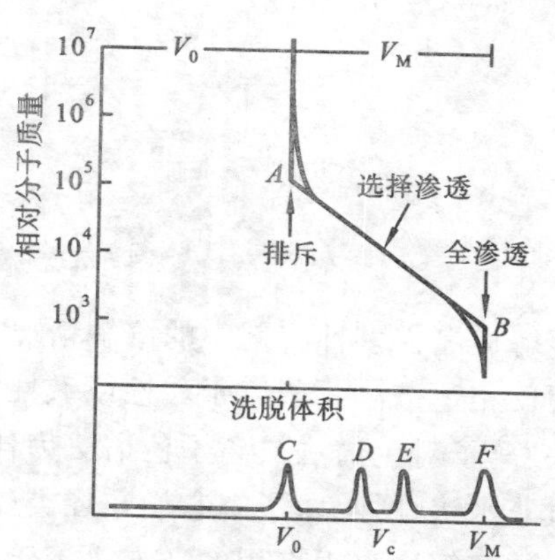

图 5-30　空间排阻色谱分离示意图

图5-30是空间排阻色谱分离情况的示意图。图中下半部分为各具有不同窄分布相对分子质量聚合物标准样品的洗脱曲线，上半部分表示洗脱体积和聚合物相对分子质量之间的关系（即校正曲线）。由图可见，凝胶有一个排斥极限（A点）。凡是比A点相应的相对分子质量大的分子，均被排斥于所有的胶孔之外，因而将以一个单一的谱峰C出现，在保留体积V_0时一起被洗脱，显然，V_0是柱中凝胶填料颗粒之间的体积。另一方面，凝胶还有一个全渗透极限（B点），凡是比B点相应的相对分子质量小的分子都可完全渗入凝胶孔穴中。同理，这些化合物也将以一个单一的谱峰F出现，在保留体积V_M时被洗脱。可预期，相对分子质量介于上述两个极限之间的化合物，将按相对分子质量降低的次序被洗脱。通常将$A<V_0<B$这一范围称为分级范围。当化合物的分子大小不同而又在此分级范围内时，它们就可得到分离。

空间排阻色谱法可以分离相对分子质量为$100\sim8\times10^5$的任何类型化合物，只要能溶于流动相即可，如分离大分子蛋白质、核酸等，测定合成高聚物相对分子质量的分布等。在分离低相对分子质量物质时，其分离度更大。对于同系物来说，相对分子质量大的先流出色谱柱，相对分子质量小的后流出色谱柱，可实现按相对分子质量大小顺序的分离。其缺点是不能分辨分子大小相近的化合物，相对分子质量差别必须大于10%或相对分子质量相差40以上才能得以分离。

6）高效液相色谱分离类型的选择

高效液相色谱每种分离类型都有其自身的特点和适用范围。一般情况下，选择最有效的分离类型，应考虑样品来源、性质（相对分子质量、化学结构、极性、化学稳定性、溶解度参数等化学性质和物理性质）、分析目的要求、液相色谱分离类型的特点及应用范围、实验室条件（仪器、色谱柱等）等一系列因素。

如图5-31所示，相对分子质量较低、挥发性较高的样品，适合用气相色谱法。标准的液相色谱类型（液-固、液-液、离子交换、离子色谱等）适用于分离相对分子质量为200～2000的样品，而大于2000的则宜用空间排阻色谱法，此时可判定样品中具有高相对分子质量的聚合物、蛋白质等化合物，测定相对分子质量的分布情况。

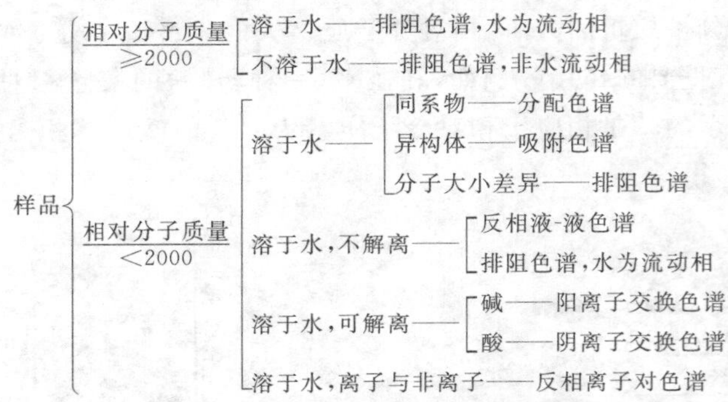

图 5-31　液相色谱分离类型选择参考

了解样品在多种溶剂中的溶解情况,有利于分离类型的选用。例如,对能溶解于水的样品可采用反相色谱法。若溶于酸性或碱性水溶液,则表示样品为离子型化合物,以采用离子交换色谱法、离子对色谱法或离子色谱法为佳。

对非水溶性样品,了解它们在烃类(戊烷、异辛烷等)、芳烃(苯、甲苯等)、二氯甲烷或氯仿、甲醇中的溶解度是很有用的。如可溶于烃类,可选用液-固吸附色谱;如溶于二氯甲烷或氯仿,则多用正相色谱和吸附色谱;如溶于甲醇等,则可用反相色谱。一般用吸附色谱来分离异构体。用液-液分配色谱来分离同系物。空间排阻色谱适用于溶于水或非水溶剂、分子大小有差别的样品。

3. 液相色谱法的固定相

高效色谱柱是高效液相色谱的“心脏”,其中最关键的是固定相及其填装技术。高效液相色谱采用小颗粒、高效能的固定相,高压注入的高流速流动相。它克服了经典液相色谱中流动相扩散系数小、传质慢、柱效率低的缺点。一般要求色谱柱填充剂具有以下特点:颗粒度小且均匀(数微米至数十微米);筛分范围窄,便于填充均匀;表面孔径小,便于迅速传质;机械强度好,可承受高压。

目前,高效液相色谱采用的固定相,根据载体孔径深浅、表面性质和结构特性可分为两类:薄壳型微球载体和全多孔型微球载体。

(1) 薄壳型微球载体:由一个实心的硬质玻璃球或硅球(直径 30～50 μm),以及一层极薄的(1 pm 左右)多孔性材料(如硅胶、氧化铝、聚酰胺等)形成的外壳构成,又称表面多孔型载体。它的优点是多孔层很薄,孔穴浅,组分传质速率快,机械性能好,易于填充紧密以降低涡流扩散,提高柱效率,相对死体积小,出峰快。其粒径大,渗透性好,用于梯度洗脱,孔内外可以很快平衡。缺点是柱容小,即样品容量小。

(2) 全多孔型微球载体:由直径 5～10 μm 的全多孔硅胶微球构成。载体全多孔、粒径小、孔穴浅,使组分在固定相间或固定相与流动相间的运动距离缩短,传质速率快,柱效率高。表面多孔型载体色谱柱效率较经典柱色谱高 50～100 倍,而全多孔型微球载体柱效率较经典柱色谱高 500～2000 倍。全多孔型微球载体也适用于梯度洗脱,孔内外亦很快平衡。此载体可用于多组分与痕量组分的分离和测定。缺点是不易填充,需要很高的柱压。

4. 液相色谱法的流动相

液相色谱与气相色谱中的流动相对柱效率的影响有所不同。在气相色谱中,可供选择的载气只有三四种,它们的性质相差也不大,所以要提高柱的选择性,主要是改变固定相的性质。在液相色谱中,当固定相选定后,选择合适的流动相对色谱分离十分重要。流动相的种类、配比显著地影响液相色谱的分离效果。一般情况下,流动相的选择需考虑以下几个方面。

(1) 流动相要保证一定的纯度,一般采用分析纯试剂,必要时需进一步纯化以除去有干扰的杂质。因为在色谱柱整个使用期间,流过色谱柱的溶剂是大量的,如溶剂不纯,杂质在柱中累积,影响柱性能以及组分收集的馏分纯度,增加噪声。同时还应易清洗除去,易于更换,安全,廉价。

(2) 溶剂与固定液不互溶,不发生不可逆作用,不引起柱效率和保留特性的变化,不妨碍柱的稳定性。如在液-固色谱中,硅胶吸附剂不能使用碱性溶剂(胺类)或含有碱性杂质的溶剂。同样,氧化铝吸附剂不能使用酸性溶剂。在液-液色谱中流动相应与固定相不互溶。否则造成固定相流失,使柱的保留特性变更。

(3) 对试样要有适宜的溶解度,否则,在柱头易产生部分沉淀。但不能与样品发生化学反应。

(4) 溶剂黏度要小,以避免样品中各组分在流动相中扩散系数及传质速率下降。同时,在同一温度下,柱压随溶剂黏度增加而增加,柱效率亦降低。但黏度太小,沸点亦低,在流路中将会形成气泡,这会造成较大噪声。

(5) 应与检测器相匹配。例如,对紫外光度检测器而言,不能用对紫外光有吸收的溶剂;用荧光检测器时,不能用含有发生荧光物质的溶剂;用示差折光检测器时,选用的溶剂应与组分的折光率有较大差别。

完全符合以上作为流动相要求的溶剂是没有的,所以溶剂选择的主要依据还是相对极性大小,兼顾其他物理化学性质。为获得合适的溶剂强度(极性),常采用二元或多元组合的溶剂系统作为流动相。通常根据所起的作用,采用的溶剂可分成底剂及洗脱剂两种。底剂决定基本的色谱分离情况,洗脱剂则调节试样组分的滞留并对某几个组分具有选择性的分离作用。正相色谱中,底剂采用低极性溶剂,如正己烷、苯、氯仿等;洗脱剂则根据试样的性质选取极性较强的针对性溶剂,如醚、酯、酮、醇和酸等。反相色谱中,通常以水为流动相的主体,以加入不同配比的有机溶剂作调节剂。常用的有机溶剂是甲醇、乙腈、二氧六环、四氢呋喃等。

常用溶剂的极性由大到小的顺序如下:水(极性最大),甲酰胺,乙腈,甲醇,乙醇,丙醇,丙酮,二氧六环,四氢呋喃,甲乙酮,正丁醇,乙酸乙酯,乙醚,异丙醚,二氯甲烷,氯仿,溴乙烷,苯,氯丙烷,甲苯,四氯化碳,二硫化碳,环己烷,己烷,庚烷,煤油(极性最小)。

5. 高效液相色谱仪

近年来,高效液相色谱技术得到了迅猛发展。仪器的结构和流程也是多种多样。高效液相色谱仪的典型结构参见图5-32。总体可分为三大部分:流动相供输系统、进样装置和色谱柱系统、检测和记录系统。先进的色谱仪还配有显示记录单元和数据处理系统。从图5-32可见,流动相储液器中储存的载液(常需除气)经过过滤后由高压泵输送到色谱柱入口。当采用梯度洗提时,一般需用双泵系统来完成输送。样品由进样器注入载液系统,而后送到色谱柱进行分离。分离后的组分由检测器检测。如果需收集馏分作进一步分析,则在色谱柱一侧出口将样品馏分收集起来。高效液相色谱仪通常是在室温下操作,在特殊情况下,柱温也可在30～40 ℃操作。样品一般不需处理,操

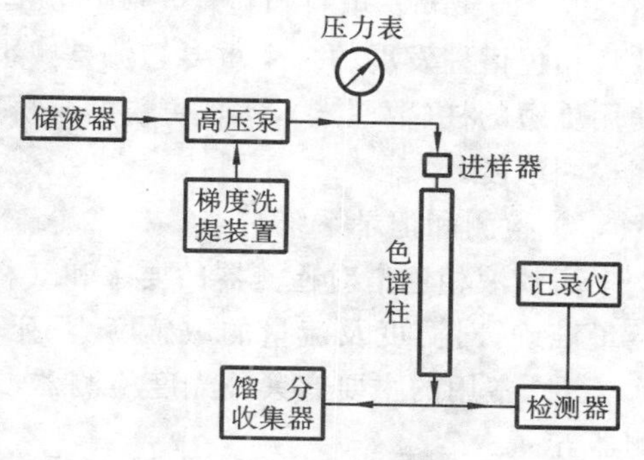

图5-32　高效液相色谱仪典型结构示意

作简便。

1) 流动相供输系统

(1) 储液器。

流动相储液器由不锈钢或玻璃制成,储存淋洗液用。如果用梯度淋洗装置,可设多路溶剂储液器。通常淋洗液需脱气预处理,再经过滤器被吸进高压输液泵中。过滤器安装在泵入口和流动相储液器之间,可防止微粒杂质污染泵系统。滤器有一定孔隙,一般为 10 μm 左右,既能滤除有碍颗粒,又对流量没有影响。

(2) 高压泵。

高压泵是高效液相色谱仪中最关键的部件,输送液相色谱分析的流动相(载液)。高压泵将储液器中的流动相连续地送入液路系统,携带样品使之在色谱柱中完成分离,并进入检测器。由于高效液相色谱仪所用色谱柱柱径较细(1~6 mm),采用的填充剂固定相粒径又很小,流动相的黏度又较大,因此,色谱柱对流动相的阻力很大,为达到快速、高效的分离,必须有很高的柱前压力,以获得高速的液流。一般要求压力为$(1.50\sim3.50)\times10^{7}$ Pa。

(3) 梯度洗提装置。

梯度洗提装置是使流动相中所含两种(或两种以上)不同极性的溶剂在分离过程中,按一定比例连续改变组成,从而使流动相强度按一定程序变化,以达到改变分离组分的分配比(即 k 值),提高分离效果和分辨能力,缩短分析时间的一种装置。实现梯度洗提要依赖于泵系统,根据溶剂混合时所受的压力,一般分为两种类型,即低压梯度(也称外梯度)、高压梯度(也称内梯度)。

2) 进样装置和色谱柱

(1) 进样装置。

在高效液相色谱中,进样方式及样品体积对柱效率有很大的影响。要获得良好的分离效果和重现性,需要将样品“浓缩”地瞬时注入色谱柱上端柱载体的中心成一个小点。进样装置有微量注射器和进样阀两种。

(2) 色谱柱。

目前高效液相色谱柱由内壁抛光的不锈钢制成。当样品对不锈钢有腐蚀时,可用铜柱、铝柱或聚四氟乙烯柱。一般用直形柱,柱长为 10~100 cm,分析型柱内径 2~5 mm,制备型柱内径 6~10 mm。填料颗粒度 5~10 μm,柱效率以理论塔板数计为 7000~10000 塔板/m。高效液相色谱柱发展的一个重要趋势是减小填料颗粒度(3~5 μm)以提高柱效率,这样便可以使用更短的柱(数厘米),实现更快的分析速度;另一方面是减小柱径,既可降低溶剂用量,又提高检测浓度。

3) 检测和记录系统

高效液相色谱对检测器的要求和气相色谱相似,应具有敏感度好、线性范围宽、重复性好、定量准确、对温度及流量的敏感度小、死体积小等特点。高效液相色谱仪所配用的检测器有 30 余种,常用的主要有紫外光度检测器、示差折光检测器、电导检测器、荧光检测器和极谱检测器五种。

6. 高效液相色谱法在环境分析中的应用

1) 概述

在已知存在的大约 300 万种化合物中,可用高效液相色谱法来分析的挥发性低、易受热分解、离子型或大分子(相对分子质量大于 300)的化合物占 80%左右。离子色谱法可同时测定多种阴离子、阳离子，优于电化学法和原子吸收法。色谱法广泛用于大气、水质、土壤、生物等方面的监测，在环境监测分析中占有主导地位。

高效液相色谱法是吸取了气相色谱和经典液相色谱的优点，特别适用于相对分子质量大、挥发性低、热稳定性差的有机污染物的分离和分析。如环境中的多环芳烃类、酚类、多氯联苯、邻苯二甲酸酯类、联苯胺类、阴离子和非离子表面活性剂、有机农药、除草剂等。

环境样品，无论是水、大气、土壤或生物物质，大都具有成分复杂、分析对象多、含量低等特点，某些本底值甚至只有 ng/kg 级；样品性质一般不够稳定，需要快速连续测定。高效液相色谱具有高效、快速、灵敏度高、选择性好等特点，特别适用于高沸点、难挥发、热稳定性差的高分子化合物，能满足环境分析的要求，特别是对有机污染物的分析，更是其他分析手段难以比拟的。同时，离子色谱法的迅速发展，使得高效液相色谱法在测定有机和无机阴离子方面取得了很好的成效。

2）在大气、降水、废气等监测中的应用

大气中的污染物来源于工业废气、汽车尾气等，其中严重影响人体健康的有机污染物主要为多环芳烃类化合物，如萘、蒽、菲、苯并芘等，以及醛、酮类化合物等，对这些化合物都可用高效液相色谱法检测。

美国 APHA 确定高效液相色谱法用于测定大气颗粒物中 75 种芳香族碳氢化合物，其中有 29 种多环芳烃，13 种芴及同系物、衍生物，11 种环状碳氢化合物多氯衍生物，12 种吲哚、咔唑及芳香醛。我国将高效液相色谱法作为空气中苯并(a)芘的测定方法(推荐法)。

美国环保局(EPA)规定离子色谱法(IC 法)为干湿沉降物中 Cl^-、PO_4^{3-}、NO_3^-、SO_4^{2-} 等离子的标准分析方法。我国用 IC 法作为空气中硫酸盐化速率、氯化氢和降水中 SO_4^{2-}、NO_2^-、NO_3^-、Cl^-、F^- 及废气中氯化氢、甲醛、硫酸雾的分析方法。

在大气飘尘中主要检出多环芳烃(PAH)、硝基多环芳烃、酞酸酯类化合物(PEs)、正构烷烃、胺类、苯系物和有机硫等有机化合物。例如，以草原为清洁对照区，用 HPLC-FLD 测定区域大气中的蒽、芘、苯并(a)芘等 PAHs 含量；以氨基甲酸乙酯泡沫和玻璃纤维滤膜采集大气中气态和颗粒物样，用高效液相色谱和气相色谱测定蒽、芘、苯并芘等污染物的含量；还可用超声波提取飘尘中 PAHs，用 HPLC-FLD 对其中 PAHs 进行监测。用 GC-MS 和高效液相色谱对燃煤城市空气中的多环芳烃类化合物进行定性定量分析，鉴定气相中的主要芳烃 17 种、颗粒物 54 种。

将大气颗粒物样品收集于玻璃纤维滤膜上，用 CH_2Cl_2 提取、过滤、浓缩，对其中的酞酸酯进行分离与测定研究，具有良好的线性响应关系，回收率达 90%以上。采用硅胶管富集大气和化工厂空气中的苯胺，以甲醇为解吸剂，解吸效率达 96%以上。实验结果表明，当富集苯胺的硅胶管放置两周后，回收率仍达 95%。

在废气和民用生活中主要检出碳氢化合物、芳香族的烃、醇、醛、酮、酸和 PAHs、氯代二苯并二噁英、氯代二苯并呋喃等。以 2,4-二硝基苯肼酸性饱和液吸收空气和废气中的醛和酮，所形成的腙衍生物以高效液相色谱法分析，可测定空气及空气污染源中的 10 种醛酮类污染物：甲醛、乙醛、丙烯醛、丁醛、正戊醛、苯甲醛、丙酮、丁酮、4-甲基-2-戊酮、苯乙酮。

高效液相色谱法是目前美国环保局(EPA)采用的室内空气中甲醛测定法，采用 2,4-二硝基苯肼采样，二氯甲烷萃取后进行色谱分析。我国有人以 0.05% 2,4-二硝基苯肼的酸性乙腈溶液吸收空气中的甲醛，吸收率在 98%～100%之间。使用 Beckman340 型 HPLC-UVD，可检测空气中 ng 级的甲醛。也可用 LC-UV(360 nm)系统、RP-18ODS 分离柱，甲醇-水(73∶27)淋洗,可分离烟道气和汽车排气中的低分子醛类化合物。

3) 在水质监测中的应用

近年来,高效液相色谱法在水体和废水的监测中获得了广泛应用,并将高效液相色谱法列为标准分析方法或监测分析方法。例如,美国环保局(EPA)采用高效液相色谱法作为饮用水中16种PAHs和涕灭威、虫螨威等18种农药以及N-氨基甲酸酯、N-氨基甲酰肟等10种杀虫剂的检测方法。在城市和工业废水中有机物的分析中,也使用高效液相色谱法作为联苯胺、3,3-二氰联苯胺、16种PAHs的分析方法。我国也将高效液相色谱法列为水中16种PAHs的监测分析方法。美国APHA将离子色谱法定为水中Br^-、Cl^-、F^-、SO_3^{2-}、SO_4^{2-}、NO_2^-、NO_3^-的标准检验法。我国则将离子色谱法作为水中NO_2^-、NO_3^-、Cl^-、F^-、SO_4^{2-}、磷等分析方法。

色谱法在水质监测中取得了重要成果。在地下水和地面水中主要检出苯系物、酚类、烷、醇、有机酸、有机氯、杂环和PAHs等,在水质调查中有机污染物均在100多个。废水中检出了酚类、多氯联苯、苯系物、有机酸、PAHs、杂环等数百种有机污染物。

多环芳烃类也是水体中的一大类有机污染物。通常采用二氯甲烷萃取或采用环己烷萃取,再经活性硅胶柱吸附,用二氯甲烷或戊烷洗脱后浓缩进样。如利用等梯度淋洗,荧光检测器可实现对地表水中七种多环芳烃化合物的快速分析。有人采用美国惠普公司GC-MS联用仪对鸭绿江(丹东段)江水中有机污染物种类、组成进行分析鉴定,进而采用高效液相色谱对多环芳烃类进行定量测定与评价。

酚类化合物是焦化、染料、造纸、化工等工业废水的主要污染物,其中苯酚是化工原料,五氯酚是杀虫剂、灭菌剂等。酚类化合物不易降解,对环境污染较严重。测定地面水、饮用水和废水中酚类化合物,通常先酸化水样使pH值小于4,采用XAD-2、XDA-4或GDX-502等多孔有机聚合树脂进行富集,再用乙醚等溶剂洗脱浓缩后进行高效液相色谱分析。连续液-液萃取和高效液相色谱可测定雨水中的痕量酚和甲酚;用RP-HPLC、二极管阵列检测器可测定饮用水中的苯酚、4-硝基酚、3-甲基酚、二氯酚、三氯酚和五氯酚等6种化合物。采用高效液相色谱还可对废水中的苯酚、间苯二酚、对甲酚、3,5-二甲酚、邻硝基酚、2,4-二氯酚、五氯酚七种酚类化合物进行分离测定。

苯胺类化合物在我国也被列为环境中的重点污染物,并有最高容许排放浓度标准。它存在于化工、印染、制药、杀虫剂、高分子材料和炸药等工业废水中。用高效液相色谱测定时,常采用液-液萃取法或吸附萃取法对样品进行预处理。采用正相高效液相色谱和反相高效液相色谱的方法均可。国外有人在带有紫外光度检测器的液相色谱仪上,用己烷-氯仿(80∶20)作流动相测定了邻、间、对-甲苯胺和苯胺,最低检出浓度低于此类物质在水中的最高容许浓度。

染化工业废水中含有许多有毒有害有机物和微量分散染料,这些物质相对分子质量大,较难汽化,不宜用GC-MS分析。有人采用高效液相色谱和X射线衍射法两种手段分析染化废水中微量分散染料混合物和染料晶体,并在此基础上建立了染化废水监测体系。

苯氧乙酸及其衍生物具有很强的生物活性,是一类常用的农田除草剂,对人畜有一定的毒、副作用,且能在土壤、环境水、作物秸秆及果实中残留。可采用高效液相色谱法测定苯氧乙酸和2,4-二氯苯氧乙酸,并用于环境水样的分析。

我国合成洗涤剂的品种以阴离子表面活性剂,即直链烷基苯磺酸钠(LAS)为主,占生产总量的65%～80%,对环境污染严重。可采用反相高压液相色谱荧光法测定合成洗涤剂废水中的LAS。根据水样中LAS的含量,在用高效液相色谱法分析时可采用紫外分光光度法、萃取荧光法和直接荧光法进行鉴定，采用十八烷基官能团为基础的键合相做固定相的 ODS（即 C_{18}）微径色谱柱。用甲醇和水做流动相，使 LAS 形成1个峰在溶剂之前流出，测定 LAS 总量；用甲醇和氯酸钠的水溶液做流动相，可分离和测定 LAS 的烷基同系物，可测 LAS 含量。以乙基紫（EV）与十二烷基苯磺酸根形成离子对化合物，苯萃取富集，浓盐酸破坏离子对化合物后，乙基紫进入水相，蒸去苯后用甲醇定容，反相高效液相色谱法测定，可用于自来水中 10^{-9} 数量级的十二烷基苯磺酸钠的含量的测定。

4）在土壤、农产品污染物监测中的应用

土壤和农产品中的有机污染物除来自工业污染外，很大一部分是来自化肥、农药、除草剂等。在挥发性低、受热易分解以及极性强的农药组分监测中高效液相色谱法比气相色谱法更为适用。

目前，高效液相色谱技术有了很大发展，已广泛用于上述类型农药及其降解产物、代谢产物的分析，除用紫外、电化学、荧光、二极管阵列检测器外，液质联用（LC-MS）也已用于实际农药分析，尤其适用于农药残留的快速检测。对于酸性农药残留物质二氯吡啶酸及三氯吡氧乙酸和强极性物质草甘膦及其主要代谢产物氨甲基膦酸也可以用高效液相色谱分析。可用反相高效液相色谱法测定土壤中微量灭多威（氨基甲酸酯类），以乙酸乙酯为提取液，蒸发除去乙酸乙酯，加水后用石油醚、正己烷、氯仿萃取，蒸去氯仿再用甲醇定容，经 0.45 μm 的滤膜过滤后进样分析。有机磷农药是高毒低残留农药，可用甲醇提取，离心除去固体物后用反相高效液相色谱对土壤样品中残留的对硫磷和甲基对硫磷进行定量分析。

高效液相色谱法能快速、灵敏、可靠地测定土壤-植物系统中存在的多环芳烃，对土壤、植物和籽样品分别用四氢呋喃、甲醇、乙酸乙酯以超声技术提取，提取液经旋转蒸发仪浓缩，经硅胶柱净化后，由高效液相色谱分离，荧光检测分析。

随着食物中毒事件发生频率的上升，农产品中污染物及残留农药的检测越来越受重视。高效液相色谱法近来逐渐表现出独特的优越性。如将糙米用丙酮提取，经活性炭、中性氧化铝层析柱进一步净化，用液相色谱可测定其中烯虫酯的残留量。牛、羊肉中敌草隆、绿麦隆和阿特拉津的残留量也可用高效液相色谱法同时测定。藻毒素是湖泊富营养化后，水华过程中释放的一类单环七肽物质，可在鱼体内积累。鱼肉中藻毒素的含量可用反相高效液相色谱法分析。用高效液相色谱法可检测苯并(a)芘在食用植物油中的含量。使用高效液相色谱法可分离测定粮油中黄曲霉毒素（AFT）的四种异构体（B1、B2、G1、G2）。真菌毒素对农产品的污染是一个备受关注的问题。采用一种快速高效液相色谱法可定量测定玉米中真菌毒素玉米赤霉。

高效液相色谱技术还在不断发展，它将成为监测农业生产环境和农产品安全性的常用技术之一。

5.5 质谱与核磁共振波谱法

5.5.1 质谱分析法

1. 概述

质谱分析法（mass spectrometry，MS）是通过对被测样品离子质荷比的测定来进行分析的一种分析方法。被分析的样品首先要离子化，然后利用不同离子在电场或磁场中运动行为的不同,把离子按质荷比(m/z)分开而得到质谱,通过样品的质谱和相关信息,可以得到样品的定性定量结果。

相较于核磁共振、红外和紫外光谱法,质谱分析法具有两个突出的优点。

(1) 灵敏度远远超过其他方法,样品的用量也不断降低。

(2) 可准确确定分子式,而分子式对推测结构至关重要。

2. 质谱分析法基本原理

1) 质谱分析法测量原理

质谱分析法主要是通过对样品离子的质荷比进行分析,实现对样品定性和定量的一种方法。质谱分析的基本原理很简单:使所研究的混合物或单体形成离子,如 M 通过离子源形成 M^+,然后使形成的离子按质荷比 m/z 进行分离。因此,质谱仪都必须有电离装置把样品电离为离子,有质量分析装置把不同质荷比的离子分开,经检测器检测之后可以得到样品的质谱图。

2) 质谱的基本方程

样品经由离子源发生的离子束在加速电极电场(800~8000 V)的作用下,使质量为 m 的正离子获得一定的速率(v),以直线运动,其动能为

$$zU = \frac{1}{2}mv^2 \tag{5.65}$$

式中:z——离子电荷数;

U——加速电压。

显然,在一定的加速电压下,离子的运动速率与质量 m 有关。

当具有一定动能的正离子进入垂直于离子速度方向的均匀磁场(质量分行器)时,正离子在磁场力(洛仑兹力)的作用下,改变运动方向(磁场不能改变离子的运动速率)做圆周运动。设离子做圆周运动的轨道半径(近似为磁场曲率半径)为 R,则运动离心力 mv^2/R 必然和磁场力 Hzv 相等,故

$$Hzv = \frac{mv^2}{R} \tag{5.66}$$

式中:H——磁场强度。

将式(5.65)代入式(5.66)中,可得

$$\frac{m}{z} = \frac{H^2R^2}{2v} \tag{5.67}$$

式(5.67)称为质谱方程,是设计质谱仪器的主要依据。由此式可见,离子在磁场内运动半径 R 与 m/z、H、v 有关。因此只有在一定的 v 及 H 的条件下,某些具有一定质荷比 m/z 的正离子才能以运动半径为 R 的轨道到达检测器。

若 H、R 固定,$m/z \propto 1/v$,只要连续改变加速电压(电压扫描),或 v、R 固定,$m/z \propto H^2$,连续改变 H(磁场扫描),就可使具有不同 m/z 的离子顺序到达检测器发生信号而得到质谱图。

3) 质谱仪的性能参数

(1) 质谱测定范围。

质谱仪的质量测定范围表示质谱仪能够进行分析的样品的相对原子质量(或相对分子质量)范围,通常用原子质量单位进行度量。测定气体用的质谱仪,一般质量测定范围在 2~100,而有机质谱仪一般可达几千,现代质谱仪甚至可以研究相对分子质量达几十万的生化样品。

(2) 分辨率。

分辨率(R)是指质谱仪分开相邻质量数离子的能力，是评价质谱仪性能的一个重要指标，它反映仪器对质荷比相邻的两个质谱峰的分辨能力。对质荷比相邻的两个单电荷离子的质谱峰(单电荷离子是离子源中主要的生成离子，其质荷比数值与其质量相同)，其质量分别为 m、$m+\Delta m$，当两峰峰谷的高度等于或小于峰高的 10%时，这两个峰即认为可以被区分开，如图 5-33 所示。仪器的分辨率通常表示为

$$R=\frac{m}{\Delta m}\ (\Delta m\leqslant 1) \tag{5.68}$$

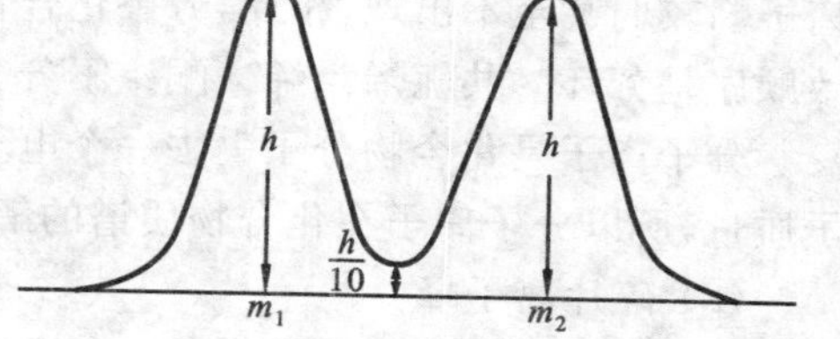

图 5-33　质谱仪 10%峰谷分辨率

而在实际工作中，有时很难找到相邻的且峰高相等的两个峰，同时峰谷又为峰高的 10%。在这种情况下，可任选一单峰，测其峰高 5%处的峰宽 $W_{0.05}$，即可当作式(5.68)中的 Δm，此时分辨率定义为

$$R=\frac{m}{W_{0.05}} \tag{5.69}$$

分辨率只为 500 左右的质谱仪可以满足一般有机分析的要求，而 $R\geqslant 10^4$ 时为高分辨率质谱仪，高分辨率质谱仪可测量离子的精确质量。

(3) 灵敏度。

质谱仪的灵敏度有绝对灵敏度、相对灵敏度和分析灵敏度等几种表示方式。绝对灵敏度指仪器可以检测到的最小样品量，相对灵敏度指仪器同时检测的大组分和小组分的含量之比，分析灵敏度指输入仪器的样品量与仪器输出信号之比。

4) 质谱术语

(1) 基峰。

基峰是质谱图中离子强度最大的峰，规定其相对强度(relative intensity，RI)或相对丰度(relative abundance，RA)为 100。

(2) 质荷比。

质荷比是离子的质量与所带电荷数之比，用 m/z 或 m/e 表示。质谱中的质荷比依据的是单个原子的质量，所以质谱中测得的原子质量为该元素某种同位素的原子质量，而不是通常化学中用的平均原子质量。z 或 e 为离子所带正电荷或所丢失的电子数目，通常 z(或 e)为 1。

(3) 精确相对质量。

低分辨质谱中离子的相对质量为整数，高分辨质谱给出分子离子或碎片离子的不同程度的精确相对质量。分子离子或碎片离子的精确相对质量的计算基于精确相对原子质量。由精确相对原子质量表可计算出精确相对原子质量，例如，M_{CO}：27.9949；M_{N_2}：28.0062；$M_{C_2H_4}$：28.0313，三种物质的相对分子质量相差很小，但用精确的高分辨质谱就可以把它们区分开来。

5) 主要离子峰的类型

(1) 分子离子峰。

由样品分子丢失一个电子而生成的带正电荷的离子为分子离子，$z=1$ 的分子离子的 m/z 就是该分子的分子质量。分子离子是质谱中所有离子的起源，它在质谱图中所对应的峰为分子离子峰。

在质谱中,分子离子峰的强度和化合物的结构有关。环状化合物比较稳定,不易碎裂,因而分子离子峰较强。支链较易碎裂,分子离子峰就弱,有些稳定性差的化合物经常看不到分子离子峰。一般规律是,化合物分子稳定性差,键长,分子离子峰弱,有些酸、醇及支链烃的分子离子峰较弱甚至不出现,相反,芳香化合物往往都有较强的分子离子峰。分子离子峰强弱的大致顺序是芳环>共轭烯>烯>酮>不分支烃>醚>酯>胺>酸>醇>高分支烃。

分子离子是化合物分子失去一个电子形成的,因此,分子离子的质量就是化合物的相对分子质量,所以分子离子在化合物质谱的解释中具有重要的意义。

(2) 碎片离子峰。

由分子离子裂解产生的所有离子称为碎片离子,碎片离子与分子解离的方式有关,可以根据碎片离子来推断分子结构。碎片离子在质谱图中所对应的峰为碎片离子峰。

(3) 重排离子峰。

经过重排反应产生的离子称为重排离子,其结构并非原分子中所有。在重排反应中,化学键的断裂和生成同时发生,并丢失中性分子或碎片。重排离子在质谱图中所对应的峰为重排离子峰。

(4) 同位素离子峰。

当分子中有同种元素不同的同位素时,此时的分子离子由多种同位素离子组成,同位素离子在质谱图中所对应的峰为同位素离子峰。不同同位素离子峰的强度与同位素的丰度成正比。

(5) 多电荷离子峰。

一个分子丢失一个以上电子形成的离子称为多电荷离子。在正常电离条件下,有机化合物只产生单电荷或双电荷离子。多电荷离子在质谱图中所对应的峰为多电荷离子峰。在质谱图中,双电荷离子再现在单电荷离子的 1/2 质量处。

(6) 准分子离子峰。

用 CI 电离法,常得到比分子质量多(或少)1 质量单位的离子,称为准分子离子,如$(M+H)^+$、$(M-H)^+$等。在醚类化合物的质谱图中出现的$(M+1)$峰为$(MH)^+$。

(7) 亚稳离子峰。

在电离、裂解或重排过程中所产生的离子,有一部分处于亚稳态,称为亚稳态离子。这些亚稳态离子同样被引出离子室。亚稳态离子在质谱图中所对应的峰为亚稳离子峰。

3. 质谱仪

质谱仪又称质谱计,是根据带电粒子在电磁场中能够偏转的原理,按物质原子、分子或分子碎片的质量差异进行分离和检测物质组成的一类仪器。质谱仪按应用范围分为同位素质谱仪、无机质谱仪和有机质谱仪,按分辨率分为高分辨、中分辨和低分辨质谱仪,按工作原理分为静态仪器和动态仪器。

1) 质谱仪组成

由于有机样品、无机样品和同位素样品具有不同的形态、性质和不同的分析要求,因此,所用的电离装置、质量分析装置和检测装置有所不同。但是,不管是哪种类型的质谱仪,其基本组成是相同的,都包括进样系统、离子源、质量分析器、检测器和真空系统。本节主要介绍有机质谱仪的仪器组成(图 5-34)。

(1) 进样系统。

质谱仪对进样系统的要求主要有重复性、不引起真空度降低。进样方式包括间歇式进样

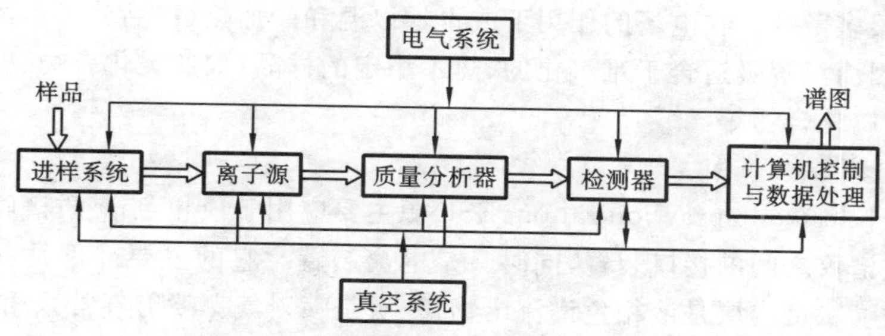

图 5-34　有机质谱仪组成示意图

和直接探针进样。间歇式进样适用于气体、沸点低且易挥发的液体、中等蒸气压固体，直接探针进样适用于高沸点液体及固体样品。

(2) 离子源(或电离室)。

离子源的作用是将欲分析的样品电离，得到带有样品信息的离子。可分为以下几类。

① 电子电离源。

电子电离源又称 EI(electron ionization)源，主要用于挥发性样品的电离。在电子轰击下，样品分子可能由四种不同途径形成离子：样品分子被打掉一个电子形成分子离子；分子离子进一步发生化学键断裂形成碎片离子；分子离子发生结构重排形成重排离子；通过分子离子反应生成加合离子。

此外，还有同位素离子。这样，一个样品分子可以产生很多带有结构信息的离子，对这些离子进行质量分析和检测，可以得到具有样品信息的质谱图。

② 化学电离源。

有些化合物稳定性差，用 EI 方式不易得到分子离子，因而也就得不到相对分子质量。为了得到相对分子质量，可以采用化学电离(chemical ionization，CI)方式。EI 是电子直接与样品分子作用，而 CI 过程中，样品分子的电离是经过离子-分子反应而完成的。CI 和 EI 在结构上没有多大差别，其主要差别是 CI 源工作过程中要引进一种反应气体。反应气体可以是甲烷、甲醇、异丁烷、氨等，反应气的量比样品气要大得多。灯丝发出的电子首先将反应气电离，然后反应气离子与样品分子进行离子-分子反应，并使样品气电离。

EI 源和 CI 源主要用于气相色谱-质谱联用仪，适用于易汽化的有机物样品分析。

③ 快原子轰击。

快原子轰击(fast atomic bombardment，FAB)用重的原子，氙或氩，有时也用氦。惰性气体的原子首先被电离，然后电位加速，使之具有较大的动能。在原子枪内进行电荷交换反应，低能量的离子被电场偏转引出，高动能的原子则对靶物进行轰击。它主要用于极性强、相对分子质量大的样品分析。

FAB 源主要用于磁式双聚焦质谱仪。

④ 场电离。

当样品蒸气邻近或接触带高的正电位的金属针时，由于高曲率半径的针端处产生很强的电位梯度，样品分子可被电离，即为场电离(field ionization)。场电离要求样品分子处于气态，灵敏度又低，因而应用逐渐减少。

⑤ 场解吸。

场解吸(field desorption)的原理与场电离相同，但样品是沉积在电极上。为增加离子的产率,电极上有很多微针。在电场的作用下或再辅以温和的加热,样品分子不经汽化而直接得到准分子离子,因而场解吸适合于难汽化的、热不稳定的样品,如肽类化合物、糖、高聚物、有机酸的盐和有机金属化合物等。

⑥ 电喷雾电离源。

电喷雾电离(electron spray ionization,ESI)源主要应用于液相色谱-质谱联用仪。它既作为液相色谱和质谱仪之间的接口装置,同时又是电离装置。它的主要部件是一个由多层套管组成的电喷雾喷嘴。最内层是液相色谱流出物,外层是喷射气。喷射气常采用大流量的氮气,其作用是使喷出的液体容易分散成微滴。

电喷雾电离源是一种软电离方式,即便是相对分子质量大、稳定性差的化合物,也不会在电离过程中发生分解,它适合于分析极性强的大分子有机化合物,如蛋白质、肽、糖等。电喷雾电离源的最大特点是容易形成多电荷离子。这样,一个相对分子质量为10000的分子若带有10个电荷,则其质荷比只有1000,进入一般质谱仪可以分析的范围之内。根据这一特点,目前采用电喷雾电离源,可以测量相对分子质量在300000以上的蛋白质。

⑦ 大气压化学电离。

大气压化学电离(atmospheric pressure chemical ionization,APCI)是主要应用于高效液相色谱和质谱仪联机时的电离方法。APCI源的结构与电喷雾电离源大致相同,不同之处在于APCI喷嘴的下游放置一个针状放电电极,通过放电电极的高压放电,使空气中某些中性分子电离,产生H_3O^+、N_2^+、O_2^+和O^+等离子,溶剂分子也会被电离,这些离子与分析物分子进行离子-分子反应,使分析物分子离子化,这些反应过程包括由质子转移和电荷交换产生正离子、质子脱离和电子捕获产生负离子等。

大气压化学电离源主要用来分析中等极性的化合物。有些分析物由于结构和极性方面的原因,用ESI不能产生足够强的离子,可以采用APCI方式增加离子产率,可以认为APCI是ESI的补充。APCI产生的主要是单电荷离子,所以分析的化合物相对分子质量一般小于1000。用这种电离源得到的质谱很少有碎片离子,主要是准分子离子。

⑧ 激光解吸源。

激光解吸(laser description,LD)是利用一定波长的脉冲式激光照射样品而使样品电离的一种电离方式。被分析的样品置于涂有基质的样品靶上,激光照射到样品靶上,基质分子吸收激光能量,与样品分子一起蒸发到气相并使样品分子电离。激光解吸源需要合适的基质才能得到较好的离子产率。因此,这种解吸源通常称为基质辅助激光解吸电离(matrix-assisted laser description ionization,MALDI)。MALDI属于软电离技术,它比较适合于分析生物大分子,如肽、蛋白质、核酸等,得到的质谱主要是分子离子、准分子离子。

主要离子源特点的对比见表5-1。

表5-1　主要离子源特点

基本类型	离　子　源	离子化能量	特点及主要应用
气相	电子电离(EI)	高能电子	适合挥发性样品。灵敏度高,重现性好,生成特征碎片离子。与标准谱库比较进行分子结构判定
	化学电离(CI)	反应气离子	适合挥发性样品。生成准分子离子。可用于相对分子质量确定

续表

基本类型	离　子　源	离子化能量	特点及主要应用
解吸	快原子轰击(FAB)	高能原子束	适合难挥发、极性大的样品。生成准分子离子和少量碎片离子
	电喷雾(ESI)	高电场	生成多电荷离子，碎片少，适合极性大分子分析，也用作LC-MS接口
	基质辅助激光解吸(MALDI)	激光束	高分子及生物大分子分析，主要生成准分子离子

(3) 质量分析器。

质量分析器是质谱仪的核心，它的作用是将离子源产生的离子按 m/z 顺序分开并排列成谱。用于有机质谱仪的质量分析器有单聚焦质量分析器和双聚焦质量分析器、四极杆质量分析器、离子阱分析器、回旋共振分析器、飞行时间分析器等。不同的质量分析器构成了不同种类的质谱仪器，不同类型的质谱仪器有不同的原理、功能、指标和应用范围。

(4) 检测器和真空系统。

① 检测器。

质谱仪的检测器(detecter)主要使用电子倍增器，也有的使用光电倍增管。由四极杆出来的离子打到高能电极产生电子，电子经电子倍增器产生电信号，记录不同离子的信号即得质谱。

② 真空系统。

为了保证离子源中灯丝的正常工作，保证离子在离子源和分析器中正常运行，消减不必要的离子碰撞、散射效应、复合反应和离子-分子反应，减小本底与记忆效应，质谱仪的离子源和分析器都必须处在优于 10^{-3} Pa 的真空中才能工作。所以质谱仪都必须有真空系统(vacuum system)。

2) 质谱仪仪器简介

质谱仪种类非常多，工作原理和应用范围也有很大的不同。从应用角度，质谱仪可以分为下面几类。

(1) 有机质谱仪。

有机质谱仪由于应用特点不同又分为以下几类。

① 气相色谱-质谱联用仪(GC-MS)。

在这类仪器中，由于质谱仪工作原理不同，又有气相色谱-四极杆质谱仪、气相色谱-飞行时间质谱仪和气相色谱-离子阱质谱仪等。

② 液相色谱-质谱联用仪(LC-MS)。

同样，液相色谱-质谱联用仪有液相色谱-四极杆质谱仪、液相色谱-离子阱质谱仪和液相色谱-飞行时间质谱仪等。

③ 其他有机质谱仪。

其他有机质谱仪主要有基质辅助激光解吸飞行时间质谱仪(MALDI-TOFMS)和傅里叶变换质谱仪(FT-MS)。

(2) 无机质谱仪。

无机质谱仪有以下几种：①火花源双聚焦质谱仪；②二次离子质谱仪(SIMS)；③感应耦合等离子体质谱仪(ICP-MS)。

ICP-MS 是利用感应耦合等离子体作为离子源,产生的样品离子经质量分析器和检测器后得到质谱,因此,与有机质谱仪类似,ICP-MS 也是由离子源、分析器、检测器、真空系统和数据处理系统组成。

(3) 同位素质谱仪。

(4) 气体分析质谱仪。

气体分析质谱仪主要有呼气质谱仪和氦质谱检漏仪等。

以上的分类并不十分严谨。因为有些仪器带有不同附件,具有不同功能。例如,一台气相色谱-双聚焦质谱仪,如果改用快原子轰击电离源,就不再是气相色谱-质谱联用仪,而称为快原子轰击质谱仪(FAB-MS)。另外,有的质谱仪既可以和气相色谱相连,又可以和液相色谱相连,因此也不好归于某一类。在以上各类质谱仪中,数量最多、用途最广的是有机质谱仪。

还可以根据质谱仪所用的质量分析器的不同,把质谱仪分为双聚焦质谱仪、四极杆质谱仪、飞行时间质谱仪、离子阱质谱仪、傅里叶变换质谱仪等。

4. 质谱定性分析法

各元素的相对原子质量是以 ^{12}C 的相对原子质量 12.000000 作为基准,如精确到小数点后 6 位数字,大多数元素的相对原子质量不是整数。如

$$A_r(^{1}H)=1.007825 \quad A_r(^{14}N)=14.003074 \quad A_r(^{16}O)=15.994915$$

这样,由不同数目的 C、H、O、N 等元素组成的各种分子式中,其相对分子质量整数部分相同的可能有很多,但其小数部分不会完全相同。

如高分辨质谱测定某未知物的相对分子质量为 126.0328000(注意:这是由纯同位素 ^{1}H、^{12}C、^{16}O 等组成的化合物的相对分子质量,而常见的相对分子质量是由各种同位素按其天然丰度组成的化合物得出的,后者比前者略大)。电子计算机给出其可能的分子式为

(1) C_9H_4ON　126.0328016　(2) $C_2H_2ON_6$　126.0327962

(3) $C_4H_4O_2N_3$　126.0327976　(4) $C_6H_6O_3$　126.0327989

其中(1)、(3)不符合氮数规律,(2)很难写出一个合理的结构式,该化合物最合理的分子式应为(4)$C_6H_6O_3$。此结论得到了该化合物 NMR 谱的证实。

同理,高分辨质谱通过测量每个碎片离子峰 m/z 的精确值,也能给出每个碎片离子的元素组成,这对推证化合物的结构具有非常重要的意义。

5. 质谱图分析

当对化合物分子用离子源进行离子化时,对那些能够产生分子离子或质子化(或去质子化)分子离子的化合物来说,用质谱法测定相对分子质量是目前最好的方法。它不仅分析速度快,而且能够给出精确的相对分子质量。

显然,只要确定质谱图中分子离子峰或与其相关的离子峰,就可以测得样品的相对分子质量。但是,分子离子峰的强度与分子的结构及类型等因素有关。对某些不稳定的化合物来说,当使用某些硬电离源(如 EI 源)后,在质谱图上只能看到其碎片离子峰,看不到分子离子峰。另外,有些化合物的沸点很高,它们在汽化时就被热分解,这样得到的只是该化合物热分解产物的质谱图。因此,实际分析时必须加以注意。

在纯样品质谱图中,判断分子离子峰时应注意的问题有如下几方面。

(1) 原则上除同位素峰外它是最高质量的峰。即分子离子峰应位于质谱图的最右端。但有些分子会形成质子化分子离子峰 $[M+1]^+$ 或去质子化分子离子峰 $[M-1]^+$。

(2) 分子离子峰必须符合氮数规律。即在含有 C、H、N、O 等的有机化合物中,当有偶数

(包括零)个氮原子时,其分子离子峰的 m/z 值一定是偶数;当有奇数个氮原子时,其分子离子峰的 m/z 值一定是奇数。

(3) 当化合物中含有氯或溴时,可以利用 M 与 M+2 峰强度的比例来确认分子离子峰。通常,若分子中含有一个氯原子,则 M 和 M+2 峰强度比为 3∶1;若分子中含有一个溴原子,则 M 和 M+2 峰强度比为 1∶1。

(4) 分子离子峰与邻近峰的质量差要合理,如有不合理的碎片峰,就不是分子离子峰。

(5) 设法提高分子离子峰的强度。通常,降低电子轰击源的电压,碎片峰逐渐减小甚至消失,而分子离子(和同位素)峰的强度增加。

(6) 对那些不挥发或热不稳定的化合物应采用软电离源解离方法,如化学电离、大气压化学电离、电喷雾电离等,以加大分子离子峰的强度。

6. 质谱分析法在环境分析中的应用

由于质谱分析具有灵敏度高、样品用量少、分析速度快、分离和鉴定同时进行等优点,因此,质谱技术广泛地应用于化学、化工、环境、能源、医药、运动医学、刑侦科学、生命科学、材料科学等各个领域。这里主要介绍质谱分析法在环境分析中的应用。

1) 质谱技术在环境突发性事故中的应用

重大环境污染事件、食品污染事件和急性传染病事件,如松花江水环境污染、川东油气田硫化氢泄漏、淮安液氯泄漏、"非典"疫情、禽流感疫情、含二噁英奶粉、"苏丹红"添加剂等,引起的后果触目惊心,增添了新的社会不安定因素。质谱技术因其非常强大的定性定量功能,而在环境突发性事故中发挥着越来越大的作用,成为应急监测强有力的手段和工具。

(1) 环境空气监测。

环境空气监测以挥发性有机物分析为主。空气中挥发性有机物的分析步骤如下:①清洗采样罐;②采样罐抽真空;③现场负压采样;④气相色谱-质谱分析。

(2) 水样监测。

水样监测以挥发性有机物分析为主。分析步骤如下:① 将一定量水样放入吹扫捕集仪的吹扫瓶;② 以 40 mL/min 流量的氮气吹扫 11~12 min,挥发性组分被吸附管捕集;③ 在解吸过程中,吸附管于 180 ℃热解吸 4 min,吹扫气以 15 mL/min 的流量将其吹入气相色谱-质谱仪中;④ 气相色谱-质谱分析。

实践证明,质谱技术能对环境空气、地表水、地下水、饮用水、生物、食品、土壤等的污染情况提供准确的定性定量结果,在环境突发性事故的监测分析中具有特别重要的作用。

2) 质谱技术在大气痕量污染物测定中的应用

大气污染可以引发多种疾病,而且影响大气辐射平衡甚至气候变化。随着人类生存环境的恶化,近年来大气污染监测受到人们的广泛关注。大气中的痕量物质如 H_2SO_4、HNO_3 和酸性气体 SO_2,自由基 HO·、H_2O·、RO_2·,可挥发性有机物(volatile organ compounds,VOC)以及气溶胶等是大气污染形成中的重要中间体。实时测量这些物质的时空分布对于了解污染的机理和现状有重要意义。

大气中痕量物质浓度低、活性大、寿命短,因此实时测量这些物质就显得特别困难。近 10 年来出现了一些测量大气中痕量物质的方法,如激光诱导荧光(LIF)、差分光学吸收光谱(DOAS)、傅里叶变换光谱(FTIR)等,但是这些方法只能测量比较简单的自由基和化合物。质谱分析方法响应快,灵敏度高,能够实现实时监测。近年来,许多研究小组开展了用化学电离质谱(CIMS)原位测量大气中痕量物质的研究。

但是由于其谱图仅给出有机物的分子离子,结果分析就会出现几种相对分子质量相同的化合物对应于同一个谱峰的可能性,从而混淆分析结果。近年来,已经有科学家针对这个问题开展了许多研究,其中将 CIMS 和 GC 联用以及将有机膜用于 CIMS 的进口实现预分离是比较看好的方向。另外,寻找新的有选择性的试剂离子(如手性试剂)以提高 CIMS 的选择性是值得关注的方向。

5.5.2 核磁共振波谱法

核磁共振已成为鉴定有机化合物结构及研究化学动力学等极为重要的方法,在有机化学、生物化学、药物化学、物理化学、无机化学、环境化学及多种工业部门中得到广泛的应用。

1. 核磁共振波谱法的基本原理

1) 原子核的磁矩

核磁共振的研究对象为具有磁矩的原子核。原子核由中子和质子所组成,是带正电荷的粒子,其自旋运动将产生磁矩。具有磁矩的原子核称为磁性核,是核磁共振的研究对象。只有存在自旋运动的原子核才具有磁矩。

原子核的磁矩取决于原子核的自旋角动量 P,其大小为

$$P = \sqrt{I(I+1)}\,\frac{h}{2\pi} = \sqrt{I(I+1)}\hbar \tag{5.70}$$

式中:I——原子核的自旋量子数;

h——普朗克常量。

原子核可按 I 的数值分为以下三类。

(1) 中子数、质子数均为偶数,则 $I=0$,如 ^{12}C、^{16}O、^{32}S 等。此类原子核不能用核磁共振法进行测定。

(2) 中子数与质子数其一为偶数,另一为奇数,则 I 为半整数,如

$I=1/2$:^{1}H、^{13}C、^{15}N、^{19}F、^{31}P、^{37}Se 等。

$I=3/2$:^{7}Li、^{9}Be、^{11}B、^{33}S、^{35}Cl、^{37}Cl 等。

$I=5/2$:^{17}O、^{25}Mg、^{27}Al、^{55}Mn 等。

以及 $I=7/2$、$9/2$ 等。

(3) 中子数、质子数均为奇数,则 I 为整数,如:$^{2}H(D)$、^{6}Li、^{14}N 等,$I=1$;^{58}Co,$I=2$;^{10}B,$I=3$。

(2)、(3)类原子核是核磁共振研究的对象。其中,$I=1/2$ 的原子核,其电荷均匀分布于原子核表面,这样的原子核不具有四极矩,其核磁共振的谱线窄,最宜于核磁共振检测。

凡 I 值非零的原子核即具有自旋角动量 $\boldsymbol{P}$,也就具有磁矩 $\boldsymbol{\mu}$,$\boldsymbol{\mu}$ 与 $\boldsymbol{P}$ 之间的关系为

$$\boldsymbol{\mu} = \gamma \boldsymbol{P} \tag{5.71}$$

γ 称为磁旋比(magnetogyric ratio),有时也称旋磁比(gyromagnetic ratio),是原子核的重要属性。

2) 核磁共振的产生

在静磁场中,具有磁矩的原子核存在着不同能级。此时,如运用某一特定频率的电磁波来照射样品,并使该电磁波满足相邻能级之间的能量差,原子核即可进行能级之间的跃迁,这就是核磁共振。当发生核磁共振现象时,原子核在能级跃迁的过程中吸收了电磁波的能量,由此可检测到相应的信号。

核磁共振的基本原理如下：原子核有自旋运动，在恒定的磁场中，自旋的原子核将绕外加磁场作回旋转动，称为进动(precession)。进动有一定的频率，它与所加磁场的强度成正比。如在此基础上再加一个固定频率的电磁波，并调节外加磁场的强度，使进动频率与电磁波频率相同。这时原子核进动与电磁波产生共振，称为核磁共振。核磁共振时，原子核吸收电磁波的能量，记录下的吸收曲线就是核磁共振谱(NMR-spectrum)。由于不同分子中原子核的化学环境不同，将会有不同的共振频率，产生不同的共振谱。记录这种波谱即可判断该原子在分子中所处的位置及相对数目，用于进行定量分析及测定相对分子质量，并对有机化合物进行结构分析。

2. 核磁共振的重要参数

1) 化学位移

设想在某静磁场 $\boldsymbol{B}_0$ 中，不同种的原子核因有不同的磁旋比 γ，因而也就有不同的共振频率。因为核外电子对原子核有一定的屏蔽作用，实际作用于原子核的静磁感应强度不是 $\boldsymbol{B}_0$ 而是 $\boldsymbol{B}_0(1-\sigma)$。$\sigma$ 称为屏蔽常数。它反映核外电子对核的屏蔽作用的大小，即反映了核所处的化学环境。

各种官能团的原子核因有不同的 σ，故其共振频率 ν 不同，我们也可以设想为：选用某一固定的电磁波频率，扫描磁感应强度而作图。核磁谱图的横坐标从左到右表示磁感应强度增强的方向。σ 大的原子核，$1-\sigma$ 小，$\boldsymbol{B}_0$ 的量需有相当增加方能满足共振条件，即这样的原子核将在右方出峰。因 σ 总是远远小于1，峰的位置不便精确测定，故在实验中采用某一标准物质作为基准，以其峰位作为核磁谱图的坐标原点。不同官能团的原子核谱峰位置相对于原点的距离，反映了它们所处的化学环境，故称为化学位移 δ，其表达式为

$$\delta = \frac{\boldsymbol{B}_{标准} - \boldsymbol{B}_{样品}}{\boldsymbol{B}_{标准}} \times 10^6 \tag{5.72}$$

式中：$\boldsymbol{B}_{样品}$、$\boldsymbol{B}_{标准}$——在固定电磁波频率时，样品和标准物质满足共振条件时的磁感应强度。

需强调的是，δ 为一相对值，它与仪器所用的磁感应强度无关。

2) 自旋-自旋耦合

(1) 自旋裂分。

相邻的磁不等性H核自旋相互作用(即干扰)，这种原子核之间的相互作用，叫做自旋耦合。由自旋耦合引起的谱线增多的现象，叫做自旋裂分。

① 受耦合作用而产生的谱线裂分数为 $n+1$，n 表示产生耦合的原子核(其自旋量子数为1/2)的数目，这称为 $n+1$ 规律。若考虑一般情况，因受自旋量子数为 I 的 n 个原子核耦合，产生的谱线数目为 $2nI+1$，这称为 $2nI+1$ 规律。$n+1$ 规律是 $2nI+1$ 规律的特例($I=1/2$)，却是最经常使用的。

② 每相邻两条谱线间的距离都是相等的。

③ 谱线间强度比为 $(a+b)^n$ 展开式的各项系数。

若 $n=3$，产生的四重峰的各峰的强度比为1∶3∶3∶1。

(2) 耦合常数。

每组吸收峰内各峰之间的距离，称为耦合常数，以 J_{ab} 表示，如图5-35所示。下标“ab”表示相互耦合的磁不等性H核的种类。

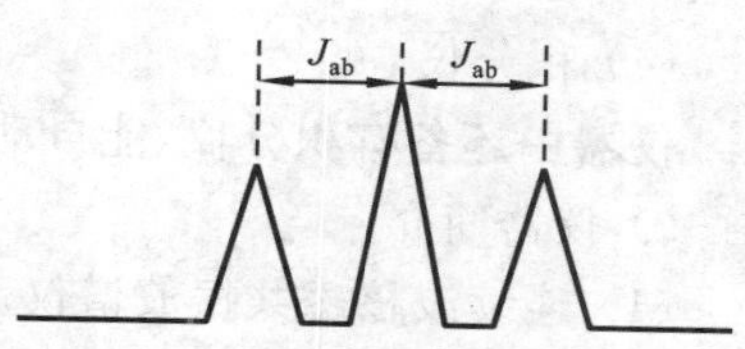

图5-35　每组吸收峰内各峰之间的距离示意图

耦合常数的单位用Hz表示。耦合常数 J 反映的是两

个核之间作用的强弱，耦合常数的大小与外加磁场强度、使用仪器的频率无关，与两个核在分子中相隔化学键的数目密切相关，故在 J 的左上方标以两核相距的化学键数目。如 $^{13}C-^{1}H$ 之间的耦合常数标为 ^{1}J，而 $^{1}H-^{12}C-^{12}C-^{1}H$ 中两个 ^{1}H 之间的耦合常数标为 ^{3}J。耦合常数随化学键数目的增加而迅速下降，因自旋耦合是通过成键电子传递的。两个氢核相距四个以上单键即难以存在耦合作用，若此时 $J\neq 0$，则称为远程耦合或长程耦合。碳谱中 ^{2}J 以上即称为长程耦合。

值得注意的是：自旋耦合与相互作用的两个 H 核的相对位置有关，当相隔单键数不大于 3 时，可以发生自旋耦合；相隔三个以上单键时，J 值趋于 0，即不发生耦合。磁等性 H 核之间不发生自旋裂分。如 CH_3-CH_3 只有一个单峰。

3) 弛豫过程

为能连续存在核磁共振信号，必须有从高能级返回低能级的过程，这个过程称为弛豫过程。弛豫过程有两类。其一为自旋-晶格弛豫，亦称为纵向弛豫。其结果是一些核由高能级回到低能级。该能量被转移至周围的分子（固体的晶格，液体则为周围的同类分子或溶剂分子）而转变成热运动，即纵向弛豫反映了体系和环境的能量交换。其二为自旋-自旋弛豫，亦称为横向弛豫。这种弛豫并不改变 n_1、n_2 的数值，但影响具体的（任一选定的）核在高能级停留的时间。这个过程是样品分子的核之间的作用，是一个熵的效应。

3. 核磁共振波谱仪

1) 仪器组成

核磁共振波谱仪组成如图 5-36 所示。

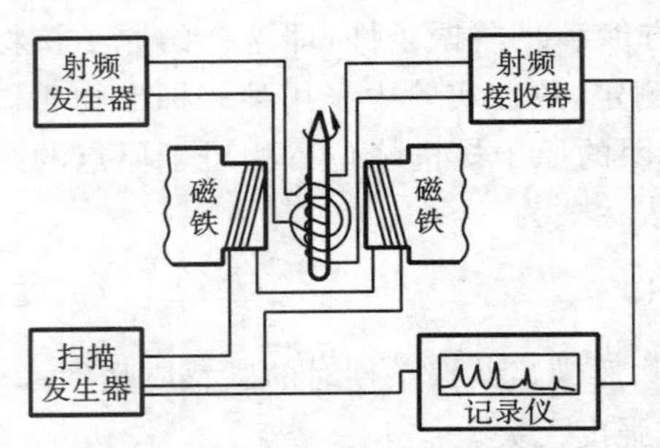

图 5-36 核磁共振波谱仪组成示意

(1) 磁铁。

磁铁（或磁体）产生强的静磁场，以满足产生核磁共振的要求。无论是用磁铁还是磁体，核磁共振波谱仪均要求磁场高度均匀。

(2) 射频装置。

射频装置包括射频发生器和射频接收器。

(3) 探头。

探头是核磁共振波谱仪的核心部件，它固定于磁体或磁铁的中心，为圆柱形，探头的中心放置装载样品溶液的样品管。探头对样品发射产生核磁共振的射频波脉冲并检测核磁共振的信号。这两个功能常可由一个线圈来完成。在此线圈之外有去耦线圈，以测得去耦的谱图。

从产生射频宽窄的角度，探头分为两类：一类是产生固定频率的探头；另一类为频率连续可调的探头。前者如检测 ^{1}H 和 ^{13}C 的双核探头，检测 ^{1}H、^{31}P、^{13}C 和 ^{15}N 的四核探头。后者产生的射频则连续可调，高频起于 ^{31}P 的共振频率。低频限因产品而异，如终止于 ^{15}N 或 ^{109}Ag 的共振频率。

(4) 积分仪。

仪器中还备有积分仪，能自动画出积分曲线，指出各组共振峰的固定面积。

2) 仪器简介

(1) 连续波核磁共振波谱仪。

连续波核磁共振波谱仪主要由磁铁、探头、射频发射器、场扫描单元、信号接收处理单元等组成。连续波核磁共振波谱仪是通过固定电磁波频率，连续扫描磁感应强度来完成工作的。也可以固定磁感应强度，连续改变电磁波频率。

综上所述，连续波核磁共振波谱仪效率低，采样慢，难以累加，更不能实现核磁共振新技术，因此已被脉冲-傅里叶变换核磁共振波谱仪取代。

(2) 傅里叶变换核磁共振波谱仪。

傅里叶变换核磁共振波谱仪不是通过扫场或扫频产生共振，而是通过恒定磁场，施加全频脉冲。脉冲发射时，在整个频率范围内，使所有的自旋核发生激发，产生共振现象；脉冲中止时，及时准确地启动接收系统，接收激发核弛豫过程中产生的感应电流信号，再经过傅里叶变换获得一般核磁共振谱图，即使所有原子核同时共振，从而能在很短的时间间隔内完成一张核磁共振谱图的记录。

傅里叶变换核磁共振波谱仪同连续波核磁共振波谱仪相比优点如下。

① 在脉冲的作用下，该同位素所有的核（不论处于何官能团）同时共振。

② 脉冲作用时间短，为微秒数量级。若脉冲需重复使用，时间间隔一般也才几秒（具体数值取决于样品的弛豫时间 t_1）。在样品进行累加测量时，相比于连续波核磁共振波谱仪远远节约时间。

③ 脉冲-傅里叶变换核磁共振波谱仪采用分时装置，信号的接收在脉冲发射之后，因此不会有连续波核磁共振波谱仪中发射机能量直接泄漏到接收机的问题。

④ 可以采用各种脉冲系列。

①、②、③点使傅里叶变换核磁共振波谱仪灵敏度大大高于连续波核磁共振波谱仪。样品用量可大大减少。以氢谱而论，样品可从连续波核磁共振波谱仪的几十毫克降到 1 mg，甚至更低。测量时间也大为缩短。另外，脉冲-傅里叶变换核磁共振波谱仪使低同位素丰度、低灵敏度的同位素的核磁共振测定得以实现，然后解决了测定碳原子级数（伯、仲、叔、季）的实验方法问题。

4. 核磁共振谱图解析

对于结构不太复杂的化合物，仅用核磁共振氢谱和碳谱再结合别的谱图就行。此时氢谱的解析就特别重要，它可以提供丰富的结构信息；当要从几种可能结构中选择出一个时，也很重要，因为氢谱中往往有因耦合裂分而产生的复杂峰形，也显示相应的耦合常数，这对于推测结构是很重要的。

在测试样品时，选择合适的溶剂配制样品溶液，样品的溶液应有较低的黏度，否则会降低谱峰的分辨率。若溶液黏度过大，应减少样品的用量或升高测试样品的温度（通常是在室温下测试）。当样品需作变温测试时，应根据低温的需要选择凝固点低的溶剂或按高温的需要选择沸点高的溶剂。

对于核磁共振氢谱的测量，应采用氘代试剂以防产生干扰信号。

对低、中极性的样品，最常采用氘代氯仿作溶剂。极性大的化合物可采用氘代丙酮、重水等。

针对一些特殊的样品，可采用相应的氘代试剂：如氘代苯（用于芳香化合物、芳香高聚物）、氘代二甲基亚砜（用于某些在一般溶剂中难溶的物质）、氘代吡啶（用于难溶的酸性或芳香化合物）等。

对于核磁共振碳谱的测量，为兼顾氢谱的测量及锁场的需要，一般仍采用相应的氘代试剂。为测定化学位移值，需加入一定的基准物质。基准物质加在样品溶液中时称为内标。若出于溶解度或化学反应性等的考虑，基准物质不能加在样品溶液中，可将液态基准物质（或固态基准物质的溶液）封入毛细管再插到样品管中，称之为外标。对碳谱和氢谱，基准物质最常用四甲基硅烷。

5. 核磁共振波谱法在环境分析中的应用

核磁共振可提供多种一维、二维谱,反映了大量的结构信息。另外,所有的核磁共振谱具有很强的规律性,可解析性最强。所以自 20 世纪 70 年代后期以来,核磁共振是鉴定有机化合物结构的最重要工具。

1) 在腐殖质研究中的应用

土壤有机质是土壤固相的组成部分,也是土壤形成的重要物质基础。这些有机质大部分会分解为水和二氧化碳,只有一小部分转变为另一种形态的物质,就是土壤腐殖质。土壤有机质与土壤中金属离子、金属氧化物和氢氧化物、黏土矿物结合生成无机-有机团聚体,有利于进行离子交换和氮、磷、硫的保存。其中腐殖质是土壤有机质的主要部分,占总有机质的 50%～65%。因此对腐殖质的研究在土壤学、环境科学、农业生产上具有重要的意义。核磁共振波谱法已广泛地应用到腐殖质的研究中,并取得了许多新的进展。

^{13}C-NMR 开始只能测定液体样品,灵敏度不高,由于腐殖质是部分可溶的,因此实验结果的可靠性存在很大的问题,这就限制了它的应用。采用固相核磁共振波谱(CPMAS^{13}C-NMR)能测定不同的样品,提高测定腐殖质的灵敏度,并且能直接测定土壤样品,真实地反映腐殖酸的结构特征,因此^{13}C-NMR 已成为腐殖质研究中主要的分析手段之一。

将^{13}C-NMR 法应用于土壤环境化学中,取得了许多新的认识。用^{13}C-NMR 测定土壤有机质的极性碳含量后,发现它与吸附量有直接的关系,而不像早先只笼统地认为有机质含量与污染物吸附量有直接的关系。Thorn 用^{15}N 羟胺标记物研究了腐殖质中羰基的衍生化反应机理,探讨了含氮有机污染物在土壤中的吸附、固定和降解过程。Guthrie 等研究了有机污染物芘在土壤的吸附和迁移过程。用^{13}C-NMR 谱显示芘与土壤腐殖质存在非共价键关系,即存在范德华引力和氢键力。这些作用力避免了有机污染物对地下水的污染。

2) ^{27}Al 核磁共振波谱法测定环境生物样品中铝元素

近二十年来,高分辨率^{27}Al 核磁共振,广泛应用于研究 Al(Ⅲ)离子水解过程,Al(Ⅲ)与环境生物配体的配位化学,环境与生物样品中铝含量测定和形态分析,监测铝在植物、动物、酵母菌等微生物中的转运过程。^{27}Al 核磁共振波谱不仅适用于高浓度的溶液,也可应用于低浓度(10^{-6} mol/L)的实际环境、生物样品。

水环境及土壤中存在大量动植物代谢物及各种腐败物等有机配体。它们可以与铝离子配合,影响其生物活性与毒性。大部分的研究采用含羟基、羧基等官能团的有机配体作为灰黄霉酸、腐殖质等环境实际配体的官能团模拟化合物,考察它们与铝离子的相互作用。在 pH 值由小于 1 逐渐增大过程中,先是有机配体取代水合铝离子$[Al(H_2O)_6]^{3+}$的水分子配体,化学位移逐渐向低场位移。之后,铝离子发生水解,OH^- 取代水合离子,在 pH 值更高时,羟基铝发生聚合反应,甚至有 Al_{13} 聚合阳离子生成。Hunter 以^{27}Al NMR 直接观测到酸性森林土壤中 Al_{13} 聚合阳离子的存在。体系中存在的化学交换过程也可应用^{27}Al NMR 进行研究。Lambert 应用^{27}Al NMR 测定了 Al^{3+} 与腐殖质配合物的条件稳定常数。

3) 地面核磁共振方法在环境水质监测中的应用

(1) 利用地面核磁共振方法探测含水层被烃污染情况。

SNMR(surface nuclear magnetic resonance)方法直接探查地下水是 NMR 技术应用的新领域,是最近出现的进行无损检测直接测定物质组分的地球物理新方法。

(2) SNMR 法为固体废料处理场污染、废料场选址等提供水环境信息。

从环境调查和治理的角度考虑,需要了解原有的固体废料处理场的确切范围和对环境污染状况，特别是评价地下水是否被污染和污染程度，SNMR 方法可以提供定量信息。此外，废料场的选址主要考虑废料的淋滤液是否会对周围环境产生污染问题，例如，废料的淋滤液是否会污染地下水，要了解废料场与含水层之间是否存在水力通道以防止污染液体的运移，SNMR 方法可以发挥作用。

电阻率法、谱激电法对地下水污染反应很敏感，SNMR 方法能够区分电阻率法异常性质，并能提供探测目标的新参数。这样，通过各方法的优势互补，用多参数来评价地下水的污染程度，从而为环境污染治理提供信息。

5.6 联用技术

5.6.1 概述

由两种(或多种)分析仪器组合成统一完整的新型仪器，它能运用各种分析技术之特长，弥补彼此间的不足，及时利用各有关学科与技术的最新成就，具有单一仪器不具备的卓越性能。因此联用技术(hyphenated techniques)是极富生命力的分析领域。目前，分析仪器联用技术已广泛地应用于化学、化工、材料、环境、地质、能源、生命科学等各个领域。

1. 联用技术的定义与原理

联用技术是指将两种或两种以上的分析技术结合起来，重新组合成一种更快速、更有效地分离和分析的技术。

联用技术至少使用两种分析技术：一种是分离物质；另一种是检测定量。这两种技术由一个界面联用，因此检测系统一定兼容分离过程。目前常用的联用技术是将分离能力最强的色谱技术与质谱或其他光谱检测技术相结合。色谱法具有高分离能力、高灵敏度和高分析速度的优点，质谱法、红外吸收光谱法和核磁共振波谱法等对未知化合物有很强的鉴别能力，色谱法和光谱法联用可综合色谱法分离技术和光谱法优异的鉴定能力，成为分析复杂混合物的有效方法。

2. 联用技术的分类

可以按照参与联用的起分离作用的色谱技术及具有鉴别能力的光谱检测技术的联用方式对联用技术进行分类，如非在线联用和在线联用。也可以根据参与联用的色谱技术及光谱检测技术的具体种类对联用技术进行分类，如气相色谱-质谱联用、液相色谱-质谱联用。当然也可以将单纯的分离技术或单纯的检测技术联用，如色谱-色谱联用、质谱-质谱联用。仪器联用分析可以发挥某种仪器(方法)的特长，又可相互补充，相互促进，比采用单一仪器分析具有更多的优点。

1) 色谱-质谱联用

在气相色谱-质谱联用仪器中，由于经气相色谱柱分离后的样品呈气态，流动相也是气体，与质谱的进样要求相匹配，这两种仪器最容易联用，普遍适用于环境中挥发性有机物，包括金属有机物的分析。相比之下，液相色谱-质谱(LC-MS)联用要困难得多，主要因为接口技术发展比较慢，直到电喷雾电离(ESI)接口与大气压电离(API)接口出现，才有了成熟的商品液相色谱-质谱联用仪。由于有机化合物中的 80%不能汽化，只能用液相色谱分离，特别是发展迅速的生命科学中的分离和纯化也都使用了液相色谱仪，因此液相色谱-质谱联用技术得到了快速发展。

2）色谱-红外光谱联用

红外光谱在有机化合物的结构分析中有着重要作用，而色谱又是有机化合物分离纯化的最好方法，因此，色谱与红外光谱的联用技术一直是有机分析化学家十分关注的问题。在傅里叶变换红外光谱出现后，扫描速率和灵敏度都有很大提高。

3）色谱-原子光谱联用

原子光谱(原子吸收光谱和原子发射光谱)主要用于金属或非金属元素的定性、定量分析，而色谱主要用于有机化合物的分析、分离和纯化。随着有机金属化合物研究的发展，特别是要进行元素的价态或形态的测定和研究，就要对这些元素的不同价态或不同形态进行分离，这时色谱就成为最有力的分离方法，而分离后的定量分析又是原子光谱的特长。

4）色谱-电感耦合等离子体质谱联用

色谱-电感耦合等离子体质谱联用是近年来兴起的新技术，由于电感耦合等离子体质谱具有诸多的优点，发展十分迅速，尤其是在分析环境中有害元素的形态时十分有用。

5）色谱-色谱联用

色谱-色谱联用技术(多维色谱)是将不同分离模式的色谱通过接口连接起来，用于单一分离模式不能完全分离的样品分离与分析。

5.6.2 常用的联用技术介绍

1. 气相色谱-质谱联用

气相色谱-质谱联用技术(gas chromatography-mass spectrum，GC-MS)发挥了色谱法的高分辨率和质谱法的高鉴别能力的优势，适合于多组分混合物中未知组分的定性鉴定，可以判断化合物的分子结构，准确地测定未知组分的相对分子质量，测定混合物中不同组分的含量，研究有机化合物的反应机理，修正色谱分析的错误判断，鉴定出部分分离甚至未分离开的色谱峰等，在环境分析及其他领域得到广泛的应用。

1）GC-MS联用系统的组成

GC-MS联用系统一般由图5-37所示的各部分组成。

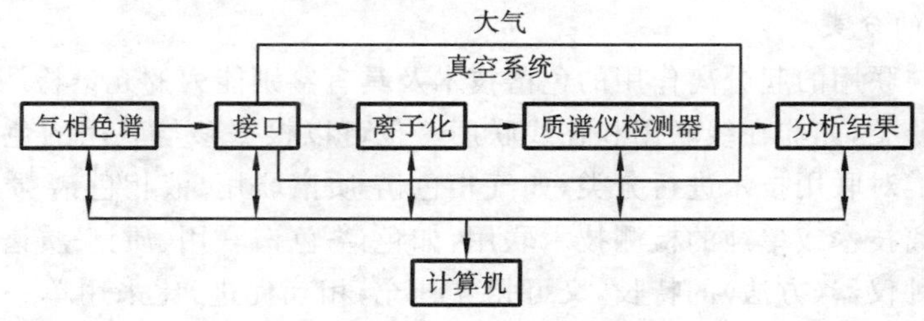

图5-37 GC-MS联用系统示意图

气相色谱仪分离样品中的各组分，起到样品制备的作用。接口把气相色谱分离出的各组分送入质谱仪进行检测，起到气相色谱和质谱之间的适配器作用，质谱仪将接口引入的各组分依次进行分析，成为气相色谱仪的检测器。计算机系统交互式地控制气相色谱、接口和质谱仪，进行数据的采集和处理，是GC-MS的中心控制单元。

2）GC-MS的工作原理

有机混合物由色谱柱分离后，经过接口(interface)进入离子源被电离成离子，离子在进入质谱的质量分析器前，先经过一个总离子流检测器，以截取部分离子流信号，总离子流强度与时间(或扫描数)的变化曲线就是混合物的总离子流色谱图(total iron current chromatogram, TIC)。另一种获得总离子流图的方法是利用质谱仪自动重复扫描,由计算机收集、计算后再现出来,此时总离子流检测系统可省略。对TIC图的每个峰,可以同时给出对应的质谱图,由此可以推测每个色谱峰的结构组成。

定性分析就是通过比较得到的质谱图与标准谱库或标准样品的质谱图实现的(对于高分辨率的质谱仪,可以通过直接得到精确的相对分子质量和分子式来定性);定量分析是通过TIC或者质谱图(mass chromatogram),采用类似色谱分析法中的面积归一法、外标法、内标法实现的。

3) 环境分析中常见的GC-MS衍生化技术

GC-MS衍生化技术在环境监测中的应用主要是不挥发酚类物质的监测。例如烷基酚、双酚A和氯代酚类等极性较高的化合物,若不经过衍生化,则无法用GC-MS准确测定,用N,O-双(三甲基硅)三氟乙酰胺(BSTFA)进行三甲基硅(TMS)衍生化,是一种比较简单的方法,在TMS衍生物的质谱图上,一般$[M—Me]^+$的信号较强,因此在SIM(选择性离子检测)中,都选择此离子进行定量。

2. 液相色谱-质谱联用

1) 液相色谱-质谱(LC-MS)联用概述

为了适应环境科学基础研究的要求,质谱技术的研究热点集中于两个方面:其一是发展新的软电离技术,以分析具有高极性、具有热不稳定性、难挥发的大分子有机污染物;其二是发展液相色谱与质谱联用的接口技术,以分析环境复杂体系中的痕量污染物组分。

对于具有高极性、具有热不稳定性、难挥发的大分子有机化合物,使用GC-MS有困难,而液相色谱的应用不受沸点的限制,并能对热稳定性差的试样进行分离、分析。在实现LC-MS联用时所遇到的困难比GC-MS大得多,它需要解决液相色谱流动相对质谱工作环境的影响以及质谱离子源的温度对液相色谱分析试样的影响。

2) LC-MS系统组成及工作原理

与GC-MS系统类似,LC-MS系统由液相色谱、接口和质谱仪三部分构成。

其工作原理如下:LC柱的流出液,先通过一个分离器。如果所用的HPLC柱是微孔柱(1.0 mm),全部流出液可以直接通过接口,如果用标准孔径(4.6 mm)HPLC柱,流出液被分开,仅有约5%流出液被引进电离源内,剩余部分可以收集在馏分收集器内;当流出液经过接口时,接口将承担除去溶剂和离子化的功能。产生的离子在加速电压的驱动下,进入质谱仪的质量分析器。整个系统由计算机控制。

3. 色谱-傅里叶变换红外光谱联用

1) 色谱-傅里叶变换红外光谱联用概述

气相色谱和液相色谱是分离复杂混合物的有效方法,但仅靠保留指数定性未知物或未知组分始终存在着困难。而红外光谱是重要的结构检测手段,它能提供许多色谱难以得到的结构信息,但它要求所分析的样品尽可能简单、纯净。所以将色谱技术的优良分离能力与红外光谱技术独特的结构鉴别能力相结合,是一种具有实用价值的分离鉴定手段。形象地说,红外光谱仪成为色谱的"检测器",这一"检测器"是非破坏性的,并能提供色谱馏分的结构信息。

2) 气相色谱-傅里叶变换红外光谱联用系统

气相色谱-傅里叶变换红外光谱(GC-FTIR)联用系统由以下四个单元组成:气相色谱单元,对试样进行气相色谱分离;联机接口,GC馏分在此检测;傅里叶变换红外光谱仪,同步跟踪扫描、检测 GC 各馏分;计算机数据系统,控制联机运行及采集、处理数据。

联机检测的基本过程如下:试样经气相色谱分离后,各馏分按保留时间顺序进入接口,与此同时,经干涉仪调制的干涉光汇聚到接口,与各组分作用后干涉信号被汞镉碲(MCT)液氮低温光电检测器检测。计算机数据系统存储采集到的干涉图信息,经快速傅里叶变换得到组分的气态红外光谱图,进而可通过谱库检索得到各组分的分子结构信息。

3) 液相色谱-傅里叶变换红外光谱联用

尽管气相色谱法具有分离效率高、分析时间短、检测灵敏度高等优点,但是,在已知的有机化合物中,只有 20%的物质可不经化学预处理而直接用气相色谱分离。液相色谱则不受样品挥发度和热稳定性的限制,因而特别适合沸点高、极性强、热稳定性差、大分子试样的分离,对多数已知化合物,尤其是生化活性物质均能很好分离、分析。液相色谱对多种化合物的高效分离特点与红外光谱定性鉴定的有效结合,使复杂物质的定性、定量分析得以实现,成为与 GC-FTIR互补的分离鉴定手段。

液相色谱-傅里叶变换红外光谱(LC-FTIR)联用系统组成与 GC-FTIR 联用系统一样,也主要由色谱单元、接口、红外光谱仪单元和计算机数据系统组成。其中:液相色谱单元,将试样逐一分离;接口,流动相或喷雾集样装置,被分离组分在此处停留而被检测;FTIR 单元,同步跟踪扫描、检测液相色谱馏分;计算机数据系统,控制联机运行及采集、处理数据。

联机运行的控制、数据采集和处理的软件也与 GC-FTIR 联用系统类似。其主要区别在于气相色谱的载气无红外吸收,不干扰待测组分的红外光谱鉴定,而液相色谱的流动相均有强红外吸收,严重干扰待测组分的红外光谱检测,因此消除流动相的干扰成为接口技术的关键。

4. 色谱-原子光谱联用

随着微量元素对人体健康及环境污染方面的研究的发展,人们发现元素的环境效应不仅与其总量有关,而且与其价态和存在形态关系密切,如甲基汞、四乙基铅、烷基砷等的毒性及对环境的影响都远比其相应的无机重金属盐强得多。因此在分析环境中的重金属含量时,应测定出它们的价态和存在的形态。为解决这一问题,可以将分离仪器与测量仪器联机使用,利用分离仪器将不同价态和不同形态的微量元素先进行分离,然后再用测量仪器分别测定这些不同价态和不同形态的微量元素的含量。最常使用的是色谱和原子光谱的联用。

1) 气相色谱-火焰原子吸收光谱联用

气相色谱-火焰原子吸收光谱(GC-FAAS)联用是由气相色谱分离后的组分通过有加热装置的传输线直接导入火焰原子吸收光谱的火焰原子化器,进行测定。

2) 气相色谱-等离子体原子发射光谱联用

与气相色谱-火焰原子吸收光谱(GC-FAAS)联用相似,气相色谱-等离子体原子发射光谱联用(GC-ICP)原理都是将气相色谱分离后的流出物雾化或直接汽化后引入等离子体原子化器(ICP)。也有通过氢化物发生器,将生成的氢化物直接引入等离子体原子化器,然后进行下一步测定。

5. 高效液相色谱-核磁共振联用

核磁共振波谱分析测试的对象目前只是液体和固体样品,因此普遍采用液相色谱-核磁共振波谱联用技术。

高效液相色谱(HPLC)是目前最有效的分离方法之一,而核磁共振波谱(NMR)则是最有效的结构鉴定方法之一,它们联用将产生巨大的功用。但是,高效液相色谱-核磁共振波谱(HPLC-NMR)在线(on-line)联用要比 HPLC 和 MS 在线联用更加困难。其原因,一是 HPLC

的洗脱液对 NMR 测定的干扰；二是 NMR 中存在的弛豫过程使 NMR 的测定需要较长的时间(一般要数秒至数十秒甚至更长时间)，这与 HPLC 洗脱液的流速(常用流速为 1 mL/s)相矛盾。傅里叶变换核磁共振波谱仪的出现，使这些困难的解决出现可能：利用脉冲序列可以抑制洗脱液对谱峰测定的干扰；傅里叶变换核磁共振的脉冲作用仅为微秒数量级，一个样品的测量一般只需要几秒，这可大大缩短测量时间，并大大提高测定的灵敏度。

6. 色谱-电感耦合等离子体/质谱联用

ICP/MS 是超痕量分析、多元素形态分析及同位素分析的重要手段，与 AAS 和 AES 等分析技术相比，具有检出限低、分析速度快、动态范围宽、能同时分析多种元素、可进行同位素分析等优点；与其他无机质谱相比，可在大气压下进样，便于与色谱联用。在环境分析中，ICP/MS 可用于测定饮用水中水溶性元素总量，分析水体中 Cr、Cu、Cd、Pb 等金属元素含量；也可用于大气粉尘、土壤、海洋沉积物中重金属元素的测定，在汽车尾气净化催化剂和包装食品塑料袋的痕量分析方面也有报道。

1) 气相色谱-电感耦合等离子体/质谱联用

由于气相色谱(GC)的流出物是气体，因此，可以简单地使用一根短的传输管连接 GC 的色谱柱和 ICP/MS 的等离子炬管，这个“短的传输管”就成为 GC-ICP/MS 联用的“接口”。对 GC-ICP/MS 接口的基本要求是保证分析物以气态的形式从 GC 传输到 ICP/MS 的等离子炬管，在传输过程中不会在接口处产生冷凝，这与 GC 与原子光谱联用是一样的。可以对传输管从头到尾进行充分加热，或者采用气溶胶载气传送。

2) 液相色谱-电感耦合等离子体/质谱联用

由于常规 ICP/MS 分析中的样品进样是液体形态，而且液相色谱(LC)的流速与 ICP/MS 进样的速率兼容，这就使 LC-ICP/MS 联用的接口比较简单，雾化器可作为 LC 与 ICP/MS 联用的接口，其中，包括 LC-ICP/MS 联用中使用最多的气动雾化器以及低流速雾化器，由于这类雾化器可有效降低引入样品对等离子体稳定性的影响，因此很多人致力于低流速雾化器的研究。

5.6.3 联用技术在环境分析中的应用

1. 色谱-质谱联用技术在环境分析中的应用

色谱-质谱联用技术在环境分析中用于测定大气、降水、土壤、水体及其沉淀物或污泥、工业废水及废气中的有毒有害物质，包括农药残留物、多环芳烃、卤代烷、硝基多环芳烃、多氯二苯并二噁英、多氯二苯并呋喃、酚类、多氯联苯、有机酸、有机硫化合物和苯系物、氯苯类等挥发性化合物及多组分有机污染物和致癌物。此外，还用于光化学烟雾和有机污染物的迁移转化研究。这种联用技术凭借着色谱仪的高度分离能力和质谱仪的高灵敏度(10^{-11} g)等优点成为分析痕量有机物的有力工具。

2. 色谱-傅里叶变换红外光谱联用技术在环境分析中的应用

在大气检测方面，已经制成的 GC-FTIR 联用仪，以 2 km 长光程多次反射吸收，可以检测质量分数在 10^{-9} 以下的大气污染物，如乙炔、乙烯、丙烯、甲烷、光气等。

另外，GC-FTIR 在确定农药分子结构、鉴定农药在实验室和田间的降解代谢产物、检验农药的纯度及其中含有的致癌活性物质等方面是十分有效的工具。煤衍生物中含有碱性含氮化合物，用 GC-FTIR 很难分离。由于衍生物中含有异构体，GC-MS 也难以判定有关结构。需要采用微孔柱 HPLC-FTIR 对煤衍生物进行测定。同时，HPLC-FTIR 可以对含有异构体的偶氮染料进行分离测定。

3. 色谱-原子光谱联用技术在环境分析中的应用

色谱-原子光谱联用技术在环境分析中主要用来对环境中金属及非金属污染物的化学形态进行分析。

目前,HPLC-ICP/AES已成功应用于海洋生物中As的化学形态分析。Rubio等利用Hamilton PRPX-100分离含As(Ⅲ)、As(Ⅴ)、二甲基次胂酸钠及甲基胂酸二钠的水样,洗脱物用低压汞灯辐照,$K_2S_2O_8$氧化,经$NaBH_4$还原成AsH_3后测定。Emteborg开发了微孔柱离子色谱与塞曼效应石墨炉原子吸收(ETAAS)联用技术,将低流速(80 μL/min)的色谱流出物用小体积液体定量收集杯收集存留,定时将定量杯中试样注入ETAAS检测,很好地解决了连续过程和间歇过程的矛盾,使用该装置测定生物样和水样中的硒化合物绝对检出限低于0.1 ng,与HPLC-ICP/MS检出限相当。

4. HPLC-^{1}H NMR在环境分析中的应用

在环境要素大气、水、土壤中存在着大量由工农业生产产生的有机污染物,对于可挥发性和半挥发性有机污染物一般采用GC-MS分析,对于不挥发性有机污染物,就只能用HPLC-MS分析了。但是不论GC-MS还是HPLC-MS,对于一些同分异构体的确认存在着很大的困难,而有些有机污染物的分子结构会对它的毒性、在环境中的迁移转化产生巨大影响,当这些未知污染物存在同分异构体时,往往要使用HPLC-^{1}H NMR联用技术进行分析。

使用HPLC-NMR仪器对样品进行分析,可以迅速、准确地确定样品中的各种微量物质的种类数量,并且随着硬件技术的改进和富集预处理的使用,已经能从样品中检测到超痕量级的物质。

5. 色谱-电感耦合等离子体/质谱联用在环境分析中的应用

GC-ICP/MS法是测定有机锡的最新方法。在环境中,三丁基锡可以分解为二丁基锡、一丁基锡和无机锡,且在一定环境条件下还可以生成甲基锡化合物。即使浓度为1 ng/L的三丁基锡也会对水生生物有毒害作用,因此研究开发高灵敏度的检测方法是环境科学工作者的重要研究领域。在其他种类的有机金属化合物测定中,GC-ICP/MS法也能发挥重要作用,当水样体积为0.5~1 L时,绝对检出限约为5 fg级,可以测量极低浓度(1 pg/L)的有机金属化合物,如有机汞、有机镍、有机铅等。

5.7 仪器分析实验

对于多数学生来说,将来并不从事分析仪器制造或者仪器分析研究工作,而是将仪器分析作为一种科学实验的手段,利用它来获取所需要的信息。仪器分析是一门实验技术性很强的课程,没有严格的实验训练,包括实验方案的设计、实验操作的练习、实验数据的处理和谱图解析以及实验结果的表述,就不可能有效地利用这一手段来获得所需要的信息。

5.7.1 火焰原子吸收光谱法测定自来水中的钠

1. 实验目的

(1)了解原子吸收分光光度计的原理和构造。

(2) 掌握优选测定条件的基本方法。

(3) 掌握标准曲线法测定元素含量的操作。

2. 仪器与试剂

1) 仪器

原子吸收分光光度计、容量瓶(50 mL 6个、100 mL 1个、500 mL 1个)、吸量管(5 mL 3个)、烧杯(25 mL 2只)。

2) 试剂

(1) Na标准储备液(1000 μg/mL):将NaCl在500～600 ℃灼烧至恒重,称取2.5 g(精确度0.0001 g)。溶于少量去离子水中,移入1000 mL容量瓶中,用去离子水稀释至刻度,摇匀备用并计算溶液浓度。

(2) 浓盐酸(分析纯)。

(3) 未知试样:自来水。

3. 实验内容和步骤

1) 最佳测定条件的选择

在进行原子吸收光谱测定时,仪器工作条件直接影响测定的灵敏度、精密度。不同的工作条件会得到不同的结果,也可能引起测定误差,所以需要对工作条件进行优选。在优选条件时,可以进行单个因素的选择,即先将其他因素固定在参考水平上,逐一改变所研究因素条件,测定某一标准溶液的吸光度,选取吸光度大、稳定性好的条件作为该因素的最佳工作条件。

(1) 测试溶液的配制。

配制1%(体积分数)HCl溶液:移取分析纯浓盐酸5 mL,置于500 mL容量瓶中,用去离子水稀释至刻度。

取Na标准储备液(1000 μg/mL)5 mL,移入50 mL容量瓶中,用1%(体积分数)HCl溶液稀释至刻度,摇匀备用,此溶液中Na含量为100 μg/mL。

取配制好的Na溶液5 mL,移入100 mL容量瓶中,用1%(体积分数)HCl溶液稀释至刻度,摇匀备用,此溶液中Na含量为5 μg/mL,用于最佳测试条件选择实验。

(2) 打开仪器并设定好仪器条件(参照具体仪器要求)。

① 灯电流的选择:在初步固定的测量条件下,先将灯电流调节至5 mA,喷入钠标准溶液(5 μg/mL)并读取吸光度数值,然后在4～12 mA范围内依次改变灯电流,每次改变2 mA,对所配制的Na标准溶液进行测定,每个条件测定4次,计算平均值和标准偏差,并绘制吸光度与灯电流关系曲线,选取灵敏度高、稳定性好的条件作为工作条件。

② 狭缝宽度调节:用以上选定的条件,分别在0.04 mm、0.06 mm、0.08 mm、0.10 mm、0.12 mm、0.20 mm的狭缝宽度对所配制的Na标准溶液进行测定,每个条件测定3次,计算平均值,并绘制吸光度与狭缝宽度关系曲线。以不引起吸光度值减小的最大狭缝宽度为合适的狭缝宽度。

③ 燃烧器高度的变化:用以上选定的条件,将燃烧器高度调节为8 mm,喷入Na标准溶液并读取吸光度数值,然后在2～12 mm范围内依次改变燃烧器高度,每次改变2 mm,对所配制的Na标准溶液进行测定,每个条件测定3次,计算平均值,绘制吸光度-燃烧器高度的关系曲线,选取最佳高度作为工作条件。

④ 助燃比的选择:当火焰种类确定后,助燃比的不同必然影响火焰的性质、吸收灵敏度和干扰的消除等问题。同种火焰的不同燃烧形态,温度和气氛也有所不同,实验分析中需要根据元素性质选择适宜的火焰种类及助燃比。

在上述选定的条件下,固定助燃气(空气)的流量为5 L/min,依次改变燃气(乙炔)流量为

0.8 L/min、1.0 L/min、1.2 L/min、1.4 L/min、1.5 L/min、1.8 L/min、2.0 L/min、2.5 L/min，对所配制的 Na 标准溶液进行测定，每个条件测定 3 次，计算平均值，并绘制吸光度-燃气量的关系曲线，从曲线上选定最佳助燃比。

2）测定自来水中的钠

取 Na 标准储备液，配制 5 个等浓度差的 50 mL 标准溶液，浓度范围为 1～10 μg/mL，用上述的 1%HCl 溶液稀释至刻度，摇匀备用。

按照仪器操作说明打开仪器，根据所测的最佳条件设定好各项参数，待火焰稳定后，喷入空白溶液，进行仪器零点和满刻度值的调节。将配制好的标准溶液按浓度由低到高的顺序进样测试并读取吸光度值。用空白溶剂清洗后，进行未知试样的测定，记录吸光度值。

4. 注意事项

(1) 在进行最佳测定条件的选择实验时，每改变一个条件都必须重复调零等步骤，在进行狭缝宽度和灯电流选择时，还必须重复光能量调节步骤。

(2) 乙炔为易燃、易爆气体，必须严格按照操作步骤进行。在点燃乙炔火焰之前，应先开空气，然后开乙炔气；结束或暂停实验时，应先关乙炔气，再关空气。必须保证安全。

(3) 使用乙炔气钢瓶时应遵守安全管理规定。开瓶时，出口处不能有人。需慢慢开启，不能用力过猛，预防冲击气流使温度过高，引起燃烧或者爆炸。

5. 数据处理

(1) 绘制吸光度与灯电流关系曲线，选择最佳灯电流值。

(2) 绘制吸光度与狭缝宽度关系曲线，选出最合适狭缝宽度。

(3) 绘制吸光度与燃烧器高度关系曲线，选出最合适燃烧器高度。

(4) 绘制吸光度与燃气流量变化关系曲线，选出最合适助燃比。

(5) 在火焰原子吸收光谱法测定自来水中钠的实验中，以测量的标准试样系列的吸光度值为纵坐标，以其浓度为横坐标，绘制工作曲线。在工作曲线中根据所测量的待测试样吸光度查出其浓度，并根据稀释倍数进行计算。

5.7.2　ICP 原子发射光谱法测定水中常见金属离子

1. 实验目的

(1) 掌握电感耦合等离子体(ICP)原子发射光谱分析的基本原理及操作技术，了解 ICP 原子发射分光光度计的基本结构及工作特点。

(2) 掌握 ICP 原子发射分光光度计对样品的要求，了解样品预处理方法。

(3) 掌握 ICP 原子发射分光光度计的基本操作。

(4) 掌握 ICP 原子发射光谱分析的定性定量方法。

2. 仪器与试剂

1）仪器

ICP 原子发射分光光度计。

2）试剂

(1) 去离子水、硝酸(优级纯)。

(2) 常见金属离子储备液混标。

(3) 未知试样：市售矿泉水。

2. 实验内容和步骤

1) 标准溶液配制

将常见金属离子储备液混标稀释后，得到一系列的标准溶液，用于制作工作曲线。

2) 检查仪器工作条件

(1) 开机条件：温度适宜，相对湿度低于60%。

(2) 打开通风设备、空压机，打开氩气钢瓶总阀门，检查分压阀，使压力满足仪器需求。打开循环冷却水，确定电、气、水正常运行。

(3) 检查废液管路连接情况，检查仪器参数设置。

3) 开机

开启主机及计算机，进入操作系统，仪器自检，氩气吹扫检测器。

4) 点燃等离子体

严格按照仪器操作说明，点燃等离子体。

5) 分析样品

(1) 调零：以去离子水为空白溶液，对仪器读数进行调零。

(2) 绘制工作曲线：按照浓度由低到高的顺序，依次测定标准样品，绘制工作曲线。

(3) 测定实际样品：测定矿泉水中各元素的发射光谱数据。

6) 关机

用去离子水清洗进样系统后，按照操作流程关机。

4. 注意事项

(1) 严格按照操作流程操作，防止损坏仪器。

(2) 测试完成后，进样系统需用去离子水清洗5 min以上，以免试样沉积在雾化器口和石英矩管口。

(3) 先降高压，熄灭等离子体，再关冷却气。

5. 数据处理

(1) 记录仪器参数、工作参数。

(2) 记录实际分析线和背景线波长。

(3) 绘制工作曲线，并计算矿泉水中主要金属元素含量。

5.7.3 差值吸收光谱法测定废水中微量苯酚

1. 实验目的

(1) 掌握紫外-可见分光光度计的使用方法。

(2) 掌握差值吸收光谱法测定废水中微量苯酚的操作方法。

2. 实验原理

酚类化合物在酸、碱溶液中发生不同的解离，其吸收光谱也发生变化。如苯酚在紫外区有两个吸收峰，在酸性或中性溶液中，最大吸收波长为210 nm和272 nm，在碱性溶液中，最大吸收波长移至235 nm和288 nm。

$$C_6H_5OH \underset{H^+}{\overset{OH^-}{\rightleftharpoons}} C_6H_5O^-$$

λ_{max} 210 nm, 272 nm　　λ_{max} 235 nm, 288 nm

废水中含有多种有机杂质,干扰苯酚在紫外区的直接测定。如果将苯酚的中性溶液作为参比溶液,测定苯酚碱性溶液中的吸收光谱,利用两种光谱的差值,有可能消除杂质干扰,实现废水中微量苯酚的直接测定。这种利用两种溶液中吸收光谱的差异进行测定的方法,称为差值吸收光谱法。

3. 仪器与试剂

1) 仪器

紫外-可见分光光度计。

2) 试剂

(1) 苯酚标准溶液:称取苯酚 0.3000 g,溶解后定容至 1 L。

(2) KOH 溶液(0.1 mol/L)。

(3) 未知试样。

4. 实验内容和步骤

1) 配制标准溶液系列

将 10 个 25 mL 容量瓶分成两组,各自编号,分别配制中性和碱性苯酚标准溶液系列。

2) 绘制苯酚吸收光谱图

取上述一对溶液(中性和碱性),以水为参比溶液,分别绘制苯酚在中性溶液和碱性溶液中的吸收光谱。然后以苯酚中性溶液为参比溶液,绘制苯酚在碱性溶液中的差值光谱。

3) 测定苯酚在两种溶液中的光谱差值

以 288 nm 为测定波长,成对测定苯酚溶液两种光谱的吸光度差值。

4) 测定未知试样中苯酚含量

将 6 个 25 mL 容量瓶分成两组,每组 3 个,分别加入未知试样。将其中 3 个用去离子水稀释,其余 3 个加入 2.5 mL KOH 溶液后,用去离子水稀释。分成 3 对测定吸光度差值。

5. 注意事项

(1) 严格按照操作流程操作,防止损坏仪器。

(2) 利用差值吸收光谱法进行定量测定,两种溶液中被测物质的浓度应相等。

6. 数据处理

(1) 绘制工作曲线。

(2) 计算未知试样中苯酚含量。

(3) 计算苯酚在中性溶液(272 nm)或碱性溶液(288 nm)中的表观摩尔吸收系数。

5.7.4 库仑滴定法测定微量砷

1. 实验目的

通过恒电流电解产生 I_2 并将其作为滴定剂,用库仑滴定法测定样品中的微量 As(Ⅲ),学习永停法指示终点的方法。

2. 实验原理

用化学分析法对未知物进行测定时,需用一种标准物质,其纯度、预处理、操作过程中的过失,以及容量仪器的误差均对测定结果产生影响。而库仑滴定法通过电解产生滴定剂,只要电流效率达到 100%,电流稳定性高,时间测量精度高,就可以不用标准物质而获得结果。本实验是在 $NaHCO_3$ 溶液(pH=8.0)中,电解 KI 溶液产生 I_2,用库仑滴定法测定未知试样中的

AsO_3^{3-}。工作电极上以恒电流电解，发生下列电化学反应：

阳极　　$2I^- = I_2 + 2e^-$

阴极　　$2H^+ + 2e^- = H_2$

将工作阴极置于隔离室内，隔离室底部置微孔玻璃砂，以保持隔离室内外电路畅通，并可避免阴极产生的氢气返回阳极而干扰 I_2 的产生。阳极产生的 I_2 立即与样品中的 AsO_3^{3-} 发生滴定反应：

$$I_3^- + AsO_3^{3-} + H_2O = 3I^- + AsO_4^{3-} + 2H^+$$

滴定反应通过双铂永停法指示终点。

3. 仪器与试剂

1）仪器

库仑滴定装置、电磁搅拌器、铂发生电极（1 cm×2 cm 铂片）、铂丝电极、恒电流库仑计。

2）试剂

(1) 3%淀粉溶液。

(2) KI-$NaHCO_3$ 溶液：取 240 g KI、41 g $NaHCO_3$，加水溶解并稀释至 1 L。

(3) AsO_3^{3-} 储备液（0.005 mol/L，微酸性）。

(4) 高纯氮。

(5) 待测样品。

4. 实验内容和步骤

清洗铂电极。用热浓 HNO_3 浸泡电极几分钟后，用去离子水清洗。将铂发生电极接入库仑计正极，铂丝电极接入负极，注意各电极不得相互碰撞。移取 75 mL KI-$NaHCO_3$溶液置于 150 mL 烧杯中。放入搅拌子，并开始搅拌。通氮气 4 min。滴加 4～8 滴 3%淀粉溶液。向电解池中加入数滴 AsO_3^{3-} 储备液，调节电解电流为 30 mA，同时打开电解池开关及库仑计计数开关，计数器开始运行，电解开始。此时观察终点指示电流，应为 0。电解进行几十秒后，到达终点，此时终点指示表上电流突然增加，同时稍过量碘使整个溶液变成浅蓝色。这一颜色将作为滴定终点的颜色。关电解池开关，读取库仑计数据。

用移液管加入 5.00 mL 亚砷酸盐样品，搅拌下通氮气 4 min。将电解池和库仑计计数开关同时打开，进行库仑滴定。到达滴定终点前，指示表电流为 0，液体无颜色。刚刚到达终点时，指示电路电流突增，溶液变成蓝色，滴定终止，记录库仑计读数。若电解电流过大，电解时间过短，则误差较大，可调小电流，重复滴定，滴定时间控制在 500 s 左右。重复上述滴定 3 次，每次不必更换电解池，同时也不需要清洗电极和容器。将最后含砷废水回收到废液瓶中。

5. 注意事项

(1) As 是毒性极大物质，实验中应注意安全。

(2) 含砷废液必须回收在废液瓶中。

6. 数据处理

计算电量 Q 以及未知样品中 AsO_3^{3-} 含量。

5.7.5　气-固色谱法分析 O_2、N_2、CO 及 CH_4 混合气体

1. 实验目的

(1) 了解气相色谱仪的组成以及各部件功能。

(2) 掌握气体分析的一般方法。

2. 仪器与试剂

1) 仪器

气相色谱仪(带热导池检测器)、色谱柱:5A 分子筛(60～80 目)。氢气、皂膜流量计、秒表、注射器、六通阀。

2) 试剂

(1) N_2、O_2、CO、CH_4标准气。

(2) 混合气体样品。

3. 实验内容和步骤

(1) 打开 H_2钢瓶,以 H_2为载气,用皂膜流量计在热导池检测器出口检查载气是否流过色谱仪,调整流速约为 40 mL/min。

(2) 设置并恒定柱温为 60 ℃,热导池检测器温度为 80 ℃,汽化室温度为 80 ℃。

(3) 打开热导池检测器开关,调节桥电流为 100 mA。

(4) 打开色谱数据处理机,输入所需的各种参数。

(5) 待仪器稳定后,用注射器注入 0.3 mL N_2标准样品,记录保留时间和半峰宽。

(6) 改变进样量重复步骤(5)3 次,必要时采用六通阀进样。

(7) 分别注入 0.3 mL O_2、CO、CH_4标准样品,同 N_2 操作,记录保留时间和半峰宽。

(8) 进 1.0 mL 混合气体样品。

(9) 实验结束后,首先关闭热导桥流开关,随后关闭其他电源。

(10) 待柱温降至室温后,关闭载气钢瓶。

4. 注意事项

(1) 先通载气,确保载气通过热导池检测器后,方可打开桥流开关。

(2) 若使用记录仪记录半峰宽,适当调节记录速度,保证测量精度。

(3) 使用注射器进样时,因进样器内外存在压差,注意使用安全。

5. 数据处理

(1) 详细记录色谱分析实验条件,包括仪器型号,色谱柱填料及尺寸、材质,载气种类、流速,检测器类型、参数和进样量。

(2) 考察并讨论进样量对组分保留时间和半峰宽的影响。

(3) 利用峰面积归一法计算混合物中 N_2、O_2、CO、CH_4各组分百分含量(质量分数)。

5.7.6 GC-MS 联用仪的调整和性能测试

1. 实验目的

了解 GC-MS 调整过程和性能测试方法。

2. 实验原理

质谱仪开机到正常工作需要一系列的调整,否则不能进行正常工作。这些调整工作包括以下内容。

1) 抽真空

质谱仪在真空下工作,要达到必要的真空度需要由机械真空泵和扩散泵(或分子涡轮泵)抽真空。

2）仪器校准

主要是对质谱仪的质量指示进行校准。一般四极杆质谱仪采用全氟三丁胺(FC-43)作为校准气。用 FC-43 的 m/z 69、131、219、414、502 等对质谱仪的质量指标进行校正，该工作由仪器自动完成。

3）设置质谱仪工作参数

主要设置质量范围、扫描速度、灯丝电流、电子能量、倍增器电压。同时，需要设置合适的 GC 操作条件。

上述工作完成后，GC-MS 进入正常工作状态，此时可以进行仪器灵敏度和分辨率测试。

3. 仪器与试剂

1）仪器

GC-MS 联用仪。

2）试剂

(1) 校准用标准样品 FC-43。

(2) 六氯苯。

4. 实验内容和步骤

(1) 开机：打开机械泵、扩散泵(或分子涡轮泵)，设置质谱仪工作参数(扫描范围、扫描速度、灯丝电流、电子能量、倍增器电压等)。

(2) 质量校准：进样校准气，采集数据，校准质量。

(3) 测定灵敏度：通过 GC 进六氯苯 1 pg，在一定的质谱条件下，采集标样质谱，用 m/z 282 作质量色谱图，测定质量色谱的信噪比。如果信噪比小于 10，要增加样品用量。

(4) 测定分辨率：进标准样品，显示质量 219，测定 219 峰的半峰宽得到 ΔM，计算 R 值。如果仪器指标为 $R=2M$，则在 219 处测定 R 值，R 应大于 438。

5. 注意事项

(1) 注意开机顺序，严格按照操作手册规定的顺序进行。真空度达到规定值后才可以进行仪器调整。

(2) 仪器调整完毕后应尽快停止进样 FC-43，立刻关闭灯丝电流和倍增器电压，以延长仪器寿命。

(3) 所谓灵敏度，是对一定样品和一定实验条件而言。改变条件，灵敏度会变化。

6. 数据处理

根据样品进样量和质量色谱图信噪比，计算一定实验条件下的灵敏度。

思考与练习题

1. 原子发射光谱、原子吸收光谱和原子荧光光谱是怎么产生的？其特点分别是什么？
2. 什么是分析线、共振线、灵敏线、最后线？它们有何联系？
3. 光谱定性分析的基本原理是什么？
4. 什么是锐线光源？在原子吸收光谱分析中为什么要用锐线光源？
5. 比较原子荧光分光光度计、原子发射分光光度计及原子吸收分光光度计三者之间的异同点。
6. 为什么说红外光谱是振动-转动光谱？
7. 电位分析法中什么是参比电极？什么是指示电极？
8. 库仑分析法以什么定律为理论基础？库仑分析法的内容是什么？库仑分析法的关键问题是什么？

9. 控制电位电解分析法与恒电流电解分析法相比有什么特点？分离两种不同的金属其原理是什么？
10. 色谱法作为分析法的最大特点是什么？
11. 色谱定性的依据是什么？主要有哪些定性方法？
12. 简要说明气相色谱分析的分离原理。
13. 与气相色谱法相比较，高效液相色谱法具有哪些优越性？
14. 什么是正相液相色谱？什么是反相液相色谱？
15. 质谱仪主要由哪几个部件组成？各部件作用如何？
16. 质谱仪离子源有哪几种？叙述其工作原理和应用特点。
17. 简述连续波核磁共振波谱仪的工作原理，傅里叶变换核磁共振波谱仪同连续波核磁共振波谱仪相比有哪些优点？
18. 简要叙述联用技术的定义、原理及优点。
19. 与 GC 相比，GC-MS 有哪些主要优势？
20. 说明 LC-MS 组成及工作原理。
21. 浓度为 0.25 mg/L 的镁溶液，在原子吸收分光光度计上测得透光率为 28.2%，试计算镁元素的特征浓度。
22. 用原子吸收光谱法测定某试样中 Pb^{2+} 的浓度，取 5.00 mL 未知 Pb^{2+} 试液，放入 50 mL 容量瓶中，稀释至刻度，测得吸光度为 0.275，另取 5.00 mL 未知液和 2.00 mL 5.00×10^{-5} mg/L 的 Pb^{2+} 标准溶液，也放入 50 mL 容量瓶中稀释至刻度，测得吸光度为 0.650，计算未知液中 Pb^{2+} 的浓度。
23. 用原子吸收光谱法测定废液中 Cd^{2+} 质量浓度，从废液排放口准确量取 100.0 mL，经适当酸化处理后，准确加入 10.00 mL 甲基异丁基酮(MIBK)溶液萃取浓缩，待测元素在 228.8 nm 波长下进行测定，测得吸光度为 0.182，在同样条件下，测得 Cd^{2+} 标准系列的吸光度如下：

$\rho(Cd^{2+})$/(mg/L)	0.00	0.10	0.20	0.40	0.60	0.80	1.0
A	0.000	0.052	0.104	0.208	0.312	0.416	0.520

用作图法求该厂废液中 Cd^{2+} 的质量浓度(以 mg/L 表示)，并判断是否超标(国家规定 Cd^{2+} 的排放标准是小于 0.1 mg/L)。
24. 以邻二氮菲分光光度法测定 Fe(Ⅱ)，称取样品 0.500 g，经处理后，加入显色剂，最后定容为 50.0 mL，用 1.0 cm 的吸收池，在 510 nm 波长处测得吸光度 $A=0.430$。计算样品中铁的质量分数；当溶液稀释 1 倍后，其透光率将是多少？(已知：$\varepsilon=1.1\times10^4$ L/(mol·cm))
25. 以丁二酮肟光度法测定微量镍，若配合物 $NiDx_2$ 的浓度为 1.7×10^{-5} mol/L，用 2.0 cm 吸收池在 470 nm 波长下测得透光率为 30%。计算配合物在该波长的摩尔吸光系数。
26. 用氟离子选择电极测定牙膏中 F^- 含量，将 0.200 g 牙膏加入 50 mL TISAB，搅拌微沸冷却后移入 100 mL 容量瓶中，用蒸馏水稀释至刻度，移取其中 25 mL 于烧杯中测得其电位为 0.155 V，加入 0.10 mL 0.50 mg/mL F^- 标准溶液，测得电位值为 0.134 V。该离子选择电极的斜率为 59.0 mV/pF，试计算牙膏中氟的质量分数。
27. 用库仑滴定法测定水中苯酚的含量。将 50.00 mL 含苯酚的试液放入烧杯中，再加入一定量的 HCl 和 0.1000 mol/L NaBr 溶液，由电解产生 Br_2 来滴定 C_6H_5OH：

$$2Br^- \longrightarrow Br_2 + 2e^-$$

$$C_6H_5OH + 3Br_2 \longrightarrow C_6H_2Br_3OH + 3HBr$$

电流为 8.50 mA，到达终点所需时间为 250 s。试计算试液中苯酚的浓度(以 mg/L 为单位，已知 $M_{苯酚}=94.11$ g/mol)。
28. 某一气相色谱柱，速率方程中 A、B 和 C 的值分别为 0.08 cm、0.36 cm^2/s 和 4.3×10^{-2} s，计算最佳线速度和最小塔板高度。
29. 用气相色谱法测定某试样中水分的含量。称取 0.0186 g 内标物到 3.125 g 试样中，进行色谱分析，测得水分和内标物的峰面积分别为 135 mm^2 和 162 mm^2。已知水和内标物的相对较正因子分别为 0.55和 0.58,试计算试样中水分的含量。

主要参考文献

[1] 朱明华. 仪器分析[M]. 北京:高等教育出版社,2000.
[2] 韦进宝,钱沙华. 环境分析化学[M]. 北京:化学工业出版社,2003.
[3] 刘志广,张华,李亚明. 仪器分析[M]. 大连:大连理工大学出版社,2004.
[4] 叶宪曾,张新祥. 仪器分析教程[M]. 2 版. 北京:北京大学出版社,2007.
[5] 魏福祥. 仪器分析及应用[M]. 北京:中国石化出版社,2007.
[6] 刘约权. 现代仪器分析[M]. 北京:高等教育出版社,2001.
[7] 魏培海,曹国庆. 仪器分析[M]. 北京:高等教育出版社,2007.
[8] 高向阳. 新编仪器分析[M]. 北京:科学出版社,2004.
[9] 曾淮永. 仪器分析[M]. 北京:高等教育出版社,2003.
[10] 许金生. 仪器分析[M]. 南京:南京大学出版社,2002.
[11] 武汉大学化学系. 仪器分析[M]. 北京:高等教育出版社,2001.
[12] 陈集,饶小桐. 仪器分析[M]. 重庆:重庆大学出版社,2002.
[13] 孙其志. 色谱分析及其他分析法[M]. 北京:地质出版社,1994.
[14] 汪正范,杨树民,吴侔天,等. 色谱联用技术[M]. 2 版. 北京:化学工业出版社,2007.
[15] 宁永成. 有机化合物结构鉴定与有机波谱学[M]. 2 版. 北京:科学出版社,2004.
[16] 孙凤霞. 仪器分析[M]. 北京:化学工业出版社,2004.
[17] 刘志广. 仪器分析学习指导与综合练习[M]. 北京:高等教育出版社,2005.

主要参考文献